Matthias Schmidt
Mensch und Umwelt in Kirgistan

ERDKUNDLICHES WISSEN

Schriftenreihe für Forschung und Praxis

Begründet von Emil Meynen

Herausgegeben von Martin Coy, Anton Escher und Thomas Krings

Band 153

Matthias Schmidt

Mensch und Umwelt in Kirgistan

Politische Ökologie im postkolonialen und postsozialistischen Kontext

Franz Steiner Verlag

Umschlagabbildung:
Bild links: © Matthias Schmidt
Bild Mitte: © Nationalarchiv Kirgistan
Bild rechts: © Matthias Schmidt

Bibliografische Information der Deutschen Nationalbibliothek:
Die Deutsche Nationalbibliothek verzeichnet diese Publikation in der Deutschen
Nationalbibliografie; detaillierte bibliografische Daten sind im Internet über
<http://dnb.d-nb.de> abrufbar.

Dieses Werk einschließlich aller seiner Teile ist urheberrechtlich geschützt.
Jede Verwertung außerhalb der engen Grenzen des Urheberrechtsgesetzes
ist unzulässig und strafbar.
© Franz Steiner Verlag, Stuttgart 2013
Druck: Laupp & Göbel GmbH, Nehren
Gedruckt auf säurefreiem, alterungsbeständigem Papier.
Printed in Germany.
ISBN 978-3-515-10478-4

INHALT

Verzeichnis der Abbildungen 8
Verzeichnis der Tabellen 9
Anhang 10
Vorwort 11

1 EINLEITUNG 13
   1.1 Forschungsproblem 17
   1.2 Fragestellung und Aufbau der Arbeit 22

2 BAUSTEINE FÜR EINE POLITISCHE ÖKOLOGIE DES POST-
SOZIALISMUS 26
   2.1 Mensch-Umwelt-Forschung und Politische Ökologie 26
       2.1.1 Traditionen der Mensch-Umwelt-Forschung in der
Geographie 27
       2.1.2 Entstehung und Kennzeichen der Politischen Ökologie 36
       2.1.3 Anforderungen an eine Politische Ökologie des
Postsozialismus 54
   2.2 Transformations- und Postsozialismusforschung 64
       2.2.1 Konzepte der postsozialistischen Transformation 65
       2.2.2 Begrenztheit der Transformationskonzepte 75
       2.2.3 Beitrag der Postkolonialismusforschung zum Verständnis
des Postsozialismus in Mittelasien 89
   2.3 Räumliche Verortung der Studie 107
   2.4 Methodisches Vorgehen 113

3 MANAGEMENT VON LAND- UND NATURRESSOURCEN IM
PRÄSOWJETISCHEN MITTELASIEN 116
   3.1 Mensch und Umwelt im Khanat Kokand 116
       3.1.1 Sozio-politische Differenzen und Gemeinsamkeiten von
Nomaden und Sesshaften 117
       3.1.2 Institutionen der Ressourcennutzung im Khanat Kokand ... 126
       3.1.3 Lokale Nutzungsformen der Nusswälder des westlichen
Tien Schan 131
   3.2 Mensch und Umwelt Mittelasiens im Zeitalter des russisch-
zaristischen Kolonialismus 134
       3.2.1 Integration Mittelasiens in die russische Kolonialökonomie .. 134
       3.2.2 Exploration und Optimierung der Ressourcennutzung in
Turkestan 148

   3.2.3 Die Walnuss-Wildobstwälder im Fokus kolonialer
      Inwertsetzung 154
 3.3 Schrittweise Entrechtung der autochthonen Bevölkerung und
   koloniale Integration 162

4 KOMMODIFIZIERUNG DER NUSSWÄLDER IN SOWJET-MITTELASIEN 167
 4.1 Umbau von Staat, Gesellschaft und Ökonomie nach der
   Oktoberrevolution 1917 167
   4.1.1 Machtsicherung der Bolschewiki in Mittelasien 167
   4.1.2 Schöpfung und Delimitation von Nationen in Mittelasien 169
   4.1.3 Kollektivierung und sozioökonomischer Totalumbau 174
 4.2 Kirgistans Nusswälder unter sowjetischer Forstwirtschaft
   (1918–47) 178
   4.2.1 Persistenz und Neuaufbau der Nusswald-Forstwirtschaft 178
   4.2.2 Kollektivierung und multiple Umstrukturierungen 180
   4.2.3 Aufgaben des Nuss-Sovchoz 182
   4.2.4 Forstwirtschaft in der Kritik der Kommunistischen Partei 184
 4.3 Optimierung der Ressourcennutzung (1947–1991) 186
   4.3.1 Institutionelle Regelungen 187
   4.3.2 Bedeutungszuschreibung und Nusswalddiskurse 192
   4.3.3 Strukturierung und Aufgaben des Leschoz 194
   4.3.4 Maßnahmen der Nusswald-Forstwirtschaft 195
   4.3.5 Maßnahmen der Nebenwirtschaft im Nusswald-Leschoz 197
   4.3.6 Ökonomie der Leschoz-Dörfer 211
   4.3.7 Soziopolitische Strukturen in den Leschoz-Dörfern 217
   4.3.8 Widerspruch zwischen Plan und Fakt 228
 4.4 Überregulierung, Repression und Wohlfahrtskolonialismus 233

5 RESSOURCENNUTZUNG IM POSTSOWJETISCHEN KIRGISTAN 239
 5.1 Postsozialistischer Umbau von Gesellschaft und Wirtschaft 240
   5.1.1 Unabhängigkeit und Nationenschaffung 240
   5.1.2 Politische Entwicklungen und institutioneller Rahmen 251
   5.1.3 Ökonomie 258
 5.2 Erosion staatlicher Institutionen und Wandel des Akteursfeldes 260
   5.2.1 Umstrukturierung des Forstsektors Kirgistans 260
   5.2.2 Besitzregime an Land- und Naturressourcen im Gebiet
      der Nusswälder 263
   5.2.3 Funktionen und Zuständigkeiten des Leschoz 273
   5.2.4 Lokale sozio-politische Institutionen und Akteure 278
   5.2.5 Pluralisierung von Akteuren und Interessen 281
 5.3 Gegenwärtige Lebenssicherungsstrategien 295
   5.3.1 Haushalt als sozioökonomische Grundeinheit 296

        5.3.2 Bedeutung lokaler Land- und Naturressourcen für die
              Sicherung des Lebensunterhalts 298
        5.3.3 Außeragrarische Einkommensmöglichkeiten 315
        5.3.4 Diversifizierte Lebenssicherungsstrategien 333
    5.4 Deregulierung, Globalisierung und Polarisierung 337

6 WANDEL DER MENSCH-UMWELT-BEZIEHUNGEN IN
    KIRGISTAN 344

LITERATURVERZEICHNIS 352

GLOSSAR 382

ANHANG 385

VERZEICHNIS DER ABBILDUNGEN

Abb. 1.1	Interdependenzen zwischen politisch-sozioökonomischem Regime, Institutionen des Ressourcenmanagements und Ressourcennutzung	18
Abb. 1.2	Politisch-ökologisches Analyseschema	23
Abb. 2.1	Zusammenhang von Bruttonationaleinkommen und Lebenserwartung	78
Abb. 2.2	Rückgang der Lebenserwartung in Mittelasien zwischen 1990 und 2010	79
Abb. 2.3	Entwicklung des Bruttonationaleinkommens pro Einwohner in Mittelasien (1992–2007)	80
Abb. 4.1	Entwicklung der Nutz- und Brennholzernte im Leschoz Kyzyl Unkur 1952-1989	197
Abb. 4.2	Schwankungen des jährlichen Walnussertrags in Südkirgistan zwischen 1932 und 2001	198
Abb. 4.3	Entwicklung des Großvieh- und Kleinviehbestands in Kirgistan 1916-1990	206
Abb. 5.1	Entwicklung von Immigration und Emigration in Kirgistan von 1961 bis 2003	246
Abb. 5.2	Human Development Index (HDI) in den Provinzen Kirgistans	250
Abb. 5.3	Anteil von durch Armut betroffenen Menschen in den Provinzen Kirgistans	250
Abb. 5.4	Entwicklung der Bevölkerung von Arslanbob-Dorf zwischen 1939 und 2008	287
Abb. 5.5	Ausdehnung der Siedlungsflächen des Dorfes Arslanbob zwischen 1939 und 2004	288
Abb. 5.6	Häufigkeitsverteilung der Haushaltsgrößen in Arslanbob, Kyzyl Unkur und Kara Alma	297
Abb. 5.7	Entwicklung des Viehbestandes in Kirgistan zwischen 1980 und 2004	302
Abb. 5.8	Entwicklung des Viehbestandes in Arslanbob	303
Abb. 5.9	Durchschnittlicher Viehbesitz je Haushalt in Arslanbob, Gumchana, Kyzyl Unkur und Kara Alma	304
Abb. 5.10	Zusammenhang zwischen Viehwirtschaft und Wald	305
Abb. 5.11	Durchschnittliche Nusserträge und Abgaben pro Haushalt	311
Abb. 5.12	Lage und Distanz zwischen Wohnort und Sammel- bzw. Weideplätzen in Gehstunden	313
Abb. 5.13	Sammlung von Waldprodukten	314

Abb. 5.14 Berufsprofil von Männern und Frauen im Untersuchungsgebiet 316
Abb. 5.15 Zyklisches Muster für ausstehende Schulden von Einzelhändlern in Arslanbob 321
Abb. 5.16 Rückgang der Übernachtungszahlen in der „Turbaza Arstanbap-Ata" 324
Abb. 5.17 Einnahme- und Ausgabenposten eines Haushalts im Untersuchungsgebiet 334
Abb. 5.18 Subsistenz- und Einkommensportfolio von Haushalten im Untersuchungsgebiet 335

VERZEICHNIS DER TABELLEN

Tab. 3.1 Fläche und Bevölkerung im Generalgouvernement Turkestan, Buchara und Chiwa 143
Tab. 3.2 Muttersprache, Stadt-/Landbevölkerung in Mittelasien 1897 ..145
Tab. 3.3 Viehbestand in Turkestan 1894 150
Tab. 3.4 Viehbestand im Generalgouvernement Turkestan 1911 150
Tab. 4.1 Administrative Untergliederung der Leschozi Kirov, Kyzyl Unkur und Kara Alma 188
Tab. 4.2 Administrative Zugehörigkeit des Leschoz Kyzyl Unkur zwischen 1936 und 1991 189
Tab. 4.3 Fläche und territoriale Gliederung des Leschoz Kirov 190
Tab. 4.4 Wirtschaftsbereiche eines Leschoz im Nusswaldgebiet 191
Tab. 4.5 Pionierlager in Arslanbob, Kyzyl Unkur und Kara Alma und deren Betriebszugehörigkeit 209
Tab. 4.6 Ethnische Zugehörigkeit der Leschoz- und Schuldirektoren im Leschoz Kirov 226
Tab. 5.1 Ortsbasierte und nicht-ortsbasierte Akteure mit Bezug zu den Nusswäldern Kirgistans 282
Tab. 5.2 Dienste und Produkte der Walnuss-Wildobstwälder und die darauf gerichteten Interessen von Akteuren, Akteurs- und Interessengruppen 294

ANHANG

Karte 1	Topographie und Waldverbreitung Kirgistans	385
Karte 2	Lage der Walnuss-Wildobst-Wälder im Untersuchungsgebiet von Arslanbob, Gumchana, Kyzyl Unkur und Kara Alma	386
Karte 3	Politisch-territoriale Einheiten in Mittelasien Mitte des 19. Jahrhunderts	387
Karte 4	Administrative Gliederung Mittelasiens um 1914	388
Karte 5	Territoriale Untergliederung Mittelasiens während der Sowjetära	389
Karte 6	Administrative Territorialgliederung der Rajone Bazar Korgon und Suzak 1983/1986	390
Karte 7	Land- und viehwirtschaftliche Bodennutzung in der Kirgisischen SSR	391
Karte 8	Ethnische Zusammensetzung und Bevölkerungsdynamik in Kirgistan 1926-2004	392
Karte 9	Bevölkerungsverteilung in Kirgistan nach Ethnien	393
Karte 10	Topographie und Verkehrswege in Kirgistan	394
Karte 11	Administrative Gliederung Kirgistans in Provinzen (Oblast) und Kreise (Rajon)	395
Karte 12	Administrative Territorialgliederung der Rajone Bazar Korgon und Suzak 2004	396
Foto 1	Walnuss-Wildobst-Wälder am Fuß des Babaš Ata (4480 m)	397
Foto 2	Maserknolle an einem älteren Walnussbaum bei Arslanbob	397
Foto 3	Ehemalige Werksgebäude des Leschoz Kirov (Arstanbap-Ata) in Gumchana	398
Foto 4	Temporäres Zeltlager im Wald zur Viehbetreuung und Sammlung von Walnüssen bei Arslanbob	398
Foto 5	Öffnen und Sortieren von Walnüssen für den Export in einer ehemaligen Sporthalle in Dshalal Abad	399
Foto 6	Wohnhäuser und Hausgärten in Kyzyl Unkur	399
Foto 7	Ackerlandnutzung bei Arslanbob	400
Foto 8	Brennholztransport bei Gumchana	400

VORWORT

Der vorliegende Band stellt die publizierte und leicht modifizierte Version meiner im Juli 2010 vom Fachbereich Geowissenschaften der Freien Universität Berlin angenommenen Habilitationsschrift dar. Die Anfertigung einer solchen Studie ist ohne die Hilfe zahlreicher Personen und Institutionen nicht möglich, denen ich an dieser Stelle meinen herzlichen Dank aussprechen möchte. Die Zahl all jener, die auf die eine oder andere Weise zum Gelingen dieser Studie beigetragen haben, ist groß und unmöglich exakt zu bestimmen. Viele mir namentlich unbekannte Menschen halfen mir in unterschiedlichster Form, indem sie mir Transport oder Unterkunft boten, Fragen beantworteten oder einen wertvollen Ratschlag lieferten. Folglich kann ich nur wenigen Menschen individuell oder als Gruppe namentlich danken – so unbefriedigend dies auch ist.

An erster Stelle möchte ich die zahlreichen Menschen in Kirgistan nennen, deren Gastfreundschaft, Hilfsbereitschaft und vielfach auch Offenheit ich in unterschiedlichsten Kontexten erfahren durfte. Ohne ihr Einverständnis zu meinem Tun, ihre Geduld bei der Beantwortung meiner zahllosen Fragen und ihren oftmals selbstlosen Einsatz wäre es nicht möglich gewesen, die dieser Arbeit zugrundeliegenden empirischen Feldstudien durchzuführen. Besonderer Dank gilt dabei meinen engsten Begleitern, Diskussionspartnern, „Türöffnern" und Freunden Tolkunbek Asykulov (Bischkek, Kara Suu), Bolotbek Tagaev (Gumchana) und Ibragim Karimjanov (Arslanbob), die sich oftmals unermüdlich einsetzten und deren Familien mir zeitweise ein zweites Heim boten. Dank gebührt auch meinen beiden anderen Gastfamilien von Baisch Rahmanov (Kyzyl Unkur) und Kamtschibek Ajyltschiev (Kara Alma).

Als Dolmetscherinnen und Dolmetscher begleiteten mich im Laufe der verschiedenen Feldkampagnen Nurjan Kydyralieva, Aida Omursakova, Nargisa Iskakova und Eldiar Aselin Ulu, und erwiesen sich als zuverlässige, interessierte und kollegiale Reise- und Forschungspartner.

Zahlreiche Informanten, die hier namentlich nicht genannt werden können, aber teilweise in der Arbeit zitiert werden, nahmen sich viel Zeit, um mich mit Hinweisen und Informationen zu verschiedensten Aspekten auszustatten oder mir komplexe Zusammenhänge geduldig zu erläutern.

Besonderer Dank gilt Hermann Kreutzmann (Berlin) für sein stetes Interesse am Fortgang der Arbeiten, seine wertvollen inhaltlichen Ratschläge und sein Vertrauen in mich und in den erfolgreichen Abschluss dieser Studie. Jörg Stadelbauer (Freiburg) und Marcus Nüsser (Heidelberg) danke ich für die Übernahme der Begutachtung meiner Habilitationsschrift. Inhaltliche, sprachliche und editorische Hinweise und kritische Kommentare erhielt ich von Arnd Holdschlag (Hamburg), Hiltrud Herbers (Aschaffenburg) und Stefan Schütte (Berlin), denen hierfür herzlich gedankt sei. Danken möchte ich auch Christian Bittner (Erlangen), unter dessen Mitarbeit einige der Abbildungen entstanden sind, sowie Stephan Pohl (Hannover), der allen Abbildungen den letzten kartographischen Feinschliff gab.

Der VolkswagenStiftung bin ich für die unkomplizierte und großzügige finanzielle Förderung meiner Forschungsreisen zu großem Dank verpflichtet. Dem Steiner Verlag und den Herausgebern der Reihe Erdkundliches Wissen danke ich für die Aufnahme und Publikation meiner Studie.

Schließlich möchte ich meiner lieben Familie für ihre Toleranz, Nachsicht und Unterstützung danken sowie um Verständnis für meine längeren Abwesenheiten in Kirgistan oder „an der Uni" und den mit der Anfertigung dieser Studie oftmals verbundenen Zeitmangel bitten.

Berlin, Juni 2013 Matthias Schmidt

Technische Hinweise

Die Wiedergabe russischer und kirgisischer Termini und Eigennamen sowie der im Literaturverzeichnis russischsprachigen Quellen folgt im Text der wissenschaftlichen Transliteration nach DIN. Bei sehr gebräuchlichen Begriffen, Eigennamen und Toponymen wie „Sowjetunion" oder „Bischkek" sowie in den Abbildungen folgt die Schreibweise der Transkriptionsregelung des Duden.

Zitate aus Befragungen werden im Text nach folgendem Schema wiedergegeben: Namenskürzel-Ort-Datum der Aufzeichnung. Bsp. BT-Gu-23.02.07

Dabei stehen folgende Abkürzungen für die entsprechenden Ortsnamen:

Abkürzung	**Ortsbezeichnung**
Ar	Arslanbob
Ba	Bazar Korgon
Bi	Bischkek
Ds	Dshalal Abad
Dž	Džaradar
Gu	Gumchana
Ka	Kara Alma
Ky	Kyzyl Unkur
Os	Osch
Pr	Pravda

1 EINLEITUNG

„Wie hätte es anders sein können, das Volk im *Ail* darbte, selbst das karge Auskommen in den Kolchosen aus dem Jahrhundert der Leibeigenschaft war futsch. Man schlug sich durch bei schwerer Arbeit und mit einem kleinen Handel da und dort und, wenns nicht anders ging, auch mit Klauen und Stehlen. Ein Licht am Horizont war wieder nicht in Sicht, man sagt zwar: Mach doch ein *Bisnes* auf! Aber was soll es denn sein? Karotten ausbuddeln und Heu ernten... Dafür hast Du die Freiheit, heißt es, aber die Freiheit ist kein Zuckerschlecken. Ohne Auskommen ist das eigentlich wie leeres Stroh dreschen. Das ganze dörfliche Elend hat man bisher auf die Übergangsperiode geschoben, also bringen wir das hinter uns!"

Tschingis AITMATOW (2007:108)

Die unmittelbare Abhängigkeit von Land- und Naturressourcen für die Sicherung der eigenen Existenz erscheint Mitgliedern arbeitsteiliger postmoderner Gesellschaften häufig als anachronistisch, dabei ist sie (immer noch) Lebensrealität für einen Großteil der globalen Menschheit. Die Sorge um eine gute Ernte, die Ungewissheit nach mittelfristiger Erschöpfung der Ressourcenbasis oder Konflikte um Zugangs- und Nutzungsrechte sind als Faktoren alltäglicher Überlebenssicherung keineswegs ein Relikt prämoderner Gesellschaften, sondern (wieder) reale Herausforderungen auch in Gesellschaften, die durch vielfältige Modernisierungsmaßnahmen intensiv transformiert wurden. Menschen in Peripherien und ihr vermeintlich seit alters her unveränderter Kampf mit der Umwelt um das eigene Überleben verlieren die Aufmerksamkeit von Politik und Wissenschaft, die sich verstärkt auf die sich stetig beschleunigenden Entwicklungen in den globalen Meinungs- und Ökonomiezentren richtet. Dabei sind ländliche Räume jenseits globaler, nationaler oder regionaler Steuerungszentren genauso wenig „Entschleunigungsoasen" wie die Forschung über dieselben. Denn selbst marginalisierte Gesellschaften leben keineswegs nach Prämissen der Vormoderne oder nach unveränderten indigenen Traditionen, vielmehr sind sie und ihr Bemühen der Lebenssicherung maßgeblich beeinflusst von globalen Strömungen und Evolutionen, sind eingebunden in globale Wirtschaftskreisläufe und betroffen von weltpolitischen Ereignissen. Gleichzeitig sind ihr Verhältnis zur natürlichen Umwelt und ihre Abhängigkeit von dieser vielerorts und vielfach von existentieller Relevanz, während die Summe ihrer Handlungen und ihr Umgang mit der Umwelt für das Wohlergehen der Menschheit eine nicht unerhebliche Signifikanz besitzen.

Für die Menschen Mittelasiens, einer jahrzehntelang sozialistisch modernisierten, arbeitsteiligen Gesellschaft, bedeuteten das Ende des sozialistischen Experiments und die Auflösung der Sowjetunion einen tiefen Einschnitt in gewohnte Lebensweisen und Alltagsroutinen. Dieser politische Systemwechsel, der mit tief greifenden wirtschaftlichen und gesellschaftlichen Wandlungen einherging und eine Weltregion in das Blickfeld der interessierten Öffentlichkeit rückte, die zuvor außerhalb des sowjetischen Einflussgebietes wenig bekannt war, gilt gemeinhin als *die* entscheidende Zäsur in der jüngeren Geschichte der fünf neu gegründeten Staaten Kasachstan, Kirgistan, Tadschikistan, Turkmenistan und Usbekistan, die einen Wandel sämtlicher anthropogen induzierter Systeme einleitete. Einer historischen Analyse hält die Vorstellung des unikalen Ereignisses jedoch nicht stand. Der Kollaps der UdSSR stellt vielmehr nur die jüngste politisch-gesellschaftliche Umwälzung in einer Reihe anderer Systemumbrüche dar. Denn mindestens drei historisch bedeutsame Ereignisse forderten seit Mitte des 19. Jahrhunderts den Bewohnern Mittelasiens große Wandlungsbereitschaft und Adaptionsfähigkeit ab: Die schrittweise Eroberung und Penetration Mittelasiens durch das Russische Zarenreich im 19. Jahrhundert, der Sturz des Russischen Zaren und die Machtergreifung durch die Bolschewiki im Revolutionsjahr 1917, deren gesellschaftliche und ökonomische Wirkmächtigkeit in den Kollektivierungskampagnen zu Beginn der 1930er Jahre gipfelte, sowie schließlich das Scheitern des staatssozialistischen Modells mit der Auflösung der Sowjetunion im Jahr 1991.

Die Übernahme der Macht und Administration durch das Russische Reich bedeutete für die autochthone Bevölkerung Mittelasiens nicht nur eine Änderung der Herrschaftsstrukturen und zuständigen Institutionen, sondern auch das Aufkommen von externen Konkurrenzen um Land und Ressourcen. Mit der Oktoberrevolution begann eine zunächst durch institutionelle Unsicherheiten gekennzeichnete Phase, in der in Mittelasien Nationen geschaffen und Grenzen gezogen wurden, sich aber gleichzeitig die massive Einwanderung von Russen verstärkte und eine zentralistische sowjetische Machtstruktur zu festigen begann. Die Kollektivierungskampagnen unter Stalin mit erzwungener Sedentarisierung von Nomaden, systematischen Enteignungen und Verfolgungen erschütterten auf brutalste Weise massiv die traditionelle Lebensweise und das bestehende Gesellschaftssystem und führten zu einem Totalumbau von Ökonomie und Gesellschaft.

Das Ende der Sowjetunion war in den neu gegründeten, zuvor niemals eigenständigen Staaten Mittelasiens mit großen Hoffnungen auf Demokratie, freie Marktwirtschaft und nachhaltige Entwicklung verbunden. Zweifellos haben die seitdem eingesetzten Prozesse zu Entwicklungen geführt, die nicht wenige der betroffenen Menschen als Verbesserungen bezeichnen würden. Viele andere jedoch erleben die „neue Zeit", in der Korruption, Nepotismus und autoritäre Herrschaftsstrukturen prävalent sind, als problematische Herausforderung. Bis heute hat sich keine den westlichen „Vorbildgesellschaften" entsprechende Zivilgesellschaft etabliert, Menschenrechte werden nicht eingehalten und nicht alle profitieren von der privatisierten, marktwirtschaftlichen Entwicklung. Stattdessen sind ein Verlust an Sicherheiten, Destabilisierung und eine Prekarisierung der Lebensverhältnisse für weite Teile der Bevölkerung alltägliche Realität, insbesondere in ländlichen, peripheren Regionen, wie dem Untersuchungsgebiet dieser Studie. Das in den 1990er Jahren als Musterland Mittelasiens, als „Helvetistan" oder „Schweiz Zentralasiens" hoch gelobte Kirgistan, das sich einem marktliberalen Kurs verschrieb, in dem aber auch Presse- und Meinungsfreiheit größer waren als in anderen Staaten der Region, zeigt sich heute als ein semifragiler Staat mit einer vergleichsweise schwachen Wirtschaftsleistung, einem fragwürdigen Demokratieverständnis und einer der höchsten Korruptionsraten der Erde.

1 Einleitung

In ländlichen Räumen Zentralasiens, in denen der primäre Sektor zur Sicherung des Lebensunterhalts bis heute eine bedeutende Rolle spielt, kommt der Frage nach dem Umgang mit der natürlichen Umwelt, dem Zugang zu Naturressourcen und deren Extraktion eine große Bedeutung zu. Hier setzt die vorliegende Arbeit an und fokussiert die sich im Verlauf der Geschichte wandelnden Wechselbeziehungen zwischen Mensch und Umwelt in Mittelasien. Am Beispiel eines verhältnismäßig kleinräumigen Areals von naturnahen Mischlaubwäldern im südwestlichen Tien Schan sollen die verschiedenen Muster der anthropogen induzierten Determination von biotischen Entitäten zu Ressourcen, die Verlagerungen von Interessen an diesen sowie das Management und die faktische Nutzung von Land und Naturressourcen seit Mitte des 19. Jahrhunderts bis heute über die drei genannten Systemumbrüche hinweg nachgezeichnet, analysiert und vor dem Hintergrund aktueller wissenschaftlicher Debatten von Politischer Ökologie, Transformations-, Postsozialismus- und Postkolonialismusforschung interpretiert werden. Die Vielfalt der Gehölze dieser global einzigartigen Wälder, von denen die Walnuss die dominante Art darstellt, impliziert nicht zwangsläufig die Notwendigkeit ökonomischer Ausbeutung oder den Impuls der Schutzwürdigkeit. Vielmehr sind ökonomische Nutzung oder ökologische Schutzinteressen erst Folgewirkungen einer gesellschaftlich geprägten und politisch ermöglichenden oder beschränkenden Interpretation von Naturräumen, Landschaften oder Umweltelementen. Politische Zielvorstellungen, Strategien und Prozesse der jeweiligen Epoche geben vor, in welcher Art und Weise Umwelt verwaltet und genutzt werden soll, sie eröffnen Handlungsfelder und legen Grenzen für Handlungen fest, womit Austauschprozesse ermöglicht oder beschränkt sowie Wirtschaftsweisen, Ressourcennutzungsformen und Raumaneignungen auf lokaler Ebene wesentlich beeinflusst werden. Umweltnutzung findet nie im herrschaftsfreien Raum statt und ist somit immer von äußeren politischen Rahmenbedingungen geprägt – Umwelt ist politisiert.

Gleichzeitig ist jede Art des Managements und der Nutzung von Umwelt, Natur oder wie auch immer definierten Ressourcen institutionell fassbar. Daraus leitet sich die forschungsleitende Prämisse ab, wonach die angesprochenen historischen Zäsuren und die ihnen jeweils folgenden Phasen zu Neukonfigurationen institutioneller Arrangements und regulierender Organisationen führen. Institutionen, die Management und Nutzung von natürlichen Ressourcen oder territoriale Aneignungsbemühungen regeln, sind durch die jeweiligen Herrschaftsstrukturen geprägt. Mit anderen Worten, die politischen und sozioökonomischen Rahmenbedingungen geben vor, wer wie und in welcher Form natürliche Ressourcen nutzt oder nutzen darf.

Die radikalen Wechsel politischer Herrschaftsformen in Mittelasien, die jeweils mit einer Umstülpung des Wirtschaftssystems und damit einhergehend divergierenden ökonomischen Austauschprozessen und Zielen verbunden waren, führten zu Wandlungen der Nutzung und Aneignung von Raum und Ressourcen. Bei der Analyse dienen daher die historischen Zäsuren als Leitlinien und erlauben es, die Relevanz politischer Systemwechsel für das Mensch-Umwelt-Verhältnis herauszuarbeiten. Die übergeordnete Leitfrage lautet daher: In welcher Weise beeinflussen die politischen Systeme mit ihren ökonomischen und gesellschaftlichen Subsystemen das Verhältnis von Mensch und Umwelt in Mittelasien?

Verortet in einem konkreten Raum im postsozialistischen Kontext einer ehemaligen Sowjetrepublik soll die Studie in erster Linie einen Beitrag zur Postsozialismusforschung leisten. Hier möchte sie sich mit ihrer diachronen Analyse der Mensch-Umwelt-Interdependenzen in einem Feld positionieren, das bisher wenig Berücksichtigung gefunden hat. Die Postsozialismusforschung stellt heute zweifellos ein sehr produktives Forschungsfeld dar, in dem jedoch politik- und wirtschaftswissenschaftliche Studien dominieren, und in dem auf Mittelasien fokussierte sozialwissenschaftliche Arbeiten meist im Rahmen von *Area Studies* erfolgen. Innerhalb der Geographie findet einerseits eine verstärkte Hinwendung zu postsozialistischen Räumen statt, andererseits spielen Arbeiten zu Mittelasien derzeit eine eher marginale Rolle. Die inzwischen in größerer Anzahl durchgeführten physisch-geographischen Studien in Mittelasien sind hiervon auszuklammern, da in diesen Fällen der postsozialistische Raum weniger in seiner politischen und gesellschaftlichen Prägung von Interesse ist, sondern eine naturräumliche Arena für die Untersuchungen darstellt. Bewusst bleibt an dieser Stelle der Begriff der Transformationsforschung zunächst ausgeklammert, da die dahinter stehende Idee eines teleologischen, linearen Entwicklungsmodells problematisch ist. Ein kurzer Blick auf den ländlichen Raum Kirgistans, in dem seit einigen Jahren wieder Pferde zum Pflügen eingesetzt werden, verdeutlicht die Unzulänglichkeit einer solchen Vorstellung und die Gleichzeitigkeit des Ungleichzeitigen: Im Frühjahr 2007 machte ich die Beobachtung, wie sich ein Bauer beim Pflügen seines Feldes mit Hilfe eines Pferdes über sein Mobiltelefon mit seiner Schwester in Moskau über die neueste im kirgisischen Fernsehen ausgestrahlte brasilianische Telenovela unterhielt.

Neben der Nähe zur Postsozialismusforschung versteht sich die vorliegende Studie unter Berücksichtigung von Konzepten wie Verwundbarkeit, Resilienz und *Livelihood* sowie unter Einbezug postkolonialer Denkansätze auch als ein Beitrag zur geographischen Entwicklungsforschung. Denn die Probleme der Menschen in den postsozialistischen Staaten Mittelasiens sind heute in vielen Bereichen ähnlich gelagert wie für jene in der Peripherie „klassischer" Entwicklungsländer.

Schließlich bildet das Verhältnis von Mensch und Umwelt einen Kernpunkt der Studie, die auf empirischer Datenerhebung basierend mit einem Fallbeispiel einen Beitrag zur geographischen Mensch-Umwelt-Forschung leisten möchte. Konkret wird der Analyserahmen der Politischen Ökologie angewendet und soll durch die spezifische Untersuchung im postsozialistischen Raum eine mögliche Erweiterung erfahren.

Die vorliegende Untersuchung ist in einer Weltregion verortet, die einen wichtigen Übergangsraum zwischen West und Ost darstellt und aufgrund ihres Ressourcenreichtums und ihrer Scharnierfunktion am Rande weltpolitisch bedeutender Konflikträume verstärkte Aufmerksamkeit auf sich zieht. Allerdings geht es in dieser Studie nicht um die globale Bedeutung der Großregion, sondern um eine Erweiterung der Kenntnisse zu postsozialistischen Transformationsprozessen um jene Gruppen und Regionen, die gewöhnlich als Letzte Aufmerksamkeit erfahren. Mit dieser auf Akteure, Institutionen und Management von Naturressourcen konzentrierten Arbeit soll ein Beitrag zum besseren Verständnis von postsozialistischen Transformations- und Dekolonialisierungsprozessen geleistet werden, da hierdurch verdeutlicht wird, was diese oft nur auf Herrschaftsebene betrachteten Wandlungen für die Menschen in den Peripherien konkret bedeuten.

Der gegenwärtige als globales Problem definierte Umweltwandel muss als eine Folge aller weltweit in verschiedensten Kontexten sich ereignender Prozesse gesehen werden, die eingebettet sind in historische, politische und gesellschaftliche Kontexte und die in einem spezifischen naturräumlichen Umfeld stattfinden. Mit der Konzentration dieser Studie auf einen kleinen Raum werden zwar lokale Besonderheiten in idiographischer Weise hervorgehoben, allerdings ist nur durch solch eine Fokussierung ein tiefer gehendes Verständnis vergangener und gegenwärtiger Prozesse möglich. Gleichzeitig macht sie Problemkonstellationen sichtbar, die mit dem Umgang mit knappen Naturressourcen einhergehen und die auf andere Regionen mit Ressourcenmangel und unvorteilhaft gestalteten Nutzungsrechten übertragbar und damit erklärend sein können.

So soll die Studie letztlich auch aufzeigen, wie weltpolitische Ereignisse einerseits Auswirkungen auf periphere Räume und marginalisierte Gesellschaften haben, wie andererseits aber auch deren Situation und Handlungen Teil eines globalen Problems darstellen. Sie soll zeigen, wie vordergründig und irrig Statements über vermeintlich archaische Lebensweisen im heutigen Mittelasien sind. Dass sich Bewohner der Siedlung Arslanbob heutzutage regelmäßig im Herbst einem nicht unbeträchtlichen Risiko aussetzen und auf einen Walnussbaum klettern, um Nüsse herabzuschütteln – im Jahr 2007 kamen hierbei in diesem Ort vier Menschen zu Tode –, ist in keiner Weise ein Relikt prämoderner Handlungen, sondern Ergebnis historischer Entwicklungen, politischer Rahmenbedingungen und ökonomischer Nöte sowie individueller Fähigkeiten, die zusammen genommen ein durch Strukturen begrenztes Feld von Handlungsoptionen aufspannen.

1.1 FORSCHUNGSPROBLEM

Im Zentrum der vorliegenden Studie stehen die Interdependenzen zwischen politisch-sozioökonomischen Regimes, Institutionen des Ressourcenmanagements und der faktischen Ressourcennutzung. Die drei für Mittelasien besonders einschneidenden historischen Zäsuren, die Annektierung des Gebietes durch das russische Zarenreich 1876, die Oktoberrevolution 1917 und die Auflösung der Sowjetunion 1991, sowie die in diesem Zuge erfolgten systemischen Umbrüche und Transformationen von Politik, Ökonomie und Gesellschaft führten jeweils zu Restrukturierungen und Neudefinitionen von Besitz- und Nutzungsrechten sowie den sie steuernden Institutionen, zu Wahrnehmungsänderungen von Natur, Naturelementen und Umweltdiensten sowie zu Modifikationen des Land- und Naturressourcenmanagements. Für die vorliegende Studie spielen dabei die jüngsten postsozialistischen Transformations- und Globalisierungsprozesse eine herausragende Rolle, auf die sich der Großteil der empirischen Datenerhebung bezieht. Das Forschungsproblem der vorliegenden Arbeit spannt sich somit in einem Dreieck wechselseitiger Beziehungen auf, dessen Ecken sich gegenseitig beeinflussende Komponenten bilden (Abb. 1.1). Damit soll der Zusammenhang zwischen den historisch sich wandelnden strukturellen Rahmenbedingungen von Politik, Wirtschaft und Gesellschaft mit ermöglichenden und beschränkenden Institutionen aufgezeigt werden. Letztere skizzieren wiederum maßgeblich den Handlungsspielraum betroffener Akteure, der zudem durch wirtschaftliche Nöte oder Begehrlichkeiten beeinflusst ist. Hierbei sind unter Akteuren jene an dem Verhältnis von Mensch und Umwelt unmittelbar oder mittelbar involvierten handelnden Menschen oder Gruppen zu verstehen, die sich in direkter Konfrontation mit der physischen Umwelt befinden oder indirekt durch Nachfrage oder die Ausgestaltung von Nutzungsregeln oder Zugangsrechten das Handeln beeinflussen.

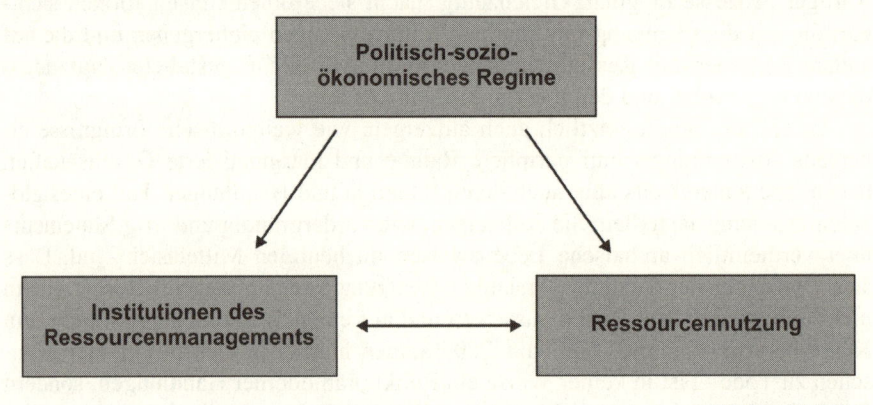

Abb. 1.1 Interdependenzen zwischen politisch-sozioökonomischem Regime, Institutionen des Ressourcenmanagements und Ressourcennutzung

Ressourcen und Institutionen

Bevor die Forschungsfragen und -hypothesen vorgestellt werden, sollen zunächst zwei für diese Studie zentrale Kategorien näher erläutert werden – Ressource und Institution.

Die Hochgebirgsumwelt des Untersuchungsraums beinhaltet mannigfaltige mikroklimatische und geomorphologische Bedingungen und damit eine Vielfalt ökologischer Nischen. Abiotische und biotische Elemente sowie Örtlichkeiten werden in ihrer Materialität oder Funktion nur durch anthropogene Zuschreibungen zu Ressourcen. Menschen verleihen ihnen Wert, zeigen Interesse oder artikulieren eine Nachfrage nach spezifischen natürlichen Produkten, Umweltdiensten oder Territorien. Ressourcen sind demnach keine materiellen Beständigkeiten der Natur *an sich*, sondern vielmehr als kulturelle Wertschätzungen zu betrachten: „Resources are not; they become" (ZIMMERMAN 1933). Sie sind somit als hybride Formen (*socio natures*) weder rein natürlich noch rein gesellschaftlich konstituiert

(SWYNGEDOUW 1999), vielmehr müssen sie als relational und aus sozialen Austauschbeziehungen hervorgehend angesehen werden. Das heißt, die Bewertung von Ressourcen ist unauflöslich mit gesellschaftlichen, politischen und ökonomischen Faktoren verwoben.

Grundsätzlich können Ressourcen in materielle und immaterielle unterschieden werden; GIDDENS (1988:316) etwa differenziert zwischen *allokativen* Ressourcen, die materielle Aspekte der Umwelt wie Rohstoffe, Reproduktionsmittel und produzierte Güter umfassen, sowie *autoritativen* Ressourcen, wozu die Organisation von Raum und Zeit, von Menschen und von Lebenschancen zählen. Unter Kenntnisnahme dieser Unterscheidungen bezieht sich der Begriff der Ressource im Folgenden meist auf materielle Aspekte und besonders auf Naturressourcen.

Naturressourcen oder natürliche Ressourcen sind das Produkt geologischer, hydrologischer und biologischer Prozesse, die anthropogene Bedürfnisse befriedigen und direkte Beiträge zum menschlichen Wohlbefinden liefern, wobei zu unterscheiden ist zwischen endlichen und erneuerbaren Ressourcen. Die endlichen oder erschöpfbaren Ressourcen wiederum können unterteilt werden in solche, die nicht zurück gewonnen werden können wie etwa Brennstoffe, und in recyclebare Ressourcen wie Metalle. Bei den erneuerbaren Ressourcen ist zu differenzieren, ob die Nutzung die Menge und/oder Qualität der Ressourcenbasis mindert oder nicht. Im erstgenannten Fall kann es zur Erschöpfung der Ressourcenbasis kommen, wenn die Kapazität der Erneuerung überschritten wird; mögliche Beispiele hierfür sind das Grundwasser oder der Bestand an Wildtieren oder Wildpflanzen (BRIDGE 2009:490).

Allerdings sind Ressourcen eng mit gesellschaftlichen Faktoren verbunden und eine dynamische Kategorie. So können ökonomische Liberalisierungsmaßnahmen, erleichterte Zugänglichkeiten oder intensivierte Austauschprozesse zu einer Änderung von Wertschätzung und Interessen an Ressourcen sowie zu einer Modifikation der steuernden Institutionen und des an bestimmten Ressourcen interessierten Akteursfeldes führen. Beispielsweise können mineralische Rohstoffe oder biologische Prozesse neu als Ressourcen begriffen werden und eine gesteigerte globale Wertschätzung erfahren, je nach Kenntnissen, ökonomischem Wert, gesellschaftlichen Normen und Erwartungen oder der Verfügbarkeit von Alternativen (BRIDGE 2009:491). Die Vorstellung, was als Ressource aufgefasst werden soll, ist partikulär und ignoriert vielfach andere Vorstellungen vom Wert von Ressourcen, wie ästhetische oder spirituelle.

Da Land und natürliche Ressourcen begrenzt sind, sind der Zugang zu ihnen sowie ihre Nutzung und Kontrolle durch verschiedene Akteure das Ergebnis politischer Aushandlungsprozesse, in denen sich Machverhältnisse manifestieren. Im Mittelpunkt der Analysen stehen also im Gegensatz zu neomalthusianischen Knappheitsszenarien weniger die Begrenztheit von Ressourcen als vielmehr die soziopolitischen Verhältnisse, die als konfliktfördernde oder entwicklungshemmende Faktoren den Wert von Ressourcen definieren sowie Zugang und Verfügbarkeit steuern.

Institutionen liegen den meisten Mensch-Umwelt-Interaktionen zugrunde, sie legitimieren und prägen die Nutzung von Land und Naturressourcen (BROMLEY

1991). Institutionelle Arrangements bestimmen den Zugang zu Ressourcen und legen fest, wie und von wem verfügbare Ressourcen genutzt werden können Insbesondere die Arbeiten der Neuen Institutionenökonomie sowie der *Common Property Theory* verdeutlichen, inwieweit institutionelle Arrangements die Nutzung von Land und Ressourcen und damit den Zustand der Umwelt beeinflussen und zum Umweltwandel beitragen (CIRIACY-WANTRUP & BISHOP 1975; NORTH 1986, 1990, 1991; MCCAY & ACHESON 1987; BERKES 1989; OSTROM 1990; BROMLEY 1991; FEENY et al. 1990; OSTROM et al. 1999, 2002). So betont die Common-Property-Literatur die vermittelnde Kraft von Institutionen zwischen Gesellschaft und natürlichen Ressourcen (OSTROM 1990). Dabei ist der Begriff der Institution ein durchaus umstrittenes Konzept. NORTH (1991:97) definiert Institutionen als „humanly devised constraints that structure political, economic and social interaction" und „consist of both informal constraints (sanctions, taboos, customs, traditions and codes of conduct) and formal rules (constitutions, laws and property rights)." OSTROM (1992) sieht Institutionen als „the set of rules actually used […] by a set of individuals to organise repetitive activities that produce outcomes affecting the individuals and potentially affecting others." Nach weniger strukturellen Definitionen sind Institution einfach vorhersehbare und sich wiederholende Muster (FEENY et al. 1990; LEACH et al. 1999:240) oder gesellschaftlich konstruierte und geteilte Bedeutungen und Praktiken (NORTH 1991). GIDDENS (1986:8) betont die zeitliche Dimension und definiert Institutionen als „commonly adopted practises which persist in recognisably similar forms across generations."

In diesen Definitionen werden Organisationen selbst nicht als Institutionen betrachtet, sondern als „players, or groups of individuals bound together by some common purpose to achieve objectives" (NORTH 1990:5). SEN (1981) bezieht den Begriff der Institution jedoch auch auf Organisationen; entsprechend sind in der vorliegenden Studie unter Institutionen sowohl die „rules of the game" (NORTH 1990) als auch die Instanzen und Organisationen zu verstehen, welche die Spielregeln aufstellen und überwachen.

Demnach zählen zu Institutionen mit formalem Charakter neben den staatlich kodierten Eigentums- und Zugangsrechten auch gesetzgebende Parlamente, staatliche Administrationen oder repräsentative Räte, die gleichwohl auch als Akteure aufzufassen sind. Informelle Institutionen umfassen sowohl Interessengruppen, Ältesten- und Frauenräte als auch lokale Nutzungsregelungen oder gesellschaftliche Konventionen von Macht, Respekt, Vertrauen und Legitimität, die lokal sehr differenziert ausgebildet sein können. Institutionen strukturieren das gesellschaftliche Leben in Raum und Zeit. Gesellschaften entwickeln Institutionen, die ihr Zusammenleben erleichtern und möglichst optimieren, wobei die Aushandlung von Institutionen ein hoch politischer Prozess ist. In diesem Sinne regeln Institutionen auch die Nutzung von Land und Naturressourcen.

In dynamischen Phasen soziopolitischer Transformation, aber auch aufgrund von Bevölkerungswachstum oder technologischen und wirtschaftlichen Entwicklungen müssen Institutionen angepasst werden, wobei die aktive Umgestaltung von Institutionen vielfach entweder träge oder aber in einem Aushandlungsprozess erfolgt, bei dem Partikularinteressen häufig gegenüber dem Gemeinwohl dienenden Interessen dominieren und es somit zu einem „institutionellen Mangel" kommt. Die Folgen können illegale Landnahme, Aneignung von Ressourcen oder ungeregelte Ressourcenausbeutung mit negativen Auswirkungen auf Umwelt und *Livelihoods* sein. Politische oder ökonomische Transformationen können auch eine Reduktion der institutionellen Resilienz nach sich ziehen, wobei hierunter die Fähigkeit der Institutionen zu verstehen ist, externe Spannungen und Belastungen zu bewältigen.

Für die vorliegende Studie ist die Berücksichtigung der im Laufe der Geschichte immer wieder veränderten *Property Rights*, der Eigentums- und Nutzungsrechte, unabdingbar. So betont BLOMLEY (2005:127) die Notwendigkeit für Geographen, „to take property seriously, exploring the effects of the dominant model within the world, as well as uncovering the much more interesting and complicated realities of property." Eigentums- und Nutzungsrechte manifestieren sich räumlich, sie schaffen Orte, strukturieren und gestalten Landschaften, determinieren Grenzen und legen fest, wer zu bestimmten Orten gehört und wer Grenzen überschreiten darf oder nicht. Institutionen sind somit kein neutraler Gestalter von Raum, sondern ein machtvolles Mittel der Raumproduktion.

Dabei beschränkt sich die Analyse von Eigentums- und Nutzungsrechten nicht auf die Frage von Eigentum und Besitz, sondern auf ein Bündel von Rechtstiteln, die Rechte und Pflichten bei der Nutzung von Land und Naturressourcen definieren (BROMLEY 1991). Hierzu gehören nach SCHLAGER & OSTROM (1992) a) das Recht auf Zugang (*access*), d.h. ein definiertes Gebiet zu betreten und es für Zwecke zu nutzen, die keine Ressourcenentnahme beinhalten (z.B. Erholung, Schutzfunktion); b) das Recht, Ressourcen oder Produkte eines Ressourcensystems zu entnehmen (*withdrawal*); c) das Recht, interne Nutzungsmuster zu regulieren und die Ressource zu verändern (*management*); d) das Recht festzulegen, wer Zugangs- und Entnahmerechte erhält, und wie diese Rechte übertragen werden können (*exclusion*); sowie e) das Recht, Zugangs-, Nutzungs- und Managementrechte zu veräußern (*alienation*).

Property Regimes[1] bzw. Eigentumsrechte an Land und Naturressourcen können ausgestaltet sein a) als *Open-Access* (*res nullius*): das Nutzungsrecht an Ressourcen ist weder exklusiv noch übertragbar, es besteht freier Zugang für alle; b) als Staatseigentum (*res publica*): das Management erfolgt durch den Nationalstaat, die Nutzungs- und Zugangsrechte sind häufig nicht spezifiziert; c) als gemeinschaftliches oder Kommunaleigentum (Allmende) (*res communes*): die Nutzungsrechte werden von den Nutzergruppen kontrolliert; oder d) als Privateigentum: ein Individuum oder eine Körperschaft verfügt über das Recht, andere auszuschließen und die Nutzung der Ressource zu regulieren (BERKES 1989:10). Hierbei ist grundsätzlich zu berücksichtigen, dass die „westliche" Sichtweise auf Eigentumsrechte dazu tendiert, Eigentum als ein Mittel der Ausbeutung und Nut-

---

1 DEKKER (2003:17) definiert *Property Regime* als „complex of rules, principles, and procedures that in a specific community or society regulate legitimate control over, access to, and conditions of use of the means of existence and of production (resources), as well as the acquisition and transfer of such resources"; vgl. auch FOREST (2000), BLOMLEY et al. (2001).

zung für private Zwecke zu sehen und weniger in seiner Funktion für die Etablierung gesellschaftlicher Sicherheit (DEKKER 2003:18).

Die Bedeutung von Zugangs-, Verfügungs-, Nutzungs- oder Eigentumsrechten stellen auch SEN (1981) und LEACH et al. (1999) in ihrem *Entitlement*-Ansatz heraus, in dem sie aufzeigen, wie Individuen und gesellschaftliche Gruppen mit unterschiedlichen Zugangsrechten zu Naturressourcen ausgestattet sind und wie Institutionen auf verschiedenen Ebenen die Kontrolle über Ressourcen beeinflussen. Verfügungsrechte über und Zugangsmöglichkeiten zu Ressourcen gelten als maßgeblich für den Grad sozialer Verwundbarkeit gegenüber gesellschaftlichen, sozioökonomischen und ökologischen Veränderungen. Somit werden die spezifischen Muster von Ressourcenausstattung und -nutzung sowie die Regelungen des Zugangs zu Ressourcen zu zentralen Analysekategorien.

1.2 FRAGESTELLUNG UND AUFBAU DER ARBEIT

Angesichts der zuvor formulierten Prämisse ist es evident und Teil der gestellten Aufgabe, den Wandel der Institutionen der Ressourcenmanagements sowie die tatsächliche Nutzung der Ressourcen im Zusammenhang mit den multiplen historischen Transformationen zu betrachten. Das Ziel der Analyse besteht darin, die lokalen Land- und Naturressourcen als Objekte unterschiedlicher Interessen zu begreifen und analytisch das sich im historischen Verlauf ändernde Feld der Akteure mit ihren divergierenden Interessen, Handlungsoptionen und -restriktionen sowie die sich wandelnden Institutionen herauszuarbeiten. Voraussetzung hierfür ist eine Analyse der jeweiligen politischen und sozioökonomischen Rahmenbedingungen und deren Veränderung durch die genannten historischen Zäsuren. Dabei zählen zu den die Untersuchung konstituierenden Feldern etwa die staatliche Aneignung von Land und Naturressourcen, Sedentarisierung der kirgisischen Nomaden, Kollektivierung von Vieh, administrative Ordnungen und Reorganisierungen, Missbrauch politischer Positionen und Entscheidungskompetenzen, Entwicklung von Nutzungs- und Schutzkonzepten, Erosion staatlicher Sicherungssysteme sowie ökonomische Privatisierungs- und Liberalisierungsmaßnahmen. Für die im Untersuchungsgebiet lebende Bevölkerung erhält die in der Studie angesprochene Problematik besondere Relevanz vor dem Hintergrund der Prozesse von politischer Umstrukturierung, ökonomischem Niedergang und gesellschaftlicher Verunsicherung, die mit der Auflösung der UdSSR verbunden waren. Hierdurch ergibt sich die Notwendigkeit der Neuausrichtung individueller Überlebensstrategien, in denen den lokalen Land- und Naturressourcen eine neue Bedeutung zukommt. Hinzu treten auch auf die lokale Ebene ausstrahlende Prozesse einer sich beschleunigenden Globalisierung sowie einer gesellschaftlichen Fragmentierung aufgrund zunehmender Individualisierung, sozioökonomischer Stratifizierung und ethnischer Rivalitäten.

Ein Ziel der Analyse ist es zu verstehen, wie sich durch reziproke Interdependenzen von politischen, ökonomischen, soziokulturellen und ökologischen Strukturen und Entwicklungen spezifische Regime des Land- und Naturressourcenmanagements ausbilden. Am Beispiel des Gebiets der Walnuss-Wildobstwälder Kirgistans sollen das Netz der beteiligten Akteure und deren Interessen, die regulierenden Institutionen sowie die tatsächlichen Management- und Nutzungspraxen in diachroner Weise dargestellt werden (vgl. Abb. 1.2).

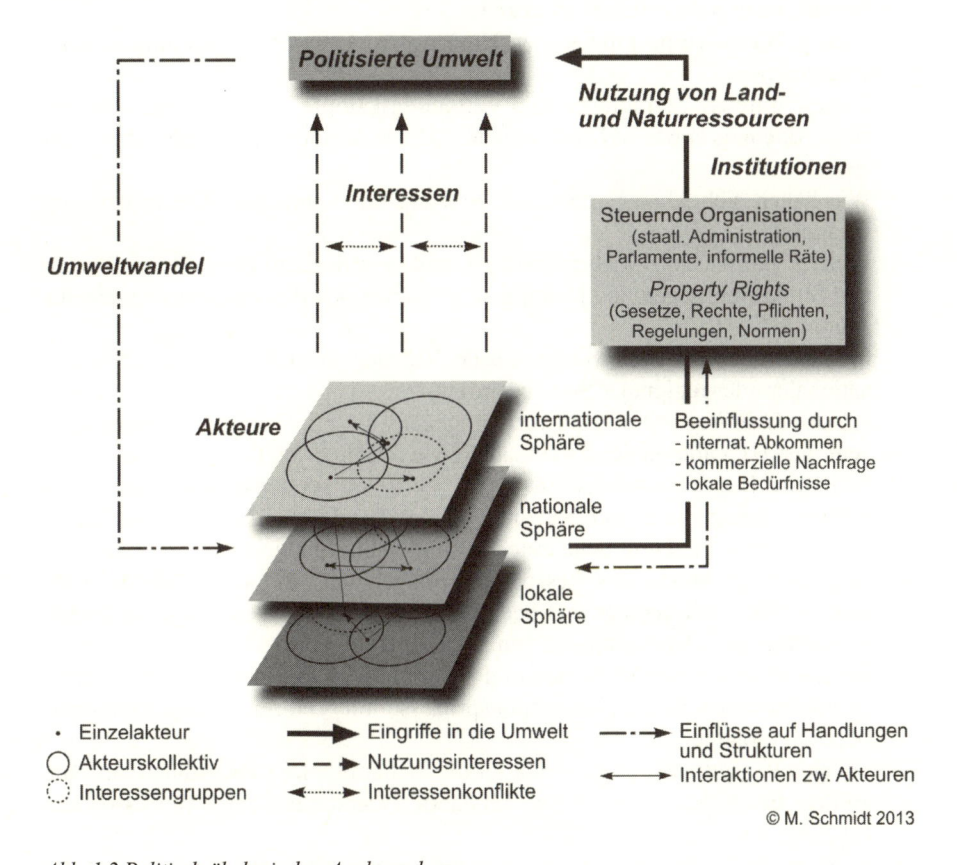

Abb. 1.2 Politisch-ökologisches Analyseschema

Hierbei ergeben sich folgende, die Analyse leitende Forschungsfragen:
– Welche Institutionen (Besitz-, Zugangsrechte, Kontrollinstanzen etc.) regeln die Nutzung von Land und Naturressourcen im Gebiet der Walnuss-Wildobstwälder Kirgistans?
– Wie sind die Institutionen definiert und verhandelt? Stehen staatliche und autochthone Institutionen in einem Komplementär- oder Konkurrenzverhältnis?
– Treten nach politischen Umbrüchen institutionelle Mangelsituationen ein?
– Welche Akteure sind am Management der Land- und Naturressourcen in den entsprechenden historischen Phasen involviert und welche Handlungsoptionen bieten sich ihnen?

- Welche politischen, ökonomischen, gesellschaftlichen, kulturellen und ökologischen Interessen an Land- und Naturressourcen bestehen und werden von den unterschiedlichen Akteuren artikuliert?
- Welche Funktionen kommen Land- und Naturressourcen unter dem jeweils herrschenden politischen System zu?
- Welche Narrative bestimmen den Umgang mit Umwelt zur jeweiligen Herrschaftsperiode?
- Inwiefern treten Verfügungs- und Verteilungskämpfe zwischen unterschiedlichen Akteursgruppen auf und welche Akteure können sich hierbei durchsetzen?
- Wie haben sich Management und Nutzung der Land- und Naturressourcen verändert?
- Welche politischen, wirtschaftlichen und gesellschaftlichen Vorstellungen und Strukturen liegen den jeweiligen Strategien des Ressourcenmanagements zugrunde?
- Inwieweit wurden und werden lokale Nutzungsmuster von internationaler, nationaler oder regionaler Seite beeinflusst?
- Welche *Livelihood*-Strategien verfolgt gegenwärtig die lokale Bevölkerung?

Die zentralen Hypothesen der Arbeit lauten wie folgt:
- Politische Herrschaftsverhältnisse und Wirtschaftssysteme bestimmen maßgeblich Management und Nutzung lokaler Land- und Naturressourcen; in Phasen politischer Umbrüche treten institutionelle Mangelsituationen auf.
- Gegenwärtige Muster des Ressourcenmanagements sind sowohl kolonial als auch sozialistisch geprägt und beeinflusst von globaler Nachfrage und westlich dominierten Vorstellungen von Natur und Umwelt.
- Für die Mehrheit der Menschen in der Peripherie Kirgistans sind gegenwärtige post-sowjetische Transformationsprozesse mit Verarmung und Marginalisierung verbunden.
- Lokalen Ressourcen kommt heute für die Sicherung des Lebensunterhalts eine größere Bedeutung zu, was eine verstärkte Degradation der Naturressourcen zur Folge hat.

Die vorliegende Studie gliedert sich in sechs Kapitel. Das erste Kapitel dient der Einführung und Hinführung zur Thematik, in der die Problem- und Fragestellungen skizziert werden. Im zweiten Kapitel werden die theoretischen Hintergründe beleuchtet und Bausteine für eine *Postsozialistische Politische Ökologie* zusammengetragen. Dabei erscheint es notwendig, einen ausführlichen Überblick über die Entwicklung und Charakteristika der Politischen Ökologie und der ihr vorausgegangenen und als konstituierend anzusehenden Strömungen der Mensch-Umwelt-Forschung zu liefern ehe die Besonderheiten des postsozialistischen Raumes dargestellt und die hieraus abzuleitenden Anforderungen an eine Politische Ökologie im postsozialistischen Raum aufgezeigt werden. Nachfolgend werden Konzept und Kennzeichen des dominierenden Transformationsparadigmas ausführlich erörtert und anschließend dekonstruiert, um die Begrenztheit dieses Paradigmas aufzuzeigen. Die vorsowjetische koloniale Vergangenheit Mittelasiens sowie unverkennbare koloniale Elemente des Sowjetsystems lassen es notwendig erscheinen, einen Blick auf die Postkolonialismusforschung zu werfen und Ideen für geographische Studien im postkolonial-postsozialistischen Mittelasien zu entlehnen.

Das Mensch-Umwelt-Verhältnis in Mittelasien steht im Zentrum der folgenden drei Hauptkapitel, die chronologisch die historischen Phasen vom Khanat von Kokand über den russisch-zaristischen Kolonialismus und den über sieben Dekaden während sowjetischen Sozialismus bis zum gegenwärtigen Postsozialismus thematisieren. Zum Verständnis der jeweiligen politisch-sozio-ökonomischen Regimes werden historisch bedeutende Ereignisse angesprochen ehe die für das Mensch-Umwelt-Verhältnis prägenden institutionellen Rahmungen und der Umgang mit Land- und Naturressourcen analysiert werden. In Anbetracht der Quellenlage beziehen sich die Ausführungen zu den beiden älteren Phasen auf eine größere räumliche Maßstabsebene, weil Daten und Informationen zum eigentlichen Untersuchungsgebiet der Nusswälder des südwestlichen Tien Schan aus dieser Zeit kaum erschlossen werden konnten. In den beiden jüngeren historischen Phasen liefert dagegen ein detailliertes Bild des besonderen Falls Grundlage für Verallgemeinerungen zum Verständnis von Sozialismus und Postsozialismus in Mittelasien. Zusätzlich zu den Analysen von Institutionen, Akteuren und Interessen an den diversen Forstressourcen bilden die gegenwärtigen Lebenssicherungsstrategien der lokalen Bevölkerung einen Schwerpunkt dieser Erörterungen. Das Fazit greift die eingangs aufgestellten Hypothesen auf und bewertet den gewählten Analyserahmen.

2 BAUSTEINE FÜR EINE POLITISCHE ÖKOLOGIE DES POSTSOZIALISMUS

2.1 MENSCH-UMWELT-FORSCHUNG UND POLITISCHE ÖKOLOGIE

Die Wahrnehmung von Naturräumen und Umweltelementen, Umweltwissen und Interpretationen biophysischer Entitäten, deren anthropogene Nutzung und materielle Aneignung wie auch Regelungen über Zugang und Nutzung von als solche definierter Naturressourcen unterliegen einem historischen Wandel und sind maßgeblich durch gesellschaftliche, politische und ökonomische Prozesse und Strukturen geprägt. Folglich sind Transformationen der Umwelt maßgeblich Folge menschlicher Handlungen, und zwar nicht nur im unmittelbaren Kontakt von Mensch und Umwelt auf lokaler Ebene, sondern auch mittelbar durch Handlungen und Entscheidungen von Akteuren auf anderen räumlichen Ebenen. Zugleich zeigt sich darin die Konstruiertheit von Umwelt. Denn biophysische Entitäten können zwar nach in dominierenden Wissensdiskursen festgelegten Methoden und Systemen in positivistischer Weise erfasst, vermessen und analysiert werden, bedeuten jedoch im Sinne subjektiver Weltwahrnehmung für jeden Menschen etwas anderes. Ein Wald kann beispielsweise als auszubeutende Ressourcenquelle, als Refugium bestimmter Tier- und Pflanzenarten, als Quelle der Inspiration oder als Erholungsraum gesehen werden.

Eine solche Vorstellung von Umwelt und Umweltanalyse korrespondiert mit dem Forschungsansatz der Politischen Ökologie, dem als Analyserahmen ein zentraler Stellenwert innerhalb dieser Abhandlung zukommt. Dieses auf Piers BLAIKIE und Harold BROOKFIELD (1987) zurückgehende Forschungskonzept betont sowohl die Konstruiertheit als auch die Politikgeladenheit von Umwelt und berücksichtigt die räumliche Mehrdimensionalität von Akteuren, deren Interessen und Handlungen wie auch die Notwendigkeit historischer und ethnographischer Analyse in Kombination mit Kritik an bestehenden ökonomischen Rahmenbedingungen. Demnach können anthropogen induzierte Veränderungen oder Degradationen von Ökosystemen nicht verstanden werden ohne Betrachtung der politischen und wirtschaftlichen Strukturen und Institutionen, in denen diese Transformationen eingebettet sind. Ziel politisch-ökologischer Studien ist die Analyse und Erklärung von Umweltveränderungen und -degradation sowie den dafür verantwortlichen Ursachen. Dies beinhaltet die Untersuchung von Umweltkonflikten und den Verteilungs- und Machtkämpfen unterschiedlicher Interessengruppen um natürliche Ressourcen auf verschiedenen Handlungsebenen.

Der Ansatz der Politischen Ökologie erscheint hierbei als besonders geeignet, da er sowohl eine räumliche als auch eine zeitliche Tiefe aufweist, was angesichts der zuvor proklamierten Notwendigkeit zur Betrachtung der verschiedenen historischen Zäsuren dringend geboten erscheint. Des Weiteren stehen sowohl die Akteure, deren Intentionen und Handlungsoptionen als auch die regelnden Institutionen sowie vergangene, gegenwärtige und potentielle Konflikte im Fokus politisch-ökologischer Studien. Schließlich ist die Vorstellung von BLAIKIE (1995), wonach die Umwelt als „Schlachtfeld" divergierender Interessen gesehen wird, auf dem um Zugangsrechte und Nutzung von Naturressourcen gerungen wird, als notwendige Prämisse der vorliegenden Arbeit zu betrachten.

2.1.1 Traditionen der Mensch-Umwelt-Forschung in der Geographie

Die vor etwa dreißig Jahren begründete Politische Ökologie beschäftigt sich mit den Wechselwirkungen von menschlichen Handlungen und deren ökologischen Auswirkungen unter expliziter Betrachtung der diesem Wechselspiel zugrundeliegenden gesellschaftlichen und politischen Machtverhältnisse. Als Analysekonzept zur Erklärung von Umweltdegradation und zur Aufdeckung der damit verknüpften institutionellen Regelungen sowie kontroversen Diskursen über die Bedeutung und den Wert von Natur und Umwelt kommt ihr eine große Bedeutung auch innerhalb der Geographie zu. Die Geographie ist es auch, die als eine der konstituierenden Disziplinen für die Politische Ökologie gesehen werden kann. Das Verhältnis von Mensch und Umwelt, die Wechselwirkungen von Gesellschaft und Natur zählen seit der Begründung der wissenschaftlichen Geographie zu ihrem Kernbereich. In allen vergangenen Dekaden beschäftigten sich Geographen mit den wechselseitigen Einflüssen von Mensch und Umwelt. Heute zirkulieren in der Geographie oder in verwandten Gesellschaftswissenschaften, insbesondere nach dem so genannten *spatial turn*, unterschiedliche Forschungsansätze, die sich explizit einer integrativen Betrachtung sowohl der physischen Welt als auch der sozialen Sphäre widmen, wie etwa die Humanökologie, die *Cultural Ecology*, die Soziale Ökologie oder die Politische Ökologie. Ehe die Politische Ökologie als Analyserahmen für diese Abhandlung begründet wird, soll deshalb zunächst ein Blick auf Mensch-Umwelt-Ansätze innerhalb oder am Rande der Geographie geworfen werden, die im weitesten Sinne als Vorläufer, zumindest aber als Bausteine der Politischen Ökologie zu sehen sind.

Frühe Denkansätze zum Verhältnis von Mensch und Umwelt

Das Verhältnis von menschlicher Gesellschaft und natürlicher Umwelt galt bereits in der Antike als Gegenstand wissenschaftlicher Betrachtungen. So versuchten Gelehrte unter anderem die Kausalbeziehungen zwischen Umwelt und Kultur nachzuweisen, und Hippokrates untersuchte vom medizinischen Standpunkt aus den Einfluss des Klimas auf den Menschen (HETTNER 1947:35). Im Zentrum der Überlegungen zum Mensch-Umwelt-Verhältnis standen bei den Denkern vergangener Jahrhunderte die Fragen, ob die Erde eine zweckmäßige Kreation sei, inwieweit Klima und physische Umwelt den moralischen und sozialen Charakter von Individuen und Kulturen beeinflusse und in welcher Weise die Menschheit das Gesicht der Erde gegenüber einem hypothetisch unberührten Zustand verändere (GLACKEN 1967).

Fundamental bedeutsam für die Betrachtung des Mensch-Umwelt-Verhältnisses war die Arbeit des britischen Nationalökonomen und Sozialphilosophen Thomas Robert MALTHUS, der in seiner Abhandlung *An Essay on the Principle of Population* (1798) einen direkten Zusammenhang zwischen Bevölkerung und ökonomischem Potenzial des Erdraums konstatierte und damit eine Theorie zur Tragfähigkeit der Erde entwickelte. Demnach wachse die globale Bevölkerungszahl in geometrischer Reihe, während die weltweite Nahrungsmittelproduktion nur eine arithmetische Steigerungsrate aufweise, womit Malthus das menschliche Reproduktionsvermögen für ungleich größer erachtete als das Potenzial des Bodens, Nahrungsmittel zu liefern. Sein aus dieser Prämisse abgeleitetes „Naturgesetz" besagt, dass die steigende Bevölkerungszahl unweigerlich das Nahrungsangebot erschöpfen müsse. MALTHUS sah somit die verfügbaren Naturressourcen als das Bevölkerungswachstum limitierende Faktoren. Obgleich seine politischen Implikationen sozial diskriminierend waren und sein „Naturgesetz" durch die Geschichte vielfach widerlegt wurde, hält die Wirkmächtigkeit dieser Theorie bis heute an. Zahlreiche Wissenschaftler sind im Sinne eines Neo-Malthusianismus noch heute von der Richtigkeit seiner Thesen überzeugt und prognostizieren eine Bevölkerungskatastrophe.

Eine differenzierte Ansicht zu den Wechselwirkungen und -beziehungen zwischen Natur und Gesellschaft vermittelte Alexander von HUMBOLDT (1808; 1845-1862), der durch seine umfangreichen Studien in Südamerika zu der Auffassung gelangte, dass sich der Mensch an die Umwelt anpassen müsse, aber durch sein Verhalten die natürliche Umwelt auch maßgeblich beeinflusse. Eine Ansicht, die mit dem Aufkommen des Geodeterminismus wieder in Vergessenheit geriet. Ferner suchte HUMBOLDT die Gründe für Armut, Unterentwicklung und Umweltzerstörung eher in der politischen Geschichte der Regionen, etwa im kolonialen Wirtschaftssystem, als in den autochthonen Praktiken oder Charakteristika verschiedener Ethnien.

Während HUMBOLDT den Fokus auf Naturbetrachtung und Naturbeschreibung legte, wandte sich Carl RITTER, der Begründer der Regionalen Geographie, verstärkt dem Wirken des Menschen auf der Erde zu, betonte dabei aber ebenfalls das reziproke Verhältnis von Mensch und Natur:

> „Die Erde und ihre Bewohner stehen in der genauesten Wechselverbindung und ein Theil läßt sich ohne den anderen nicht in allen seinen Verhältnissen getreu darstellen. Daher werden Geschichte und Geographie immer unzertrennliche Gefährten bleiben müssen. Das Land wirkt auf die Bewohner und die Bewohner auf das Land." (RITTER 1804/1807; zitiert nach EHLERS 2008:184)

Als wesentliches Ziel der Geographie sah RITTER das Aufzeigen der wechselseitigen Beziehungen zwischen Mensch und Natur. Sowohl Humboldt als auch Ritter bekannten sich zur Einheit von Natur und Kultur, von Mensch und Umwelt und nutzten als methodisches Vehikel die Metapher eines Naturgemäldes (EHLERS 2008:189). Neben der Herausstellung idiographischer Besonderheiten verwies

RITTER (1852:3) aber auch auf die Abhängigkeit des Menschen von naturräumlichen Bedingungen, den Einfluss der Natur auf die Völker und damit auf die „Völker-, Staats- und Menschengeschichte" und bereitete so der Lehre von der Naturbedingtheit des Menschen den Weg.

Geodeterministische Phase

Mit der Frage des Einflusses der Natur auf das kulturelle Schaffen der Menschen beschäftigten sich in der Folge über viele Dekaden hinweg zahlreiche Geographen. Dabei dominierte bis weit in das 20. Jahrhundert hinein, beeinflusst durch den Positivismus und die naturwissenschaftlich-kausale Denkweise dieser Zeit, der Gedanke des Natur- oder Umweltdeterminismus. Demnach prägen physiogeographische Gegebenheiten, insbesondere das Klima, nicht nur die äußere Erscheinung von Menschen, wie die Hautfarbe, sondern auch das Wirtschaftsverhalten, das kulturelle Leben und die Sozialstrukturen. Der Landesnatur wird ein kausaler Zwang auf den Menschen unterstellt und die Abhängigkeit des Menschen, seiner Kultur und Wirtschaft von den Naturbedingungen postuliert. Dagegen blieb der Einfluss der Menschen auf die Natur weitgehend unbeachtet.

Der Idee des Geodeterminismus folgte weitgehend auch Friedrich RATZEL, doch interpretiert er die Natur-Mensch-Beziehung nicht ausschließlich unilinear, sondern erkennt die prägende Rolle des Menschen auf den Erdraum ebenfalls an:

> „Wie folgenreich ist ferner die Thatsache, dass [die Menschheit] durch dauernde Werke die Erde (…) verändert bzw. bereichert, (…) kurz in ergreifendster Weise das Antlitz der Erde verändert!" (RATZEL 1882:21)

An anderer Stelle scheint RATZEL (1882:49) mit der determinierenden Rolle der Natur über den Menschen zu ringen. Diese Dominanz könne seiner Ansicht nach durch starken Volkswillen überwunden werden, womit er ein rassistisches Deutungsmuster vorschlägt, das eine Überlegenheit respektive Unterlegenheit einzelner „Rassen" aufgrund bestimmter Umwelteinflüsse postuliert. Die Behauptung, wonach „der Mensch hauptsächlich ein Produkt seiner Umgebungen sei", hält RATZEL (1882:63) für übertrieben, doch er greift mit der Frage, ob mit „dem Wachsen der Kultur die Naturbedingungen" abnehmen (RATZEL 1882:86), eine wichtige und noch heute aktuelle Fragestellung auf.

Die Denkweise des Umweltdeterminismus dominierte auch im englischsprachigen Raum die Geographie. Wichtigste Vertreter waren Halford MACKINDER, Ellen SEMPLE und Elsworth HUNTINGTON. Welche kruden Formen deren Theorien von der Bedingtheit menschlichen Handelns aufgrund naturräumlicher Voraussetzungen annehmen konnten, verdeutlicht folgendes Zitat:

> „The climate of many countries seems to be one of the great reasons why idleness, dishonesty, immorality, stupidity, and weakness of will prevail." (HUNTINGTON 1915:294)

Solche Argumente lieferten zugleich Erklärungen und Rechtfertigungen für das imperiale Vorgehen der europäischen Kolonialmächte und legitimierten sozialdarwinistisch Zerstörung, Mord und Vertreibung „unterlegener Rassen" als quasi natürliche Auslese. Trotz der sich ab den 1920er Jahren abzeichnenden Gegenströmungen verteidigte und relativierte Alfred HETTNER den Geodeterminismus:

> „Die Abhängigkeit des Menschen von der Natur und die Umbildung der Natur durch den Menschen gehen oft Hand in Hand, gehören bis zu einem gewissen Grad zusammen; die Anpassung des Menschen an ein Land ist meist mit dessen Umbildung, mit der Anpassung des Landes an den Menschen, verbunden. Sowohl der Mensch wie die Natur sind zugleich Subjekt und Objekt, stehen in Wechselwirkung." (HETTNER 1947:6)

EHLERS (2008:218) sieht die Betonung der in gegenseitiger Abhängigkeit und Wechselbeziehung stehenden Begegnung von Natur und Gesellschaft im Raum als Verdienst HETTNERs an, der damit die Mensch-Umwelt-Forschung als Erkenntnisziel der wissenschaftlichen Geographie unterstrichen habe.

Gegenentwürfe

Der naturdeterministischen Richtung entgegenstehende Entwürfe und Vorstellungen existierten bereits vor der Hochphase dieser Denkrichtung. So betonte etwa die schottische Wissenschaftlerin Mary Fairfax SOMERVILLE in *Physical Geography* (1848) den Einfluss des Menschen auf das Land und kritisierte das imperiale Vorgehen, wie etwa die Enteignung von zuvor von autochthonen Gruppen genutztem Land oder die Degradation von Umweltsystemen durch Übernutzung, Ausbeutung und Einführung ortsfremder Arten. Der französische Geograph und Anarchist Elisée RECLUS sah in der Interaktion zwischen Mensch und Natur einen Schlüssel zum Verständnis der Gesellschaft und kritisierte in seinem Werk *La Terre: Description des Phénomènes de la Vie du Globe* von 1869 die „imperialen Vorstellungen", wonach die Sozialstruktur dieser Zeit die zwangsläufige Folge evolutionärer Selektion sei.

Den heute prominentesten Gegenentwurf lieferte George Perkins MARSH mit seinem Hauptwerk *Man and Nature, or, Physical Geography as Modified by Human Action* (1864), in dem er dem Menschen einen maßgeblichen Einfluss auf die Transformation des Erdraums einräumte. Mit seinem normativen Ansatz intendierte MARSH, die Rolle des Menschen bei der Transformation der Erde analytisch herauszuarbeiten und die Notwendigkeit des Schutzes des Planeten für die Zukunft zu begründen, „thus fulfilling the command of religion and practical wisdom, to use this world as not abusing it" (MARSH 1864:7). Seine Bedeutung liegt darin, dass er die prägende Macht des Menschen über die Natur herausstellte und die noch heute aktuellen Themen Umweltdegradation und Naturbewahrung anspricht.

Auch Ferdinand von RICHTHOFEN (1883) relativierte den Naturdeterminismus und hob die Fähigkeit des Menschen hervor, sich an natürliche Bedingungen anzupassen und der Natur durch den Einsatz planmäßiger Mittel Produkte für seinen Unterhalt abzuringen. Doch einen gänzlich neuen und die Geographie prägenden Weg beschritt Paul VIDAL DE LA BLACHE (1922) mit seinem possibilistischen

Konzept der *genres de vie*. Demnach spiegelten sich die ökonomischen, sozialen, ideologischen und psychologischen Identitäten jeder Lebensformgruppe („*genre de vie*"), wie etwa Bauern, Jäger, Hirten, Bergleute oder Nomaden, in der Landschaft wider. Menschen und Gesellschaften werden als Akteure verstanden, die sich im Rahmen ihrer sozialen Organisation, ihrer wirtschaftlichen und technischen Möglichkeiten selbstbestimmt mit ihrer spezifischen Umwelt auseinandersetzen. Sie verfügen über verschiedene Mechanismen der Anpassung, Einwirkung oder Veränderung der Umwelt, womit eine menschliche Wahlfreiheit bei der Auseinandersetzung mit der geographischen Umwelt postuliert und dem Menschen eine „selbstbestimmende und selbstbestimmte Rolle vis-à-vis der Natur" (EHLERS 2008:216) zugewiesen wird.

Die vom Menschen geschaffenen Kulturzeugnisse wie Flurformen und Siedlungen stehen im Mittelpunkt der kulturlandschaftsmorphogenetischen Betrachtungsweise, wie sie von Otto SCHLÜTER (1928) vertreten wurde. Nicht der Mensch selbst, weder seine Handlungsmotivationen noch -ursachen, seien Gegenstand geographischer Forschung, sondern die Erscheinungen und Formen menschlichen Wirkens im Raum, „die große Gruppe der Spuren, welche die menschliche Tätigkeit in der Landschaft hinterläßt" (SCHLÜTER 1906:27). Auch der US-amerikanische Geograph Carl SAUER (1924) hob die Rolle des Menschen bei der Transformation der natürlichen Umwelt hervor und nahm damit die Argumentation von MARSH (1864) wieder auf. SAUER sah die Einzigartigkeit von Landschaften als Resultat physischer und kultureller Prozesse, woraus er das Konzept der Kulturlandschaft entwickelte, die durch menschliche Gruppen eines Kulturkreises aus einer natürlichen Landschaft geformt worden sei. Damit setzten sich zunehmend Vorstellungen durch, welche die Handlungsautonomie der Menschen und die alternativen Möglichkeiten der Inwertsetzung des Naturraumes hervorheben. So betonte CHOLLEY (1942) das Bestreben der Menschen, die Erde zweckmäßig in Wert zu setzen.

> „Es ist eine offenbare Tatsache, dass der Mensch mehr und mehr in der Lage ist, die Erde zu erobern – das heißt ihre natürlichen Gegebenheiten so zu verändern, dass sie seiner Tätigkeit am besten dienen und ihm steigende Prosperität gewähren. Während in den vergangenen Jahrhunderten allein der Gedanke an eine solche Entwicklung unvorstellbar anmutete, scheint uns seit dem 19. Jahrhundert eine solche Eroberung des Planeten durch die Menschheit absolut durchführbar." (CHOLLEY 1942; zitiert nach WINKLER 1975:228)

Hierbei sah er die Anpassung der Menschen an die natürlichen Umweltbedingungen nicht als eine passive Unterordnung unter eine übermächtige Natur, sondern als aktive Organisationsleistung der verschiedenen Gesellschaften. Somit rückte in der Geographie der Possibilismus in den Vordergrund, der die Willens- und Wahlfreiheit des Menschen postuliert und ihm damit verschiedene Handlungsoptionen zugesteht.

Nachdem als Folge von Industrialisierung und Verstädterung die Spuren anthropogenen Wirtschaftens im globalen Erdraum prägnanter wurden, trat das scheinbar aus der Balance geratene Verhältnis zwischen Mensch und Umwelt sowie die Frage nach der Beherrschbarkeit der Natur zunehmend in den Fokus des Interesses. Eine herausragende Bedeutung kam dabei dem monumentalen, von

William L. THOMAS et al. 1956 herausgegebenen Band *Man's Role in Changing the Face of the Earth* zu. Neben einer diachronen Betrachtung der menschlich induzierten Transformationen verschiedener Landschaftsräume stehen die Prozesse und Auswirkungen anthropogener Eingriffe auf Meere und Gewässer, Klima, Böden, Fauna und Flora im Zentrum der Betrachtungen. Damit folgten die Autoren den von MARSH knapp einhundert Jahre zuvor entwickelten Ideen, wonach nicht die Natur den Menschen präge, sondern der Mensch als „Agens" die Natur unterwerfe und durch seine Aktivitäten maßgeblich transformiere.

Humanökologie und Cultural Ecology

Der Zoologe Ernst HAECKEL begründete 1866 die Ökologie als die Wissenschaft vom Stoff- und Energiehaushalt der Biosphäre sowie von den Wechselwirkungen zwischen Organismen und den auf sie einwirkenden unbelebten Umweltfaktoren. Soziologen der University of Chicago um Robert Park übertrugen in den 1920er Jahren das Ökologie-Konzept für ihre Untersuchungen der städtischen Gesellschaft auf den Menschen, das bald auch in der Geographie adaptiert wurde. So forderte der damalige Vorsitzende der *Association of American Geographers* Harlan BARROWS (1923) gar eine Neukonzeption der Geographie als „Humanökologie". Die Geographie sollte somit als Sozialwissenschaft definiert werden, welche die „adjustments of man to […] elements of the natural environment" (BARROWS 1923:4) untersuchen solle. Sein Konzept der „Anpassung" verweist damit erneut auf die bestimmende Rolle der Natur für den Menschen, dessen wichtigste Bemühungen darin lägen, seinen Lebensunterhalt der Erde abzugewinnen.

Die Modellvorstellungen der Ökologie und insbesondere das von TANSLEY begründete Ökosystem-Konzept dienten auch als Ausgangspunkt bei der Frage nach den Auswirkungen der Umwelt auf die menschliche Kultur. Nach TANSLEY (1946:207) sind alle Teile eines Ökosystems – organische wie anorganische – als interagierende Faktoren zu verstehen, die in einem reifen Ökosystem in annäherndem Gleichgewicht stehen. Ökosysteme seien demnach durch Homöostase (Selbstregulation) geprägt; sie erhalten und regulieren sich selbst durch komplexe Kontrollmechanismen, Energiebahnen und Rückkoppelungen. Dieses Konzept der homöostatischen Systeme übte eine große Anziehung auf Ethnologen und Geographen aus, die damit aufzuzeigen suchten, dass kulturelle Anpassung der Schlüssel zum Verständnis komplexer Mensch-Umwelt-Interaktionen sei (vgl. NEUMANN 2005:18).

Die im Wesentlichen auf den US-amerikanischen Ethnologen Julian STEWARD (1955) zurückgehende *Cultural Ecology* beschäftigt sich mit der Frage, inwieweit Kultur- und Gesellschaftsformen durch die Auseinandersetzung mit der natürlichen Umwelt geprägt werden und inwiefern die menschlichen Kulturformen wiederum ihre natürliche Umwelt formen. Einen enormen Einfluss auf die Entwicklung der *Cultural Ecology* übte Roy RAPPAPORTs *Pigs for the Ancestors* (1968) aus, das auf ethnographischer Feldforschung und empirischer Datensammlung in einer kleinen, peripher gelegenen und auf Subsistenzbasis wirtschaftenden

Gemeinschaft basiert und als Archetypus kulturökologischer Studien gilt. Auch STEWARD (1955) untersuchte aufgrund der geringeren Komplexität insbesondere Gemeinschaften von Subsistenzproduzenten in ländlichen Regionen, um zu klären, warum an verschiedenen Orten strukturell vergleichbare Formen der Umweltanpassung zu konstatieren sind und ob die Anpassung an naturräumliche Bedingungen nur ein bestimmtes Kulturmuster zulasse oder Abweichungen möglich seien. STEWARD lehnte die determinierende Rolle der Umwelt ab und sah in den kulturökologischen Anpassungsvorgängen schöpferische Prozesse.

Die konzeptionellen Gedanken und epistemologischen Grundlagen der *Cultural Ecology* erfuhren bald erhebliche Kritik. So wurde zum einen die starke Fokussierung auf ‚unterentwickelte' ländliche Kontexte und die Naturalisierung und damit Legitimierung von sozialem Verhalten und Praktiken kritisiert. Zum anderen führten die Logik der Anpassung und das Ausblenden von externen politischen Rahmenbedingungen zu reduktionistischen Schlussfolgerungen (vgl. ROBBINS 2004:32). Daneben kritisierte Michael WATTS (1983) die Anwendung biologischer und systemtheoretischer Ansätze oder Metaphern bei der Erforschung der Mensch-Umwelt-Verhältnisse. So nehme die *Cultural Ecology* eine ungeprüfte Unterscheidung zwischen Mensch und Umwelt vor und behandle jede der beiden als diskrete Objekte der Beobachtung. WATTS rügte dies als naiven Positivismus und Empirizismus. Ein solches Verständnis von Gesellschaft und Natur ginge auf das Weltbild der Newton-Cartesianischen Mechanik des 17. Jahrhunderts zurück. Des Weiteren reduziere eine auf Konzepten der Biologie und Kybernetik basierende Begründung die vielfältigen und komplexen gesellschaftlichen Beziehungen auf Interaktionen zwischen atomisierten Individuen. Diese Individuen würden als „rationale Akteure" charakterisiert, die Entscheidungen als Reaktion auf Umweltwandel träfen, womit das menschliche Verhalten auf bloße Anpassung reduziert und als funktionalistisch und teleologisch gesehen würde. Als Alternative schlägt WATTS vor, die dialektische Einheit von Gesellschaft und Natur zu konzeptualisieren und den gesellschaftlichen und historischen Aspekten von Wissen sowie der politischen und wirtschaftlichen Struktur größere Aufmerksamkeit zu schenken.

Nomothetische Ansätze und apokalyptische Szenarien

Das Interesse an der Marxistischen Politischen Ökonomie und der Dependenztheorie erwachte in der Geographie in den frühen 1970er Jahren als Reaktion auf die Bemühungen, die Disziplin als Raumwissenschaft zu definieren, sowie als Gegenentwurf gegenüber dem Positivismus. Unter dem Einfluss eines allgemeinen technologisch fundierten Positivismus in den 1950er und 1960er Jahren manifestierte sich die Auffassung, dass moderne Technik und Wissenschaft den Menschen in die Lage versetzt hätten, weitgehend unabhängig von den Naturgrundlagen zu wirtschaften. Zugleich wandelten sich die Betrachtung der Mensch-Umwelt-Verhältnisse sowie das Paradigma der Geographie von einer idiographischen, auf individuelle Züge von Landschaften ausgerichteten Konzeption hin zu einer nomothetischen Erfassung von Phänomenen, die das Regelhafte bzw. Typologische in den Vordergrund stellt. Mit dem Paradigma des Kritischen Rationalismus wuchs die Bedeutung quantitativer Methoden auch in der Geographie. Vertreter kritisch-rationaler Ansätze und quantitativer Methoden versuchten durch die Nutzung statistischer Formulierungen, Geographie als eine autonome Wissenschaft zu begründen, die auf vorhersehbaren, verallgemeinerbaren und quantifizierbaren Modellen räumlicher Phänomene basiert.

Doch wie David HARVEY (1973), zunächst Anhänger, später Kritiker des quantitativen Ansatzes, bald bemerkte, trugen die mechanistisch und statistisch gesteuerten Theorien wenig zur Erklärung gesellschaftlicher Alltagsprobleme bei. Als theoretischen Rahmen favorisierte er die Marxistische Politische Ökonomie, die Methoden und theoretische Konzepte zum Aufbau einer gesellschaftlich relevanten Humangeographie liefere. In diesem Sinne sind Publikationen wie WATTS' *Silent Violence* (1983) als Versuche anzusehen, eine neue Art der Humanökologie zu entwickeln, die kybernetische Modelle kultureller Anpassung und Vorstellungen von Rationalität ablehnten, stattdessen jedoch lokale Gesellschafts- und Wirtschaftssysteme historisch, gesellschaftlich und politisch zu erklären trachteten, sowie die Verwundbarkeit bäuerlicher Gesellschaften gegenüber Naturereignissen (*natural hazards*) aufzuzeigen und darzustellen, dass diese nicht auf Irrationalität, Rückständigkeit oder kultureller Fehlanpassung basiere.

Deutlich größere öffentliche Aufmerksamkeit als die in der Wissenschaft diskutierten Ansätze zu *Cultural Ecology* und Humanökologie erhielten alarmierende Abhandlungen zur Umweltdegradation in der so genannten Dritten Welt. So warnten in den 1960er und 1970er Jahren Publikationen mit provozierend apokalyptischen Titeln wie *The Population Bomb* (EHRLICH 1968) und *The Sinking Ark* (MYERS 1979) vor bevorstehenden ökologischen Katastrophen. Diese und ähnliche Arbeiten begründeten den Rückgang des Waldes, die Ausbreitung von Wüsten sowie den Verlust von Arten mit Fehlnutzung, Übernutzung und Missmanagement durch lokale Bevölkerungen in der Dritten Welt. Die theoretische Basis dafür lieferte der Neomalthusianismus, die Idee, dass Bevölkerungswachstum der wesentliche Grund der Umweltzerstörung sei. Dies führte zu simplizistischen und reduktionistischen Erklärungen von Umweltdegradation und zur Implementierung rationaler Planung und technokratischer Ansätze durch westlich ausgebildete Spezialisten. Garrett HARDINs (1968) Aufsatz *The Tragedy of the Commons* wurde zur Argumentation gegen lokales, auf Gewohnheiten basierendes Ressourcenmanagement sowie für Privatisierung und externe Intervention genutzt. HARDIN (1968) argumentierte, dass eine gemeinschaftliche Nutzung von Ressourcen wie Wasser, Weideland oder Wald unweigerlich zu deren Degradation führe und lediglich Privatisierung oder zentrale Regulierung das Dilemma kollektiver Ressourcen lösen könne. Diese neomalthusianisch beeinflussten Ansätze dominierten die Entwicklungsagenda der Nachkriegszeit, ignorierten jedoch vielfach gesellschaftliche Realitäten, ökonomische Hemmnisse und politische Machtstrukturen, welche die Land- und Ressourcennutzung gestalten. Obgleich HARDINs Grundaussagen eine Logik kaum abzusprechen ist und sie partiell bis heute im neoliberalen Mainstream fortbestehen, ist aufgrund empirischer Belege seine Theorie abzulehnen. Seit den 1970er Jahren sind zahlreiche Studien erschienen, in denen erfolgreiche Systeme gemeinschaftlicher Nutzung von Allmenderessourcen geschildert werden (NETTING 1981; BERKES 1989; OSTROM 1990; HANNA et al. 1996; OSTROM et al. 2002). Im Gegensatz zu den technokratischen Ansätzen werden hier viel eher staatliche Interventionen als Störfaktoren gesehen, die Arrangements von lokalen Gemeinschaften erschütterten und zur Übertragung von gemeinschaftlichem Kapital von der lokalen Bevölkerung in die Hände von Eliten und externen Akteuren beitrügen (vgl. MULDAVIN 1996).

Einen weiteren wissenschaftlichen Ansatz mit Ausstrahlung auf die sich später entwickelnde Politische Ökologie stellen die so genannten *Peasant Studies* dar. Der Begriff *Peasant* (Bauer) bezieht sich hierbei auf landwirtschaftlich tätige Haushalte, die ihren Lebensunterhalt ohne Einsatz von Lohnarbeitern, sondern nur mit Hilfe von Mitgliedern der Familie oder Verwandtschaft sowohl durch Markt- als auch Subsistenzproduktion bestreiten. *Peasants* sind folglich autonom, da sie durch ihre Markteingebundenheit nicht isoliert, aber gleichzeitig durch Subsistenzproduktion teilweise von Märkten unabhängig sind. Modernisierungstheoretikern erscheint der *Peasant* irrational, konservativ und ineffizient. Demgegenüber betont jedoch beispielsweise CHAYANOV (1986), dass die Risikovermeidung der *Peasants* nicht mit einem Desinteresse an technologischem Wandel oder gar Irrationalität gleichzusetzen sei. Auch der Vorwurf der Ineffizienz träfe nicht zu, da *Peasants* Ressourcen mit großer Vorsicht behandelten und Haushaltsnöte mit Zugang zu Märkten für landwirtschaftliche Produkte und Arbeit ausglichen. Der bäuerliche Haushalt müsse im Besonderen als einer gesehen werden, in dem die Kosten der Arbeitskraft nicht kalkuliert würden und wo die Selbstausbeutung für das Überleben und die Selbstbestimmung zentral seien. Die Ausgesetztheit der bäuerlichen Haushalte gegenüber Subsistenzrisiken führe zur Schaffung von sozialen Systemen gegenseitiger Hilfe und tolerierbarer Ausbeutung. Zur Abfederung von Risiken entwickelten *Peasants* gesellschaftliche Arrangements, mit deren Hilfe sie Überschüsse umverteilten, um sich selbst in ertragsarmen Jahren zu schützen (vgl. ROBBINS 2004:54–55).

Die in diesem Abschnitt vorgestellten wissenschaftlichen Ansätze und Theorien zum Mensch-Umwelt-Verhältnis und insbesondere ihre jeweiligen Unzulänglichkeiten können als konstituierende Grundlagen der sich in den 1980er Jahren herausbildenden Politischen Ökologie angesehen werden. Zwar wurden politisch-ökologische Fragen wie die nach lokalen Produktions- und Wissenssystemen, nach Umweltkosten regionalen und globalen Wandels oder nach machtbeladenen Einflüssen sozioökonomischen Wandels bereits unter anderen Paradigmen oder theoretischen Ansätzen betrachtet, doch stießen diese vielfach schnell an Grenzen zur Erklärung komplexer Sachverhalte. Es fehlte ein integrierendes Bündel kritischer Konzepte, Methoden und Theorien zur Erklärung und Erfassung solcher Probleme und zur Entwicklung von Alternativen.

2.1.2 Entstehung und Kennzeichen der Politischen Ökologie

Entwicklung und Ansatzpunkte der Politischen Ökologie

Der Terminus Politische Ökologie erschien erstmals in wissenschaftlichen Publikationen in den 1960er und 1970er Jahren (RUSSETT 1967; WOLF 1972; ENZENSBERGER 1974; MILLER 1978; COCKBURN & RIDGEWAY 1979; GLAESER 1979), jedoch mit uneinheitlicher Bedeutungszuweisung. Zum Ersten diente der Begriff der Politischen Ökologie der Erklärung von Umweltproblemen als den phänomenologischen Wechselwirkungen zwischen biophysischen Prozessen, menschlichen Bedürfnissen und politischen Systemen. Zum Zweiten kann die „Politik der Ökologie" im Sinne eines politischen Aktivismus für „grünen" Umweltschutz und dessen Kritik an Modernisierung und Kapitalismus verstanden werden. Zum Dritten steht die Nutzung des Begriffs „Ökologie" als Metapher für die Wechselbeziehungen politischer Bezüge. Zum Vierten rekurriert Politische Ökologie auf marxistische Debatten über Materialismus und Natur in kapitalistischen Gesellschaften, mit dem Ziel einer gerechteren Verteilung von Rechten und Ressourcen. Und schließlich kann Politische Ökologie auch in Bezug zur Politik von Umweltschutzproblemen ohne spezifische Diskussion der Ökologie gesehen werden (vgl. FORSYTH 2003:3–4; PAGE 2003:358–359). Der Begriff Politische Ökologie steht also für eine Reihe theoretischer Positionen und Ideen sowie für eine gesellschaftliche Bewegung im Sinne der „Öko-" oder „Grünenbewegung" (ATKINSON 1991:18–19). Nahezu jedem Gebrauch des Terminus Politische Ökologie liegt jedoch die Prämisse einer politisierten Umwelt zugrunde.

In der vorliegenden Studie bezieht sich der Begriff Politische Ökologie auf einen wissenschaftlichen Ansatz, der in den 1980er Jahren um eine Gruppe von Geographen und Ethnologen aus Großbritannien, den USA und Australien entstand, die sich mit ländlicher Entwicklung, *Cultural Ecology* und ökologischer Anthropologie zumeist in postkolonialen Regionen beschäftigten. Sie untersuchten die Wechselwirkungen zwischen Armut und Umweltzerstörung, stellten die Angemessenheit westlicher Technologien in Frage und kritisierten die unterstellten Segnungen der Markteinbindung. Der Fokus lag auf dem Zusammenhang von Umweltwandel und Zugang bzw. Kontrolle über Land und Ressourcen. Da die zentrale Prämisse lautete, dass ökologische Probleme im Kern gesellschaftliche und politische Probleme seien, suchten sie eine theoretische Basis für die Analyse der komplexen Wechselbeziehungen zwischen Ökologie, Gesellschaft, Ökonomie und Politik (NEUMANN 2005:5).

Die gemeinsame Klammer bildete die Kritik an der modernisierungstheoretischen Entwicklungspolitik und an der so genannten „apolitischen Ökologie", die Umweltschädigungen einseitig mit den Aspekten der zunehmenden Verknappung lebenswichtiger natürlicher Ressourcen infolge eines ungebremsten Bevölkerungswachstums, verzerrter Märkte und „falscher" Landnutzungsmuster lokaler Bevölkerungsgruppen in Verbindung bringt. Einflussreiche Publikationen im Feld der Mensch-Umwelt-Problematik wie das *Essay on the Principle of Population* von Thomas Robert MALTHUS (1798), *The Population Bomb* von Paul EHRLICH

(1968) oder der Bericht an den Club of Rome *Limits to Growth* (MEADOWS et al. 1972) betrachteten Maßnahmen der Bevölkerungskontrolle als Schlüssel zur Lösung der Umweltkrise. Die Vertreter der sich herausbildenden Politischen Ökologie sehen solche monokausalen (neo)malthusianischen Erklärungsansätze als zu simplizistisch, da sie gesellschaftliche Bedingungen, ökonomische Beschränkungen und politische Machtstrukturen ausblendeten, die bei der Nutzung von Land und Ressourcen von immanenter Bedeutung seien. Tatsächlich sei sogar das scheinbar apolitische Argument der Begrenztheit von Ressourcen hoch politisch, da es die Frage der Verteilung und Kontrolle von Ressourcen einschließe und für angestrebte Neuregelungen institutionelle und politische Änderungen erfordere (vgl. ROBBINS 2004:9–11).

In *The Political Economy of Soil Erosion in Developing Countries* skizzierte Piers BLAIKIE (1985) erstmals umfassend wesentliche Elemente dessen, was sich in der Wissenschaft bald darauf als Politische Ökologie etablieren sollte. Seine Monographie zielt darauf, Verbindungen zwischen Umweltdegradation auf der einen und politischen sowie ökonomischen Strukturen und Prozessen auf der anderen Seite zu erforschen, um die Gründe von Umweltproblemen in der Dritten Welt zu verstehen und Lösungen zu entwickeln. Nach BLAIKIE soll der Ausgangspunkt politisch-ökologischer Analysen „*place-based*" sein, also derjenige Ort, an dem Degradation stattfindet und an dem die unmittelbaren Landnutzungsentscheidungen getroffen und umgesetzt werden. Daneben umfasst die Analyse so genannter „*non-place-based*"-Faktoren etwa die gesellschaftlichen Verhältnisse der Produktion oder die politischen Rahmenbedingungen des Staates sowie eine Bewertung der Wahrnehmungen und „Rationalitäten" nicht nur der lokalen Landnutzer, sondern auch von Regierungsbeamten, Naturschützern und Wissenschaftlern. Im Kern liegt der Fokus politisch-ökologischer Analyse dabei auf dem Verhältnis von Unterentwicklung und Umweltdegradation. BLAIKIE argumentiert, dass Umweltdegradation gleichzeitig Symptom, Folge und Grund der Unterentwicklung sei und betont, dass die Inkorporation von Dritte-Welt-Bauern in den Markt und in das System von Lohnarbeit nicht die Lösung von Armut und Umweltdegradation sei, sondern vielfach beides verschärft hätte. Daneben zeigt BLAIKIE (1985:149) auf, dass alle Ansätze, die sich mit Bodenerosion und Naturschutz befassen, ideologisch und durch eine Reihe von normativen und empirischen Annahmen zum gesellschaftlichen Wandel geprägt seien. Zur Erklärung von Bodenerosion sieht er das Verständnis der gesellschaftlichen Machtverhältnisse als elementar an. Am Beispiel der Bodendegradation in Entwicklungsländern begründet BLAIKIE die Notwendigkeit, Erosion als ein simultan politisches, ökonomisches und ökologisches Problem zu konzeptualisieren, was erfordert, die epistemologischen und methodischen Differenzen zwischen Gesellschafts- und Naturwissenschaften zu überbrücken (vgl. NEUMANN 2005:30–32; 2008:729).[1]

---

1 BRYANT & GOODMAN (2008:708) sehen den wesentlichen Beitrag Blaikies darin, Denkbarrieren niedergerissen zu haben durch die Integration von Erkenntnissen der Politischen Ökonomie und Umweltwissenschaften, durch eine theoretische Öffnung gegenüber poststrukturellen Ansätzen und durch die Internationalisierung des Forschungsfeldes.

Die beiden Geographen Piers BLAIKIE und Harold BROOKFIELD liefern in *Land Degradation and Society* (1987) eine methodologische und inhaltliche Begründung der Politischen Ökologie als eigenständiges wissenschaftliches Feld, das sie wie folgt definieren:

> „The phrase 'political ecology' combines the concerns of ecology and a broadly defined political economy. Together this encompasses the constantly shifting dialectic between society and land-based resources, and also within classes and groups within society itself." (BLAIKIE & BROOKFIELD 1987:17)

Die Schlüsselkonzepte der Politischen Ökologie sehen sie in einer maßstabsübergreifenden Erklärungskette, der obligatorischen Berücksichtigung marginalisierter Gemeinschaften sowie der Perspektive einer weit definierten politischen Ökonomie. Ein wichtiges Merkmal ihres als *„regional political ecology"* bezeichneten Ansatzes besteht in der Berücksichtigung räumlicher Ebenen, den verschiedenen sozioökonomischen Organisationsformen wie Haushalt, Dorf oder Nationalstaat sowie der zeitlichen Dimension gesellschaftlicher Transformationen und des Umweltwandels (BLAIKIE & BROOKFIELD 1987:17). Erklärungs- oder Wirkungsketten, die so genannten *„chains of explanation"*, zeichnen politische und sozioökonomische Verbindungen von der lokalen über die regionale und nationale bis zur globalen Ebene nach. Sie beginnen beim individuellen *„land manager"*, dem *„place-based actor"*, jener Person mit unmittelbarer Beziehung zum Land, die Entscheidungen zu Fruchtfolge, Brennholznutzung oder Beweidungsdichte zu treffen hat. Die nächsten Kettenglieder beziehen sich auf die Verbindungen der *land manager* untereinander, zu anderen Personen oder sozialen Gruppen, den *„non-place-based actors"*, wie etwa Mitglieder der staatlichen Administration oder Regierung, Entscheidungsträger in der internationalen Politik oder Finanzwelt, deren Einflüsse auf die *land manager* sich wiederum auf die Landnutzung auswirken (BLAIKIE & BROOKFIELD 1987:27). Erklärungen der Umweltdegradation bedürfen zudem einer historischen Analyse, denn die Gründe für Degradation liegen vielfach in historischen Ereignissen und Entscheidungen. Das Verhältnis des *„land managers"* zur Natur muss somit in einem historischen, politischen und wirtschaftlichen Kontext gesehen werden.

Ein weiterer zentraler Aspekt der theoretischen Überlegungen von BLAIKIE & BROOKFIELD (1987) besteht in dem Konzept der Marginalisierung, das einen Prozess simultaner Verarmung und Landdegradation umschreibt. Politisch und gesellschaftlich marginalisierte (entmachtete) Individuen und Gruppen, die über eine schwache Verhandlungsposition im Markt und im politischen Prozess verfügen, werden in ökologisch marginale (instabile) Räume und wirtschaftlich marginale (abhängige) gesellschaftliche Positionen gedrängt, was in einer gesteigerten Anforderung an die marginale (zunehmend begrenzte) Produktivität der Ökosysteme mündet. Als Folge neigen diese Individuen und Gruppen dazu, Land und Ressourcen verstärkt zu nutzen und zu übernutzen, was zu Ernterückgang und Degradation führt und somit zur weiteren Verarmung der Gemeinschaft. BLAIKIE & BROOKFIELD (1987:23) sehen demnach Landdegradation als Folge und als Grund politischer und sozioökonomischer Marginalisierung. Sie stellen heraus, dass es vielfältige Sichtweisen auf und Erklärungen für Degradation gibt und problematisieren Zugangs- und Besitzrechte. Entsprechend wird die Umwelt mit ihren natürlichen Ressourcen als „Schlachtfeld divergierender Interessen" (BLAIKIE 1995) beschrieben, auf dem um Macht, Verfügungsrechte und Einfluss gerungen wird. Im Unterschied zur sogenannten apolitischen Ökologie oder zu neomalthusianischen Ansätzen sollen keine pauschalen Schuldzuweisungen getroffen werden. Vielmehr interpretieren sie die Mensch-Umwelt-Systeme als machtgeladene Strukturen: Politik und Umwelt seien immer und überall miteinander verknüpft (vgl. BRYANT 1998:82):

> „All ecological projects (and arguments) are simultaneously political-economic projects (and arguments) and vice versa. Ecological arguments are never socially neutral any more than socio-political arguments are ecologically neutral. Looking more closely at the way ecology and politics interrelate then becomes imperative if we are to get a better handle on how to approach environmental / ecological questions." (HARVEY 1993:25)

Grundsätzlich zeichnet sich die Politische Ökologie durch theoretische Offenheit und ein normatives Politikverständnis aus (FLITNER 2001). Ein bedeutender theoretischer Einfluss auf die frühe Politische Ökologie ging von der Marxistischen Politischen Ökonomie aus, weitere Impulse lieferten die *Peasant Studies*, die Dependenztheorie und die Weltsystem-Theorie (vgl. FRANK 1967; SHANIN 1971; WALLERSTEIN 1974). In der Politischen Ökologie führte dies zu einer Fokussierung auf die Rolle des Staates, auf die Profiteure der dominanten Klassen und die Strukturierung von Zugang zu Land und Ressourcen durch Gesetze und Politik. Damit rückten Umweltkonflikte und Fragen zum Verhältnis zwischen gesellschaftlichen und räumlichen Mustern von Armut und Umweltdegradation in den Mittelpunkt des Interesses. Durch den Einfluss der Weltsystem- und Dependenztheorien richtete sich die Aufmerksamkeit darauf, wie spezifische Orte und Gemeinschaften in die globale kapitalistische Wirtschaft eingebunden sind. Dagegen betonte die Marxistische Politische Ökonomie, dass Natur-Gesellschaft-Verhältnisse als eine dialektische Einheit zu konzeptualisieren seien und nicht als eine Reihe von „Wechselwirkungen" zwischen zwei distinkten Objekten. Denn die gesellschaftlichen Verhältnisse von Produktion und Umweltwandel bedingten sich gegenseitig (vgl. NEUMANN 2005:42). Theoretische Verknüpfungen bestehen außerdem zu Handlungs-, Strukturations- und Konflikttheorien (HABERMAS 1981; GIDDENS 1988; BONACKER 2002), den Konzepten von Verwundbarkeit, Resilienz und *Livelihood* (WATTS & BOHLE 1993; DFID 1999, ADGER 2000; BANKOFF et al. 2004; BERKES 2007) sowie zum Bielefelder Verflechtungsansatz (ELWERT 1983; EVERS 1987). Im Spannungsfeld zwischen handlungs- und strukturtheoretischen Ansätzen trägt die Politische Ökologie zu einer „Ökologisierung struktureller Entwicklungstheorien" und einer „Politisierung der Umweltdebatte" (KRINGS & MÜLLER 2001:112) bei. So versteht ROBBINS (2004:12) unter Politischer Ökologie die empirische, wissenschaftliche Untersuchung zur Erklärung von Machtbeziehungen, die darauf ziele, eher die Ursachen als die Symptome von Problemen herauszuarbeiten, und gesellschaftliche Transformationen und Umweltwandel mit dem normativen Verständnis erforsche, dass es sehr wahrscheinlich gerechtere und nachhaltigere Handlungsoptionen gebe.

Grundsätzlich ist die Politische Ökologie[2] also weniger eine „Theorie" denn eine „Forschungsagenda" (BRYANT 1992), ein „Ansatz" (WARREN et al. 2001; ZIMMERER & BASSETT 2003) oder eine „Perspektive" (ROCHELEAU et al. 1996). Zudem bestehen Vorschläge für eine Politische Ökologie, die „poststrukturalistisch" (ESCOBAR 1996), „feministisch" (ROCHELEAU 1995; ROCHELEAU et al. 1996), „Dritte-Welt orientiert" (BLAIKIE 1995; BRYANT 1997; BRYANT & BAILEY 1997), „antiessentialistisch" (ESCOBAR 1999), „kritisch" (FORSYTH 2003), „Erste-Welt orientiert" (MCCARTHY 2002), „geographisch" (ZIMMERER & BASSETT 2003), „freiheitlich" (PEET & WATTS 1996) oder „städtisch" (SWYNGEDOUW & HEYNEN 2003) ist.[3]

Poststrukturalistische Politische Ökologie

In den vergangenen zwei Jahrzehnten erschienen nicht nur zahllose Fallstudien mit einem explizit politisch-ökologischen Ansatz, sondern ebenso viele konzeptionelle Publikationen, die zu einer theoretischen Weiterentwicklung und Ausweitung des Forschungsfeldes beitrugen (vgl. BRYANT 1992; 1997; 1998; 1999; BLAIKIE 1995; 1999; PEET & WATTS 1996; BRYANT & BAILEY 1997; STOTT & SULLIVAN 2000; FORSYTH 2003; ZIMMERER & BASSETT 2003; ROBBINS 2004; NEUMANN 2005; WALKER 2003; 2005; 2006; 2007; MULDAVIN 2008). Heute hat die Politische Ökologie in akademischen Curricula ihren festen Platz und nimmt in der geographischen Mensch-Umwelt-Forschung eine prominente Rolle ein (WALKER 2003:11; 2005:73; KRINGS 2007; 2008).

Politische Ökologen untersuchen die Zusammenhänge zwischen Nutzung und Management lokaler Ressourcen (Boden, Wasser, Wald, Weideland), institutionellen Regelungen des Ressourcenzugangs und Umwelttransformation (z.B.

---

2   Zur Entwicklung der Politischen Ökologie siehe auch PEET & WATTS (1996); BRYANT (1998); PAULSON et al. (2003:206–208).
3   Für PEET & WATTS (1996:6) ist Politische Ökologie „a confluence between ecologically rooted social science and the principles of political economy." PETERSON (2000:325) definiert Politische Ökologie „as combining the concerns of ecology and political economy that together represent an ever-changing dynamic tension between ecological and human change, and between diverse groups within society at scales from the local individual to the Earth as a whole." Nach WATTS (2000:257) ist Politische Ökologie „to understand the complex relations between nature and society through a careful analysis of what one might call the forms of access and control over resources and their implications for environmental health and sustainable livelihoods." Für STOTT & SULLIVAN (2000:4) identifiziert die Politische Ökologie „the political circumstances that forced people into activities which caused environmental degradation in the absence of alternative possibilities ... involved the query and reframing of accepted environmental narratives, particularly those directed via international environment and development discourses." Und nach WALKER (2006:391) ist Politische Ökologie „empirical, research-based explorations to explain linkages in the condition and change of social/environmental systems, with explicit considerations of relations of power."

BRYANT et al. 1993; PETERSON 2000; STOTT & SULLIVAN 2000; DERMAN & FERGUSON 2003; MACKENZIE 2003; KULL 2004; VÁSQUEZ-LEÓN & LIVERMAN 2004), sie analysieren Fragen der Lebensunterhaltssicherung, kommunaler und partizipativer Entwicklung und beschäftigen sich mit staatlichem und internationalem Naturschutz (ZIMMERER & BASSET 2003; ZIMMERER 2006), mit Machtverhältnissen (BRYANT 1997; 1998) und ethischen Fragen (BRYANT & JAROSZ 2004) sowie mit sozialen Bewegungen und Gruppenkonflikten (PEET & WATTS 1996; ESCOBAR 1998).

Die Forschungen konzentrieren sich dabei auf materielle Umweltbedingungen wie Bodenstruktur, Artzusammensetzung und Landbedeckung, aber auch auf Perzeptionen und Ideen von Umwelt. Die Politische Ökologie beschäftigt sich somit sowohl mit der Destruktion als auch mit der Konstruktion von Umwelt. Von immanenter Relevanz für die Weiterentwicklung der Politischen Ökologie sind die in den vergangenen beiden Dekaden erfolgten weltpolitischen Veränderungen sowie neuartige wissenschaftliche Strömungen. Auf der einen Seite begann mit dem Zusammenbruch des Sozialismus der Siegeszug von Neoliberalismus, Zivilgesellschaft und Markt, auf der anderen werden die strukturellen Aspekte der in der Politischen Ökologie dominierenden Marxistischen Theorie von theoretischen Überlegungen des Poststrukturalismus, Postkolonialismus, Konstruktivismus und Feminismus in Frage gestellt, während die Gleichgewichtsvorstellungen in der Ökologie Kritik durch Theorien von nicht-linearem Wandel und Systemungleichgewichten erfuhren. Die 1980er und frühen 1990er Jahre können als die strukturalistische Phase der Politischen Ökologie gesehen werden, wonach die Landnutzer durch die Kräfte des Kapitalismus oder repressiver Staatspolitik ökonomisch, ökologisch und politisch marginalisiert und somit gezwungen würden, ihr Land zu degradieren (WALKER 2005:74). Mitte der 1990er tritt die Politische Ökologie in die poststrukturalistische Phase mit einer stärkeren Konzentration auf "the rough and tumble" (WATTS 1990:129) der Umweltpolitiken, also den Kämpfen über die Kontrolle von Ressourcen. Poststrukturelle politisch-ökologische Forschungen reichen von subalterner Kritik an Theorien und Praktiken der Nachhaltigen Entwicklung oder an fragwürdigen Narrativen zu Naturschutz und Entwicklung, über diskursanalytische Studien über die gesellschaftliche Konstruktion von Natur bis zu kolonialen und imperialen Praktiken in der Umweltwissenschaft, Naturschutzpolitik und Kartographie (ROCHELEAU 2008:722). Damit bevorzugte die Politische Ökologie statt der einen „neomarxistischen Wahrheit" nun eher „postmarxistische multiple Wahrheiten" (BRYANT & GOODMAN 2008:712). Die wichtigsten Einflüsse und Tendenzen einer poststrukturalistischen (ESCOBAR 1996) – oder auch postmodernen, postkolonialen oder postessentialistischen – Politischen Ökologie sollen im Folgenden skizziert werden.

1) *Konstruktivismus und Wissenschaftskritik*: Der Konstruktivismus problematisiert die vermeintliche Ontologie von Umwelt und Natur. Demnach sind Natur und Umwelt nicht ontologisch gegeben, sondern konstruiert oder sozial produ-

ziert (BLAIKIE 1995:212; ESCOBAR 1996:46).[4] Konstruktivistische Ansätze fordern die Anerkennung der Existenz multipler, kulturell konstruierter Ideen von Natur, Umwelt und Umweltproblemen. Biophysische Realitäten wie beispielsweise „Ökosystem" oder „Wald" werden von Konstruktivisten nicht als selbstverständlich erachtet und stellen keine ontologischen Phänomene oder Objekte dar, sondern vielmehr gesellschaftliche, durch Konventionen und Kontext geformte Konstruktionen. Radikale Ansätze des Konstruktivismus sehen die Umwelt als ein Produkt menschlicher Vorstellungskraft. Das Wissen von der Welt werde lediglich aus der Erfahrung übertragen: durch Geschichten, Konventionen und Ideen. Zwar lässt ein solcher Ansatz Raum für alternative Konstruktionen der Umwelt, doch stellt er die symbolischen Systeme menschlicher Eigenständigkeit über alle anderen Realitäten und macht es somit unmöglich, empirische umweltwissenschaftliche Forschungen durchzuführen (ROBBINS 2004:114). Ein weiterer Kritikpunkt an radikal konstruktivistischen Ansätzen in Bezug auf die Natur ist politischer Art: HAYLES (1995:47) fragt, wenn Natur nur eine soziale und diskursive Konstruktion sei, warum solle man dann für ihren Erhalt kämpfen.

Die Gesellschaftstheorie und insbesondere die feministische Wissenschaftskritik problematisieren den positivistischen Anspruch der Wissenschaft, objektive Erkenntnisse zu besitzen. Donna HARAWAY (1988) stellt die Vorstellung in Frage, dass wissenschaftliche Beobachtungen objektive und universelle empirische Wahrheiten produzieren könnten und konstatiert stattdessen mit ihrem Konzept der *„situated knowledges"*, dass alle Beobachtungen verortet, verkörpert und partiell seien. HARAWAY lehnt sowohl die Sicht von *everywhere* (die Totalisierung der Vision) als auch die Sicht von *nowhere* (Relativismus) ab und ersetzt sie durch die Sicht von *somewhere* (situiertes Wissen). Die Umwelthistorikerin BIRD (1987) formuliert dies so:

> „Scientific knowledge should not be regarded as a *representation* of nature, but rather a socially constructed interpretation of an already socially constructed natural-technical object of inquiry." (BIRD 1987:255)

Und auch FORSYTH (2003:55–61) stellt heraus, dass die so genannten „orthodoxen" oder positivistischen wissenschaftlichen Methoden vielfach ungenaue oder unzureichende Erklärungen liefern, indem sie „Naturgesetze" bilden, ohne zu beachten, wie solche Gesetze die Erfahrungen derjenigen Menschen reflektieren, die sie machen, womit er gleichzeitig den Anspruch des Positivismus kritisiert, politisch neutrale Ergebnisse zu produzieren. Dies führe zu unkritischer Akzeptanz von Ergebnissen der Umweltwissenschaften und damit zu fragwürdiger Umweltpolitik, die z.B. betroffenen marginalisierten Menschen unnötige und ungerechte Restriktionen auferlege (FORSYTH 2003:11). Damit soll der Positivismus keineswegs umfassend diskreditiert werden, denn zweifellos trug und trägt die positivis-

---

4   Das Konzept der sozial produzierten Natur ist ein fundamental materialistisches, das akzeptiert, dass biophysische Dinge und Prozesse existieren, und zwar als dialektische Einheit der Natur-Gesellschaft. Das Argument der Produktion von Natur basiert auf Marx' Idee der dialektischen Einheit von Natur und Gesellschaft, wonach Natur durch menschliche Arbeit geformt, der Arbeiter wiederum durch diese Begegnung geprägt wird (vgl. SMITH 1984).

tische Wissenschaft zu großen Erkenntnissen und Errungenschaften bei, doch der Universalitätsanspruch dieses Wissenschaftsverständnisses, ihre scheinbare Objektivität und angebliche politische Neutralität sind in Frage zu stellen.

Die theoretische Herausforderung der Politischen Ökologie besteht darin, politische und ökologische Dimensionen sowie materielle und diskursive Elemente zu integrieren. Einen Weg aus diesem Dilemma bietet der Kritische Realismus (BHASKAR 1975; ARCHER et al. 1998; SAYER 2000), der die Innensichten des sozialen Konstruktivismus mit einem wissenschaftlichen Verständnis von Natur zu verknüpfen sucht. Der Kritische Realismus geht von der Prämisse aus, dass die Welt unabhängig von unserem Wissen existiert und dass diese Unabhängigkeit bedeutet, dass menschliches Wissen nicht „Realität" ist, aber eine Repräsentation von ihr. Mit anderen Worten, Natur existiert „out there" als eine Realität, aber wissenschaftliche Bemühungen, sie zu beschreiben, sollten nicht mit dieser Realität vermischt werden (CASTREE & BRAUN 1998). Der Kritische Realismus liefert damit einen „dritten Weg" wissenschaftlicher Theorie und Methode zwischen Empirismus und Positivismus auf der einen Seite und extremem Relativismus auf der anderen; er versucht eine Annäherung zwischen ontologischem Realismus und epistemologischem Skeptizismus, der die ontologische Unabhängigkeit der biophysischen Welt anerkennt bei gleichzeitiger Berücksichtigung, dass unser Verständnis der natürlichen Welt partiell, situiert und zufällig ist (COLLIER 1994).

2) *Ungleichgewichtsökologie*: Die Vorstellung von Gleichgewicht und Ordnung in der Natur war lange Zeit die leitende Maxime der Ökologie. Insbesondere MARSH (1864:29) verfocht diese Vorstellung, indem er annahm, die Natur produziere dauerhafte ökologische Gemeinschaften von nahezu unveränderlicher Form, Aussehen und Proportion, während menschliche Aktivitäten dieses Gleichgewicht störten. In der natürlichen Ordnung interagierten biotische und abiotische Komponenten in einer stabilen Harmonie. Dieses Modell der Natur als ein System in Harmonie und Gleichgewicht erwies sich als bemerkenswert persistent und prägte das westliche Ökologie- und Naturverständnis. Auf diesem Paradigma von Gleichgewicht und Stabilität aufbauend wurde die beobachtete Instabilität in Ökosystemen zunächst mit zyklischen Gleichgewichten erklärt (MOORE et al. 1996). Dagegen ist nach der Auffassung der Ungleichgewichtsökologie (*non-equilibrium ecology*) Stabilität keineswegs die Norm. Vielmehr kennzeichnen Instabilität, chaotische Fluktuationen und Dynamik ökologische Systeme (BOTKIN 1990). Damit werden nicht nur Begriffe wie „Gleichgewicht", „Stabilität" und „Balance" durch „Bewegung", „Flexibilität" und „Elastizität" ersetzt, sondern gerät auch die Newton-Cartesianische Auffassung der Natur als wohl geordneter und vorhersagbarer Mechanismus ins Wanken. PEET & WATTS (1996) schließen sich der Kritik am Modell des stabilen ökologischen Gleichgewichts an und fordern für die Politische Ökologie die Berücksichtigung der Erkenntnisse der Ungleichgewichtsökologie.

Doch nach wie vor basieren Vorstellungen und Richtlinien des Managements von Naturressourcen wie Wald, Fischbeständen oder Wildtieren ebenso wie Gesetze und internationale Abkommen zu Ressourcennutzung und Naturschutz weitgehend auf den Annahmen der Gleichgewichtsökologie. Solcherart Annahmen legen ein Erscheinungsbild von Natur oder Wildnis fest und bilden meist den Rahmen für Politiken zur Nachhaltigen Entwicklung. Erst in jüngerer Zeit werden grundlegende Managementkonzepte, denen Vorstellungen von begrenzter Tragfähigkeit, ökologischer Fragilität oder irreversibler Ökosystemeingriffe zugrunde liegen, in Frage gestellt. Eine Aufgabe politisch-ökologischer Analyse besteht darin herauszustellen, wie Vorstellungen von Gleichgewicht oder „Wildnis" die Sichtweise bestimmter Gruppen, etwa von Umweltschutzaktivisten, prägen oder diesem Schema nichtkonforme Gruppen als Störfaktoren des ökologischen Gleichgewichts gelten.

FORSYTH (2003:117) sieht in der neuen Aufmerksamkeit gegenüber der Natur und der Ungleichgewichtsökologie ein Korrektiv gegenüber dem reduktionistischen Ansatz, wonach der Kapitalismus als Hauptgrund der Umweltdegradation gesehen wird. Denn, so beklagen auch VAYDA & WALTERS (1999) und insbesondere WALKER (2005), mit dem Aufkommen der poststrukturalistischen Politischen Ökologie in den 1990er Jahren sei der Fokus verstärkt auf Umweltbewegungen, diskursive und symbolische Politiken sowie den institutionellen Nexus von Macht, Wissen und Praxis (WATTS 1997) zu ungunsten naturwissenschaftlicher Fragen gelegt worden. Die Rolle der Ökologie wurde innerhalb dieser Studien zunehmend marginalisiert und Umwelt lediglich als „stage or arena in which struggles over resource access and control take place" (ZIMMERER & BASSETT 2003:3) gesehen. So beklagt auch PETERSON (2000:324), dass die meisten Studien unter dem Label Politischer Ökologie eher als „political economy of natural resources" zu bezeichnen seien, da sie Ökosysteme nicht als „aktive Akteure" betrachteten, sondern als passive, von Menschen transformierte Objekte. Ökosysteme seien jedoch dynamisch und variabel, und ökologischer Wandel, ob anthropogen induziert oder nicht, verändere die Formen von Konflikten um Naturressourcen.

3) *Entwicklungsdiskurs*: Eine der provokantesten, auch innerhalb der Politischen Ökologie geführten Debatten betrifft die diskursive Analyse von „Entwicklung". Auf Grundlage der Schriften von Michel FOUCAULT begannen Wissenschaftler in den späten 1980er Jahren die diskursiven Aspekte der westlichen Nachkriegsbemühungen zur Entwicklung der Dritten Welt kritisch zu untersuchen.[5] Ein wesentliches Merkmal der poststrukturellen Diskurstheorie begründet sich in ihrer Ablehnung der modernen Konzeption von Wahrheit. Gemäß der Philosophie der Aufklärung gelten Wahrheiten universell und Wissen für jeden potentiell gleich. Nach poststruktureller Kritik sind wissenschaftliche Kenntnisse dagegen eher als ein Versuch zu sehen, die Natur abzubilden, während vermeintliche Wahrheiten lediglich Aussagen innerhalb gesellschaftlich produzierter Diskurse und keineswegs objektive „Fakten" der Realität darstellen (PEET & WATTS 1996:13).

---

5 Diskursanalysen betonen die Rolle der Sprache in der Konstruktion von sozialer Realität, denn durch Diskurse als der Artikulation von Wissen und Macht werde gesellschaftliche Realität geschaffen (FOUCAULT 1972).

Der Ethnologe Arturo ESCOBAR (1995; 1996), wichtiger Vertreter der Diskursanalyse und der Forderung nach einer konstruktiven Perspektive auf Umwelt und Entwicklung als Basis einer poststrukturellen Politischen Ökologie, argumentiert, dass „Globale Armut", „Unterentwicklung" und die „Dritte Welt" im Nachkriegs-Entwicklungsdiskurs produziert wurden mit dem Ziel der Einführung und Anwendung moderner Technologie- und Managementpraktiken aus der „Ersten Welt". Während „Entwicklung" in weiten Bereichen der Wissenschaft und Politik als Lösung und nicht als Grund für Rückständigkeit, Armut und Umweltdegradation in der Dritten Welt betrachtet wird, sehen Kritiker, darunter auch einige Politische Ökologen, das Nachkriegsprojekt der Entwicklung der Dritten Welt als Ausübung der Dominanz des Nordens über den Süden und des Staates über lokale Gemeinschaften. Entwicklung sei konzeptualisiert als ein Diskurs, der konstruiert wurde, nicht um die Menschen von Armut zu befreien, sondern um die Regionen des Südens den Notwendigkeiten der nordbasierten kapitalistischen Weltwirtschaft zu unterjochen. Die Grundlagen der Entwicklungstheorie und Entwicklungspraxis als akademischen und politischen Unternehmungen seien unlösbar verbunden mit der nach dem Zweiten Weltkrieg unternommenen Neukonfiguration der „kolonialen Welt" in eine „Entwicklungswelt" (PEET & WATTS 1996:19; zu Postdevelopment vgl. auch SIDAWAY 2007).

In ähnlicher Weise kritisiert ESCOBAR (1996:51–57) das Konzept der Nachhaltigen Entwicklung, mit dem verschiedenste Interventionen des Westens als Beitrag zur Rettung des Erdballs begründet würden. Demnach gehe es hierbei nicht um die Nachhaltigkeit autochthoner Kulturen, sondern um das globale Ökosystem, wobei „global" durch die Mächtigen auf internationaler Ebene definiert werde. Mit diesem Diskurs sollten Wachstum und Umwelt versöhnt werden, wobei der Fokus nicht auf den ökologisch negativen Auswirkungen des Wachstums liege und nicht die Umwelt, sondern das Wachstum aufrechterhalten werden solle. Armut sei Grund und Folge von Umweltproblemen, während Wachstum notwendig sei, Armut zu reduzieren und die Umwelt zu schützen. Zudem trage der Nachhaltigkeitsdiskurs, bei dem der Schutz der Natur ökonomisch begründet würde, zur Ökonomisierung des Lebens bei. Die Geschichte der Moderne und des Kapitalismus müsse als Kapitalisierung der Produktionsbedingungen und Kapitalisierung der Natur und des menschlichen Lebens gesehen werden. Sowohl im Entwicklungs- als auch im Biodiversitätsdiskurs existiere Natur als Rohmaterial für wirtschaftliches Wachstum, denn Artenvielfalt werde als wertvolles Genreservoir betrachtet, das mit Hilfe wissenschaftlicher Forschung kapitalisiert werden könne.

4) *Umweltnarrative*: Kritik an scheinbar abgesicherten wissenschaftlichen Behauptungen ist ein auch von Politischen Ökologen vielfach diskutierter Aspekt. So entwickeln sich Umwelterzählungen oder Entwicklungslegenden häufig zu hegemonialen Mythen, die als wissenschaftliche Fakten akzeptiert werden, sich tatsächlich jedoch vielfach als inakkurat erweisen und zu politischen Maßnahmen führen, welche die sozioökonomischen Aktivitäten der Menschen in den betroffenen Gebieten beeinträchtigen (POTTS 2000). Beispiele solcher Umweltmythen sind die Desertifikationsproblematik (WATTS 1983; MENSCHING 1990), die Abholzung des Tropenwaldes (KRINGS 1996; STOTT 1999) oder die Theorie des

Himalayan-Dilemma (IVES & MESSERLI 1989; BLAIKIE & MULDAVIN 2004). Viele angeblich korrekte Aussagen über Umwelt, Umweltdegradation oder Gründe von Umweltwandel basieren tatsächlich oft auf unbewiesenen Annahmen. Nach dem Konzept der wissenschaftlichen *„black boxes"* von Bruno LATOUR (1987) würden „Beobachtungen" als „Entdeckungen" präsentiert, aus denen „Fakten" und schließlich „Allgemeinwissen" würde. FORSYTH (2003:37) bezeichnet diese generalisierten und institutionalisierten Konzeptualisierungen von Umweltdegradation als *„environmental orthodoxies"*, ein Konzept, das auf LEACH & MEARNS (1996) zurückgeht, welche die Persistenz bestimmter Erklärungen von Umweltwandel im politischen Prozess trotz gegenteiliger Beweise beschreiben. ADGER et al. (2001) sprechen von *„truth regimes"*, HARRÉ et al. (1999) von *"environmental narratives"* und HAJER (1995) von *„storylines"*. Mit solchen *„storylines"* werden Akteure positioniert und spezifische Ideen von „Schuldzuweisung", „Verantwortlichkeit" und „Dringlichkeit" belegt (HAJER 1995:64–65). Beispielsweise kritisiert CRONON (1996) die Vorstellung von der unberührten Wildnis als Synonym westlicher Konzeptualisierung von Natur: Natur wird als menschenleere Wildnis idealisiert, womit gleichzeitig die menschliche Gesellschaft klar von der Natur separiert wird, mit der Schlussfolgerung, dass die menschliche Präsenz alleine ausreiche, die Natur zu degradieren (vgl. WHATMORE 2002).

Solche „Mythen" oder „Simplifizierungen", wie etwa die weithin geteilte Annahme von Wäldern als fragile und unberührte Ökosysteme, sind kritisch zu diskutieren. Damit soll keineswegs postuliert werden, dass solche Umwelterzählungen nicht auch korrekte Elemente enthalten können oder dass Umweltprobleme nicht existierten, aber sie können angesichts ihrer Positioniertheit für die betroffenen Menschen folgenreich sein. Denn manche „Lösungen" von Problemen wie Desertifikation, Bodenerosion oder Waldzerstörung ziehen beispielsweise Beschränkungen der Viehbeweidung oder Anbaupraktiken in den von Degradation betroffenen Gebieten nach sich (FORSYTH 2003:37, 43). Stattdessen soll die Existenz multipler, kulturell konstruierter Ideen, Perspektiven und Unsicherheiten im Hinblick auf die Deutung von Umweltproblemen anerkannt werden.

5) *Problematik der Maßstabsebenen*: Ein weiterer Kritikpunkt an der ‚konventionellen' Politischen Ökologie betrifft das Modell der räumlichen Maßstabsebenen und der Erklärungskette (vgl. BLAIKIE & BROOKFIELD 1987). Dieses konzeptionelle Modell stellt einen Versuch dar, lokalen Umweltwandel mit politischwirtschaftlichen Strukturen, Handlungen und Kräften verschiedener räumlicher Ebenen zu verketten. Humangeographen haben angesichts ökonomischer, politischer und kultureller Globalisierungsprozesse eine kritische Überprüfung der üblichen sozio-räumlichen Kategorien wie international, national und lokal vorgenommen (SAYRE 2005:277) und sehen Maßstab als sozial produziert und nicht als ontologisch gegeben an (SMITH 1984; LEFEBVRE 1991; SWYNGEDOUW 1997; MARSTON 2000).[6] Sie kritisieren, dass Erklärungsketten hierarchische Strukturen seien, die den Maßstab als eine Reihe von gegebenen sozio-räumlichen Contai-

---

6   Die Theoretisierung von Maßstab – Maßstab als sozial konstruiert, historisch abhängig und politisch umstritten – geht auf Schriften von Henri LEFEBVRE (1991) zurück.

nern – lokal, regional, national, global – konzeptualisieren. Nach ZIMMERER & BASSETT (2003:3) besteht eine der Herausforderungen für die Politische Ökologie darin, das Modell der Maßstabs-Container zu modifizieren, um Mensch-Umwelt-Dynamiken zu untersuchen, die an anderen gesellschaftlich produzierten und ökologischen Maßstäben auftreten.

Zweifellos können manche Prozesse und Strukturen räumlichen Ebenen zugeschrieben werden. So beziehen sich eine gemeinsame Währung, Steuererhebung und Gesetze auf eine Maßstabsebene, die als Nationalstaat beschreibbar ist, während internationale Handelsströme von Finanzkapital und natürlichen Ressourcen auf globaler Ebene zu verorten sind. Doch zahlreiche Prozesse umfassen und durchdringen verschiedene räumliche Ebenen, wie etwa Informationsflüsse oder Migrationsbewegungen (vgl. SAYRE 2005:285).[7]

MARSTON et al. (2005:420) sehen ein Problem der humangeographischen Debatte in der unklaren Begriffsbedeutung von Maßstab. So vermischten und verwechselten Geographen Maßstab im Sinne räumlichen Ausmaßes (*size*) mit Ebenen (*level*) als einer vertikal gedachten räumlichen Hierarchie, und folglich epistemologische mit ontologischen Momenten. SAYRE (2005) schlägt vor, das Maßstabsproblem der Humangeographie mit Hilfe der Ökologie zu lösen. Maßstäbe seien aller Beobachtung inhärent und die Wahl des Beobachtungsmaßstabs sowohl methodologisch als auch epistemologisch signifikant. SAYRE nennt es das „epistemologische Moment des Maßstabs". Einige Muster und Prozesse seien nur auf bestimmten Maßstabsebenen beobachtbar und produzierten somit ihren eigenen „natürlichen" Maßstab. Somit sei der Maßstab mit internen ökologischen Prozessen und Interaktionen verbunden, nach SAYRE das „ontologische Moment des Maßstabs". Ökologen nutzen also Maßstab in seinem epistemologischen Moment zur angemessenen Beobachtung bestimmter Prozesse und in seinem ontologischen Moment als ein Merkmal objektiver Beziehungen (SAYRE 2005:280–283).

Auch NEUMANN (2009:399) betont, dass Maßstabsforschung grundsätzlich epistemologisch und nicht ontologisch sei, so dass der Forschungsfokus auf den räumlichen Praktiken gesellschaftlicher Akteure liegen solle, aber nicht auf dem Maßstab selbst als einer analytischen Kategorie (MOORE 2008:212). Für eine *Political Ecology of Scale* fordert NEUMANN (2009:403) die Wechselwirkungen von Macht, Handlung und Maßstab als Netzwerkverbindungen innerhalb und zwischen Maßstäben zu verstehen. Eine solche Politische Ökologie hebe die relationale und netzwerkliche Qualität räumlicher Konfigurationen und sozioökologischer Dynamiken hervor. Sie betone die Form, wie Akteursnetzwerke einzelne räumliche Maßstäbe überschreiten, um neue relationale sozioökologische Räumlichkeiten zu produzieren (NATTER & ZIERHOFER 2002; ZIMMERER & BASSETT 2003).

6) *Dichotomie von Mensch und Umwelt*: Die philosophisch vielleicht anspruchsvollste Herausforderung an die Politische Ökologie besteht in der Problematisierung der Dichotomie von Mensch und Umwelt bzw. von Gesellschaft

---

[7] SMITH (1995) betont, dass Maßstab – materiell wie konzeptionell – sowohl fluide als auch starr sein kann, während Ebenen ausschließlich auf etwas Feststehendes verweisen.

und Natur. Zwar lehnt bereits der Ansatz der *Cultural Ecology* die ontologische Separierung von Kultur und Natur ab und hebt „menschlichen Einfluss" (*human impact*) und „Kulturlandschaften" (*cultural landscapes*) als die zwei Schlüsselkonzepte der Mensch-Umwelt-Beziehungen hervor, doch paradoxerweise verstärkt das Konzept der *human impacts* die Sichtweise der Externalität der Menschen vom Natursystem. Ebenso spielt das Konzept der Kulturlandschaften nichtanthropogene Einflüsse herunter oder negiert sie und weist den Menschen das Monopol für Kreativität und Handlung zu (HEAD 2007:838–839). Auch die Ökologie mit ihrem theoretisch holistischen Auftrag, der den Menschen als Teil der lebendigen Welt einschließt, trägt zur Separierung von Mensch und Natur bei (HEAD 2007:842). Gleichzeitig betonen Autoren wie ZIMMERER & BASSETT (2003:3), dass Umwelt nicht bloß als Arena zu sehen sei, in der Kämpfe um Ressourcenzugang und -kontrolle stattfänden, sondern Natur und biophysische Prozesse eine aktive Rolle bei der Ausformung von Mensch-Umwelt-Dynamiken spielten. Dies belegt die Notwendigkeit, die Dichotomie von Mensch und Umwelt weiter zu problematisieren, beispielsweise durch die Auffassung der Natur-Gesellschaft-Verhältnisse als dialektische Einheit (WATTS 1983).

Dagegen schlägt Bruno LATOUR (1995) das Konzept der „Hybride" vor. Hybride Objekte sind demnach gemeine Objekte oder „Dinge", die als einheitlich, real und unumstritten erscheinen, aber in der Praxis eine Vielfalt an historischen „Rahmungen" widerspiegeln, die auf Erfahrungen bestimmter Akteure oder Gesellschaften in der Vergangenheit basieren (FORSYTH 2003:86–87). Die ökologischen Merkmale der nicht-menschlichen Natur und ihrer Objekte (Boden, Holz, Gras etc.) treffen auf eine Welt politischer Kämpfe. Indem diese Objekte durch ihre Wechselwirkungen mit Menschen modifiziert werden, ob intendiert oder nicht, nehmen sie neue Rollen an, erhalten neue Begriffe und neue Bedeutung (ROBBINS 2004:213). Selbst die Definition von „Wald" ist ein Beispiel für Hybridisierung, da sie die Reduktion komplexer biophysischer Systeme auf eine den politischen und gesellschaftlichen Anforderungen angepasste Definition aufzeigt (FORSYTH 2003:151; vgl. WHATMORE 2002). Damit können Gegenständen, Prozessen und Lebewesen keine feststehenden Identitäten zugeschrieben werden. Sie werden nicht mehr als klar umgrenzte Einheiten innerhalb einer Umwelt thematisiert, sondern als vorübergehend stabilisierte Entitäten begriffen.

Nach LATOUR (1987) ist die Fähigkeit, Grenzen zwischen „Natur" und „Gesellschaft" zu ziehen, abhängig von einer Dichotomie, die nur durch sogenannte „Purifikation" oder die Separierung von zwei ontologischen Zonen von Menschen und Nicht-Menschen zustande kommt. Die Zeichnung von Grenzen um gesellschaftliche Gruppen oder biophysische Entitäten hat das Ziel, Vorstellungen zu ordnen. Mit der Zeichnung von Grenzen zwischen „Natur" und „Gesellschaft" haben sich somit „faktische" oder universelle Aussagen etabliert, die auf einer Kombination von Erfahrungen und Wertungen basieren (FORSYTH 2003:87–89).

7) *Umweltbewegungen*: Neben einer Konzentration auf soziale Umweltbewegungen übte der Sammelband *Liberation Ecologies* von PEET & WATTS (1996) eine große Wirkung auf die Weiterentwicklung der Politischen Ökologie aus. Die beiden Herausgeber fordern eine verstärkte Anwendung von Ideen und Konzepten

des Poststrukturalismus und der Diskurstheorie, mehr Aufmerksamkeit neuen gesellschaftlichen (Umwelt-)Bewegungen gegenüber sowie eine stärkere Integration politischer Fragen und betonen damit nachdrücklich den normativen Anspruch der Politischen Ökologie (PEET & WATTS 1996:3).

Die sogenannten „Neuen Gesellschaftsbewegungen" trugen seit den späten 1960er Jahren in Nordamerika und Europa dazu bei, Umweltthemen und Umweltschutz als Mainstream-Diskurs national und international zu etablieren. FORSYTH (2003:106–109) identifiziert als Kernthemen den Widerstand gegen Kapitalismus und Moderne, den Verlust von „Wildnis" sowie die menschliche Dominanz über die Natur. Viele Autoren verbinden Kapitalismus mit Umweltdegradation oder die Dominanz über die Natur mit der Dominanz über Menschen. WALLERSTEIN (1999:9) hält nicht Wissenschaft und Technologie, sondern den Kapitalismus für das Hauptproblem der Umweltdegradation, so dass Marginalisierung und repressive Elemente des globalen Kapitalismus und deren Implikationen auf Armut, Verwundbarkeit und Umweltwandel oder ungleicher Zugang zu Ressourcen im Zentrum seiner Betrachtungen stehen. FORSYTH (2003:117–120) sieht jedoch in der Kausalverknüpfung von Umweltdegradation und Kapitalismus drei Probleme: Erstens sei eine Erklärung von Umweltdegradation allein durch Kapitalismus reduktionistisch, da sie biophysische Faktoren ausblende, die unabhängig von Konflikten zwischen Wirtschaft und Gesellschaft bestünden. Zweitens kritisiert er die unzureichende Definition von Degradation. Drittens sieht er eine Gefahr der Entmündigung von lokalen Formen von Unternehmertum, die Möglichkeiten zur Vermeidung von Armut oder gesellschaftlicher Verwundbarkeit eröffnen könnten. Vielmehr sei es wichtig zu identifizieren, unter welchen Umständen und für wen wirtschaftliches Wachstum gewinnbringend oder schädigend sein könne. Zudem solle die Annahme vermieden werden, Modernisierung grundsätzlich als ökologisch schädlich zu betrachten, sondern viel eher nach Formen gesucht werden, wie Modernisierung und Umweltschutz vereinbar seien.

Problematisch an den Anliegen der sozialen Umweltbewegungen ist zudem, dass Kritik an Kapitalismus und Moderne vielfach mit Vorstellungen von unberührter Natur und Gleichgewicht einhergehen, verbunden mit einer Forderung nach einer früheren oder „reineren" Form des Lebens in der Natur – wie historische Forschungen zeigen, eine romantische und anachronistische Ansicht (MUKTA & HARDIMAN 2000:133). Dennoch haben die Anliegen und Werte der sozialen Bewegungen wissenschaftliche Erklärungen und Vorstellungen von Umweltdegradation beeinflusst und Themen wie verlorenes Gleichgewicht oder die Dominanz über die Natur popularisiert. Doch solche Annahmen und Erklärungen können weder die Gründe für Umweltwandel liefern noch berücksichtigen sie die Perspektiven und Nöte einflussarmer Gruppen. Daher fordert FORSYTH (2003:132) eine kritische Analyse von Aussagen zu den Gründen von Umweltdegradation sowie den Profiteuren und Verlierern gegenwärtiger Umweltagenden.

8) *Normativer Anspruch*: Die Umsetzung des explizit normativen Anspruchs der Politischen Ökologie (ROBBINS 2004:13) wird immer wieder von verschiedenen Kritikern eingefordert (vgl. PEET & WATTS 1996; WATTS 2000; FORSYTH 2003; WALKER 2006; 2007). Denn auch wenn die Politische Ökologie die

Konstruiertheit von Natur und Umwelt, wissenschaftliche Erkenntnisse sowie den Entwicklungs- und Nachhaltigkeitsdiskurs kritisch theoretisiert, so würden doch Umweltprobleme existieren und sowohl Menschen als auch Ökosysteme bedrohen (FORSYTH 2003). Die Politische Ökologie sei gerade hier aufgefordert, so WALKER (2005:80), diese Probleme zu analysieren, zu popularisieren und zu deren Lösung beizutragen. Doch trotz ihrer ureigenen Kritik an Entwicklungs- und Umweltpolitik beeinflussten Politische Ökologen kaum die praktische Politik. Zudem beklagt WALKER (2007:365) die Introvertiertheit der Politischen Ökologen, die die politisch relevanten und für viele Menschen auch existentiell bedeutsamen Themen nicht einer breiten Öffentlichkeit vermitteln könnten und somit kaum zur Lösung der Probleme beitrügen. Stattdessen dominierten Ökonomen, Politikwissenschaftler und Biologen die politischen Debatten, auch weil sie komplexe gesellschaftliche Realitäten ausblendeten. Die theoretische Vielfalt der Politischen Ökologie kann durchaus als eine ihrer Stärken gesehen werden, im Hinblick auf öffentliche oder politische Ausstrahlung offenbart sich dies jedoch als Schwäche. WALKER (2006:392; 2007:367) fordert eine stärkere Einflussnahme der Politischen Ökologen auf Politik und Gesellschaft, da sie aufgrund ihrer thematischen Fokussierung auf Armut, Hunger, gesellschaftliche Ungerechtigkeit und Umweltdegradation zu einer normativen Position verpflichtet sei.

Methodische Kennzeichen der Politischen Ökologie

Zahlreiche analytische Ansätze der *Cultural Ecology*, wie der Fokus auf kleine, ländliche Gemeinschaften und ethnographisches Vorgehen, wurden auch von der Politischen Ökologie übernommen. Allerdings wanderte der Fokus des Interesses von selbsterhaltenden und ökologisch stabilen Mensch-Umwelt-Systemen bald zu Fragen nach den Gründen und Lösungen von Umweltdegradation und Risiken. Ein wesentliches Anliegen der Politischen Ökologie bestand ursprünglich darin aufzuzeigen, dass neomalthusianische Formulierungen und neoklassische Modelle mit Betonung des rational kalkulierenden Akteurs sowie technozentrische Ansätze ideologisch, simplizistisch und in ihrer Aussagekraft begrenzt seien. Obgleich die Politische Ökologie nicht über eine fest stehende Methodologie verfügt, sollen im Folgenden einige methodische Kennzeichen knapp umrissen werden:[8]

1) *Mehr-Ebenen-Ansatz und Chains of Explanation*: Der Mehr-Ebenen-Ansatz mit seiner theoretischen Konzeption von Ort, Region und Maßstab ist vermutlich das markanteste Distinktionsmerkmal der Politischen Ökologie gegenüber anderen Ansätzen der Mensch-Umwelt-Forschung (BLAIKIE & BROOKFIELD 1987; ZIMMERER & BASSETT 2003:3; NEUMANN 2009). Untersuchungen auf ver-

---

[8] ROUCHELEAU (2008:718) hebt fünf Kennzeichen von BLAIKIEs Politischer Ökologie hervor: 1) Multiple Methoden, Ziele, Akteure und Zuhörer; 2) Integration gesellschaftlicher und naturwissenschaftlicher Analysen von Machtverhältnissen und Umwelt; 3) Mehrebenen-Analyse; 4) empirische Beobachtung und Datensammlung auf Haushalts- und lokaler Ebene; 5) Struktur und Handlung kombinierende Erklärungsketten.

schiedenen räumlichen Maßstabsebenen sollen durch die sogenannten *chains of explanation* ortspezifische Strukturen und Handlungen mit regionalen, nationalen und globalen Mustern und Prozessen verbinden. Die Entscheidungsfindung von individuellen *land managern* kann nicht ohne Bezugnahme auf die Dynamiken der weiteren Gesellschaft verstanden werden (DOVE & HUDAYANA 2008), weshalb BLAIKIE auch von den strukturellen Implikationen alltäglicher Aktivitäten spricht (MULDAVIN 2008:693). Die Forschung verfolgt Entscheidungen auf vielen Ebenen, von der lokalen, auf der individuelle *land manager* komplexe Entscheidungen treffen, ob sie Bäume fällen, Felder pflügen, Pestizide kaufen oder Arbeitskräfte einstellen, bis zur internationalen Ebene, auf der multilaterale Geberinstitutionen ihre Förderprioritäten vom Staudammbau über Aufforstungen bis hin zu Fischzucht treffen. In Anbetracht der mit der Ebenen-Konfiguration verbundenen Gefahr, in sozio-räumlichen Containern zu denken, schlagen ROBBINS (2004:212) und ROCHELEAU (2008) das begriffliche Konzept der Beziehungsnetze (*webs of relation*) vor.

2) *Akteursorientierung und Interessen*: Studien der Politischen Ökologie zeichnen sich meist durch eine explizite Akteursorientierung aus, wobei Akteure unterschieden werden können in Einzelakteure, Akteurskollektive und Interessengruppen (vgl. SOLIVA 2002:26–30). *Einzelakteure* sind im Sinne des Akteursbegriffs von WERLEN (1995) handelnde Individuen, etwa ein Bauer, aber auch ein Mitglied der staatlichen Administration oder Entscheidungsträger im politischen Bereich. Unter *Akteurskollektiv* ist eine Gruppe von organisierten Einzelakteuren zu verstehen, die gemeinsam Entscheidungen treffen und koordiniert handeln, etwa ein Wirtschaftsunternehmen oder Teile der staatlichen Administration. Demgegenüber sind Einzelakteure zu *Interessengruppen* zusammenzufassen, wenn sie ein gemeinsames Interesse verfolgen, jedoch weder organisiert sind noch gemeinsam Entscheidungen treffen und koordiniert handeln, wie beispielsweise in der Natur Erholung suchende Menschen. Individuen können dabei gleichzeitig verschiedenen Akteurskollektiven und Interessengruppen angehören.

Die Frage, welche Akteure welche Ressourcen zu welcher Zeit nachfragen und nutzen, sowie die Frage nach deren Handlungsspielräumen und Durchsetzungsstrategien nimmt eine Schlüsselrolle in der Analyse ein (KRINGS & MÜLLER 2001:95). Die Politische Ökologie verfolgt hier bewusst politisierende Fragestellungen, etwa in wessen Interesse Eingriffe in die Umwelt toleriert oder verboten werden, mit welchen sozialen und ökologischen Folgen, „wessen Wahrnehmungs- und Wissenssystem herangezogen und reproduziert wird, oder wer von der naturräumlichen Ausstattung und wer von welchem Wissen darüber profitiert" (KRINGS & MÜLLER 2001:95).

Gesamtgesellschaftliche Strukturen, externe Interventionen oder rechtliche Ordnungsrahmen, etwa staatliche Gesetze oder internationale Ressourcennachfrage, beeinflussen, fördern oder limitieren den Handlungsspielraum von Individuen oder Gruppen unterschiedlich, so dass Handlungsspielräume und -macht[9] der ein-

---

9 Macht kann definiert werden als ein gesellschaftliches Verhältnis, das auf einer asymmetrischen Verteilung von Ressourcen und Risiken aufbaut (HOMBORG 2001:1 zitiert in PAULSON

zelnen Akteure sehr ungleich sind. Bestimmte Einzelakteure oder Akteurskollektive können ihre Interessen eher durchsetzen als andere. Die Analyse von Macht, Fragen von Gerechtigkeit, Ausbeutung und strukturellen Gründen von Armut (WALKER 2006:388) sowie die Analyse multipler Akteure mit komplexen und sich überschneidenden Identitäten, Affinitäten und Interessen (ROCHELEAU 2008:716) stehen im Fokus der Politischen Ökologie.

3) *Politisch-ökonomische und ethnographische Analyse*: Ziele und Möglichkeiten der Nutzung von Land und Ressourcen bewegen sich in einem von ökonomischen und politischen Rahmenbedingungen begrenzten Feld. Von großer Bedeutung zur Erklärung von Nutzungs- und Managemententscheidungen sind die Fragen, wer Ressourcen kontrolliert und wie die Regeln und Bedingungen der Produktion und des Austauschs von Gütern politisch geregelt sind. Im Fokus stehen auch die Folgen staatlicher Interventionen in ländliche Landnutzungsmuster, die Zusammenhänge von staatlicher Politik, Überflussextraktion, Akkumulation und Umweltdegradation (LOHNERT & GEIST 1999:20). Ethnographische Analysen spielen eine bedeutende Rolle bei der Untersuchung der unterschiedlichen, sich vielfach widersprechenden Perspektiven der verschiedenen Akteure auf Umwelt und Umweltprobleme sowie für das Verständnis von Verhaltensweisen, Nutzungsmustern und Gründen für Konflikte. Dabei ist die ethnographische Analyse nicht auf Pointierung des „Exotischen" oder „Anderen" beschränkt, sondern beinhaltet Studien zu Institutionen und Organisationen. Feldstudien, bestehend aus einer Kombination qualitativer und quantitativer Methoden, Befragungen, Interviews und teilnehmender Beobachtung, spielen eine bedeutende Rolle innerhalb politisch-ökologischer Forschungen (ROCHELEAU 2008:718).

4) *Historische Analyse*: Durch historische Analysen können Ausmaß und Art des Umweltwandels und die Entstehung gegenwärtiger räumlicher Muster sowie gesellschaftlicher und politischer Verhältnisse verstanden und erklärt werden (vgl. BRYANT 1998; ZIMMERER & BASSETT 2003). Berichte von Forschern, Siedlern, Missionaren, Geschäftsleuten und Verwaltungsbeamten liefern Einsichten in die gesellschaftlichen Vorstellungen von Natur, in politische Entscheidungen und den Wandel der Umwelt. Von Interesse sind auch Betrachtungen, wie indigene Systeme des Ressourcenmanagements in die globale Wirtschaft inkorporiert und wie Wissen und Praktiken im Laufe der Zeit produziert und reproduziert wurden, etwa die Entwicklung und Übertragung von Naturschutzideen. Eine historische Analyse der Mensch-Umwelt-Interaktionen unterstreicht zudem den nicht-linearen und chaotischen Charakter des Umweltwandels, wie er in der Ungleichgewichtsökologie identifiziert wurde. Darüber hinaus hilft die kritische Bewertung der Produktion von Wissen Politiken und Machtverhältnisse herauszustellen, die für Sichtweisen auf die Umwelt oder Umwelterzählungen verantwortlich sind.

---

et al. 2003:209). Im Sinne von Foucault ist „Macht sowohl Produktionsfaktor als auch Resultat von individuell kaum beeinflussbaren Mechanismen, die eine alles umfassende, in allen gesellschaftlichen Bereichen verankerte Subtilität und Vielschichtigkeit von Macht und Abhängigkeit reproduzieren" (KRINGS & MÜLLER 2001:98–99).

5) *Diskursanalyse*: Im Zuge poststrukturalistischer Ansätze findet auch die Diskursanalyse zunehmend Anwendung in Studien der Politischen Ökologie. Damit verbunden ist die Klärung der Frage, wie Umwelt und Umweltprobleme diskursiv konstruiert sind. „Political conflicts are thus as much struggles over meaning as they are battles over material practices" (BRYANT 1998:87). Materielle Analysen sollten fortan nicht ohne oder separiert von Diskursanalysen durchgeführt werden. Die Betonung liegt auf einer kritischen Perspektive gegenüber modernistischen Aussagen von Objektivität und Rationalität, auf der Ermittlung des Verhältnisses von Macht und Wissen sowie der Wahrnehmung der Existenz multipler, kulturell konstruierter Ideen von Umwelt und Umweltproblemen (NEUMANN 2005:7).

6) *Ökologische Feldstudien und Messung von Degradation*: Umweltwandel und -degradation wie etwa Bodenerosion, Abholzung, Desertifikation, Artenrückgang, Wasser- und Luftverschmutzung stehen im Zentrum des Interesses der so genannten apolitischen Ökologie bzw. (neo)malthusianischer Ansätze, deren dominante These „Menschen zerstören Ökosysteme aufgrund von Ignoranz, Eigennutz und Überbevölkerung" ein zentrales Ziel politisch-ökologischer Kritik ist (ROBBINS 2004:90). Landdegradation weist dabei mehrere Dimensionen auf, nämlich den Verlust von Produktivität, Biodiversität und Nutzungspotenzial. Dabei stellt die Festlegung einer „angemessenen" Nutzung eine explizit politische Frage dar, da die Umwandlung von Wald in Weide oder umgekehrt für eine Gruppe von Akteuren Degradation, für andere Akteure jedoch eine Wertsteigerung bedeuten kann. Die entscheidende Frage für die Politische Ökologie bei der Analyse von Landnutzung oder Ressourcenmanagement lautet nicht, wie sich Produktivität, Diversität oder Nutzbarkeit verändert haben, sondern inwieweit sich Risiken und Verwundbarkeiten gegenüber externen Schocks und Naturereignissen für die lokale Bevölkerung verändert haben.

Zusammenfassend liegt das Erkenntnisinteresse der Politischen Ökologie in der Analyse und Erklärung von Umweltveränderungen sowie den dafür verantwortlichen Ursachen. Dies schließt die Analyse von Umweltkonflikten sowie von Verteilungs- und Machtkämpfen um natürliche Ressourcen unterschiedlicher Interessengruppen auf verschiedenen Handlungsebenen ein. Dabei baut die Politische Ökologie auf verschiedenen Prämissen und Hypothesen auf: So gilt die Umwelt und die Art, wie Wissen über sie erfasst, verbreitet und legitimiert wird, als hoch politisiert sowie als Arena, in der sich Machtverhältnisse widerspiegeln (NEUMANN 2005:1). Umweltveränderungen sind das Ergebnis von politischen, gesellschaftlichen und ökonomischen Handlungen auf individueller, lokaler, nationalstaatlicher und international-globaler Ebene. Ressourcenkonflikte sind nicht notwendigerweise Folge von „natürlicher" Knappheit und Bevölkerungsdruck, sondern Resultat von Ressourcennutzung und gesellschaftlichen Regelungen des Zugangs zu Ressourcen (KRINGS & MÜLLER 2001:94). Dabei sind Kosten und Nutzen des Umweltwandels ungleich unter den Akteuren verteilt, was zur Steigerung oder Abmilderung bestehender gesellschaftlicher und wirtschaftlicher Ungleichheiten beitragen kann (BRYANT & BAILEY 1997:28–29). Dies impliziert, dass die menschliche Transformation natürlicher Ökosysteme nicht verstanden werden kann ohne eine Betrachtung der politischen, gesellschaftlichen und wirtschaftlichen Strukturen und Institutionen, in denen diese Transformationen eingebettet sind.

2.1.3 Anforderungen an eine Politische Ökologie des Postsozialismus

Vor dem Hintergrund der vorangegangenen Ausführungen zu Entstehung und Kennzeichen der Politischen Ökologie und dem Erkenntnisinteresse der vorliegenden Abhandlung dient dieser Abschnitt der Entwicklung eines politisch-ökologischen Analyserahmens für Untersuchungen im postsozialistischen Raum Mittelasiens. Die Konzentration von Forschungen auf ländliche Regionen in Entwicklungsländern[10] ist eine von Beginn an bis heute prägende Konstante der Politischen Ökologie, obgleich im Laufe der vergangenen Jahre zahlreiche Studien entstanden, in denen politisch-ökologische Fragestellungen sowohl in ruralen als auch in urbanen Kontexten in Entwicklungs- wie auch Industrieländern fokussiert wurden. Ein bedeutender Forschungsstrang bezieht sich in den meisten Studien auf den Zusammenhang zwischen Kapitalismus, Marktintegration und Staatsintervention auf der einen Seite und Marginalisierung, Umweltwandel und -degradation auf der anderen.[11]

Aufgrund der theoretischen marxistischen Grundierung bei gleichzeitiger Kritik an Kapitalismus und westlicher Hegemonie im Mainstream der Politischen Ökologie blieben Fragen nach dem Zusammenhang von Armut, Marginalisierung, Ressourcenmanagement und Umweltwandel in der so genannten Zweiten Welt, den staatssozialistischen Ländern, und später in den postsozialistischen Folgerepubliken lange unberücksichtigt. Bisher sind erst wenige Arbeiten mit explizit politisch-ökologischem Anspruch im postsozialistischen Raum entstanden. Eine Ausnahme bildet MULDAVIN (1997; 2008) mit seinen Untersuchungen im ländli-

---

10 Nach BRYANT (1992:12) sollten sich politisch-ökologische Studien in Entwicklungskontexten mit den Ursachen von Umweltwandel als Folge zwischenstaatlicher Beziehungen und globalem Kapitalismus, den sich wandelnden und umkämpften Zugangsrechten zu Land und Ressourcen sowie den politischen und sozioökonomischen Auswirkungen von Umweltdegradation beschäftigen.

11 In der deutschsprachigen Geographie sind ebenfalls verschiedene Arbeiten mit einem politisch-ökologischen Ansatz erschienen: So analysierte GEIST (1992; 1999) die mögliche Anwendung der Politischen Ökologie bei Forschungen zu Umweltdegradierung und globalem Umweltwandel, KRINGS (1996; 1999) arbeitete über Tropenwaldzerstörung in Laos und GRANER (1997; 1999) über Waldzugang und Waldnutzung in Nepal, FLITNER (1999; 2001; 2003; 2007) lieferte Überblicksdarstellungen zur Politischen Ökologie und beschäftigte sich mit Fluglärm und Umweltgerechtigkeit, MÜLLER (1999) und SCHNEIDER (2002) beschäftigten sich mit Gold- und Diamantenabbau in Venezuela, BÜTTNER (2001) mit Wassermanagement und Ressourcenkonflikten in Indien, NEUBURGER (2002; 2004) mit der Pionierfrontentwicklung im brasilianischen Amazonasgebiet, SOLIVA (2002) untersuchte den Naturschutz in Nepal, DÜNCKMANN & SANDNER (2003) arbeiteten zu Naturschutz und autochthoner Bevölkerung und NÜSSER (2003) analysierte Staudammbauten in Lesotho mit einem politisch-ökologischen Ansatz.

chen Raum Chinas zum Einfluss der Transformation von Staats- zu Marktsozialismus auf Natur und Gesellschaft, von der kollektiven sozialistischen Volkswirtschaft hin zu einem Hybrid, das er selbst als „the worst of socialism and capitalism" bezeichnet. Zudem betrachteten HARPER (2006) die Umweltbewegungen in Ungarn und HARTWIG (2007) die Ressourcennutzung in der Mongolei.

Eine Politische Ökologie im postsozialistischen Raum kann und sollte auf den im vorherigen Kapitel erläuterten theoretischen Debatten und Ansätzen aufbauen, erfordert jedoch Ergänzungen und in einigen Bereichen auch eine Umkehrung von Prämissen und theoretischen Leitlinien. Sie sollte den strukturellen Fokus auf Staat, Gesellschaft und Wirtschaft ebenso legen wie auf poststrukturelle Fragen nach der Konstruktion und Entstehung von Umweltdiskursen und Narrativen über Umweltwandel und Naturkonzepte. Untersuchungen zum Mensch-Umwelt-Verhältnis in postsozialistischen Gesellschaften müssen zudem einige Besonderheiten berücksichtigen:

- Weniger das Eindringen des Staates in vermeintlich ungestörte autochthone Systeme der Ressourcennutzung und des Umweltmanagements ist zu problematisieren, als vielmehr die Frage nach den Auswirkungen des Rückzugs des Staates aus Ressourcenmanagement, Umweltnutzung und peripheren Gebieten.
- Modernisierung erfolgte nicht nach westlich-kapitalistischem Modell, sondern nach sozialistischen Leitlinien, so dass sich die Frage nach dem Zusammenhang von real existierendem Sozialismus und Umweltwandel sowie Land- und Ressourcennutzung stellt. So klagen bereits PEET & WATTS (1996:4) über die mangelnde Berücksichtigung des „terrifying environmental record" der sozialistischen Staaten in politisch-ökologischen Studien.
- Der kapitalistische Umbau des Wirtschaftssystems vollzieht sich nicht in vormodernen Gesellschaften, sondern in „entwickelten" und sozialistisch modernisierten Staaten.
- Postsozialistische Gesellschaften sind geprägt durch multiple Transformationen, beginnend bei kolonialen Interventionen über sozialistische Revolutionen bis hin zum Zusammenbruch des Staatssozialismus, was die Notwendigkeit historischer Analysen untermauert.

Das Ziel einer postsozialistischen Politischen Ökologie besteht darin, eine auf empirischen Erhebungen basierte Darstellung und Erklärung des Umweltwandels in den postsozialistischen Staaten zu liefern sowie Erkenntnisse über die koloniale und sozialistische Natur- und Ressourcennutzung zu gewinnen, um letztendlich Ansatzpunkte für umweltfreundlichere und gerechtere Entwicklungsmöglichkeiten aufzuzeigen.

Vernetzte Beziehungen und Lebensentwürfe

Menschen, die in unmittelbarer Beziehung zum Land und zu lokalen Ressourcen stehen, BLAIKIES *land manager*, sind direkt oder indirekt auch Teil von Strukturen und Handlungen übergeordneter Maßstabsebenen. Ihre Landnutzungsentscheidungen sind beispielsweise beeinflusst von gesellschaftlichen Normen, staatlicher Politik und internationalen Handelsabkommen. Die Vorstellung von der Verortung von Akteuren auf verschiedenen Maßstabsebenen und die Verbindung dieser mit Handlungen, Strukturen und Akteuren anderer Ebenen durch *chains of explanation* (BLAIKIE & BROOKFIELD 1987) ist gleichwohl problematisch. Denn Maßstäbe sind nicht als ontologisch gegeben zu betrachten, sondern als gesellschaftlich konstruiert (ZIMMERER & BASSETT 2003:3). Anstatt von räumlichen Ebenen sollte die Rede eher von räumlichen „Sphären" sein, welche lokale mit globalen Bezügen untrennbar verbinden. Die Vorstellung von Erklärungsketten impliziert eine Hierarchie sowie einen Beginn und ein Ende dieser Ketten, die in der Realität nur schwer auszumachen sind. Beziehungen zwischen einzelnen Elementen in einer solchermaßen gedachten Erklärungskette sind selten unilinear und erlauben nur begrenzt, Querverbindungen zu denken. Stattdessen könnte die Vorstellung von Beziehungsnetzen (*webs of relation* oder *rooted networks*) hilfreich sein, in denen verschiedene Elemente in unterschiedlichen wechselseitigen Beziehungen stehen und miteinander verflochten sind (vgl. MASSEY 1991:26; ROBBINS 2004:212; ROCHELEAU 2008:724). Unter Bezugnahme auf LATOURS (1995) Vorstellung von „Aktanten" ist zudem kritisch zu fragen, auf welche Art nichtmenschliche Aktanten wie Ideen oder physische Kausalverknüpfungen in einer Wirkungskette und auf Ebenen bzw. in Wirkungsnetzen und Sphären zu verorten wären.

Eine solche Neukonzeption von Ebenen und Erklärungsketten erscheint notwendig und plausibel angesichts gegenwärtiger Prozesse wie etwa der Entankerung von Lebensentwürfen, wie sie bei Transmigranten zu beobachten ist, oder der Verknüpfung von lokalen Entitäten mit global wirkmächtigen Ideen des Naturschutzes. Auch die für postsozialistische Gesellschaften charakteristischen, sich häufig wandelnden administrativen Zugehörigkeiten erschweren eine maßstabsebenengemäße Zuordnung. Insbesondere postsozialistische Gesellschaften, die durch radikale historische Transformationen geprägt sind, lassen sich nur schwerlich in das Schema von Maßstabscontainern und zweidimensionalen Wirkungsketten einordnen.

Planerfüllung und institutionelle Lücken

Ein bedeutendes Anliegen der Politischen Ökologie besteht in der Analyse von Besitz- und Verfügungsrechten, die Zugang zu und Nutzung von Ressourcen und Land steuern (SEN 1981; ROBBINS 2003:644). Hierbei ist zu fragen, wie solcherart Rechte definiert sind und zwischen den verschiedenen gesellschaftlichen Gruppen verhandelt werden, um zu analysieren, wer von den Ressourcen profitieren kann oder davon ausgeschlossen ist. Dabei können Besitz- und Nutzungsrechte an einer bestimmten Landparzelle oder an Ressourcen vielfältig sein und sich überschneiden und widersprechen, etwa im Kontext konkurrierender Rechtssysteme, und schließen sowohl Ansprüche von Gruppen wie Dorfgemeinschaften oder Verwandtschaftsgruppen als auch von Individuen ein. Deshalb ist die Frage nach

Kontrolle und Nutzungsmöglichkeit von Ressourcen wichtig, da Ressourcen und entsprechende Zugangsrechte vielfach umkämpft sind.

Besitzregime und Kontrolle über Land und Ressourcen sind ein relevanter Faktor für Entwicklungsprozesse. Nach der Logik des Modells der Privatisierung internalisiert Privatisierung Kosten und Gewinne, reduziert Unsicherheiten und steigert individuelle Verantwortlichkeiten für die Umwelt und damit die rationale Nutzung der Ressourcen (MCCAY & ACHESON 1987:5). Doch Änderungen der Eigentums- und Besitzrechte können auch dazu führen, dass Zugangsrechte bisheriger Land- und Ressourcennutzer beschnitten und sie von der Nutzung ausgeschlossen werden, und in diesem Sinne von einer *„tragedy of enclosure"* (ECOLOGIST 1993; BRYANT & BAILEY 1997:163; BRYANT 1998:85) gesprochen werden kann. Wenn Allmende privatisiert oder verstaatlicht oder Besitzrechte anderweitig geändert werden, ist stets zu fragen, welche Rechte für wen gesichert werden.

Sozialistische Gesellschaften und Ökonomien zeichneten sich durch einen hohen, zentralistischen Institutionalisierungsgrad aus. Besitz- und Nutzungsrechte waren meist eindeutig definiert bei gleichzeitiger Festlegung der Verantwortlichkeiten auf Staat und Partei, die ebenfalls durch klare, hierarchische Strukturen gekennzeichnet waren. Mit dem Zusammenbruch des sozialistischen Systems kollabierte somit ein dominantes institutionelles Gefüge, das in den vorhergegangenen Jahrzehnten bestrebt gewesen war, autochthone kommunale oder religiöse Institutionen abzulösen und auszulöschen. Nicht die Aufoktroyierung eines Bündels an Institutionen in bestehende lokale Formen ist das in postsozialistischen Gesellschaften vorherrschende Problem, sondern der Wegfall eines umfassenden, lange dominierenden Institutionenkörpers. Im postsozialistischen Raum haben Privatisierung und Rückzug des Staates vielfach zu institutioneller Verunsicherung, Destabilisierung und Marginalisierung geführt. Personen mit institutioneller Macht, wie beispielsweise ehemalige Parteikader oder Kolchosvorsitzende, konnten aus der institutionellen Schwäche der Übergangsphase profitieren, indem sie sich Rechte an den besten Landparzellen oder den wertvollsten Ressourcen sicherten, während die meisten einfachen ehemaligen Arbeiter solche Möglichkeiten nicht zu nutzen wussten bzw. konnten. Deshalb muss auch ein Fokus auf den akteursspezifischen Verfügungsrechten und dem individuell sehr unterschiedlich ausgestalteten Handlungsvermögen (HERBERS 2006) liegen.

In diesem Zusammenhang sind zudem die geschlechtsspezifische Ausstattung mit Rechten und Ressourcen sowie die Repräsentanz von Frauen und Männern in Organisationen zu betrachten. Frauen und Männer haben oftmals unterschiedliche Rechte und Verantwortlichkeiten an Land und Ressourcen, die mit ihren produktiven und reproduktiven Rollen im Haushalt, in der Gemeinschaft oder in der weiteren Gesellschaft verbunden sind. Ungleiche Rechte, Zugänge und Verantwortlichkeiten der Geschlechter bedeuten, dass sie die Umwelt unterschiedlich wahrnehmen, damit auch unterschiedlich „Geographie machen" und verschieden in produktive Aktivitäten involviert sind. Eine der emanzipatorischen Leistungen des Sozialismus bestand in der Förderung von Frauenbildung, dem Aufbrechen von genderspezifischen Traditionen und der Einbindung von Frauen in außerhäusliche

Ökonomien. Inwieweit eine solche Neudefinition der Rolle der Frau tatsächlich zu einer Mehrbelastung der Betroffenen, zu einer gesellschaftlichen Andersstellung oder Eingebundenheit von Frauen in Entscheidungspositionen geführt hat, muss kritisch hinterfragt werden.

Dekonstruktion (prä-/post-)sozialistischer Narrative

Naturräumliche Entitäten werden erst durch anthropogene Zuschreibungen, Klassifikationen und Grenzziehungen zu Umwelt, Natur oder Ressourcen. Bedürfnisse der jeweiligen Gesellschaft und Ökonomie legen fest, was als Ressource genutzt oder was als Natur zu schützen ist. In Mittelasien wandelten sich entsprechende Ressourcenbedürfnisse mit den Änderungen der politischen Herrschaftsverhältnisse bzw. den ihnen zu Grunde liegenden ideologischen Systemen. Die Kolonialpolitik des Russischen Zarenreichs verfolgte andere Ziele der Ressourcenextraktion als der Staatssozialismus mit seinen Fünf-Jahres-Plänen. Vorstellungen über den „richtigen" Umgang mit der Umwelt sind ebenfalls zeit- und kontextabhängig und wurden durch gezielte Interpretationen von Daten untermauert, so dass sich etwa die Notwendigkeit des Schutzes der Nusswälder Kirgistans zu einem nicht mehr hinterfragten Umweltmythos gerierte.[12] Auch vermeintlich objektive und apolitische Konzepte wie „moderne" landwirtschaftliche Methoden, „verbesserte" Zucht oder „effiziente" Produktion entwickelten sich zu hegemonialen Diskursen. Für eine normativ ausgerichtete postsozialistische Politische Ökologie ist es wichtig, solche Konstruktionen aufzudecken, um deren Einfluss auf Umwelt oder Gesellschaft herauszustellen. Zweifel am Wahrheitsgehalt von wissenschaftlich oder staatlich aufgestellten Kategorien ist angebracht, da diese oft willkürlich gewählt waren und vielfach spezifischen politischen Interessen dienten. Ein politisch-ökologischer Konstruktivismus sollte deshalb Dinge hinterfragen, die als selbstverständlich angenommen werden und die dazu dienten, alternative Interpretationen zu verhindern, um somit politische Maßnahmen zu legitimieren.

Heute fordert der global wirkmächtige Naturschutzdiskurs mit Hinweis auf Artenrückgang und Umweltdegradation den Schutz vor den zerstörerischen Aktivitäten des Menschen. Mit Bezug auf „globale Interessen" zur Bewahrung von „Umwelt" und „Natur" sowie der Forderung nach „Nachhaltigkeit" werden dabei vielfach lokale Systeme mit ihren *Livelihood*-Strategien und ihrer spezifischen sozio-politischen Organisation angeprangert, destabilisiert oder gar zerstört. Lokale Landnutzungspraktiken, die sich über lange Zeiträume als produktiv und stabil erwiesen, wurden und werden von staatlichen Autoritäten oder anderen Akteuren im Kampf um die Kontrolle von Ressourcen als nicht nachhaltig charakterisiert (ROBBINS 2004:149–150). In solchen Fällen bedeutet Naturschutz eine Form he-

---

12 So hinterfragt FORSYTH (2003:7) die essentialistische Verknüpfung zwischen Kapitalismus und Umweltdegradation, wie sie vielen Studien der Politischen Ökologie zugrunde liegt, und stellt die Frage, „how the opposition to capitalism may have influenced the production of environmental knowledge".

gemonialer Machtausübung. Eine postsozialistische Politische Ökologie sollte versuchen, die heute vielfach verborgenen traditionellen oder autochthonen Strategien des Managements aufzudecken und Möglichkeiten der Integration in bestehende institutionelle Systeme aufzuzeigen.

Die Berücksichtigung und Einbeziehung von traditionellem oder autochthonem Umweltwissen über Pflanzen, Tiere und Böden, über Fruchtfolgen und Erntezeiten, über traditionelle Regeln, Institutionen und Managementsysteme ist eine berechtigte Forderung der Politischen Ökologie. In den durch sozialistische Planwirtschaft und Zentralismus geprägten arbeitsteiligen Gesellschaften der heutigen postsozialistischen Staaten stellt sich bei entsprechenden Analysen jedoch Ernüchterung ein. Denn durch sozialistische Modernisierung, Arbeitsteilung und Spezialisierung ist autochthones Wissen teilweise unwiederbringlich verloren gegangen und kann durch eine Romantisierung oder Mystifizierung vorsozialistischer Zustände weder neu zum Leben erweckt werden noch würden solcherart Vorstellungen und Praktiken gegenwärtigen Anforderungen gerecht.

Aber auch aktuelle Entwicklungslegenden müssen überprüft werden. Beispielsweise galten manche postsozialistische Staaten als Musterländer, da sie den Liberalisierungsrezepten des Westens genau Folge leisteten. So wurde Kirgistan als „Insel der Demokratie" (ANDERSON 1999) und „Helvetistan" diskursiv konstruiert, um den Wunschvorstellungen des internationalen Entwicklungsapparats zu entsprechen. Mit dem Eingeständnis des Scheiterns externer Entwicklungsinterventionen tun sich die verantwortlichen Organisationen ungleich schwerer.

Idealisierte Gemeinschaften und zu wenig Staat

Der Neoliberalismus der 1980er und 1990er Jahre reformulierte das westliche Entwicklungsparadigma. Fortan wurde der Staat als Fortschrittshemmnis gesehen und stattdessen die Rolle des Marktes sowie rationaler individueller Entscheidungsfähigkeit innerhalb der Zivilgesellschaft als Erfolgsfaktoren positiver Entwicklung betont. Kritik am Staat, die nicht nur von Seiten der Neoliberalen, sondern bereits aus anderen Gründen von Neomarxisten geäußert wurde, zusammen mit neuem Vokabular wie „das Lokale", „das Indigene" oder „die Gemeinschaft" kamen rasch in Mode. Dieser Fokus auf lokales Wissen und gemeinschaftsorientiertes Land- und Ressourcenmanagement (BERKES 1999) ist bis heute eine Konstante der meisten Entwicklungsprogramme (NEUMANN 2005:86).

Die poststrukturalistische Politische Ökologie kritisiert solche auf Gemeinschaften orientierte Entwicklungsplanung der 1980er und 1990er, da sie eine idealisierte „lokale Gemeinschaft" beschwöre, die sozial und kulturell homogen sei und ein großes Reservoir an detailliertem Wissen über die lokale Umwelt besäße und diese nachhaltig nutze (vgl. NEUMANN 2005:89). Die Identifikation „bunter Stammesgesellschaften" als Repräsentanten des „Lokalen" kritisiert FORSYTH (2003:188) als eine bloße Reflexion der Wahrnehmung Außenstehender und warnt vor einem „romantischen Essentialismus", der das „Lokale" mit „Exotik und Ferne" oder „selten und gefährdet" abtut (vgl. auch ROBBINS 2004:198). In der Realität entsprechen Gemeinschaften nur selten diesem Ideal. Viel eher handelt es sich um heterogene, manchmal gar multiethnische, vielfach zerstrittene lokale Gemeinschaften, die keineswegs in einem Kokon unbeeinflusst von historischen Wandlungen existieren. Gerade postsozialistische Gesellschaften sind massiv durch Modernisierung und externe Interventionen geprägt. Spezialisierung auf eng umrissene Tätigkeitsfelder und Abgabe von Verantwortlichkeiten sowie erzwungene An- und Umsiedlungen resultierten in einer Entfremdung von Traditionen und einem Rückgang lokalen Umweltwissens. Ressourcen und Land wurden nicht nach autochthonen Formen gemeinschaftlich genutzt, sondern in staatlich aufgezwungenen Kollektiven, deren Regeln hierarchisch festgelegt waren.

Im Gegensatz zu der von Neoliberalen beklagten Überregulierung oder Interventionen durch den Staat ist in den postsozialistischen Ländern ein gegenläufiger Prozess zu konstatieren: der Rückzug eines dominanten, regulierenden, kontrollierenden aber auch sorgenden Staates. Viele Menschen fühlen sich heute eher alleine gelassen als von staatlichen Eingriffen drangsaliert. Nach dem Systemwechsel waren die postsozialistischen Staaten vielfach nicht mehr in der Lage, staatliche Aufgaben zu erfüllen und verloren in vielen Bereichen auch die Kontrolle über das Management von Land und Naturressourcen. Die Neuverteilung von Zuständigkeiten, die Neuregelung von Landrechten und der allgemeine institutionelle Umbau sind langwierige Prozesse. Da sie teilweise noch nicht abgeschlossen oder nur unzureichend vollzogen wurden, haben sie zu Unsicherheit und Destabilisierung geführt. Das größere Problem in einigen postsozialistischen Ländern scheint heute nicht ein Zuviel an Staat zu sein, sondern durch die Erosion staatlicher Institutionen ein Zuwenig an Staat. Im Hinblick auf Naturschutz, nachhaltige Entwicklung und Ressourcennutzung gilt dies allemal.

Sowjetische und postsowjetische Modernisierung als Diskurs

Innerhalb westlicher Diskurse kommt dem Konzept von „Entwicklung" eine zentrale Funktion zu: Demnach wird der Lauf der Zeit als Entwicklung gesehen, mit der nicht hinterfragten Vorstellung bzw. Hoffnung auf stetige Verbesserung. „Entwicklung" als eine lineare Theorie des Fortschritts in Verbindung mit Kapitalismus und westlicher kultureller Hegemonie sind poststrukturalistischer Kritik zufolge jedoch auch als Mittel zur Etablierung von Macht zu interpretieren (ADAMS 1990:6; PEET & WATTS 1996:17). Eine solche Auffassung von Entwicklung unterscheidet sich nicht wesentlich von dem Fortschrittsglauben der sozialistischen Modernisierung. Gerade die auf dem Marxismus aufbauende Vorstellung einer linearen Entwicklung in historischen Stufen sowie der auf Rationalismus und Aufklärung aufbauende säkulare Glaube an Szientismus prägten den sozialistischen Modernisierungsdiskurs maßgeblich. So waren etwa der Aufbau von Gesundheits- und Bildungssystemen, Infrastrukturausbau, Emanzipierungsbemühungen, das Zurückdrängen von Traditionen und die industrialisierte Nutzung von Naturressourcen stets positiv konnotiert (NOVE 1967; 1980). Von Seiten des Westens wurde die sozialistische Modernisierung dagegen als gescheitert und als fehlgeleiteter Weg gesehen. So sollten nach dem Ende des sozialistischen Experiments ökonomische Liberalisierungsmaßnahmen und Demokratisierung zu einer Entfesselung der individuellen Kräfte und zu Wohlstand führen. Modernisierung nach westlichem Muster stellt in dieser Vorstellungswelt Lösung und nicht Ursache von Verarmungsprozessen und Umweltdegradation dar.

Eine postsozialistische Politische Ökologie muss nunmehr die Vorstellungen von sozialistischer und westlicher Modernisierung kritisch hinterfragen und diese als einen das Mensch-Umwelt-Verhältnis prägenden Faktor herausstellen. Hierzu gehört auch die kritische Überprüfung der positiven Konnotation von Entwicklung und Modernisierung, die sich genauso in nationalen und internationalen staatlichen oder nicht-staatlichen Strategiepapieren wiederfindet wie auch in den Köpfen der durch diese Leitbilder geprägten Menschen. Zeitbasierte Vorstellungen von Entwicklung finden sich heute etwa auch in Aussagen von Betroffenen wie „Kirgistan ist noch nicht so weit, aber es wird aufholen" (TA-Bi-21.07.07). Genauso wenig wie das Konzept des sozialistischen Fortschritts kritisch reflektiert wird, werden heutige Leitgedanken von nachholender Entwicklung zumeist als Erfolg versprechend betrachtet. Das Einschlagen eines neuen Entwicklungspfades bedingt jedoch, Altes zurückzulassen und gegebenenfalls Menschen zu marginalisieren, die nicht in das Neue passen. So muss eine postsozialistische Politische Ökologie stets auch die mit dem Entwicklungsparadigma verbundenen sozialen und ökologischen Kosten berücksichtigen.

Ebenfalls ist davor zu warnen, die metaphorische Substanz biophysischer Realitäten wie „natürlicher Wald" oder „Wildobst" zu ignorieren. Vielmehr vermitteln solche, meist extern induzierten Zuschreibungen bestimmte Werte und sind Anlass für Politiken, die etwa zu einer Beschränkung von Nutzungsrechten führen können. STOTT (1999) sieht dabei in den von internationalen Organisationen oder westlichen Bewegungen propagierten Naturschutzbestrebungen die Gefahr einer neuen Form des Kolonialismus.

Wie schon erwähnt, bestand ein zentrales Forschungsfeld der Politischen Ökologie in der Analyse des Zusammenhangs von Kapitalismus und Umweltzerstörung. Der Gedanke, Kapitalismus als die Hauptursache für die Zerstörung von Natur und die rücksichtslose Ausbeutung von Naturressourcen zu sehen, geht zurück auf Vertreter der Frankfurter Schule der Kritischen Theorie, deren Ideen wiederum zum Entstehen der Umweltbewegungen der 1970er Jahre beitrugen (FORSYTH 2003:5). Angesichts der bereits eingetretenen Umweltschäden, der Diskussionen über die Begrenztheit von Naturressourcen und der wirkmächtigen Umweltbewegungen sieht O'CONNOR (1994:154) die Kosten der Umweltzerstörung als eine Krise der kapitalistischen Entwicklung. Auch ESCOBAR (1996) konstatiert, dass das Kapital längst in die „ökologische Phase" eingetreten sei, was sich in den Diskursen zu Nachhaltiger Entwicklung und Schutz von Biodiversität manifestiere. Nach der Dialektik von Marx wird die Natur durch die Aktivitäten des Menschen in Wert gesetzt; nach der kapitalistischen Vorstellung ist Natur selbst Kapital. Ein Beispiel der kapitalisierten Natur ist der Diskurs über die Biodiversität des Regenwaldes oder auch die Begründung zum Schutz der Walnusswälder Kirgistans, die als Genpool künftiger Inwertsetzung geschützt werden sollen. Natur verliert somit ihre Kraft als eigenständige Entität und ihre spirituellen Konnotationen, indem sie als eine Sammlung von Ressourcen mit immanenter Bedeutung für das globale ökonomische System konstruiert wird (ESCOBAR 1996).

Darüber hinaus sind die spezifischen Dynamiken des real existierenden Sozialismus und der Umwelt zu berücksichtigen. Denn die teilweise verheerenden ökologischen Konsequenzen der sozialistischen Volkswirtschaften dürfen nicht in Bezug auf Märkte und Profit, sondern müssen in Bezug auf die *„economics of shortage"* (KORNAI 1980) und die Rationalitäten zentralistischer Staatsplanung – mit ihrer Neigung zu industriellem Gigantismus und Schwergüterindustrie – betrachtet werden (PEET & WATTS 1996:10). Bisher hat die Politische Ökologie noch keinen schlüssigen Weg gefunden, die Interdependenzen von Sozialismus und Umweltwandel zu konzeptionalisieren. So beklagen etwa WATTS (1990) und ENGEL-DI MAURO (2009:119) die Unfähigkeit vieler Politischer Ökologen, überhaupt einen Unterschied zwischen staatssozialistischen und kapitalistischen Gesellschaften herauszustellen oder diese „transideologische" Unternehmung zu bewältigen. Vielfach werden sozialistische Gesellschaften lediglich als von der kapitalistischen Weltwirtschaft isolierte Relikte betrachtet (ENGEL-DI MAURO 2009:117). Die bereits von BLAIKIE (1985:34) getroffene ideologische Unterscheidung zwischen „zentralen Planwirtschaften" und „fortschrittlichen kapitalistischen Ländern" berücksichtigt kaum vorhandene Gemeinsamkeiten in Umweltmanagement, Naturschutz oder Ressourcenausbeutung. Somit sollte es Aufgabe einer postsozialistischen Politischen Ökologie sein, Umweltdegradation nicht allein als Folge des Kapitalismus, sondern auch des Sozialismus zu betrachten.

Degradation und die Gruppe der Akteure

Die Transformation von Land, etwa die Umwandlung von Wald in Weide oder die Entnahme von Naturressourcen, kann für eine Gruppe von Akteuren eine Abwertung und Degradation bedeuten, für eine andere jedoch mit einem ökonomischen Profit verbunden sein. „Someone's degradation is someone else's accumulation" (DOVE & HUDAYANA 2008). Änderungen der Land- und Ressourcennutzung, etwa erhöhter Brennholzeinschlag, Umwandlung von Weideland in Ackerland oder die Einführung neuer Arten können kurzfristige Gewinnen erbringen, aber auch langfristig schädigende Folgen zeitigen. Eine Bewertung von Degradation bedarf somit einer differenzierten Betrachtung von diversen Akteuren und deren spezifischen Interessen an Land und Naturressourcen sowie einer längerfristigen Begutachtung der Folgen in ökologischer und ökonomischer Hinsicht.

Im Rahmen poststrukturalistischer Ansätze von Umwelterklärungen muss die Rolle von Akteuren wie Staat, Wirtschaft und NGO kritisch beleuchtet werden. Was und wen repräsentieren diese Gruppen und welche Positionen besetzen sie in den politischen Auseinandersetzungen? So werden Geschäftsleute in ihren Umweltauswirkungen oftmals negativ konnotiert, während NGO zumeist als für das Wohl der Umwelt kämpfend positiv bewertet werden. Die Betrachtung der staatlichen Forstpolitik ist im Rahmen dieser Arbeit von besonderer Bedeutung, da sie Ziele des Forstmanagements definiert und Menschen in diesen Prozess einbindet. Die historische Entwicklung der Forstwirtschaft hat großen Einfluss auf den heutigen Wettstreit um Forstressourcen zwischen Staat und anderen Akteuren. Zudem verändert sich die Gruppe der Akteure permanent. Insbesondere in postsozialistischen Gesellschaften haben die verschiedenen historischen Zäsuren zu radikalen Umwälzungen, Interessenverlagerungen und Neupositionierungen von Akteuren geführt.

Zwischen Idiographie und Globalisierung

Studien der Politischen Ökologie konzentrieren sich vielfach auf die lokale Ebene. Durch Verknüpfungen von Strukturen, Prozessen und Handlungen der lokalen Ebene mit anderen räumlichen Sphären soll jedoch vermieden werden, in die „localist trap" (MULDAVIN 2008:692) zu laufen. Ein solches idiographisches Vorgehen mit der Konzentration auf überschaubare Untersuchungsgebiete soll zum Verständnis der Konfiguration und Komplexität von Strukturen, Einflüssen und Prozessen beitragen und eine substantielle Tiefe sowohl in historischer als auch soziopolitischer Dimension erreichen, um im Sinne induktiven Vorgehens Verallgemeinerungen abzuleiten. Wichtig ist hierbei, die regionale Ebene nicht zu ignorieren, sondern diese als Mittlerfunktion zwischen lokalen und globalen Prozessen aufzufassen (WALKER 2003:12–13).

Regionen, Orte und Individuen sind verbunden durch Flüsse von Gütern und Waren, Wissen, Kapital und Arbeit. Eine zunehmend verdichtete Globalisierung wirkt auf die periphersten Gemeinschaften und bindet diese in globale Prozesse und Netze ein. Nach den Befürwortern der Globalisierung steigen damit die Chancen für alle und damit die Möglichkeit einer Angleichung des Entwicklungsstandes, was Thomas FRIEDMAN (2006) zwar pointiert, aber simplifizierend mit seiner These einer „flachen Welt" prognostiziert. Eine solche Aussicht impliziert eine Angleichung, eine Konvergenz zwischen postsozialistischen Gesellschaften an den Westen. Angesichts großer Disparitäten und eines Aufklaffens der Entwicklungsschere (KREUTZMANN 2003) kann die Erde aber keineswegs als „flach" gesehen werden. Vielmehr erscheint hier die Betrachtung der „fragmentierenden Entwicklung" (SCHOLZ 2004) notwendig, innerhalb derer zweifellos durchaus einzelne Regionen, Gesellschaften oder Individuen in der postsozialistischen Sphäre die Chancen der Globalisierung nutzen können, ein Großteil jedoch eher marginalisiert wird. Anstatt jedoch lediglich von einer bloßen Dichotomie zwischen West und Ost, Nord und Süd oder Erster und Dritter Welt zu sprechen, müssen Kontexte, Besonderheiten, kurzum die *Embeddedness* in gesellschaftliche Verhältnisse und lokale physische Gegebenheiten betrachtet werden.

Die Untersuchung von Mensch-Umwelt-Problemen bildet einen der Kernbereiche der Geographie (TURNER 2002; WALKER 2005:73; EHLERS 2008, GEBHARDT et al. 2007), innerhalb derer die Politische Ökologie einen prominenten Platz einnimmt. Die Politische Ökologie bietet geeignete analytische Werkzeuge, um die gesellschaftlichen und ökologischen Probleme unter Berücksichtigung der historischen Dimension zu verstehen. In postsozialistischen Staaten wie Kirgistan hat sich durch umfassende Transformationsprozesse der politischen, ökonomischen und gesellschaftlichen Subsysteme, den Zusammenbruch bestehender Sicherungsmechanismen, die Auflösung und Neukonfigurierung von Institutionen sowie die Ausgesetztheit gegenüber den Kräften der Globalisierung ein neuartiges Mensch-Umwelt-Verhältnis entwickelt, mit der sich sowohl die Situation der Akteure als auch die Bedeutung der Naturressourcen grundlegend verändert haben. Durch eine veränderte Nachfrage knapper Naturressourcen, zunehmende Konkurrenzsituationen, institutionelle Änderungen und drohende Umweltdegradation tritt eine verstärkte „Politisierung der Umwelt" (KRINGS & MÜLLER 2001:99) ein. Hier kann die Politische Ökologie ansetzen, um Verständnis für diese Prozesse zu erlangen. Eine Ausdehnung politisch-ökologischer Untersuchungen auf die postsozialistische Sphäre erscheint dringend geboten. Gesellschaft und Natur gemeinsam zu denken, sich gleichzeitig mit Umweltschutz und sozialer Gerechtigkeit, den alltäglichen Herausforderungen und den dringenden Nöten der Mehrheit der Menschheit zu beschäftigen, ist genauso aktuell wie vor dreißig Jahren zu Beginn der Politischen Ökologie (MULDAVIN 2008:695).

2.2 TRANSFORMATIONS- UND POSTSOZIALISMUSFORSCHUNG

Die „Wendejahre" 1989 bis 1991 mit der Öffnung der Grenzen zwischen West- und Osteuropa, dem Niedergang und Sturz sozialistischer Regime sowie der Auflösung der Sowjetunion stellen eine bedeutende historische Wegmarke des 20. Jahrhunderts dar und beendeten den „Kalten Krieg" zwischen den Systemen. Damit wurde das komplexe, Politik, Ökonomie und Gesellschaft umfassende System des real existierenden Sozialismus für abgeschlossen erklärt. Dieser Abschluss schuf Platz für neue Formen politischer, gesellschaftlicher und ökonomischer Systeme, die das alte ersetzen sollten. Dabei stellt sich die Frage, ob die dem Sozialismus folgende Phase als eine Übergangsphase anzusehen und entsprechend als eine Transformation zu bezeichnen ist, oder ob ein Bezug auf die vorhergegangene Phase im Sinne eines „Danach" und folglich als „postsozialistische Phase" benannt werden sollte. In Wissenschaft und Forschung weicht dementsprechend die Auseinandersetzung mit dem Sozialismus, den sozialistischen Staaten oder dem Sowjetsystem in Form von Kommunismusforschung oder *Soviet Studies*, die stark durch die Systemgegensätze zwischen Ost und West geprägt waren, einer Betrachtung im Sinne von Transformations- oder Postsozialismusforschung. Im Folgenden sollen die entsprechenden Konzepte von Transformation und Postsozialismus geprüft und bewertet werden.

2.2.1 Konzepte der postsozialistischen Transformation

Mit dem Ende des sozialistischen Experiments in den Staaten des bis dato real existierenden Sozialismus wurde nicht nur ein politischer Richtungswechsel eingeläutet, sondern auch eine radikale ökonomische Umorientierung verfolgt, was umfassende gesellschaftliche und kulturelle Umbrüche nach sich zog. In Wissenschaft und Politik setzte sich bald der Begriff der Transformation bzw. der im angloamerikanischen Sprachgebrauch geläufigere Terminus der Transition zur Bezeichnung der neuen Phase durch, in welche die ehemaligen sozialistischen Staaten getreten sind – eine Phase, die diese Staaten von Sozialismus, Planwirtschaft und Parteiendiktatur zu Demokratie und Marktwirtschaft führen sollte. Die wissenschaftliche Auseinandersetzung mit den politischen, ökonomischen und soziokulturellen Phänomenen wird dementsprechend als Transformationsforschung bezeichnet. Im Laufe der Jahre geriet der Begriff der Transformation aufgrund seiner neoevolutionären Konnotation und seiner analytischen Schwächen zunehmend in die Kritik. Dennoch sind dieser Terminus und das ihm zugrunde liegende Konzept noch immer sowohl im Alltagsgebrauch in den betroffenen Gesellschaften als auch in der Wissenschaft und in der politischen Rhetorik weit verbreitet. Inwiefern Transformation, als Begriff und Konzept, auch heute in einer humangeographischen Studie über Mensch-Umwelt-Beziehungen in Kirgistan noch als gültig oder zweckmäßig zu erachten ist, soll im Folgenden näher betrachtet werden.

Die historische Singularität der Wendejahre 1989/91

Es steht außer Zweifel, dass die politische und ökonomische Um- und Neuorientierung der osteuropäischen Staaten sowie Russlands und der aus der Erbmasse der Sowjetunion neu entstandenen Republiken einen welthistorisch bedeutenden Einschnitt von globalem Ausmaß darstellt und eine längere Phase relativer Stabilität der Nachkriegsordnung beendete. Wenngleich die Formulierung des US-amerikanischen Historikers Francis FUKUYAMA (1992) vom „Ende der Geschichte" eine unwahrscheinliche Antizipation darstellte, markieren die Ereignisse der Jahre 1989/91 gleichzeitig die Beendigung des Wettlaufs zweier konkurrierender Entwicklungsalternativen, der über Jahrzehnte die internationalen Beziehungen bestimmte und aus Sicht des Westen mit einem Triumph der demokratischen Marktwirtschaften endete.

Obgleich sich bei der Analyse dieser historischen Zäsur und der Folgezeit der Begriff der Transformation durchsetzte, steht das Transformationsparadigma tatsächlich nicht exklusiv für die Umbrüche in Osteuropa und in den ehemaligen Sowjetrepubliken. Vielmehr wurde das Konzept der Transformation im Zusammenhang mit weltweit verschiedenen politischen Wandlungsprozessen entwickelt. Hierzu zählen der Niedergang autoritärer Regime in südeuropäischen Staaten in den 1970er Jahren, das Ende von Militärherrschaften in Lateinamerika in den 1980ern sowie schließlich der Zerfall der kommunistischen Herrschaft in den

1990ern, der von Samuel HUNTINGTON (1993) optimistisch als „*third wave of democracy*" bezeichnet wurde. Demnach wurden autoritäre Regime weltweit in die Defensive gedrängt, was SARTORI (1991:448) mit dem Satz „today liberal democracy is the only game in town" markant kommentierte.

Dieser optimistischen Formulierung lag die Hypothese zugrunde, dass sich politischer und sozialer Wandel linear vollzöge und das Transformationskonzept als ein viel versprechender Ansatz gesehen wurde, diese Prozesse zu analysieren und zu deuten. Transformation beinhaltet demnach zwei analytisch unterschiedliche, aber empirisch zusammenhängende Phänomene; einerseits die Demontage bestehender Strukturen autoritärer Herrschaft und andererseits die Herausforderung, neue Strukturen an deren Stelle zu etablieren (BOVA 1991:117). Somit stellt sich hier die Frage, inwieweit sich die Transformation der Jahre 1989/91 in Osteuropa und der ehemaligen Sowjetunion, die folgend als „postsozialistische Transformation" bezeichnet werden soll, von den Transformationen in den ehemals von autoritären Regimes beherrschten Staaten Südeuropas und Lateinamerikas (vgl. TERRY 1993:333–336) unterscheidet und worin ihre Singularität und „Fundamentalität" (KLÜTER 2000:35) begründet liegt.

In erster Linie sind hier die Simultanität und Geschwindigkeit von erwarteten, angestrebten oder auch tatsächlich eingetretenen Umbrüchen oder Transformationen zu nennen. Die Gleichzeitigkeit der Wandlungsprozesse hervorhebend spricht OFFE (1991) von der „*triple transition*", worunter er die Reform ökonomischer Strukturen, den Aufbau demokratischer Institutionen und die Neuausrichtung internationaler Beziehungen versteht. Nach FASSMANN (1999:11) geht es „um eine grundsätzliche Veränderung des politischen, ökonomischen und sozialen Rahmens. Diese Veränderungen beziehen sich auf die materielle Sphäre, aber auch auf die gesellschaftlich gültigen Werte, Normen und Identitäten, die radikal verworfen und durch neue ersetzt wurden." In dieser Charakterisierung klingt die Tragweite der postsozialistischen Transformation bereits an, da eben nicht nur politische Umbrüche, sondern ein totaler Systemwechsel, ein umfassender Wandel bzw. die komplette Infragestellung bestehender politischer, ökonomischer und gesellschaftlicher Systeme zur Debatte stehen (vgl. WAGNER 1991:22). Im Bereich der politischen Sphäre ist damit das Ende des zentralistischen, kommunistischen Systems sowjetischer Prägung und somit die Erosion der Allmacht der Kommunistischen Partei und ihrer zentralen politischen Steuerung verbunden. In der Sphäre der Ökonomie bedeutet Transformation eine Abkehr von der staatssozialistischen Planwirtschaft und der dominanten Position des Staatseigentums, und im soziokulturellen Bereich die Infragestellung von durch die kommunistischen Parteien und ihre Unterorganisationen vorgegebenen Werte und Normen.

Bemerkenswert bei der anschließenden wissenschaftlichen Beschäftigung mit dem Phänomen dieser Umbrüche in Osteuropa und der ehemaligen Sowjetunion ist, dass, obwohl die globale politische Struktur neu geordnet wurde, Veränderung nur von der „Verliererseite", den Ostblockstaaten und ihren Gesellschaften erwartet und in der Transformationsforschung untersucht werden. Dagegen werden die Folgen der postsozialistischen Transformation in den westlichen Gesellschaften kaum untersucht oder gar ignoriert.

Definition und Rhetorik von Transformation und Transition

An dieser Stelle erscheint es geboten, die beiden in diesem Zusammenhang geläufigen Begriffe „Transformation" und „Transition" zu beleuchten. Semantisch ist „Transformation" mit Umwandlung, Umformung, Umgestaltung und Übertragung zu übersetzen, womit das aktive Moment des Wandels hervorgehoben wird, während „Transition" Übergang, Übergehen oder Übertritt bedeutet, was das aktive, mitgestaltende Moment ausblendet und eher auf eine passive Entwicklung hindeutet (vgl. FASSMANN 1997:30; 2000:17). Nach HERBERS (2006:5–7) hebe sich Transformation von sozialem Wandel durch ihr unvermitteltes und unerwartetes Eintreten ab, und gegenüber der Revolution und Transition, die sich nur auf die politische Sphäre bezögen, durch ihren umfassenden Charakter. So sieht HERBERS (2006:6) in der „Transformation ein *radikales Wegbrechen des gesamten bisherigen gesellschaftlichen Fundaments*, indem schlagartig und gleichzeitig das politische, wirtschaftliche und soziale System auf allen räumlichen Ebenen einem tief greifenden Umbau unterworfen wird. Für die betroffene Bevölkerung folgt hieraus nicht nur die Konfrontation mit einer neuen Regierung und/oder Weltanschauung wie im Falle der Revolution und Transition, sondern der vollständige *Verlust aller vormals gewährten Sicherheiten.*"

Obwohl STARK (1992) auch im Englischen den Begriff der „transformation" bevorzugt, um den aktiven Charakter zu bekräftigen, indem er schreibt „in place of *transition* we analyze *transformations*, in which the introduction of new elements most typically combines with adaptations, rearrangements, permutations, and reconfigurations of existing organizational forms" (STARK 1992:300), hat sich in der englischsprachigen Literatur der Terminus „*transition*" durchgesetzt.[13]

Die Trennschärfe der beiden Termini Transformation und Transition ist problematisch; viele Autoren nutzen die Begriffe unspezifisch und unscharf definiert oder synonym für Umstrukturierung, Systemwechsel oder Wandlungsprozesse. Aufgrund seiner in der deutschsprachigen Literatur weiteren Verbreitung wird im Folgenden der Begriff der Transformation verwendet, zumal er semantisch als zutreffender erachtet wird. Die folgende Auseinandersetzung mit dem Konzept der Transformation schließt somit die Infragestellung des Terminus Transition mit ein. Denn die grundsätzliche Problematik beider Begriffe, Transition und Transformation, besteht darin, dass sowohl die Vorstellung einer aktiv gestalteten Umwandlung oder Umformung (Transformation) als auch eines eher passiven Übergangs (Transition) von einem mehr oder weniger stabilen Ausgangs- wie auch einem erwünschten Ziel- oder Endpunkt ausgehen. Diese rhetorische Figur eines politischen und sozioökonomischen Wandels „von – zu" ist angesichts der Systemheterogenität sowie der sich real vollziehenden Prozesse problematisch. Denn weder existierte ein stabiler, eindeutiger Ausgangspunkt („*das* sozialistische Sys-

---

13 PICKEL (2002:108) weist darauf hin, dass in den frühen Jahren der Transformationsdebatte die Frage der Transformation teleologisch interpretiert wurde im Sinne des Transitionskonzepts von Marx, das einen Übergang von einem politischen und wirtschaftlichen System zu einem anderen darstellt, nicht jedoch einen Wandlungsprozess mit offenem Ende.

tem") noch ein universales, statisches Zielmodell („*die* demokratische Marktwirtschaft").[14] Stattdessen sind die durch die historischen Ereignisse 1989/91 ausgelösten Wandlungsprozesse als heterogen, individuell und ergebnisoffen anzusehen, wie dies auch von der historisch-komparativen Transformationsforschung anerkannt wird (vgl. MÜLLER 1996; BÜRKNER 2000:30).

Das Konzept der Transformation ist keineswegs eine Neuerfindung der 1990er Jahre, sondern verfügt über eine längere Geschichte. Gerade im sozialistischen Kontext sind Wandel und Transformation immanente Konzepte. So sprechen bereits Karl MARX und Friedrich ENGELS (1845-46) vom Konzept der gesellschaftlichen Transformation, das später von Wladimir Iljitsch Lenin und den nachfolgenden sowjetischen Parteisekretären zur Bezeichnung des unaufhaltsamen Prozesses in Richtung Sozialismus und Kommunismus interpretiert und erweitert wurde (GIORDANO 2005:7). Die Idee eines linearen Wandels der Gesellschaft, der auf revolutionärem Wege herbeigeführt wird, durchzog die ideologische und agitatorische Tätigkeit während der gesamten Sowjetära (vgl. BEYER 2006:51).

Die rhetorische Figur „Transformation" findet sich auch im Titel des bedeutenden Werks *Ökonomik der Transformationsperiode* von BUCHARIN (1922), wobei der Begriff im russischen Original „*perechodnyj period*" auch mit „Übergangsperiode" übersetzt werden kann; hier geht es um die Transformation der traditionellen russischen Gesellschaft in eine sozialistische (KLÜTER 2000:37). So verwundert es nicht, wie wenig kontrovers der Begriff der Transformation im Sinne eines linearen Wandels der Gesellschaft heute in den betroffenen Staaten diskutiert wird und dass die Gesellschaften ihre eigene Situation als in Transformation befindlich charakterisieren (vgl. BEYER 2006:55, 60).

In Politik und Wissenschaft ist die Nutzung der Begriffe „Transformation" bzw. „Transition" nahezu als inflationär zu bezeichnen. So werden die entsprechenden Staaten als *Countries in Transition* bzw. Transformationsländer charakterisiert, zudem führen verschiedenste Zeitschriften oder Institute den Transformationsbegriff im Titel bzw. Namen.[15] Inwieweit der Transformationsbegriff zur Charakterisierung postsozialistischer Phänomene und Entwicklungen als sinnvoll und präzise zu erachten ist, soll durch die folgenden Ausführungen geklärt werden.

---

14 Eine Reduktion der Komplexität, indem der Fokus lediglich auf die Transformation eines Subsystems gelegt wird, etwa des ökonomischen Systems, erleichtert eine präzisere Definition. Beispielsweise definiert KLOTEN (1991:6): „Transformation von Wirtschaftssystemen soll hier jener durch politischen Gestaltungswillen und politisches Handeln ausgelöste Transformationsprozess heißen, der durch die Substitution gegebener ordnungskonstituierender Merkmale durch andere einen ‚qualitativen' Sprung derart bewirkt, dass es zu einer Ablösung des alten Systems kommt."

15 Vgl. *Beyond Transition Newsletter* der Weltbank, *Transitions Online, Development & Transition, The Economics of Transition, Focus on Transition, The Journal of Communist Studies and Transition Politics, Transition Studies Review,* das *Frankfurt Institute for Transformation Studies* oder das *Stockholm Institute of Transition Economics.*

Kennzeichen des Transformationsparadigmas

Die wesentlichen dem Transformationsparadigma zugrunde liegenden Prämissen sind die Abkehr von diktatorischen Herrschaftssystemen, die Teleologie in Richtung Demokratie, der evolutionäre, modernisierungsfixierte Charakter sowie das Ausklammern des länderspezifisch historischen, politischen und sozioökonomischen Kontextes.[16] Der kleinste gemeinsame Nenner der die Transformation charakterisierenden Prozesse scheint in erster Linie in der Abkehr oder Ablehnung von bestehenden Systemen zu liegen. Die Gründe der Bürgerbewegungen, die zum Zusammenbruch der sozialistischen Regime geführt haben, waren in erster Linie „*rejective*" (LYNN 1999:829), lagen also in der Ablehnung der bestehenden Verhältnisse.[17] In diesem Sinne muss der Prozess des Zusammenbruchs als Abbruch und weniger als Aneignung oder Übernahme von etwas verstanden werden. Es gab kaum einen von weiten Teilen der Bevölkerung oder der handelnden Politiker getragenen Konsens darüber, was den Kommunismus bzw. Sozialismus ersetzen solle, so dass die Transformation zum Postsozialismus erheblich durch Unsicherheit gekennzeichnet war. Dies steht durchaus im Gegensatz zu den Erfahrungen anderer Transformationsstaaten in Südeuropa und Südamerika (vgl. LYNN 1999:830), die vielfach durch die unmittelbare und erfolgreiche Einführung der Demokratie geprägt waren.

Gleichzeitig jedoch sind mit dem Transformationsparadigma sowohl in der wissenschaftlichen Debatte als auch in der Politikberatung klare Ziele eingeschlossen. So zielt die Veränderung des politischen und rechtlichen Systems auf die Etablierung eines demokratisch und rechtsstaatlich orientierten Gesellschaftssystems mit freien Wahlen und Rechtssicherheit, einer unabhängigen Judikative, Konkurrenz unterschiedlicher Parteien sowie der Partizipation der Bevölkerung an politischen Entscheidungsprozessen. Auf ökonomischer Ebene zielt die Entwicklung auf ein marktwirtschaftliches System, das eine Privatisierung von Betrieben, die Liberalisierung von Preisen und Märkten, institutionelle Restrukturierung, makroökonomische Stabilisierung, die Entstehung von Güter- und Leistungsmärkten und die Schaffung einer von Regierungseingriffen weitgehend unabhängigen Währung einschließt (vgl. STADELBAUER 1997:73; CVIJANOVIĆ 2002:9). Begrün-

---

16 In ähnlicher Weise weist CAROTHERS (2002:6–8) auf fünf dem Transformationsparadigma zugrunde liegende Annahmen hin: 1) Jeder Staat, der sich von einer diktatorischen Herrschaft entfernt, kann als Transformationsland in Richtung Demokratie gesehen werden. 2) Demokratisierung löst eine Reihe von Etappen aus: Öffnung, Durchbruch und Konsolidierung. 3) Der Glaube an die Bedeutung von Wahlen ist dem Transformationsparadigma immanent. 4) Die den Transformationsstaaten zugrunde liegenden Bedingungen wie Wirtschaftsstand, politische Geschichte, institutionelles Erbe, ethnische Zusammensetzung, soziokulturelle Traditionen oder andere strukturierende Merkmale, sind von untergeordneter Bedeutung sowohl zu Anfang als auch im Ergebnis der Transformation. 5) Demokratische Transformation baut auf kohärenten funktionierenden Staaten auf.

17 Ob der Zusammenbruch des Sowjetsystems in Zentralasien gar als „*double rejective*" (LYNN 1999:830) zu charakterisieren ist, in dem Sinne, dass die Menschen Zentralasiens neben der Ablehnung des sozialistischen Systems auch die externe Dominanz der UdSSR bzw. des russischen Zentrums ablehnten, wird an anderer Stelle noch diskutiert.

det werden diese Wunschvorstellungen mit der Annahme, dass Demokratie und Marktwirtschaft zu größeren Freiheitsrechten und einem höheren Wohlstand führen. Umstritten ist jedoch, welchen Prozessen zunächst Priorität eingeräumt bzw. welche Voraussetzungen für die erfolgreiche Durchführung weiterer Transformationen notwendig wären; ob demokratische Regeln und Rechtsstaatlichkeit Voraussetzung für die Verwirklichung funktionsfähiger Märkte seien oder ob wirtschaftliche Liberalisierung und Wachstum als der Demokratisierung vorausgehende bzw. diese fördernde Entwicklungen zu betrachten sind. Somit bestehen schon bei der Formulierung der Zielvorstellungen Probleme über die Reihenfolge und Dauer einzelner Transformationsschritte (vgl. CVIJANOVIĆ 2002:9).

Transformation als Prozess und Modernisierung

Bis Ende der 1990er Jahre dominierten Ansätze die Transformationsdebatte, die von einer politischen und sozioökonomischen Konvergenz der postsozialistischen Länder an „den Westen" ausgingen und eine Persistenz von Differenzen ausschlossen. Dies ging einher mit erhöhter wissenschaftlicher Aufmerksamkeit gegenüber formalen prozeduralen Institutionen (Demokratie, Marktwirtschaft) bei gleichzeitiger Vernachlässigung substantieller Themen wie nationale oder regionale Identität oder Kultur sowie einer abwertenden Einschätzung gegenüber der kommunistischen Vergangenheit (BLOKKER 2005:504).

Das westliche Modell von Demokratie und Marktwirtschaft war das angestrebte Ziel und somit die letzte Stufe der Transformation. Somit wird neben dieser teleologischen Sicht gleichzeitig der Prozesscharakter der Transformation deutlich. Denn mit Transformation soll der abzuschließende Prozess vom „sozialistischen System" zu „Marktwirtschaft und Demokratie", der Übergang „vom Plan zum Markt" (WORLD BANK 1996) oder der Wandel des Einparteiensystems in ein demokratisch legitimiertes Mehrparteiensystem umrissen werden. Folgerichtig ließe sich dann dieser Prozess auch in Etappen einteilen, wie dies FASSMANN (1997:31) unternimmt, indem er drei unterschiedliche Phasen benennt: Das planwirtschaftliche System als Ausgangssituation, die Marktwirtschaft als Endzustand und dazwischen liegende intermediäre Phasen. Zur Erreichung des Endzustands seien diverse politische Transformationsmaßnahmen notwendig. Einer solchen Idee liegt die Vorstellung eines linearen Entwicklungspfades zugrunde. Sie folgt damit explizit und implizit der Auffassung einer Modernisierung und zeigt Affinitäten mit der in den 1940er und 1950er entwickelten Modernisierungstheorie, die als bedeutende Richtschnur zur Erklärung der erfolgreichen Entwicklung westlicher Demokratien gilt. Die Prozesse der Modernisierung wie Wirtschaftswachstum, Industrialisierung, Urbanisierung, steigende Bildungspartizipation, Herausbildung des staatlichen Gewaltmonopols, Säkularisierung oder Positivierung des Rechts gelten „als verschiedene Dimensionen eines universalen Musters der Evolution (…), das auf dem Weg von der traditionalen zu modernen Gesellschaften durchlaufen wird" (OTT 2000:20; vgl. MÜLLER 1991:263). Eine wichtige Grundüberlegung besteht darin, „dass sich der wirtschaftlich-technische

Fortschritt und Demokratisierungsprozesse gegenseitig bedingen und vorwärts treiben" (GEIGER & MANSILLA 1983:73).

Aufgrund unerwünschter Entwicklungen in Ländern des Südens, gescheiterter Entwicklungspolitik sowie ökonomischer und politischer Krisen innerhalb der westlichen Demokratien geriet seit Ende der 1960er Jahre die Modernisierungstheorie jedoch unter Druck und sah sich dependenz-, imperialismus- und weltsystemtheoretischen Ansätzen als Erklärungsmodelle für globale Ungleichheiten gegenüber (vgl. SENGHAAS 1977; FRANK 1980; WALLERSTEIN 1986; HAUCK 1988). Zudem wurde deutlich, dass Modernisierung nicht zwangsläufig zu Demokratisierung und Rechtsstaatlichkeit führt, sondern mit jeglicher Form von Gewaltherrschaft kompatibel sein kann. Ein weiterer Kritikpunkt an der Modernisierungstheorie bezieht sich darauf, dass erfolgreiche Modernisierungsschritte eines Staates vielfach die Entwicklungschancen anderer Gesellschaften hemmen, etwa durch militärische Dominanz, Schaffung ökonomischer Abhängigkeiten oder Chancenungleichheit an internationalen Märkten (MÜLLER 1991:274). Zudem stellt die Übertragung und Verallgemeinerung der historischen Entwicklung in westlichen Demokratien ein inhärentes Problem der Modernisierungstheorie dar.

Mit dem Scheitern des sozialistischen Experiments gewann jedoch nicht nur das westliche kapitalistische System die Oberhand, sondern erhielt auch das Modernisierungsparadigma einen neuen Schub und fand Anwendung in Transformationsstudien sowie der aktiv betriebenen Transformationspolitik (BURAWOY 1992). Denn als Antwort auf wichtige politische und sozioökonomische Probleme lieferte sie eine einfache Antwort: Die betroffenen Länder müssten lediglich ihre politischen, wirtschaftlichen, finanziellen und rechtsstaatlichen Strukturen und Institutionen den westlichen Normen anpassen. Allerdings stellte sich hier eine andere Situation dar als etwa in den postkolonialen Staaten Afrikas oder Asiens, da das sozialistische System selbst als gigantisches, die ganze Gesellschaft und Wirtschaft um- und neugestaltendes Projekt der Moderne zu betrachten ist mit durchaus beachtlichen Ergebnissen, was sich empirisch an Indikatoren wie dem Bildungsstand, dem Anteil der Beschäftigten im industriellen Sektor oder dem Verstädterungsgrad ablesen lässt.[18] Doch weil das sowjetische Modell den Wettlauf mit dem Westen offensichtlich verloren hatte, sahen sich die *Scientific Community* und politische Akteure berufen, die zahlreichen Fehlentwicklungen der sozialistischen Modernisierung auszumachen, anzuprangern und Wege zu ihrer Beseitigung aufzuzeigen. Da von westlicher Seite die Ausbildung der Marktwirtschaft und Demokratie als die beiden entscheidenden „evolutionäre[n] Universalien auf dem Weg in die Moderne" (MÜLLER 2001:6) galten, lautete die spontane Diagnose, dass die postsozialistischen Gesellschaften eine nach- und aufholende

---

18 GIORDANO (2005:20) schlägt eine „Parallelitätshypothese" vor, in der die Möglichkeit von „multiple modernities" als parallel verlaufenden und sich gegenseitig beeinflussenden Prozessen gedacht wird. Denn eine „ständige Selektion, Reinterpretation, Reformulierung und Umdeutung der Ideen und Leitbilder" aus dem als modern geltenden Westen führten zu einer Vielfalt von Kombinationen, Verstrickungen und Überlappungen dieser exogenen Elemente mit endogenen Kulturtraditionen, die eben zur Bildung von *multiple modernities* geführt hätten.

Modernisierung durchlaufen müssten, in deren Verlauf sie die durch den spezifischen sowjetischen Modernisierungspfad entstandenen Hemmnisse beseitigen und die Basisinstitutionen der westlichen Gesellschaften nachbilden würden (vgl. HABERMAS 1990).[19]

Das Scheitern des Sozialismus schien somit nur ein weiteres Mal die Richtigkeit des westlichen Systems von Modernisierung zu bestätigen. Dies implizierte, dass die theoretischen Konzepte und Modelle der Modernisierung, die für gesellschaftlichen Wandel in verschiedenen früheren zeitlichen und räumlichen Kontexten entwickelt wurden, ohne große Änderungen und undifferenziert auf die postsozialistischen Transformationsländer übertragen werden könnten. Die grundlegende Prämisse hieß, Marktwirtschaft und Demokratie seien universell anwendbar (BÖNKER et al. 2002).

Die Ausrufung des „Endes der Geschichte", die den Triumph einer einzigen Moderne postuliert, frischte somit gleichzeitig die modernistische Dichotomie zwischen traditionell und modern auf. Die zentrale Planwirtschaft wurde in scharfem Kontrast zum sich selbst organisierenden Markt gestellt, womit die Idee des wissenschaftlichen Managements der Gesellschaft durch den Staat als traditionell und kontraproduktiv, die scheinbar sich spontan entwickelnde Logik des Marktes dagegen als archetypische moderne Lösung dargestellt wurde, die sich im Übrigen als hochfunktional in einer globalisierten Wirtschaft erweise. Staatsplanung wurde mit Trägheit und Einförmigkeit, Marktkräfte mit Dynamik und Vielfalt assoziiert. In gleicher Weise wurde in der politischen Sphäre die untergeordnete und homogene Gesellschaft des monopolistischen Parteienstaates im Kommunismus in Kontrast gesetzt zur autonomen Zivilgesellschaft als einem Gegengewicht zur Staatsmacht und zum westlichen demokratischen pluralistischen Parteiensystem mit institutionalisiertem politischem Konflikt. Auf individueller Ebene galt die implizierte Annahme des atomisierten, apathischen und staatsabhängigen Individuums im Kommunismus, dem *Homo Sowjeticus*, der im Gegensatz stand zum gesellschaftlich aktiven, rational kalkulierenden und autonom agierenden Individuum in modernen Gesellschaften, dem *Homo Oeconomicus*. Schließlich wurde das kulturelle Erbe des Kommunismus als ein die Transformation hin zum determinierten Ziel von Demokratie und Marktwirtschaft behinderndes Moment gesehen (BLOKKER 2005:507).

---

19 Die Einschätzung und Kategorisierung der sowjetischen Modernisierung stellte nicht nur ein analytisches, sondern auch ein terminologisches Problem dar. So zeigten nach REISSIG (1993:6) die postsozialistischen Gesellschaften gleichzeitig Merkmale von Vor- und Gegenmoderne, während andere die postsozialistische Transformation als „verschobene Modernisierungsentwicklung" (FASSMANN 1997:31), als „shift from fordist to post-fordist type of organization of economic, social and political life" (GORZELAK 1996:33) sowie als „reflexive" oder „doppelte Modernisierung" (vgl. OTT 2000:23) sehen.

Maßnahmen und Ziele der Transformation

Innerhalb der Debatte über den einzuschlagenden Weg zur politischen und wirtschaftlichen Transformation konkurrierten verschiedene Ansätze, doch generell galt das westliche Modell als Blaupause für die Zukunft der postsozialistischen Staaten. Mit einer Agenda der Transformation sollten die fraglichen Länder näher an dieses Ideal herangebracht werden. Somit ging es nun darum, eine Programmatik des Übergangs zu Marktwirtschaft und Demokratie zu entwickeln und entsprechende Maßnahmen in die Wege zu leiten.

Hierbei standen zwei Konzepte in Konkurrenz: Zum einen der neoliberale Ansatz (vgl. SACHS & LIPTON 1990), der die Bedeutung internationaler und globaler Kräfte sowie die Notwendigkeit der Substituierung ausgedienter Institutionen und Mechanismen durch neue betonte. Demnach könnten erst nach der kompletten Eliminierung alter Institutionen neue entstehen, was eher radikale und technokratische Transformationsstrategien erfordere. Zum anderen der evolutionäre Ansatz, der die Bedeutung des historischen Erbes, der gesellschaftlichen, kulturellen und institutionellen Strukturen betont und eher graduelle, partizipative Transformationsstrategien impliziert (LYNN 1999:833).

Aufgrund der engen Verknüpfung mit politischen Interessenlagen dominierten sowohl bei der theoretischen Auseinandersetzung mit Transformation als auch bei der Entwicklung von „Rezepten" zur „richtigen Transformation" nicht Wissenschaftler universitärer Einrichtungen, sondern vielmehr neben entwicklungspolitischen Organisationen und *Think Tanks* der Politikberatung insbesondere internationale Finanzinstitutionen wie die Weltbank und der Internationale Währungsfonds. Hier galt seit den 1980er Jahren wirtschaftliche Liberalisierung als der Schlüssel zu Demokratisierung und gesellschaftlichem Wandel, eine Vorstellung, die im Übrigen dem außenpolitischen Credo der USA entsprach (MÜLLER 2001:5). Aufgrund der institutionellen Bedeutung sowie der personellen, finanziellen und politischen Ressourcen der internationalen Finanzinstitutionen prägte bald der Washingtoner Konsens die Vorstellungen von Transformation und damit auch die Transformationsforschung, insbesondere in den Politik- und Wirtschaftswissenschaften. Innerhalb des Washingtoner Konsenses galt die von Jeffrey SACHS 1989 ausgearbeitete und seither mit seinem Namen verbundene „Schocktherapie" als stärkstes Allheilmittel. Demzufolge sollte der Übergang zur Marktwirtschaft durch Liberalisierung von Preisen, Privatisierung von Produktionsmitteln und Internationalisierung der Wirtschaft innerhalb weniger Jahre abgeschlossen sein. Durch eine schnelle Transformation sollte möglichst rasch ein „point of no return" (LYNN 1999:834) erreicht werden. Der „Markt wurde als Metainstitution politischen und sozialen Wandels schlechthin und zugleich als normatives Regulativ für ‚gute Politik' eingesetzt" (MÜLLER 2001:6). Skepsis gegenüber den freien Kräften des Marktes galt als unangebracht, während Misstrauen gegenüber staatlichen Eingriffen in das Wirtschaftsgeschehen *en vogue* waren. Die Regierungen wurden von den internationalen Finanzinstitutionen auf fiskalische Disziplin und niedrige Inflationsraten sowie zur Liberalisierung des Finanzsektors und zur Privatisierung öffentlicher Unternehmen verpflichtet (WAELBROECK 1998:340–342).

Dementsprechend konnten an makroökonomischen Indikatoren, wie dem Rückgang der Inflationsraten, der Ausgeglichenheit öffentlicher Haushalte, den Anteilen des Privatsektors am Sozialprodukt, der Privatisierung von Industrien oder der institutionellen Restrukturierung die scheinbaren Erfolge ökonomischer Transformation gemessen und der jeweilige Stand einzelner Länder anhand von Liberalisierungsskalen ausgewiesen werden. Die intendierten Erfolge im Feld der politischen Transformation wurden in ähnlicher Weise anhand möglichst quantitativ operationalisierbarer Variablen gemessen, wie dem Modus der Machtablösung, dem Ausgang der Wahlen, der Ausdifferenzierung des Parteiensystems oder dem Demokratisierungsgrad (MÜLLER 2001:7).[20] Damit wurde eine Narrative des Fortschritts gezeichnet, welche die auseinanderstrebenden Staaten nicht als verschiedenartig, sondern als fortschrittlich bzw. rückständig klassifizierten.

Schaffung der neuen Kategorie der Transformationsstaaten

In dem die Nachkriegsordnung dominierenden Drei-Welten-Paradigma wird die Differenz der sozialistischen Staaten zu den westlichen „hoch entwickelten" demokratisch-marktwirtschaftlichen Staaten sowie den wirtschaftlich unterentwickelten Ländern zu einer wirkmächtigen Variablen. Die so genannte „Zweite Welt" funktionierte nach einer anderen Logik, nach einem anderen politischen und ökonomischen Modell und wurde somit als fundamental anders betrachtet. Gleichzeitig galt diese Welt als homogener, monolithischer Block, während innere Vielfalt und Variationen ignoriert wurden. Mit dem Ende der „Zweiten Welt" durch die Umbrüche der Jahre 1989/91 tauchte die Schwierigkeit auf, die postsozialistischen Staaten zu klassifizieren. Sie erfüllten zwar nicht die Kriterien der Ersten Welt bzw. der Industrieländer, zeitigten bei einigen Entwicklungsindikatoren, etwa der Alphabetisierungsrate oder der Lebenserwartung, jedoch deutlich bessere Werte als die so genannte „Dritte Welt".[21] Fortan firmierten die Staaten des ehemaligen Ostblocks als „*Countries in Transition*" oder „Transformationsländer", womit gleichzeitig die teleologische Vorstellung verbunden war, dass sich diese Staaten auf dem Weg zu Marktwirtschaft und Demokratie befänden. In den Berichten internationaler Organisationen wie den Vereinten Nationen, der Weltbank oder dem IWF sowie in der Wissenschaft setzte sich diese Kategorisierung rasch durch.

Damit dominierte die bewusst oder unbewusst verbundene teleologische und evolutionäre Konnotation sowohl in der internationalen Zusammenarbeit als auch in der Wissenschaft als Richtschnur für Erklärungen und Erkenntnisgewinn der ablaufenden Prozesse in den Staaten Osteuropas und auf dem Gebiet der ehemali-

---

20 Vgl. etwa den Transformationsindex der Bertelsmann-Stiftung (http://www.bti-project.de/).
21 Damit wurde auch die ehemalige Dreiteilung der Welt obsolet, was zu verschiedensten Versuchen einer neuen globalen Klassifikation führte (vgl. KREUTZMANN 2006).

gen Sowjetunion. Allein, die realen Entwicklungen in den Transformationsstaaten folgten nur bedingt oder gar nicht dem erdachten und erwünschten Weg der postsozialistischen Transformation.[22] Der „initiale Optimismus" (HOEN 1995), der noch von der Idee einer raschen Abwicklung der Transformation ausging, endete mit der Einsicht, dass der nach dem Zusammenbruch des Sozialismus ausgelöste Prozess einen tief greifenden Wandel nach sich ziehe, der nicht in kurzer Zeit abzuwickeln sei, und beendete damit auch den „Honeymoon der Transformation" (KALTHOFF & ROSENBAUM 2000:6).

Die Hoffnungen auf Demokratie, freie Marktwirtschaft und nachhaltige Entwicklung in den postsozialistischen Staaten haben sich in vielen Fällen nicht erfüllt. Stattdessen sind Korruption, Nepotismus und autoritäre Herrschaftsstrukturen weit verbreitet, die Zivilgesellschaft erscheint schwach, Menschenrechte werden verletzt, und nur ein Teil der Bevölkerung profitiert von der marktwirtschaftlichen Entwicklung (CUMMINGS 2003; EVERETT-HEATH 2003; GLEASON 2003; LUONG 2004; OLCOTT 2005; BERG & KREIKEMEYER 2006; COLLINS 2006). Die Tatsache, dass die betroffenen Staaten unterschiedliche Wege gehen, führte zur Erkenntnis der Heterogenität der Transformationsprozesse. Die immanenten Schwächen des Transformationsparadigmas sowie die Problematik der Subsumierung aller postsozialistischen Staaten zu einer scheinbar homogenen Staatengruppe werden im folgenden Kapitel näher analysiert.

2.2.2 Begrenztheit der Transformationskonzepte

Kritik am Konzept der Transformation

Problematisch an dem dominanten Konzept der Transformation erscheinen erstens die Teleologie des Transformationsparadigmas, zweitens der unterstellte lineare, evolutionäre Prozesscharakter sowie drittens der Eurozentrismus.

Die Annahme, dass sich jedes von einer Diktatur befreiende Land automatisch in Richtung Demokratie bewegt, stellt sich heute als Wunschvorstellung heraus. Das Ziel der Konvergenz zwischen den postsozialistischen Staaten und dem Westen scheint sich in zahlreichen Staaten nicht einzustellen und kann in vielen Fällen kaum als „dominante Entwicklungslinie" (FASSMANN 2000:18) betrachtet werden. Zwar ist OTT (2000:24) zuzustimmen, dass die „Entwicklungsziele prinzipiell bekannt sind", aber inwieweit die einzelnen Regierungen tatsächlich die Etablierung von Demokratie und Rechtsstaatlichkeit ernsthaft verfolgt haben oder verfolgen, ist sehr uneinheitlich und fraglich. Vielmehr sind Transformationen als

---

22 TSYGANKOV (2007:425) untersuchte, inwiefern sich die postsozialistischen Länder zu lebensfähigen („viable") oder schwachen Staaten entwickelt hätten, und konstatiert einem Staat Lebensfähigkeit, wenn die „triple transition", nämlich der Aufbau einer nationalen Ordnung, einer effizienten Wirtschaft und eines lebensfähigen politischen Systems erfolgreich umgesetzt wurde. Interessanterweise kommt TSYGANKOV (2007:436–7) zu dem Schluss, dass neben den baltischen Ländern lediglich Weißrussland, Kasachstan und die Russische Föderation als die einzigen Länder des postsowjetischen Raums als „viable" zu charakterisieren seien.

offene Entwicklungen mit unbekanntem Ergebnis zu betrachten. In methodologischer Hinsicht ist zudem problematisch, dass mit der alleinigen Konzentration auf die Ziele des Transformationsprozesses vielfach eine Vernachlässigung der Untersuchung des Status Quo einhergeht (KLÜTER 2000:35).

Das Konzept der Transformation wird als eine unilineare und scheinbar unabwendbare Phase zwischen zwei stabilen Gesellschaftsstadien betrachtet (GIORDANO 2005:9). Eine solche lineare Annahme der Transformation wird von verschiedenen Autoren jedoch kritisiert (vgl. GRABHER & STARK 1997; PICKLES & SMITH 1998; BURAWOY & VERDERY 1999; KUUS 2004; GIORDANO 2005). Die Erwartung, dass gesellschaftliche Prozesse einem von den Transformationstheoretikern vorgegebenen Schema folgen, erscheint fragwürdig, da Gesellschaften kaum in solch einer mechanischen Weise funktionieren. Vielmehr verläuft sozialer Wandel eher richtungslos und chaotisch, changiert zwischen Beharrungsmomenten und Veränderungsimpulsen. Demnach stellt Transformation einen Dauerzustand aller Gesellschaften dar, womit sich der Begriff selbst disqualifiziert, um gesellschaftliche Vorgänge in den postsozialistischen Staaten zu charakterisieren. Transformation ist somit sowohl soziologisch als auch historisch eine „unspezifische Kategorie" (GIORDANO 2005:9).

Die Unterstellung eines Prozesses impliziert verschiedene Entwicklungsschritte und schließlich auch einen Endpunkt dieses Prozesses, ein Ziel. Wann und ob dieses jemals erreicht wird, ist offen und zweifelhaft.[23] Denn selbst die Mitgliedschaft von zehn ehemaligen „Ostblockstaaten" in der Europäischen Union bedeutet höchstens den erfolgreichen Abschluss technokratischer Aufgaben politischer und wirtschaftlicher Reformen, jedoch keineswegs das Ende von Transformationsprozessen oder das Ende der postsozialistischen Differenz. Somit wird auch die Frage nach der Dauer der Transformation obsolet.

Der Vorstellung von Transformation sind ein Fortschrittsgedanke und damit ein Fortschrittsglaube immanent. Durch Transformation soll der Übergang von einem niedrigeren zu einem höheren Gesellschaftszustand und eine Konvergenz mit den westlichen Demokratien erreicht werden. Das Ziel einer Konvergenz ist mit der Vorstellung einer „Rückkehr nach Europa" und nach „Normalität" (OUTHWAITE & RAY 2005:3) verbunden, worin sich die „Überheblichkeit des Transformationsbegriffs" (KLÜTER 2000:48) ebenso zeigt wie in der Vorstellung von den „westlichen Vorbildgesellschaften" (ZAPF 1996:67) oder der Konstatierung eines den sozialistischen Staaten (genauso wie den Entwicklungsländern) immanenten zivilisatorischen Defizits (GIORDANO 2005:10). Bestehende Unterschiede zwischen den Transformationsländern und dem Westen werden als relative Rückständigkeit charakterisiert und diese Staaten als fortwährend bestrebt erachtet, in materieller und institutioneller Hinsicht aufholen zu wollen (STENNING & HÖRSCHELMANN 2008:320). Vorstellungen von der Niederlage des Kommu-

---

23 So erscheint es ebenfalls fragwürdig, wenn CVIJANOVIĆ (2002:10) das noch nicht erreichte Ende des Transformationsprozesses konstatiert: „Die Transformation in den ehemaligen sozialistischen Ländern ist derzeit noch nicht zu Ende, weil sich die vier Transformationsebenen immer noch sehr deutlich verändern."

nismus, dem finalen Triumph des Kapitalismus und der Alternativlosigkeit setzen sich als wirkmächtige Narrative durch und platzieren den Osten innerhalb der globalisierten, kapitalistischen Welt gleichzeitig an eine untergeordnete und machtlose Position (KIDECKEL 2002). Die europäische Moderne wird als universales und beliebig übertragbares Modell betrachtet, doch tatsächlich kann Modernisierung nicht als eine singuläre Straße zu einem Endzustand gesellschaftlicher Evolution gesehen werden, da selbst die Erfahrungen der westlichen Staaten zu vielfältig sind, um Annahmen einer globalen Konvergenz zu rechtfertigen (BLOKKER 2005:513).

Aufgrund der Unilinearität und Teleologie des Modernisierungsansatzes wird vielfach die Betrachtung des historischen Erbes und der idiographischen Besonderheiten der einzelnen Länder vernachlässigt. Unterschiedliche Ausgangspunkte der verschiedenen Transformationsstaaten und ungleiche Entwicklungen bleiben unberücksichtigt. Stattdessen wird angenommen, dass alle Gesellschaften identische Transformationsprozesse durchlaufen, wobei es zwar zu Zeitverschiebungen kommen kann – je rückständiger eine Gesellschaft ist, desto später wird sie von den Veränderungen betroffen –, doch historisch bedingte Abweichungen oder Variationen lässt das Transformationskonzept nicht zu (GIORDANO 2005:16). Mit anderen Worten, das Transformationsparadigma unterschätzt die *embeddedness* der Transformationsgesellschaften. Denn die politische und Wirtschaftsgeschichte, Arbeitstraditionen und Kulturen der ehemaligen sozialistischen Staaten liefern grundverschiedene Ausgangsbedingungen, innerhalb derer die Reformen operieren müssen. Der Auf- oder besser Umbau politischer und wirtschaftlicher Strukturen ist maßgeblich von der Art der bereits existierenden Netzwerke, Institutionen und Wechselwirkungen beeinflusst (vgl. LYNN 1999:839). Kurzum, die „Vergangenheit als kollektiver Erfahrungsraum" (GIORDANO 2005:16) übt einen großen Einfluss auf die Wandlungsprozesse aus. Folglich sind die gesellschaftlichen Transformationsprozesse eher als langfristig und unvorhersehbar zu bezeichnen und sicherlich nicht auf ein allgemeingültiges vorher festgelegtes Schema zu reduzieren.

Divergierende Entwicklungen im postsozialistischen Raum

Die Aufgaben, die den Regierungen, aber auch den Gesellschaften des postsozialistischen Raums mit der Auflösung der sozialistischen Ordnungen aufgegeben wurden, sind beträchtlich und wurden von den politisch Verantwortlichen auf sehr heterogene Weise angegangen. Die verschiedenen angenommenen Prozesskomponenten wie die Entwicklung demokratischer Parteien, Stärkung der Zivilgesellschaft, Justizreformen und freie Medien entsprechen kaum dem technokratischen Ideal. Stattdessen sind die Prozesse eher als chaotisch mit ‚Fortschritten' und ‚Rückschritten' zu beschreiben, keinesfalls folgen sie deckungsgleich dem theoretisch vorgezeichneten Entwicklungspfad. Gleichförmige Entwicklungslinien oder gleichzeitiges Erklimmen einer neuen Stufe sind ebenso wenig zu konstatieren wie der ‚Erfolg' bestimmter ‚Therapien'. So dominiert in vielen Ländern die Version eines „shock without therapy" (TERRY 1993:334).

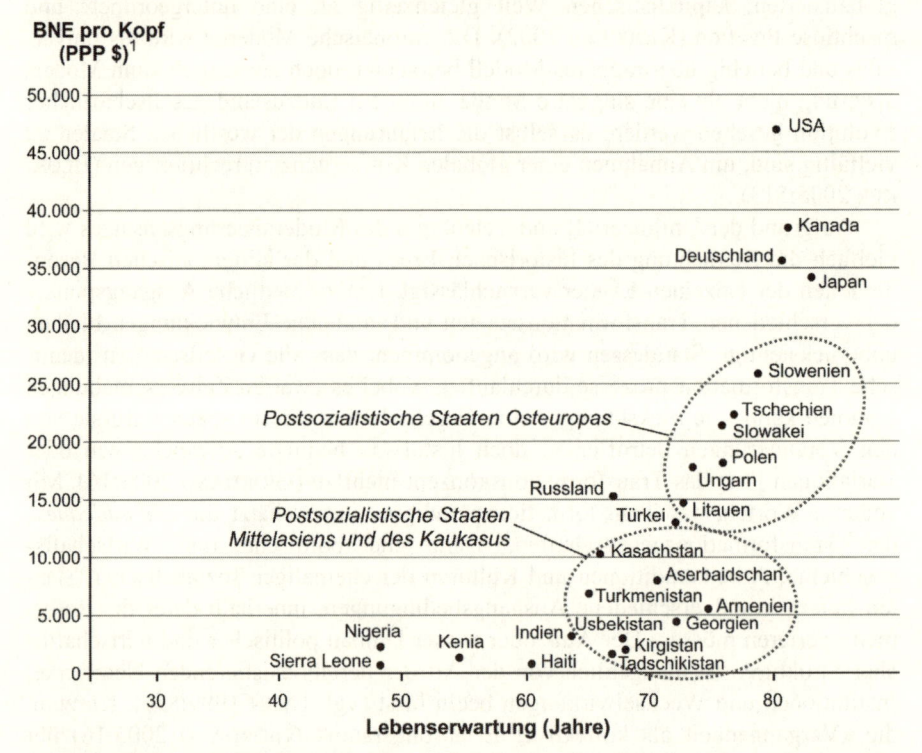

Abb. 2.1 Zusammenhang von Bruttonationaleinkommen und Lebenserwartung

Ein genereller Trend oder Erfolg jener Staaten, die den Weg einer raschen neoliberalen Transformation verfolgten, wie beispielsweise Kirgistan, gegenüber Ländern, die einen eher graduellen Weg einschlugen, wie etwa Usbekistan, kann nicht konstatiert werden. Heute weisen die meisten Staaten Ostmitteleuropas den westlichen Staaten stark angenäherte demokratische und marktwirtschaftliche Strukturen sowie für große Teile der Bevölkerung die Erlangung größerer Freiheitsgrade und eine positive Wohlstandsentwicklung auf und sind Mitglieder der Europäischen Union. Einer wie auch immer gearteten Konvergenz scheinen die ostmitteleuropäischen Staaten dabei durchaus nahe gekommen zu sein, während die hiervon beträchtlich andersartigen Erfahrungen in den peripheren Regionen der ehemaligen Sowjetunion weit davon entfernt liegen. Länder Zentralasiens und des Kaukasus haben die vom Westen erwünschten und erwarteten Schritte Richtung Marktwirtschaft und Demokratie nur teilweise vollzogen oder sogar einen vollständig anderen Entwicklungspfad eingeschlagen. Während sich die Wirtschaftsleistung der Staaten Ostmitteleuropas jener der westlichen Industrieländer angenähert hat, entspricht sie in einigen Ländern des Kaukasus und Zentralasiens eher den Werten von Entwicklungsländern. So wies im Jahre 2011 die Tschechische Republik ein Bruttonationaleinkommen pro Einwohner von 21 405 PPP$ auf, während jenes von Kirgistan nur bei 2036 PPP$ und damit deutlich unter dem von Indien mit 3.468 PPP$ und etwa gleichauf mit jenem von Nigeria (2.069 PPP$) lag (UNDP 2011:127–129). Lediglich in Bereichen wie Lebenserwartung und Alphabetisierung weisen die postsozialistischen Staaten Zentralasiens noch deutlich bessere Werte auf als die „klassischen" Entwicklungsländer (vgl. Abb. 2.1).

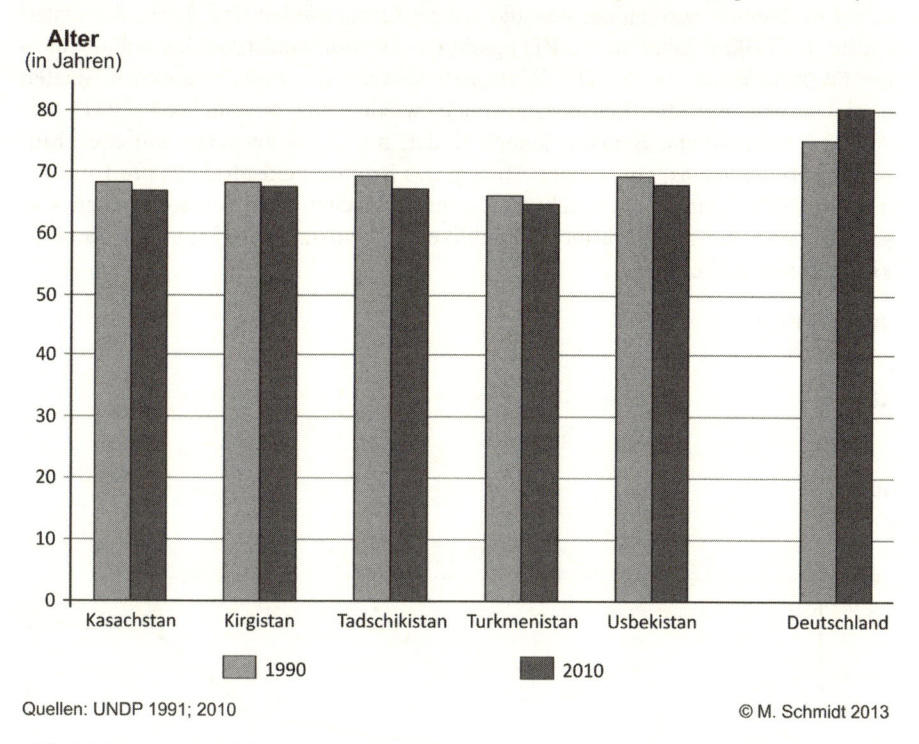

Abb. 2.2 Rückgang der Lebenserwartung in Mittelasien zwischen 1990 und 2010

Die große Spannbreite zwischen den verschiedenen postsozialistischen Staaten manifestiert sich auch in der von UNDP ausgegebenen Rangliste der Menschlichen Entwicklung. So belegte die Tschechische Republik 2011 im *Human Development Index* den 27. Platz, während Kasachstan auf Rang 68, Kirgistan auf Rang 126 und Tadschikistan auf Rang 127 lagen (UNDP 2011:127–129).[24]

---

24 Der Index Menschlicher Entwicklung wird aus den Variablen Bruttoinlandsprodukt (BIP) pro Einwohner eines Landes, Lebenserwartung bei Geburt und Bildungsgrad mit Hilfe der Alphabetisierungs- und Einschulungsrate der Bevölkerung berechnet (UNDP 2011).

Auch wenn die Werte der Lebenserwartung in den mittelasiatischen Republiken noch über jenen der meisten Staaten des Südens liegen, ist tatsächlich doch ein beträchtlicher Rückgang zwischen 1990 und 2010 zu konstatieren, während in westlichen Industrieländern die Lebenserwartung in diesem Zeitraum deutlich gestiegen ist (Abb. 2.2).

Ob die Staaten des Kaukasus und Zentralasiens lediglich auf dem richtigen Weg nur einige Schritte hinterherhinken, wie es in dem lapidaren Kommentar „Others still face a long journey" (KÖHLER 2002:13) des ehemaligen Direktors der Weltbank zum Ausdruck kommt, ist zweifelhaft. Rückblickend jedenfalls war das Ende der sozialistischen Regime für die Staaten Mittelasiens mit großen ökonomischen Problemen verbunden, was die hohen Armutszahlen und der in der ersten Hälfte der 1990er Jahre starke Rückgang des Bruttoinlandsprodukts dokumentieren (WORLD BANK 1996). Die Wirtschaftsleistung der mittelasiatischen Staaten erreichte erst um die Jahrtausendwende wieder das Niveau von 1991, wie Abb. 2.3 verdeutlicht. Seitdem jedoch findet, mit einen zwischenzeitlichen Einbruch Turkmenistans, ein stetiger Anstieg des Bruttoinlandsprodukts pro Einwohner (in PPP$) statt, wobei sich die Schere zwischen dem rohstoffreichen Kasachstan und den rohstoffarmen Republiken Usbekistan, Kirgistan und Tadschikistan immer weiter öffnet.

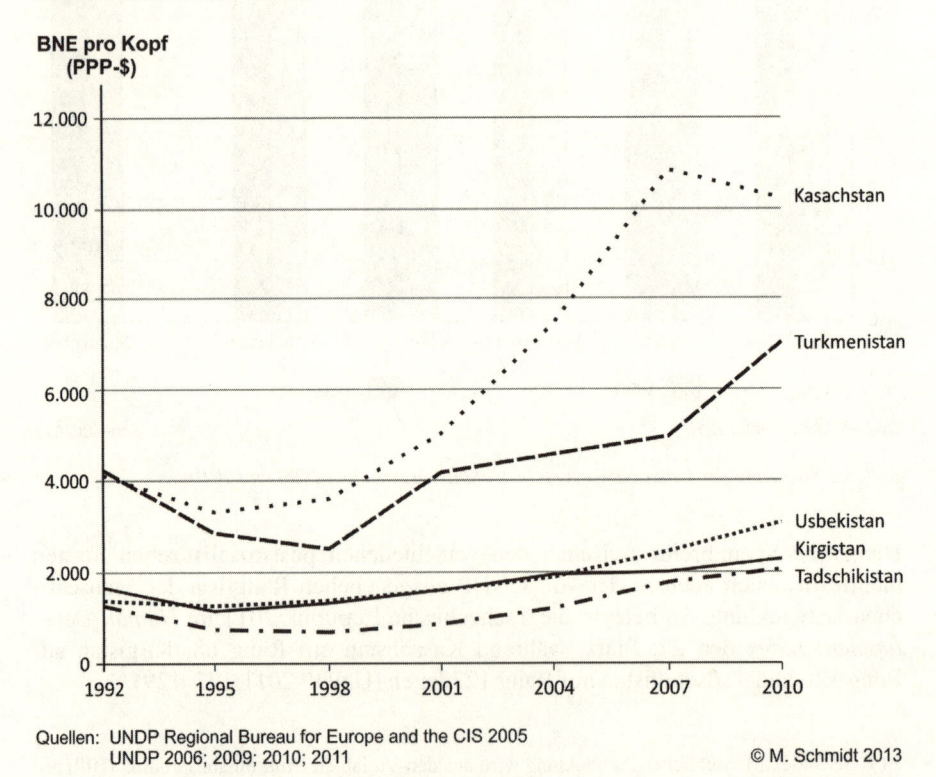

Abb. 2.3 Entwicklung des Bruttonationaleinkommens pro Einwohner in Mittelasien (1992–2007)

Die Auflagen internationaler Kreditgeber zur Verringerung der Staatsquoten resultierten in einem Rückbau der sozialen Sicherungssysteme und einem Verfall der Infrastruktur, was sich in der Verarmung weiter Bevölkerungsteile manifestierte. In diesem Sinne ist der Entwicklungsweg einiger postsozialistischer Staaten, insbesondere in Zentralasien, zutreffender als „*Thirdworldization*" (CHOMSKY 1994) zu bezeichnen. So sind diese Staaten nach dem Wegfall innersowjetischer Mechanismen der Umverteilung auf „normales Entwicklungsländerniveau mit fast allen typischen Defiziten in Administration, Management, Ausbildung, Fertiggüterproduktion und Lebensstandard zurückgefallen" (KLÜTER 2000:36). Für manche Regionen im postsozialistischen Raum scheint sich bereits die Prognose des Politikwissenschaftlers Adam Przeworski aus dem Jahre 1990 zu bewahrheiten, wonach der Osten zum Süden abdriftet (MÜLLER 2001:9).

Losgelöst von ökonomischen Indikatoren haben sich in einigen postsozialistischen Staaten jedoch auch politische Entwicklungen vollzogen, die von den Herrschenden durchaus als demokratische Fortschritte bezeichnet werden, tatsächlich aber kaum zu einer politischen Partizipation der Bevölkerung oder westlich verstandener Demokratie führten. So sind die gegenwärtigen Regierungsformen in Zentralasien zutreffender als konsolidierte Autokratien (MÜLLER 2001:8), „semiautoritäre" oder „sultanistische Regime" (HEINEMANN-GRÜDER & HABERSTOCK 2007) denn als funktionierende Demokratien zu bezeichnen.

Die Betrachtung politischer und ökonomischer Variablen zeigt eines sehr deutlich: Innerhalb der ehemals sozialistischen Welt bestehen erhebliche Differenzen im Hinblick auf die Umsetzung des Transformationsparadigmas – von der Vielfalt gesellschaftlicher und kultureller Formen ganz abgesehen. Diese Unterschiede scheinen sich im Laufe der Jahre weiter verschärft zu haben. Die Art und Weise, wie demokratische Prinzipien eingeführt und interpretiert werden, wie mit Rechtsstaatlichkeit, Meinungsfreiheit und Zivilgesellschaft umgegangen wird, differiert in den verschiedenen Regionen erheblich.[25]

Neben den im Sinne des Transformationsparadigmas erfolgreichen Staaten finden sich eine große Anzahl an Staaten, die einer Art „Grauzone" zugeordnet werden können, die zwar nicht als diktatorisch, aber auch nur bedingt als demokratisch zu bezeichnen sind, da sie von einer politischen Gruppe, sei es einer Partei, einem Klan oder einer herausragenden politischen Führungsfigur, beherrscht werden (CAROTHERS 2002:9–11). Es zeigt sich zudem, dass der Staatsbildungsprozess viel länger und problematischer ist als ursprünglich angenommen.

Die Transformationsmodelle haben somit die Bedeutung dessen, was BOURDIEU (1982) den „gesellschaftlichen Habitus", GEERTZ (1983) und ELIAS (1988) das „soziale und lokale Wissen" oder KOSELLECK (1979) den „historischen Erfahrungsraum" der Menschen nennen, kurzum die *embeddedness* missachtet. Denn Individuen und Gesellschaften folgen nicht kritiklos übergestülpten Schemata, sondern gestalten als Akteure ihre eigene Geschichte und Geographie.

---

25 Tatsächlich problematisiert bereits der 1996 von der Weltbank vorgelegte Weltentwicklungsbericht *From Plan to Market* den Universalismus des Privatisierungsverfahrens und betont die verschiedenen Kulturen und Traditionen der Transformationsländer (WORLD BANK 1996).

Es wird deutlich, dass die postsozialistischen Länder eigene Wege gehen, die durch unterschiedliche historische, ökonomische, politische und nicht zuletzt räumliche Strukturen beeinflusst sind. Dies muss für die Staaten Zentralasiens nachdrücklich hervorgehoben werden, da dort der Entwicklungspfad ganz anders verläuft, als dies zu Beginn der 1990er Jahre erwartet und erhofft wurde, und wo sich die Ausgangsbedingungen von denen in Osteuropa signifikant unterscheiden. Um zu verstehen, warum insbesondere hier die Rezepte des Westens nicht greifen, sind andere Zugänge notwendig, in denen historische und idiographische Aspekte berücksichtigt werden müssen.

Ergebnislose Suche nach einer Grand Theory der Transformation

Wie in den vorherigen Abschnitten dargelegt, kann das Transformationsparadigma, das einen universellen Trend zu Marktwirtschaft und Demokratie unterstellt, aus sachlichen und methodischen Gründen nicht aufrecht erhalten werden. Neben den vielfältigen Ausgangsbedingungen sowie den unterschiedlich ausgeprägten Reformbemühungen und -fähigkeiten sind nichtlineare institutionelle, gesellschaftliche und kulturelle Faktoren für die Uneinheitlichkeit oder Unübersichtlichkeit der Entwicklungswege im postsozialistischen Raum verantwortlich. Aus diesem Grunde überrascht es nicht, dass selbst nach zwanzig Jahren und einer kaum überschaubaren Anzahl an Studien über postsozialistische Transformationsprozesse keine zufriedenstellende deduktiv-nomologische Theorie der Transformation vorliegt. Denn mit dem Transformationsparadigma wurde lediglich eine normative Theorie der Transformation entwickelt, die die politische Ausgestaltung des Transformationsprozesses zwar vorgibt, die jedoch keine wissenschaftliche Erklärung der real abgelaufenen Prozesse liefern kann (FASSMANN 2000:17). Ähnlich argumentiert PICKEL (2002:108), der die postkommunistische Transformation nicht als wissenschaftliches, sondern als politisches Projekt, im besten Fall als „progressive und ausgeklügelte politische Theorie", im schlechtesten Fall als „moralisch verwerfliche und kognitiv schlichte Doktrin" betrachtet. Die bisherigen Theorien der postkommunistischen Transformation seien in erster Linie handlungsorientiert und somit eher als „politische Programme" oder „gesellschaftliche Mythen und Ideologien" zu beschreiben (PICKEL 2002:106).

Es ist deshalb äußerste Skepsis angebracht, ob eine die Transformationsprozesse umfassend erklärende *Grand Theory* überhaupt ausformuliert werden kann. Denn neben der komplexen Simultanität der ablaufenden Transformationsprozesse müssten auch regionale Besonderheiten einbezogen werden, womit eine solche Theorie wohl zu komplex, abstrakt und nicht anwendbar würde (KÖNIG 2002:18).[26] Stattdessen ist vielmehr von der Unmöglichkeit einer Transformati-

---

26 Dennoch hält KÖNIG (2002:19) eine umfassende Transformationstheorie für möglich, wenn umfassende empirische Ergebnisse vorlägen und der Transformationsprozess abgeschlossen sei. Dies ist jedoch in zweifacher Hinsicht problematisch, da zum einen die notwendigen em-

onstheorie auszugehen, was im Folgenden in fünf Punkten zusammengefasst werden soll:
- Erstens hat sich die Konvergenzhypothese, d.h. die Annahme, dass das westliche Modell nachgeahmt würde, nicht bewahrheitet. Die betroffenen Staaten haben sich nicht so entwickelt, wie dies vorhergesagt, erhofft oder erwünscht war; der von westlicher Seite postulierte Dreiklang Kapitalismus, Marktwirtschaft und Demokratie wurde nicht oder nur teilweise erreicht.
- Zweitens stellen die Transformationsstaaten keineswegs eine homogene Gruppe dar. Sie weisen zwar unzweifelhaft historische und gesellschaftliche Gemeinsamkeiten auf, doch die Differenzen treten zunehmend deutlicher zu Tage, so dass die Beibehaltung einer solchen Kategorie mehr und mehr fragwürdig erscheint.[27]
- Drittens wird der normativ-evolutionäre Charakter dieses linearen Entwicklungsmodells den real vorzufindenden Gegebenheiten nicht gerecht.
- Viertens müsste eine durch einen Anfangs- und Endpunkt charakterisierte Periode, wie Transformation vielfach betrachtet wird, auch irgendwann einen Abschluss finden bzw. auf ein Ziel zusteuern, das von westlicher Seite definiert war, das jedoch nicht alle postsozialistische Staaten anstreben.
- Fünftens sind Metatheorien generell fragwürdig vor dem Hintergrund der überaus pluralen, diversifizierten und fragmentierten Globalisierungsprozesse.

Aus den genannten Gründen sollte die Suche nach einer alles erklärenden Transformationstheorie aufgegeben werden. Vielmehr legen die Geschichte und die gegenwärtigen Sozialindikatoren nahe, die neuen mittelasiatischen Republiken in einem anderen Licht zu betrachten als etwa die in die Europäische Union aufgenommenen Staaten Ostmitteleuropas. Das Fehlen einer eigenständigen nationalstaatlichen Geschichte und das koloniale Erbe der Russischen Zarenzeit rücken die Länder Mittelasiens hinsichtlich ihrer politischen und wirtschaftlichen Verfassheit viel näher an die Gruppe der Entwicklungs- oder Schwellenländer. Somit soll im Folgenden ein Blick auf Erklärungsansätze geworfen werden, die für das Verständnis der gegenwärtigen Prozesse in den postsozialistischen Staaten Mittelasiens hilfreich sein können.

Kritische historische Ansätze

Die Ausführungen der vorherigen Kapitel verdeutlichten, dass die so genannten Transformationsländer keinem universellen Pfad folgen, sondern auf Grundlage ihrer institutionellen, politischen, ökonomischen und soziokulturellen Strukturen

---

pirischen Daten fehlen, und zum anderen aufgrund der zuvor begründeten Unmöglichkeit, einen Endpunkt der Transformation zu determinieren.

27 Selbst eine allgemeine Transformationstheorie im politischen Sinne erscheint laut PICKEL (2002:109) unmöglich, da die verschiedenen Staaten unter anderem auch aufgrund vielfältiger Akteurskonstellationen fundamental unterschiedliche Reformansätze und Programme benötigten.

auf die Herausforderungen der mit den Umbrüchen sowie den Anpassungszwängen an eine globalisierte Weltwirtschaft einhergehenden Problemkonstellationen reagieren (MÜLLER 2001:10). Diese heterogenen Entwicklungswege und Bewältigungsstrategien der postsozialistischen Staaten lassen keine allgemein verbindlichen Erklärungsansätze oder gar Prognosen zu und zeigen die Begrenztheit der im Transformationsdiskurs dominierenden modernisierungstheoretischen Konzepte. Stattdessen müssen zur Erklärung spezifischer postsozialistischer Entwicklungen abweichende Ansätze gefunden werden.

Um die Besonderheit der postsozialistischen Transformation gegenüber anderen Transformationsprozessen herauszustellen und um Gemeinsamkeiten zwischen verschiedenen postsozialistischen Staaten zu erklären, rekurrieren Autoren vielfach auf das „kommunistische oder sozialistische Erbe" und argumentieren historisch. Damit betonen sie die Bürde der historischen „Altlast", die jahrzehntelange kommunistische Herrschaft, welche die postsozialistischen Gesellschaften prägt und die sie heute bewältigen müssten (CHEN & SIL 2007:279).

Kritische historische Ansätze sehen Transformation nicht als einen unilinearen Prozess des Wechsels von einem hegemonialen System zu einem anderen (PICKLES & SMITH 1998:1). Viel eher leiten sie gegenwärtige gesellschaftliche Wandlungsprozesse aus vorherigen Gesellschaftsverhältnissen und Institutionen – die partikularen (sozialistischen) Erfahrungen der postsozialistischen Staaten – ab, die als historische kontextuelle Komponente der Transformation zu berücksichtigen sind (BLOKKER 2005:508). Auch FASSMANN (1997:31; 1999:16) sieht in den spezifischen Ausgangsbedingungen und dem unterschiedlichen „sozialistischen Erbe" relevante Einflussfaktoren für die nationalen Sonderwege, divergenten Entwicklungspfade und zunehmenden Differenzierungen zwischen den Staaten. Demgegenüber kann der modernistische Ansatz als ahistorisch bezeichnet werden, da er distinkte historische Hinterlassenschaften ignoriert, die einen wichtigen Einfluss auf die gegenwärtigen postsozialistischen Transformationsprozesse ausüben.

Unter solchen historischen Ansätzen sieht BLOKKER (2005:509) zwei Alternativen: Erstens, die Theorie der Pfadabhängigkeit, wonach die politisch-ökonomische Transformation ein evolutionärer und pfadabhängiger Prozess sei, der auf institutionalisierten Formen des Lernens und Aushandelns basiere. Folglich bilde sich eine neue Ordnung weder in einem institutionellen Vakuum noch auf den Trümmern des Sozialismus, sondern werde auf Grundlage dieses Erbes konstruiert, was zu Formen institutioneller „*Bricolage*" führe (PICKLES & SMITH 1998). Pfadabhängigkeit impliziere zudem, dass mit den eingeschlagenen Wegen nicht zwangsläufig die „besten" Ergebnisse erzielt würden und dass der einmal eingeschlagene Pfad nur schwer zu verlassen sei, falls er sich für die Erreichung der anvisierten Ziele als ungeeignet erweise (STARK 1996). Zweitens betont dagegen die neoklassische Soziologie die Rolle des Handelns in jedem Modernisierungsprojekt und die Anpassung eines individuell und historisch verfassten Habitus an die gegenwärtige Transformation.

Unabhängig davon, ob strukturellen Faktoren oder Handlungen der Vorrang zur Erklärung postsozialistischer Wandlungen gegeben wird, erscheint es notwendig, den historischen und regionalspezifischen Kontext stärker hervorzuheben. Dies bedeutet, den Fokus auf jene spezifischen Netzwerke, Interaktionen und gesellschaftlichen Bedingungen zu legen, in denen soziale Aktivität stattfindet – die Eingebundenheit (*embeddedness*) politischen und sozioökonomischen Wandels bedarf einer intensiven Berücksichtigung.

Das Konzept der *embeddedness* zielt auf die Art, wie politische und ökonomische Aktivitäten durch lokale institutionalisierte Praktiken und soziale Verhältnisse des Alltags vermittelt sind. Dabei wird zwischen politischer, kultureller und struktureller Einbettung unterschieden. Zu den politischen Formen zählen internationale wie nationale Gesetzgebung, zu den strukturellen soziale Netzwerke und zu den kulturellen Formen etwa kollektives Verständnis über wirtschaftliche Strategien und Ziele (LYNN 1999:838–839).

Kritische Ansätze legen den Fokus auf Diversität und Partikularität, um die Vielfalt des gegenwärtigen gesellschaftlichen Wandels zu erklären und zu verstehen (BLOKKER 2005:509). So heben CHEN & SIL (2007:281) die große Variationsbreite des Einflusses des kommunistischen Erbes auf die einzelnen Regionen hervor und fordern kontextsensitive vergleichende Analysen, in denen die geographische Lage der einzelnen Staaten und die damit verbundene unterschiedliche Intensität externer Einflüsse, die Wahl des politischen Rahmens und der Reformstrategien, die organisatorischen Fähigkeiten der politischen Kader, die Evolution von Beschäftigungsmustern und Managementpraktiken sowie die diskursiven Strategien kultureller und politischer Unternehmer berücksichtigt werden müssen. Somit erscheint es zweckdienlicher, wenn sich die Transformationsforschung statt auf eine mögliche Konvergenz der postsozialistischen in Richtung der idealtypischen westlichen Gesellschaften besser auf die Vielfalt der Wandlungsprozesse und institutionellen Konfigurationen konzentriert.[28] Damit wird „Diversität" zum Leitprinzip der Forschung über gesellschaftlichen Wandel in der postsozialistischen Welt (BLOKKER 2005:519).

In diesem Zusammenhang rückt das Konzept der „Region" in den Fokus der Betrachtung, wobei Region nicht als abgegrenzte territoriale Einheit zu sehen ist, sondern vielmehr als Schauplatz, an dem gesellschaftliche Strukturen und menschliche Handlungen zusammentreffen und sich soziale Interaktionen und gesellschaftliche Aktivitäten (Lebensalltag) abspielen (LYNN 1999:826). Im folgenden Abschnitt soll geklärt werden, welchen Beitrag die Geographie zur Forschung über die mit dem Zusammenbruch sozialistischer Systeme verbundenen Phänomene leisten kann.

---

28 GIORDANO (2005:17) beklagt zudem die Ignoranz der konventionellen Transformationsforschung gegenüber der Sichtweise der Betroffenen, einer „Sicht von unten". So würden die von westlichen Ratgebern vorgestellten Transitionsmodelle Reformkonzepte vorschlagen, die bei der lokalen Bevölkerung auf wenig Verständnis stoßen.

Beitrag der Geographie zur Postsozialismusforschung

Unzweifelhaft ist die postsozialistische Transformation auch ein räumlicher Prozess, denn Privatisierungsmaßnahmen, die Einführung der Marktwirtschaft oder die Umgestaltung des politischen Systems sind mit räumlichen Auswirkungen verbunden. Im Zuge des *Spatial Turn* in den Sozialwissenschaften betrachten verschiedene Autoren regionale Studien als notwendige Ergänzung zur gesellschaftlichen Theoretisierung von räumlichen Strukturen. Mit der Wiederentdeckung des Raumes erlangt damit auch die Berücksichtigung regionaler Spezifika innerhalb der Forschungen zum Postsozialismus verstärkte Relevanz.[29] Die Geographie kann hierzu mit ihrem analytischen Spektrum einen wichtigen Beitrag leisten und aufzeigen, wie Systeme und Strukturen verortet sind und welche kontextuellen Charakteristika bestimmte Staaten, Regionen und Orte aufweisen.[30]

Theoretische Diskussionen, Modelle und Hypothesen benötigen Begründungen, die in den spezifischen Kontexten erhoben werden. Denn die kontextuelle Vielfalt auf verschiedenen räumlichen Ebenen und zeitlichen Sphären bedarf eingehender Untersuchungen auch auf verschiedenen Maßstabsebenen, wie dies explizit in der Politischen Ökologie und Humangeographie berücksichtigt wird. Eine Stärke der Humangeographie besteht in ihrem analytischen Vorgehen, Strukturen und Handlungen auf verschiedenen Maßstabsebenen offen zu legen, sowie in ihrer methodischen Vielfalt, einschließlich der Fähigkeit zur Durchführung längerer Feldforschungen. Dabei untersuchen Geographen, was die Transformationsprozesse für die betroffene Bevölkerung implizieren oder welche Bewältigungs- und Anpassungsstrategien diese entwickeln. Die durch Feldforschung gewonnenen Einsichten mögen makrosoziale Probleme des Postsozialismus nur bedingt beleuchten, aber sie tragen zu Zeiten von Unsicherheit und fehlender institutioneller Stabilität viel zum Verständnis der veränderten Lebenswirklichkeiten bei (vgl. HANN 2002:20). Zwar verweist die häufig idiographische Vorgehensweise der Geographie auf das Besondere, den lokalen Fall, und schafft es vielfach nicht, allgemeine Prinzipien aufzustellen. Mit ihrer Fähigkeit zu eingehender Kontextualisierung kann sie jedoch erheblich zum Erkenntnisgewinn innerhalb der Postsozialismusforschung beitragen. Prinzipiell sind idiographisches raum- oder regionalspezifisches Wissen notwendig, um kausale Zusammenhänge und kontextspezifische Prozesse, die Dynamik historischer Konfliktformationen und Herrschaftstraditionen zu verstehen, da ohne sie jede Diskussion abstrakt und lückenhaft bliebe (MÜLLER 2001:11; CHEN & SIL 2007:280).

Das Ziel muss darin bestehen, eine kritische geographische Perspektive des postsozialistischen Wandels zu entwerfen (LYNN 1999:824) und Regionen nicht

---

29 Allerdings beklagt PICKEL (2002:112–113), dass in der von Politikwissenschaftlern und Ökonomen dominierten Transformationsdebatte das Wissen von Soziologen, Geographen, Historikern und Philosophen als irrelevant für die Lösung praktischer Probleme der Transformation marginalisiert wurde.
30 KLÜTER (2000:37) sieht die „regionale Sensorik der Geographie" als geeignet, Entwicklungen und Fehlentwicklungen zu registrieren und einen Beitrag zur „ex-post-Bewertung" bestimmter Transformationsmaßnahmen, insbesondere deren Raumwirksamkeit, zu leisten.

als abgeschlossene Container zu betrachten. Postsozialistische Transformation ist demnach als ein von einer Reihe diverser Prozesse auf verschiedenen räumlichen und zeitlichen Ebenen der Interaktion beeinflusster Prozess zu sehen. Während Komparatisten Querverbindungen zu identifizieren versuchen, besteht das Ziel von Regionalstudien oder *Area Studies* darin, das komplexe Ganze durch die Untersuchung der einzelnen Komponenten zu verstehen. Vorteile von Regionalstudien liegen in der Berücksichtigung der Konstruktion von „localized spaces of meaning out of global relations of power and knowledge" (THRIFT 1994:226). Da es keine Vorbilder für die gleichzeitige politische und ökonomische Transformation vom real existierenden Sozialismus gibt, ist die Hervorhebung der Bedeutung des Kontextes, etwa wie der Transformationsprozess innerhalb eines bestimmten gesellschaftlichen, historischen und institutionellen (lokalen) Kontextes eingebettet ist, durch Regionalstudien zentral (LYNN 1999:831, 839). Bei einer Rekonzeptionalisierung der postsozialistischen Transformation sollte die Bedeutung des Kontextes, die *embeddedness* der Prozesse, und damit auch die Geographie hervorgehoben werden.

Zudem soll das Augenmerk weg von der Betrachtung der (erwünschten) Transformation hin zu dem aktuell existierenden Postsozialismus oder den *„lived postsocialisms"* (STENNING & HÖRSCHELMANN 2008:314) gelegt werden, um die alltäglichen Lebenswirklichkeiten im postsozialistischen Raum zu erfassen. Im folgenden Abschnitt ist deshalb zu klären, inwieweit statt von Transformationsforschung eher von Postsozialismusforschung (*Postsocialist Studies* oder *Postcommunist Studies*) gesprochen werden sollte.

Postsozialismusforschung und Geographie des Postsozialismus

Das Konzept der Transformation wurde in den vorigen Ausführungen kritisch beleuchtet und seine Beschränktheit begründet. Demnach benötigt die wissenschaftliche Beschäftigung mit den ehemals sozialistischen Staaten sowie mit den dem Zusammenbruch des sozialistischen Systems folgenden Phänomenen ein terminologisch adäquater definiertes Konzept. Ich schlage die Übernahme des Begriffs der *Postsozialismusforschung* bzw. *Post Communist Studies* vor, und im Hinblick auf das Feld geographischer Studien entsprechend *Geographie des Postsozialismus*. Diese Empfehlungen sollen im Folgenden kurz begründet werden.

Das Präfix „post" verweist auf ein „Danach" und impliziert Unabgeschlossenheit sowie das Zeitigen von Nachwirkungen. Dies gilt analog für die Bezeichnung historischer Epochen oder Forschungsansätze wie Postmoderne, Poststrukturalismus, Postkolonialismus etc. Damit wird zum Ausdruck gebracht, dass die vorangegangenen Epochen, Theorien oder Denktraditionen noch wirkmächtig ausstrahlen, Folgewirkungen veranlassen oder gar Gegenreaktionen provozieren.[31]

---

31 Abwertend könnte der Ansatz des Postsozialismus auch als „part of a larger group of ‚post' philosophies reflecting the uncertainties of our age" (SAKWA 1999:125) gesehen werden.

Im Falle der Beschäftigung mit den Phänomenen in den Staaten Osteuropas und der ehemaligen Sowjetunion ist zunächst noch die Frage zu klären, welcher der Begriffe „Postsozialismus-", „Postkommunismus-" oder „Postsowjet-Studien" am besten geeignet wäre. Unter Rekurs auf Rudolf BAHROs Formulierung des „real existierenden Sozialismus" und der auch von den kommunistischen Ideologen eingeräumten Tatsache, dass das Ideal des Kommunismus bzw. einer kommunistischen Gesellschaft nirgends erreicht wurde, wird hier der Begriff „Postsozialismus" vorgezogen. Zudem lässt eine Forschungsrichtung über den Postsozialismus weitere Spielräume, um beispielsweise auch Studien zu integrieren über Phänomene in Staaten, die sich explizit niemals als kommunistisch gesehen haben, wohl aber als sozialistisch, wie etwa das ehemalige Jugoslawien. Bei direktem Bezug auf Phänomene oder historische Gegebenheiten, die sich auf dem Gebiet der ehemaligen Sowjetunion abspielen, etwa Zentralasien, und bei denen die besonderen sowjetischen Strukturen und Verhältnisse hervorzuheben sind, scheint der Terminus „postsowjetisch" adäquat.

Fundamentaler ist dagegen die Klärung der Frage, ob „postsozialistisch" überhaupt noch eine geeignete und gültige Kategorie ist. Für HANN (2002:7) bleibt die Kategorie postsozialistisch relevant, so lange die „Ideale, Ideologien und Praktiken des Sozialismus für das Verständnis der gegenwärtigen Lage den betroffenen Menschen als Bezugspunkt dienen" und diese für das heutige Handeln strukturierend wirken. Diese Überlegung beruht auf zwei Annahmen, die HUMPHREY (2002:26) folgendermaßen zusammenfasst: Zum einen gibt es „das plötzliche und totale Verschwinden aller sozialen Gegebenheiten, an deren Stelle dann eine völlig andere Lebensweise tritt", nicht. Zum anderen war der real existierende Sozialismus „eine zutiefst durchdringende Erscheinung, die nicht nur in Form bestimmter Praktiken ihre Wirkung zeigte, sondern auch als ein aus öffentlichen und verborgenen Ideologien und Parolen bestehendes Ganzes seine Kraft spüren ließ". Der Postsozialismus ist somit nicht nur ein akademisches Konstrukt, sondern entspricht auch auf Grundlage historischer Gegebenheiten der erlebten Realität.

Zwar kann die Phase des Postsozialismus damit ebenfalls nur als temporäres Phänomen gesehen werden, allerdings, und dies ist der Vorteil gegenüber dem Begriff der Transformation, wird damit keine Teleologie oder Prozesshaftigkeit impliziert. Gleichwohl soll der Postsozialismus nicht als temporäres Phänomen verstanden werden, das sich lediglich durch die Ablehnung all dessen definiert, was das vorherige Regime repräsentierte wie zum Beispiel in den Begriffen von STARK (1992) als *„non-system"* oder als eine Phase im Sinne von HOLMES (1997), der das Fehlen einer Kultur des Kompromisses, Zynismus gegenüber politischen Institutionen, ideologische Leere und moralische Konfusion als immanente Merkmale des Postsozialismus sieht. Vielmehr sind im Rahmen der Postsozialismusforschung jene Phänomene zu untersuchen, die von einer zwar keineswegs einheitlichen, aber vergleichbaren und in gewisser Weise auch gemeinsamen Vergangenheit des Sozialismus beeinflusst sind.

Folgerichtig sollte in diesem Sinne nicht mehr von Transformationsländern, sondern besser von *postsozialistischen Staaten* gesprochen werden. Die Subsumierung all dieser Staaten zu einer Gruppe kann mit dem Verweis auf das ähnliche historische Erbe als einigende Klammer begründet werden. Dennoch ist eine solche Grobklassifizierung, wie oben bereits gezeigt, inhaltlich als durchaus problematisch zu sehen, da sie die Vielfalt innerhalb der Staatengruppe unberücksichtigt lässt. Bereits die Subsumierung aller heute als postsozialistisch bezeichneten Staaten zur Zeit des Kalten Krieges unter den „Ostblock" und die damit verbundene Vorstellung eines monolithischen Blocks, innerhalb dessen wenige Differenzen bestünden, wurde der tatsächlichen sozioökonomischen und kulturellen Vielfalt niemals gerecht. Durch das gegenwärtige Auseinanderdriften dieser Staaten und die bereits angedeutete politische, ökonomische und gesellschaftliche Heterogenität innerhalb dieser Staatengruppe ist eine gemeinsame, historisch begründete Klammer zunehmend schwerer zu rechtfertigen. Auch CAROTHERS (2002) sieht die Bezeichnung „post-communism" kritisch, da damit der ideologischen und politischen Konformität mehr Bedeutung beigemessen wird als den Differenzen innerhalb der Gruppe der postsozialistischen Staaten. Durch die Betonung der sozialistischen Vergangenheit als bedeutendstem Referenzpunkt ergibt sich die Frage, wie mit dem prä-sozialistischen Erbe umzugehen ist. Denn jedes der postsozialistischen Länder verfügt über ein sehr differentes historisches Profil vor der Etablierung der Sowjetherrschaft, mit unterschiedlicher Ökonomie, Politik und Gesellschaft (vgl. STENNING & HÖRSCHELMANN 2008:323). Gleichwohl kann die Anwendung der Kategorie „postsozialistisch" für all diese Staaten aus praktischen Gründen sinnvoll sein, „um das größtmögliche Terrain für vergleichende Studien zu eröffnen" (HUMPHREY 2002:27).

Mit Blick auf das Untersuchungsgebiet der vorliegenden Abhandlung wird im Folgenden die Betrachtungsebene aller postsozialistischen Staaten verlassen, um die Besonderheiten einer Teilgruppe, nämlich der Länder des ehemals sowjetischen Mittelasien näher zu beleuchten. Dabei wird in Bezug auf den noch zu definierenden Forschungsansatz zunächst auf Erkenntnisse der Postkolonialismusforschung zurückgegriffen.

2.2.3 Beitrag der Postkolonialismusforschung zum Verständnis des Postsozialismus in Mittelasien

Die Geschichte Mittelasiens, eines Raums, der bis Ende des 19. Jahrhunderts vom zaristischen Russland einverleibt, im Gefolge der Oktoberrevolution 1917 Teil der Sowjetunion wurde und dessen auf ‚nationalen' Kategorien basierende Nationalstaaten sich erst 1991 konstituierten, lässt strukturelle Parallelen zu den ehemaligen Kolonien Afrikas, Südasiens sowie Lateinamerikas vermuten. In den ehemaligen Kolonien westeuropäischer Mächte prägt das koloniale Erbe gegenwärtige Strukturen und Verhältnisse. Die Beschäftigung mit Folgewirkungen kolonialer Politik findet seit einigen Jahren unter der Bezeichnung der Postkolonialismusforschung statt, deren Ziele und Merkmale im Folgenden knapp vorgestellt werden, um Ansatzpunkte für eine Auseinandersetzung mit dem vom russischen Kolonialismus und sowjetischen Sozialismus geprägten Mittelasien herauszuarbeiten.

Wesenszüge der Postkolonialismusforschung

Innerhalb der sich in den vergangenen zwei Dekaden herausgebildeten sozialwissenschaftlichen Forschungsansätze und Theorien mit dem Präfix „post" nehmen die Studien zum Postkolonialismus einen prominenten Platz ein. Zentral beschäftigt sich die Postkolonialismusforschung mit den Ausformungen des Kolonialismus sowie seinem Einfluss auf die Kulturen und Gesellschaften sowohl der kolonisierten als auch der kolonisierenden Völker in der Vergangenheit sowie der Reproduktion und Transformation der kolonialen Verhältnisse, Repräsentationen und Praktiken in der formal dekolonisierten Gegenwart (GREGORY 2000:612). Damit soll aufgezeigt werden, dass koloniale Machtverhältnisse bis heute nicht überwunden sind. Die breite Rezeption der Postkolonialismusforschung basiert zum einen auf der expliziten theoretischen Sensibilität und zum anderen auf dem Versuch, die politische Bedeutung der Kultur und der „epistemischen Gewalt" des Kolonialismus aufzudecken (GREGORY 2000:613). Dabei fokussiert die Postkolonialismusforschung ihre Untersuchungen auf die Herrschaftspraktiken der Kolonialmächte sowie auf die dadurch geschaffenen und bis heute nachwirkenden Manifestationen der Herrschaftsverhältnisse.

Trotz massiver Kritik von Seiten der positivistischen, aber auch von Teilen der postmodernen Wissenschaft gilt Edward SAIDs Monographie *Orientalism* (1978) allgemein als einer der grundlegenden Texte der Postkolonialismusforschung. Darin kombiniert SAID zentrale Einsichten Michel FOUCAULTs über den Diskursbegriff und das Verhältnis von Wissen und Macht mit Antonio Gramscis Auffassung von Hegemonie[32], um zu begründen, wie der Westen durch die Produktion von Wissen über andere Kulturen seine Macht und Dominanz festigte. Denn die Überlegenheit des Westens, so SAID, basierte nicht nur auf der Abschöpfung ökonomischer Gewinne, sondern auch auf der Konstruktion des Orients als dem „Anderen". Die Welt und die Definition von „Selbst" und „Andere" stellt demnach keine Reflexion, sondern eine Konstruktion durch jene dar, deren Machtausstattung und somit auch deren Formen der Wissensgenerierung sich als überlegen erweisen. Dies führt zur Marginalisierung von nicht-westlichen Wissenssystemen und schwächeren Stimmen – „the subaltern cannot speak" (SPIVAK 2008).[33] Zudem manifestiert sich darin eine disparate Repräsentation, wonach die kolonisierten Kulturen sich nicht selbst repräsentieren könnten, sondern repräsentiert werden müssten (SAID 1978). Mit dieser Repräsentationsdominanz festigen die metropolitanen Kulturen Macht und Privilegien. Gleichzeitig

---

32 Nach Gramsci ist Hegemonie eine Form der Macht, die durch eine Kombination von Zwang und Zustimmung erreicht wird. Die herrschenden Klassen erzielen Dominanz nicht allein durch Gewalt oder Zwang, sondern durch die Schaffung von Subjekten, die sich „bereitwillig" unterwerfen, wobei Ideologie zur Schaffung von Zustimmung bedeutsam ist; es ist das Medium, durch das bestimmte Ideen übertragen und für wahr gehalten werden (LOOMBA 2005:30).

33 Ihre These veranschaulicht SPIVAK (2008) mit dem Beispiel einer „subalternen Frau", die den drei dominierenden Systemen Klasse, Ethnie und Gender unterworfen ist.

bedeutet dies, dass Macht und Wissen schon *per se* relational sind (SHARP 2003:59).

Die Postkolonialismusforschung hinterfragt und dekonstruiert die vermeintliche Objektivität und die Dominanz westlichen Denkens, das Grenzen um Menschen und Orte zieht. Sie fragt, für wen, von wem und zu welchem Zweck Wissen produziert wird und wie sich Diskurse zu dominanten Diskursen entwickeln. Sie lehnt die Universalität der Moderne und der Aufklärung ab, problematisiert das Verhältnis zwischen Zentrum und Peripherie und lenkt den Blick auf Positionen von Menschen und Gesellschaften, die marginalisiert oder ausgeschlossen sind (vgl. MCEWAN 2002; SHARP 2003:59–60). Postkoloniale Ansätze sprechen von der Gewalt gegenüber und der Marginalisierung von postkolonialen Subjekten und Wissenssystemen (RADCLIFFE 2005:292).

Mit dem diskursanalytischen Vorgehen der Postkolonialismusforschung kann aufgezeigt werden, inwieweit diskursive Formationen dazu beitragen, Werte, Bedeutungen und Praktiken zu manifestieren, durch welche die Europäer als überlegen und Nicht-Europäer als minderwertig positioniert wurden. Der territorialen, politischen und wirtschaftlichen Expansion der europäischen Mächte waren solche Konstruktionen von „Selbst" und „Andere" immanent (JACOBS 2002:192).

In seiner Auseinandersetzung mit dem Orientalismus führte SAID auch die Idee der Produktion „imaginativer Geographien" ein. Denn der Kolonialismus bestimmte nicht nur die Geschichte anderer Menschen, sondern auch deren Geographien (GREGORY 2004:11).[34] SAID (1993:271) sieht im Imperialismus einen Akt geographischer Gewalt, durch die jeder Raum in der Welt erforscht, vermessen, kartiert, benannt und schließlich unter Kontrolle gebracht wird. Imperiale Expansionen erschaffen spezifische räumliche Arrangements, in denen sich die imaginativen Geographien der Gier in materielle Räumlichkeiten politischer Verknüpfung, ökonomischer Abhängigkeit und Landschaftsumformung verfestigen (JACOBS 2002:194). Die Kritik des Postkolonialismus an den „imaginativen Geographien" oder imperialen raumbezogenen Strategien beschränkt sich jedoch nicht auf die Zeit des Kolonialismus, sondern richtet sich auch auf gegenwärtige neokoloniale Praktiken der Regionalisierung und Disziplinierung der Welt (GREGORY 1994), und auf die Umgestaltungen im Namen der Globalisierung (NASH 2002:220).

Studien im Sinne der Postkolonialismusforschung müssen sich demnach zunächst mit den Formen und Strukturen des Kolonialismus beschäftigen. Denn der Postkolonialismus ist zum Teil ein Akt der Erinnerung, der die koloniale Vergangenheit neu liest, um persistierende imperiale Strukturen und Bürden zu enthüllen. Im Folgenden sollen einige relevante Begriffe erläutert und voneinander abgegrenzt werden.

---

34 Die „imaginativen Geographien" sind Konstruktionen, die durch Verräumlichungen Distanz in Differenz übersetzen. Sie arbeiten durch vielfältige Trennungen und „Umzäunungen", die dazu dienen, „das Gleiche" im Unterschied zu „dem Anderen" zu markieren, und somit eine Lücke zwischen den beiden zu konstruieren und zu kalibrieren (GREGORY 2004:17).

Kolonialismus und Imperialismus

Bevor näher auf den Begriff des Kolonialismus eingegangen wird, sind zunächst die verwandten Termini Kolonisation und Kolonie knapp zu erläutern. „Kolonisieren" oder „Kolonisation" bedeuten im ursprünglichen Sinne Urbarmachung, Erschließung von Land oder Landnahme. Da dieser Prozess niemals in „leeren" Territorien stattfindet, sind damit in der Regel auch Besitzergreifung und Übernahme der Herrschaft durch die Kolonisierenden bei gleichzeitiger Unterordnung der Kolonisierten und ihrer existierenden gesellschaftlichen Institutionen verbunden (SCHOLZ 2004:55; OSTERHAMMEL 2006:16).

Die hierdurch geschaffene „Kolonie" definiert OSTERHAMMEL (2006:16) als „ein durch Invasion [...] neu geschaffenes politisches Gebilde, dessen landfremde Herrschaftsträger in dauerhaften Abhängigkeitsbeziehungen zu einem räumlich entfernten ‚Mutterland' oder imperialen Zentrum stehen, welches exklusive ‚Besitz'-Ansprüche auf die Kolonie erhebt." Dabei kann zwischen Siedlungs-, Wirtschafts-, Beherrschungs- oder Herrschafts-, Stützpunkt-, Militär- und Strafkolonien unterschieden werden (vgl. SCHOLZ 2004:55).

Der „Kolonialismus" schließlich steht für ein Herrschaftsverhältnis. Allerdings geht es um mehr als lediglich die „Beherrschung durch ein Volk aus einer anderen Kultur" (CURTIN 1974:30) oder „the conquest and control of other people's land and goods" (LOOMBA 2005:8). Vielmehr wird im Zuge des Kolonialismus eine „Gesellschaft ihrer historischen Eigenentwicklung beraubt, *fremdgesteuert* und auf die [...] Bedürfnisse und Interessen der Kolonialherren hin umgepolt" (OSTERHAMMEL 2006:19).

Die marxistische Theorie unterscheidet zwischen vorkapitalistischen frühen Formen des Kolonialismus und dem modernen, kapitalistischen Kolonialismus Westeuropas. Letzterer entzog nicht nur Güter aus den eroberten Gebieten, sondern strukturierte das Wirtschaftssystem dieser Länder so um, dass ein Strom menschlicher und natürlicher Ressourcen zwischen den kolonisierten und den kolonisierenden Staaten in beide Richtungen entstand: Sklaven und Rohstoffe wurden in die Metropolen geliefert, während die Kolonien als Absatzmärkte für europäische Güter dienten. Die Profite jedoch flossen immer in das so genannte Mutterland (LOOMBA 2005:9).

Ein wesentliches Ziel des Kolonialismus liegt darin, „periphere" Gesellschaften zum Zwecke der „Metropolen" dienstbar zu machen. Die kulturelle Distanz zwischen „Kolonialherren" bzw. Kolonisierern und Kolonisierten sollte durch eine Akkulturation der Kolonisierten an die Werte und Normen der Kolonisierer überwunden werden. Schließlich stilisierten die Kolonisierer ihre Expansion und Herrschaft über außereuropäische Völker als die Erfüllung eines universellen Auftrags, der die „Zivilisierung" der „Wilden" und die Missionierung der „Heiden" beinhaltete und als eine „Bürde des weißen Mannes" (KIPLING) aufgefasst wurde. Dieser Vorstellung lag stets die Überzeugung von der eigenen kulturellen Höherwertigkeit zugrunde (OSTERHAMMEL 2006:19-20). Auf diesen Überlegungen aufbauend kann Kolonialismus wie folgt definiert werden:

„*Kolonialismus* ist eine Herrschaftsbeziehung zwischen Kollektiven, bei welcher die fundamentalen Entscheidungen über die Lebensführung der Kolonisierten durch eine kulturell andersartige und kaum anpassungswillige Minderheit von Kolonialherren unter vorrangiger Berücksichtigung externer Interessen getroffen und tatsächlich durchgesetzt werden. Damit verbinden sich in der Neuzeit in der Regel sendungsideologische Rechtfertigungsdoktrinen, die auf der Überzeugung der Kolonialherren von ihrer eigenen kulturellen Höherwertigkeit beruhen." (OSTERHAMMEL 2006:21)

Der Kolonialismus ist somit nicht nur als ein politisches oder ökonomisches Verhältnis zu verstehen, das durch Ideologien des Rassismus und Fortschritts legitimiert und gerechtfertigt wird, sondern war immer auch ein kultureller, durch Zeichen, Metaphern und Narrative ausgemalter Prozess (GREGORY 2004:8).

Im Zuge der europäischen Expansion und Herrschaftsausdehnung auf Territorien in Afrika, Asien und Amerika fällt häufig auch der Begriff des Imperialismus. BAUMGART (1982:1) sieht „Imperialismus" als einen hybriden Begriff, der verschiedene Herrschafts- und Abhängigkeitsbeziehungen umfasst, die nach ihren historischen, theoretischen oder organisatorischen Unterschieden charakterisiert werden können. Imperialismus ist durch die Ausübung von Macht gekennzeichnet, entweder durch direkte Eroberung oder durch politischen und wirtschaftlichen Einfluss, der zu einer ähnlichen Form der Dominanz führt. Dies schließt die Anwendung von Macht durch entsprechende Institutionen und Ideologien ein, um von einem Zentrum aus selbst entfernte Peripherien zu kontrollieren (YOUNG 2001:27). Dagegen sieht Wladimir Iljitsch LENIN (1946:95) im Imperialismus die höchste Entwicklungsstufe des Kapitalismus, die mit der „Aufteilung des gesamten Territoriums der Erde durch die größten kapitalistischen Länder abgeschlossen" ist.

Während Kolonialismus mit der Übernahme eines Territoriums, der Inbesitznahme von materiellen Ressourcen, der Ausbeutung von Arbeitskräften und der Beeinflussung der politischen und kulturellen Strukturen eines anderen Territoriums oder einer anderen Nation verbunden ist, kann der Imperialismus als globales System gesehen werden (LOOMBA 2005:11). Als praktische Möglichkeit der Unterscheidung schlägt LOOMBA (2005:12) vor, den Imperialismus und Kolonialismus nicht in zeitlicher, sondern in räumlicher Beziehung abzugrenzen. So könne Imperialismus oder Neo-Imperialismus als das Phänomen betrachtet werden, das in den Metropolen ihren Ursprung habe und zu Dominanz und ausübender Kontrolle führe, während die Folgen imperialer Dominanz in den Kolonien als Kolonialismus oder Neo-Kolonialismus zu bezeichnen seien. Dieser Denkweise entspricht auch der Vorschlag von OSTERHAMMEL (2006:27), unter Imperialismus alle Kräfte und Aktivitäten zusammenzufassen, die zum Aufbau und zur Erhaltung kolonialer Imperien beitragen. Gleichwohl sieht er den entscheidenden Unterschied zum Kolonialismus darin, dass Imperialismus nicht bloß Kolonialpolitik, sondern „Weltpolitik" impliziere und somit in den Kompetenzbereich der Außen- und Kriegsministerien falle, während Kolonialismus Aufgabe der Kolonialbehörden sei.

Dekolonisation, Neokolonialismus und Postkolonialismus

Mit dem Rückzug der Kolonialmächte traten die ehemaligen Kolonien in eine neue Phase der Eigenstaatlichkeit. Ihre formale politische und ökonomische Souveränität stand jedoch, wie rasch deutlich wurde, in einem eklatanten Widerspruchsverhältnis zu Vernetzungen mit der Weltwirtschaft, dem bis heute nachwirkenden historischen kolonialen Erbe und Abhängigkeiten zur ehemaligen Kolonialmacht. Der Prozess der Dekolonisation endete somit nicht mit der Unabhängigkeit der ehemaligen Kolonien. Denn ein Staat kann gleichzeitig als postkolonial – im Sinne formaler Unabhängigkeit – und als neokolonial – im Sinne ökonomischer und/oder kultureller Abhängigkeit – charakterisiert sein (LOOMBA 2005:12).

So sahen sich die Regierungen der neuen Staaten bald in dem „Dilemma zwischen nationalistischer Selbstisolation und der demütigenden Wahrnehmung peripherer Marktchancen, oft durch Vermittlung multinationaler Konzerne" (OSTERHAMMEL 2006:121). Vielfach ging ihr Eintritt in diese postkoloniale Phase auch mit einer Form des Neokolonialismus einher, der aktiven Einmischung und Steuerung der peripheren Staaten vom ehemaligen oder von neuen Zentren in Form von hegemonialen Politikbestrebungen, transnationalen Konzernen oder internationalen Organisationen.

Das in dem Begriff Postkolonialismus enthaltene Präfix „post" impliziert zunächst ein „danach", das sowohl temporär im Sinne eines Bezugs auf die Zeit *nach* dem Kolonialismus als auch im Sinne einer ideologischen Ersetzung verstanden werden kann (LOOMBA 2005:12). Da die postkolonialen Theoretiker gerade von einer Persistenz kolonialer Diskurse, (neo-)kolonialer oder imperialer Machtstrukturen sowie ökonomischer, politischer und kultureller Ungleichheiten ausgehen, greift ein Verständnis des „post" im Sinne eines temporären „danach" jedoch zu kurz (vgl. WILLIAMS & CHRISMAN 1994:3; NASH 2002:220). Deshalb soll eine Konzeptualisierung von „post" auch das „im Gegensatz zu", die „Anfechtung kolonialer Dominanz und Hinterlassenschaften" und „im Wissen von Kolonialismus" einschließen (GREGORY 2000:612; LOOMBA 2005:16).

Dabei darf die postkoloniale Kritik weder der Amnesie noch der Nostalgie verfallen (GREGORY 2004:9). So soll weder die Art und Weise vergessen werden, wie metropolitane Gesellschaften kolonisierte Gesellschaften und Kulturen als „anders" konstruieren, als exotisch, bizarr und fremd, noch die ausgeübte Unterdrückung und Unterjochung der Kolonisierten. Andererseits manifestiert sich vielfach eine romantische Sehnsucht nach den Kulturen, die durch die koloniale Moderne zerstört wurden. Kunst, Design, Mode, Film, Literatur und Musik sind durch Klagen über das Hinscheiden „der Tradition", „des Unverdorbenen" und „des Authentischen" sowie mit einem romantisierenden Verlangen nach ihrer Wiedererweckung verbunden. Während die „koloniale Amnesie" die kolonisierten Kulturen zu einem „Anderen" degradiert, werden sie durch „koloniale Nostalgie" idealisiert (GREGORY 2004:10).

Die Postkolonialismusforschung bezieht sich in der Regel auf die Zeitspanne nach dem Zweiten Weltkrieg, die auch als „period of development" (ESCOBAR

1995) gesehen werden kann. Somit war der Postkolonialismus zunächst ausschließlich assoziiert mit der misslichen Lage der Staaten, die das Joch der europäischen Dominanz nach 1945 abgeworfen hatten. In dieser Zeit des dominierenden Modernisierungsparadigmas wurde „Entwicklung" als ein Prozess des Übergangs von einer „traditionellen" zu einer „modernen" Gesellschaft definiert. Fehlschläge der Entwicklung wurden mit der Persistenz von Tradition und einer unvollständigen Transformation der vorkapitalistischen gesellschaftlichen Strukturen begründet (ESCOBAR 1995; KANDIYOTI 2002; ESTEVA 2010).

Zusammengefasst beschreibt GREGORY (2000:613–614) die Aufgaben der Postkolonialismusforschung folgendermaßen: Ein Verständnis des Kolonialismus und seiner Nachfolgeprojekte muss a) eine kritische Lektüre kolonialer Diskurse beinhalten, b) die komplizierten und gebrochenen Geschichten erfassen, die den Kolonialismus von der Vergangenheit in die Gegenwart übermitteln, c) die Netze von Affinität, Einfluss und Abhängigkeit zwischen metropolitanen und kolonialen Gesellschaften nachzeichnen , und d) der politischen Implikationen gewahr sein, wie Geschichte konstruiert wird.

Zweifellos besteht bei der Übernahme von Theorien oder Denkansätzen, die in anderen Zusammenhängen entstanden sind, immer die Gefahr der Reduktion, Simplifizierung oder Schematisierung komplexer Debatten, und gerade die Untersuchung des Kolonialismus ist hierbei besonders anfällig angesichts der Heterogenität der kolonialen Praktiken und Einflüsse. Dennoch vertrete ich die Auffassung, dass sowohl die Ideen als auch der analytische Rahmen der Postkolonialismusforschung gewinnbringend bei der Untersuchung der vergangenen und gegenwärtigen Mensch-Umwelt-Beziehungen in Mittelasien eingesetzt werden kann. Ausgehend von der These, dass Mittelasien Merkmale eines postkolonialen Raumes aufweist, muss deshalb an dieser Stelle zunächst gefragt werden, ob und inwieweit dieser Raum und seine Gesellschaft kolonial geprägt sind.

Mittelasien als postkolonialer Raum?

In welcher Form koloniale Auswirkungen des Russischen Reiches in Mittelasien zu konstatieren sind, inwiefern die sowjetische Herrschaftspraxis koloniale Züge trug und in welchem Ausmaß gegenwärtige Verflechtungen, Strukturen und Handlungspraktiken als postkolonial oder neokolonial zu charakterisieren sind, wird durch die ausführliche Analyse des den Untersuchungsraum betreffenden Materials in den nachfolgenden Kapiteln begründet. An dieser Stelle soll lediglich knapp die Plausibilität einer Beschäftigung mit der Postkolonialismusforschung für Studien über Mittelasien begründet werden.

Russisch-Zaristischer Kolonialismus

Kolonialismus wird in der Regel mit den kolonialen und imperialen Bestrebungen Portugals, Spaniens, Großbritanniens, Frankreichs und anderer Mächte in Übersee assoziiert. Nachgeordnet finden sich in einschlägigen Abhandlungen auch Analysen zur Kolonisation in der Antike sowie zu den Kolonialmächten Osmanisches Reich, Österreich-Ungarn und Japan. Erstaunlicherweise bleibt jedoch vielfach das zaristische Russland unberücksichtigt, wie etwa bei OSTERHAMMEL (2006). Zweifellos zeigen die verschiedenen Kolonialmächte und ihr koloniales Vorgehen differente Züge, und so bestehen auch deutliche Unterschiede zwischen dem expansionistischen Vorgehen Russlands und jenem Frankreichs oder Großbritanniens, dennoch sind Parallelen nicht von der Hand zu weisen.

Die Politik der Moskauer Zaren zeitigte seit dem 16. Jahrhundert ein aggressives territoriales Expansionsstreben (vgl. HÖTZSCH 1966; RIASANOVSKY 1977; DONNERT 1998; DUKES 1998; KAPPELER 2001) mit dem Ziel der Erweiterung des eigenen Machtbereichs, der Unterjochung anderer Völker sowie der Erschließung neuer Rohstoffquellen. Neben den ausgedehnten, nur dünn besiedelten Territorien Sibiriens und Nordrusslands annektierte Russland mit dem Kaukasus und Zentralasien an den Südgrenzen auch verhältnismäßig dicht besiedelte, vormalige Feudalstaaten. Die Übernahme der politischen Macht in den eroberten Gebieten und die Herrschaftsausübung über die autochthonen Gesellschaften, der Aufbau von Verwaltungen mit dem Erlass von Verordnungen und Gesetzen sowie einer Neuorganisation der Steuererhebung, der Ausbau der Verkehrsinfrastruktur, die gezielte Exploration und Ausbeutung ökonomisch verwertbarer Rohstoffe oder auch das kulturelle Sendungsbewusstsein lassen in dem zaristischen Vorgehen deutliche koloniale Züge erkennen. Die Nichtberücksichtigung dieser historischen Epoche in Abhandlungen über den Kolonialismus sind zum einen der Tatsache geschuldet, dass es sich bei den eroberten Gebieten Sibiriens, Zentralasiens und des Kaukasus nicht um Überseeterritorien handelt, sondern diese einen Teil der asiatischen Landmasse einnehmen und somit unmittelbar an das russischen Kernland angrenzen, zum anderen der kurzen Zeitspanne der kolonialen Durchdringung. So befanden sich die zentralasiatischen Kerngebiete, wie das Fergana-Becken oder das Gebiet um Taschkent, nur knapp ein halbes Jahrhundert lang unter zaristischer Herrschaft.

Die Konzentration auf den französischen und britischen Kolonialismus spiegelt sich auch in einem Eurozentrismus der Postkolonialismusforschung wider, die zu einer Dominanz bestimmter Diskurse führt. Auch hier manifestiert sich somit erneut eine enge Verknüpfung von Wissen und Macht. Veröffentlichungen wie *Russia's Orient* (BROWER 1997) tragen dazu bei, diesen Missstand auszuräumen und die Perspektive zu erweitern, indem sowohl Ähnlichkeiten als auch Unterschiede zwischen der imperialen Politik Russlands und jener der westlichen Imperien aufgezeigt werden. Das in der vorliegenden Abhandlung näher zu untersuchende Fallbeispiel in Zentralasien ist für einen solchen Vergleich besonders gut geeignet, weil es zum einen durch die imperiale Expansion Russlands kolonisiert wurde und anschließend nach der Machtübernahme der Bolschewiki neuen Formen der Kontrolle durch ein nicht-kapitalistisches metropolitanes Zentrum unterlag.

Sowjet-Herrschaft – Kolonialismus in modernistischem Gewand?

Die Phase der sowjetischen Herrschaft in Zentralasien ist differenziert zu betrachten, da die Sowjetunion zwar vielfach als Imperialmacht,[35] weniger jedoch als Kolonialmacht gesehen wird. Inwieweit auch im Falle der sowjetischen Herrschaft in Mittelasien von Kolonialismus gesprochen werden kann, wird im Verlauf der vorliegenden Arbeit noch näher ausgeführt. Einerseits sind Parallelen zu ‚klassischen' Kolonialbeziehungen unverkennbar, etwa die militärische und kulturelle Dominanz eines Zentrums über ein ausgedehntes, geographisch vielfältiges Territorium mit einer ethnisch heterogenen Bevölkerung, aber auch im Hinblick darauf, wie die Kombination von Eroberung, Infiltration und Annektierung bei der Verwirklichung zentral ausgearbeiteter Pläne zum Einsatz kam. Andererseits war das Zentrum in Moskau „bestrebt, die von ihm abhängigen Territorien in einen Prozess einzubinden, der nicht der Kapitalanhäufung diente, sondern einer durch Akkumulation der Produktionsmittel herbeigeführten Kapazität der Machtzuweisung" (VERDERY 2002:32). Zudem bestand ein wesentlicher Unterschied zu den anderen europäischen Kolonialmächten in dem Bestreben einer Modernisierung und politischen Mobilisierung der Peripherie (ADAMS 2008:3).

Zu Zeiten des Kalten Krieges bestand die Daseinsberechtigung der „Sowjetologie", der wissenschaftlichen Beschäftigung mit der Sowjetunion, nicht zuletzt darin, aufzuzeigen, dass die UdSSR lediglich eine andere Form des Großrussischen Imperialismus darstellte. Dies wurde im Westen besonders im Anschluss an die Hochphase der Dekolonisierung betont: Während die westeuropäischen Mächte seit den 1960er Jahren als gute Dekolonisierer galten, würde Russland die Befreiung der Dritten Welt durch die Beibehaltung ihres Imperialismus verhindern (SIDAWAY 2000:597).[36]

Ein weiteres Merkmal imperialistischer Politik, das insbesondere in den nichtrussischen Territorien der ehemaligen Sowjetunion offenkundig wird, betrifft die Konstituierung von Nationalitäten, die schließlich die Blaupause für die unabhängigen postsowjetischen Staaten bildeten. Diese Prozesse schlossen die Zuweisung einer titularen Nationalität und eine formale föderale Struktur ein (SIDAWAY 2000:597–598). Obgleich die Angehörigen der verschiedenen Nationalitäten rechtlich gleichgestellt waren, scheinen in diesem Zuweisungs- und Repräsentationsprozess deutlich die Züge dominanter Wissenssysteme auf, da etwa Kategorien

---

35 Bemerkenswerterweise tauchten Titulierungen der Sowjetunion als Imperium oder Kolonialmacht zumeist erst *nach* ihrem Zusammenbruch auf (LOOMBA 2005:11). Der Kollaps der UdSSR wird von Kommentatoren als imperialer Niedergang und die Transformationen in Eurasien mit Begriffen wie Dekolonisierung tituliert (VERDERY 2002). So weisen nationale Eliten in den Staaten Osteuropas heute auch fallweise in Bezug auf ihre Verbindungen zu Russland auf die Gefahr eines möglichen „imperialen russischen Wiederaufbaus" hin (KUUS 2004:482).

36 In diesem Sinne analysiert etwa SZPORLUK (1994:27) die imperialen und postimperialen Elemente der sowjetischen Nachfolgestaaten und sieht die Bewohner der ehemaligen Sowjetunion vor der doppelten Herausforderung, das Erbe des kommunistischen „Gegenparadigmas der Moderne" sowie ihr imperiales Erbe zu bewältigen.

wie Nationalität zuvor in Mittelasien unbekannt waren. Doch selbst wenn KUUS (2004:483) die russisch dominierte Politik der Sowjetunion gegenüber den nichtrussischen Gebieten der UdSSR als eine Form des Kolonialismus sieht und SIDAWAY (2000:597) in den sowjetischen Nachfolgestaaten unverkennbar Symptome postkolonialer Staaten ausmacht, ist die Proklamierung eines sowjetischrussischen Kolonialismus tatsächlich komplizierter und bedarf weiterer Erläuterungen.

Die Bolschewiki entwickelten selbst eine scharfe Kritik des Kolonialismus als Teil ihrer ideologischen Abrechnung mit dem zaristischen Regime und beanspruchten für sich, einen maßgeblichen Bruch mit der imperialen Vergangenheit vollzogen zu haben, obgleich sie die politisch-administrative Kontrolle auch über alle eroberten Territorien beibehielten. Die sowjetische Version betonte jedoch die Freiwilligkeit der Partizipation der mittelasiatischen Sowjetrepubliken an dem kommunistischen Projekt und bezichtigte die lokalen Eliten der feudalen Unterdrückung (PIERCE 1960). Tatsächlich konstatiert jedoch BROWER (1997) in seiner Untersuchung der russischen Kolonialpolitik in Turkestan nach der Oktoberrevolution für zahlreiche Bereiche Kontinuität oder sogar eine Verfeinerung kolonialer Politiken. Beispielsweise sei die Konstruktion von Nationen in den Händen der sowjetischen Beamten stärker aufgeblüht als je zuvor und führte zur Demarkierung ethnisch-nationaler Grenzen (BROWER 1997:133).

Unzweifelhaft übte die sowjetische Geschichtsschreibung mächtigen Einfluss auf die Deutungshoheit aus. So argumentiert etwa STAHL (1950), dass im Gegensatz zur russisch-imperialen Ära, in der die Lebensumstände der Menschen Mittelasiens nur gering gestört worden seien – schon *per se* eine fragwürdige Behauptung –, das kommunistische Regime einen Kurs schneller Modernisierung eingeschlagen habe.

> "The arduous task of turning these primitive tribal peoples into active communist citizens, of transforming their ways of life by the introduction of collectivized, mechanized agricultural methods and of industrialization, requiring not only the import of plant but also of industrial workers, was pressed through by methods which took no cognizance of the national peculiarities of the peoples concerned and often at a pace more suited to the requirements of military than economic development." (STAHL 1950:75)

Diese Konstruktion einer stagnierenden, rückständigen und immobilen traditionellen Gesellschaft, die zum ‚Aufwachen' gezwungen werden musste, wurde fest etabliert in den sowjetischen Schriften und von westlichen Forschern vielfach unkritisch übernommen. So bestehen zwei konträre Diskurse über die sowjetische Modernisierung in Mittelasien: Einerseits gibt es zahlreiche ideologisch inspirierte Lobpreisungen der Errungenschaften der sowjetischen Modernisierung, etwa die Emanzipierung der Frau, universale Alphabetisierung und der Triumph der sowjetischen Ausdrucksformen über „traditionelle" Kulturen[37]; die Überwindung nationaler Partikularismen durch die Assimilation an die „sowjetische" Kultur wird gar als Kulminationspunkt der Modernisierung und als Indikator für kulturelle Kon-

---

37 EDGAR (2006) zeigt, dass sich die sowjetische Modernisierungspolitik der 1920er und 1930er Jahre in Mittelasien nicht wesentlich von jener Großbritanniens und Frankreichs unterschied.

vergenz gesehen (etwa bei DUNN & DUNN 1973). Andererseits beklagten zahlreiche sowjetische Kommentatoren die Persistenz lokaler (muslimischer) Kulturen und gesellschaftlicher Muster (vgl. KANDIYOTI 2002:287; COLE & KANDIYOTI 2002). Die weithin akzeptierte Sicht bestand darin, dass die sowjetischen Institutionen die stagnierenden traditionellen mittelasiatischen Kulturen modernisierten. Trotz ihrer offenkundigen Unterschiede bestehen deutliche Parallelen zwischen der westlichen Vorstellung von Modernisierung und der sowjetischen Idee gesellschaftlicher Transformation. So basieren beide Paradigmen auf gemeinsamen Annahmen, etwa dem Vertrauen in die Effizienz wissenschaftlicher Rationalität, einer bestimmten Konzeption von Fortschritt und der Vision einer Emanzipation, die auf dem liberalen Konzept des autonomen Individuums basiert – kurzum: sie teilten die Ideen der Aufklärung (KANDIYOTI 2002:281).

Dagegen kommen NOVE & NEWTH (1967) zu einem ambivalenten Urteil über einen möglichen sowjetischen Kolonialismus. So würde einerseits Kapital in die weniger entwickelten Gebiete transferiert, was rein ökonomisch nicht zu rechtfertigen sei, andererseits seien aber die Praktiken der Sowjetunion zentralistisch und eine russische Dominanz unverkennbar. DAVE (2007:15) sieht die Sowjetunion als eine "hybride Entität", die Elemente eines zentralisierten Reiches und eines hoch modernen Staates kombiniere. Am deutlichsten positioniert sich SHAHRANI (1993), der die sowjetische Politik in Mittelasien als ein koloniales Projekt bewertet, das auf die ökonomische und ideologische Kontrolle seitens eines Zentrums ausgerichtet sei. An der ökonomischen Front werde die muslimische Peripherie als Rohstoffquelle genutzt – Erdöl aus Aserbaidschan und Baumwolle aus Zentralasien –, an der ideologischen Front stelle die Modernisierung der autochthonen Bevölkerung nichts Geringeres als einen Angriff auf die bestehenden Muster gesellschaftlicher Institutionen, Identitäten und Loyalitäten dar. Dieser Angriff nehme die Form territorialer Fragmentierung und die Konstitution künstlicher ethnisch-nationaler Entitäten an, die Trennung vom türkisch-persischen Erbe wie auch von der weiteren muslimischen Welt durch die Einführung des kyrillischen Alphabets und die systematische Zerstörung muslimischer Institutionen. Auch innerhalb der Sowjetunion regte sich in der Spätphase der Breschnew-Ära, wenn auch in subtiler Form, antikoloniale Kritik an der sowjetischen Politik. Ein berühmtes Beispiel hierfür ist der 1981 erschienene Roman *Ein Tag länger als ein Leben* von Tschingis AITMATOV (1991). Hierin thematisiert AITMATOV den Kulturverlust der Völker innerhalb der UdSSR durch die Legende des *Mankurt*, der von seinen Feinden versklavt und seiner Erinnerungen beraubt wird. Damit spielt er auf die kulturelle Dominanz des sowjetischen Zentrums an, wodurch die Menschen Mittelasiens ihrer eigenen Identität beraubt und untergeordnet werden sollten. Zudem kritisierte AITMATOV auch staatlichen Totalitarismus und unbedachten Fortschrittsglauben, der insbesondere durch Baumwollmonokulturen die Umwelt zerstöre (ADAMS 2008:4).

Neo- und Postkolonialismus in Mittelasien

Nach einer ersten Erörterung des kolonialen Charakters der zaristisch-russischen sowie der sowjetischen Mittelasienpolitik muss neben der folgerichtigen Frage nach dem gegenwärtigen Postkolonialismus in Mittelasien auch die Frage aufgeworfen werden, inwieweit heutige Machtbeziehungen und westliche Einflussnahme eine Form des Neokolonialismus in Zentralasien darstellen.

Die den Ereignissen der Jahre 1989/91 folgende Phase als postkolonial zu interpretieren, erscheint bereits insofern legitim, als die folgenden Prozesse nicht nur dem Aufbau von Märkten und Demokratie galten, sondern auch einen Prozess der Emanzipierung sowohl vom Russischen Zarenreich als auch von der Sowjetunion implizierten (SIDAWAY 2000; CAREY & RACIBORSKI 2004; STENNING & HÖRSCHELMANN 2008:324). So sieht KHAZANOV (1995) das Schlüsselproblem Mittelasiens in der durch die sowjetische Politik verursachten Unterentwicklung. Als Beispiel für ein entwicklungshemmendes Erbe der Sowjetunion führt er die innersowjetische Arbeitsteilung an, innerhalb derer Mittelasien die Rolle des benachteiligten Rohstofflieferanten zukam. Aufgrund der geringen Industrialisierung und der ethnischen Stratifizierung sieht er das heutige Mittelasien mit seinen ungelösten strukturellen Problemen und dem geringen Potential rascher ökonomischer und sozio-politischer Entwicklung als eine Dritte-Welt-Region (KHAZANOV 1995:155). Diese Rahmenbedingungen sind bedeutsam für das Verständnis der Befreiung von den sowjetischen imperialen Strukturen und für die Analyse des postkolonialen „*Hangovers*" (STENNING & HÖRSCHELMANN 2008:324).

Neben der Frage der Dekolonisierung fokussieren einige Autoren die – ihrer Meinung nach – neokolonialen Prozesse und eine schleichende „*Westernisation*", die durch Auslandshilfe, internationalen Handel und externe, mit Auflagen verbundene Investitionen zum Ausdruck kämen. Eine Entwicklung, die JANOS (2001) zu seiner Aussage veranlasst, die ehemaligen sowjetischen Satellitenstaaten hätten das Sowjetreich gegen eine westliche Hegemonie eingetauscht. Auch kritische Stimmen aus Mittelasien sehen in der Globalisierung eine neue Form des Neokolonialismus (ADAMS 2008:6), während SIDAWAY (2000:602) die Frage aufwirft, ob es sich nicht gar um eine „erneuerte Kultur des Imperialismus" handelt (vgl. auch RASHID 2000).[38]

Aufgrund der zahlreichen Formen von Kolonialismus und Postkolonialismus und ihren ungleichen Entwicklungen erscheint eine exklusive oder inklusive Zuschreibung Mittelasiens als postkolonialer Raum verzichtbar. Aufbauend auf den vorangegangenen Ausführungen eröffnet vielmehr die Anwendung und Berücksichtigung von Ideen und Perspektiven des Postkolonialismus-Ansatzes die Chance, neue Erkenntnisse zum Verständnis gegenwärtiger Strukturen und Handlungsoptionen zu erlangen.

---

38 Die Anwendung des Terminus Postkolonialismus auf die mittelasiatischen Gesellschaften stieß bei nahezu allen meinen Gesprächspartnern in Kirgistan auf wenig Verständnis. Eine Gleichsetzung Kirgistans mit „Entwicklungsländern" oder die Bezeichnung gegenwärtiger Prozesse als postkolonial werden brüsk zurückgewiesen.

Anknüpfungspunkte der Postkolonialismus-Forschung für geographische Studien in Mittelasien

In diesem Abschnitt wird der Versuch unternommen, Anhaltspunkte der Postkolonialismusforschung herauszuarbeiten, die als heuristische Werkzeuge bei der wissenschaftlichen Beschäftigung mit dem Postsozialismus genutzt werden können. Denn so wie die Postkolonialismusforschung die koloniale Vergangenheit und Gegenwart untersucht, durch welche die heutigen Gesellschaften Afrikas, Lateinamerikas und Asiens geprägt sind, ließen sich ähnliche Prozesse auch im Zusammenhang mit dem russischen Kolonialismus und sowjetischen Imperialismus erschließen (VERDERY 2002:32). Umgekehrt können Studien der Gesellschaften Mittelasiens unter Berücksichtigung postkolonialer Perspektiven durch ihre kritische Betrachtung eines imperialen Projektes, das nicht auf dem Kapitalismus als Modus der Dominanz basiert, letztendlich auch einen Beitrag zur Postkolonialismus-Forschung leisten (ADAMS 2008:6).

Berücksichtigung der wirkmächtigen (prä)sozialistischen Vergangenheit

Studien im postsowjetischen Mittelasien kommen an einer Auseinandersetzung mit der Vergangenheit und ihres Einflusses auf die Gegenwart nicht vorbei. Die Vergangenheit, insbesondere die jüngere sozialistische, prägt in den betroffenen Regionen und Gesellschaften als beinahe omnipräsente Sphäre gegenwärtige Strukturen, Denkweisen und Handlungsmuster. Eine Abgrenzung zur Vergangenheit durch die Deklaration des Abschlusses einer historischen Phase und den Beginn einer neuen Phase, durch die Charakterisierung eines „Danach" oder „Post", kann als Fortschritt und Weiterentwicklung, aber auch als Ablehnung und Zerstörung des Vergangenen oder aber im gegenteiligen Fall als Nicht-Fortkommen und Rückbesinnen gesehen werden (HALL 1996; GREGORY 2000:612).

Ein Vorgehen im Sinne des Postkolonialismus ist sich der Bedeutung der Vergangenheit bewusst und erlaubt Interpretationen, die kritisch, sogar revisionistisch sein können, die aber zumindest aufmerksam gegenüber den Schatten der Vergangenheit über die Gegenwart sind (STENNING & HÖRSCHELMANN 2008:325). Denn wie es STARK (1996:995) pointiert formuliert, erbauen Akteure im postsozialitischen Kontext Institutionen nicht *auf* den Ruinen, sondern *mit* den Ruinen des Kommunismus, so wie sie verfügbare Ressourcen als Reaktion auf ihre unmittelbare praktische Zwangslage umschichten.

Allerdings ignorieren Transformationsstudien vielfach die vor-sowjetische Geschichte und unterschätzen die Bedeutung der russisch-zaristischen Durchdringung Mittelasiens. Doch da die gegenwärtige postsozialistische Phase nicht nur die jüngere, sondern auch die fernere Vergangenheit einschließt, erfordert dies eine Auseinandersetzung mit der präsozialistischen Historie.

Der häufig unreflektiert zugrunde liegenden These, der Sozialismus übe die größte Wirkmacht auf die Gegenwart aus, muss in manchen Bereichen widersprochen werden. Vielmehr existieren gesellschaftliche und ökonomische Bereiche, in denen die zaristische Zeit sehr intensiv nachwirkt, wie etwa im Bereich der Forstwirtschaft, die im Gebiet des heutigen Kirgistan bereits zu Beginn des 20. Jahrhunderts etabliert wurde. Aufgrund methodischer Probleme sowie einer beschränkten Quellenlage, vor allem im Hinblick auf den lokalen Untersuchungsraum, ist ein Rekurs oder eine Rekonstruktion der vorrussischen Vergangenheit vielfach kaum zu leisten. Dennoch vermuten und konstruieren mittelasiatische und westliche Kommentatoren – teilweise politisch instrumentalisiert oder nostalgisch verklärend – in ihren Studien vielfach eine Rückkehr vorsowjetischer oder gar vorzaristischer ‚Traditionen' und die ‚Wiedergeburt' lange verdeckter ethnokultureller Eigenarten, oder sie beziehen sich auf vermeintlich ungestörte, autochthone Strukturen und Praktiken, die nach dem Ende der externen Unterdrückung wieder sichtbar würden. Deutlich wird dies etwa auch in den Bestrebungen der politischen Eliten bei der Etablierung nationaler Diskurse und der Konstruktion historischer Linien, welche die russische und sowjetische Vergangenheit möglichst ausblenden.

Zweifellos müssen, insofern es die Quellenlage erlaubt, solcherart ‚Traditionen' oder besser Narrative berücksichtigt werden, wobei Vorsicht geboten ist vor einer nostalgischen Glorifizierung vorkolonialer Epochen. Denn wie SPIVAK (2008) ausführt, ist das Vorkoloniale immer durch die Geschichte des Kolonialismus überarbeitet worden und heute keineswegs in unverfälschter Form verfügbar.

Obgleich die russisch-zaristische Herrschaft in Mittelasien nur etwa vier Dekaden lang währte, ist ihr Einfluss insbesondere auf die anschließenden 74 Jahre sozialistischer Herrschaft nicht zu unterschätzen. Von zentraler Bedeutung ist daher das Herausarbeiten des kolonialen Charakters der zaristischen Herrschaft in Mittelasien, die Frage nach den politischen und ökonomischen Zielen, dem Herrschaftscharakter und Sendungsbewusstsein der russischen Kolonisatoren, dem Verhältnis von Zentrum und Peripherie oder der Konstruktion von „Selbst" und „Andere", die in eine ethnisch, nationale Kategorisierung mündete. So wie für den Postkolonialismus "the colonial epoch is not by any means *the* defining feature" (SIDAWAY 2000:596), ist der Sozialismus nicht das alleinige definierende Merkmal der postsozialistischen Gesellschaften.

Auch LAZZERINI (2008:4) betont die Wirkmächtigkeit der zaristischen Herrschaft in Mittelasien und hebt hervor, dass die Gesellschaften Mittelasiens innerhalb eines Jahrhunderts zwei Formen von Kolonialismus erfahren hätten, einen klassischen monarchisch-kapitalistischen und einen totalitär-marxistischen. Somit sei die Entstehung ethnisch-nationaler Identitäten nach 1991 nicht nur eine dialektische Folge der sowjetischen, sondern auch der zaristischen Herrschaft.

Ausgehend von dieser Perspektive können die Persistenzen präsozialistischer Strukturen und Praktiken sowie die Verflechtungen zwischen Zarenzeit, Sozialismus und Postsozialismus durch einen Vergleich der russisch-zaristischen Zeit mit der Sowjetära und der Gegenwart erforscht werden. Diese historische Ausweitung des Blicks verringert zudem die Gefahr falscher Hoffnungen in die Gegenwart, die sich von nostalgischen Erinnerungen an die Vorsowjetzeit nähren, die seit den 1990er Jahren vielfach unreflektiert verklärt werden.

Identifikation kolonialer Merkmale der Sowjetunion

Die Sowjetunion verfolgte ein weit reichendes Modernisierungsprojekt und wurde im westlichen Mainstream-Diskurs als Herrschaftsform mit imperialen Zügen verortet. Zu klären ist an dieser Stelle jedoch die Frage, ob und welche kolonialen Charakteristika die sowjetische Politik speziell in Mittelasien aufwies.

Aufgrund der bis heute intensiven Prägung Mittelasiens durch das über sieben Jahrzehnte lang währende sowjetische kommunistische Regime bedarf es einer intensiven Auseinandersetzung mit dieser Epoche. Dabei müssen andere Vorzeichen als in den klassischen Sowjetstudien gelten, die das Sowjetsystem als Gegenbild zum Westen schlicht als das „Andere" charakterisierten und somit beim Wettstreit der Systeme viele Nuancen und Facetten der Sowjetunion übersahen. Die Geopolitik des Kalten Krieges formte maßgeblich die Wahrnehmung der globalen Organisation und die negative Beurteilung des kommunistischen Systems. Der vormals dominierende Totalitarismus-Diskurs, unter dem die Forschung zur Sowjetunion lange stand und der als geopolitisches Anliegen des Kalten Krieges diente, ignorierte und verschleierte die Existenz von Dissens und Widerstand sowie die „profanen Räume des Alltags" (STENNING & HÖRSCHELMANN 2008:326). Vielfalt, Differenzen und Komplexitäten innerhalb Osteuropas und der Sowjetunion blieben oft unberücksichtigt zugunsten der Pointierung einer schlichten Binarität zwischen West und Ost (KUUS 2004:474).

Wie ANDERSON (1991) und CHATTERJEE (1993) herausstellen, rechtfertigten die Kolonialmächte ihre Herrschaft mit ihrem vorgeblich fortschrittlichen, modernisierenden Einfluss auf traditionelle, ‚rückständige' Gesellschaften. In der Legitimierung der sowjetischen Herrschaft, deren stärkstes Argument zwar die „Befreiung der unterdrückten arbeitenden Klasse" war, finden sich deutliche Parallelen, etwa die Betonung des sowjetischen Modernisierungsprojektes und des Fortschritts, die Hierarchie kultureller Differenzen, wonach die russische bzw. die europäische Überlegenheit festgeschrieben wird, sowie die Schaffung von nationalen Eliten (ADAMS 2008:3).

Um herauszufinden, inwiefern Mittelasien ‚kolonial ausgebeutet' oder ‚sozialistisch subventioniert' wurde, ist zudem ein Blick auf die ökonomischen Strukturen und Zusammenhänge notwendig. Der Nachweis von Subventionen, etwa inwiefern der Schuldenberg der Satellitenstaaten das Zentrum ‚auszulaugen' begann (BUNCE 1985), könnte auch eine Begründung für den Zusammenbruch des Systems liefern.

Anerkennung der Vielfalt und Zweifel an der Endlichkeit des Postsozialismus

Entsprechend der eingeforderten Anerkennung der Heterogenität des sozialistischen Raumes und der vielfältigen Formen, Intensitäten und Vergangenheiten des Sozialismus sind auch die Vielfalt der postsozialistischen Entwicklungen sowie die *Embeddedness* in historischer und räumlicher Hinsicht zu berücksichtigen. Genauso wenig wie der Postkolonialismus identische Charakteristika für alle betroffenen Gesellschaften impliziert (HALL 1996:248), zeitgt der Postsozialismus für jeden Raum, jede Gesellschaft und jedes Individuum gleiche Konsequenzen. Ähnlich der „multiple postcolonial conditions" (SIDAWAY 2000:595) in Zeit und Raum sind die multiplen postsozialistischen Bedingungen aufzuspüren. Eine weitere Herausforderung der Forschungen zum Postsozialismus in Mittelasien besteht in der Frage, welche politischen, kulturellen und sozioökonomischen Prozesse Folgen des „Postkolonialismus", des „Postsozialismus" oder der „Globalisierung" sind (ADAMS 2008:6).

Bei der Konzeptualisierung des Postsozialismus stellt die zeitliche Dimension ein noch ungelöstes Problem dar. Ist der Postsozialismus nur eine Übergangskategorie und steht sogar kurz vor seinem Ende? Zur Beantwortung dieser Frage bieten verschiedene Autoren unterschiedliche Vorschläge an: KENNEDY (2002) etwa identifiziert die Jahre 1989–2001 als die „postkommunistische Dekade", während SAKWA (1999) vorschlägt, das Ende des Postkommunismus auf den Zeitpunkt zu terminieren, an dem die Erfahrungen des Kommunismus nicht länger erklärend sind, sondern andere soziale Formen dominieren. In diesem Sinne betrachten einige Autoren etwa den Moment des EU-Beitritts osteuropäischer Staaten als das Ende des Postsozialismus.

Tatsächlich scheinen auch innerhalb der ehemals sozialistischen Staaten immer weniger Personen gewillt zu sein, den Begriff Postsozialismus zu akzeptieren, da sie darin eine einschränkende und rückständige Konnotation zu erkennen meinen. Dies liegt sicherlich auch in dem Generationswechsel begründet; denn der Anteil der Menschen, deren Leben durch den Sozialismus geprägt wurde und die ihn klar erinnern, sinkt stetig (STENNING & HÖRSCHELMANN 2008:329).

Die Interpretation eines möglichen Endes des Postsozialismus steht im Kontrast zur Theoretisierung des Postkolonialismus als eines Zustands, der weit über das Ende von Kolonialherrschaften fortbesteht, aufgrund der Persistenz kolonialer Formen, Praktiken und Hinterlassenschaften. GREGORY (2004) betont die Persistenz der „kolonialen Gegenwart". Hilfreich wäre es, statt der Anwendung einer „Entweder-oder"-Kategorie und statt der Festlegung eines Endes des Postsozialismus anhand bestimmter Bedingungen eher von einer Ergänzung postsozialistischer Gegebenheiten durch den zunehmenden Einfluss globaler Ströme auszugehen, die zu einer Hybridisierung von Strukturen und Prozessen führt.

Relationale Verortung des Postsozialismus

Mit der Unabhängigkeit der fünf ehemaligen mittelasiatischen Sowjetrepubliken endete die Zugehörigkeit zum nationalen Verband einer Supermacht, deren Herrschaftsausübung in Mittelasien sowohl als imperial als auch als kolonial anzusehen ist, gleichzeitig eröffneten sich aber auch neue Zugänge für international mächtige Akteure wie etwa Staaten des Westens oder China, transnationale Unternehmen oder internationale Organisationen, deren Vorgehen von vielen Seiten als Neokolonialismus oder Neoimperialismus charakterisiert wird. Tatsächlich finden sich die jungen Staaten Mittelasiens in einem Geflecht internationaler

Bündnisse, eines globalisierten Marktes und ungleicher globaler Machtbeziehungen wieder. Neben der Bewältigung der Bürden der Vergangenheit sind sie somit mit neuen Herausforderungen der Globalisierung konfrontiert.

Das Aufzeigen kolonialer Verflechtungen und das Hinterfragen vermeintlich neokolonialer Beziehungen dürfen jedoch nicht zu einer Charakterisierung der Gesellschaften Mittelasiens als passive Opfer kolonialer Mächte oder neuerdings neoliberaler und globalisierter Prozesse verführen. Denn vielfach werden die Menschen postsozialistischer Gesellschaften als unfähig eingestuft, der „mentalen Zwangsjacke" des Kommunismus zu entkommen (KUUS 2004:477).

Zudem erscheint es notwendig, die gegenwärtigen Prozesse in Mittelasien auch relational zu verorten. So plädiert HANN (2002:9) dafür, die gemeinsamen distinktiven Merkmale der sozialistischen Länder nicht zu sehr hervorzuheben auf Kosten des Verlusts an Einsichten der vielen Merkmale, die mit anderen Gesellschaften der Welt geteilt werden. Und GAL & KLIGMAN (2000:4) betonen die Parallelen, Interaktionen und Kontraste zu anderen Regionen im Bereich der Politik, gesellschaftlicher Entwicklungen und dominierender Diskurse und liefern als Beispiel die Privatisierungsprozesse, die nicht nur zeitgleich weltweit ablaufen, sondern auch durch ähnliche Argumente und Ideologien begründet werden.

Die Herausforderung, den Postsozialismus mit anderen Theoretisierungen gegenwärtigen sozialen Wandels zu verknüpfen, wird in unterschiedlicher Art von einer Zahl Autoren angegangen, die den Zusammenbruch des Kommunismus als Teil der Niederlage einer totalitären Ordnung und den Kollaps von Metanarrativen sehen (BAUMAN 1994; MEŠTROVIĆ 1994). Bemerkenswert bei der Beschäftigung mit den postsozialistischen Transformationsprozessen in Osteuropa und der ehemaligen Sowjetunion ist, dass, obwohl die globale politische Struktur neu geordnet wurde, Veränderung nur von der „Verliererseite", den ehemaligen Ostblockstaaten und ihren Gesellschaften, erwartet und untersucht werden. Hier können Ideen der Postkolonialismusforschung ansetzen, die davon ausgehen, dass die postsozialistische Transformation auch mit weitreichenden Implikationen für die westlichen Staaten verbunden ist.

Geographische Entwicklungs- und Mensch-Umwelt-Forschung

Die Geographie konzentriert sich im Rahmen der Postkolonialismusforschung auf räumliche Dimensionen und regionalspezifische Ausprägungen des Kolonialismus und Postkolonialismus, womit sie unter anderem auch Generalisierungen dekonstruiert (RADCLIFFE 2005:293).[39] Denn die Untersuchung räumlicher und his-

---

39 Jede postkoloniale Geographie muss jedoch auch ihre eigene Unzulänglichkeit erkennen, die in ihrer sowohl theoretischen als auch institutionellen Verortung und Entwicklung als eine westlich-koloniale Wissenschaft besteht (SIDAWAY 2000:593). Somit muss eine postkoloniale Geographie etablierte Annahmen und Methoden wie auch die Objektivität des westlichen (geographischen) Wissens als eine souveräne, universale, globale Wahrheit in Frage stellen (GREGORY 1994). In diesem Sinne muss auch zur Kenntnis genommen werden, dass Geographie als eine spezifische Form von Wissen nicht *ist*, sondern vielmehr *gemacht wird*.

torischer Partikularitäten und Zusammenhänge verringert das Risiko voreiliger Urteile über das Scheitern oder die Schwäche bestimmter Staaten. Die Ziele postkolonialer geographischer Forschung bestehen darin, spezifische räumliche Vorstellungen mit den diskursiven Rahmenbedingungen zusammenzubringen sowie materielle Transformationen und kulturelle Konstruktionen aufzudecken. Die postkoloniale Kritik kann zudem eingesetzt werden, statische Grenzen von Regionalstudien anzuzweifeln, lokale Analysen zu liefern und den Menschen in der Peripherie eine Stimme zu geben (MCEWAN 2003; ROBINSON 2003a; 2003b).

Postkoloniale Ansätze in der geographischen Mensch-Umwelt-Forschung untersuchen, wie Mythen und Vorstellungen, etwa die Idee von unberührter Natur und Wildnis, mit Umwelt- und gesellschaftlichen Prozessen und Folgen verwoben sind. Bruce WILLEMS-BRAUN (1997) konzentriert sich auf die Frage der rhetorischen und materiellen Produktion von Natur und ihrer Rolle in der Kolonialisierung bestimmter gesellschaftlicher Umwelten und lenkt die Aufmerksamkeit auf die diskursive Konstruktion der „Natur als Ware". Sowohl das zaristische koloniale Vorgehen als auch die sozialistische Moderne waren im Rahmen ihrer Modernisierungsprojekte bestrebt, Naturressourcen auszubeuten und ökonomisch nutzbar zu machen. Parallel dazu etablierte das Sowjetsystem jedoch auch zahlreiche Naturschutzgebiete und übernahm weitgehend die westliche Vorstellung von schützenswerter Natur ohne menschlichen Einfluss. Umwelt und Natur wurden jedoch offenkundig als Ressourcenquelle gesehen und entsprechend in Wert gesetzt; selbst Naturschutz wurde, wie an anderer Stelle zu zeigen sein wird, ökonomisch begründet. Neben den Naturressourcen wie Boden, Vegetation, Tieren, Mineralien oder Wasser geht es jedoch auch um Land und damit um Raum und territoriale Macht, um die Konflikte ausgetragen werden (vgl. SLUYTER 2002:10).

Die in mehr als einhundert Jahren Fremdherrschaft etablierten Nutzungsformen von Naturressourcen, mit denen eine Entrechtung bestehender Land- und Ressourcennutzer einherging, bestehen bis heute fort. Die Möglichkeiten, diese Enteignung anzufechten, sind gering und eingeengt durch die extern deduzierten Strukturen, da eine solche Anklage in der Sprache und dem Wertesystem des sowjetisch geprägten Staates artikuliert werden müsste (vgl. NASH 2002:225).

Eine postkolonial beeinflusste postsozialistische Geographie bewegt sich in einem Spannungsverhältnis zwischen einem Verständnis von Sozialismus im generellen Sinne und dem Partikularen und Lokalen, zwischen dem kritischen Engagement mit der großen Erzählung des Sozialismus und den politischen Implikationen von komplexen, differenzierten und vieldeutigen lokalen Geschichten. Anstatt Postsozialismus zu klassifizieren, einen theoretischen Rahmen oder ein deskriptives allumfassendes Modell zu entwerfen, sollte der Begriff eher als ein umstrittener und provisorischer Terminus genutzt werden, der ständig geprüft und infragegestellt wird (vgl. MCEWAN 2003; SIDAWAY 2002). Teilverständnis und verunsichernde Folgen stehen mehr im Geiste des Postkolonialismus als Sicherheit und alte Gewissheiten.

2.3 RÄUMLICHE VERORTUNG DER STUDIE

Eine räumliche Be- und Eingrenzung des Untersuchungsgebietes dieser Studie erscheint vor dem Hintergrund der angesprochenen epistemologischen Prämissen der Politischen Ökologie, wonach Akteure, Strukturen und Prozesse auf verschiedenen räumlichen Maßstabsebenen verortet sind, problematisch. Denn diese Prämissen implizieren, dass die das Forschungsproblem konstituierenden Elemente und Faktoren sowohl *place-based* als auch *non-place-based*, sprich lokal, regional, national oder global agieren oder wirken, oder vielfach keinen räumlichen Maßstäben zuzuordnen sind – hier sei auf die Problematik des Container-Denkens verwiesen, wonach eine Unterteilung in räumliche Maßstabsebenen keineswegs ontologisch gegeben ist, sondern eine konstruktive Kategorisierung darstellt. Die unmittelbare Auseinandersetzung zwischen den im Fokus der Untersuchung stehenden Land- und Naturressourcen einerseits und den diese Ressourcen verwaltenden und nutzenden Akteure und Akteursgruppen andererseits ist, wie dargestellt, keineswegs auf die unmittelbare Konfrontation und Interrelation beschränkt, sondern impliziert auch nicht-lokale Einflüsse. Angesichts der den Lokalraum beeinflussenden weltpolitischen Entwicklungen und Entscheidungen nun das Untersuchungsgebiet räumlich als den gesamten Erdball zu beschreiben, erscheint dagegen wiederum unbefriedigend. Aufgrund der sich bis auf den lokalen Raum hin verdichtenden Wechselwirkungen soll im Folgenden deshalb in eher klassisch-positivistischer Weise eine Vorstellung der räumlichen Gegebenheiten vorgenommen werden. Da die vorliegende Studie einen Fokus auf einen eng umgrenzten Raum legt, auf den sich auch die empirische Forschung weitgehend beschränkt, die aber im induktiven Sinne eine Übertragbarkeit auf andere Räume und Konstellationen in den postsozialistischen Gesellschaften Mittelasiens konstatiert, sollen hier drei wichtige räumliche Einheiten vorgestellt werden: der Großraum Zentral- bzw. Mittelasien, der Nationalstaat Kirgistan und der lokale Untersuchungsraum um die Nusswälder im der Provinz Dshalal Abad.

Zentral- und Mittelasien

Die Definition und Abgrenzung mehrere Staaten umfassender Großräume ist meist uneinheitlich und umstritten. Bei einer solchen Abgrenzung kann nach topographischen oder naturräumlichen Gesichtspunkten, nach politischen oder kulturell-religiösen Merkmalen vorgegangen werden. Da es sich bei naturräumlich-topographischen Merkmalsdifferenzen, abgesehen von Meeresküsten, meist um Grenzsäume handelt, politische Grenzen sich verändern und kulturell-religiös definierte Einheiten im Sinne der Kulturerdteile von KOLB oder HUNTINGTON bereits definitorisch als problematisch, ihre räumliche Ausprägung zudem eher als fluide zu charakterisieren sind, folgen Definitionen und Abgrenzungen von Großräumen immer auch bestimmten Konventionen.

Hinzu kommt die terminologische Problematik, insofern als es sich bei Raumbezeichnungen um Konstruktionen handelt, die politisch instrumentalisiert sein können, einem Zeitgeist verpflichtet sind oder einen bestimmten Diskurs widerspiegeln. Dies betrifft in besonderer Weise auch das Gebiet Zentralasiens. Ohne den Anspruch erheben zu wollen, die umfassende Diskussion zu möglichen Raumbegriffen auch nur annähernd wiederzugeben, sollen an dieser Stelle dennoch in knapper Form die für die Großregion im innerkontinentalen Bereich Asiens relevanten terminologischen Zuweisungen diskutiert werden.[40]

Auf topographischer Grundlage basiert die Bezeichnung *Innerasien*, mit der RICHTHOFEN das abflusslose Gebiet im Inneren des asiatischen Kontinents benannte und dessen Grenzen somit durch die Wasserscheiden der binnenkontinental entwässernden Ströme definiert sind. Damit wird ein gewaltiges Territorium umrissen, das weit über den Raum hinausgeht, der aufgrund seiner historischen, politischen und auch kulturellen Ähnlichkeiten im Fokus dieser Arbeit steht.

In der deutschsprachigen wissenschaftlichen Literatur findet sich bereits seit Ende des 18. Jahrhunderts, zunächst als Abgrenzung zu Westasien, die Bezeichnung *Mittelasien*. Da das Gebiet der heutigen Staaten Kirgistan, Tadschikistan, Turkmenistan und Usbekistan während der Sowjetära offiziell als *Srednjaja Azija* bezeichnet wurde, galt und gilt auch im deutschen Sprachraum die Bezeichnung Mittelasien vielen Forschern als die am ehesten zutreffende Benennung dieses Gebietes (vgl. STEIN 2004).

Dagegen ist der heute wohl gängigste Begriff *Zentralasien*, der vermutlich auf Alexander von HUMBOLDT zurückgeht, gleichzeitig der unschärfste. So wird hierunter fallweise das gesamte Gebiet vom Kaspischen Meer im Westen bis zur Mongolei und dem Yin-Shan-Gebirge in der Volksrepublik China im Osten, vom Hindukusch im Süden bis zur kasachischen Schwelle im Norden, und einschließlich des Tibetischen Hochlands gefasst. Demgegenüber begrenzten RICHTHOFEN und HETTNER Zentralasien auf das heute fast gänzlich innerhalb der Volksrepublik China gelegene Gebiet vom Hochland von Tibet bis zum Altai sowie von den zentralen Gebirgszügen von Pamir und Tien Schan bis zum Yin-Shan-Gebirge, schlossen somit die westlich davon gelegenen Gebiete des späteren sowjetischen Mittelasien aus. Auch in der sowjetischen Literatur bezog sich *Central'naja Azija* lediglich auf den Westen Chinas (STADELBAUER 2003b:60–61).

Auf linguistischen und kulturellen Merkmalen der Bewohner der Region basiert dagegen die Bezeichnung *Turkestan*, die sich im 19. Jahrhundert durchsetzte. Mit der Etablierung des Generalgouvernements Turkestan in der zweiten Hälfte des 19. Jahrhunderts bekam die Bezeichnung zudem eine politische Komponente, die mit dem Aufstreben pantürkischer Bewegungen auch dafür sorgte, dass diese Bezeichnung in der Sowjetunion wieder aufgegeben wurde. Dabei wurde zudem immer zwischen einem Russisch- oder West-Turkestan und einem Chinesisch- oder Ost-Turkestan unterschieden. Inkonsistent war die Bezeichnung insofern, als zu Turkestan auch Tadschikistan gezählt wurde, das mehrheitlich eine nicht-turksprachige Bevölkerung aufweist, dagegen das Gebiet Kasachstans mit einer, zumindest im Süden des Landes mehrheitlich turksprachigen Bevölkerung ausge-

---

40 Eine kritische Übersicht über die Raumbegriffe Innerasien, Mittelasien und Zentralasien liefert STADELBAUER (1996; 1997; 2003b).

klammert war, da es ein eigenes Generalgouvernement „Steppe" (*Stepnoy Kray*) bildete.

Einhergehend mit der Dominanz des Englischen als wissenschaftlicher *lingua franca* setzt sich zunehmend der Terminus Zentralasien auch für die Bezeichnung des ehemaligen Sowjetisch-Mittelasien durch. Dies mag möglicherweise auf eine schlichte Verkürzung im Englischen von *Soviet Central Asia* zurückgehen, setzt sich jedoch heute selbst im russischen Sprachraum zur Bezeichnung des Gebietes durch, das in sowjetischer Zeit noch als „Mittelasien und Kasachstan" benannt wurde (STADELBAUER 1997:261; 2003b:61). Im Rahmen dieser Arbeit werden die Bezeichnungen Mittelasien und Zentralasien gleichwertig und gleichbedeutend genutzt. Sofern nicht explizit anders erläutert, verweisen beide Begriffe auf das Gebiet der heutigen Republiken Kasachstan, Kirgistan, Tadschikistan, Turkmenistan und Usbekistan.

Das Gebiet Zentral- oder Mittelasiens im eben definierten Sinne ist durch ausgedehnte Steppen- und Wüstentiefländer sowie bis in die Gletscherstufe aufragende Hochgebirge gekennzeichnet. Von West nach Ost lassen sich folgende Großlandschaften abgrenzen: Das Kaspische Meer, das Ustjurt-Plateau, das Turanische Tiefland mit den Wüsten Kara Kum („schwarzer Sand") und Kyzyl Kum („roter Sand"), die Zentralkasachische Schwelle im Norden sowie die Gebirge Pamir-Alai im Südosten und Tien Schan im Osten. Die Begrenzung nach Süden bildet der Kopet Dag sowie die östlichen und nördlichen Vorberge des Hindukusch. Geringe Niederschläge und verhältnismäßig große Temperaturamplituden im Jahresverlauf kennzeichnen Zentralasien, das Teil des größten binnenentwässerten Gebietes der Erde ist. Die Summe der Jahresniederschläge liegt im Turanischen Becken bei unter 100 mm (WALTER & BRECKLE 1986:234), im zentralen Kasachstan bei etwa 150 mm und in intramontanen Becken zwischen 200 und 400 mm, kann aber in exponierten Gebirgslagen auf deutlich über 1000 mm ansteigen. Der Bereich höchster Niederschläge liegt zwischen 2000 und 4000 m, hängt jedoch maßgeblich von Exposition und lokalklimatischen Lagebedingungen ab (MERZLYAKOVA 2002:385).

Aufgrund der geringen Niederschläge und der um ein Vielfaches höheren Evapotranspiration charakterisieren Steppen, Halbwüsten und Wüsten das Landschaftsbild in den Beckengebieten. In den Gebirgsregionen Tien Schan und Pamir-Alai finden sich auf engem Raum dagegen unterschiedlichste, von Höhenlage und Exposition beeinflusste Vegetationsformationen. Durch die klimatische Kontinentalität des Großraums dominieren Wüsten- und Steppenökosysteme auch in den Gebirgen. Hanglagen in Westexposition erhalten verstärkt Steigungsregen und besitzen somit eine humide Höhenstufenfolge mit einer Waldstufe, während in anderen Expositionen, in innermontanen Lagen oder insbesondere im östlichen Pamir dagegen aride, waldlose Stufenfolgen vorzufinden sind (WALTER & BRECKLE 1986:275). Modifiziert wird dies durch das Streichen der Gebirgsketten sowie innermontane Seen, wie dem Yssyk Köl, dessen westlicher Bereich deutlich aridere Bedingungen aufweist als der Ostteil. Die Folge ist ein kompliziertes Mosaik der Gebirgsvegetation. Von großer Bedeutung ist die extensive Vergletscherung der Gebirge, deren höchste Gipfel bis auf über 7000 m aufragen. Denn

Schmelzwasser von Schneefeldern und Gletschern liefern den größten Anteil der Abflüsse der Fließgewässer, die eine Schlüsselrolle sowohl für die Landwirtschaft als auch für die Gewinnung von Hydroenergie spielen. Die Gebirge Zentralasiens und Kasachstans gelten als eines der vier Zentren biologischer Diversität auf dem Gebiet der ehemaligen Sowjetunion. Dies liegt insbesondere an dem Zusammentreffen verschiedener Faunen- und Florenreiche. So finden sich im Tien Schan und Pamir-Alai sowohl indo-himalayaische, mongolische, eurasische und mediterrane als auch lokale endemische Arten (MERZLYAKOVA 2002:393).

Zentralasien stellte über lange Zeitspannen einen wichtigen Übergangsraum dar, der über bedeutende Handelszentren entlang der Seidenstraße verfügte, der jedoch auch einer die verfügbaren Naturressourcen nutzenden sowohl sesshaften als auch nomadischen Bevölkerung Lebensraum bot. Durch die Anlage elaborierter Bewässerungssysteme entstanden in Becken, Tälern und entlang der großen Fließgewässer ausgedehnte Kulturlandflächen und Siedlungen mit sedentärer Bevölkerung, während die weiten Wüsten- und Steppengebiete sowie die Hochgebirge in einer nomadischen Lebensweise in Wert gesetzt wurden.

Kirgistan

Kirgistan ist ein ausgesprochenes Gebirgsland, dessen Topographie durch den Tien Schan („Himmelsgebirge")[41] im nördlichen und zentralen Bereich des Landes sowie den Pamir-Alai im Süden dominiert ist. Lediglich 5% des Staatsterritoriums von 198 500 km² befinden sich unterhalb von 1000 m. Der Tien Schan ist durch vergletscherte Hochgebirgsketten, die im Osten im Pik Pobeda (7 439 m) gipfeln, mittelgebirgsartige Hügelketten, beckenförmig gestaltete Hochplateaus und weite Hochtäler in 3500 – 4000 m, den so genannten Syrten, gekennzeichnet. Mit dem auf 1624 m Höhe gelegenen und 6200 km² großen Yssyk Köl befindet sich der zweitgrößte Hochgebirgssee der Erde im Zentralen Tien Schan.

Die Hauptsiedlungsgebiete Kirgistans sind das sich im Norden des Landes öffnende Tschui-Tal bzw. die nördlichen Hangfußbereiche der Kirgisischen-Kette, wo sich auch die Hauptstadt Bischkek befindet, sowie das Fergana-Becken, eine etwa 300 km lange und 150 km breite intramontane Senke, dessen Randbereiche zum kirgisischen Staatsterritorium zählen. Das Fergana-Becken ist ein seit Jahrtausenden besiedelter Raum, der noch heute die höchsten Bevölkerungsdichten Mittelasiens aufweist. Zahllose Fließgewässer aus den umliegenden Gebirgsketten des Tien Shan und Alai speisen die Bewässerungsanlagen des Fergana-Beckens und erlauben einen intensiven Bewässerungslandbau. Im Süden Kirgistans ragen die Gipfel des Kičen Alai und Čong Alai (Kleiner Alai und Großer Alai) bis in Höhen über 5000 m, während der Transalai an der Grenze zu Tadschikistan im Pik Lenin bei 7134 m gipfelt.

---

41 Kirgisische Wissenschaftler fordern, die auf das Chinesische zurück gehende Bezeichnung Tien Schan durch das turksprachige Tengir Too zu ersetzen (mündliche Aussage von NIJASOV 24.08.2008).

Der Gebirgscharakter Kirgistans erschwert die innerstaatliche Kommunikation und Erschließung und schränkt die agrarwirtschaftliche Nutzung ein. Von erheblicher ökologischer und ökonomischer Bedeutung ist auch die extreme Kontinentalität und Binnenlage des Landes, was sich in Wüsten- und Steppenformationen einerseits sowie einem erschwerten Warenaustausch andererseits manifestiert.

Als Folge des ariden Klimas prägt Waldarmut Kirgistan, das mit einer landesweiten Waldbedeckung von nur etwa 4,2% zu den waldärmsten Ländern Asiens zählt (NACIONAL'NYJ STATISTIČESKIJ KOMITET 2001). Die wesentlichen Waldtypen sind die im Nordosten des Landes verbreiteten Wälder mit Tienschan-Fichten (*Picea schrenkiana*), die Wachholderbestände (*Juniperus semiglobosa, J. seravschanica*) im Alai, die artenreichen Walnuss-Wildobstwälder sowie die in tiefer liegenden Stufen daran anschließenden Pistazien- (*Pistacia vera*) und Mandelhaine (*Amygdalus spp.*) (GOTTSCHLING et al. 2005:86) (Karte 2).

Die Walnuss-Wildobstwälder des westlichen Tien Schan

Das engere Untersuchungsgebiet der vorliegenden Studie befindet sich nördlich des Fergana-Beckens an der Südabdachung der zum westlichen Tien Schan gerechneten Fergana-Kette, die hier bis auf 4480 m am Gipfel des Babaš Ata aufragt (Foto 1). Aufgrund des thermischen und hygrischen Höhengradienten sowie des ausgeprägten Reliefs bietet das Gebiet unterschiedliche Vegetationsstufen und eine Vielfalt ökologischer Nischen, womit es ein vielfältiges Ressourcenpotential beherbergt, das diverse anthropogene Nutzungsmöglichkeiten bietet. Im Zentrum der Studie stehen die Siedlungen Arslanbob, Gumchana, Kyzyl Unkur und Kara Alma im Dshalal Abad Oblast sowie deren agrar- und forstwirtschaftlich teilweise intensiv genutzte nähere Umgebung (Karte 1). Die Siedlungen befinden sich in Höhenlagen zwischen 1200 und 1700 m in unmittelbarer Nachbarschaft zu den weltweit einmaligen Walnuss-Wildobstwäldern[42], die eine große genetische Vielfalt an Formen von Walnussbäumen und zahlreichen Obstgehölzen beherbergen (GAN 1992; KOLOV 1997; BLASER et al. 1998; SHEVCHENKO et al. 1998; VENGLOVSKY et al. 2010). Die wichtigsten Baumarten sind Walnuss (*Juglans regia*), Ahorn (*Acer turkestanica*) und verschiedene Früchte in ihrer Wildform wie Apfel (*Malus siversiana*), Birne (*Pyrus korshinsky*), Pflaume (*Prunus sogdiana*), Berberitze (*Berberis oblonga*), Hagebutte (*Rosa kokanica*) und Sanddorn (*Hippophae rhamnoides*).

Die Annahme, dass es sich bei diesen Wäldern um natürliche, die Eiszeit überdauernde Bestände handelt und sie als Ursprungsgebiet der Walnuss gelten (KOLOV 1998)[43], wurde jüngst von BEER et al. (2008) widerlegt, da die Walnuss

---

42 Im Folgenden wird aus Gründen der besseren Lesbarkeit zumeist der Terminus Nusswälder verwendet, womit stets die Walnuss-Wildobstwälder gemeint sind.
43 Aufbauend auf der These, dass die Walnuss durch Alexander den Großen nach Südeuropa gelangt sei, fordern kirgisische Wissenschaftler eine Umbenennung der Frucht. Im Russi-

erst vor etwa 1000 Jahren erstmals verstärkt in diesem Gebiet auftritt.[44] In Kirgistan bedecken die Walnuss-Wildobstwälder an der Čatkal- und Fergana-Kette eine Fläche von etwa 40 000 ha in einem Höhenbereich zwischen 1000 und 2000 m, der durch Jahresniederschlagssummen von 700 mm in den unteren Lagen und bis zu 1200 mm in den oberen Bereichen charakterisiert ist (HEMERY & POPOV 1998:273; MUSURALIEV 1998:5; GOTTSCHLING et al. 2005:88).[45] Die Niederschläge fallen vornehmlich im Frühjahr und Herbst, während die Sommermonate durch eine ausgeprägte Trockenperiode gekennzeichnet sind, so dass die Wälder bei hohen Verdunstungsraten im Sommer unter Trockenstress stehen.

Die Walnuss-Wildobstwälder bilden ein kompliziertes Mosaik aus verschiedenen Waldtypen und Gebüschformationen, die sich abhängig von Höhenlage, Exposition, Relief, Bodensubstrat, Feuchte, lokalklimatischen Bedingungen und anthropogener Nutzung ausbilden. Die dominierende Baumart Walnuss kann unter optimalen Feuchtebedingungen Baumhöhen von 30 m erreichen und weist eine große innerartliche Formenvielfalt auf, die sich in unterschiedlicher Nussgröße, Form, Schalendicke, Kernfärbung, Schädlingsresistenzen, Blüh- und Reifezeitpunkten und weiteren Merkmalen manifestiert. So wurden für Kirgistan 280 Walnussformen beschrieben, von denen 90 Formen wirtschaftlich besonders günstige Eigenschaften aufweisen, wie etwa hohe Erträge, gute Fruchtqualität, erhöhte Resistenz gegen Frost, Schädlinge oder Krankheiten (GOTTSCHLING et al. 2005:90). Aufgrund dieser großen Formenvielfalt, die auch für die kleineren Obstgehölze wie Apfel, Pflaume, Weißdorn und Birne kennzeichnend ist, werden die Wälder heute von verschiedenen Wissenschaftlern als wirtschaftlich bedeutsamer und deshalb langfristig zu sichernder Genpool für die Zukunft gesehen (MCGRANAHAN 1998:106; HEMERY 1998; HEMERY & POPOV 1998; GOTTSCHLING et al. 2005:90).[46]

Unterhalb der Walnuss-Wildobst-Waldstufe schließen sich Pistazienhaine und Ephemerensteppen an, die ebenfalls einer intensiven wirtschaftlichen Nutzung unterliegen. Die obere Waldstufe wird durch Ahorn-Bestände, vereinzelt auch durch Tienschan-Fichtenwälder und Wacholdergebüsch gebildet. Oberhalb daran anschließend finden sich ausgedehnte Grasfluren und Matten, die im Sommer weidewirtschaftlich genutzt werden und somit eine große ökonomische Bedeutung aufweisen.

---

schen heißt die Walnuss *greckij orech* (= griechische Nuss), müsste ihnen zufolge jedoch als *kirgizsij orech* (kirgisische Nuss) bezeichnet werden (vgl. GOTTSCHLING et al. 2005:91).

44 BEER et al. (2008) äußern die Vermutung, dass die Wälder möglicherweise anthropogenen Ursprungs seien, wobei bemerkenswerter Weise das verstärkte Auftreten der Walnuss ab 1050 mit den Lebensdaten des epischen Helden Arstanab-Ata koinzidiert, der nach der Legende um die Wende des 11. und 12. Jahrhundert gelebt, den Ort Arslanbob gegründet und die Nusswälder gepflanzt haben soll (SCHMIDT 2007:159).

45 Die von GAN (1992), MAYDELL (1983) und MÜLLER & VENGLOVSKY (1998) vertretene Ansicht, die Nusswälder bedeckten einst ein Gebiet von 600.000 ha erscheint auch angesichts der jüngeren Erkenntnisse als deutlich zu hoch gegriffen.

46 Beschreibungen der Walnuss-Wildobstwälder finden sich auch bei SCHULTZ (1920:34), MACHATSCHEK (1921:99), WALTER & BRECKLE (1986:286).

Die wirtschaftliche Struktur der Region ist weitgehend landwirtschaftlich geprägt, wobei Baumwollanbau im angrenzenden Fergana-Becken die wichtigste landwirtschaftliche Aktivität darstellt, gefolgt von Viehzucht, Obst- und Getreidebau. Entsprechend haben sich die wenigen Industriebetriebe auf die Verarbeitung dieser land- und viehwirtschaftlichen Produkte spezialisiert. Die Mehrheit der Bevölkerung lebt in der Ebene des Fergana-Beckens, das eine der am dichtesten besiedelten und ältesten Kulturlandschaften Zentralasiens darstellt, wobei neben den auf usbekischem Territorium gelegenen Städten Andishan, Kokand, Fergana und Namangan, Chodschand in Tadschikistan sowie den auf kirgisischem Gebiet lokalisierten größten Städten Osch (212 000 Einwohner) und Dshalal Abad (72 000 Einwohner) (NATIONAL STATISTICAL COMMITTEE OF THE KYRGYZ REPUBLIC 2000), ländliche Siedlungen, so genannte *Kišlak*, vorherrschen. Doch auch das Gebiet der Nusswälder ist verhältnismäßig dicht besiedelt: Etwa 40 000 Menschen leben in unmittelbarer Nähe der Wälder und sind in wirtschaftlicher Hinsicht eng mit diesen verknüpft.

2.4 METHODISCHES VORGEHEN

„Ich erzähle offen, was ich weiß. Wenn ich zu Sowjet-Zeiten solch ein Interview gegeben hätte, dann wäre noch in der Nacht die Polizei gekommen und hätte mich abtransportiert."
Saidullah Mirkamilov (Gumchana, 04.03.2007)

Die vorliegende Studie basiert auf empirischen Datenerhebungen während mehrerer Feldkampagnen in Kirgistan in den Jahren 2004 bis 2008 sowie auf intensiven Quellenrecherchen in den Archiven von Bischkek, Osch, Dshalal Abad und Bazar Korgon sowie in Berliner Bibliotheken. Anwendung fanden verschiedene qualitative und quantitative sozialwissenschaftliche Methoden, um die historischen und gegenwärtigen Prozesse, Strukturen und Interdependenzen zwischen Mensch und Umwelt im Gebiet der Nusswälder Kirgistans zu analysieren und zu verstehen.

Standardisierte Befragungen von jeweils 200 nach dem Zufallsprinzip ausgewählten Haushalten in den vier Siedlungen Arslanbob, Gumchana, Kyzyl Unkur und Kara Alma dienten zur Eruierung und realistischen Einschätzung der demographischen und ökonomischen Situation der Haushalte, da offizielle Statistiken entweder kaum Auskunft zu diesen Komplexen liefern oder aufgrund ihrer undurchsichtigen und grobmaschigen Aggregierung unglaubwürdig erscheinen. Etwa 40 halbstandardisierte offene Interviews mit Bewohnern der erwähnten Untersuchungsdörfer, die nach Kriterien wie Alter, Geschlecht und Beschäftigung ausgewählt wurden, um ein facettenreiches Bild persönlicher Ansichten und Meinungen zu erhalten, dienten zur Vertiefung der durch die standardisierte Befragung gewonnen Daten. Die Befragungen fanden bei den Gesprächspartnern zu Hause, an ihrem Arbeitsplatz, im Wald oder auf der Sommerweide (*Džailoo*) statt. Mehr als 30 thematisch fokussierte Befragungen mit Mitgliedern der staatlichen Forstbetriebe (*Leschoz*), der Gemeindeverwaltung (*Ailökmöt*) und anderen Experten halfen dabei, weitergehende Informationen zu konkreten Fragestellungen zu gewinnen, wie etwa zu institutionellen Fragen des Land- und Ressourcenmanagements. Knapp 20 Tiefen- und biographische Interviews mit meist älteren Personen lieferten ein Bild über die Situation und Lebensrealität vergangener Jahrzehnte. Anhand verschiedener Biographien konnte somit der Einfluss politischer und sozioökonomischer Bedingungen auf individuelle und kollektive Handlungsmuster besser rekonstruiert werden. Allerdings muss hierbei berücksichtigt werden, dass die Erzählungen der Menschen nur beschreiben, wie der Erzähler sich die Vergangenheit vorstellt – Geschichte wird konstruiert und weniger aufgedeckt. Die stetige nicht-teilnehmende und teilnehmende Beobachtung diente zur Aufnahme physisch manifestierter Erscheinungen und Handlungsweisen sowie der Einordnung, partiellen Überprüfung und besseren Interpretation der Aussagen der Befragten. Kirgisische Kolleginnen und Kollegen sowie verschiedene Personen aus den Untersuchungsdörfern assistierten während der Feldarbeit als Übersetzer, Informanten und Kontaktpersonen. Ohne sie wäre diese Arbeit in dieser Form nicht möglich gewesen.

Jüngere Dokumente, Statistiken und Jahresberichte der staatlichen Forstbetriebe konnten in Behörden der Kommunal- und Forstverwaltung, Sitzungsprotokolle, Verwaltungsakte oder Parteiberichte aus der Sowjetzeit in den genannten Archiven eingesehen, analysiert und ausgewertet werden, um vergangene Strukturen zu rekonstruieren und zeitgenössische Aspekte in einen historischen Kontext zu stellen.

Die diskursanalytische Auswertung der empirisch gesammelten Daten zielt darauf, die Bedeutungszuweisungen gegenüber den Nusswäldern Kirgistans sowie die daraus abgeleiteten Nutzungsformen und Schutzbestrebungen zu dekonstruieren, um herauszustellen, wie das Gebiet der Nusswälder in den historisch markant wechselnden Diskursen durch Prozesse der Grenzziehung konstituiert und mit Bedeutungen aufgeladen wurde und welche Formen der Aneignung, Nutzung und Wahrnehmung dieser Wälder damit verknüpft sind. Dabei wurde tendenziell eher ein strukturalistischer bzw. poststrukturalistischer Ansatz der Diskursanalyse (vgl. ANGERMÜLLER et al. 2001; JÄGER 2004; KELLER 2008) verfolgt, in dem die einzelnen Akteure durch umgebende Strukturen in ihrem Handeln zwar nicht determiniert, aber durchaus als eingeschränkt zu betrachten sind. Aufgrund der Jahrhunderte lang währenden Fremdherrschaft im Untersuchungsgebiet unterlagen Handlungsoptionen bzw. „Handlungsvermögen" (HERBERS 2006) lokaler Akteure beträchtlichen Einschränkungen, da übergeordnete Instanzen und Akteure Zugangs-, Besitz- und Nutzungsrechte festlegten sowie diskursiv determinierten, was als zu schützende Natur oder auszubeutende Ressourcenquelle zu betrachten sei.

Auch die Hintergründe für die vielfach ökonomisch motivierten Verbote, Handlungsbeschränkungen oder Zuschreibungen von Nutz- oder Schutzwürdigkeit sollen in dieser Studie offen gelegt bzw. dekonstruiert werden. Zudem sollen die impliziten Abgrenzungen in den vorherrschenden Denkmustern herausgestellt werden, welche die Welt in Bereiche des ‚Eigenen' und des ‚Anderen' aufteilen (vgl. SAID 1978) und letztendlich eine Form der Machtausübung darstellen. Mit dieser Studie soll herausgearbeitet werden, dass Stereotype zur Schutzwürdigkeit von Naturräumen und Praktiken materieller Aneignung keineswegs ontologisch gegeben sind, sondern erst im Rahmen diskursiver Prozesse produziert werden, die wiederum Machtstrukturen abbilden (vgl. MATTISSEK & REUBER 2004: 237). So sind die Phänomene der Abgrenzung und Bedeutungszuschreibung nach Nutz- oder Schutzwürdigkeit „nicht als Ergebnis des intentionalen Handelns von Akteuren und Subjekten zu erklären, sondern als Resultat diskursiver Strukturen und Mechanismen" (MATTISSEK 2007:51).

3 MANAGEMENT VON LAND- UND NATURRESSOURCEN IM PRÄSOWJETISCHEN MITTELASIEN

Die dem Ansatz der Politischen Ökologie folgende diachrone Betrachtung des Verhältnisses von Mensch und Umwelt in Mittelasien am Beispiel der Walnuss-Wildobstwälder Kirgistans beinhaltet die Analyse der sich wandelnden politischen und gesellschaftlichen Rahmenbedingungen, der das Land und die Naturressourcen steuernden Institutionen, der mittelbar und unmittelbar am Management dieser Ressourcen beteiligten Akteure unterschiedlicher räumlicher Sphären sowie der realisierten Nutzungen, Konfliktkonstellationen und ökologischen Folgen. Aufgrund der sehr heterogenen Datenlage zu den einzelnen historischen Epochen ergibt sich eine räumliche und bedingt auch sektorale Verschiebung der Schwerpunkte von einer historischen Epoche zur nächsten. Während schriftliche Daten zu Lokalität und Ressourcennutzung des eng umgrenzten Untersuchungsraums um die Siedlung Arslanbob für die präsowjetische Zeit nahezu inexistent sind und somit Quellen über vergleichbare Lebens- und Wirtschaftssituationen herangezogen werden müssen, rückt mit der Annäherung an die Gegenwart der lokale Kontext immer stärker ins Blickfeld. Damit geht unausgesprochen ein Wechsel von einer eher deduktiven Vorgehensweise zu einer induktiven einher, da für die früheren Epochen Kenntnisse zur Lokalität nur vom Allgemeinen abgeleitet und vermutet werden können, während empirische Ergebnisse aus jüngster Zeit als beispielgebend herangezogen und verallgemeinert werden sollen.

3.1 MENSCH UND UMWELT IM KHANAT KOKAND

> „Die Landbevölkerung von Turkestan zerfällt in Ansässige und Nomaden. Die Geschichte des Landes ist ein tausendjähriger Kampf der Nomaden mit den Ansässigen, ein Kampf der Bevölkerung der Steppen mit derjenigen der Vorgebirgsländer."
>
> SCHULTZ (1920:49)

In Mittelasien stehen agrarwirtschaftlich intensiv genutzte und dicht besiedelte Bewässerungsoasen weiträumigen Wüsten-, Steppen- und Gebirgsarealen gegenüber. Der offensichtliche Gegensatz dieser Lebensräume spiegelt sich in deutlich voneinander unterscheidbaren Lebensformen und Wirtschaftsweisen der Trägergruppen wider. Doch anders als es das Eingangszitat darstellt, darf das Verhältnis zwischen Nomaden und Sesshaften keineswegs allein auf Konflikt und Konfrontation reduziert werden. Viel eher war es zu allen Zeiten maßgeblich durch Kooperation und Symbiose sowie intensiven Austausch geprägt.

3.1.1 Sozio-politische Differenzen und Gemeinsamkeiten von Nomaden und Sesshaften

Die Walnuss-Wildobstwälder am Südrand der Fergana-Kette stellen nicht nur eine ökologische Besonderheit im überwiegend arid bis semi-arid geprägten und vegetationsarmen Zentralasien dar, sondern sie markieren auch eine ökologisch und gesellschaftlich signifikante Schnittstelle: In den Tal- und Hangfußbereichen unterhalb der Wälder erstrecken sich die bereits seit alters her genutzten und agrarökonomisch bedeutsamen Bewässerungsflächen des Fergana-Beckens, das durchaus als das agrarwirtschaftliche Herz Mittelasiens bezeichnet werden kann. In den Höhenbereichen oberhalb der Wälder schließen sich weite Grasländer an, die ebenfalls seit langer Zeit als Futterbasis einer mobilen Viehwirtschaft genutzt werden. Die Wälder markieren somit eine Grenze bzw. einen Grenzsaum zwischen ackerbaulicher Landbewirtschaftung in den Talbereichen und viehwirtschaftlicher Weidenutzung in den Hochlagen und zugleich zwischen zwei unterschiedlichen Lebensweisen: Sesshaftigkeit und Nomadismus, die wiederum distinkte politische, kulturelle und gesellschaftliche Strukturen aufweisen.

Von Stämmen und Nationen

Die Bezeichnung sozialer Gruppen in Zentralasien stellt ein keineswegs banales Problem dar, denn die Frage, ob eine bestimmte Gruppe als Stamm, Stammeskonföderation, subtribale Gemeinschaft oder als durch einen gemeinsamen Wohnort definierte Gruppe zu kategorisieren ist, kann nicht mit Bezug auf ‚objektive' kulturelle und sprachliche Kriterien der Ethnographie oder Linguistik beantwortet werden (GEISS 2003:28). Russisch-zaristische und sowjetische Ethnographen bezeichneten alle Einheiten unterhalb von Volk (*narod*) oder Nation (*nacija*) als Stamm (*plemja*) oder Geschlecht (*rod*).[1] Dagegen nutzen angloamerikanische Ethnologen wie KRADER (1963), WHEELER (1964) oder BENNIGSEN & WIMBUSH (1986) die Bezeichnungen „Stamm" (*tribe*), „Klan" (*clan*), „Abstammungsgruppe" (*lineage*) oder „*sub-clannish division*". Ungeachtet der terminologischen Unsicherheiten ist für die vorliegende Analyse vor allem die Frage von Bedeutung, aus welchen Gründen und auf welcher gemeinsamen Basis sich nicht-sesshafte Menschen Zentralasiens zu sozialen Gruppen zusammenschlossen.

Aufgrund allgegenwärtiger kriegerischer Bedrohungen können Zusammenschlüsse zu größeren Gruppen zweifellos militärstrategisch begründet werden, wobei es sich dabei häufig auch um kurzfristige Allianzen handelt, die in Zeiten externer Bedrohung eingegangen werden, um Leib und Leben, Hab und Gut oder

---

1 Die russischen und sowjetischen Ethnographen definieren *rod* als eine exogame Einheit und *plemja* als eine endogame Konföderation mehrerer *rods*. Bei den Kirgisen ist Exogamie ein fest verankerter Grundsatz, denn es besteht die Regel, wonach Heiraten zwischen patrilinearen Verwandten bis zur siebten Generation verboten sind (vgl. ABRAMZON 1990:232).

das eigene Territorium und Weidegründe zu schützen, oder aber auch zur Mobilisierung für einen eigenen Überfall. Solche Koalitionen zerfallen nach Erreichen ihrer Ziele wieder und müssen nicht zwangsläufig mit Stämmen kongruent sein. Deshalb unterscheidet GEISS (2003:30–33) zwischen Stammeskonföderationen als Formen militärischer Allianzen und Stämmen, die auch in Friedenszeiten zusammen leben und sich auf eine gemeinsame genealogische Abstammung berufen. Demnach sind Stammeskonföderationen, ebenso wie Horden, Khanate oder patrimoniale Staaten, politische Entitäten, die zum Zwecke der Bündelung von Ressourcen und der Aushandlung von Konflikten, also für politisches Handeln, eingegangen werden. Dagegen sind die von GEISS auch als *„friendship groups"* bezeichneten Stämme längerfristig angelegt und als gesellschaftliche Einbettung für das alltägliche Leben relevant, in denen entsprechende Regeln des Zusammenlebens herrschen. Aufgrund gemeinsamer rechtlicher Gemeinschaftsstrukturen teilen Stammesangehörige einen normativen Rahmen, der zur Schlichtung von Konflikten herangezogen wird.

Die Unterteilung der Bevölkerung Zentralasiens in ethnische Gruppen, Stämme oder gar Nationen entspricht keiner primordialen Logik. Die heutigen Nationalstaaten mit einer Namen gebenden Titularethnie sind gleichermaßen Konstruktionen russischer und sowjetischer Planungsstäbe wie die Einteilung in verschiedene Ethnien. Die Völker der Kasachen, Kirgisen, Usbeken, Turkmenen, Karakalpaken, Tadschiken und anderer sind nicht naturgegeben, sondern das Ergebnis ethnographischer Kategorisierungen und politischer Entscheidungen.

Der Schaffung von Nationen in Zentralasien in den 1920er Jahren lag der Nationenbegriff von Josef Stalin zugrunde. Demnach wurde die Nation definiert als „eine historisch entstandene, stabile Gemeinschaft von Menschen, die durch Gemeinsamkeit der Sprache, des Territoriums, des Wirtschaftslebens und der sich in der Kulturgemeinschaft offenbarenden psychischen Wesensart geeint werden" (zitiert nach MEISSNER 1982:13). Diese auf primordialer Logik aufbauende Definition gilt es jedoch zu hinterfragen, denn die „als objektiv gesetzten" Merkmale sind tatsächlich weniger essentialistischer als konstruktivistischer Natur. ANDERSON (1991) spricht etwa von der „Konstruiertheit" von Nationalität und sieht die Nation als eine *„imagined community"*, als eine Repräsentation von Raum, in der Mitglieder der Nation eine starke imaginierte Verknüpfung miteinander haben, welche sie von anderen trennt. Wichtig erscheint hierbei die Frage, welche Identität stiftenden Konzepte und Ideologien zur Formierung eines nationalen Gemeinwesens gewählt und entwickelt wurden und welche gemeinsame Imagination erfunden und wie diese definiert, reproduziert und umkämpft ist (MITCHELL 2000). Diese Diskurse basieren oft auf partikulären Konstruktionen der Geschichte und Kultur. Dabei beinhaltet die Konstruktion von neuen nationalen Identitäten das Bestreben, eine Nation mit einem bestimmten Territorium in Kongruenz zu bringen (vgl. KNIGHT 1982; MELLOR 1989; HERB & KAPLAN 1999). Denn das Staatsterritorium stellt einen wichtigen räumlichen politischen Rahmen für das gesellschaftliche, kulturelle und politische Leben, und bildet im Besonderen einen wichtigen Fokus für die Identifikation der Einwohner.

Da eine solche Konstruktion Fakten schafft und eine Eigendynamik des Nationenwerdungsprozesses entwickelt, so dass den Zugehörigen dieser verschiedenen Ethnien durchaus ein ethnisches Bewusstsein unterstellt werden kann, wird – nicht zuletzt auch aus praktischen Gründen – im weiteren Verlauf dieser Arbeit mit den entsprechenden Kategorien gearbeitet.

Herkunft und Selbstverständnis der Kirgisen als ‚Nation'

Obwohl im Jahr 2003 in der Kirgisischen Republik landesweit Feierlichkeiten zum Jubiläum „2200 Jahre kirgisische Staatlichkeit" begangen wurden – basierend auf chinesischen Quellen, denen zufolge bereits im zweiten Jahrhundert v. Chr. ein kirgisisches Gemeinwesen bestand (SCHOTT 1865:431–432; VÁMBÉRY 1885:258) –, existierte in der modernen Zeit niemals ein eigenständiger kirgisischer Staat. Erstmals als eigene ethnische Gruppe unter diesem Namen erwähnt, einhergehend mit der Lokalisierung auf das Territorium, auf dem sie heute leben, wurden die Kirgisen Ende des 15. Jahrhunderts. Ihre frühere Geschichte und insbesondere ihre Verbindung zu den Kirgisen am Jenissei, die einen starken Nomadenstaat bildeten, der das uigurische Kaghanat im 9. Jahrhundert zerstörte, wird kontrovers diskutiert (MICHELL & MICHELL 1865:88–96, 272–277; SCHOTT 1865:455–461; HAMBLY 1998:160–161; ABRAMZON 1990; BREGEL 2003:78; ABAZOV 2004). Ab dem 16. Jahrhundert jedoch formten die Kirgisen im zentralen und westlichen Tien Schan und südlich bis zum Pamir eine distinkte Entität.

Unbestritten ist, dass sich die Bewohner dieser Region spätestens seit Mitte des 19. Jahrhunderts selbst als Kirgisen bezeichneten. In den Veröffentlichungen dieser Zeit bis in die ersten beiden Dekaden des 20. Jahrhunderts wurde diese Benennung jedoch vielfach der heute als Kasachen bezeichneten Bevölkerungsgruppe zugewiesen. Die Kirgisen wurden dagegen von den Chinesen und Kalmüken als *Burut* und von den Russen als *Kara Kirgizy* („schwarze Kirgisen")[2] oder als *Dikokamennyje Kirgizy* („wildfelsige Kirgisen" oder „die im wilden Gebirge lebenden Kirgisen") bezeichnet (MICHELL & MICHELL 1865:91–92; SCHOTT 1865:461–462; SCHUYLER 1876:260; HELLWALD 1879:20; RADLOFF 1884(I):230; VÁMBÉRY 1885:260).[3] Identität und Gründungsmythos der Kirgisen sind darüber hinaus eng mit dem Manas-Epos verbunden, das in epischer Breite historische Ereignisse sowie Angaben zum kulturellen und geistigen Leben der Kirgisen be-

---

2   Die Bezeichnung „Kara-Kirgisen" bezieht sich auf die im Gegensatz zu den Kasachen fehlende Geburtsaristokratie, denn „schwarze Kirgisen" steht hier für „Kirgisen des gemeinen Gebeins" (KRAHMER 1897:80).
3   Zur etymologischen Bedeutung von *Kirgis* existieren zwei Varianten: Zum einen könnte es „Feldwanderer" (*Kir* = „Feld" und *giz* = „wandern") bedeuten, zum anderen aber auch „vierzig Mädchen" (*kirk* = „vierzig", *Kiz* = „Mädchen"). Mit letzterer Bedeutung ist auch ein entsprechender Gründungsmythos verbunden. Das negativ konnotierte Epitheton *kara* („schwarz", „unedel", „schlecht") übernahmen die russischen Forschungsreisenden von den Kasachen, die damit ihre Abfälligkeit gegenüber den Kirgisen zum Ausdruck brachten (vgl. VÁMBÉRY 1885:261–263).

inhaltet (vgl. MICHELL & MICHELL 1865:101; RADLOFF 1884(I):534; VÁMBÉRY 1885:271–276).

Die politische Struktur der Kirgisen war bis ins 19. Jahrhundert geprägt durch wechselnde Stammeskonföderationen und Stämme (*Uruk*), die auf realen oder imaginierten Verwandtschaftsbeziehungen basierten und sich auf einen gemeinsamen Vorfahren beriefen. Aufgrund fehlender präziser Daten ist eine genaue Identifizierung von Stämmen schwierig, da auch der Unterschied zwischen Stamm und Stammeskonföderation oft nicht eindeutig ist. Weitgehend Einigkeit herrscht indes über die drei übergeordneten Konföderationen, in denen die Stämme vereinigt waren: *Ong Kanat* (rechter Flügel) stellte die größte Gruppe dar, deren Mitglieder in Nord- und Zentralkirgistan lebten. *Sol Kanat* (linker Flügel) hatte ihren Schwerpunkt im Gebiet Talas und am Nordrand des Fergana-Beckens, während die Mitglieder der Ičkilik (Mitte) überwiegend im westlichen Alai und im östlichen Pamir lebten. Diese Struktur bildete die Basis der politischen Organisation, einen absoluten Herrscher aller Kirgisen gab es nicht. Über die Anzahl und weitere Unterteilung in Stämme und Verwandtschaftsgruppen finden sich unterschiedliche Angaben (vgl. ETZEL & WAGNER 1864:351; MICHELL & MICHELL 1865:102; VÁMBÉRY 1885:265–266; HAYIT 1956:218–219; ABYŠKAEV 1965:15; BREGEL 2003:78; TEMIRKULOV 2004:94).[4] Die tribale politische Ordnung der Kirgisen war somit dezentral organisiert und basierte auf patriarchaler Autorität und der Anerkennung die Herrschaft regelnder Gewohnheitsrechte.

Sozialstruktur und innere Gliederung der kirgisischen Stämme

Politisch geführt wurden die Stämme oder Stammenskonföderationen von so genannten *Manap*, die eine Art aristokratischen Rang für sich selbst reklamierten und deren Entscheidungen für alle Mitglieder bindend waren.[5] Ein *Manap* konnte die politische Führung über zehntausende von Haushalten ausüben. Kleinere Gruppen von 200-300 Haushalten wurden von einem *Bii* geführt, der darüber hinaus bei Streitfällen schlichtete oder bei militärischen Aktionen streitbare Gruppen zusammenstellte; hiervon abzugrenzen ist der *Batyr*, ein militärischer Befehlshaber. Die Mehrheit der Bevölkerung bildeten die gewöhnlichen Stammesmitglieder (*Bukhara*) und Gefolgsleute (*Džigit*). Am unteren Ende der sozialen Hierarchie standen die armen und von den Reichen abhängigen Haushalte (*Kongžu*) sowie

---

4 Größere Stämme (*plemja*) wie die Bugu, Sary Bagysh, Solto, Adigine oder Saruu sieht GEISS (2003:41) ebenfalls eher als Stammenskonföderationen, da sich ihre Zusammensetzung immer wieder änderte, während er kleinere Gruppen wie die Munduz, Kalmak oder Döölös durchaus als Stämme auffasst.
5 Nach ABRAMZON (1990:169) verweist dieser Begriff auf den Stamm der Sary Bagysh, die ihre Stammesführer nach ihrem Gründer Manap bezeichneten, der im 17. Jahrhundert gelebt haben soll. Ursprünglich wurdel das Amt des *Manap* durch Wahl vergeben, doch im Laufe der Zeit wurde der Titel meist vererbt. Ein *Manap* erhielt kein reguläres Einkommen, aber ‚freiwillige' Zuwendungen sowie die Strafzahlungen von Verurteilten (MICHELL & MICHELL 1865:278–279).

Sklaven (*Kul*) (SCHUYLER 1876:260; RADLOFF 1884(I):230–235; TABYSHALIEVA 2005:86). Sklaverei war jedoch unter den kirgisischen Stammesgesellschaften weniger verbreitet als in den Oasen Zentralasiens. Bei den Sklaven handelte es sich um Kriegsgefangene oder um verurteilte Verbrecher. Sie mussten in den Haushalten mitarbeiten, dienten als Teil der Mitgift (*Kalym*) oder als Zahlungsmittel zur Begleichung von Strafen. Ihre Nachkommen wurden im Laufe der Zeit in die Stammesgemeinschaft integriert (AKADEMIJA NAUK KIRGIZSKOJ SSR 1984:217).

Stammesälteste (*Aksakal*) oder Stammesführer (*Bii*) schlichteten Streitfälle nach Gewohnheitsrecht (*Adat, Salt*), ihre Urteile waren bindend. Wenn ein Angeklagter das Urteil nicht akzeptierte oder nicht vor Gericht erschien, dann hatten die Ankläger das Recht, Vieh der Verwandten des Angeklagten zu konfiszieren als Kompensation für erlittenen Schaden (GEISS 2003:34; LEVCHINE 1840:349, 400; RUMJANCEV 1910:13).

Die alltagsweltliche Eingebundenheit der einzelnen Kirgisen in soziale Gruppen ist jedoch nicht auf den Stamm zu reduzieren, vielmehr bildeten die nomadisierenden Kirgisen kleinere Gruppen, die sich – zumindest periodisch – durch die gemeinsame Nutzung von Lagerplätzen auszeichneten. Solche „*Camp Groups*" (GEISS 2003:56) setzten sich zumeist aus den engeren agnatischen Verwandten (meist Brüder und deren Söhne mit Familien) zusammen und konnten aus einem oder mehreren erweiterten Haushalten (*Čong üi*) bestehen, die jeweils bis zu 50 Personen umfassten.[6] *Camp Groups* entwickelten sich aus der Notwendigkeit gegenseitiger Hilfe und Zusammenarbeit bei agrarwirtschaftlichen Tätigkeiten wie der Ernte, dem Scheren der Schafe oder dem Reparieren von Bewässerungskanälen. Diese Kooperationen ergaben sich aus der Tatsache, dass die Haushalte bestimmte Weideterritorien gemeinsam nutzten und deren Besitzrecht beanspruchten (GEISS 2003:60). Die Ältesten (*Aksakal*) hatten Entscheidungsgewalt über interne Angelegenheiten und konnten Familienmitglieder bei Fehlverhalten bestrafen; ihre Entscheidungen waren für alle bindend. Zwar stellen Verwandtschaft und gemeinsame Genealogie wichtige konstitutive Prinzipien dieser *Camp Groups* dar, doch sind sie in erster Linie als Wirtschaftseinheiten zu sehen, im Gegensatz zu den *Bir Atanyn Baldary* („Kinder eines Vaters"), den Gruppen engerer Verwandter, die Hochzeiten, Beerdigungen oder andere Feste (*Toi*) gemeinsam bestritten und sich gegenseitig unterstützten (ABRAMZON 1990:209–210).

Nomadische Lebens- und Wirtschaftsweise der kirgisischen Stämme

Ihren Lebensunterhalt bestritten die kirgisischen Nomaden mit dem Halten und Züchten von Vieh, insbesondere von Schafen, Pferden, Rindern und in geringerem Umfang Kamelen sowie in einigen Regionen auch Yaks (MICHELL & MICHELL 1865:280; SCHOTT 1865:433). Das Vieh und tierische Produkte dienten

---

6 Nach den Berichten der sowjetischen ethnographischen Expeditionen im 19. Jahrhundert war das *Čong üi* typisch für alle Regionen Kirgistans (ABRAMZON 1990).

zum großen Teil ihrer Subsistenz, aber auch zum Tausch gegen andere Güter wie Getreide, Kleidung oder Metallwaren. Reiche Haushalte konnten mehrere tausend Pferde und Schafe besitzen.

Als Nomaden verfügten sie über transportable Jurten (*Bos üi*), die aus leichten Gestängen aus Weidenrouten und Filzmatten in kürzester Zeit auf- und abgebaut werden konnten. Mit ihren Viehherden wechselten die Gruppen den Jahreszeiten entsprechend zwischen verschiedenen Weideplätzen: Im Winter lagen meist größere Gruppen in langen Reihen von Jurten an Flussläufen (PETZHOLDT 1877:316; RADLOFF 1884(I):527) in möglichst schneearmen Gebieten, häufig auch zusammen mit seminomadischen Stammesangehörigen, die in einfachen Hütten wohnten, Landwirtschaft betrieben und Weizen, Gerste oder verschiedene Hirsearten anbauten, und bildeten so ein *Ail*, eine Art Dorf (MICHELL & MICHELL 1865:281; SCHOTT 1865:434–435, 463; RADLOFF 1884(I):528; OŠANIN 1881:28–29). Dem Abtauen des Schnees und den steigenden Temperaturen folgend zogen die Nomaden zunächst auf Frühjahrsweiden (*Köktöö*, *Žasdoo*) in mittleren Höhen und dann in die Hochlagen des Gebirges, wo sie für zwei bis drei Monate die Sommerweiden (*Džailoo*) aufsuchten. Jede Verwandtschaftsgruppe hatte ihre festen Weideplätze und -routen.[7]

Dabei zogen die Besitzer großer Viehherden tendenziell zu den weiter entfernt gelegenen Weidearealen, während arme Haushalte in der Nähe ihrer Winterplätze (*Kyštoo* = „Winterweide") blieben (BEZKOVIC 1969:99). Denn die Wanderungen waren oft mit großen Verlusten an Vieh verbunden, insbesondere wenn hohe Gebirgspässe überschritten werden mussten und die Herde durch Kälteeinbrüche oder Raubtiere bedroht war. Das gesamte Hausgerät wurde auf Kamele, Pferde oder Rinder geladen.

Die rauen klimatischen und schwierigen topographischen Bedingungen sowie die Unsicherheit vor Überfällen machten den Zusammenschluss in auf Verwandtschaft basierenden Netzwerken notwendig, um den Schutz und das Überleben der nomadischen Haushalte sicherzustellen. Dabei hatten wohlhabende Haushalte die Verpflichtung, bedürftige Mitglieder zu unterstützen, die ihnen wiederum ihre Loyalität und Anerkennung ihrer Privilegien beim Zugang zu den gemeinsamen Ressourcen zusicherten (TABYSHALIEVA 2005:81–82). Eine häufige Form einer solchen abhängigen Kooperation war das so genannte *Saan* (Melken), das eine große Anzahl gewöhnlicher Haushalte an *Manap* oder *Bey* (reicher Mann) band. So verpachteten wohlhabende Haushalte einen Teil ihrer Herde zeitweise an verarmte Stammesmitglieder. Im Gegenzug erhielten sie Milchprodukte oder Unterstützung bei alltäglichen Arbeiten und der Ausrichtung von Festen (TABYSHALIEVA 2005:86). Auch beanspruchten *Manap* das Besitzrecht (*Koruk*) an Weiderouten und -plätzen und verlangten Pachtgebühren oder Wegegeld von Haushalten, die das Gebiet querten (TABYSHALIEVA 2005:88).

---

7 Nach Gewohnheitsrecht erhielten jene Gruppen das gemeinsame Recht exklusiver Nutzung, die als erste eine Weide oder ein Territorium besetzten. Innerhalb solcher Gruppen waren die Zugangsrechte gleichmäßig unter allen Mitgliedern aufgeteilt (GRODEKOV 1889:102–111, zitiert in GEISS 2003:83; KAUFMANN 1908:150–164; 261–280).

Bei den Kirgisen war die nomadische Lebensweise im Gegensatz zur Sesshaftigkeit hoch angesehen; die sesshafte Landwirtschaft galt dagegen als letzter Ausweg bei Armut oder bei Verlust des Viehs (BEZKOVIC 1969:99, 102).[8] Dauersiedlungen mit ausschließlich landwirtschaftlicher Betätigung waren selten, aber existent, etwa am Rande des Fergana-Beckens, aber auch im At-Bashy- und im Naryn-Tal (AKADEMIJA NAUK KIRGIZSKOJ SSR 1984:472–475).

Die Viehwirtschaft lieferte den Nomaden Fleisch, Milchprodukte, Leder und Wolle, aus denen sie Filzdecken, Teppiche und Stoffe sowie Peitschen, Sättel und Mützen anfertigten. Alle übrigen notwendigen Produkte, etwa Baumwollstoffe, Seide, Kleidung, Eisenwaren, Haushaltsgeräte wie Kessel und Geschirr sowie Ziegeltee, erhielten sie von Händlern aus Taschkent, Buchara, Kokand oder Kaschgar im Tausch gegen Schafe (MICHELL & MICHELL 1865:282–283; WENJUKOW 1874:315; PETZHOLDT 1877:321).

Als einen wesentlichen Unterschied zwischen der nomadisierenden und der sesshaften Bevölkerung Zentralasiens wird immer wieder auf den Grad der Religiosität rekurriert. Tatsächlich wurden die kirgisischen Stammesgruppen erst viel später als die sesshafte Bevölkerung des Fergana-Beckens islamisiert und übernahmen bzw. entwickelten nur partiell islamische Institutionen. In den Berichten der Forschungsreisenden Ende des 19. Jahrhunderts wird auf ihre nur oberflächliche Islamisierung bzw. die untergeordnete Rolle des Islam innerhalb ihrer Glaubensvorstellungen verwiesen (vgl. MICHELL & MICHELL 1865:85, 288; SCHUYLER 1876:260; VÁMBÉRY 1885:268–269; SCHWARZ 1900:195), die viel eher mit animistischen und schamanischen Elementen verbunden waren.[9] Nahezu alle Nomaden waren illiterat, nur sehr wenige Kirgisen konnten lesen und schreiben (MICHELL & MICHELL 1865:85, 287).

Grundsätzlich bestand ein stark patriarchalisches System, in dem der Respekt vor dem Alter ein wichtiges Prinzip darstellte. Söhne emanzipierten sich von ihren Vätern erst durch deren Tod. Im Alter von 20 Jahren erhielten sie in der Regel ein eigenes Zelt sowie Rinder und Schafe für ihre Subsistenz (SCHUYLER 1876:262). Als wichtiges Überlebensprinzip der nomadischen Lebensweise in einer unwirtlichen Umwelt galt die Gastfreundschaft (VÁMBÉRY 1885:268).[10]

Nachbarschaft als Grundeinheit der sesshaften Bevölkerung Turkestans

Wie auf verschiedenen, Ende des 19. Jahrhunderts publizierten ethnographischen Karten (UJFALVY 1884; UJFALVY-BOURDON 1880) zu sehen, verläuft eine Grenze

---

8   Die große Bedeutung des Viehs spiegelte sich auch in Redensarten wider, etwa wenn sich Personen bei einer Begegnung zuerst mit „*Mal čan amanba?*" (= wie befinden sich Vieh und Leben?) oder „*At lau amanba?*" (= wie befindet sich das Pferd?) nach den Tieren erkundigten und erst anschließend nach dem Wohl der Familie (VÁMBÉRY 1885:270).
9   Diese Ansicht der nur oberflächlichen Islamisierung wird in der jüngeren Forschung in Frage gestellt (vgl. KAPPELER 2006:154).
10 Zu Kultur und Lebensweise der Nomaden Zentralasiens im 19. Jahrhundert vgl. die ausführlichen Erörterungen von RADLOFF (1884(I):406–534) und VÁMBÉRY (1885:269).

zwischen dem Siedlungsgebiet der sesshaften Bevölkerung und jenem der kirgisischen Nomaden genau durch das Untersuchungsgebiet der vorliegenden Arbeit. Somit wurde das Territorium der Nusswälder nicht ausschließlich durch die Einflüsse der Stammesgesellschaften geprägt, sondern weist einige Siedlungen auf, die vermutlich bereits vor Jahrhunderten gegründet wurden. Deshalb sollen die sozialstrukturellen Kennzeichen der sesshaften Gesellschaften des Fergana-Beckens hier ebenfalls vorgestellt werden.

Im Gegensatz zu der oben angeführten kirgisischen Stammesgesellschaft bildet nicht der Stamm oder Klan die grundlegende Sozialgruppe der sesshaften Bevölkerung Zentralasiens, sondern die Nachbarschaft, die so genannte *Mahallah*. Mitgliedschaft in einer *Mahallah* bestimmte nicht die Abstammung, sondern der Wohnort. Dies bedeutet, dass auch Zugezogene durch die Teilnahme am gesellschaftlichen und religiösen Leben volles Mitglied in einer *Mahallah* werden konnten. Die gemeinschaftlichen Bande einer *Mahallah* wurden durch die Notwendigkeit der gemeinsamen Erledigung zahlreicher Aufgaben, wie etwa die Instandhaltung und Reinigung von Bewässerungskanälen oder die Ausrichtung von Festen und Zeremonien, permanent gefestigt (vgl. GEISS 2003:86, 88).

Geleitet wurden diese Nachbarschaftsgruppen sowohl im städtischen als auch im ländlichen Raum ebenfalls von einem Ältesten (*Aksakal*), der von der Gemeinschaft gewählt wurde. Er hatte einige Assistenten, die seine Entscheidungen implementierten. In der Regel stammte der *Aksakal* aus einer Familie mit hoher Reputation, so dass er dank seiner persönlichen Integrität und seines Reichtums Einfluss und Autorität in der Nachbarschaft bewahrte. Er schlichtete Streitfälle und vertrat die Nachbarschaft nach außen (GEISS 2003:87).

Die sesshafte Bevölkerung im Fergana-Beckens wurde zumeist unter dem Begriff der *Sarten* subsumiert, bei denen es sich sowohl um Usbekisch- als auch Tadschikisch-Sprecher handeln konnte.[11] Damit war die Identität einer Person nicht nur auf vermeintlich ethnische oder sprachliche Kategorien begrenzt, sondern konnotierte auch mit einer Berufsgruppe oder Lebensform. Denn ein *Sart* zu

---

11 Die Mitglieder der sesshaften Bevölkerung Zentralasiens erhielten in den Berichten und Statistiken die Bezeichnungen Usbeken, Tadschiken oder Sarten bzw. schrieben sich selbst diesen Kategorien zu. Während die Kategorien Usbeke und Tadschike auf einer vermeintlich sprachlichen und ethnischen Definition basieren, ist dies bei der heute nur als Schimpfwort genutzten Bezeichnung *Sart* anders. Nach BARTOL'D (1925:103–105) haben die europäischen Forschungsreisenden lediglich die Turksprecher der sesshaften Bevölkerung als Sarten tituliert, während nach NALIVKIN (1886) die gesamte sesshafte autochthone Bevölkerung Ost- und Westturkestans als Sarten galten. RADLOFF (1884(I):224) sieht in den Sarten turkisierte Iraner, während SCHWARZ (1900:4–6) sowohl die sesshaften Usbeken und Tadschiken als auch die zur Sesshaftigkeit übergegangenen Kasachen, Usbeken und Kirgisen unter dem Begriff der Sarten subsumiert. SCHUYLER (1876, I: 104–105) merkt an, dass der Begriff Sart zunächst für die Bewohner der Region Syrdarja genutzt wurde und sich erst später nach Kaschgar, Kokand und Chiva ausbreitete. Wichtig bleibt noch anzumerken, dass nicht alle Usbeken ausschließlich eine sesshafte Lebensweise verfolgten, sondern dass ein pastoraler Nomadismus durchaus auch bei Usbeken anzutreffen war (vgl. SCHUYLER 1876:53; PETZHOLDT 1877:369; UJFALVY DE MEZÖ-KÖVESD 1878:61). Sesshafte Usbeken wurden gelegentlich auch als „Sart-Usbeken" bezeichnet.

sein bedeutete in erster Linie, unabhängig von der genutzten Sprache, sesshaft zu sein und Landwirtschaft oder Handel zu betreiben. Am Rande des Fergana-Beckens jedoch kombinierten die meisten Haushalte Landwirtschaft und Viehzucht, nicht wenige Usbeken verfolgten eine nomadische Lebensweise. Sesshafte identifizierten sich selbst darüber hinaus häufig als Bewohner bestimmter Städte oder Orte, während die Nomaden ihre Identität mit ihrer tribalen Gruppe verbanden (vgl. TABYSHALIEVA 2005:80).

In frühen Schilderungen wurde der sesshaften Bevölkerung Zentralasiens, die dem sunnitischen Islam folgte, vielfach ein religiöser Fanatismus unterstellt (PETZHOLDT 1877:369). Zweifellos kam dem Islam, der bereits im 8. Jahrhundert in Zentralasien Fuß fasste, in den festen Siedlungen eine deutlich größere Bedeutung zu als bei den nomadisierenden Gruppen. Es etablierten sich islamische Institutionen, das islamische Recht wurde angewandt und die Gebote waren für einen gläubigen Muslimen leichter zu erfüllen in Gemeinschaft mit anderen Muslimen.

Die sesshafte Bevölkerung Zentralasiens bestritt im 19. Jahrhundert ihren Lebensunterhalt hauptsächlich durch Ackerbau, Gartenbau und Seidenraupenzucht, in den größeren Siedlungen auch durch Handel (vgl. PETZHOLDT 1877:369).

Insgesamt schätzte SCHUYLER (1876:204) die Bevölkerung des Khanats von Kokand auf etwa eine Million, wobei er eine scharfe Trennung zwischen Sesshaften, insbesondere Usbekisch- und Tadschikisch-Sprecher in den Tiefländern, und Nomaden, Kirgisisch- und Kipchakisch-Sprecher, zieht.[12] Tatsächlich stellt gerade mit Blick auf das engere Untersuchungsgebiet eine solche strikte Trennung eine Verkürzung der Vielfältigkeit von Lebensformen in Mittelasien dar. Denn beispielsweise betrieben nicht wenige Usbekisch-Sprecher Halbnomadismus und zahlreiche Kirgisen siedelten in den Gebirgsregionen nördlich und südlich des Fergana-Beckens, wo sie Land an den Fußflächen kultivierten und im Sommer ihr Vieh auf die Sommerweiden im Gebirge trieben (SCHUYLER 1876:204). Damit sollen jedoch keineswegs die dargestellten unterschiedlichen Wirtschaftsweisen und Gesellschaftsformen negiert werden, vielmehr können diese sozioökonomischen Traditionen als bis heute strukturierend gesehen werden. Obgleich Rivalitäten das Verhältnis zwischen sesshafter und nomadischer Bevölkerung in Mittelasien geprägt haben dürften und immer wieder Konflikte um Land und Ressourcen auftraten, kooperierten und ergänzten sich die verschiedenen Gruppen in vielen Lebensbereichen, indem sie intensiven Güteraustausch betrieben und unterschiedliche ökologische Nischen besetzten. Im Untersuchungsgebiet der Nusswälder trafen beide Lebensformen aufeinander.

---

12 Insgesamt sollen zu Beginn der zweiten Hälfte des 19. Jahrhunderts etwa 475 000 Kirgisen in Zentralasien gelebt haben, davon etwa 300 000 im Fergana-Gebiet (vgl. PETZHOLDT 1877:300, 313). WENJUKOW (1874:314) schätzt dagegen die Gesamtzahl der (Kara-)Kirgisen, einschließlich jener in Ostturkestan, auf 850 000.

3.1.2 Institutionen der Ressourcennutzung im Khanat Kokand

Bei der vorliegenden diachronen Darstellung der Wandlungen der Mensch-Umwelt-Beziehungen soll die historische Analyse nicht überdehnt werden. Die Analyse historisch-politischer Ereignisse beginnt deshalb mit dem Aufstieg des Khanats von Kokand, dem die Untersuchungsregion zugehörte. Deduktive Schlussfolgerungen aus dieser meist die Herrschaftsverhältnisse betreffenden Geschichte auf den lokal interessierenden Fall können nur auf Spekulationen beruhen und unterbleiben deshalb.

Entstehung und Zerfall des Khanats Kokand

In der frühen Neuzeit dominierten die Khanate Chiwa und Kokand sowie das Emirat Buchara die politischen Geschicke Mittelasiens. Der ungefähre Machtbereich dieser Herrschaftsgebilde Mitte des 19. Jahrhunderts ist in Karte 3 dargestellt.

Die formale Gründung des Khanats von Kokand erfolgte mit der Übernahme des Khan-Titels durch Alim Khan um 1798.[13] Über ein Jahrhundert lang hatten Mitglieder der Ming-Dynastie die Herrschaft im Fergana-Becken ausgeübt. Durch die Bildung einer Allianz mit kiptschakischen und kirgisischen Stammesführern gelang es ihnen, den größten Teil des heutigen Südkirgistan unter ihre Herrschaft zu bringen (vgl. GEISS 2003:147). Zur Sicherstellung ihres Einflusses errichteten sie Festungen in Stammesgebieten und entlang von Handelswegen, wo Garnisonen Steuern (*Zakot*) auf Handel und Vieh einzogen (AKADEMIJA NAUK KIRGIZSKOJ SSR 1984:490–494; PLOSKICH 1977:69–78, 88–94; KOIČUEV et al. 1996:104–106). Alim Khan und seine Nachfolger auf dem Thron in Kokand betrieben eine expansionistische Politik und griffen immer wieder erfolgreich verschiedene kirgisische Stämme an (AKADEMIJA NAUK KIRGIZSKOJ SSR 1984:494–496; PLOSKICH 1977:96–97). In Nordkirgistan wurde 1825 die Festung und spätere Stadt Pischpek (1926-91 Frunze, seit 1991 Bischkek) gegründet, nachdem die umliegenden Stämme besiegt und zur Zahlung des *Zakot* gezwungen wurden. Bis 1831 gerieten das Yssyk Köl-Gebiet und Naryn unter den Einflussbereich von Kokand (AKADEMIJA NAUK KIRGIZSKOJ SSR 1984:662–663). Als Folge der starken Expansion des Herrschaftsterritoriums entglitt den Khanen jedoch allmählich die Kontrolle über ihre Provinzen. Wegen hoher Steuerforderungen machte sich Unzufriedenheit breit, die in einer offenen Revolte im Fergana-Becken gipfelte. So nutzte 1842 Emir Nasrullah von Buchara die Gunst der Stunde und besetzte Kokand, wurde jedoch von einer Allianz aus Sarten, Kirgisen und Kiptschaken nach drei Monaten wieder vertrieben. Es folgten weitere interne Auseinanderset-

---

13 Beginn und Dauer der Regentschaft von Alim Khan sind jedoch umstritten, die Angaben variieren zwischen 1798-1810 und 1800-1809 (vgl. WHEELER 1964:44; HOLDSWORTH 1959:5; AKADEMIJA NAUK KIRGIZSKOJ SSR 1984:494; PLOSKICH 1977:69; KOIČUEV et al. 1996:106).

zungen um die Macht, bevor das Russische Zarenreich als starker externer Akteur seinen Herrschaftsbereich auf Zentralasien ausdehnte und 1860 die kokandischen Festungen Tokmok und Pischpek eroberte (SCHWARZ 1900:142; 144). In den folgenden Jahren drangen die russischen Truppen weiter auf dem Gebiet des Khanats vor und eroberten es vollständig. Die Annexion des Khanats von Kokand und seine Umwandlung in den Fergana Oblast des Generalgouvernements Turkestan erfolgten am 19. Februar 1876 (KOIČUEV et al. 1996:117–121; PIERCE 1960:34–37).

Die Schwäche des Khanats von Kokand resultierte neben seiner großen territorialen Ausdehnung und den häufigen Aufständen der Nomadengruppen auch in der unsicheren Position des Khans. So waren die Khane niemals sakrosankt, sie mussten immer um ihr Leben bangen: Von den neun verschiedenen Khanen Kokands zwischen 1798 und 1876 starb nur ein einziger (Umar Khan) eines natürlichen Todes im Amt, alle anderen wurden ermordet oder aus dem Amt gejagt – mit jedem Mord sank die Reputation des Amtes als Souverän des Volkes (GEISS 2003:153).

Innere Gliederung des Khanats Kokand

Zentrum des Khanats von Kokand bildete der Hof des Khans in der gleichnamigen Stadt am Südrand des Fergana-Beckens. Der Khan von Kokand herrschte autokratisch und war gleichzeitig oberster Richter und politischer Führer. Höchster Beamter am Hof war der *Mingbaši* („Kopf von Tausend"), höchster militärischer Befehlshaber der *Parvonači* oder *Askarboši*. Allerdings hatten die oftmals rivalisierenden kirgisischen, kiptschakischen und usbekischen Stämme und Stammeskonföderationen großen Einfluss auf die Politik und schwächten die Position des Khans (GEISS 2003:153).

Das Khanat war in vier Provinzen (*Viloijat*) – Kokand, Marghilan, Andishan und Namangan – unterteilt und wies dezentrale Regierungsstrukturen auf. So war lediglich die Provinz Kokand die Domäne des Khans, die Steuern dieser Region gingen direkt an seinen Hof. Im Gegensatz hierzu konnten die Statthalter (*Kušbegi* oder *Hakim*) in den anderen Provinzen nach eigener Willkür herrschen und Steuern erheben, sie mussten jährlich nur eine bestimmte Steuerzahlung an den Khan entrichten (PLOSKIKH 1977:111). Ein *Bek* oder *Dodchoh* stand kleineren Provinzen oder Kreisen, den so genannten *Beklik* vor. Sie regierten in ihren Kreisen ebenfalls weitgehend unabhängig, konnten Steuern eintreiben, ernannten Beamte und Richter nach eigenem Gutdünken, mussten jedoch ein- oder zweimal pro Jahr am Hof des Khans erscheinen, um über ihre Angelegenheiten zu berichten und eine zuvor vereinbarte Geldsumme oder Geschenke zu überbringen (SCHUYLER 1876:204–205; AKADEMIJA NAUK KIRGIZSKOJ SSR 1984:500–501; SCHWARZ 1900:177). Gewöhnliche Streitfälle wurden von einem *Kafi* geschlichtet, der vom jeweiligen *Bek* ernannt wurde (SCHWARZ 1900:181). Ein *Beklik* bestand aus mehreren kleineren Distrikten mit einem Feldherren (*Iuzboši*) und einem obersten Steuerbeamten (*Sarkor*). Letzterer organisierte den Steuereinzug und überwachte die Steuereintreiber (AKADEMIJA NAUK KIRGIZSKOJ SSR 1984:546). Das Khanat von Kokand, wie auch die anderen Khanate Zentralasiens, bestand somit aus einem Konglomerat kleinerer Provinzen und Kreise – nicht zuletzt eine Folge der territorialen Verhältnisse, denn die Khanate wiesen keine zusammenhängend besiedelten Gebiete auf, sondern bestanden aus einzelnen Oasen. Die Statthalter wurden dementsprechend mit verhältnismäßig großen Machtbefugnissen ausgestattet (vgl. SCHWARZ 1900:177).

Häufig wechselnde Machtkonstellationen und ein willkürliches Übertragen von Befugnissen behinderten das Funktionieren der regulären Verwaltungsstrukturen in Kokand. Da höhere Verwaltungsbeamte in der Regel kein Gehalt erhielten, wurde ihnen das Recht auf die Besteuerung von Land gewährt. Davon mussten sie Streitkräfte (*Sarboz*) unterhalten, die Verwaltung finanzieren und den Khan und seinen Hofstaat bei seinen Reisen in die Provinz verköstigen und unterbringen.[14] Das Recht der Steuererhebung wurde wiederum oft an Steuerpächter verkauft, die eine jährliche Steuerernte im Voraus bezahlten und damit das exklusive Recht der Besteuerung für diesen Distrikt erhielten (TROICKAJA 1969:38–41 zitiert in GEISS 2003:155). Da die Beamten weit mehr Steuern erhoben als sie an den Khan abgeben mussten, waren solche Posten vor allem eine Gelegenheit, den eigenen Wohlstand und Einfluss zu steigern (AKADEMIJA NAUK KIRGIZSKOJ SSR 1984:548; PLOSKICH 1977:182). Nach SCHWARZ (1900:184) beruhte das gesamte Verwaltungssystem maßgeblich auf Korruption und Nepotismus.

Landrechte und Besteuerung

In den Siedlungsoasen regelten islamische Geistliche (*Ulama*) rechtliche Angelegenheiten nach islamischem Recht (*Scharia*), während der Rechtsprechung durch die Ältesten in den Stammesgesellschaften Gewohnheitsrechte (*Adat*) zugrunde lagen. Mit der unterschiedlichen Rechtsbasis von Sesshaften und Nomaden verbanden sich auch verschiedene Verantwortlichkeiten: Das islamische Recht basiert auf der Verantwortung einer jeden Person; Verstöße und ernste Rechtsübertritte wurden durch körperliche Züchtigungen, Verstümmelungen oder Todesstrafe geahndet, während bei den Stammesgruppen strafbare Handlungen durch Bezahlung von Blutgeld beglichen wurden (GEISS 2003:93).

Nach islamischem Recht war das Land Eigentum des Staatsoberhaupts, in diesem Fall des Khans (vgl. WHEELER 1964:72). Doch wurde eine Untergliederung getroffen zwischen Kronland, d.h. persönlichem Eigentum des Khans, und Staatsland als Eigentum des staatlichen Schatzamtes. Die *Beks* hatten Zugriff auf das gesamte Land in den ihnen zugeteilten Provinzen, doch hatte der Khan noch jeweils persönliches Eigentum in den verschiedenen *Bekliks* seines Khanats, dessen Einkünfte ihm zustanden (KRADER 1966:95). Grundsätzlich existierten verschiedene Kategorien von Land mit unterschiedlichem Steuerrecht (AKADEMIJA NAUK KIRGIZSKOJ SSR 1984:540):

---

14 Die Khane unternahmen regelmäßig Reisen durch ihr Khanat, um es zu kontrollieren und um größere Summen an Geld von den verschiedenen *Beks* einzutreiben (SCHUYLER 1876:186).

1) Das Staatsland (*Amlok*) umfasste das gesamte bewässerte Kulturland und stand formal im Eigentum des Khans (MATLEY 1994:277). Die Erträge und Steuern dieses Staatslandes wurden von den Steuereintreibern (*Amlokdar*) eingezogen und gingen an die Provinz- bzw. Gebietsschatzämter mit Ausnahme des Landes, das der Khan persönlich für sich beanspruchte (*Khaslyk*) und dessen Einnahmen ihm direkt zuflossen (NALIVKIN 1886:209; TROITSKAIA 1969:3–15 zitiert in GEISS 2003). PIERCE (1960:143) definiert *Amlok* als neu kultiviertes Land, das nach der *Scharia* jenem zufällt, der es kultiviert und bewässert. Allerdings stand den Nutzern dieses Landes nur ein beschränktes Besitzrecht zu, da sie weder das Land noch ihr Besitzrecht veräußern konnten (KRADER 1966:94).

2) Etwa 90% des bewässerten Landes gehörten zur Landkategorie *Mulk*, das eine Form von Privateigentum darstellte (MATLEY 1994:278). Hierzu gehörte auch Land, das der Khan an Beamte oder Anhänger für deren Dienste verschenkt oder verkauft hatte. *Mulk*-Land konnte nach islamischem Recht verkauft, gekauft oder vererbt werden.[15] Somit konnten die tatsächlichen Landnutzer entweder selbst Eigentümer des Landes sein oder Pächter (*Čaräkar*) im Dienste größerer Landeigentümer. Letztere bearbeiteten das Ackerland des Gutsherrn mit Werkzeugen, die dieser ihnen bereitstellte, und mussten dafür ein Drittel bis zur Hälfte der Ernte abgeben (MATLEY 1994:279). In vielen Fällen besaßen die Besitzer von *Mulk*-Land Urkunden (*Iorlik*), die ihnen ihr Eigentums- oder ihr temporäres Besitzrecht bestätigten (GEISS 2003:156–157). Für die Besteuerung wurde das Land weiter untergliedert in a) Land ohne Steuerabgaben (*Mulk-i-hurr*), b) Land mit einer Steuerabgabe von einem Zehnten der Ernte an den Staat (*Mulk ushri*) und c) Land mit einer Steuerabgabe von einem Siebten der Ernte (*Mulk-i khiraj*). Die Differenz zwischen den beiden letzteren hatte historische Gründe und hing mit der Praxis der arabischen Eroberer im 8. Jahrhundert zusammen, die das Land nahmen und unter sich aufteilten und den Zehnten (*Usher*) an ihre Herrscher entrichteten, während die ursprünglichen Eigentümer, die ihr Land behalten konnten, die höhere Rate eines Siebten (*Khiradž*) bezahlen mussten (MATLEY 1994:278).[16] In der Praxis war das vererbbare ‚Eigentum' an Land von der individuellen Instandhaltung der Kultivierung abhängig (O'NEILL 2003:62). Nach PAHLEN (1964:190) wurde jener als vererbbarer Nutzer gesehen, der das „Land zum Leben brachte", und musste dem Eigentümer den Zehnten als Abgabe entrichten. Da *Mulk*-Land von Generation zu Generation nach islamischem Recht vererbt und unter den Erbberechtigten aufgeteilt wurde, führte dies, insbesondere im Fergana-Becken, zu einer beträchtlichen Fragmentierung der Flur und zur Entstehung einer Gruppe von Bauern, die wenig oder gar kein Land besaßen.

---

15 Nach islamischem Recht stehen sowohl Söhnen als auch Töchtern und Witwen festgelegte Erbteile zu. Eine Tochter erhält demnach jeweils die Hälfte der auf einen Sohn entfallenden Erbmasse; zum islamischen Erbrecht allgemein vgl. SCHACHT (1964) und COULSON (1971).

16 Diese Einteilung von MATLEY (1994) basiert auf den Ausführungen von MASALSKIJ (1913). Zum Teil ähnliche, aber auch widersprüchliche Erläuterungen und Untergliederungen zu *Mulk* finden sich bei SCHUYLER (1876), KOSTENKO (1882) sowie SKRINE & ROSS (1899). Generell erscheinen in der Literatur widersprüchliche Aussagen zu den Bezeichnungen und den damit verbundenen Besitz- und Steuerrechtsimplikationen.

3) Wie in anderen Regionen des islamischen Orients existierte daneben in nicht unbeträchtlichem Ausmaß noch *Waqf*, das steuerbefreite Land der religiösen Stiftungen, das durch Schenkung an Moscheen, Medressen oder andere religiöse Stiftungen gefallen war. Dieses Land durfte weder geteilt noch verkauft oder abgegeben werden und unterlag dem islamischen Recht (AKADEMIJA NAUK KIRGIZSKOJ SSR 1984:531–541; PLOSKICH 1977:175–209). Im Fergana-Becken lag der Anteil an *Waqf*-Land bei 11 bis 17% der bebauten Fläche (TABYSHALIEVA 2005:96).

4) Für das ackerbaulich ungeeignete und unbewässerte Land, wie Steppengebiete, Wüsten, Wälder und Weideflächen, existierten keine Besitzrechte. Solches meist von Dorfgemeinschaften gewohnheitsrechtlich beanspruchte kommunale Land (*Zamini džamoat*) konnte zur Weidenutzung, zum Sammeln von Holz oder zur Entnahme anderer Produkte von Mitgliedern des Dorfes genutzt werden. Sobald es jedoch von einer Person kultiviert wurde, ging es als Lehensgut in dessen Besitz über und wurde entsprechend besteuert (SCHWEINITZ 1910:80–81).

Im Gegensatz zu Land durfte Wasser, das als Geschenk Gottes angesehen wurde, nicht von einer privaten Person besessen oder kontrolliert werden. Die Bewässerung der Felder wurde kommunal auf Dorfebene geregelt und von einem zuständigen Wasserwächter (*Mirab*) kontrolliert, der wiederum von den Dorfältesten jener Dörfer eingesetzt und überwacht wurde, die gemeinsam einen Kanal nutzten und somit eine Wassergemeinschaft bildeten (MATLEY 1994:280).

In den Gebieten der Stammesgesellschaften war Privatbesitz an Land unbekannt. Alles Weideland stand im Gemeinschaftsbesitz und wurde gemeinschaftlich genutzt. Anteile wurden regelmäßig ‚fähigen' Stammesmitgliedern zugeteilt. Dennoch traten häufig Konflikte um die Nutzung von Weideplätzen oder anderer Ressourcen zwischen Verwandtschaftsgruppen oder Stämmen auf. Die Schwäche der Zentralgewalt und das Fehlen dokumentierter Regeln führten häufig zu kriegerischen Auseinandersetzungen und Streitfällen zwischen diesen Gruppen (TABYSHALIEVA 2005:82). Zugangsrechte und Privilegien wurden patrilinear vererbt, wobei der jüngste Sohn den größten Teil der Besitzrechte an Weiden und Eigentum erhielt (TABYSHALIEVA 2005:95).

Viele kirgisische Stämme und Gruppen kauften allerdings auch im Kollektiv bewässerbare Areale nahe ihrer Wintersiedlungsplätze, wo verarmte Stammesangehörige Ackerbau betrieben. Manchmal teilten sie das gekaufte Land unter den Stammesmitgliedern entsprechend der finanziellen Beteiligung wieder auf (NALIVKIN 1886:36; PLOSKICH 1977:187 zitiert in GEISS 2003:157). Dennoch waren Nutzungsrecht und Nutzung von Ländern auf gemeinschaftlicher Basis im Sinne einer Allmende die häufigste Form der Landnutzung unter den Kirgisen, jedoch selten in den Gebieten der Sesshaften, wo Landbesitz islamischen Erbfolgeregeln folgend in kleine Parzellen aufgeteilt wurde.

Steuern (*Zakot*) wurden sowohl auf Land als auch auf bestimmte Produkte und Tätigkeiten erhoben. Der Besitz von bewässertem Land verpflichtete die Bauern zur Bewirtschaftung und zur Abgabe des zehnten Teils der Ernte, des *Čeradž*. Für im Regenfeldbau bearbeitetes Ackerland sowie Obst- und Gemüsegärten musste der fünfte Teil der Ernte (*Tanap*) in Naturalien oder fiskalisch entrichtet werden (SCHWARZ 1900:181; SCHWEINITZ 1910:80). Frei von Abgaben war dagegen *Waqf*-Land. Des Weiteren wurden das Recht, auf dem Bazar Handel zu treiben, mit einer Marktsteuer sowie auf dem Bazar umgeschlagene Waren und Vieh mit einer Handelssteuer belegt. Zudem existierten eine Salzsteuer und eine Waagesteuer, die die Pächter der Stadtwaagen entrichten mussten (SCHWARZ 1900:181).

Der Administration des Khans fehlten vielfach Personal und Mittel, um ihre Steuerforderungen gegenüber den Stämmen durchzusetzen; die Stammesmitglieder bezahlten nur Steuern, wenn der Khan in ihren Territorien militärische Stärke zeigte. In einem solchen Fall mussten sie jährlich folgende Abgaben entrichten (nach MICHELL & MICHELL 1865:284 und RADLOFF 1884(I):532–533):
– *Tunluk-Zakot* („Rauch-Steuer"), eine Abgabe von einem Schaf für jede Jurte.
– *Koi-Zakot* (Vieh-Steuer), eine Abgabe von einem Stück Vieh für je zwanzig, vierzig oder fünfzig Stück Viehbesitz.
– *Čeradž*, eine Abgabe auf landwirtschaftliche Produkte von drei Schafen für jede Tonne Getreide.
– Eine unregelmäßig erhobene Kriegssteuer in Höhe von einer Goldmünze oder drei Schafen von jeder Jurte.

Diese zumeist in Naturalien zu entrichtenden Steuern wurden stets gewaltsam eingetrieben. Die Bezahlung der Steuereintreiber und Beamten erfolgte ebenfalls in Naturalien (Kleidung, Getreide), jedoch bildete dieser Lohn nur einen geringen Anteil ihres Einkommens, das sie durch erpresste Geschenke vom Volk aufbesserten (SCHWARZ 1900:184). Somit wurden die Art der Steuereintreibung und die willkürliche Erhöhung der Abgaben zu einer „unerträglichen Last" (SCHWEINITZ 1910:81).

3.1.3 Lokale Nutzungsformen der Nusswälder des westlichen Tien Schan

„Der Prophet Arslanbob ging auf den Berg Babaš Ata und warf die Samen von Nüssen, Äpfeln, Pflaumen und Berberitze herunter, so dass diese reichhaltigen Wälder hier wuchsen. Ich habe nirgendwo anders nochmals solche Wälder gesehen."

Saidullah Mirkamilov (Gumhana, 27.02.2007)

Bei der Analyse zahlreicher Dokumente und Reiseberichte aus dem 18. Jahrhundert vor der Eroberung des Gebietes durch das Russische Zarenreich konnten keine Hinweise oder Erläuterungen zur Untersuchungsregion ausfindig gemacht werden. Dies bestätigt die Einschätzung von MICHELL & MICHELL (1865:271), die das Gebiet zwischen Talas im Norden und dem Fergana-Becken im Süden als *Terra Incognita* bezeichnen. Über den Ursprung der Nusswälder am Südrand der Fergana-Kette bestehen lediglich verschiedene Legenden sowie die auf pollenanalytischen Untersuchungen basierenden Erkenntnisse von BEER et al. (2008). Eine Gruppe dieser Legenden setzt die Wälder in Zusammenhang mit Alexander dem Großen, eine andere weist den Propheten Arslanbob als den Begründer der Nusswälder aus, wie das Eingangszitat verdeutlicht. Erst in den Analysen und Berichten russischer Autoren finden sich einige Bemerkungen über präzaristische Institutionen und Nutzungsweisen im Hinblick auf die Nusswälder. Diese Erkenntnisse in Verbindung mit den vorherigen Ausführungen zu den nomadischen und sesshaften Gesellschaften sowie zu den Institutionen des Khanats von Kokand lassen folgende Schlüsse zu:

Die einzigen dauerhaften Siedlungen im Untersuchungsgebiet vor 1875 waren die Dörfer Arslanbob[17] und Džarbak (KORDŽINSKI 1896:42) mit mehrheitlich usbekischer Bevölkerung. Eine Form des Halbnomadismus – eine Kombination von Acker- und Gartenbau mit mobiler Viehwirtschaft – dürfte bei dieser Bevölkerungsgruppe vorherrschend gewesen sein.[18] Die von der russischen Forstverwaltung angestrebte Aufforstung von Ackerflächen dient ebenfalls als Hinweis, dass in den genannten Orten Arslanbob und Džarbak Ackerbau betrieben wurde.[19] Die kirgisischen Nomaden nutzten die ausgedehnten Weidegebiete und wechselten den Jahreszeiten entsprechend zwischen verschiedenen Siedlungsplätzen. Als Winterlager diente das Areal am Kara Unkur in der Nähe der heutigen Siedlung Ogontala (AS-Ky-04.08.05). Es ist anzunehmen, dass auch einige Kirgisen Ackerbau in den tiefer gelegenen Arealen betrieben (vgl. MICHELL & MICHELL 1865:102). Die Bedeutung der Nusswälder für die lokale Bevölkerung ist schwer zu bestimmen. Da Nüsse und Waldfrüchte als Bestandteil von Speisen traditionell eine untergeordnete Rolle spielen und die Nüsse als Tauschprodukte in den analysierten Dokumenten nicht erscheinen, kam den Wäldern bei der lokalen Wirtschaftsweise vermutlich nur eine ökonomische Zusatzfunktion als Quelle für Brennholz und als Weideareal zu. Den Lebensunterhalt bestritten die Menschen im Wesentlichen mit Ackerbau und Viehzucht, ersterer verstärkt bei der sesshaften Bevölkerung, letzterer bei den Nomaden. Durch das Niederbrennen von Wäldern erweiterten die Viehzüchter jedoch vielerorts die Fläche ihrer Weideareale (LISNEVSKY 1884).

Wie den Ausführungen zu entnehmen ist, findet im Gebiet der Nusswälder durch das Aufeinandertreffen verschiedener Wirtschafts- und Lebensweisen eine Verzahnung von sesshafter und nomadischer Bevölkerung statt. Somit scheint die anfangs geäußerte These, wonach die Wälder einen Grenzsaum darstellen, als zutreffend, wenngleich dies noch weiter zu relativieren ist. Denn auch die Fergana-Kette selbst bildet keine klare „Scheidemauer" (MACHATSCHEK 1921:219) zwischen der sesshaften und der nomadisierenden Bevölkerung, da intensive Handelsverbindungen über sie hinweg bestanden und die zahlreichen Pässe von Nomaden aus dem Naryn-Gebiet und aus Ost-Turkestan begangen wurden, um

---

17 Der Name des Ortes geht auf den Propheten Arslanbob zurück, der an diesem Ort seine letzten Tage verlebt haben soll. Auf dem Felsen Namas Taš („Gebetsstein") oberhalb des heutigen Ortes sollen Spuren seiner Knie, Ellbogen und Stirn als Folge seiner dort verrichteten Gebete zu sehen sein (IS-Gu-01.03.07; SM-Gu-27.02.07). In der Nähe Arslanbobs wurden Münzen, Tonscherben und andere Artefakte aus dem 11. Jahrhundert gefunden, die auf eine lange Besiedlungsgeschichte des Ortes hinweisen (HM-Ar-15.08.05; UA-Ar-10.04.04).
18 Vgl. UJFALVY DE MEZÖ-KÖVESD (1878:61) über die „Fergana-Usbeken".
19 Protokoll der zweiten Beratung über die Inventur der Bazar Korgon-Försterei im Fergana-Gebiet, 13.08.1915.

Überschüsse an Vieh und Viehprodukten auf den Märkten Ferganas gegen andere Güter einzutauschen (AS-KU-01.07.04; vgl. auch MACHATSCHEK 1921:219).

Für die Herrscher von Kokand spielten die Nusswälder eine untergeordnete Rolle.[20] Steuern konnten leichter auf den Besitz von bewässertem Ackerland oder Vieh erhoben werden. Allerdings waren für die Herrscher von Kokand die Wälder im Zusammenhang mit der Er- und Einrichtung von Häusern und Sommerhäusern, Moscheen und Karawansereien von Interesse. Die Bevölkerung war hierfür zu Baumfällarbeiten und Holzlieferungen verpflichtet. Die Gefolgschaft der Khane sammelte Steuern (*Takdža*) für die Beschaffung des Holzes. Für den Holzeinschlag wurde eine besondere Zahlung (*Iogač puli*) erhoben. Die Bevölkerung verfügte über keine Dokumente, die Besitz an den Wäldern auswiesen (LISNEVSKY 1884). Allerdings vertrat die lokale muslimische Bevölkerung den Standpunkt, dass die Wälder als von Gott geschaffen niemand Einzelnem gehören sollten. Gleichzeitig waren sie der Ansicht, die Wälder dürften von jedem Dorfbewohner nach eigenem Ermessen genutzt werden, weil Gott wieder neue Bäume schaffe (LISNEVSKY 1884; zitiert nach AŠIMOV 2003).

Akteure im Umgang mit den Wäldern waren sowohl sesshafte Bauern als auch halbnomadische und nomadische Viehzüchter, die die Wälder im Rahmen ihrer Subsistenz nutzten. Die Verwaltung des Khanats spielte dagegen nur eine untergeordnete Rolle und konzentrierte ihre Aufmerksamkeit verstärkt auf die Besteuerung von Land und Häusern bzw. Jurten.

Die ökologischen Folgen müssen als nicht unbeträchtlich angesehen werden, wie den Analysen russischer Forstbeamter zu entnehmen ist, die sich über die ungeregelte Waldnutzung beklagten (NAVROZKIJ 1900; RAUNER 1901; DIREKTOR LESNOGO DEPARTAMENTA 1902). Das Abbrennen von Waldarealen zur Ausdehnung der Weideflächen, aber auch das gezielte Abholzen von Bäumen zur Herstellung von Holzkohle oder zur persönlichen Nutzung als Brennholz führten zweifellos zu nicht unbeträchtlichen Schäden an den Wäldern. Der später um die Jahrhundertwende von der russischen Forstverwaltung betonte Handlungsbedarf unterstützt diese Annahme. Aber auch die Viehweide selbst schadete der Selbstverjüngung der Wälder, in denen bis Ende des 19. Jahrhunderts keinerlei forstwirtschaftliche Maßnahmen wie Aufforstungen oder sanitärer bzw. selektiver Holzeinschlag durchgeführt wurden.

---

20 Allerdings führte Khudayar Khan angeblich 1873 eine Waldsteuer ein (UA-Ar-11.04.04).

3.2 MENSCH UND UMWELT MITTELASIENS IM ZEITALTER DES RUSSISCH-ZARISTISCHEN KOLONIALISMUS

„Die Stellung Russland's in Centralasien ist die aller civilisierten Staaten, welche sich im Contact mit halbwilden, umherstreifenden Völkerschaften ohne feste soziale Organisation befinden. In dergleichen Fällen verlangt das Interesse der Sicherheit der Grenzen und der Handelsbeziehungen stets, dass der civilisierte Staat ein gewisses Uebergewicht über Nachbarn übe, deren unruhige Nomadensitten sie äusserst unbequem machen. Zunächst hat man Einfälle und Plünderungen zurückzuweisen. Um denselben ein Ende zu machen, ist man genötigt, die Grenzbevölkerung zu einer mehr oder minder directen Unterwürfigkeit zu zwingen."
Fürst Alexander M. Gorčakov, Kanzler des Russischen Reiches, 1864 (HELLWALD 1873:87)

Russland stand bereits seit dem Mittelalter in engen wirtschaftlichen, politischen und kulturellen Wechselbeziehungen zu den muslimischen Reiternomaden der asiatischen Steppe. Dieses auf Gleichwertigkeit basierende Verhältnis wandelte sich in der Neuzeit zu einem von den westlichen Mächten übernommenen „europazentristischen Superioritätsbewusstsein" (KAPPELER 2001:139), das zu einer negativen Konnotation von Begriffen wie Islam, Nomadentum, Asien und Orient führte. Getrieben von zivilisatorisch-missionarischen und wirtschaftlichen Bestrebungen drängte das Russische Reich seit der zweiten Hälfte des 17. Jahrhunderts verstärkt in die kontinentalen Steppengebiete. Die territoriale Expansion Russlands und das Vorschieben der russischen Außengrenze seit Beginn des 18. Jahrhunderts liest sich, trotz einiger empfindlicher Rückschläge, wie eine beispiellose Erfolgsgeschichte militärischer Eroberungspolitik. Bis Ende des 19. Jahrhunderts hatte Russland Nord- und Mittelasien unter seine Kontrolle gebracht.[21]

3.2.1 Integration Mittelasiens in die russische Kolonialökonomie

Eroberung und Etablierung des Generalgouvernements Turkestan

Im 18. und 19. Jahrhundert verlagerte das Russische Zarenreich seine Grenze in den Steppengebieten des heutigen Kasachstan unaufhörlich Richtung Süden. Die kasachischen Stämme der Großen Horde unterwarfen sich 1847 den zaristischen Truppen, und im Jahr 1854 wurde Wernyi, das heutige Almaty, als russische Stadt gegründet (SCHWARZ 1900:142–144). Aufgrund ihrer wirtschaftlichen und militärischen Unterlegenheit und geschwächt durch interne Machtkämpfe konnte auch keines der drei zentralasiatischen Fürstentümer – Chiwa, Buchara und Kokand – dem russischen Vordringen in Zentralasien ernsthaften Widerstand entgegensetzen (HAMBLY 1998:212). Im Jahr 1855 eroberten russische Truppen die Stadt Schimkent und 1860 die kokandischen Stützpunkte Pischpek (heute: Bischkek)

---

21 Zum Vordringen des Russischen Reiches in Asien und zum *Great Game* mit dem *British Empire* vgl. KRAHMER (1897), HÖTZSCH (1966); CURZON (1889); HOPKIRK (1990); KAPPELER (2001:139–176), EWANS (2004).

und Tokmak (heute: Tokmok) (SCHUYLER 1876:255) auf dem Gebiet des heutigen Kirgistan.[22]

Russische Truppen drangen im Mai 1866 auch in den Süden des Kokander Khanats vor und eroberten mühelos die Stadt Chodschent. Aufgrund der Aussichtslosigkeit, weiteren Widerstand zu leisten, willigte der zu dieser Zeit regierende Khudayar Khan von Kokand in die Besetzung der Städte Chodschent, Taschkent und weiterer Gebiete des Khanats durch russische Truppen ein. Zudem erklärte er sich zur Zahlung einer Kriegsentschädigung an Russland bereit und versprach, den russischen Handel im gesamten Khanat zu schützen.

Ein Dekret des russischen Zaren vom 11. Juli 1867 veranlasste die Bildung des Generalgouvernements Turkestan, das alle Gebiete Mittelasiens umfasste, die seit 1847 von Russland erobert worden waren. Hierzu gehörten die Territorien der Großen Horde (heutiges Südkasachstan), Teile des Khanats Kokand, des Emirats Buchara und des Khanats Chiwa. Unterteilt wurde das Generalgouvernement Turkestan in die beiden Distrikte (*Oblast'*) Syrdarja und Semireč'e („Siebenstromland"), die Stadt Taschkent wurde zur Hauptstadt bestimmt. Auf den Posten des Generalgouverneurs berief die zaristische Regierung General Konstantin Petrowič von Kaufmann und stattete ihn mit weit reichenden militärischen und politischen Vollmachten aus (vgl. HAMBLY 1998:221). Seine Aufgaben bestanden in dem Aufbau einer zivilen Verwaltung, militärischer Expansion und der Begründung diplomatischer Beziehungen zu den Nachbarstaaten (KRADER 1966:103).

Am Oberlauf des Naryn-Flusses errichteten die Russen 1868 das Fort Naryn samt einer Brücke über den Naryn-Fluss zur Etablierung der russischen Herrschaft in den Gebirgsbereichen (WENJUKOW 1874:320; SCHUYLER 1876:259). Damit fiel der nördliche Teil des heutigen Kirgistan unmittelbar in den Herrschaftsbereich des Zarenreichs, während die südlichen Gebiete noch einige Jahre länger unter der Herrschaft des Khans von Kokand standen – ein nicht unwesentlicher Grund für die heutigen Animositäten und politischen Auseinandersetzungen zwischen Nord- und Südkirgistan.

Auf diese Weise bildete das Kokander Khanat das erste russische Protektorat in Zentralasien. Weitere kirgisische und kiptschakische Stammesführer schlossen Frieden mit den Russen, 1868 wurden das Gebiet von Samarkand und 1873 der Amudarja-Bezirk hinzugefügt (SCHWARZ 1900:149). Des Weiteren unterwarf Russland 1873 das Emirat Buchara sowie das Khanat Chiwa und machte sie bei Aufrechterhaltung ihrer inneren Selbständigkeit zu Vasallenstaaten.[23]

---

22 Pischpek wurde ein wichtiger Haltepunkt auf der Strecke zwischen Taschkent und Wernyi und Stützpunkt einer Kosaken-Garnison, um die in den folgenden Dekaden eine stetig wachsende Siedlung entstand. Die Einwohnerzahl stieg von 2100 (1882) auf 6600 (1897) und erreichte im Jahr 1913 bereits 18 500 Einwohner, von denen nur eine kleine Minderheit kirgisisch war (POUJOL & FOURNIAU 2005:63). Tokmak wurde Bezirkshauptstadt und umfasste 1876 bereits eine russische Bevölkerung von 800 Personen (SCHUYLER 1876:255–256).

23 Der Grund für die Andersbehandlung des Kokander Khanats war zweierlei: Die Furcht vor einem Angriff Jakub Beks aus Kaschgar sowie die Belohnung des Militärs für seine Verdienste durch Übertragung der Verwaltung (HAYIT 1956:21).

Doch der Frieden in Mittelasien war fragil, und insbesondere Kokand blieb ein Unsicherheitsfaktor. Als im Juli 1875 ein Aufstand gegen den bei der Bevölkerung aufgrund seiner Grausamkeit und unbotmäßigen Steuerforderungen unbeliebten Khudayar Khan ausbrach und sein ältester Sohn Nasruddin von den Aufständischen inthronisiert wurde, griffen die russischen Truppen ein. General von Kaufmann begann einen Feldzug, schlug die kokandischen Truppen im August 1875 bei Makhram und nahm wenig später die Stadt Kokand ein. Am 23. September schloss er in Margelan mit Nasruddin einen Friedensvertrag (HAMBLY 1998:225). Hauptmann Michail Dimitrievič Skobelev schlug mit seinem Kosakenheer die Aufstände der Kirgisen und Kiptschaken im Osten des Fergana-Tals nieder und brachte die Gebiete unter russische Kontrolle. Die Stadt Andishan, in der zuvor von den Rebellen der Heilige Krieg ausgerufen worden war, fiel am 17. Januar 1876 in die Hand der russischen Truppen.[24] Mit der formalen Annexion am 19. Februar 1876 endete die Existenz des Khanats Kokand. Sein Territorium wurde administrativ als Fergana Oblast mit der Hauptstadt Neu-Margelan (später Skobelev, heute Fergana) dem Generalgouvernement Turkestan angegliedert (HELLWALD 1879:467; KRAHMER 1897:28–31; HAMBLY 1998:212; KOIČUEV et al. 1996:117–121; PIERCE 1960:34–37; GEISS 2003:152).[25]

Administrative Untergliederung und politische Institutionen des Generalgouvernements Turkestan

Das zaristische Russland organisierte die Administration des Generalgouvernements Turkestan (Karte 4) in einer Mischung aus militärischer und ziviler Verwaltung. Administrativ wurde das Territorium in Provinzen (*Oblast'*) und Amtsbezirke (*Uezd*) unterteilt, denen russische Offiziere vorstanden, die unmittelbar dem Zar unterstellt waren. Die politische Leitung des Generalgouvernements oblag dem Generalgouverneur, der sowohl der zivilen Verwaltung vorstand als auch Oberbefehlshaber der Streitkräfte war. Entsprechend standen auf *Oblast*-Ebene ein Militärgouverneur (*Voennyj Gubernator*) und auf *Uezd*-Ebene ein Kommandant dem Militär und der Zivilverwaltung vor. Die *Oblast*-Verwaltung bestand aus verschiedenen Departments, die mit der Intensivierung des kolonialen Regimes an Größe und Zahl zunahmen. So gab es 1867 lediglich die drei Ressorts Verwaltung, Wirtschaft und Justiz, doch später kamen Vermessung, Bauwesen, ländliche Gesundheitsversorgung, Bergbau und andere hinzu (ABDURAKHIMOVA 2002:244). Die *Uezd*-Vorsitzenden vereinigten die Positionen des Verwaltungsvorsitzenden, Polizisten, Bürgermeisters und Leiters der Bezirksversammlung auf

---

24 Aufgrund seiner Erfolge erhielt Skobelev den Posten des Militärgouverneurs des Fergana Oblast, den Titel des Generals und das Recht, eine Garnisonsstadt nach seinem Namen zu benennen, die heutige Stadt Fergana (FOURNIAU & POUJOL 2005:46).
25 Weitere administrative Änderungen des Generalgouvernements Turkestan: Reorganisation der 1868 gegründeten Militärprovinz Zarafschan in einen zivilen Oblast Samarkand 1886; Rückkehr des Oblast Semireč'e 1899, der 1882 an das Gouvernement Steppe abgegeben worden war; Gründung des Oblast Zakaspiys (ABDURAKHIMOVA 2002:241).

sich und monopolisierten damit gewaltenübergreifend Macht (ABDURAKHIMOVA 2002:245). Die untersten administrativen Ebenen bildeten die Gemeinden (*Volost'*), die sich aus mehreren ländlichen Gesellschaften (*Aksakalstva*) zusammensetzten, die wiederum aus einem oder mehreren Dörfern (*Kišlak*), Einzelsiedlungen (*Kurgan*) oder Nomaden-*Ails* bestanden.[26]

In den etwa 1000 bis 2000 Haushalte umfassenden Gemeinden (POLOŽENIE TURKESTANA 1892:43, 73, 76, 109) wirkten von der autochthonen Bevölkerung gewählte Älteste (*Aksakal*), die für den Steuereinzug verantwortlich waren (PIERCE 1960:64–66; HAMBLY 1998:221–222; KAPPELER 2006:144; GEISS 2003:200–201).[27] Im Gegensatz zur bisherigen Gepflogenheit wurden die *Aksakale* nicht mehr auf unbegrenzte Zeit, sondern nur noch für drei Jahre gewählt und mussten von der örtlichen Militärbehörde bestätigt werden. Damit, so kritisiert HAYIT (1956:22), endete das bisherige patriarchalische Verhältnis zwischen *Aksakal* und Bauern und führte dazu, dass verstärkt wohlhabende Männer in diese Position gewählt wurden. *Volost' Upravitel* leiteten die Gemeinden und wurden von Repräsentanten von jeweils 50 Haushalten für drei Jahre gewählt. Ihre Aufgaben bestanden darin, das zaristische und islamische Gerichtswesen in Kraft zu setzen sowie eine Liste der Haushalte und Einwohner zu erstellen, um die Bezahlung der Steuern und die Aufrechterhaltung der Ordnung zu gewährleisten (§§71-106 des Turkestan Statuts, zitiert in GEISS 2003:202; vgl. auch ABDURAKHIMOVA 2002:247). Für die ehemalige politische Elite des Khanats von Kokand bestand somit nur durch die Übernahme eines dieser Ämter auf Dorf- oder *Volost'*-Ebene die Möglichkeit, weiterhin politischen Einfluss auszuüben, denn alle anderen einflussreicheren administrativen Positionen standen der autochthonen Bevölkerung Mittelasiens nicht offen. Einer weiteren Schwächung der ehemaligen gesellschaftlichen Elite leistete die Schaffung kleiner administrativer Einheiten Vorschub, die nicht auf Klanbeziehungen basierten, sondern territorial definiert wurden. Solche Einheiten sollten nicht mehr als 200 Häuser oder Nomadenzelte in ländlichen Gemeinden und zwischen 1000 und 2000 in *Volost'*-Gemeinden umfassen (ABDURAKHIMOVA 2002:247). Aufgrund ihrer traditionellen, bereits auf territorialen Gesichtspunkten basierenden Ordnung der Nachbarschaftsgemeinde (*Mahallah*) waren diese Reformen für die sesshafte Bevölkerung weniger einschneidend als für die Klan basierten Nomaden.

Für das Gerichtswesen auf lokaler Ebene wählte die Bevölkerung für die Dauer von drei Jahren „Volksrichter" (*Narodnyj Sud'ja, Kadi*), die Rechtsfälle nach den Traditionen des islamischen Rechts (*Scharia*) und des Gewohnheitsrechts (*Adat*) lösten und die erste Gerichtsinstanz bildeten. Die zaristische Regierung fasste einen oder mehrere *Volosti* zu juristischen Distrikten (*Učastok*) zu-

---

26 Dagegen bildete jede Siedlung mit nicht-autochthoner Bevölkerung eine eigene Dorfgesellschaft (POLOŽENIE TURKESTANA 1892:116).
27 Nach dem Provisorischen Turkestan Statut (§91, 116-27) wählten zehn Wahlmänner verschiedener Haushalte die Ältesten eines Dorfes oder *Ails*; nach Einführung des Turkestan Statuts 1886 (vgl. §§ 71, 93) wählte die Dorf- oder *Ail*-Versammlung aller Haushaltsvorstände die Ältesten (GEISS 2003:201).

sammen. Damit einher ging die Bestimmung, Streitfälle nur von dem zuständigen *Kadi* behandeln zu lassen und nicht mehr zwischen Richtern wählen zu können. Da die *Kadi* von der *Volost'*-Versammlung gewählt wurden, hing deren Amt von der Mehrheit in der Versammlung ab, weshalb Urteile bei Streitfällen häufig zugunsten der Majorität ausfielen (GEISS 2003:202). In besonderen Fällen, etwa bei problematischen Erbstreitigkeiten, konnte der Gouverneur ein besonderes Gericht aus Richtern anderer Bezirke zusammenstellen. Schwere strafrechtliche Angelegenheiten sowie alle zivilen Streitfälle zwischen autochthoner Bevölkerung und Europäern kamen vor russische Gerichte (SCHWEINITZ 1910:76).

Auf der einen Seite war der militärische Charakter[28] der dem Kriegsministerium unterstehenden Administration mit ihren klaren Hierarchien unverkennbar, und die ihr vorstehenden russischen Militärs zeigten vielfach wenig Interesse an dem Land, das sie regierten (GEISS 2003:174). Auf der anderen Seite erlaubten die Verwaltungsinstitutionen den Fortbestand der soziopolitischen Strukturen in den Dorf- und Nomadengemeinschaften. Dieser Kompromiss in einem System kolonialer Autorität, so ABDURAKHIMOVA (2002:248), war der militärischen Situation und der Notwendigkeit geschuldet, Stabilität zu sichern, um koloniale Ziele zu verfolgen. Die Integration und vollständige Assimilation der mittelasiatischen Bevölkerung mit dem Russischen Reich sah die zaristische Regierung als problematisch und zumindest mittelfristig als unmöglich an. So erhielt die autochthone Bevölkerung den rechtlichen Status der *Inorodcy* (lit. „Fremde, Fremdstämmige"), womit sie nicht als gleichberechtigte Bürger galten und beispielsweise nur Zugang zu niederen Positionen in der Verwaltung hatten. Gleichzeitig waren sie von gewissen Pflichten wie der Militärdienstpflicht befreit, behielten zum Teil ihr Gewohnheitsrecht und konnten auf lokaler Ebene weiterhin ihre Selbstverwaltung durch Ältestenräte ausüben. Diese 1822 für die Nomaden des Russischen Reichs geschaffene rechtliche Kategorie betraf nun jedoch sowohl die Nomaden als auch die sesshafte Bevölkerung Mittelasiens, womit sich die zuvor auf die Lebensform bezogene ständische Kategorie *Inorodcy* zu einer tendenziell rassistischen Kategorie wandelte. Damit offenbarte sich ein bis dahin unbekannter kolonialer Charakter der imperialen russischen Politik, der „die mittelasiatischen Muslime mit ihrer alten Hochkultur als fremde Kolonialvölker aus der eigenen Zivilisation ausgrenzte und als Menschen zweiter Klasse betrachtete" (KAPPELER 2006:145).

Die Behauptung, wonach die zaristische Regierung die Integration der mittelasiatischen Bevölkerung in das russische Zarenreich zu verhindern suchte, ist jedoch nicht ganz unumstritten. So weist GEISS (2003:205) auf verschiedene Maßnahmen der Regierung hin, die auf eine verstärkte Integration der autochthonen Bevölkerung abzielten. Als Beispiele nennt er die Einbindung der Einheimischen in die Zivilverwaltung, die von General Kaufmann angeordnete Publikation der Zeitung *Turkestanskaja Tuzemnaja Gazeta* in der Turksprache Tschagatai und Russisch oder die Einführung einer gemeinsamen Grundschulbildung von Russen

---

28 Der Vorsitzende der Landwirtschaftsverwaltung Krivožeyn sah 1912 Turkestan als "still a Russian military camp, a temporary halting place during the victorious march of Russia into Central Asia" (zitiert in WHEELER 1964:67).

und einheimischen Schülern mit zweisprachigem Unterricht und speziellem Religionsunterricht für Muslime.[29]

Dagegen sieht HAYIT (1956:26) das Ziel der zaristischen Kulturpolitik darin, den russischen Einfluss auf kulturellem Gebiet durchzusetzen. So waren bis 1917 im Generalgouvernement Turkestan 518 russische Schulen gegründet worden, jedoch nur 192 „Russisch-Einheimische Schulen", die zudem insbesondere von russischen Kindern besucht wurden, und keine Schulen speziell für Kinder der autochthonen Bevölkerung, an denen Unterricht in ihrer Muttersprache erteilt würde. Auch vernachlässigte die zaristische Regierung bewusst das in den Gebieten der sesshaften Bevölkerung Turkestans bereits bestehende Erziehungssystem, das Ende des 19. Jahrhunderts in Turkestan etwa 5000 Grundschulen und 400 Medressen umfasste (HAMBLY 1998:232). Von den Nomadenhaushalten besuchten allerdings nur sehr wenige Kinder Koranschulen oder die zweisprachigen Grundschulen, der Alphabetisierungsgrad unter den Kirgisisch-Sprechern lag 1897 bei unter 1% (BAUER et al. 1991(B):242).

Zwar gewährten die russischen Behörden den Muslimen Mittelasiens Religionsfreiheit und unternahmen auch keine Anstrengungen, die autochthone Bevölkerung zum orthodoxen Christentum zu bekehren (SCHWARZ 1900:209), dennoch wurden islamische Institutionen der Aufsicht russischer Behörden unterstellt (HAYIT 1956:26). Damit manifestierte sich ein Unbehagen und Misstrauen der zaristischen Regierung den Muslimen Mittelasiens gegenüber, was insbesondere durch deren Freistellung vom Militärdienst zutage trat: Die Regierung hielt es für gefährlich, die Zentralasiaten mit der europäischen Militärtechnik und -organisation vertraut zu machen. Das koloniale Gedankengut des zaristischen Russlands offenbart sich somit in der Abgrenzung des „Anderen" im Sinne von Edward SAID, denn „Muslime und Islam wurden im Geist des Orientalismus meist als rückständig, fanatisch, passiv, weiblich, degeneriert und sittenlos dargestellt, wovon sich die Russen als aktive, gebildete, männliche, den Muslimen kulturell und ökonomisch überlegene Europäer abhoben" (KAPPELER 2006:148–149).

Landrechte und Steuern im Generalgouvernement Turkestan

In den Fürstentümern Mittelasiens stand sämtliches Land im Eigentum der regierenden Herrscher. Mit der Annexion des Khanats Kokand wurde das Russische Zarenreich *ipso facto* zum Eigentümer des gesamten Staatsterritoriums. Aller-

---

29 Insbesondere in zeitgenössischen Darstellungen finden sich kaum kritische Töne zur zaristischen Politik. So hielt KRAHMER (1897:38) die russische Politik für fair, ausgewogen und klug durchdacht. Die russischen Kolonisten verhielten sich den Einheimischen gegenüber freundlich und vorurteilsfrei und passten sich den lokalen Gepflogenheiten an. Seine eigene, vorurteilsbeladene Einstellung entblößte er mit folgenden Sätzen: „Und niemand wird sich der Ansicht verschliessen können, dass Russland Dank gebührt, in dieser von Räuberhorden bewohnt gewesenen asiatischen Wüste Ordnung geschafft und der Kultur einen Weg eröffnet zu haben. Russland ist thatsächlich für diese Gebiete dort zu einem kultivierenden Element geworden" (KRAHMER 1897:38).

dings war die Situation der Besitzverhältnisse und Nutzungsrechte komplex, da das gesamte Land in den sesshaften Gebieten als dem Herrscher gehörig angesehen, in den Nomadengebieten dagegen als Gemeinschaftsbesitz betrachtet wurde. Korrespondierend hierzu regelten *Scharia* oder *Adat* Besitz- und Nutzungsrechte.

Dessen ungeachtet überführten die russischen Eroberer mit der Landreform von 1873 sämtlichen, dem Herrscher und der Aristokratie gehörigen Grund und Boden sowie alle Steppen- und Weidegebiete in Staatseigentum. Neben dem Verlust politischer Macht verlor damit die ehemalige Herrscherelite auch wirtschaftlichen Einfluss. Die Nomaden, die zuvor nur Abgaben bezahlten, wenn sie unter den direkten Einfluss des Khans gerieten, mussten fortan für die Nutzung des Weidelandes eine Zeltsteuer (*Kibitka*) entrichten, die tatsächlich einer Steuer auf jeden Haushalt gleichkam (vgl. WHEELER 1964:73).

Zur Neuregelung der Agrar- und Steuerverhältnisse nach Maßgabe der gesetzlichen Bestimmungen setzte Russland 1879 eine Organisationskommission und 1889 eine Agrar-Abgabenkommission ein. Ein Ziel bestand darin, Eigentums-, Nutzungs- und Verfügungsrechte an Land eindeutig zu klären, um damit Privateigentum von Land zu ermöglichen. Damit wurde Land in ein Gut verwandelt, was den Interessen der russischen Einwanderer und Unternehmer entgegenkam. Die ersten Erlasse bezogen sich auf die Umwandlung des bisherigen Lehensgutes in Allodialland und auf die Umwandlung der Erntesteuer in eine Grundsteuer (SCHWEINITZ 1910:81). Sämtliches bewässertes Land, abgesehen von *Waqf*, wurde jenen, die es tatsächlich bewirtschafteten, als Eigentum zugesprochen und mit einer Grundsteuer (*Ulpan*) in Höhe des zehnten Teiles des Durchschnittsertrags belegt, der zuvor von einer Kommission geschätzt wurde. Diese Verfügung galt auch für das im Regenfeldbau bewirtschaftete Land (*Bogar*) (SCHWEINITZ 1910:81). Gänzlich von der Steuer befreit blieb sämtliches *Waqf*-Land, dessen Erträge Schulen, Moscheen und anderen wohltätigen Institutionen zukamen.

Mit der Abschaffung der feudalen Landeigentumsverhältnisse wurden die sesshaften Einwohner zu Eigentümern ihrer Häuser, Hausgärten und des von ihnen bearbeiteten Landes, das sie fortan nach eigenem Willen veräußern und vererben konnten (IVANOV 1987). Dabei erfolgten Land- und Wassernutzung sowie die Vererbung von Land nach lokalen Traditionen. Falls keine Erben vorhanden waren, fiel das Land an die Dorfgemeinschaft (POLOŽENIE TURKESTANA 1892:255–264). Wälder, Steppen und Weidegebiete, die von der autochthonen Bevölkerung genutzt wurden, galten hingegen als Staatsland; die Genehmigung zur Nutzung des Staatslandes als Weide erteilte die zaristische Verwaltung. Bei dem von den Nomaden genutzten Land wurde eine Unterscheidung zwischen Wintersiedlungsplatz, Sommerweiden und bearbeitetem Land getroffen. Für die Verteilung des Lagerplatzes und des Landes in den Wintersiedlungen wurden Dorfversammlungen unter Anwesenheit von *Uezd*-Vertretern einberufen. Jeder Nomadenhaushalt hatte das Recht, in seiner Wintersiedlung ein Haus und ein Wirtschaftsgebäude zu errichten sowie einen Garten anzulegen, die sämtlich zur unbefristeten Nutzung in sein vererbbares Eigentum übergingen. Mit dem Einverständnis von Administration und Bevölkerung konnten an geeigneten Stellen neue Wintersiedlungen, Ackerflächen und Mähwiesen angelegt werden, wobei neu geschaffenes Ackerland in das Eigentum der Nutzer überging. Über die Nutzung der Sommerweiden durch die Nomaden entschieden die Amtsbezirke. Die Weidenutzung erfolgte nach traditionellen Nutzungsregeln, die Wege zu den Sommerweiden standen zur allgemeinen Nutzung jedermann offen (POLOŽENIE TURKESTANA 1892:271–279).

Schwierigkeiten entstanden im Laufe der Zeit etwa durch die Errichtung von Bergwerken oder Fabriken. So konnten Konflikte entstehen, wenn private Investoren oder Gesellschaften von der Regierung Schürf- oder Baurechte erhielten, das Land aber gleichzeitig von der autochthonen Bevölkerung als Weideland reklamiert wurde. Den russlandfreundlichen Angaben von SCHWEINITZ (1910:82) zufolge wurde der autochthonen Bevölkerung zu häufig Recht zugesprochen, was der Entwicklung des Landes abträglich gewesen sei. Tatsächlich betrachtete die zaristische Verwaltung den Großteil des Landes nicht als Privateigentum der autochthonen Bevölkerung. So legte 1909 eine Revision in Turkestan unter Senator Palen in den drei Oblasts Fergana, Syrdarja und Samarkand fest, dass das Recht auf Privatland nur für weniger als 1% des ackerbaulich genutzten Landes bestehe (AKADEMIJA NAUK RESPUBLIKI UZBEKISTAN 1947:259 zitiert in TABYSHALIEVA 2005:95). Durch ein am 19.12.1910 verabschiedetes Gesetz schwächte die zaristische Administration die Rechte der Nomaden, demnach ging „überschüssiges Land" in den Besitz der Hauptverwaltung für Landinventur und Ackerbau über (POLOŽENIE TURKESTANA 1892:270). Zudem bestand ein rechtliches Gefälle innerhalb der Bevölkerung durch die Tatsache, dass der Erwerb von Land und Immobilien für nicht-russische Staatsbürger, Nicht-Christen und Indigene verboten war (POLOŽENIE TURKESTANA 1892:262).

Bei der Steuererhebung schätzten die russischen Behörden die Abgaben für die gesamte Flur eines Dorfes und forderten eine entsprechende Abgabe von den Gemeinden, nicht jedoch von den einzelnen Bewohnern. Ebenso sprachen sie nicht Individuen Land zu, sondern überließen sowohl Steuereinzug als auch Landzuteilung den lokalen Verwaltungsorganen. Allerdings hatte jeder Landbesitzer das Recht darauf, das eigene Land abzusondern und durch russische Organe vermessen und steuerlich veranlagen zu lassen (SCHWEINITZ 1910:83). Damit sollte eine willkürliche Steuererhebung vermieden und das Vertrauen der lokalen Bevölkerung geweckt werden. Tatsächlich jedoch waren Bestechung, Missbrauch und Korruption sowohl unter den autochthonen Steuereintreibern als auch unter den russischen Beamten weit verbreitet. Letzteres lag nicht unwesentlich darin begründet, dass die russische Armee und Verwaltung zahlreiche schlecht qualifizierte Beamte oder Personen mit finanziellen Problemen aus den europäischen Gebieten zur Verwaltung nach Mittelasien gesandt hatte. Diese fühlten sich nur bedingt an das Gesetz gebunden und gebarten sich eher wie Kleinfürsten in ihren Domänen. Schließlich beförderten die geringen Gehälter die Annahme von Bestechungsgeldern (vgl. PIERCE 1960:77–81; WHEELER 1964:69, 73; ABDURAKHIMOVA 2002:244, 248; GEISS 2003:174).

Land als umkämpfte Ressource: Zuwanderung russischer Bauern und Sedentarisierung der Nomaden

Die Befreiung der Bauern 1861 und das angestrebte Ziel der militärischen Sicherung und Kolonisation der neu eroberten Gebiete des Russischen Zarenreichs führten dazu, dass nach der Eroberung Mittelasiens ein gewaltiger Strom an Slawen aus dem europäischen Teil Russlands in die Kasachensteppe und nach Turkestan drängte. Die russische Regierung förderte mit finanziellen und rechtlichen Anreizen die Ansiedlung europäischer Bauern in den neuen Gebieten, was ab Ende des 19. Jahrhunderts zu einer Massenkolonisation insbesondere der kasachischen Steppengebiete führte. Damit sollten erstens der Anteil der russischen Bevölkerung als regierungstreue stabile Gruppe in Mittelasien gestärkt, zweitens die Überlegenheit der Ackerbaukultur gegenüber dem Nomadismus demonstriert und drittens als wichtiges Element der 1906 begonnenen Stolypin'schen Agrarreformen die dicht bevölkerten Schwarzerdegebiete des europäischen Russland entlastet werden. Dies alles führte zu einer weiteren Intensivierung der Kolonisation bis zum Ausbruch des Ersten Weltkrieges (KAPPELER 2006:148). Die Siedler erhielten nach dem Gesetz von 1886 zehn *Desjatinen* (1 *Desjatine* = 1,09 ha) Land zugeteilt, ab 1903 erhielt jeder Siedlerhaushalt sogar 20 *Desjatinen* in Gebieten mit gemischter Landwirtschaft (ABDURAKHIMOVA 2002:253).

Nach 1891 siedelten sich zahlreiche slawische Kolonisten auch im Generalgouvernement Turkestan an, nachdem das Statut der Regierung von Turkestan abgeschafft wurde, das die russische bäuerliche Kolonisation in den Gebieten Samarkand, Syrdarja und Fergana verboten hatte (WHEELER 1964:77).[30] Da diese Immigranten ihren Lebensunterhalt vorwiegend durch Landwirtschaft bestritten, wurde Land zu einem knappen und umstrittenen Gut. In den Steppengebieten kollidierten durch die Zuteilung von Land an die Siedler die Ackerbauinteressen mit dem Gewohnheitsrecht der Nomaden an unbeschränktem Zugang zu Weidegründen. Zudem standen die russischen Vorstellungen von Landeigentum, das durch Grenzen und ausschließliche Eigentumsrechte gekennzeichnet ist, im Gegensatz zu den Vorstellungen der Nomadengesellschaften. Aufgrund des Landmangels in den Bewässerungsoasen Turkestans wurden russische Siedler vornehmlich in den Städten angesiedelt, da die autochthone Bevölkerung bereits sämtliches bewässertes Ackerland intensiv nutzte (HAMBLY 1998:228).[31]

Im Jahre 1897 fand die erste umfassende Volkszählung im Russischen Reich statt, die einerseits erstmals eine realistische Einschätzung der Bevölkerungszahl und -zusammensetzung in Mittelasien lieferte und andererseits durch ethnische Kategorisierung maßgeblich zur Identitäts- und Nationenbildung beitrug, auf die später noch ausführlicher eingegangen wird. Demnach lebten 1897 in den von Russland eroberten Gebieten Mittelasiens etwa 7,8 Mio. Menschen, davon 5,3

---

30 Räumliche Schwerpunkte der russischen Kolonisation auf dem Gebiet des heutigen Kirgistan waren der östliche Bereich des Issyk Köl und das Tschui-Tal (vgl. WENJUKOW 1874:320).
31 Die Knappheit an bewässertem Ackerland verdeutlicht auch sein hoher Preis, der 1910 im Gebiet von Andishan bei 2000 Rubel je *Desjatine* lag (SCHWEINITZ 1910:83).

Mio. im Generalgouvernement (GG) Turkestan (KAPPELER 2006:149). Von den Bewohnern des GG Turkestan gaben 201 579 Personen an, kirgisisch als Muttersprache zu sprechen, 952 061 kirgisisch und kasachisch, 967 010 sartisch und 726 112 usbekisch (BAUER et al. 1991(B):222). Tatsächlich ist die ethnische Zusammensetzung der muslimischen Bevölkerung aufgrund der beim Zensus unklar definierten Kategorien und der „oft fluiden und multiplen Identifikationen der Indigenen nur in Umrissen fassbar" (KAPPELER 2006:150). Da sich die befragten Probanden bei der Volkszählung sowohl der Kategorie „kirgisisch" als auch der Kategorie „kasachisch und kirgisisch" zuordnen konnten, ist die exakte Zahl der Kirgisen nicht zu bestimmen und aufgrund der Konstruiertheit ethnischer Kategorien auch fragwürdig.[32] Der Zensus von 1897 zählte in Turkestan 157 306 Russen und 39 704 Ukrainer (BAUER et al. 1991(B):221), im Jahr 1911 lebten dort bereits etwa 412 000 Ostslawen, was einem Bevölkerungsanteil von 5% entsprach (MACHATSCHEK 1921:120). Über die Hälfte von ihnen hatte sich im Nordosten des Landes in den Steppengebieten von Semireč'e angesiedelt.[33]

Tab. 3.1 Fläche und Bevölkerung im Generalgouvernement Turkestan, Buchara und Chiwa

Gebiet	Fläche (qkm)[a]	Fläche (qkm)[b]	Bevölkerung 1897[a]	Bevölkerung 1911[b]	Bevölkerung 1912[c]
Transkaspien	605 118	598 100	382 487	472 000	486 200
Samarkand	68 960	87 600	860 021	960 000	1 187 000
Semireč'e	395 922	381 700	987 863	1 200 000	1 239 200
Syrdarja	515 332	488 000	1 478 398	1 816 000	1 897 300
Fergana	137 858	142 800	1 572 214	2 042 000	2 093 200
Gesamt			*5 280 983*	*6 492 000*	
Buchara	178 750	203 400	-	1 800 000	2 500 000
Chiwa	59 250	67 400	-	520 000	550 000
Gesamt			*1 969 000*	*8 830 000*	*9 552 900*

Quellen: [a]BAUER et al. 1991(B):50; [b]MACHATSCHEK 1921:120; [c]SCHULTZ 1920:47

---

32 Die Gesamtzahl der Kirgisen schätzt RITTICH (1878:43 zitiert in VÁMBÉRY 1885:271) auf 324 100 Personen.
33 Unter den Einwanderern fanden sich auch Deutsche, die insbesondere während der Regierungszeit von General von Kaufmann gerne aufgenommen und als Kaufleute, Techniker oder in der Staatsverwaltung tätig wurden. Allerdings durften sie wie alle Ausländer nach den gesetzlichen Bestimmungen von 1885 keinen Grundbesitz erwerben (SCHWEINITZ 1910:88–90).

Im Fergana-Oblast,[34] der neben dem Fergana-Becken noch die westlichen Gebiete des heutigen Kirgistan und das Pamir-Gebiet umfasste, lebten 1897 etwa 1,57 Mio. Menschen (BAUER et al. 1991(B):50), davon nur 9 842 Russen (SCHULTZ 1920:46). Bis zum Jahr 1911 stieg die Einwohnerzahl des Fergana-Oblast auf 2,04 Mio., die der Ostslawen auf etwa 34 000 (MACHATSCHEK 1921:120).[35] Damit wies der Fergana-Oblast die höchste Bevölkerungsdichte Mittelasiens auf, gleichzeitig aber den geringsten Anteil an slawischer Bevölkerung, was unmittelbar mit der Landknappheit in Zusammenhang stand (Tab. 3.1). Denn jeder Neulanderschließung im Fergana-Becken muss im Gegensatz zu den nördlichen kasachischen Steppengebieten der Bau neuer Bewässerungsanlagen vorangehen. Somit handelte es sich bei dem slawischen Bevölkerungsanteil im Wesentlichen um Angehörige der Verwaltung und des Militärs sowie um Kaufleute oder Beschäftigte beim Eisenbahnbau oder der neu entstandenen Baumwollverarbeitungsindustrie. Die Slawen lebten meist in eigenen Vierteln der größeren Städte, die den Charakter von Kolonialstädten annahmen, mit einer Trennung von traditioneller Altstadt, in der die autochthone Bevölkerung lebte, und modernem „Europäerviertel" (HAMBLY 1998:213; KAPPELER 2006:150). Dabei nahm im Fergana-Oblast die städtische Bevölkerung ständig zu: Die Einwohnerzahl von Andishan lag 1897 bei 47 627, im Jahr 1912 bereits bei 76 370 (SCHULTZ 1920:47). Dennoch lebte der überwiegende Teil der Bevölkerung Turkestans auf dem Land, insbesondere die muslimische Bevölkerung: Von den Kirgisisch-Sprechern lebten über 99% in ruralen Regionen und weniger als 1% in Städten, bei den Usbekisch-Sprechern 87% resp. 13% und bei den Sartisch-Sprechern 79% resp. 21% (BAUER et al. 1991(B):222) (Tab. 3.2). Die zaristische Verwaltung betrachtete die geringe russische Präsenz in Turkestan mit Sorge und „sah das russische Element verloren in ‚einem endlosen Meer von Einheimischen'" (HAMBLY 1998:229).

Um diesem Umstand Abhilfe zu verschaffen, wurden die bestehenden Gesetze abgewandelt oder zugunsten der russischen Einwanderer interpretiert. So hieß es in §119 und §120 des Statuts der Militärregierung Turkestans, dass sämtlicher Grund und Boden Staatseigentum sei und den Bauern und Nomaden nur zur Nutzung überlassen werde (HAYIT 1956:23). Damit konnte der Bedarf der russischen Siedler an Land gestillt werden. Für die bis zum Ausbruch des Ersten Weltkriegs über 400 000 in Turkestan angesiedelten Ostslawen wurden rund 530 Siedlungen gegründet und ihnen mittels entschädigungsloser Enteignung der autochthonen Bevölkerung etwa 941 000 *Desjatinen* (= 1,026 Mio. ha) Land übereignet (HAYIT 1956:23; GALUZO 1929:83, 106).[36]

---

34 Der Fergana-Oblast setzte sich aus fünf *Uezd* zusammen: Andishan (22 *Volosti*), Namangang (28 *Volosti*), Kokand (23), Fergana (19) und Osch (15) (KOICHIEV 2003:45).
35 Nach SCHULTZ (1920:46) lebten 1910 im Fergana-Oblast 29 433 Russen.
36 Bis 1911 wurden im Fergana-Oblast 23 russische Siedlungen gegründet (MASALSKIJ 1913: 324–332).

Tab. 3.2 *Muttersprache, Stadt-/Landbevölkerung in Mittelasien (= Turkestan) 1897*

Muttersprache	Insgesamt		Landbevölkerung		Stadtbevölkerung	
	absolut	(%)	absolut	(%)	absolut	(%)
Kasachisch	932 131	17,65	925 006	99,24	7 125	0,76
Kirgisisch	201 579	3,82	201 312	99,87	267	0,13
Kasachisch u. Kirgisisch	952 061	18,03	942 023	98,95	10 038	1,05
Sartisch	967 010	18,31	764 217	79,03	202 793	20,97
Usbekisch	726 112	13,75	634 730	87,41	91 382	12,59
Tadschikisch	350 321	6,63	247 103	70,54	103 218	29,46
Karakalpakisch	104 271	1,97	104 226	99,96	45	0,04
Turkmenisch	248 703	4,71	246 577	99,15	2 126	0,85
Türkisch unspez.	439 902	8,33	283 586	64,47	156 316	35,53
Russisch	157 306	2,98	73 806	46,92	83 500	53,08
Ukrainisch	39 704	0,75	27 547	69,38	12 157	30,62
Deutsch	3 762	0,07	1 670	44,39	2 092	55,61
Gesamt	*5 280 983*	*100*	*4 550 865*	*86,17*	*730 118*	*13,83*

Quellen: [a] BAUER et al. 1991(B):221–222

Die russischen Kolonisten kamen zumeist verarmt nach Mittelasien,[37] konnten jedoch durch die für sie vorteilhafte Landpolitik rasch einen gewissen Wohlstand aufbauen und Land an Einheimische verpachten. So ließen im Jahr 1915 etwa 48% der russischen Bauernwirtschaften ihr Land durch Pächter und landwirtschaftliche Arbeiter bearbeiten (GALUZO 1929:103, 121 zitiert in HAYIT 1956:24). Zweifellos besaßen die meisten autochthonen sesshaften Bauern eigenes Land, einige von ihnen erhielten zudem auf Anordnung der Regierung von 1895 einen Teil des Stiftungslandes (*Waqf*) zugeteilt, doch waren sie durch Ankauf von Inventar und Saatgut vielfach auf Kredite der Mittelasiatischen Landwirtschaftsbank angewiesen. Wenn die Bauern im Falle einer Missernte die Schulden nicht zurückzahlen konnten, wurde ihr Land von den Banken beschlagnahmt und verkauft. In der Folge verloren viele einheimische Bauern ihr Land, und die Zahl der landwirtschaftlichen Arbeiter (*Mardikar*), die für Naturalien oder Geld arbeiteten, stieg (HAYIT 1956:24).

Im Fergana-Oblast war abgesehen von den *Waqf*-Gütern eine Zersplitterung des Landbesitzes zu konstatieren: die durchschnittliche Fläche je landwirtschaftlichem Betrieb lag bei 1,5 bis 3 ha (MACHATSCHEK 1921:146). Allerdings kam es

---

37 Den größten Teil der slawischen Einwanderer stellten Bauern, daneben übersiedelten jedoch auch einige Mitglieder des Bürgertums sowie Kaufleute, Kosaken und eine geringe Zahl an Aristokraten (*Dvoriane*) nach Mittelasien (vgl. TABYSHALIEVA 2005:91).

auch hier zu einer Zunahme landloser Haushalte und zur Konzentration des Landbesitzes in Latifundien (MACHATSCHEK 1921:146). Grundbesitzer verpachteten – ausschließlich an einheimische Bauern – parzellenweise ihr Land und stellten Gespann und Saatgut bereit. Die Ernte wurde zu gleichen Teilen zwischen Grundbesitzer und Pächter geteilt; bei sehr guten Böden war auch ein Verhältnis von 60% für den Grundbesitzer und 40% für den Pächter gängig (SCHWEINITZ 1910:84).

Das Vorgehen der russischen Besetzungsmacht – Forcierung der Baumwollmonokultur, Landnahme russischer Siedler, hohe Steuerforderungen, Einschränkung der Landrechte – stieß bei der Bevölkerung Mittelasiens vielfach auf beträchtlichen Unmut, der sich im Laufe der Zeit in mehreren Aufständen gegen die zaristische Militärverwaltung entlud. Zentrum der Aufstände war das dicht besiedelte Fergana-Becken, in dem es 1885, 1891 und 1892 zu Revolten kam, die die zaristischen Truppen jedoch rasch niederschlagen konnten. Die wachsende Unzufriedenheit führte schließlich 1898 zu einer größeren, von dem Sufi-Orden der Naqschbandis geführten Aufstandsbewegung, der sich Bewohner von Andishan, Osch, Namangan, Khodshent und der umgebenden Regionen anschlossen. Ihr Führer Idšan Madali mobilisierte Tausende von verarmten Bauern und städtischen Lohnarbeitern unter dem Banner eines Heiligen Krieges gegen die „Ungläubigen" und griff die russische Garnison in Andishan an. Nach anfänglichen Erfolgen wurden die Aufständischen jedoch besiegt und hart bestraft (HAMBLY 1998:214; BARTOL'D 1925; NALIVKIN 1886, 1889; AKADEMIJA NAUK RESPUBLIKI UZBEKISTAN 1947:269 zitiert in TABYSHALIEVA 2005:91).

Dass mit der militärischen Niederschlagung der Revolte von 1898 die allgemeine Unzufriedenheit in der Bevölkerung Mittelasiens nicht geringer wurde, zeigt der Massenaufstand von 1916. Unmittelbarer Auslöser dieses Aufstands war ein Mobilisierungsdekret der zaristischen Regierung vom 25. Juni 1916, mit dem die gesamte männliche Bevölkerung der *Inorodcy* Mittelasiens zum Kriegsdienst eingezogen werden sollte, allerdings nicht zum Dienst an der Waffe, sondern zum Arbeitsdienst hinter der Front der russischen Streitkräfte. Damit hob die Regierung die Befreiung der autochthonen Bevölkerung Mittelasiens vom Militärdienst auf, verstieß mit der fortdauernden Exklusion der *Inorodcy* vom eigentlichen Militärdienst jedoch gegen traditionelle Ehrbegriffe und forderte mitten in der Erntezeit den Abzug eines Heeres von Arbeitskräften (KAPPELER 2006:156). Tatsächlich ist diese Rebellion jedoch als ein Generalaufstand gegen die Kolonialherrschaft Russlands aufzufassen (HAYIT 1956:28–29), dessen Ursache in der Kolonisation oder, wie von den Russen stets genannt, der Umsiedlung Hunderttausender russischer Siedler gesehen werden muss (WHEELER 1964:74). Neben den genannten Konflikten zwischen Siedlern und Nomaden um Weideland stellte eine unter Senator Palen initiierte Untersuchung fest, dass Kasachen und Kirgisen massenhaft von ihren Wintersiedlungsplätzen vertrieben worden und somit zur Aufgabe ihrer Lebens- und Wirtschaftsweise gezwungen waren (PALEN 1910:57). Dabei wurden nicht nur Haushalte, sondern ganze Siedlungen oder *Ails* beseitigt. Nach der Verabschiedung eines Gesetzes (Artikel 207 des Turkestan Statuts) am 19.12.1910 wurde die Landenteignung der lokalen Bevölkerung sogar legitimiert und intensiviert (ABDURAKHIMOVA 2002:254). Die Folgen waren eine massenhafte Landenteignung, ein Rückgang des Viehbestands und ein Absinken des Lebensstandards der mittelasiatischen Bevölkerung. Außerdem verfügten die Slawen über russische Staatsbürgerrechte, welche den *Inorodcy* verwehrt blieben.

Im Verlauf des Juli 1916 kam es in den Provinzen Samarkand, Syrdarja und Fergana zu Übergriffen auf die zaristische Administration und russische Siedler, die sich im August auf Semireč'e ausweiteten, wo die heftigsten bewaffneten Zusammenstöße zu verzeichnen waren. Kasachen und Kirgisen attackierten russische Dörfer, töteten Männer und verschleppten Frauen und Kinder, worauf Bürgerwehren slawischer Siedler zusammen mit russischen Kosaken und Armeeeinheiten blutige Rache nahmen und ganze Einwohnerschaften auslöschten (WHEELER 1964:92–93; KAPPELER 2006:157). Ende August 1916 gewannen die Regierungskräfte wieder die Kontrolle über Turkestan zurück.

Die Folgen dieser Kämpfe waren für Mittelasien katastrophal: Etwa 4000 Slawen und vermutlich über 100 000 Mittelasiaten verloren ihr Leben, knapp 10 000 Höfe von Siedlern wurden geplündert und nieder gebrannt, etwa 300 000 Kasachen und Kirgisen flohen ins chinesische Ost-Turkestan, die Führer der Aufständischen wurden hingerichtet und rund 168 000 Männer und Frauen nach Sibirien verbannt (GALUZO 1929:157; SOKOL 1953; PIERCE 1960:271–296; WHEELER 1964:93–94; HAMBLY 1998:210, 235; BROWER 2003:152–167).

Diese gewaltige Dezimierung der mittelasiatischen Bevölkerung erstickte nicht nur den Widerstand, sondern schuf pikanterweise Raum für neue Siedlungen russischer Kolonisten. Auf Befehl des Generalgouverneurs Kuropatkin sollten sämtliche Kirgisen vom Issyk Köl sowie aus dem Tschui- und Naryn-Tal entfernt und ihr Land mit einer Gesamtfläche von 2 Mio. ha enteignet werden (RYSKULOV 1929:44 zitiert in HAYIT 1956:29). Die Niederlage der Aufständischen und das brutale Vorgehen der russischen Staatsmacht führten zu einer weiteren Vertiefung der Gräben zwischen Slawen und der autochthonen Bevölkerung Mittelasiens.

Die Einführung der russischen Territorialverwaltung bedeutete für die tribal organisierten Nomaden Mittelasiens einen noch tieferen Einschnitt als für die sesshafte Bevölkerung. Denn die Enteignung von Land, das von der nomadischen Bevölkerung als Weidegrund genutzt wurde, schränkte ihre Mobilität ein und führte zu einer Verschlechterung ihrer viehwirtschaftlichen Entfaltungsmöglichkeiten, was in Kombination mit den zu entrichtenden Steuern zu Verarmungsprozessen beitrug. In der Folge sahen sich viele Nomaden zur Ansiedlung und Annahme einer sesshaften Lebensweise gezwungen. Während vor der russischen Eroberung Mittelasiens etwa die Hälfte der Bevölkerung eine nomadische Lebensweise verfolgte, war es am Vorabend der Revolution 1917 nur noch ein Drittel (TABYSHALIEVA 2005:94). SCHULTZ (1920:49) und MACHATSCHEK (1921:126) konstatieren gar, dass es im Fergana-Gebiet um diese Zeit nur noch Halbnomaden gegeben habe. Dieser Prozess stand zweifelsfrei im Einklang mit den Zielen des Russischen Reichs, das eine Sedentarisierung der nomadischen Bevölkerung verfolgte,[38] um gleichzeitig die tribale Ordnung der Nomaden zu erschüttern.

---

38 Den kolonialen Gedanken dieser Zeit verdeutlicht ein Zitat des deutschen Zentralasienkenners Gustav KRAHMER (1897:118): „Da aber ein Staat mit zahlreicher nomadisierender Be-

3.2.2 Exploration und Optimierung der Ressourcennutzung in Turkestan

Nach der militärischen Sicherung und dem administrativen Aufbau verfolgte das Zarenreich eine ökonomische Restrukturierung sowie eine intensivierte Exploration und Ausbeutung von Ressourcen. Neben den bekannten Rohstoffvorkommen weckten insbesondere die Bewässerungskulturen der Flusstäler und Oasen das ökonomische Interesse. Nicht nur zur militärischen Sicherung, sondern auch zum Abtransport der Rohstoffe verfolgte die zaristische Regierung die Anbindung Mittelasiens an das russische Eisenbahnnetz. Mit Hochdruck wurden Eisenbahnlinien durch Wüsten und Steppengebiete gelegt. Diese neuen Entwicklungen beeinflussten das gesamte Wirtschaftsleben in Mittelasien und transformierten die lokalen Ökonomien in eine Kolonialökonomie, die von globalen politischen und ökonomischen Direktiven des Russischen Reiches gesteuert war. Somit bewirkten neben der oben geschilderten Siedlungspolitik insbesondere die Wirtschafts- und Verkehrspolitik einschneidende Veränderungen für die Bevölkerung Turkestans.

Ressourcenexploration in Mittelasien

Im Zuge der russischen Kolonisation Mittelasiens beauftragte die Militärverwaltung zahlreiche Wissenschaftler, Militärs und Expeditionen mit der Erforschung der neu gewonnenen Gebiete zur Abschätzung von Ressourcenvorkommen und Möglichkeiten für deren Ausbeutung. Dabei wurde eine beeindruckende Menge an statistischen Daten zu Topographie und Landesnatur, Bevölkerung, landwirtschaftlichem Anbau, Viehbestand, handwerklichen Erzeugnissen und Handel gesammelt und in verschiedenen Formen publiziert. Jeder Oblast hatte sein eigenes Statistisches Komitee, das Statistische Jahrbücher publizierte (vgl. POUJOL & FOURNIAU 2005:53).

In diesem Zusammenhang gelangten auch die Nusswälder der Fergana-Kette in den Fokus der wissenschaftlichen und explorativen Erkundungen. Im Jahre 1878 besuchte der Akademiker A.F. MIDDENDORF Turkestan und lieferte in seinem Werk *Grundrisse des Fergana-Tals* (1882) Angaben zur Wirtschaftsweise der Bevölkerung des Fergana-Beckens sowie zur Zusammensetzung der Vegetation. Wenig später veröffentlichte W.J. LISNEVSKY *Die Bergwälder des Fergana-Gebiets* (1884), worin die Walnusswälder der Gebiete Osch, Andishan und Namangan sowie deren Zustand vor und nach der Eroberung Kokands durch das Russische Reich beschrieben werden.

---

völkerung keiner höheren Entwicklung fähig ist, so wird es Rußlands nächste Hauptaufgabe sein müssen, die Nomaden zu seßhaften Ansiedlern zu machen." Geradezu tendenziös und euphemistisch sind die Ausführungen von Fritz MACHATSCHEK (1921:157) zu nennen: „Bei den Kirgisen machte sich die zunehmende Hemmung ihrer bisherigen Ungebundenheit in der verstärkten Neigung zur Seßhaftigkeit geltend, die von der Verwaltung durch eine Ansiedlungskommission und in Form von Zuweisung brachliegender Ländereien unterstützt wurde."

Aufbau der Kolonialökonomie

Bereits zur Zeit Peters des Großen stießen die Bodenschätze Mittelasiens auf russisches Interesse. Vorkommen von Kohle, Blei, Gold, Kupfer, Schwefel, Erdöl (*Naphtha*) und Salz waren seit langer Zeit bekannt. Aufgrund des Mangels an Kapital, ausgebildeten Arbeitskräften und Transportmöglichkeiten wurden diese Bodenschätze jedoch vor der russischen Annektierung kaum ausgebeutet (HAMBLY 1998:231). Dagegen bildeten die zwei etablierten wichtigsten Zweige der Agrarwirtschaft Mittelasiens die Grundlage für massive Extensivierungen und Intensivierungen: die mobile Viehzucht in den Steppen Kasachstans und Turkestans sowie der Baumwollanbau in den Bewässerungsgebieten der turkestanischen Oasen. Die semiariden bis ariden Steppengebiete Zentralasiens eignen sich ohne künstliche Bewässerung nicht für den Anbau von Feldfrüchten, weshalb sie seit Menschengedenken in erster Linie viehwirtschaftlich in Wert gesetzt wurden. Turkmenen, Kasachen und Kirgisen betrieben noch bis in das 20. Jahrhundert hinein eine nomadische oder halbnomadische Viehwirtschaft, indem sie mit ihren Viehherden und ihren Zelten dem Jahresverlauf folgend verschiedene Weidegebiete aufsuchten (vgl. BACON 1966:29–55; KRAHMER 1897:124–132; MASALSKIJ 1913:488–505, 525–532; PIERCE 1960:153–162). Obwohl die Regierung Russlands die Ansiedlung der Nomaden beförderte und durch Landerschließungsmaßnahmen die Weideareale der nomadischen Viehzüchter reduzierte, hatte sie großes Interesse an der Produktion viehwirtschaftlicher Produkte wie Fleisch, Wolle und Leder. Die Viehwirtschaft betreibende Bevölkerung wurde im Gegenzug mit Getreide und notwendigen Gebrauchsgütern versorgt.

Bei den kasachischen und kirgisischen Nomaden hatte die Zucht von Pferden und Schafen wirtschaftlich die größte Bedeutung. Pferde waren notwendige Last- und Reittiere, die darüber hinaus Fleisch und Milch lieferten. Ihnen kam somit gleichermaßen eine militärische, ökonomische und kommunikationstechnische Funktion zu. Schafe wurden wegen ihres Fleischs, Fetts und Wolle gezüchtet und stellten das bedeutendste Handelsgut dar (SCHULTZ 1920:51). Eine besondere Rolle nahmen die Karakulschafe ein – seit Beginn des 20. Jahrhunderts wurden jährlich etwa 400 000 Felle exportiert (MACHATSCHEK 1921:154).

Die Zucht von Rindern war den Nomaden zwar durchaus bekannt, doch wuchs ihre Bedeutung erst seit der russischen Eroberung mit der gestiegenen Nachfrage nach Rindfleisch und Milchprodukten erheblich. Insbesondere im Zusammenhang mit der Sedentarisierung der Nomaden erhielt sie größere Beachtung, was zu einer starken Zunahme der Bestände führte (MACHATSCHEK 1921:154). In den Hochgebirgsbereichen des südlichen Tien Schan und Pamir hielten die Viehzüchter verstärkt Yaks (*Bos gruniens*), die an die Höhenlagen hervorragend adaptiert sind und als Lieferant von Fleisch, Wolle und Milch sowie als Lasttiere fungieren. Bei den Wüsten- und Steppennomaden dienten das Dromedar sowie das Baktrische Kamel als Hauptlasttiere. Die Kamele wurden auch in der Landwirtschaft eingesetzt und vor Pflüge gespannt, außerdem lieferten sie Wolle, Milch und Fleisch. Insbesondere die ärmere sesshafte Bevölkerung nutzte Esel als Trageltiere, da diese als genügsam gelten und einen geringeren Preis haben. Die

Russen führten darüber hinaus die Geflügel- und Schweinezucht ein, letztere blieb gleichwohl auf russische Betriebe beschränkt (MACHATSCHEK 1921:155).

Der Viehwirtschaft kam im Generalgouvernement Turkestan eine deutlich weniger bedeutende Rolle zu als im Gebiet Steppe. Nach amtlicher Schätzung lag der Viehbestand 1911 im Fergana-Oblast bei 367 000 Pferden, 429 000 Rindern, 830 000 Schafen, 201 000 Ziegen, 14 000 Eseln und 20 000 Kamelen sowie 3 500 Schweinen (MACHATSCHEK 1921:155). Der im Vergleich zu den Oblasti Semireč'e und Syrdarja deutlich geringere Schafbestand, jedoch hohe Anteil an Rindern spiegelt die Dominanz der sesshaften Lebens- und Wirtschaftsweise im Fergana-Gebiet wider (Tab. 3.3 und Tab. 3.4).

Tab. 3.3 Viehbestand in Turkestan 1894

Gebiet	Pferde	Rinder	Schafe	Ziegen	Schweine	Esel	Kamele
Syrdarja	412 000	578 000	3 907 000	k. A.	k. A.	13 000	405 000
Fergana	165 000	207 000	933 000	k. A.	k. A.	13 000	9 000

Quelle: KRAHMER 1897:126

Tab. 3.4 Viehbestand im Generalgouvernement Turkestan 1911 (in 1000)

Gebiet	Pferde	Rinder	Schafe	Ziegen	Schweine	Esel	Kamele
Transkaspien	146	53	3 600	468	-	20	228
Samarkand	95	230	840	212	0,7	37	44
Semireč'e	1 127	741	5 100	702	29	4	70
Syrdarja	709	721	5 090	987	9,6	11	472
Fergana	367	429	830	201	3,5	14	20
GG Turkestan	2 444	2 174	15 460	2 570	42,8	86	834

Quelle: MACHATSCHEK 1921:155

Der Bewässerungslandbau des Fergana-Oblast bildete die dominierende Wirtschaftsweise und hatte überregionale, das gesamte Russische Reich umfassende Relevanz. Von dem 17 678 km² großen bewässerten Kulturland im Generalgouvernement Turkestan im Jahr 1893 – das sind nur knapp über 1% des gesamten Territoriums – befand sich nahezu die Hälfte, nämlich 8543 km², im Fergana-Gebiet; hinzu kamen noch einmal 1576 km² im Regenfeldbau bewirtschaftete landwirtschaftliche Nutzfläche (KRAHMER 1897:111).[39] Die Großartigkeit dieser Kulturleistung und -landschaft bringt folgendes Zitat zum Ausdruck:

„Auf dieser kleinen Fläche […] hat die Natur und der Fleiß einer hervorragend tüchtigen Bevölkerung alles geschaffen, was in dieser Lage und mit den zur Verfügung stehenden Mitteln

---

39 Nach Mitteilungen des Kokander Börsenkomitees für 1909 lag die Größe der Kulturlandfläche des Fergana-Oblast bei 9400 km² (MACHATSCHEK 1921:274).

überhaupt möglich ist. Hier konzentriert sich eine Bevölkerung von fast 2 Millionen Menschen (fast ein Fünftel der des ganzen Landes) und eine Üppigkeit der Kulturen und Baumpflanzungen, die gerade durch den überwältigenden Gegensatz zu den umgebenden oder zwischen sie eingesprengten Kies- und Sandwüsten das Entzücken und Erstaunen aller Reisenden erregt, den Namen Ferghana seit den ältesten Zeiten mit einem geradezu sagenhaften Glanze umgeben und auch in unseren Tagen wieder weltberühmt gemacht hat." (MACHATSCHEK 1921:274)

Der vor der russischen Eroberung herrschende Anbau verschiedener Feldfrüchte, der im Wesentlichen zur Versorgung der eigenen Bevölkerung diente, wandelte sich unter der russischen Herrschaft und mit der Einbindung des Fergana-Beckens in die kolonialen Wirtschaftsverflechtungen beträchtlich. Die Anbauflächen von Getreide und Luzerne, aber auch Obst- und Weingärten gingen innerhalb weniger Jahre stark zurück zugunsten des Anbaus von Baumwolle. 1885 nahm die Baumwolle etwa 14% der Anbaufläche ein, 1909 waren es schon ein Drittel und im Jahre 1915 bereits 44%. In manchen Teilen des Fergana-Beckens, insbesondere in der Gegend um Andishan, stieg die mit Baumwolle kultivierte Fläche auf 50-75%, örtlich sogar auf 80-90% der Anbaufläche (MASALSKIJ 1913:463 zitiert in POUJOL & FOURNIAU 2005:58). Gleichzeitig sank der Anteil der mit Weizen bebauten Fläche von 20% auf 15% (MACHATSCHEK 1921:274–275; KAPPELER 2006:153). Im östlichen Teil des Fergana-Beckens in der Gegend von Uzgen dominierte jedoch weiterhin der Reisanbau, der im gesamten Fergana-Gebiet aber nur 10% der Anbaufläche einnahm (MACHATSCHEK 1921:275). An Bedeutung gewann zudem der Gemüseanbau (SCHWEINITZ 1910:84). An den Rändern des Fergana-Beckens in höheren Lagen oder auf zur Bewässerung ungeeigneten Steppen bauten die Einheimischen auch Getreide im Regenfeldbau an (MACHATSCHEK 1921:275).

Die russische Regierung erkannte das große Potenzial des Baumwollanbaus in Turkestan und förderte ihn von Beginn an vehement, um die eigene Textilindustrie im europäischen Teil Russlands mit Rohstoffen zu versorgen. Ziel der russischen Wirtschaftspolitik war eine Importsubstitution, um Russland von der Einfuhr von Baumwolle unabhängig zu machen. Gleichzeitig begründete die Förderung des Baumwollanbaus und dessen Einbindung in die Wirtschaftskreisläufe Russlands am deutlichsten den kolonialen Charakter der russischen Wirtschaftspolitik in Mittelasien. „Die Baumwolle verknüpft Turkestan mit Russland" schrieb KRIWOSCHEIN (1913:7 zitiert in HAYIT 1956:25) in seiner Denkschrift. Die Wirtschaft Turkestans sollte nach den Bedürfnissen Russlands ausgerichtet werden.

Seit vielen Generationen wurde Baumwolle in Turkestan kultiviert, allerdings von niederer Qualität. Nach Experimenten, die der erste Generalgouverneur von Kaufmann angeregt hatte, führte die russische Militärregierung die amerikanische Hochland-Baumwolle (*Gossypium hirsutum*) sowie amerikanische Maschinen zu ihrer Bearbeitung ein (HAMBLY 1998:229). Die Anbaufläche von Baumwolle stieg in Turkestan von 234 300 *Desjatinen* (= 256 090 ha) im Jahre 1900 auf 742 900 ha im Jahre 1916. Die Baumwollproduktion stieg von 5 Mio. *Pud* (1 *Pud* = 16 kg) im Jahr 1900 auf 18,5 Mio. *Pud* (= 296 000 t) im Jahr 1915 (GALUZO 1929:73; NACIONALNAJA POLITIKA 1930:98 zitiert nach HAYIT 1956:25). Bis 1900 deckte die Baumwolle aus Turkestan nur ein Drittel des russischen Bedarfs, im Jahr 1913 bereits 55% und 1916 war Russland nicht mehr auf Importe aus dem Ausland angewiesen (GALUZO 1929:73 zitiert nach HAYIT 1956:25). Allerdings hatte dieser Erfolg seinen Preis: Zum einen schloss die Konzentration auf den Baumwollanbau Turkestan noch enger an das russische Wirtschaftssystem und machte es zunehmend abhängig sowohl von einer hohen Baumwollnachfrage als auch von der notwendigen Einfuhr von Getreide zur Versorgung der Bevölkerung. Der Getreideimport nach Turkestan betrug 33 726 t im Jahr 1908, vier Jahre später bereits 227 108 t und 1916 sogar 353 808 t (NACIONALNAJA POLITIKA 1930:106 zitiert nach HAYIT 1956:25; vgl. auch O'NEILL 2003:67). Zum anderen sahen sich viele einheimische Bauern aufgrund des durch geringe Transportkosten günstig eingeführten Getreides aus dem europäischen Teil Russlands ermutigt, verstärkt Baumwolle anzubauen und die Kultivierung von Nahrungspflanzen zu vernachlässigen, was ebenfalls zu verstärkten Abhängigkeiten und in zahlreichen Fällen zur Verschuldung einzelner Bauern führte. Diese mussten oft Kredite zu hohen Zinsen für den Erwerb der Produktionsgüter aufnehmen, die sie bei fallenden Weltmarktpreisen nicht zurückzahlen konnten, so dass sie in der Folge ihr Land verkaufen mussten. Um 1912 sollen im Fergana-Gebiet etwa 30% aller Bauern ohne Landeigentum gewesen sein (O'NEILL 2003:67). Zwar blieben diese Bauern meistens weiterhin auf „ihrem" Land, mussten es jedoch für andere Eigentümer bebauen und waren damit genauso unfrei wie vor der russischen Landreform. Da zur Steigerung des Baumwollanbaus zudem die Bewässerungsfläche durch den Bau neuer Kanäle ausgedehnt wurde, reduzierten sich wiederum die Weidegebiete und damit Futterressourcen der nomadischen Bevölkerung (AKADEMIJA NAUK RESPUBLIKI UZBEKISTAN 1947:277 zitiert in TABYSHALIEVA 2005:91).

Zum Transport der Baumwolle von Turkestan in den europäischen Teil Russlands trieb die zaristische Regierung den Bau neuer Eisenbahnlinien nach Mittelasien voran. Die Transkaspische Eisenbahn verband ab 1888 Krasnowodsk mit Samarkand und Taschkent und reichte ein Jahr später bis nach Andishan im Fergana-Becken. Zwischen 1899/1900 und 1905/1909 ließ die Regierung die Strecke von Orenburg nach Taschkent bauen. Diese Linien erleichterten nicht nur den Transport großer Mengen an Baumwolle, sondern machten die Baumwolle Turkestans durch niedrige Frachtkosten – in Verbindung mit Schutztarifen – erst wettbewerbsfähig. Außerdem ermöglichten die Eisenbahnverbindungen den Import von Weizen aus der Ukraine und aus Westsibirien (vgl. HAMBLY 1998:230).

Nur die ersten Schritte der Baumwollverarbeitung erfolgten in Turkestan. Erste Baumwollentkernungs- und -reinigungsfabriken wurden in den 1880er Jahren errichtet; im Jahr 1892 bestanden im Fergana-Oblast bereits 55 (KRAHMER 1897:143) und 1914 gab es in Turkestan 160 solcher Fabriken (POUJOL & FOURNIAU 2005:69). In diesen Anlagen wurde die geerntete Baumwolle von Kapseln und Kernen getrennt und die Baumwollfasern anschließend gereinigt. Aus den Kernen wurde Öl gepresst, die Stiele und Kapselschalen dienten als Brennmaterial, während die Baumwollfasern zu den Textilfabriken im europäischen Teil Russlands exportiert wurden. Mit ihrer Konzentration und Förderung des Baumwollanbaus legte die zaristische Wirtschaftspolitik die Basis für die Baumwoll-Monokultur in der Sowjetära.

Der Handel Turkestans mit der Außenwelt wandelte sich von einer multipolaren Orientierung in der vorkolonialen Zeit zu einer unipolaren mit Russland. Während noch zu Beginn der russischen Herrschaft intensiver Handel zwischen den Städten Mittelasiens und insbesondere auch mit Kaschgar stattfand, dominierte bald der Handel mit Russland, das Turkestan mit „Zucker, Honig, Stahl-, Eisen- und Kupferwaaren (Theemaschinen, Schlösser), Kupferblech, Glasperlen, Korallen, Töpferwaaren, Tüchern, Farben und Leder" (HELLWALD 1879:398) belieferte.[40] Der koloniale Charakter der zaristischen Wirtschaftspolitik spiegelte sich bald auch in der Handelsstruktur Turkestans mit Russland wider: Turkestan lieferte landwirtschaftliche Rohstoffe und importierte im Gegenzug Fertigwaren wie Textilien, Maschinen und Eisengüter. Hauptausfuhrprodukt war die Baumwolle, die 1894 etwa 80% des gesamten Exports ausmachte, gefolgt von Leder, getrockneten Früchten, Seide und Seidenstoffen (KRAHMER 1897:144). Diese intensiven, zunehmend monostrukturelleren Austauschbeziehungen verdeutlichen, inwieweit sich Turkestan in eine Wirtschaftskolonie Russlands gewandelt hatte, deren Wirtschaftsstruktur wesentlich auf die Bedürfnisse des Mutterlandes ausgerichtet war. Die Frage, ob Mittelasien dem Russischen Reich ökonomischen Profit bescherte, war stets umstritten. „Manche behaupteten, dass die Ausgaben für Militär, Verwaltung und Aufbau einer Infrastruktur, etwa den Eisenbahnbau, höher gewesen seien als die Profite aus dem Baumwollimport" (KAPPELER 2006:153).

Umschlagplätze für die Waren bildeten seit Jahrhunderten die zentralen Märkte der Oasenstädte. Wie in anderen islamisch-orientalischen Städten wiesen die Märkte (Basare) im Fergana-Becken die klassische Branchensortierung auf. Der zentrale Basar Kokands umfasste etwa 5000 Marktstände (vgl. SCHULTZ 1920:52). Auch der Basar der Stadt Namangan, die Ende des 19. Jahrhunderts 25 000 Einwohner aufwies, soll Hunderte von Läden umfasst haben und bedeutender Umschlagplatz für Früchte, Felle und Filz sowie von über 300 000 Schafen pro Jahr gewesen sein (KRAHMER 1897:101–102). In ähnlicher Weise tauschten die kirgisischen Nomaden Vieh, Viehwirtschaftsprodukte, Filz und selbst gefertigte Teppiche gegen Getreide, Kleidung und Fertigwaren in Osch und Andishan (FUTTERER 1901:47, 50). Insbesondere Andishan gewann als Endpunkt der Transkaspischen Eisenbahnlinie und als Zentrum des Baumwollanbaus, in dessen Umkreis sich 20 Baumwollreinigungsfabriken befanden, für den Handel an Bedeutung (KRAHMER 1897:100–101).

Nicht zuletzt trugen zahlreiche kommerzielle Banken zur Intensivierung der Penetration Turkestans durch russischen Handel und industrielles Kapital bei. Mittels der Banken konnten die Russen die Natur- und Humanressourcen der Re-

---

40 Der Handel zwischen der kirgisischen Bevölkerung in den Gebirgsbereichen und der Stadt Kaschgar blieb auch während der russischen Herrschaft noch bestehen. So lieferten die Kirgisen „Pferde und Vieh für die Verproviantierung der Stadt, Häute, Felle von Pelztieren und junge Hirschgeweihe, welche die Chinesen als Medizin hochschätzen", und tauschten sie gegen „Baumwollstoffe, Chalate, Geschirr, Thee und Werkzeuge" (FUTTERER 1901:86).

gion effizienter ausbeuten und finanzielle Zuflüsse zum russischen Budget beschleunigen (ABDURAKHIMOVA 2002:252). Bis 1915 öffneten zehn Filialen staatlicher und 40 Filialen privater Banken in Turkestan, die das unternehmerische Handeln und Investitionen maßgeblich beeinflussten und allmählich selbst einen wichtigen Faktor in der Ökonomie der Region bildeten.

3.2.3 Die Walnuss-Wildobstwälder im Fokus kolonialer Inwertsetzung

Bestandsaufnahme und Zustandsbeschreibung der Walnuss-Wildobstwälder

Mit der Annexion Turkestans fielen auch sämtliche Waldgebiete dem Russischen Reich zu. Das zaristische Forstdepartment sandte eine *lesoustroitelnaja Partija*, eine Gruppe von Forstwissenschaftlern und anderen Spezialisten, zur Inventur der Waldgebiete nach Turkestan, deren Aufgabe darin bestand, die Lage und Ausdehnung der bestehenden Wälder zu bestimmen sowie Erkundungen zur Zusammensetzung und zu möglicher Nutzung vorzunehmen. Im Laufe von neun Jahren (1889-1897) erkundete die Abordnung die Wälder Turkestans. Das Ergebnis dieser Arbeit fasste ihr Leiter NAVROZKIJ (1900) zusammen und stellte seinen Bericht in der dritten Sitzung des ersten Turkestanischen Forstkongresses im Jahr 1900 vor. Dabei untergliederte er die Wälder Turkestans in vier Kategorien: Gebirgs-, Tugai-, Steppen- und künstlich angelegte Wälder. Sämtliche Wälder der ersten drei Kategorien standen nach dem Gesetz vom 2. Juni 1897 in staatlichem Eigentum und unter staatlicher Verwaltung; letztere konnten sich in Privatbesitz befinden. Zu den Bergwäldern gehörten Fichten- und Wacholderbestände im Tien Schan und Alai sowie die Walnuss-Wildobstwälder an der Südabdachung der Fergana-Kette. Weiden, Pappeln und andere Gehölze entlang von Wasserläufen wurden unter der Kategorie Tugaiwälder subsumiert. Steppenwälder hingegen bedeckten ehemals weite Areale Turkestans, waren jedoch aufgrund von Beweidung und Abholzung bereits Ende des 19. Jahrhunderts stark gelichtet und in ihrer Ausdehnung erheblich dezimiert. In seinem Bericht beklagte NAVROZKIJ (1900) den schonungslosen Holzeinschlag zur Herstellung von Holzkohle[41], das Abbrennen von Wäldern sowie die intensive Waldweide, was zu einem schlechten Zustand der Waldbestände dieser Region geführt habe. Gleichzeitig hebt er die große ökologische Bedeutung der mittelasiatischen Bergwälder in ihrem Einfluss auf das hydrologische Regime der Großregion und damit auf die ausgedehnten Bewässerungskulturen Turkestans hervor. Auch KRAHMER (1897:110) verwies auf den schlechten Zustand der Bergwälder, die aufgrund „irrationaler Waldwirtschaft" weitgehend vernichtet worden und somit dichte Bestände nur noch an schwer zugänglichen Stellen anzutreffen seien. Die Ausdehnung der staatlichen Wälder im Fergana-Gebiet bezifferte KRAHMER (1897:122) mit 380 360 ha, von

---

41 Die zumeist von kirgisischen Nomaden produzierte Holzkohle wurde dabei nicht nur von der sesshaften Bevölkerung Turkestans genutzt, sondern auch nach Chiwa und Buchara gehandelt (DIREKTOR LESNOGO DEPARTAMENTA 1902:432).

denen 103 830 ha Walnussbestände waren. Den Angaben des Direktors des Forstdepartments Turkestan zufolge nahmen die Walnusswälder dagegen eine Fläche von etwa 200 000 *Desjatinen* in den Gebirgszügen der Kreise von Andishan und Namangan ein, wobei hier auch „zahlreiche Lichtungen und unbewaldete Flächen" eingeschlossen waren (DIREKTOR LESNOGO DEPARTAMENTA 1902:432).

Waldnutzung und Einschränkung von Verfügungsrechten

Der erste Forstkongress Turkestans bestätigte die zuvor von den Wissenschaftlern hervorgehobene ökologische und hydrologische Bedeutung der Bergwälder. Demnach schützten und stabilisierten die Wälder die Hänge, verhinderten Bodenabspülungen, eine schnelle Schneeschmelze und die Entstehung von reißenden Strömen, außerdem sorgten sie für einen gleichmäßigen Wasserabfluss und schützten die Oberläufe der Fließgewässer. Somit bestand das Hauptziel der staatlichen Forstwirtschaft Turkestans in der Bewahrung der Bergwälder, während das Interesse an einer ökonomischen Nutzung der Wälder nachgeordnet war (AŠIMOV 2003:34; vgl. auch KRAHMER 1897:110; SCHWEINITZ 1910:87, MACHATSCHEK 1921:153).[42]

Bis zur Kodifizierung des Verbots von Holzeinschlag an Lebendgehölzen und von Waldweidenutzung 1897 traf die zaristische Verwaltung keine Maßnahmen zur Einschränkung oder Steuerung der zuvor ungeregelten Nutzung der Bergwälder durch die lokale Bevölkerung. Deren praktizierte Waldnutzung in Form von Waldweide, Brandrodung und Holzeinschlag zur Produktion von Holzkohle wurde von der zaristischen Militärverwaltung nun jedoch als ein den Bestand schädigender Nutzungsdruck interpretiert und Gegenmaßnahmen eingeleitet. Fortan sollte die Verwaltung für Agrikultur und staatliche Güter[43] für die Forsttätigkeit in Turkestan zuständig sein, deren Leiter und spätere Vize-Inspektor des Forstkorps RAUNER (1901) in seinem Vortrag *Die Gebirgswälder Turkestans und ihre Bedeutung für die Wasserwirtschaft der Region* dem Generalgouverneur gegenüber die große Bedeutung der Bergwälder hervorhob und für die Bewahrung der Bergwälder eintrat.[44] In seinem Plädoyer lieferte er Empfehlungen, an denen sich alle fol-

---

42 Die Bedeutung der Wälder als Staatsgüter und die Notwendigkeit ihres langfristigen Erhalts wurden in der Denkschrift zur russischen Agrarreform von 1909-13 ebenfalls betont. Demnach sollten zur Bestandssicherung die Wälder im Staatseigentum verbleiben, ihre Fläche möglichst auf Kosten von Privatwäldern vergrößert und die Einkünfte aus der Forstwirtschaft erhöht werden durch die Zucht hochwertiger Baumarten, die Errichtung von Baumschulen und die Verstärkung des Forstpersonals (RUSSISCHES LANDWIRTSCHAFTSMINISTERIUM 1914:55).

43 Die 1897 gegründete Verwaltung für Agrikultur und staatliche Güter hatte die Oberaufsicht über die Naturressourcen Turkestans und war zuständig für Fragen der Bewässerung, Forstwirtschaft, experimenteller Forschung und Kontrolle der Landwirtschafts- und Wasserbauschulen sowie der Garten-, Wein- und Obstbauschulen (ABDURAKHIMOVA 2002:253).

44 Dieser historisch und wissenschaftlich bedeutsame Vortrag von RAUNER (1901) enthält Informationen über die klimatischen und hydrologischen Verhältnisse Turkestans, den Einfluss

genden Forstmaßnahmen orientierten, die jedoch auch eine kontroverse Diskussion auslösten. So forderte RAUNER (1901) zum Schutz der Bergwälder ein Verbot der Waldweide, was seiner Argumentation zufolge keine negativen ökonomischen Auswirkungen auf die lokale Bevölkerung zeitigen würde, da ausreichend Weideflächen in den Gebirgsbereichen zur Verfügung stünden. Damit zeigte sich der Vorsitzende des Gebiets Baron Vreskij zwar einverstanden, doch Vertreter der Kreisadministration sahen in diesem Vorschlag eine Übertretung der lokalen Verfügungsrechte und leisteten Widerstand. Zur besseren Koordinierung und Lösung dieser Fragen wurden die Wälder nach Anordnung des Militärgouverneurs Forstämtern zugeordnet und Kommissionen gebildet. Schließlich bestätigte eine Kommission für die sesshafte und nomadische Bevölkerung das generelle Weiderecht auf Staatsland und somit auch im Wald, da sie bei einem Weideverbot großen wirtschaftlichen Schaden für die lokale Bevölkerung befürchtete. Sollte sich zum Schutz der Wälder jedoch die Notwendigkeit der Beschränkung der Waldweide ergeben, so müssten die Weidegüte, die Formen der Viehzucht und die Lebensweise der nomadischen Bevölkerung sorgfältig geprüft werden. Auch aufgrund des Mangels an Heu erschien der Kommission ein Waldweideverbot nicht praktikabel. Schließlich konstatierte die Kommission, der Wald werde durch das Vieh nicht geschädigt, da es keine Schösslinge fresse. Vielmehr sei die Ursache der größten Schäden wie Erdrutschen der Holzeinschlag zur Holzkohleherstellung, die folglich verboten werden müsse. Demgegenüber betonte jedoch die Feldbauverwaltung die Notwendigkeit der Köhlerei aufgrund des allgemeinen Brennstoffmangels in Turkestan sowie des notwendigen Einkommens für den Staat. Allerdings stellte die Administration Nutzungsregeln auf, wonach zur Holzkohleherstellung nur Fallholz und abgestorbene Äste genutzt werden dürften, womit gleichzeitig sanitäre Forstmaßnahmen geleistet würden. Hierfür sollten spezielle, von Forstmitarbeitern kontrollierte Plätze für die Köhlerei im Wald ausgewiesen werden. Außerdem dürfe die Kohle nur in versiegelten Säcken auf den Bazar geliefert werden; die Gebühr richtete sich nach Sažen' (= 2,13 m).[45] Darüber hinaus wurde mit der zunehmenden Einwanderung russischer Umsiedler ein steigender Holzbedarf und damit ein erhöhter Druck auf die Bergwälder prognostiziert (DIREKTOR LESNOGO DEPARTAMENTA 1902:431–472).

Die zaristische Forstadministration richtete ihr Augenmerk zudem auf ein Produkt der Nusswälder, das für die lokale Bevölkerung bisher keine Bedeutung hatte: Maserknollen (russ. *Kap*; kirg. *Oor*) (Foto 2). Dabei handelt es sich um Verwachsungen im unteren Bereich der Stämme alter Nussbäume, die sich durch eine filigrane Maserung auszeichnen und als Furnierholz genutzt werden können.

---

der Gebirgswälder auf das Abflussverhalten der Flüsse und die Entstehung reißender Wasserströme. Zudem informiert er über Beweidung und die ersten Forstarbeiten.

45 Die reichen Wacholderbestände des Alai wurden ebenfalls intensiv von der lokalen Bevölkerung zur Holzkohleherstellung genutzt. Der Holzeinschlag von gesunden Wacholderbäumen war streng verboten, aber das durch Windbruch oder Lawinen angefallene Totholz konnte gegen Zahlung einer Gebühr genutzt werden. Mehrere Kirgisen taten sich hierzu zusammen und erzielten mit der Herstellung von Holzkohle und deren Verkauf auf den Märkten Ferganas gute Gewinne (SCHWEINITZ 1910:87–88).

Bereits im Jahr 1885 erntete die Verwaltung des Fergana-Oblast erstmals gezielt Maserknollen in den Nusswäldern, indem die Knollen an lebenden Bäumen abgesägt wurden. Zuvor bestand die Befürchtung, dass eine solche Entfernung der Maserknollen den Baum absterben lassen würde, doch erkannten die Forstleute bald, dass sich an den Schnittstellen neue Maserknollen bildeten. Seit dieser Erkenntnis waren Nutzung und Verkauf von Maserknollen gestattet (DIREKTOR LESNOGO DEPARTAMENTA 1902:471). Die Erlöse aus den Veräußerungen waren sehr hoch. So bezahlten die ersten armenischen und französischen Händler Ende der 1880er Jahre zwischen 5 und 14 Rubel pro *Pud* (= 16,38 kg) Maserknollenholz (DIREKTOR LESNOGO DEPARTAMENTA 1902:472). Auch KORDŽINSKI (1896:39–40) erwähnt in seinen Studien zur Flora von Turkestan das Geschäft mit den Maserknollen, das ein bedeutendes Einkommen für den Staat darstellte. So würde Maserknollenholz für 20 Rubel pro *Pud* verkauft und nach Frankreich exportiert, wo es einen Preis von 300 Rubel pro *Pud* erzielen würde. Bis zum Jahr 1900 wurden 6772 *Pud* und 22 *Pfund* (= 0,41 kg) Maserknollen aus dem Kreis Andishan abtransportiert und über Krasnovodsk und Batumi nach Marseille exportiert (DIREKTOR LESNOGO DEPARTAMENTA 1902:472). Der Preis stieg bis 1910 sogar auf über 50 Rubel pro *Pud*, so dass der Wert der Maserknolle eines einzigen Nussbaumes bis zu 5000 Rubel erreichen konnte (SCHWEINITZ 1910:88). Aufgrund ihres hohen Wertes wurden die Nussbäume mit Maserknollen von der Forstverwaltung inventarisiert und Tausende Bäume gezielt geschlagen.[46]

Während den Nusswäldern als Waldweideterritorium und zur Deckung des Brennholzbedarfs nur eine lokale Bedeutung zukam, erlangten sie als Lieferant von Holzkohle bereits eine regionale bis überregionale Bedeutung und waren durch den Handel der Maserknollen sogar in die internationale Kolonialökonomie integriert.

Administrative Untergliederung und Aufgaben der Forstinstitutionen

Nach der Annexion Mittelasiens durch das Russische Reich standen die Wälder Turkestans anfangs unter der Leitung der Militärverwaltung der Kreise. Im Jahr 1897 wurden die Zuständigkeit und der Aufbau der Forstwirtschaft an die in Taschkent neu gegründete Verwaltung für Agrikultur und staatliche Güter übertragen und gleichzeitig eine Untergliederung der Waldareale Turkestans in Forstreviere vorgenommen. Demnach standen sämtliche Wälder, die nicht der lokalen sesshaften Bevölkerung gehörten, im Staatseigentum. Das Gebiet der Nusswälder der Fergana-Kette gehörte zum Forstrevier Andishan, das sich nach Anordnung vom 28.07.1900 in acht so genannte Forst-*Dači* untergliederte: Karakuldža, Jassinsk, Čengensk, Maily-Isbaskentskaja, Kenkol-Karagyr, Susamyr, Bazar Korgon und Kugart (NAVROZKIJ 1900; PRAVITELSTVENNYJA RASPORJAŽENIJA

---

46 Bereits um 1905 arbeitete der Vater von AS (Ky-05.08.03) im Forstdienst und half um 1905 bei der Suche und Ernte von Maserknollen im Waldgebiet von Kyzyl Unkur. Die Maserknollen wurden über Gava nach Massey bei Bazar Korgon transportiert und von dort exportiert.

1902:1371). Prioritär wurde die Einrichtung der Forstverwaltung in den wertvollsten Wäldern mit hoher Schutzbedeutung vorangetrieben. Die Forstdača Bazar Korgon (Fergana-Oblast), zu der die Waldgebiete um Arslanbob gehörten, verwaltete beispielsweise den „hochwertigen Walnusswald, der sich über zwanzig Täler und Berge erstreckt mit dazwischen liegenden Lichtungen" (DIREKTOR LESNOGO DEPARTAMENTA 1902:470). Wie ersten Beschreibungen zu entnehmen ist, lebten in diesem Gebiet sowohl kirgisische (Halb-)Nomaden als auch sesshafte, vermutlich usbekische Sarten. Die Kirgisen betrieben auf kleinen Flächen Ackerbau und zogen im Sommer mit ihren Viehherden auf die Sommerweiden in die Berge. Ihr Vieh trieben sie auch in die Wälder, wo es durch Viehverbiss und -tritt beträchtlichen Schaden anrichtete (KORDŽINSKI 1896:42).[47] Als dauerhafte Siedlungen wurden nur die heute noch bestehenden Dörfer Arslanbob und Džarbak erwähnt, in denen Sesshafte, vermutlich Usbekisch-Sprecher lebten, deren wirtschaftliche Situation jedoch als schlechter als jene der Kirgisen eingeschätzt wurde (KORDŽINSKI 1896:42). Die heutigen Siedlungen Kyzyl Unkur und Kara Alma wurden erst zu Beginn des 20. Jahrhunderts gegründet, doch dienten die Gebiete als Weidegründe und vermutlich auch als saisonale Lagerplätze (BR-Ky-04.08.03; AE-Ky-19.04.04). Den Erinnerungen des Informanten AS (Ky-05.08.03) zufolge soll Kyzyl Unkur von zwei kirgisischen Familien um die Jahrhundertwende gegründet worden sein, ehe in Folge der Revolution von 1905 einige Ukrainer zuzogen. Bis zum Großen Vaterländischen Krieg (1941-45) bildeten Russen und Ukrainer etwa 60% der Einwohnerschaft Kyzyl Unkurs. AS betont, dass die Kirgisen nicht zur Ansiedlung gezwungen worden seien, sondern aufgrund des Ressourcenreichtums des Ortes freiwillig aus dem Toktogul- und Bazar Korgon-Gebiet zugezogen waren. Seine eigenen Vorfahren stammen ursprünglich aus Džumgal, von wo sie ein kriegerischer Konflikt um die Mitte des 19. Jahrhunderts vertrieben hatte. Dagegen vermutet BR (Ky-16.04.04), dass Kyzyl Unkur von russischen Siedlern 1911 gegründet wurde. Auch in Arslanbob und im unterhalb davon gelegenen Gumchana[48] ließen sich zu Beginn des 20. Jahrhunderts russische Siedler nieder.

Aufschlussreiche Aspekte zu Nutzungsrechten und Institutionen um die Jahrhundertwende sind den *Instruktionen zur Verwaltung staatlicher Güter und landwirtschaftlicher Flächen Turkestans vom 06. März 1902* (PRAVITELSTVENNYJA RASPORJAŽENIJA 1902:1351–1377) zu entnehmen. Die erste Anordnung der neu organisierten Verwaltung betraf die Abordnung von Forstbeamten in die Gebiete zur Übernahme der Verwaltung der Walddači. So genannte Reserveförster und Forstkonduktoren kontrollierten in den Walddači die Waldnutzungen, leiteten forstwirtschaftliche Maßnahmen wie Aufforstungen und erstellten Wirtschaftsplä-

---

47 KORDŽINSKI (1896:42) berichtet zudem von Problemen mit Wildschweinen, die Hirse und Flachs von den Feldern fräßen, etwa im Kara Unkur-Tal auf dem Weg in das Weidegebiet Ken Kol nördlich von Kyzyl Unkur.

48 In dem heutigen Ort Gumchana soll zu Beginn des 20. Jahrhunderts ein Russe namens Ignat gelebt haben, der Tongeschirr produzierte und an die Bewohner umliegender Dörfer verkaufte. Bei seinen Kunden wurde der Ort bald nur noch Khumkhana (*khum* = Ton, *khana* = Haus) genannt, woraus sich der Ortsname Gumchana entwickelte (SM-Gu-27.02.07).

ne (PRAVITELSTVENNYJA RASPORJAŽENIJA 1902:1359). Neben ihrem Gehalt erhielten sie bis zu 15 *Desjatinen* Garten- und Ackerland zur eigenen Verfügung. Zuständig für den Schutz des staatlichen Landes sowie für die Auslieferung von Forstmaterialien aus den staatlichen Wäldern waren die *Uezd*-Vorsitzenden. Für den Schutz kleiner Waldareale vor Abholzung, Feuer und Waldweide waren Forstgehilfen oder Waldschützer verantwortlich. Während die höheren Positionen in der Forstverwaltung bis zu den Reserveförstern und Forstkonduktoren ausschließlich mit Europäern besetzt waren, konnten auch Zentralasiaten (*Inorodcy*) die Funktion der Forstgehilfen bzw. Waldschützer ausüben. Voraussetzung war jedoch die Beherrschung der russischen Sprache. Unterstützung sollten die Forstbeamten und -arbeiter von der staatlichen Regional- und Lokaladministration erhalten (PRAVITELSTVENNYJA RASPORJAŽENIJA 1902:1367–1368).

Zu den forstwirtschaftlichen Maßnahmen gehörten Waldschutz, die Kontrolle des Fällverbots „grüner Bäume" und des Holzhandels sowie die Festlegung der nebensächlichen Nutzungen, wozu Viehbeweidung und der Verkauf von Maserknollen ins Ausland zählten. Grundsätzlich bestand ein strenges Verbot, offenes Feuer im Wald zu entfachen (PRAVITELSTVENNYJA RASPORJAŽENIJA 1902:1369). Da weiterhin die Waldweide ein Problem darstellte, wurde ein Verbot für die Errichtung von Winterlagerplätzen im Wald vorgeschlagen. Doch als im Jahr 1901 in Turkestan eine Waldinventur durchgeführt wurde, entdeckten die Forstbeamten zahlreiche Winterställe der Nomaden und Weideflächen innerhalb der Waldterritorien. Zudem hatte die nomadische Bevölkerung nach einer Verordnung vom 07.07.1900 das Recht, Kleinholz ohne Gerätschaften ganzjährig zu sammeln, während die Forstverwaltung die Ausgabe von Abholzungsscheinen forderte (DIREKTOR LESNOGO DEPARTAMENTA 1902:470; PRAVITELSTVENNYJA RASPORJAŽENIJA 1902:1376). Durch die genannte Anordnung wurde auch die Ausfuhr von Waldprodukten aus den staatlichen Wäldern Turkestans geregelt. Das Recht zum Kauf auf Kredit, etwa von größeren Stammholzmengen, stand nur russischen Bürgern zu, nicht jedoch der einheimischen Bevölkerung. Holz wurde nur in Ausnahmen, etwa nach Naturkatastrophen, zum Hausbau kostenlos abgegeben. Beamte der Oblast-Verwaltung setzten die Gebühren zur Entnahme von Waldprodukten fest, der Generalgouverneur jene für Nutz- und Brennholz sowie für Maserknollen. Eine weitere wichtige Aufgabe der Forstmitarbeiter bestand in der Aufforstung abgeholzter oder geschädigter Areale mit hochwertigen Baumarten (PRAVITELSTVENNYJA RASPORJAŽENIJA 1902:1374–1376).[49]

Zur Veranschaulichung der Etablierung der zaristischen Forstwirtschaft im Gebiet der Nusswälder dient hier der ausführliche Bericht *Arbeiten der Verwaltung für Ackerbau und staatliche Güter bis zur Revolution 1917 im Walddepartement Turkestans: Beispiel Uzgen* (DjOA, Akte 126 zitiert in AŠIMOV 2003:47), der den Zeitraum von 1909 bis 1915 beleuchtet und außerdem einige Informatio-

---

49 AŠIMOV (2003:41) betont die hohe Expertise der russischen Forstverwaltung. So seien die Aufforstungsarbeiten in den Gebirgen Turkestans stets von gut ausgebildeten Experten der damaligen Zeit wie N.I. Korolkov, S.J. Rauner oder N.B. Piščikov nach wissenschaftlichen Grundsätzen geleitet worden.

nen über das Leben der autochthonen und russischen Bevölkerung jener Zeit liefert. Demnach bestand die im Nordosten der Kreise Andishan und Osch gelegene Forstwirtschaft Uzgen aus den drei Forstdači Kugartskaja, Čangentskaja und Jassinsko-Karakulddžinskaja. Aufgrund des verhältnismäßig milden Klimas und der dem Klima und den verfügbaren Naturressourcen angepassten Lebensweise war der Holzbedarf unter der autochthonen Bevölkerung gering, da Holz nur für Kochzwecke genutzt und Gebäude aus Stein und Lehm errichtet wurden. Demgegenüber lag der Holzbedarf unter der stetig zunehmenden russischen Bevölkerung deutlich höher. Die Einwanderer bauten ihre Häuser in russischer Bauweise aus Holz, zudem erforderte ihre „in kultureller Hinsicht entwickeltere" Lebensweise (AŠIMOV 2003:47) deutlich mehr Holz, etwa zum Heizen der Gebäude. Auch durch den Bau der Eisenbahnstrecke bis nach Andishan und der drastischen Steigerung der Bevölkerungszahl in den Siedlungen wie etwa Dshalal Abad und Kara Suu erhöhte sich der Holzbedarf. Hiervon zeugt auch die Tatsache, dass fortan Nussholz auf den Märkten gehandelt wurde. Insbesondere wohlhabende Bewohner der Städte fragten Nussholz zur Herstellung von Möbeln nach. Der Verkauf der Maserknollen ins Ausland aus der Kugartskaja-Dača der Uzgen-Forstwirtschaft wurde nur einmal im Jahre 1914 registriert, da die benachbarte Forstwirtschaft Bazar Korgon die Nachfrage nach Maserknollen weitgehend deckte. Obwohl das staatliche Eigentum an den Wäldern gesetzlich kodifiziert war, nutzten die im Gebiet von Uzgen lebenden Nomaden den Wald als Siedlungsplatz und Weidegrund und wandelten baumfreie Waldwiesen in Ackerland um. Die Forstverwaltung hatte den Einschlag an Lebendgehölzen verboten, erlaubte jedoch die Sammlung und Veräußerung von Reisig und abgestorbenen Ästen. Kontrovers diskutierten die für die Forstwirtschaft zuständigen Beamten die Auswirkungen der Waldbeweidung, wobei sie das Beweiden der Waldlichtungen als unschädlich ansahen, wohl aber den Verbiss an Keimen, Schösslingen, Baumrinde und Zweigen als Problem konstatierten. Um die natürliche Regeneration des Waldes zu fördern, wurde Viehweide nur im Rahmen einer strengen Überwachung geduldet.[50]

Etablierung der Forstwirtschaft Bazar Korgon

Die Walnuss-Wildobstwälder um Arslanbob fielen unter die Administration der Forstwirtschaft Bazar Korgon.[51] Über die institutionelle Struktur der Forstwirtschaft und Fragen des Managements der Land- und Naturressourcen gegen Ende der Regierungszeit des Russischen Reiches liefert ein Protokoll der Beratung zur

---

50 Nach MACHATSCHEK (1921:153) lässt sich „eine geregelte Forstwirtschaft mit der Erhaltung des Hirtennomadentums schwer vereinigen, so dass bei Fortdauer der gegenwärtigen Verhältnisse die Gebirgswälder Turkestans einem langsamen, aber sicheren Untergang entgegengehen."
51 Eine Beschreibung der Forstwirtschaft bei Bazar Korgon um 1896 findet sich in f.806, d.17, l.24–68 (zitiert in AŠIMOV 2003:57).

Inventur der Forstwirtschaft Bazar Korgon aus dem Jahre 1915 ein detailliertes Bild. Die in dem Protokoll beschlossenen Vorgaben hatten maßgeblichen Einfluss auf die Form der Forstwirtschaft der folgenden Jahrzehnte.

Wie den Bestimmungen zu entnehmen ist, wurden die Wälder in Klassen verschiedener Wertigkeit unterteilt. Als wertvollste Baumart galt die Walnuss und entsprechend Areale mit dominantem Walnussbestand als Wälder höchster Wertigkeit. Somit zielte die Forstwirtschaft auch auf die Umwandlung der gemischten Waldareale in möglichst homogene, walnussdominierte Bestände. Denn die ökonomisch wertvollsten Ressourcen stellten Nussstammholz und Maserknollen dar, die zu hohen Preisen auf den regionalen Märkten verkauft bzw. ins Ausland exportiert wurden.

Mit der Festlegung der Periodizität der Einschläge aufgrund vorher definierter optimaler Schlagreife richtete sich die Forstwirtschaft ebenfalls nach ökonomischen Gesichtspunkten, um die Holzausbeute und damit den Ertrag aus den Wäldern zu optimieren. Die Verwaltung für Agrikultur und staatliche Güter definierte abzuholzende und wieder aufzuforstende Flächen und Mengen und stellte einen 10-Jahresplan auf, innerhalb dessen diese forstwirtschaftlichen Maßnahmen erfüllt werden sollten. Hierbei fanden neben ökonomischen Aspekten auch ökologische Faktoren zur langfristigen Sicherung des Waldbestandes Berücksichtigung. Mit der Bestimmung der Areale und diversen Forstmaßnahmen sollten Bodenerosion verhindert und der natürliche Aufwuchs des Waldes gefördert werden. Neben diesen rein forstwirtschaftlichen Maßnahmen, wie etwa dem Schutz von Schösslingen, finden sich in den Instruktionen auch Bestimmungen zu den Nebennutzungen des Waldes. Demnach erhielt die lokale Bevölkerung zur Aufrechterhaltung ihres Lebensunterhalts das Recht zur Nutzung der für den Staat eher unproduktiven Ressourcen wie Brennholz, Gras und Weideland. Mit dem Weideverbot in den für die forstwirtschaftliche Nutzung bestimmten Arealen sowie der Zuteilung von Mähwiesen sollte den Bewohnern des Gebietes eine sesshafte Lebensweise näher gebracht und sie zur Aufgabe ihrer nomadischen Lebensweise bewogen werden. Gleichzeitig bemühte sich der Staat um den Aufbau einer industriellen Viehwirtschaft. Mit der negativen Bewertung der Waldbeweidung wies die staatliche Forstadministration der lokalen Bevölkerung die Rolle eines Störfaktors für eine erfolgreiche ökonomische Forstwirtschaft zu.[52] Das Sammeln von Nüssen und Waldfrüchten schien für die Forstwirtschaft bisher nur indirekt durch das Einziehen von Gebühren von ökonomischer Bedeutung gewesen zu sein, wurde fortan jedoch auf bestimmten Arealen komplett untersagt. Holzeinschlag und das Sammeln von Brennholz durch die lokale Bevölkerung wurden ebenfalls reglementiert und entsprechende Gebühren eingeführt.

Zur Ausdehnung der Waldfläche legte das Protokoll fest, dass lediglich die Hälfte der bestehenden Ackerflächen weiterhin ackerbaulich genutzt werden durfte, die andere Hälfte jedoch aufgeforstet werden sollte. Hinweise über Kompensa-

---

52 Bei den in den Jahren 1911-12 durchgeführten Waldbestandsaufnahmen wurden erneut ungeregelte Waldbeweidungen und unsystematische Abholzungen konstatiert (PROEKT LESCHOZ KIROV 1991:4).

tionszahlungen an die betroffenen Landnutzer für die Überführung von Ackerland in Wald fehlen. Interessanterweise regelten bereits Bestimmungen die Bienenzucht. Da die autochthone Bevölkerung bisher keine Bienenzucht betrieb, deutet dies darauf hin, dass die Imkerei bereits zu Beginn des 20. Jahrhunderts durch slawische Neusiedler in diesem Gebiet eingeführt worden war. Die Bienenzucht schien den Verantwortlichen der Forstverwaltung jedoch aufgrund ihrer negativen Auswirkungen auf die Forstwirtschaft eher ein Dorn im Auge zu sein, weshalb sie bemüht war, diese einzuschränken.

Der ökologischen Besonderheit der Walnuss-Wildobstwälder trug die Forstverwaltung durch die Ausweisung eines Schutzgebietes Rechnung. Der ausgewiesene Naturpark „Arslanbob" nahm mit 29,4 *Desjatinen* zwar nur eine verhältnismäßig kleine Fläche ein, hatte jedoch eine beträchtliche symbolische Bedeutung, die die Notwendigkeit zur Bewahrung des Waldes unterstrich.

3.3 SCHRITTWEISE ENTRECHTUNG DER AUTOCHTHONEN BEVÖLKERUNG UND KOLONIALE INTEGRATION

Im Gebiet der Walnuss-Wildobstwälder im südwestlichen Tien Schan am Schnittpunkt zwischen Sesshaftigkeit und mobiler Lebensweise war das Verhältnis zwischen Mensch und Umwelt entscheidend durch die Nutzung und Auseinandersetzung mit den Land- und Naturressourcen geprägt. Weitgehend ungestört von externer Einflussnahme dienten die Nusswälder der autochthonen Bevölkerung als Rohstoffquelle zur Subsistenz und eingeschränkt zur Einkommensgenerierung durch die Herstellung von Holzkohle, außerdem als Ergänzungsfläche zur Ausdehnung von Weiden und Ackerland. Aufgrund des in der vorkolonialen Phase nur als gering eingeschätzten ökonomischen Wertes der Wälder und der extensiven Nutzung sind keine ernsthaften Konflikte zwischen verschiedenen Bevölkerungsgruppen, etwa zwischen Viehhirten und Ackerbauern, überliefert. Tatsächlich scheinen sich in diesem Grenzsaum die Lebens- und Wirtschaftsweisen von Sesshaften und Nomaden verzahnt zu haben: Eine Kombination von mobiler Viehwirtschaft, Ackerbau und Waldnutzung war die vorherrschende Wirtschaftsform.

Traditionelle Gewohnheitsrechte regelten die Nutzung der Ressourcen, den internen Wettstreit um Macht und Positionen sowie die Schlichtung von Konflikten, wobei die kirgisischen Stammesgesellschaften eine Form von Gewohnheitsrecht und die Sesshaften weitgehend das Islamische Recht anwandten. Offiziell lag der Eigentumstitel an Land und den Wäldern beim Khan von Kokand, woraus sich sein Recht auf Steuererhebung ableitete. Seine Autorität und damit die politische Integration in das Khanat von Kokand waren in den Städten und größeren Siedlungen ausgeprägter als in den Stammesgebieten der Kirgisen, wo der Khan selbst seine Steuerforderungen vielfach nicht durchsetzen konnte. In diesem Sinne verlief die extensive Nutzung der Nusswälder weitgehend unbeeinflusst von herrschaftlicher Politik und Administration des Khans. Beispielsweise konnten die Viehhalter die Wanderung mit ihren Viehherden den jahreszeitliche Bedingungen anpassen und wurden nicht durch limitierende Nutzungsregeln daran gehindert. Die Vorstellung von individuellen Eigentumstiteln an Land war den Stammesgesellschaften weitgehend fremd, stattdessen wurden sowohl die Weidegebiete als auch die Wälder gemeinschaftlich genutzt. Der anthropogene Einfluss auf die Wälder manifestierte sich insbesondere bei gezielten Brandrodungen und der Holzkohleherstellung, so dass bereits am Vorabend der russischen Annexion des Gebietes von ungestörten natürlichen Wäldern keine Rede mehr sein konnte.

Mit der Übernahme der Macht in Mittelasien durch das Russische Reich sicherte sich das Generalgouvernement von Turkestan das alleinige Eigentumsrecht an Wäldern und Weideland der Region, lediglich Gebäude und Hausgärten wurden zum Privateigentum der Besitzer erklärt. Damit enteignete der Staat die bisherigen Nutzer des Landes und gestand sich selbst das alleinige Eigentumsrecht zu.

Der Erwerb von Land und Immobilien war für Nicht-Russen verboten, womit eine klare Trennung zwischen Russen und autochthoner Bevölkerung vorgenommen wurde. Die seit dem Zensus 1897 als *Inorodtsy* kategorisierten autochthonen Bewohner Mittelasiens erhielten zwar ebenfalls Eigentumsrechte an ihren Häusern, Hausgärten und Ackerflächen, aber sie konnten kein weiteres Land hinzukaufen; das Vorkaufsrecht lag ausschließlich bei den Russen. Zudem wurde den einwandernden Russen Land zugeteilt und damit der autochthonen Bevölkerung Land entzogen.

Zwar gestand der Staat den Nomaden und der sesshaften autochthonen Bevölkerung bestimmte Nutzungsrechte zu, wie etwa das Weiderecht auf bestimmten Territorien sowie das Recht zur Sammlung von Brennholz für den Eigenbedarf, aber er schränkte auch die Nutzungsrechte ein: Das vehement diskutierte Verbot der Waldweide stellte einen massiven Eingriff in die Lebensweise der lokalen Bevölkerung dar, der es fortan an Winterfutter mangelte. Des Weiteren entzog das Verbot der Köhlerei der autochthonen Bevölkerung eine wichtige Einkommensquelle, und schließlich wurde sie durch verschiedene Maßnahmen dazu gedrängt, ihre nomadische Lebensweise aufzugeben.

Maserknollen wurden als wirtschaftlich bedeutsam erkannt und von der staatlichen Administration ausgebeutet. Die Gewinnung von Maserknollen stellte eine externe Inwertsetzung der Wälder dar, von der die lokale Bevölkerung in keiner Weise profitierte. Mit der Erhebung von Weidegebühren ab 1915 wurde die Enteignung des Landes noch einmal exemplifiziert und verschärft.

Zu den verschiedenen Maßnahmen der Administration des Generalgouvernements Turkestan gehörte auch das Aufoktroyieren eines neuen, für die autochthone Bevölkerung externen Rechtssystems. Die zuvor von traditionellen Instanzen geregelten Besitz- und Nutzungsregelungen wurden von einer externen Instanz aufgestellt, und auch die Streitschlichtung wurde von der russischen Verwaltung in manchen Fällen übernommen. Mit anderen Worten wurden neue Instanzen eingesetzt, und bestehende verloren an Bedeutung. Hinzu kamen Gesetze über die Bestrafung von Rechtsverstößen gegen das Christentum.

Ein Problem für die Waldressourcen stellten zweifellos das Bevölkerungswachstum und vor allem auch die Lebensweise der einwandernden Russen dar: Die in Russland übliche Holzbauweise ersetzte die traditionellen Lehmbauten und

Jurten. Damit einher ging ein erhöhter Holzbedarf, zu dem auch der forcierte Eisenbahnbau beitrug.

Ziel der Forstverwaltung war der Schutz der Wälder und die Erweiterung der bestehenden Waldflächen. Dies wurde mit der ökologischen Funktion der Wälder als Regulator des Wasserregimes und damit der Bewässerungssysteme im Fergana-Becken sowie als Stabilisator der Berghänge bzw. als Schutzfaktor gegen Erosion begründet. Die Nutzung und Ausbeutung der Waldprodukte stand erst an zweiter Stelle. Hierbei ist bemerkenswert, wie das Konzept der Nachhaltigkeit bereits in der Denkschrift über die russische Agrarreform 1909-1913 zum Ausdruck kommt:

> „Die Wälder sind ein Vermögen des ganzen Volkes; die Waldwirtschaft erfordert eine solche Voraussicht und Planmäßigkeit und muß auf eine so lange Zeit berechnet werden, daß sie tatsächlich nur vom Staate übernommen werden kann, der großzügig die Interessen zukünftiger Geschlechter voraussieht und frei ist von dem Wunsche, den Kapitalwert der Wälder so schnell wie möglich zu realisieren zum Schaden der wirtschaftlichen Zukunft des Landes."
> (RUSSISCHES LANDWIRTSCHAFTSMINISTERIUM 1914:55)

Eine Interpretation und Bewertung der russisch-zaristischen (Forst-)Politik in Mittelasien steht vor dem Dilemma, ein Urteil über eine relativ kurze und abrupt endende Periode zu fällen. In einer bemerkenswert kurzen Zeitspanne gelang es dem Zarenreich, gewaltige Territorien in Asien zu erobern, eine funktionsfähige Administration aufzubauen und diese neu gewonnenen Gebiete durch politische und ökonomische Maßnahmen nachhaltig zu prägen. Obgleich die langfristigen politischen Ziele undeutlich blieben und von den verantwortlichen Akteuren vermutlich auch selbst nicht eindeutig definiert waren, steht der massive und nachhaltige Einfluss dieser Kolonialperiode außer Zweifel.

Die Phase der russischen Herrschaft in Zentralasien wird gewöhnlich mit der Eroberung Taschkents und der Gründung des Generalgouvernements Turkestan 1865 in Verbindung gebracht, obwohl es noch bis mindestens 1884 dauerte, ehe die gesamte Region unter russischer Kontrolle war. Die engere Untersuchungsregion dieser Studie war von 1876 bis 1917, also lediglich 41 Jahre, unter zaristischer Herrschaft, die zudem durch massive interne Schwierigkeiten wie die Revolution 1905 und den desaströsen Krieg gegen Japan geprägt war.

In einer Zeit, die heute als die Hochphase des Kolonialismus gesehen wird, fallen die Einschätzungen der Zeitzeugen zum Vorgehen der russischen Politiker und zur zaristischen Herrschaft in Zentralasien fast durchweg positiv aus. So sagen ETZEL & WAGNER (1864:352), dass „die Herrschaft der Russen für die Völkerschaften jenes Gebietes ein unendlicher Segen ist", womit sie vor allem auf die Befriedung der Region anspielen. Darauf zielt auch HELLWALD (1879:467) ab und geht sogar noch einen Schritt weiter, indem der den „Anschluss des herrlichen Thales von Chokand an das russische Reich" als „einzig und allein auf den dringenden Wunsch der ansässigen Bevölkerung, namentlich der Sarten und Usbeken," interpretiert.

Und auch MACHATSCHEK (1921:115) sieht hehre Ziele in dem russischen Vorgehen, das im Wesentlichen zur Befreiung der unterdrückten Bevölkerung

Mittelasiens führen sollte, und spricht dem Russischen Reich gar jedwede ökonomischen Interessen ab:

> „Der erste Grundsatz, von dem sich Russland bei der Behandlung der neu eroberten Gebiete leiten ließ, war der, das Land nicht als Kolonie, sondern als integrierenden und staatsrechtlich mit dem Mutterland eng verbundenen Teil des Reiches zu betrachten. (…) Um in den Eingeborenen die Überzeugung zu festigen, dass Russland gekommen sei, um das Land von seinen blutsaugerischen Chanen zu befreien, wurden die drückenden Steuern auf ein Mindestmaß herabgesetzt, die unterste Stufe der Verwaltung, die sogenannten Wolostjs, den Eingeborenen unter der Leitung von Wolostnois und Aksakalen übertragen, ihnen auch die niedere Gerichtsbarkeit, allerdings unter Aufsicht der Kreischefs, überlassen und die Befreiung vom Militärdienst ausgesprochen." (MACHATSCHEK 1921:115-116)

Die Frage, inwieweit die eroberten Gebiete Mittelasiens ein wirtschaftlicher Gewinn oder eher ein Verlustgeschäft für das Mutterland darstellten, wurde bereits sehr früh gestellt und kontrovers beantwortet. Zu Beginn der russischen Herrschaft prognostizierten MICHELL & MICHELL (1865:463–464) eine lange Phase negativer ökonomischer Bilanzen, in der Russland viele Finanzmittel nach Mittelasien pumpen müsste aufgrund der „barbarous and poor condition of the inhabitants of Central Asia". Erst allmählich würde ein positiver Rückstrom, insbesondere in Form von Vieh und Baumwolle, zu erwarten sein.

Retrospektiv können und müssen die Einflüsse der russischen Herrschaft differenzierter betrachtet werden. Obgleich die Herrschaftszeit des zaristischen Russlands in Mittelasien zumeist deutlich kürzer war als die anderer europäischer Mächte in ihren Kolonien, war die politische, kulturelle und ökonomische Durchdringung Mittelasiens durch Russland höchst wirksam. Unter Zugrundelegung der Grundelemente kolonisatorischen Denkens wie der „Idee der unversöhnlichen Fremdheit, de[s] Glaube[ns] an die höheren Weihen der Kolonisation und d[er] Utopie der reinigenden Verwaltung" (OSTERHAMMEL 2006:113) ist das Vorgehen des Russischen Reiches zweifellos als kolonial zu werten. „Fundamentale Entscheidungen über die Lebensführung der Kolonisierten durch eine kulturell andersartige und kaum anpassungswillige Minderheit von Kolonialherren unter vorrangiger Berücksichtigung externer Interessen", verbunden mit „sendungsideologischen Rechtfertigungsdoktrinen, die auf der Überzeugung der Kolonialherren von ihrer eigenen kulturellen Höherwertigkeit beruhen" (OSTERHAMMEL 2006:21) treffen auch auf die zaristische Kolonialpolitik in Mittelasien zu.

Rechtlich war die autochthone Bevölkerung Mittelasiens keineswegs gleichgestellt, da ihr fundamentale Bürgerrechte vorenthalten wurden und die männliche Bevölkerung auch nicht zum Militärdienst einberufen wurde; aus Misstrauen wollten die russischen Eroberer die Mittelasiaten nicht den Umgang mit modernen Waffen lehren. Die bestehenden Rechtssysteme blieben weitgehend, insbesondere auf lokaler Ebene bestehen. Die russische Kolonialpolitik zielte nicht auf die Russifizierung der Bevölkerung Mittelasiens oder die Einführung der europäischen Zivilisation (HAMBLY 1998:213; BENNIGSEN & WIMBUSH 1986:10). Die russischen Einwanderer und Mitglieder der Administration und des Militärs waren von europazentristischen Vorurteilen geprägt und versuchten sich keineswegs an die autochthone Bevölkerung anzupassen. Das Ziel der russischen Kolonialpolitik bestand vielmehr darin, die Region ökonomisch auszubeuten und militärisch zu beherrschen; dabei bauten sie nicht auf die Hilfe der einheimischen Bevölkerung, sondern konzentrierten vielmehr ihre Bemühungen darauf, „on making the region a fit country for Russians to live in" (WHEELER 1964:69). Mit der Förderung der Produktion von Rohmaterialien und der Vernachlässigung des Aufbaus verarbeitender Industrie trug auch in ökonomischer Hinsicht die zaristische Politik in Mittelasien zweifelsfrei koloniale Züge.

In der Summe zeichnete sich die zaristische Herrschaft in Mittelasien auf der einen Seite durch Mängel, Korruption, Unterlassungen und Unterdrückungen aus. Auf der anderen Seite legte die Kolonialherrschaft die Grundlage für materielle und für manche Menschen auch rechtliche Verbesserungen, hinzu kommen die Pazifizierung des Gebietes und die Einführung westlichen *know hows* (WHEELER 1964:95–96). Innerhalb der Entscheidungsträger Russlands bestanden zwei unterschiedliche Ansätze Mittelasien gegenüber: Auf der einen Seiten sahen konservative Politiker und das Militär mehrheitlich Mittelasien als Kolonie Russlands an, die ökonomisch ausgebeutet sowie militärisch und administrativ kontrolliert, aber nicht vollständig in das Russische Reich integriert werden sollte. Auf der anderen Seite standen Zivilbeamte, die das aufklärerische Ziel verfolgten, die rückständigen Muslime Mittelasiens zu „zivilisieren" und zu „Bürgern" Russlands zu machen und sie in die reformierte gesellschaftliche und politische Ordnung des Reichs zu integrieren (KAPPELER 2006:144).

Nach der Klassifikation von OSTERHAMMEL (2006:17) kann Turkestan als eine typische Beherrschungs- und Wirtschaftskolonie betrachtet werden, während die Steppengebiete mit der massiven Zuwanderung von Mitgliedern des Kolonialreiches eher Siedlungskolonien glichen. Auch heute ist nicht eindeutig zu klären, ob Form und Maßnahmen der russischen Kolonialpolitik längerfristig zu ökonomischem Profit und politischer Integration geführt hätten, da die Oktoberrevolution dem Russischen Reich ein abruptes Ende bescherte.

4 KOMMODIFIZIERUNG DER NUSSWÄLDER IN SOWJET-MITTELASIEN

„Wer hat euch Boden und Wasser gegeben, wer gab euch die Freiheit? (…) Wir sind arme Bauern, (…) das ganze Leben lang haben sie uns getreten und erniedrigt. In finsterer Unwissenheit haben wir bisher gelebt. Die Sowjetmacht aber will, dass Licht in unseren *Ail* dringe, dass wir lesen und schreiben lernen."

Tschingis AITMATOW (1990:22)

Die politischen Ereignisse und Umbrüche des Jahres 1917 in Russland bedeuteten eine welthistorische Zäsur, infolge derer in den folgenden sieben Jahrzehnten auf dem Territorium des ehemaligen Russischen Reiches eine neue Weltanschauung die Politik dominierte. Das Ende der Monarchie der Romanows bedeutete gleichzeitig – zumindest formal – das Ende des klassischen imperialistisch-kolonialen Strebens nach Dominanz und Ausbeutung eroberter Territorien und Gesellschaften und war deshalb bei der Bevölkerung Mittelasiens mit großen Hoffnungen verbunden. Bis zum Jahre 1991 dominierte fortan die Ideologie des Marxismus-Leninismus Politik, Wirtschaft und Gesellschaft und gestaltete diese von Grund auf um. Im folgenden Kapitel ist zu klären, wie sich dieser Machtwechsel auf Management und Nutzung von Land- und Naturressourcen in einem peripher gelegenen Gebiet der Sowjetunion auswirkte, wie die Institutionen der Ressourcennutzung umgestaltet wurden, wie sich das Feld der Akteure veränderte und welche Diskurse den Umgang mit den Nusswäldern Kirgistans bestimmten. Hierbei erscheint es notwendig, zunächst knapp die politischen Ereignisse nachzuzeichnen, um Verständnis über die Machtstrukturen und insbesondere die Mittel der Machtausübung zu entwickeln, ehe spezifisch auf die Ausgestaltung der Forstwirtschaft eingegangen wird. Aufgrund einer signifikanten Änderung der die Nusswälder Kirgistans betreffenden Diskurse und Managementstrategien wird die Analyse untergliedert in die unruhige Frühphase der Sowjetunion und die konsolidierte Spätphase ab Ende der 1940er Jahre.

4.1 UMBAU VON STAAT, GESELLSCHAFT UND ÖKONOMIE NACH DER OKTOBERREVOLUTION 1917

4.1.1 Machtsicherung der Bolschewiki in Mittelasien

Mit dem Sturz des russischen Zaren im Gefolge der Februarrevolution 1917 endete auch die imperial-koloniale Herrschaft des Russischen Reiches in Mittelasien. Gleichwohl bedeutete dies mitnichten das Ende der russischen Dominanz oder gar eine nationale Befreiung für die durch den Aufstand von 1916 demographisch und ökonomisch ausgeblutete Bevölkerung Mittelasiens. Denn auch die neuen Entscheidungsträger waren in ihrer großen Mehrheit Russen. So dominierten Russen den neu installierten Rat der Arbeiter- und Soldaten-Deputierten, dem die muslimische Bevölkerung Mittelasiens im April 1917 die Einberufung des ersten Kongresses der Muslime Turkestans in Taschkent entgegensetzte (vgl. HAYIT 1956a:48–51). Doch auch die Oktoberrevolution fand in Mittelasien weitgehend „unter Ausschluss der muslimischen Bevölkerung" (GEIß 2006:162) statt, als Bauern- und Arbeiterräte des Taschkenter Sowjets die Turkestan-Kommission der Provisorischen Regierung ab- und durch die Bildung von Soldatenräten ersetzte. Dabei hatten die Muslime Mittelasiens in Anbetracht der von Lenin proklamierten Thesen über das Selbstbestimmungsrecht der Völker ihre Hoffnungen auf die Bolschewiki gesetzt und sich politische Autonomie versprochen (HAYIT 1956a:68, 74). Tatsächlich aber wurden sie vollständig von den Revolutionsorganen ausgeschlossen und riefen deshalb im Dezember 1917 auf dem 4. Außerordentlichen Kongress der Muslime Turkestans in Kokand die Territorial-Autonome Republik Turkestan aus. Die Bolschewiki antworteten mit brutaler Gewalt, stürzten die Regierung von Kokand im Februar 1918 (BERGNE 2003) und gründeten Ende April 1918 die Turkestanische Autonome Sozialistische Sowjetrepublik (ASSR) als Bestandteil der Russischen Sowjetischen Föderativen Sozialistischen Republik (RSFSR).

Die Nichtberücksichtigung der Forderungen nach nationaler Autonomie und die Ausgrenzung der muslimischen Bevölkerung von der Macht führten zur Entstehung der Basmačī-Bewegung, die ihren eigentlichen Ursprung bereits in der Revolte von 1916 hatte (vgl. MARSHALL 2003:5–6). Die Basmačī kämpften für ein eigenständiges Turkestan, hatten einen deutlich antirussischen Charakter und gaben sich eine religiöse wie auch nationale Bedeutung. Obwohl ihnen von der Bevölkerung große Sympathien entgegengebracht wurden, blieben sie aufgrund interner Rivalitäten schwach (CARRÈRE D'ENCAUSSE 1994:250–251; RYWKIN 1990:33–43). Nach dem Osipov-Aufstand im Januar 1919 in Taschkent entsandten die Bolschewiki eine Turkestan-Kommission, um die Basmačī-Bewegung zu zerschlagen, die Sowjetmacht zu festigen und ein den mittelasiatischen Bedingungen angepasstes Sowjetsystem einzuführen (vgl. HAYIT 1956a:96–97; MARSHALL 2003). Neben der militärischen Bekämpfung der Basmačī suchten die Bolschewiki durch verschiedene Maßnahmen die Unterstützung der Bewohner Mittelasiens zu gewinnen, indem sie etwa die Konfiszierung von *Waqf*-Land widerriefen, muslimische Bildungsinstitutionen zuließen und *Scharia*-Gerichte wieder einsetzten. Aber auch durch die erkennbare Verbesserung der materiellen Situation infolge Lenins Neuer Wirtschaftspolitik (CARRÈRE D'ENCAUSSE 1994:253) sowie durch die Bewältigung der Hungersnot in Mittelasien, die als Folge des Produktionsrückgangs in der Landwirtschaft nach dem Aufstand 1916, der Einstellung von Getreidelieferungen aus Russland und dem wirtschaftlichen Chaos des Jahres 1917 auftrat, konnte sich das Sowjetkommissariat profilieren (vgl. HAYIT 1956a:77). Dies führte zu einer Festigung der Macht der Bolschewiki.

Obgleich mit der Oktoberrevolution formal eine Abkehr von der imperialistisch-kolonialen Politik des Russischen Reiches vollzogen wurde, sind Zweifel an der Umsetzung angebracht. Zwar verurteilten die Bolschewiki sehr drastisch die

Politik des Russischen Reiches und bezichtigten die zaristische Herrschaft der Kolonisierung, Ausbeutung und Unterdrückung.[1] Zudem verkündeten die Bolschewiki in ihrem „Manifest an alle werktätigen Muslime" den Verzicht auf sämtliche imperialistischen Pläne des zaristischen Russlands und riefen die kolonialisierten Völker zum Kampf gegen den westlichen Imperialismus auf (BENZING 1943:14). Doch in Mittelasien traten die Revolutionäre bald recht unverblümt in die Fußstapfen des zaristischen Kolonialismus. Das als treibende Kraft des Bolschewismus aufgetretene russische Proletariat vertrat damit die alten russischen, kolonisatorischen Anschauungen und handelte ebenso danach wie die zaristischen Offiziere und Beamten, die vielfach in ihren Ämtern belassen wurden. Ein turkestanisches Proletariat gab es nicht, während die verarmte Bevölkerung Mittelasiens eher „als ein der Revolution fremdes Element und als Feind betrachtet" wurde (HAYIT 1956a:80).

4.1.2 Schöpfung und Delimitation von Nationen in Mittelasien

Nachdem die Bolschewiki ihre Macht in Mittelasien gefestigt hatten, begannen sie mit der Umarbeitung der existierenden Identitäten, der Neudefinition von „selbst" und „anderen" in einer Art, die dem Aufbau des Sozialismus förderlich war (YOUNG & LIGHT 2001:944). Die Kommunistische Partei versuchte die Gesellschaft umzuorientieren gemäß der größeren Ziele und Werte des internationalen Sozialismus, womit bestehende Identitätsquellen wie Familie, Stamm oder Religion ersetzt werden sollten. Klassenunterschiede und internationale Ungleichheiten sollten beseitigt und Individuen zu einem anationalen *Homo Sovieticus* – der zweifellos Russischsprecher wäre – sozialisiert werden. Die Nivellierung der Entwicklungsunterschiede in dem Vielvölkerstaat UdSSR und das Ziel einer anationalen sozialistischen Gesellschaft sollten über die Zwischenstufe nationaler Selbstbestimmung erreicht werden. Deshalb betrieben die Bolschewiki eine Politik der „doppelten Assimilation" (HIRSCH 2000): Einerseits forcierten sie die Beseitigung religiöser und ethno-kultureller Bindungen, um eine internationale Bruderschaft sozialistischer Staaten zu initiieren. Andererseits setzten sie erst die Ausbildung von Nationen und nationalen Identitäten in Gang – Konzepte, die bis dahin in Mittelasien fremd waren und wo sich die Menschen eher ihrer religiösen, tribalen, Klan- oder regionalen Mitgliedschaft bewusst waren (WIXMAN 1973:74).

Bei der territorialen Aufteilung des gewaltigen Staatsgebiets der Sowjetunion zur Schaffung einer Föderation von autonomen Republiken unter einer Zentralregierung rangen zunächst zwei Meinungen um Führerschaft: Ökonomen, die Staat-

---

[1] Ein Zeitgenosse drückte es folgendermaßen aus: „Der Feind hat das Land (Turkestan) erobert. Seine Söhne wurden versklavt und sein Reichtum geplündert. Der Feind, der zaristische General, war hart. Der Feind war der koloniale Polizeibeamte. Der Feind war der russische Administrator. Der Weg, der im Kampf gegen ihn gegangen wird, ist deutlich. Dieser Weg ist: Befreiung der Nation, Liquidierung des Militärs, des kolonialen Joches" (KOLESOV 1935:153, zitiert in HAYIT 1956a:74).

liche Planungskommission (*Gosplan*) und die Administration des Gesamtrussischen Zentralen Exekutivkomitees strebten eine Aufteilung in wirtschaftlich-administrative Regionen an, um eine schnelle wirtschaftliche Entwicklung zu erleichtern. Demgegenüber forderten Ethnographen und die Administration des Volkskommissariats der Völker (*Narkomnac*), dass die administrative Gliederung ethnographischen Grenzen entsprechen solle (HIRSCH 2000:206).

Zwischen 1923 und 1924 wurden intensive ethnographische und statistische Untersuchungen in allen Regionen Mittelasiens durchgeführt, um eine Basis für die Neuzeichnung von Grenzen zu schaffen. Experten und Verwaltungsbeamte neu geschaffener Kommissionen entschieden, welche Völker als „offizielle Nationalitäten" berücksichtigt und welche mit ihren Nachbarn kombiniert werden könnten. Merkmale wie Religion, Rasse, Kultur, Alltagsleben und Beschäftigung, ganz besonders aber die Sprache dienten der ethnographischen Kategorisierung. Die Definition „nationaler Sprachen" stellt in Zentralasien jedoch ein schwieriges Problem dar, da in der Region kaum klare linguistische Grenzen existieren, die zwei Dialekte voneinander trennen (SCHOEBERLEIN-ENGEL 1994:22). Da eine Nation zuvorderst auf der Basis ihrer Sprache definiert wurde, musste für jede neu entstehende Nation eine bestimmte Trägersprache ausgewählt werden, welche sich von jeder anderen Nationalsprache deutlich unterschied.

Bei der territorialen Unterteilung der Sowjetunion, die mit der Ratifizierung der sowjetischen Verfassung am 31. Januar 1924 in Kraft trat, fanden schließlich sowohl ethnographisch-nationale als auch ökonomische und politisch-strategische Kriterien Berücksichtigung, um politische Stabilität und administrative Integrität zu sichern (HIRSCH 2000:211). So wurde das ehemalige Generalgouvernement Turkestan nicht nur aus ethnographischen, sondern auch aus strategisch-politischen Gründen in separate Turkrepubliken geteilt, da die Kommunistische Partei den Aufstieg pantürkischer Stimmungen in Mittelasien befürchtete.

Somit festigte das Sowjetregime seine Herrschaft über die Völker des Russischen Reiches und konsolidierte sie in national-territoriale Einheiten.[2] Im Oktober 1924 entstand so das Kara-Kirgisische Autonome Gebiet innerhalb der RSFSR, das im Februar 1926 in Kirgisische Autonome Sozialistische Sowjetrepublik umbenannt wurde. Schließlich erhielt Kirgistan 1936 den Status einer vollwertigen Sowjetrepublik (SSR) und die formalen Symbole eigener Staatlichkeit: Ein definiertes Territorium, eine eigene politische Führung, eine Flagge sowie nationale Institutionen wie Akademien, Universitäten und Gewerkschaften. Die Sprache der Titularethnie, das Kirgisische, erhielt erstmals eine Schrift, zunächst die arabische, 1927 die lateinische und 1940 schließlich die kyrillische (MENGES 1994:80–81). Zum ersten Mal in der Geschichte hatte Kirgistan einen Platz auf der Landkarte (Karte 5).

---

2   Nach ROY (2000:64) fand der Prozess der sowjetischen Nationenschaffung in ungewohnter Reihenfolge statt: Eine ethnische Gruppe wurde nicht zuerst durch wissenschaftliche Analysen definiert und anschließend mit einem administrativen Status ausgestattet. Vielmehr bekamen die Nationen Mittelasiens zuerst ihren Status und danach lag es an den Experten, *post facto* eine wissenschaftliche Grundlage dafür zu finden.

Gleichzeitig jedoch wurden die Kirgisen durch eine Reihe administrativer, wirtschaftlicher, kultureller und politischer Institutionen in den sowjetischen Staat und die sowjetische Gesellschaft integriert. Auch gestattete die Politik der territorialen Neugliederung den Sowjetrepubliken keine politische Autonomie – wichtige politische Entscheidungen wurden in Moskau getroffen. Denn das sowjetische Experiment war keineswegs auf die Konsolidierung von Nationen als Träger von Eigenstaatlichkeit gerichtet, vielmehr bewirkte es die Stärkung eines ethnischen Nationalbewusstseins. Denn auch wenn das Grunddesign der sowjetischen politischen Geographie ein anationales Bewusstsein förderte, so ermutigten sowjetische Pässe und Volkszählungen die Sowjetbürger, sich selbst ‚national' zu identifizieren. Damit schufen sie neue Labels des Selbst-Bewusstseins und der Identität, einen Sinn der Zugehörigkeit auf einer symbolischen Ebene, der auch die Idee des „Anderen" enthielt, ein Bewusstsein, das für die Formierung einer nationalen Identität ebenfalls essentiell ist (HUSKEY 2003:113). Durch die Verbreitung titularsprachiger Kommunikations- und Kultureinrichtungen (Radio, Museen, Theater, Konzertsäle, Universitäten und Akademien) erhielten diese neuen kollektiven Identitäten ein kulturelles Profil (GEIß 2006:164). Zudem sollte durch die Vorstellung von Nationalität als Abstammungsgemeinschaft die zuvor auf Stammesgemeinschaften, Nachbarschaften oder die muslimische Gemeinschaft (*Umma*) beschränkte Solidarität auf alle Mitglieder einer Nation erweitert werden (GEIß 2006:164). Nationalität wurde zum fundamentalen Kennzeichen der sowjetischen Identität und war in die administrative Struktur eingebettet. Auf Arbeitskarten, Armeeformularen, Studentenakten und anderen offiziellen Dokumenten gab es Platz für die *Nacional'nost'* des Halters – dem offiziellen Terminus zur Bezeichnung der sowjetischen Nationalität. Während in den 1920ern kaum jemand den Begriff *Nacional'nost'* wahrnahm, so war er Ende der 1930er genauso geläufig wie Familienname, Adresse und Geburtstag (HIRSCH 1997:268–269).

Wie bereits angedeutet, erfolgte die territoriale Demarkation im September 1924 durch das Zentrale Exekutiv-Komitee der UdSSR nicht ausschließlich nach ethnographischen Gesichtspunkten. So wurden beispielsweise die Städte Osch, Uzgen und Dshalal Abad im Fergana-Becken trotz usbekischer Bevölkerungsmehrheit Teil der Kirgisischen SSR. Vorausgegangen war eine Forderung der kirgisischen Seite, wonach eine separate politische Einheit ohne urbane Zentren bedeutungslos wäre und eigene Städte als Märkte für die nicht-städtische kirgisische Bevölkerung und als Verwaltungszentren notwendig seien (HAUGEN 2003:188). Die Forderung nach Eingliederung der Stadt Osch in Usbekistan wurde vom Zentralen Exekutiv-Komitee der UdSSR bei deren ersten Sitzung am 20. März 1926 mit der Begründung abgelehnt, dass Osch das bedeutendste Handels- und Verwaltungszentrum für die Kirgisen der Region und das Gebiet um die Stadt durch Bewässerung eng mit dem kirgisischen Territorium verknüpft sei, zudem sei das Land des Amtsbezirks Osch untrennbar mit der Stadt verbunden (KOICHIEV 2003:52). Usbekistan beanspruchte zudem den Amtsbezirk Bazar Korgon, in dem 2711 Usbeken, 3556 Sarten, über 8000 Kirgisen und eine große Anzahl an Russen und Ukrainern lebten, sowie einige Siedlungen des Amtsbezirks Dshalal Abad um die Stadt Suzak mit jeweils 13 usbekischen und kirgisischen sowie einer Sart-Siedlung (KOICHIEV 2003:50). In einem anderen Fall brachten Bewohner einiger usbekischer Dörfer in mehreren Petitionen ihre Furcht vor kirgisischem Chauvinismus und ihrer Ausgegrenztheit zum Ausdruck und forderten den Anschluss an die Usbekische SSR. Nach sorgfältiger Begutachtung lehnte die Regionalisierungskommission das Ansinnen jedoch aus Gründen der Erhaltung der politischen Stabilität ab und betonte, dass das nationale Prinzip nicht über den Interessen der gesamten Union stehen könne (HIRSCH 2000:215–218).[3] Im Fergana-Gebiet fanden sich somit etwa 50 usbekische, 14 Sarten-, zwei türkische und zahlreiche tadschikische Siedlungen auf dem Gebiet der Kirgisischen SSR, während etwa 100 kirgisische, 28 kiptschakische, 17 türkische und dutzende tadschikische Siedlungen dem Gebiet der Usbekischen SSR zugeschlagen wurden. Nach dem Zensus von 1926 lebten 109 000 Usbeken, 2667 Tadschiken und 3631 Türken in Kirgistan, während 90 743 Kirgisen, 21 565 Türken und 32 784 Kiptschaken in Usbekistan wohnten (KOICHIEV 2003:55). Politische Stabilität war wichtiger als ‚ethnographische Präzision'. Gleichwohl wurde mit der Evolution nationaler Identität bei gleichzeitiger Inkaufnahme von ethnischen Minderheiten innerhalb von ethnisch-territorial definierten Sowjetrepubliken ein potentieller Faktor für Instabilität und Unruhen gelegt, wie später noch zu zeigen sein wird.

Wie aber ist diese Schaffung von Nationen in Mittelasien zu bewerten und welche strategischen Überlegungen lagen der Einführung des Konzeptes der Nationalität zugrunde? MASSEL (1974) beschreibt die national-territoriale Abgrenzung als eine Politik zur Schaffung „taktischer Nationalstaaten", und auch ROY (2000:viii) hält die national-territorialen Grenzziehungen primär für eine Strategie des Aufbrechens der großen linguistischen und kulturellen Blöcke, die auf Sprache (Türkisch) und Religion (Islam) basierten, also eine Strategie des *Divide et impera*. Dagegen sieht HIRSCH (2000:202–203) darin eine Manifestation des Versuchs, ein neues, nicht-imperialistisches Modell der Kolonisation (*kolonizacija*) zu entwickeln. Denn primär zielte die Politik, die sie als „state-sponsored evolutionism" bezeichnet, darauf ab, feudale Klans und Stämme zu Nationen zusammenzubinden, um sie auf die imaginierte „Straße des Sozialismus" zu bringen. Die Nation wurde nur als eine Zwischenstufe auf der evolutionären Zeitleiste gesehen, an deren Ende eine reife Sowjetunion als kommunistische Union von denationalisierten Völkern stehen sollte. HAUGEN (2003:234) hält jedoch die Nationenschaffung als Prinzip der politischen territorialen Organisation nicht primär für das Ergebnis dogmatischen Denkens von notwendigen Stationen der historischen Entwicklung, sondern vermutet dahinter pragmatische Überlegungen. Die Schaffung von nationalen Republiken sei eher als ein Zusammenbringen denn als ein Teilen zu betrachten. Das Sowjetregime hätte darin einen Weg gesehen,

---

3 Auch einige kirgisische Gemeinden beantragten den Anschluss an die Usbekische SSR, da nach ihrer Argumentation durch die Teilung sozioökonomische Einheiten auseinandergerissen würden (HAUGEN 2003:191–194). Die Betonung ihres sesshaften Lebensstils und ihrer landwirtschaftlichen Betätigung reflektiert die Bedeutung der sozioökonomischen Identität und Abgrenzung, welche über die ethnische Differenz gestellt wurde.

Zentralisierung, sozialistische Modernisierung und die Identifikation mit den neuen politischen Entitäten zu fördern, um traditionelle Solidaritäten und Loyalitäten zu ersetzen. Ähnlich sieht COLLINS (2006:89) in der Schaffung von Nationen einen Schritt in Richtung des Parteiziels der „Annäherung" (*sbliženie*) und eventuellen „Verschmelzung" (*slijanie*) von Nationen zu einer sowjetischen Nation. Das Parteiprogramm von 1961 etwa betont den Wunsch und die Unausweichlichkeit dieses Prozesses: „Die Grenzen zwischen den Unionsrepubliken innerhalb der UdSSR verlieren ihre frühere Bedeutung immer mehr (...) Der entfaltete kommunistische Aufbau bedeutet für die Entwicklung der nationalen Beziehungen in der UdSSR eine neue Etappe, die durch die weitere Annäherung der Nationen und die Erreichung ihrer völligen Einheit gekennzeichnet wird" (GOODMAN 1964:830–831).

Die Sowjetisierung der Bevölkerung war also das angestrebte Ziel, obwohl die Vorgänge in der Realität auch als Russifizierung gesehen werden können (KAISER 1997): Linguistische und kulturelle Russifizierung sowie Assimilierung an das russische Volk (vgl. GOODMAN 1964; WIXMAN 1973) machten den Sowjetisierungsprozess zu einem Staatsnationalismus mit dem Endprodukt eines russischen Nationalstaats als Ergebnis interner Kolonisation (YOUNG & LIGHT 2001:944). Die russische Kultur galt dabei als die vorbildhafte Hochkultur, während die Kultur der übrigen sowjetischen Nationalstaaten eine Position der Minderwertigkeit einnehmen musste.[4] An allen Schulen wurde die russische Sprache Pflichtfach.[5] Im dominierenden Diskurs wurden die Russen als die generösen Freunde gesehen, die die Menschen Mittelasiens aus ihrem barbarischen Mittelalter befreit hätten und sie zu Modernisierung und gesellschaftlichem Fortschritt brachten. Insbesondere in den Städten dominierte das Russische: "The cities of Central Asia are with a few exceptions Russian in all but geographic location" (CLEM 1973:43).

Mit der gesellschaftlichen Neuordnung und Identitätsumbildung wurden die traditionelle Gesellschaft und jahrhundertealte Identität stiftende Traditionen bekämpft: Erstens durch physische Zerstörung, durch Krieg, Hunger, Deportationen oder die Schließung von Moscheen, Zwangsansiedlung und Kollektivierung. Zweitens durch Gesetze gegen traditionelle islamische Bräuche wie Verschleierung und Polygamie. Und drittens durch die massive Propagierung der sowjetischen Ideologie (vgl. ROY 2000:79). Dagegen blieben Lebensabschnittsriten wie Beschneidung, Hochzeit, Beerdigung und Totengedächtnisfeiern, die im Islam oder lokalen Traditionen verwurzelt sind, wichtige Bestandteile der kulturellen Identität und wurden trotz Strafandrohung als „nationales Erbe der Väter geachtet und gepflegt" (GEIß 2006:164).

---

4   Zur kulturellen Sowjetisierung Zentralasiens vgl. BALDAUF (2007).
5   WIXMAN (1973:83–84) gibt zu bedenken, dass Bi- und Trilingualismus in Mittelasien eine lange Tradition habe und nicht-indigene Sprachen seit langer Zeit von einigen Personen gesprochen wurden.

4.1.3 Kollektivierung und sozioökonomischer Totalumbau

„Als die Kollektivierung begann, war Tanabai Feuer und Flamme. Wer sonst, wenn nicht er, musste für das neue bäuerliche Leben kämpfen, dafür, dass alles Gemeingut wurde, das Land, das Vieh, die Arbeit, die Träume. Weg mit den Kulaken! Eine harte, stürmische Zeit zog herauf. Am Tage im Sattel und nachts auf Sitzungen und Versammlungen. Die Kulakenlisten wurden zusammengestellt. Die Beis, Mullas und anderen Reichen wurden ausgejätet, wie das Unkraut auf dem Feld. Das Saatbeet musste für die junge Saat gesäubert werden."

Tschingis AITMATOW (1992:148)

Unmittelbar nachdem die Bolschewiki die Macht an sich gerissen hatten, begannen sie mit der Ausarbeitung und Implementierung einer neuen Bodengesetzgebung. Präzedenzfälle hierfür finden sich in der jüngeren russischen Geschichte mit der Bauernbefreiung 1861 und der Auflösung der ländlichen Kommunen Russlands im Gefolge von Stolypins Reformen 1905. Während für die Bolschewiki das Ziel einer vollkommen verstaatlichten Landwirtschaft von Anfang an feststand, herrschte über den einzuschlagenden Weg noch Unklarheit. Mit einer Reihe von Verordnungen in den Jahren 1918 und 1919 legten die Bolschewiki auf der Grundlage von Lenins Anordnung zur Verstaatlichung von Land und zur Umformung von Landgütern in Modellfarmen die gesetzlichen Grundlagen für die Kollektivierung, die vollständige Implementierung indessen zog sich noch über eine Dekade lang hin (O'NEILL 2003:68, 71).

Aufgrund der kritischen wirtschaftlichen Situation zu Beginn der 1920er Jahre – in vielen Gebieten Mittelasiens fiel die Wirtschaftsleistung auf 20% des vorrevolutionären Niveaus (RYWKIN 1990:44) – sollte die Neue Wirtschaftspolitik durch Liberalisierungsmaßnahmen eine ökonomische Erholung befördern. Mit einer umfassenden Bodenreform, die arme besitzlose Bauern und Viehhirten begünstigte, sollten zunächst die Sympathien der bäuerlichen Bevölkerung gewonnen und sie zu Verbündeten der Bolschewiki gemacht werden (SCHILLER 1955:403). Massiv unterstützt wurde diese Reform durch Maßnahmen des *Agitprop*, der kommunistischen Propaganda, um bei den am meisten benachteiligten Gruppen Mittelasiens, den Landlosen und den Pächtern, ein Bewusstsein für die bisherigen Ungerechtigkeiten zu wecken und die „ausbeuterischen Elemente", reiche Bauern und Händler, zu eliminieren. Die Polemik musste unmissverständlich sein, da die Bolschewiki keine Zeit und keinen Grund hatten, sich mit den Feinheiten der zentralasiatischen Agrargesellschaft auseinanderzusetzen (O'NEILL 2003:58). Grundsätzlich wollten die Bolschewiki die Agrarstrukturen vollkommen umbauen. Ihre Vorstellung zielte auf eine groß angelegte, industrialisierte und kollektivierte Landwirtschaft, zudem sollten traditionelle Bindungen der Bauern zu Nachbarschaft, Dorfgemeinschaft, Klan oder Stamm zerstört und durch vertikale Bindungen an den Staat ersetzt werden (O'NEILL 2003:70).

Im usbekischen Teil des Fergana-Gebietes fanden die Landenteignungen bereits zwischen Dezember 1925 und Februar 1926 statt. Land wurde unter Bauern aufgeteilt, die zuvor Pächter, Arbeiter oder Landlose waren. Diese wurden damit zwar zu Landbesitzern, doch konnten nur wenige vom Ertrag der erhaltenen kleinen Parzellen leben. Die Folge war weit verbreiteter Hunger und eine geschwächte Bevölkerung, die sich der einige Jahre später folgenden Kollektivierung nicht erwehren konnte (O'NEILL 2003:74). Denn mit der Zerschlagung der bestehenden landwirtschaftlichen Basis wurde die Grundlage für den folgenden Totalumbau der Kollektivierung gelegt, die in Mittelasien 1929 begann und 1932 abgeschlossen war (RYWKIN 1990:45). Die ökonomischen Folgen waren zunächst verheerend: Der Viehbestand sank in Mittelasien von über 23 Millionen Tieren im Jahr 1929 auf etwa neun Millionen Stück Vieh 1932/33, da die Bauern und Nomaden es oftmals vorzogen, ihren Viehbestand zu schlachten als ihn dem Kollektiv zu übergeben. Zudem war die Zahl der Viehzüchter durch die erzwungene Sesshaftmachung und die Maßnahmen der „Entkulakisierung" schlichtweg durch Tod oder Verbannung dezimiert worden (RYWKIN 1990:45–46). Auch die landwirtschaftliche Produktion von Getreide und Baumwolle ging stark zurück.

In Fortführung der kolonialen Politik des zaristischen Russlands genoss auch nach 1917 die Erforschung bestehender und neuer Rohstoffquellen sowie des ökonomischen Potentials Mittelasiens hohe Priorität. Die Bodenreform in den 1920er Jahren und die Umsetzung der Kollektivierung in Mittelasien ab 1929 führten zu einer weiteren Zentralisierung und Durchdringung der Ökonomie durch den Staat. Als Grundlage für die Analyse der Ökonomie im Untersuchungsraum sollen im Folgenden die wichtigsten ökonomischen Rahmenbedingungen der Region charakterisiert werden.

Die ökonomische Basis Mittelasiens bildete die Landwirtschaft. Allerdings brach die landwirtschaftliche Produktion im Gefolge des Aufstands 1916, den Wirren des Revolutionsjahrs 1917 sowie dem darauf folgenden Bürgerkrieg erheblich ein. So halbierte sich zwischen 1915 und 1922 die bewässerte Fläche Turkestans, während der Viehbestand zwischen 1917 und 1923 von 19 Mio. auf 6,5 Mio. zurück ging (PARK 1957:299). Im Jahr 1921 wurde Baumwolle nur noch auf etwa 80 000 ha angebaut, während es 1913 mit 428 000 ha noch mehr als fünfmal so viel gewesen waren, was zum Teil auch an dem verstärkten Anbau von Getreide aufgrund des Nahrungsmangels in Mittelasien während der Kriege lag. Der daraus resultierende dramatische Produktionsrückgang führte zu einer Hungersnot in Mittelasien, der zwischen 1919 und 1923 etwa eine Million Menschen zum Opfer fielen (MATLEY 1994:286).

Nach dem Ende des Bürgerkriegs und der Niederschlagung der Basmači-Bewegung bestand eine wichtige Aufgabe darin, das Bewässerungssystem wieder instand zu setzen und die landwirtschaftliche Produktion zu steigern. Im Fergana-Becken erlangte der Anbau von Baumwolle rasch wieder höchste Priorität und übertraf bald die vorrevolutionären Produktionszahlen. Allerdings verstärkte dies erneut die externe Abhängigkeit, denn 1932 mussten 800 000 t Getreide in Mittelasien eingeführt werden (BENZING 1943:42). Nachdem während der Kollektivierung der monokulturelle Anbau von Baumwolle auf 80-90% der Anbaufläche propagiert wurde, es in der Folge jedoch zu Bodenauslaugung und -versalzung gekommen war, wurde die Baumwollanbaufläche auf 60-70% reduziert (BENZING 1943:43). Dennoch behielt der Baumwollanbau auch in den folgenden Dekaden im Fergana-Becken höchste Priorität, in dem etwa 65-70% der landwirtschaftlichen Arbeitskräfte beschäftigt und der bis zu 90% der Einnahmen der Kolchozi und Sovchozi erbrachte. In den 1980er Jahren wurden im Fergana-Becken jährlich fast 2 Mio. t Rohbaumwolle produziert (SPITZER 1987:43)[6], und die Gesamtregion Mittelasien lieferte 92% der sowjetischen Baumwolle oder etwa 17% der globalen Produktion (LIPOVSKY 1995:534 zitiert in STRINGER 2003:149). Die ökologischen Folgen des Baumwollanbaus waren katastrophal: Der Einsatz von Düngemitteln und Pestiziden führte zur Verseuchung gewaltiger Flächen und zur Kontamination von Grundwasser, falsche Bewässerung zu Versalzung und Bodenauslaugung, und die intensive Wasserentnahme trug maßgeblich zur Austrocknung des Aralsees bei (vgl. GIESE et al. 1998).

Die nach der Baumwolle wichtigsten, auf der landwirtschaftlichen Nutzfläche von etwa 2,2 Mio. ha im Fergana-Becken angebauten Agrarprodukte waren Luzerne, Mais, Sonnenblumen, Tabak, Sesam, Melonen und verschiedene Gemüsearten. Zudem verfügte das Fergana-Becken über viele Obstplantagen, in denen Aprikosen, Pfirsiche, Äpfel, Birnen, Granatäpfel und Feigen gediehen. An Feldrändern standen in großer Zahl Maulbeerbäume, deren Blätter den Seidenraupen als Futter dienen (SPITZER 1987:41–43).

Obgleich die Industrialisierung eines der ambitioniertesten Projekte Stalins war, hatte der industrielle Sektor in Mittelasien im innersowjetischen Vergleich nur einen verhältnismäßig schwachen Anteil an der Gesamtökonomie. Auch im Fergana-Gebiet bildete die Landwirtschaft die wirtschaftliche Basis, die zugleich Rohstoffe für die Industrie lieferte und wichtigster Abnehmer der industriell produzierten Güter war. Innerhalb des sekundären Sektors dominierte die Textilindustrie, bei der es sich in Mittelasien zumeist lediglich um Baumwollentkernungsanlagen[7] handelte, da die weiteren Verarbeitungsschritte wie Spinnen, Weben und Verarbeitung zu Textilien im europäischen Teil der Sowjetunion erfolgten. Von überregionaler Bedeutung war zudem die Verarbeitung von in der Region gewonnener Seide, wozu bereits 1928 in Margilan das größte Seidenkombinat der UdSSR aufgebaut wurde. Die im Untergrund des Fergana-Beckens lagernden mineralischen Ressourcen wie Erdöl, Erdgas und Steinkohle bildeten zusammen mit den Abfällen aus der Baumwollentkernung die Grundlage für eine chemische und pharmazeutische Industrie, zudem gab es einige Betriebe der Leicht- und Lebensmittelindustrie (SPITZER 1987:37–39).

Mit der Kollektivierung fand damit eine für das Mensch-Umwelt-Verhältnis in Mittelasien dramatische Zäsur statt: Land- und Naturressourcen wurden zu ‚totalen Staatsgütern', über welche die lokale Bevölkerung nicht mehr selbstverantwortlich befinden durfte. Neben der politischen Revolution und der ökonomischen Umstrukturierung zielten die neuen Herrscher jedoch auch auf eine komplette Transformierung der Gesellschaft.

---

6   Über Probleme des Baumwollanbaus in Mittelasien wie geringe Flächenerträge, maroder Zustand der Maschinen oder erzwungene Arbeitseinsätze vgl. MEHNERT (1956).
7   Die Verarbeitung der Baumwolle in den Baumwollentkernungsanlagen liefert neben der Rohfaser auch Baumwollsamen, aus denen Speiseöl hergestellt wird und die nach entsprechender Aufbereitung ein wertvolles Futtermittel darstellen.

Während der auf die Oktoberrevolution 1917 folgenden Dekaden bekämpften die Bolschewiki gesellschaftliche Traditionen in Mittelasien und transformierten damit das gesellschaftliche Leben grundlegend. Autochthone politische Institutionen wurden unterminiert, und traditionelle Haltungen insbesondere im Hinblick auf Verwandtschaftsbeziehungen sowie religiöse Bindungen waren Ziel einer unbarmherzigen Propaganda. Die Durchsetzung der politischen und gesellschaftlichen Vorstellungen der Bolschewiki beruhte zum einen auf Entwicklungs- oder auch Modernisierungsmaßnahmen, zum anderen auf brutaler Gewalt. So wurde durch breit angelegte Bildungsprogramme die Alphabetisierung auch in entlegenen Gebieten Mittelasiens vorangetrieben, die Eingliederung von Frauen in die außerhäusliche Arbeitswelt änderte Rollenmuster, und die Schaffung von staatlichen oder kollektiven Wirtschafts- und Sozialeinheiten modifizierte die Lebenswelt der Menschen Mittelasiens radikal. Beispielsweise besuchten auf dem Gebiet Kirgistans in vorrevolutionärer Zeit lediglich 4000 Kinder eine Schule, während es in den 1930er Jahren bereits 288 000 waren; im selben Maße stieg die Alphabetisierung von 4% auf 55% (STÄHLIN 1935:41).

Die erzwungene Sesshaftmachung von Nomaden, die Verfolgung, Deportation oder Liquidierung von Geistlichen und so genannten *Kulaken* (*Bay*), den „Klassenfeinden", bei denen es sich offiziell um reiche Landeigentümer handelte, tatsächlich aber eher um Personen, die sich der Kollektivierung widersetzten, erschütterten die Grundfeste der gesellschaftlichen Strukturen. Allerdings muss die häufig vorgebrachte Vorstellung, wonach die Sowjetunion als totalitärer Staat sämtliche gesellschaftlichen Bereiche kontrollierte, relativiert werden. Beispielsweise zeigt ROY (2000:85–96), wie einzelne Mitglieder von Staats- oder Kollektivbetrieben oder von *Mahallahs* informelle politische Klientelnetzwerke bildeten und damit staatliche Strukturen unterwanderten und politischen Einfluss ausüben konnten. Die sowjetischen Machthaber mussten zur Erlangung ihrer Ziele, wie in diesem Fall der gesellschaftlichen Umgestaltung, auch Zugeständnisse machen. Durch die Eingliederung ganzer Verwandtschaftsgruppen oder Klans in einen Kolchoz beispielsweise blieben patriarchalische Familientraditionen bewahrt. Dennoch führten Stalins Kollektivierungsmaßnahmen zu nur schwer fassbaren gesellschaftlichen und ökonomischen Erschütterungen und Brüchen, die – neutral gesprochen – eine vollkommen neuartige Form des Zusammenlebens und -wirtschaftens bedeutete. Die brutalsten Einschnitte erlebten dabei vermutlich die Nomadenvölker, denn mit dem Zwang zur Ansiedlung und der Kollektivierung des Viehbestands ging die Vernichtung der nomadisch-pastoralen Lebensweise und damit einer ganzen Kultur einher (BALDAUF 2006:188).

Inwieweit sich dieser Totalumbau von Politik, Ökonomie und Gesellschaft auf die Forstwirtschaft und damit auf den Umgang mit den Land- und Naturressourcen im Gebiet der Nusswälder Kirgistans ausgewirkt und strukturell manifestiert hat, soll im folgenden Kapitel geklärt werden.

4.2 KIRGISTANS NUSSWÄLDER UNTER SOWJETISCHER FORSTWIRTSCHAFT (1918–47)

Mit der Etablierung einer geregelten Forstwirtschaft unter der zaristisch-russischen Herrschaft Ende des 19. Jahrhunderts gerieten auch die Walnuss-Wildobstwälder Kirgistans in den Fokus der kolonialen Interessen der Ressourcennutzung und -ausbeutung. Dabei waren es weniger die verschiedenen Holz- und Nichtholzressourcen der Wälder, denen das Augenmerk der turkestanischen Forstwirtschaft galt, als vielmehr der Bestand der Wälder zum Schutz und zur Bewahrung des regionalen Wasserkreislaufs. Dies genügte der Forstadministration als Legitimation, die Nutzungsrechte der autochthonen Bevölkerung stark einzuschränken. Im Folgenden ist danach zu fragen, ob die Oktoberrevolution 1917 und das proklamierte Ansinnen der Bolschewiki nach nationaler Befreiung aller Völker und Übertragung von Land- und Naturressourcen in Volkseigentum zu einem signifikanten Wandel des Umgangs mit den Nusswäldern führten und inwiefern die Kollektivierungsmaßnahmen eine ökonomische und gesellschaftliche Umwälzung im Gebiet der Nusswälder bewirkten. Dies erfordert die Beantwortung der Frage, wie sich die lokale Nutzung der Nusswälder, aber auch die diese regelnden Institutionen gewandelt haben und inwiefern Beschlüsse auf höheren räumlichen Ebenen das lokale Vorgehen bestimmten.

4.2.1 Persistenz und Neuaufbau der Nusswald-Forstwirtschaft

Die politischen Umwälzungen und Machtkämpfe während des Revolutionsjahres 1917 sowie des folgenden Bürgerkrieges rissen in sämtliche Bereiche der Administration institutionelle Lücken. Hiervon war auch die Forstwirtschaft Mittelasiens betroffen, was sich etwa in der Auflehnung gegen bestehende Institutionen oder der Ausnutzung der institutionellen Unsicherheit in einzelnen Forstrevieren bemerkbar machte. Beispielsweise beklagte das Kommissariat für Ackerbau Turkestans am 21.05.1918 das eigenmächtige Verhalten der lokalen Bevölkerung, die sich an den Waldflächen vergriffen und in die Leitung des Forstbetriebes eingemischt habe (AŠIMOV 2003:58).

Die Bolschewiki waren jedoch auf Grundlage des Dekrets von Lenin vom 27. Januar 1918, gemäß welchem sämtliche landwirtschaftliche und forstwirtschaftliche Flächen in Volkseigentum überführt werden sollten, bestrebt, auch über die Waldgebiete die staatliche Kontrolle zu etablieren und sowohl Einrichtungen als auch Funktion der existierenden Forstwirtschaften aufrechtzuerhalten. Im Hinblick auf das Fergana-Gebiet fanden im Sommer 1918 unter Beteiligung der staatlichen Administration und des leitenden Forstpersonals Verhandlungen über die Gründung neuer Forstreviere und die Reorganisation der Forstwirtschaft statt (f.806, op.1, d.14, l.31). Den Fachkenntnissen der noch zu zaristischer Zeit eingestellten Forstarbeiter wurde hierbei eine große Bedeutung beigemessen, weshalb sie in ihren Funktionen weiter beschäftigt werden sollten.

4 Kommodifizierung der Nusswälder in Sowjet-Mittelasien 179

Oberstes Ziel der Forstwirtschaft war der Bestandserhalt der Wälder Mittelasiens, was in einer Ansprache des Leiters der Forstabteilung Sočajak am 21. Juni 1918 zum Ausdruck kommt:

> „Genossen, vor uns, den Forstarbeitern Turkestans, steht eine schwierige Aufgabe, die Wälder Turkestans in guten Zustand zu versetzen. Keiner von uns darf die Verantwortung für den Waldschutz vergessen. Vom Zustand der Wälder hängt unser Wohlergehen ab. Deshalb kommen Sie, Genossen Delegierte, zum Kongress und liefern Informationen über den Zustand Ihres Forstreviers, damit wir gemeinsam Maßnahmen zur Erhaltung, Erweiterung und vernünftigen Nutzung der Wälder besprechen und somit das Vertrauen des Volkes gewinnen können." (AŠIMOV 2003:67)

Ab 1910 unterstanden die Wälder Turkestans administrativ den örtlichen Organen der Umsiedlungsverwaltung und der Staatsgüter (GORŠKOV o.J.), ehe sie 1918 in Volkseigentum überführt wurden. Was die Bolschewiki hierunter verstanden, deutet die Verordnung des Rats der Volkskommissare vom 5. April 1918 an, die klarstellt, dass die Wälder weder der Dorfgemeinschaft noch dem Amtsbezirk (*Uezd*) oder der Gemeinde (*Volost'*) gehörten, sondern Volkseigentum seien und keinesfalls unter den Bürgern verteilt werden dürften (f.126, op.1, d.362). Drei Jahre später spezifizierte das Forstgesetz von 1921 (f.806, op.1, d.32 u. 4) die Besitz- und Nutzungsregelungen. Demnach waren sämtliche Wälder auf dem Territorium Turkestans, selbst jene in Privatbesitz, ausnahmslos Volkseigentum der ASSR Turkestan, wozu auch sämtliche mit Gebüsch bestandene Areale und Gebäude in den Waldgebieten zählten. Jedwede bestehenden Verträge über Veräußerungen und Nutzung der Wälder wurden außer Kraft gesetzt.

Auch das Forstgesetz von 1921 hob explizit die Schutzfunktion der Wälder hervor, die den Waldboden schützten und einen positiven Einfluss auf das Klima ausübten sowie Quellen, Uferbereiche, Bewässerungssysteme und die Hänge stabilisierten. Zudem erfüllten die Wälder „hygienische, ästhetische und kulturelle" Aufgaben. Zur Realisierung der in dem Forstgesetz formulierten Richtlinien und Ziele erließ der Rat der Volkskommissare (*Sovet Narodnych Komissarov*, kurz: *SovNarKom*) am 25.01.1921 einen Aufgabenkatalog für die Forstunterabteilung (Art. 55) (f.806, op.1, d.32 u. 2). Zu den Hauptaufgaben gehörten Aufforstungen zur Verbesserung des Waldbestands, landwirtschaftliche Bearbeitung der Wälder, Erhebung und Zusammenstellung statistischer Angaben, Waldpflege, Bestimmung der Aufforstungsnormen, Ausweisung von Schutzwäldern, Erstellung von forstwirtschaftlichen Kostenplänen, Waldnutzungskontrolle, Bewahrung der Naturdenkmäler und Organisation von Weiterbildungskursen für die Forstarbeiter.

Das Gebiet um Arslanbob zählte administrativ zur Gemeinde (*Volost'*) Bazar Korgon des Amtsbezirks (*Uezd*) Andishan, entsprechend waren die Nusswälder Teil des Bazar Korgon-Forstreviers (*Dača*), dessen Fläche 1921 bei 101 417 *Desjatinen* lag, wovon 15 787 *Desjatinen* als bewaldet galten (f.806, op.1, d.33, l.2–5). Das Bazar Korgon-Forstrevier wiederum bildete mit den Forstrevieren Maili-Izbaskent, Kenkol-Karagyr, Kugart, Mangent und Džasin-Karakulja die Bazar

Korgon-*Lesničestva*,[8] die 1924 in Andishanskoe- *Lesničestva* umbenannt wurde und eine Gesamtfläche von 403 289 *Desjatinen* (davon 150 191 *Desjatinen* Waldfläche) umfasste (f.803, op.1, d.7, l.102; f.803, op.1, d.9, l.94). Mehrmals wechselte die administrative Zuständigkeit für die Nusswälder, die bis zur Kollektivierung Anfang der 1930er Jahre insbesondere lokale Bedeutung als Weidegebiet hatten (PROEKT LESCHOZ KIROV 1991:2).

Bei der Analyse dieser Frühphase der sowjetischen Forstpolitik werden zwei Aspekte deutlich: Zum einen das Bemühen, die während der zaristischen Zeit aufgebaute Forstverwaltung weitgehend aufrecht zu erhalten und die ausgebildeten Experten weiterhin einzusetzen, was nicht zwangsläufig auf der Überzeugung der guten Funktionsfähigkeit der bisherigen Forstpolitik basierte, sondern den gewaltigen Anstrengungen, die der Aufbau der Sowjetunion mit sich brachte, und den in den 1920er Jahren teilweise durchaus als chaotisch zu beschreibenden Zuständen geschuldet war. Zum anderen wurde der zentralistische Charakter der Forstverwaltung aufrechterhalten, da untergeordnete Institutionen lediglich als ausführende Organe der nun von Moskau diktierten Politik gesehen wurden.

4.2.2 Kollektivierung und multiple Umstrukturierungen

Im Zuge der unionsweit durchgeführten Kampagnen zur Kollektivierung der Landwirtschaft wurden in dem Gebiet der Nusswälder forstwirtschaftliche Staatsgüter, so genannte Nuss-Sovchozi (*Orech Sovchoz*) gegründet, deren Hauptaufgaben in dem Sammeln von Wildfrüchten und Nüssen sowie der Durchführung von Forstmaßnahmen zur Verbesserung der wild wachsenden Obstbäume und -sträucher lagen (PROEKT LESCHOZ KIROV 1991:3). In diesem Zusammenhang fand 1934 die Gründung der beiden Nuss-Sovchozi Arslanbob und Kugart statt. Die am Rande der Wälder gelegenen Ackerflächen wie auch der Großteil des Viehs wurden diesen neu gegründeten Staatsgütern zugeschlagen und in Volkseigentum überführt.

Damit änderte sich der rechtliche Rahmen der Forstnutzung faktisch nur unwesentlich, standen die Wälder doch bisher auch im Staats- bzw. Volkseigentum. Doch durch die Einrichtung der wesentlich kleineren Verwaltungs- und Wirtschaftseinheit des Nuss-Sovchoz trat ein markanter Wandel der administrativen Zuständigkeiten und Prozesse sowie der Bewirtschaftung der Wälder ein. Die Schaffung solcher „totalen sozialen Institutionen" (HUMPHREY 1995)[9] bedeutete

---

8   *Lesničestva* wird meist mit dem inzwischen wenig geläufigen Begriff „Försterei" übersetzt; im Sinne der zaristischen und frühen sowjetischen Forstadministration entspricht eine *Lesničestva* nach Größe und Aufgabenprofil in etwa einem Forstamt. Ab den späten 1940er Jahren stellen *Lesničestvi* Untereinheiten der *Leschozi* dar, was eher einem Forstrevier entspricht. Ähnlich verhält es sich mit dem Begriff *Dača*, heute meist mit Wochenendhaus übersetzt, womit Forstreviere verhältnismäßig großen territorialen Ausmaßes gemeint sind.

9   HUMPHREY (1995) entwickelte diesen Begriff mit Bezug auf agrarwirtschaftliche Kollektivbetriebe (*Kolchozi*); die Monopolisierung des dörflichen Wirtschafts- und Gesellschaftslebens

in erster Linie eine Intensivierung der staatlichen Durchdringung von lokaler Ökonomie und Gesellschaft.

Den Prozessen der Kollektivierung gingen wie in anderen Teilen der UdSSR die zum Teil gewaltsame Sesshaftmachung der letzten noch nomadisch lebenden Haushalte und damit die Auflösung saisonaler Siedlungsplätze sowie die Verfolgung, Anklage und physische Vernichtung so genannter *Kulaken* einher. So sollen etwa 100 Personen aus Arslanbob in dieser Zeit als *Kulaken* ermordet worden sein (UA-Ar-11.04.04), unter ihnen auch sämtliche islamische Gelehrte (*Scheikh*, *Imam*) (AT-Ar-07.04.04).

Gleichwohl erwiesen sich die 1930er Jahre als ausgesprochen unstete Phase, in der eine große Verunsicherung der Entscheidungsträger bei der Etablierung staatlicher Institutionen deutlich zum Vorschein kam. Denn in kurzen Zeitabständen wechselten die Zuständigkeiten mehrfach und fanden zahlreiche administrative Umstrukturierungen statt. Zwischen 1930 und 1934 standen die Nusswälder zunächst unter der Leitung des Volkskommissariats für Forsten (*Narkomles*) der Kirgisischen SSR (f.41, op.2, d.1, l.11), ehe sie von 1935 bis 1938 dem Volkskomitee der Nahrungsindustrie (*Narkompiščprom*) untergeordnet waren (DISTANOVA 1974:13; MUSURALIEV 1998:4). Damit wurden die Nuss-Sovchozi als Teil der Unionsvereinigung *Sojuzzagotplodoovošč* mit Büro in Dshalal Abad direkt Moskau unterstellt (f.41, op.1, d.36, l.24, 25, 44). Im März 1936 wurde *Sojuzzagotplodoovošč* dem Volkskomitee für Binnenhandel unterstellt (f.41, op.1, d.18, l.9; f.41, op.1, d.78, l.49) und gleichzeitig die Nuss-Sovchozi Arslanbob und Kugart aufgelöst und in die sechs selbständigen Nuss-Sovchozi Maili Sai, Gava, Dašman, Kyzyl Unkur, Kara Alma und Ortok sowie den Dshalal Abad-Nusspunkt unterteilt (f.41, op.1, d.108, l.70–72).

Im Jahr 1938 fielen die Wälder an die „Verwaltung der Wälder von lokaler Bedeutung"; hierfür wurden 372 Arbeiter und Angestellte der Nuss-Sovchozi übernommen (f.41, op.1, d.132, l.72). Ab 1939 unterstanden sie dem neu eingerichteten Volkskommissariat für Forstwirtschaft und Waldindustrie (*Narkomles*) der Kirgisischen SSR (f.41, op.1, d.199, №302, 129, l.234). Mit der Verordnung des Volkskomitees der Kirgisischen SSR №813 vom 25.06.1940 wurde ein Nuss-Trust in Dshalal Abad gegründet (f.41, op.1, d.193, l.85 u. d.204, l.11). Im Jahr 1941 wurden einige der zuvor geteilten Nuss-Sovchozi wieder zusammengelegt, die Nuss-Sovchozi Gava und Dašman bildeten fortan den Nuss-Sovchoz Kirov, Ortok und Kara Alma wurden zum Nuss-Sovchoz Kugart zusammengefasst (f.41, op.1, d.242, l.133; f.43, op.6, d.22, l.12).

Mit der Order №69/115 vom 15.02.1943 wechselte die Zuständigkeit der Nuss-Sovchozi erneut, da diese vom Volkskomitee für Handel an das Volkskomitee für Nahrungsindustrie übertragen wurden. Bis 1947 unterstanden die Nuss-Sovchozi dem Trust *Sojuzvitaminprom* in Dshalal Abad (f.41, op.1, d.303, l.30, 68). Die Wälder dienten damit als Rohstoffbasis für das Vitamin-Konserven-Kombinat in Dshalal Abad, das für die Nuss-Sovchozi Kara Alma, Ortok, Kyzyl

war in den Leschozi vergleichbar hoch, weshalb auch hier, wie im weiteren Verlauf der Arbeit noch gezeigt wird, m.E. von totalen sozialen Institutionen gesprochen werden kann.

Unkur, Kirov, Gava, Maili Sai und den Betriebspunkt Suzak zuständig war (f.76, op.11, d.22, l.28). Zu den Tätigkeiten und Aufgaben des Nuss-Trusts gehörten die planmäßige technische Anleitung aller waldfrucht- und forstwirtschaftlichen Maßnahmen, Erstellung von Plänen, Registratur und Bestimmung der Ernteerträge sowie Ausarbeitung von Maßnahmen zur Erhöhung der Produktivität der Wälder (f.41, op.1, d.130, l.1).

Diese häufigen Wechsel der Zuständigkeiten sind einerseits ein Ausdruck von Stalins sozialistischem Experiment, das sich in einer *Trial-and-error*-Phase befand. Andererseits zeigt dies aber auch die schwierige Zuordnung der Waldgebiete zu größeren ökonomischen Einheiten und spiegelt die jeweils drängenden Bedürfnisse der UdSSR wider, wie etwa die Sicherstellung der Nahrungsmittelproduktion während des Zweiten Weltkrieges. Allerdings wirkten sich diese mehrmaligen administrativen Reorganisationen durch damit verknüpfte gezielte Ressourcenextraktionen und unterbliebene Bestandssicherungsmaßnahmen negativ auf den Zustand der Nusswälder aus (PROEKT LESCHOZ KIROV 1991:3).

4.2.3 Aufgaben des Nuss-Sovchoz

Die Aufgaben der forstwirtschaftlichen Staatsgüter, den Nuss-Sovchozi, umfassten neben forstwirtschaftlichen Maßnahmen (Waldsäuberung, Aufforstung und Bekämpfung von Schädlingen) verstärkt die Gewinnung von Waldfrüchten, aber auch Ackerlandbau und Bienenzucht. Erst mit der Einrichtung der Nuss-Sovchozi 1933/34 wurden erstmals unter sowjetischer Forstpolitik wieder Aufforstungsmaßnahmen in den Nusswäldern durchgeführt (PROEKT LESCHOZ KIROV 1991:4). Für alle zu leistenden forst- und landwirtschaftlichen Aufgaben und Maßnahmen wurden Pläne erstellt, die den Nuss-Sovchozi als Handlungsleitlinie dienten und möglichst erfüllt, wenn nicht gar übererfüllt werden mussten. Beispielsweise sollten 1935 in den Nuss-Sovchozi Arslanbob und Kugart 130 t Maserknollen, 1500 t Nüsse, 225 t Kirschen, 225 Doppelzentner (dz) Weizen (auf 25 ha), 1632 dz Hafer (auf 136 ha), 1146 dz Gartenfrüchte und -gemüse (auf 14 ha), 4000 dz Gras (auf 220 ha), 10 t Honig und 512 kg Bienenwachs (von 710 Bienenkörben) erwirtschaftet werden (f.27, op.1, d.27, l.31–32). Im Jahr zuvor waren allerdings in Arslanbob lediglich 345 t und in Kugart nur 293 t Walnüsse gesammelt worden (Anhang zum Protokoll des SNK der Kirgischen ASSR №31 vom 08.05.1935; f.41, op.1, d.25, l.66). Diese Planvorgaben zeigen einerseits die hohen Ansprüche der sowjetischen Planer nach stetigem Wachstum, sprich Verbesserung der Wirtschaftsleistung, andererseits eine gewisse Realitätsferne angesichts der großen Probleme, denen die neuen Nuss-Sovchozi und die Bevölkerung nach der Kollektivierung ausgesetzt waren.

Regelungen zur Organisation der Nusssammlung und zur Bezahlung der Sammler wurden in dem Beschluss des Rats der Volkskommissare der Kirgisischen ASSR vom Juli 1936 in Frunze festgehalten (f.41, op.1, d.27, l.86–87): So sollten die Nuss-Sovchozi und Leschozi innerhalb von 15 Tagen für die Ernte der reifen Nüsse sorgen. Unterstützung bei der Sammlung und der Abwehr gegen

Erntediebstähle erhielten sie von den Rajon-Behörden und den Kolchozi. Die Nussemtehelfer wurden in Brigaden gruppiert, jeweils mit einem Sammelplan für ein bestimmtes Territorium ausgestattet und angehalten, die Nüsse von den Bäumen zu pflücken und sie vor der Abgabe am Abnahmepunkt direkt am Ernteort zu reinigen. Als Prämie erhielten die Arbeiter 80 Kopeken je Kilogramm gereinigte Nüsse und die Brigadiere 3 Kopeken. Bei Übererfüllung des Planes erhöhte sich die Bezahlung sukzessive auf bis zu 1 Rubel und 30 Kopeken je Kilogramm, sollte mehr als die doppelte Menge an Nüssen gesammelt werden.

In ähnlich zentralistischer Weise und ebenso differenziert wurden Befehle zur Beschaffung von Nutz- und Brennholz aufgestellt. Da die Belegschaft der land- und forstwirtschaftlichen Staatsgüter und der Kolchozi zur Erfüllung dieser Aufgabe nicht auszureichen schien, sollten laut einer Bestimmung des Bazar Korgon-Rajonkomitees der Kommunistischen Partei vom 15.12.1941 zum Holzeinschlag und zur Brennholzsammlung die gesamte männliche Bevölkerung zwischen 16 und 55 Jahren sowie alle Frauen bis 45 Jahre herangezogen werden; ausgeschlossen waren die Angestellten der Behörden und der Unternehmen sowie hoch qualifizierte Fachkräfte.

Um die Produktivität der Wälder zu erhöhen, wurden Forschungsstützpunkte im Gebiet der Nusswälder errichtet, die direkt dem Institut für Vitaminindustrie unterstellt waren. Zwischen 1935 und 1940 befand sich ein solcher Stützpunkt in Gava (f.76, op.1, d.8, l.33–34).

Mit der administrativen Zuordnung der Nuss-Sovchozi an das Vitaminkonserven-Kombinat rückte die Fruchtsammlung ins Zentrum des Interesses. In diesem Zusammenhang wurden feste Order zur Beschaffung von Walnüssen ausgegeben. Beispielsweise verfügte die Order №104 vom 05.04.1943 die Beschaffung von 500 t grüner Walnüsse für das Vitaminkonserven-Kombinat (f.41, op.1, d.171, l.1). Institutionell wurden die Aufgaben der Nuss-Sovchozi in der Order №60 für das Vitaminkonservenkombinat vom 30. Mai 1944 festgehalten (f.41, op.1, d.155, l.55). Demnach wurden die Direktoren der Sovchozi verpflichtet, alle Vorbereitungen für die Sammlung grüner Walnüsse zu einem bestimmten Zeitpunkt zu erledigen, den Transport der Nüsse bis Dshalal Abad zu organisieren und die Sammelnormen anzuordnen. Zur Steigerung der Arbeitsmoral erhielten die Sammler 600 g trockene Walnüsse, 1 kg Äpfel, 300 g Honig, 2 l Petroleum und acht Schachteln Streichhölzer, die besten Sammler sollten mit Trikotage und Schuhen prämiert werden. Die Hauptaufgaben der Nuss-Sovchozi bestanden laut einer Erklärungsschrift des Vitaminkonserven-Kombinats für 1946 aus forstsanitären und agroforstkulturellen Maßnahmen, dem Sammeln und der Verarbeitung wild wachsender Früchte, Holzverarbeitung, Pflanzenzüchtung und Viehzucht. Der führende Wirtschaftszweig war jedoch die Nussfruchtwirtschaft, denen die anderen Wirtschaftszweige untergeordnet waren (Order №32 über das Vitaminkonserven-Kombinat der Vitaminindustrie MPP der UdSSR, 20.03.1948). Nach dem Bericht des Direktors des Vitaminkonserven-Kombinats 1945 trug das Kombinat in den vier Kriegsjahren zur Versorgung der Armee und der Bevölkerung mit 128 ml Vitamin-C-Dosen in Form von Vitaminsirup und damit zur schnelleren Heilung der Verwundeten bei. Darin wird deutlich, inwieweit der einzelne

Nuss-Sovchoz in die gesamtwirtschaftliche Planung der Sowjetunion eingebunden war und inwiefern Ressourcenextraktion und Forstmaßnahmen den jeweils akuten Bedürfnissen der Sowjetunion angepasst wurden. Die Bedeutung der Wälder reichte somit weit über den lokalen Raum hinaus.

4.2.4 Forstwirtschaft in der Kritik der Kommunistischen Partei

Entsprechend der symbiotischen Rollenverteilung bei der Herrschaftsausübung in der UdSSR zwischen formalen Staatsorganen auf der einen Seite und der Kommunistischen Partei auf der anderen bestand auch im Bereich der Forstwirtschaft eine formale staatliche, hierarchisch aufgebaute Administration beginnend beim Volkskommissariat in Moskau bis hinunter zum Nuss-Sovchoz auf lokaler Ebene, die von den entsprechenden Komitees der Kommunistischen Partei (KP) kontrolliert wurde. In den Sitzungsprotokollen dieser KP-Komitees finden sich im Gegensatz zu den teilweise unrealistischen Planvorgaben und den geschönten Berichten der Forstinstitutionen interessante Hinweise auf Mängel und Schwierigkeiten der Forstwirtschaft.

Schon kurz nach Abschluss der Kollektivierungsmaßnahmen tauchten erstmals Beschwerden über unerlaubte Aneignungen von Land und die private Veräußerung von land- oder forstwirtschaftlichen Produkten durch einzelne Mitarbeiter der Nuss-Sovchozi auf. Zwar wurden den Sovchoz-Mitarbeitern kleine Parzellen zur landwirtschaftlichen Produktion zugestanden, doch wie dem Bericht des Agronomen Ivanov an den Direktor des Nuss-Trusts vom 22.11.1934 zu entnehmen ist, erhielten die Mitarbeiter des Nuss-Sovchoz Kugart mehr als doppelt so viel Land wie offiziell zugestanden und zudem den besten Boden (f.41, op.1, d.27, l.35–39). Im selben Bericht findet sich eine Klage über den hohen Schädlingsbefall der vom Sovchoz geernteten Kartoffeln, während die privat geernteten Kartoffeln frei von Schädlingen gewesen seien. Hier wird bereits auf das Problem des sorglosen Umgangs mit Staatseigentum hingewiesen, das vielfach als eines der immanenten Probleme der sozialistischen Wirtschaftsweise gesehen wird.

Über die Probleme der Nichterfüllung von Plänen liefert das Protokoll №7 der Sitzung des Rats der Volkskommissare der Kirgisischen ASSR vom 13. März 1936 in Frunze (f.41, op.1, d.27, l.93–94) ein gutes Beispiel: Als Ursachen für die Nichterfüllung des Plans im Jahr 1935 wurden die offensichtlichen Mängel in der Organisation, die unzureichende Vorbereitung der Arbeitskräfte für die Fruchtsammlungen, die zu große Ausdehnung des Gebietes, die geringen Arbeitslöhne sowie der Mangel an Verwaltungsspezialisten angeführt. Dies führte zu der bereits erwähnten Aufteilung der Nuss-Sovchozi Kugart und Arslanbob in kleinere Einheiten.

Wesentlich deutlichere Worte der Kritik fand das Rajonkomitee der Kommunistischen Partei Kirgistans in Bazar Korgon, das im Protokoll №8 vom 11.01.1940 (f.326, op.1, d.45) den schlechten finanziellen Zustand aller Forstwirtschaften des Rajons bemängelte, die 350 000 Rubel Schulden angehäuft hätten, wovon allein 240 000 Rubel auf den Nuss-Sovchoz Dašman entfielen. Zudem wurden die Planlosigkeit bei agrarwirtschaftlichen Maßnahmen und die mangelnde Unterstützung durch übergeordnete Verwaltungseinheiten beklagt. Im Protokoll №18 vom 03.07.1940 monierte das Rajon-Parteikomitee die unzureichende Akquirierung von Arbeitskräften zur Nusssammlung – statt 100 Personen sammelten in Kyzyl Unkur nur 47 Personen –, die fehlende Bereitstellung von Sammelsäcken, Chemikalien und Transportmitteln sowie die unzureichende Versorgung der Sammler mit Lebensmitteln und Gebrauchswaren.

Immer wieder wurden auch die Nichteinhaltung von Absprachen und die schlechte Kooperation zwischen den Nuss-Sovchozi und den Kolchozi der Region beklagt, etwa das schlechte Verhältnis zwischen dem Nuss-Sovchoz Gava und den benachbarten Kolchozi. So hatte der Direktor des Nuss-Sovchoz Gava den Kolchozi die Heumahd auf Flächen des Nuss-Sovchoz untersagt, so dass das Gras einer Fläche von 1000 ha ungenutzt blieb. Zugleich verbot er den Kolchozi die Beschaffung von Stroh und Baumaterialien auf seinem Territorium, die für den Aufbau der Kolchoz-Farmen nötig waren.

Zur Verbesserung der finanziellen Lage schlug die Parteiversammlung den verstärkten Absatz von Brennholz und Holzkohle vor. So sollten sich alle Staatsbetriebe des Rajons verpflichten, Verträge über den Kauf von Brennholz mit den Nuss-Sovchozi abzuschließen; dem besonders hoch verschuldeten Nuss-Sovchoz Dašman wurde zudem gestattet, auch Brennholz an Organisationen außerhalb des Rajons zu verkaufen. Des Weiteren wurde der Aufbau einfacher Holzwerkstätten zur Produktion von Möbeln und Gebrauchswaren nach dem Vorbild des Nuss-Sovchoz Kyzyl Unkur empfohlen, womit weitere Einkommen erzielt werden könnten (f.326, op.1, d.45). Im folgenden Jahr 1941 konstatierte das Rajonkomitee der Kommunistischen Partei tatsächlich eine Steigerung des Brennholzabsatzes, gleichzeitig aber auch die ungenügende Bereitstellung von Nutzholz in Dašman, Kyzyl Unkur und Gava sowie die schlechte Finanzsituation aufgrund des fehlenden Absatzes getrockneter Waldfrüchte. In anderen Berichten wurde die unzureichende Sammlung der Waldfrüchte beklagt, wonach 20-25% der Ernte in den Wäldern verblieben und es zudem an Lagerräumen für die gesammelten Früchte mangele.

Dreh- und Angelpunkt und gleichzeitig Richtskala nahezu jeglicher kritischen Begutachtung der Arbeit der Nuss-Sovchozi war die Erfüllung der zuvor aufgestellten Planvorgaben. Diese Pläne hatten nicht nur das Ziel, die Arbeiter zu motivieren, sondern setzten sie gleichzeitig massiv unter Druck und gaben den Kontrollinstanzen auf einfachstem Wege Argumente in die Hand, Druck auf die Staatsbetriebe auszuüben. So bemerkte beispielsweise das Rajonkomitee der Kommunistischen Partei nach Vorlage der Produktionszahlen, dass der Nuss-Sovchoz Kyzyl Unkur im Jahr 1941 den Plan für Holzbeschaffung zu 78%, für Holzflößung zu 86%, für das Setzen von Baumsetzlingen zu 60%, für Aufforstung nur zu 10% und für die Herstellung von Holzgebrauchswaren zu 47% erfüllt hätte und zudem Debitorschulden in Höhe von 48 600 Rubeln sowie Kreditschulden in Höhe von 208 500 Rubeln angehäuft habe.

Das gewaltige ideologisch begründete Programm der Revolutionierung von Politik, Ökonomie und Gesellschaft, das sich die Bolschewiki in den ersten Dekaden der Sowjetunion aufgegeben hatten und bewältigen mussten, zeitigte in der Forstwirtschaft einen Neuaufbau der Forstadministration und zahlreiche institutionelle Umstrukturierungen unter weitgehender Beibehaltung des Personalbestands und der grundlegenden Ziele der Forstwirtschaft. Nach der in der ersten Hälfte der 1930er Jahre vollzogenen Kollektivierung und Gründung von Nuss-Sovchozi spielten traditionelle lokale Instanzen in der Forstwirtschaft formal keine Rolle mehr, nachdem sie zuvor auf brutale Weise eliminiert wurden. Externe Planvorgaben und wie zuvor fast ausschließlich russische, zudem aber parteiideologisch geschulte Fachleute bestimmten fortan das Management von Land- und Forstressourcen.

Tatsächlich handelte es sich um eine sehr unruhige Zeit, die gekennzeichnet war durch den Bürgerkrieg zu Beginn der 1920er Jahre, die anschließenden Kämpfe zur Etablierung der Macht der Bolschewiki, Kollektivierungsmaßnahmen und Kulakenverfolgung zu Beginn der 1930er Jahre, Stalins Säuberungen Ende der 1930er und den Großen Vaterländischen Krieg 1941-45. Dies manifestierte sich in der Forstwirtschaft seit den 1920er Jahren in institutionellen Unsicherheiten und Schwächen sowie der Notwendigkeit, essentielle Versorgungsengpässe in der UdSSR auszugleichen. Auf lokaler Ebene prägten materielle Not, freiwillige und erzwungene Bevölkerungsbewegungen und Sedentarisierung sowie Misstrauen und Angst das gesellschaftliche Leben. Im dominierenden Diskurs rückte die Frage der ökologischen Bedeutung der Wälder angesichts der genannten politischen und ökonomischen Schwierigkeiten in den Hintergrund der Forstpolitik und -maßnahmen zugunsten einer forcierten Ausbeutung der Naturressourcen. Die Bedeutung der Walnuss als Nahrungsmittel jenseits des lokalen Raums stieg in dieser Zeit beträchtlich.

4.3 OPTIMIERUNG DER RESSOURCENNUTZUNG (1947–1991)

„Während der Sowjetunion war alles gut, es war die beste Zeit."
Tölönbai Artikbaev (Pr-18.03.07)

Nach den unruhigen und mit großem Leid verbundenen Jahren der Kollektivierung, politischen Verfolgungen und dem „Großen Vaterländischen Krieg" folgte in der Sowjetunion eine Phase des Wiederaufbaus und der Konsolidierung. Fundamentale institutionelle Änderungen der Forstwirtschaft, die in ihren Grundzügen bis zum Ende der Sowjetunion Bestand hatten, erfolgten noch zu Lebzeiten Stalins. Sie bildeten die Grundlage für eine zunehmende Optimierung des Managements der Land- und Naturressourcen der Walnuss-Wildobstwälder vor dem Hintergrund einer wirtschaftlichen Konsolidierung, die sich auch in den Peripherien der Sowjetunion in einem Rückgang der Armut und einer Steigerung des Lebensstandards manifestierte.

4.3.1 Institutionelle Regelungen

Einen wichtigen Impuls für eine längerfristige strukturelle Neuorganisation und Neudefinition der auf die Nusswälder bezogenen Forstwirtschaft stellte die im Jahr 1944 von der Akademie der Wissenschaften der UdSSR unter Leitung von W.N. Sukačov durchgeführte wissenschaftliche Expedition in die Wälder Südkirgistans dar. An der Expedition nahmen drei Mitglieder der Akademie der Wissenschaften, zwölf habilitierte Wissenschaftler, 24 Habilitanden sowie 62 weitere wissenschaftliche Mitarbeiter teil (PROEKT LESCHOZ KIROV 1991:3; DISTANOVA 1974:9). Auf Grundlage der dort erarbeiteten Ergebnisse wurden die Walnuss-Wildobstwälder mit der Verordnung №7136-R am 30. April 1945 vom Rat der Volkskommissare der UdSSR zum Obstwald-Schutzgebiet erklärt (f.76, op.1, d.18, l.14). Nach der „Verordnung über das Obstwald-Schutzgebiet" №1581-R, bewilligt vom Rat der Volkskommissare (SNK) der UdSSR am 31. Oktober 1945, erhielten die Wälder den Status eines Schutzgebietes (*Zakaznik*) mit besonderem Nutzungsregime (PROEKT LESCHOZ KIROV 1991:3).[10] Dieser Verordnung entsprechend ist eine eingeschränkte, streng überwachte wirtschaftliche Nutzung in dem Obstwald-Schutzgebiet erlaubt und auch erwünscht, im Unterschied zu den Schutzgebieten mit *Zapovednik*-Status, deren Aufgabe in der Sicherstellung von Naturschutz und einer natürlichen Entwicklung ohne gesteuerte ökonomische Nutzung bestand. Vielmehr sollten in dem Obstwald-Schutzgebiet forstwirtschaftliche und Meliorationsmaßnahmen sowie eine geregelte Sammelwirtschaft der Waldfrüchte durchgeführt werden. Zudem war die Nutzung von Arealen für Ackerbau, Heusammlung und Jagd unter strengen Auflagen mit Beschluss der Regierung gestattet. Dagegen war Viehbeweidung im Wald grundsätzlich verboten, doch durfte das Vieh auf ausgewiesenen Viehpfaden durch das Waldareal getrieben werden; aufgrund ihrer ökologischen Aggressivität war Ziegenzucht kategorisch untersagt. Auch der Holzeinschlag war sehr eingeschränkt und nur als sanitäre Abholzung, zur Erhöhung der Erträge der Bergfrüchte und zur Verbesserung des Waldbodens erlaubt (PROEKT LESCHOZ KIROV 1991:4). In den folgenden Jahren wurden zahlreiche Verordnungen erlassen, die auf den Wiederaufbau und die Entwicklung der Walnuss-Obst-Wälder zielten.

Auf Grundlage der Order №93/53 vom 13.02.1948 ging die Zuständigkeit für die Nusswälder vom Vitaminkonservenkombinat der Vitaminindustrie an das Ministerium für Forstwirtschaft der Kirgisischen SSR über. Dieses war zuvor mit der Order №490 des Ministerrats der Kirgisischen SSR vom 14.05.1947 aus dem Ministerium für Forstwirtschaft und Waldindustrie der Kirgisischen SSR hervorgegangen (f.43, op.1a, d.140, l.164–167). Gleichzeitig fanden auf lokaler Ebene zahlreiche Umstrukturierungen statt, in deren Verlauf die bis dato bestehenden Nuss-Sovchozi in staatliche Forstbetriebe, die so genannten *Leschozi* (Foto 3),

---

10 Die Grenzen der Waldfrucht-Naturschutzgebiete wurden durch die Grenzen der Nuss-Sovchozi, Forstwirtschaften und Förstereien von *Sojuzvitaminprom*, *Narkompiščprom* und *Narkomles* der Kirgisischen SSR gebildet; die Territorien durften weder geteilt noch anderen Verwaltungen übergeben werden (f.41, d.155, l.141).

umgewandelt und neu strukturiert wurden, womit eine Akzentuierung der forstwirtschaftlichen Bedeutung dieser auf lokaler Ebene agierenden Institutionen einherging. Nicht die Produktion oder Sammlung von als Nahrungsmittel verwertbaren Produkten stand folglich im Vordergrund, sondern der Gedanke einer ökonomisch nutzbringenden und ökologisch Schutz gewährenden Forstwirtschaft.

Leschozi der Untersuchungsregion und Inventarisierung

Die nach der Bestimmung №2939 am 14.07.1950 des Ministerrats der UdSSR gegründete Südkirgisische Verwaltung für Forstwirtschaft (ab 1953 Südkirgisische Verwaltung der Nussfruchtwälder), die der Hauptverwaltung der Forstwirtschaft der Kirgisischen SSR unterstand, umfasste 12 Leschozi, 37 Lesničestvi und neun Werkstätten zur Produktion von Gebrauchsartikeln auf einer Gesamtfläche von 735 147 ha (Bericht des Leiters der Südkirgisischen Verwaltung der Walnuss-Wildobstwälder für 1955). Hierzu gehörten auch die in dieser Abhandlung näher untersuchten Leschozi Kirov, Kyzyl Unkur und Kara Alma (Karte 6), deren Forstreviere (Lesničestvo) in Tab. 4.1 aufgeführt sind.[11]

Tab. 4.1 Administrative Untergliederung der Leschozi Kirov, Kyzyl Unkur und Kara Alma

Kirov		Kyzyl Unkur		Kara Alma	
Lesničestvo	*Fläche (ha)*	*Lesničestvo*	*Fläche (ha)*	*Lesničestvo*	*Fläche (ha)*
Gumchana	4 064	Ken Kol	14 620	Kara Alma	10 337
Dašman	3 095	Kugai	13 290	Urumbaš	7 287
Koš Terek	9 108	Kara Unkur	9 815	Kugart	16 609
Bel Terek / Džai Terek	16 481	Džazgi Čii	20 190	Suzak	4 543
Gesamt	*32 748*		*57 915*		*38 776*

Quellen: DISTANOVA 1974:13; GORŠKOV o.J.; ŠAPORENKO 1975.

Als ein besonderes Merkmal der sowjetischen Politik und Verwaltung kann die Neigung zur häufigen Reorganisation von Verwaltungseinheiten hervorgehoben werden. Zwar trat mit der Gründung der Leschozi auf lokaler Ebene eine Phase institutioneller Stabilität ein, dafür fanden auf regionaler Ebene zahlreiche Umstrukturierungen oder auch nur Umbenennungen bestehender administrativer Einheiten statt. Beispielhaft zeigt Tab. 4.2 die sich wandelnde administrative Zugehörigkeit der Waldgebiete von Kyzyl Unkur von 1936 bis 1991.

---

11 Die Angaben in Tab. 4.1 geben nur den Stand Mitte der 1970er Jahre wieder; tatsächlich fanden zwischen der Gründung der Leschozi bis heute vielfältige Umstrukturierungen statt.

Tab. 4.2 Administrative Zugehörigkeit des Leschoz Kyzyl Unkur zwischen 1936 und 1991

Zeitraum	Wirtschaftseinheit		Verwaltungseinheit	
	lokale Ebene	regionale Ebene	Rajon	Oblast
1936 – 1940	Nuss-Sovchoz Kyzyl Unkur	Nuss-Sovchoz-Kontor Dshalal Abad	Bazar Korgon	Dshalal Abad
1940 – 1942	Nuss-Sovchoz Kyzyl Unkur	Südkirgisische Walnussfrucht-Trust	Bazar Korgon	Dshalal Abad
1942 – 1947	Nuss-Sovchoz Kyzyl Unkur	Verwaltung der Walnussfruchtwälder	Bazar Korgon	Dshalal Abad
1947 – 1953	Leschoz Kyzyl Unkur	Südliche Verwaltung der Waldwirtschaft	Bazar Korgon	Dshalal Abad
1953 – 1959	Leschoz Kyzyl Unkur	Südkirgisische Verwaltung der Walnussfruchtwälder	Bazar Korgon	Dshalal Abad
1959 – 1963	Leschoz Kyzyl Unkur	Südkirgisische Verwaltung der Walnussfruchtwälder	Bazar Korgon	Osch
1963 – 1978	Leschoz Kyzyl Unkur	Südkirgisische Verwaltung der Walnussfruchtwälder	Lenin	Osch
1978 – 1987	Leschoz Kyzyl Unkur	Südkirgisische Verwaltung der Walnussfruchtwälder	Bazar Korgon	Osch
1987 – 1991	Leschoz Kyzyl Unkur	Südliche wissenschaftliche Produktionsvereinigung für Walnussfrüchte	Bazar Korgon	Osch
1991	Leschoz Kyzyl Unkur	Südkirgisische Verwaltung der Walnussfruchtwälder	Bazar Korgon	Dshalal Abad

Quelle: Übersicht der Kolchozi und Sovchozi im Rajon Bazar Korgon, Archiv Bazar Korgon, f.22.

Grundlage der administrativen Untergliederung und insbesondere der Durchführung von Forstmaßnahmen bildeten umfangreiche Inventarisierungen des Waldbestandes der Leschoz-Territorien, die in mehr oder weniger regelmäßigen Abständen – für den Leschoz Kirov beispielsweise 1948, 1951, 1961, 1977 und 1989 – unter Einsatz von Luftbildern durch die Erste Moskauer Expedition für Waldbestandsaufnahmen durchgeführt wurden. Die Bestandsaufnahmen orientierten sich an bodentypologischen Merkmalen, um für die einzelnen Leschozi potentiell mögliche Vegetationsformationen und den gewünschten Zustand des Waldbestandes zu identifizieren. Aus der Differenz zwischen existierendem Waldbestand und dem gewünschten wurden die durchzuführenden Forstmaßnahmen abgeleitet. So genannte *Partien* mehrerer Taxatoren waren für die Inventur und Planung der ihnen zugeteilten Leschozi zuständig. Ihre Aufgaben bestanden in der Kontrolle der Planerfüllung der vergangenen Forsteinrichtungsperiode, der Kartierung des gesamten Leschoz und der Beschreibung aller Bestände sowie der Erstellung so genannter *Proekti*, welche die Planung für die folgende Periode von zehn Jahren zusammenfasste. Diese *Proekti* wurden schließlich gemeinsam mit der Budgetplanung von den zuständigen Behörden genehmigt und in Kraft gesetzt (SCHEUBER et al. 2000:75). Territorial waren die Leschozi in Forstreviere (*Lesničestvi*) und diese in Quartale unterteilt. Nach der Bestandsaufnahme von 1989 umfasste der Leschoz Kirov eine Fläche von 32 748 ha, wovon 13 130 ha als bewaldet ausgewiesen waren. Das Gebiet war unterteilt in vier Lesničestvi und 144 Quartale, letztere mit einer durchschnittlichen Größe von 227 ha (vgl. Tab. 4.3).

Tab. 4.3 Fläche und territoriale Gliederung des Leschoz Kirov

№	Forstrevier	Fläche (ha)	Anzahl der Messtischblätter (1:10.000)	Anzahl der Quartale	Fläche der Quartale		
					Ø	Max.	Min.
1	Džaiterek	16 481	20	51	323	560	62
2	Košterek	9 108	11	40	228	643	36
3	Dašman	3 095	4	21	147	220	86
4	Gumchana	4 064	6	32	127	225	57
	Gesamt	32 748	41	144	227	643	36

Quelle: PROEKT LESCHOZ KIROV 1991.

Territoriale Untereinheiten des Leschoz

Die Territorien der Leschozi wurden in Gebiete unterschiedlicher Vegetationsformation, Waldschutzkategorien und wirtschaftlicher Bedeutung unterteilt. Die drei wichtigsten Kategorien waren a) die Walnuss-Wildobstwälder, in denen die Sammlung von Nüssen und Früchten im Vordergrund stand, b) die gemischten Nadel-Laubwälder mit vornehmlicher Gewinnung von Nutzholz und c) Weideareale, die der Viehzucht dienten. Diese drei Zonen wiesen tatsächlich jedoch heterogene Vegetationsformen und vielfältige Nutzungsweisen auf. So dienten Waldlichtungen und Bereiche mit weniger dichtem Baumbestand etwa als Viehweide und Mähwiese, während am Rande der Wälder oder an unbewaldeten Hängen Gärten zur Kultivierung von Äpfeln, Pflaumen und Birnen angelegt wurden. Auf größeren Rodungsinseln befanden sich Ackerflächen für den Anbau von Kartoffeln oder Futterpflanzen. Zudem erforderte die gezielte Entwicklung der Bienenzucht den Aufbau zahlreicher Bienenstöcke auf dem gesamten Territorium. Grundsätzlich gehörten die unbewaldeten Areale dem staatlichen Landfonds (*Gossemfond*), während die Waldflächen Teil des staatlichen Waldfonds (*Goslesfond*) waren (GORŠKOV o.J., f.457).

Die teilweise weiträumigen Weideareale auf den Leschoz-Territorien waren meist langfristig an Viehzucht treibende Kolchozi der Region verpachtet, womit auch Einnahmen für die Leschozi verbunden waren. Zum Leschoz Kyzyl Unkur gehörten beispielsweise ausgedehnte Weideareale von 37 357 ha (1951), die jährlich mit etwa 10 000 Rindern und 81 000 Schafen der auf Viehzucht spezialisierten Kolchozi des Bazar Korgon-Rajons bestockt wurden (GORŠKOV o.J., f.457). Von dem gesamten Weideterritorium von 11 218 ha des Leschoz Kirov nutzte der Leschoz selbst lediglich 3594 ha, während 7624 ha (69%) an Kolchozi langfristig verpachtet waren, auf denen etwa 50-60 000 Schafe und 5-6000 Stück Großvieh (Rinder, Pferde) gesömmert wurden (PROEKT LESCHOZ KIROV 1991:135-137).

Aber auch kleinere Areale wie die der Futtergewinnung dienenden Mähwiesen wurden zum Teil an Kolchozi langfristig verpachtet. Beispielsweise übergab im Jahr 1961 der Leschoz Kirov dem Kolchoz Engels 408,8 ha Mähwiesen zur langfristigen Nutzung (f.326, op.1, d.657, 1.83-93).[12] Ansonsten fungierten diese Mähwiesen als Futterquelle für den Viehbestand des Leschoz, der sich vornehmlich aus Pferden zusammensetzte, und für das von der lokalen Bevölkerung gehaltene Privatvieh. Denn die lokalen Haushalte erhielten das in der Regel nur mündlich ausgesprochene Recht, auf einer ihnen zugeteilten Wiese Gras als Winterfutter für ihr eigenes Privatvieh zu mähen.

Tab. 4.4 Wirtschaftsbereiche eines Leschoz im Nusswaldgebiet

Wirtschaftsbereich	Kennzeichen	Ziele
Gartenwirtschaft	Walnussplantagen, Apfel- und Pflaumengarten	Ernte der Früchte
Walnussfruchtwirtschaft	Walnussbestand	Anpflanzung von Walnuss; Beschaffung von Holz und Früchten
Waldfruchtwirtschaft	Apfel, Birne, Aprikose und andere Früchte	Ernte der Früchte
Tannen-/Fichtenwirtschaft	Tanne und Fichte	Beschaffung von Holz
Wacholderwirtschaft	Wacholder	Schutz
Hartlaubwirtschaft	Hartlaub, Ahorn, Esche, Ulme, Tanne, Weißdorn, weiße Akazie und andere Baumarten	Schutz
Weichlaubwirtschaft	Weichlaub, Pappel und Weide	Schutz
Strauchfrüchtewirtschaft	Pflaume und Berberitze	Ernte der Früchte
Nichtfrucht-Sträucherwirtschaft	Nichtfrucht-Sträucher und alle übrigen Sträucher	Schutz

Quelle: PROEKT LESCHOZ KIROV 1991:73-74.

---

12 Allerdings durfte eine solche Bereitstellung sich nicht schädigend auf den Wald auswirken. Denn bereits 1953 hatte der Ministerrat der Kirgisischen SSR verboten, Waldstücke aus dem staatlichen Waldfonds (*Goslesfond*) den Kolchozi zur Viehweide zur Verfügung zu stellen, um die positive Entwicklung der Nusswälder nicht zu gefährden und eine rationale Nutzung der Mähwiesen sicher zu stellen (GORŠKOV o.J.).

Zudem befanden sich auf den Territorien einiger Leschozi Ackerflächen, die von Leschoz-Brigaden und Forstarbeitern bearbeitet wurden. In den meisten Leschozi handelte es sich lediglich um sehr kleine Flächen – beispielsweise 31 ha im Leschoz Kyzyl Unkur –, auf denen hauptsächlich Gras oder Futterpflanzen für die Pferde des Leschoz wuchsen. Eine Ausnahme bildete dagegen der Leschoz Kirov, der 1958 mit der Inkorporation der Kolchozi Kirov und Bel Terek, die sich vornehmlich mit Ackerbau und Viehzucht[13] beschäftigten, auch größere Ackerflächen hinzugewann, auf denen Ackerbaubrigaden Feldfrüchte anbauten (AK/Oberförster-Gu-06.04.04). Die verschiedenen Wirtschaftsbereiche im eigentlichen Waldgebiet und deren Ziele sind beispielhaft für den Leschoz Kirov in Tab. 4.4 angeführt.

Das Territorium der Siedlungen unterstand nicht den Leschozi, sondern dem staatlichen Landfonds (*Gossemfond*) und wurde vom Dorfrat (*Sel'sovet*) administrativ geleitet. Aufgrund einer beträchtlichen Bevölkerungszunahme in nahezu allen Leschozi im Verlauf des 20. Jahrhunderts, die mit der Gründung neuer Haushalte einherging, bestand fortwährend großer Bedarf an Bauland. Familien, die einen eigenen Haushalt etablieren wollten, erhielten unbürokratisch und kostenlos zwischen 15 und 30 *Sotik* (1 *Sotik* = 1 Ar) Land für die Errichtung eines Hauses mit umgebendem Garten (IK-Ar-17.08.05). Da neue Häuser in der Regel an den Ortsrändern bzw. jenseits der Dorfgemarkung errichtet wurden, verlor der Leschoz faktisch Land. Die Baumaterialien konnten vom Leschoz erworben werden, der hierfür meist importiertes Nadelholz aus Sibirien kostengünstig verkaufte. Zudem stellte der Leschoz vielfach kostenfrei Maschinen und Fahrzeuge für den Hausbau zur Verfügung (AS-Ky-05.08.03).

Die territoriale Zuschreibung und Aufgabenverteilung zeugt einerseits von einer Professionalisierung des Umgangs mit den staatlichen Landgütern und Naturressourcen und ist Ausdruck der Etablierung einer arbeitsteiligen Modernisierung, gaukelt andererseits aber auch Effizienz und Effektivität vor, die tatsächlich vielfach nicht gegeben war, wie im weiteren Verlauf dieser Arbeit noch zu zeigen sein wird.

4.3.2 Bedeutungszuschreibung und Nusswalddiskurse

Die sowjetischen Planungsstäbe maßen den Nusswäldern sowohl ökonomische als auch ökologische Relevanz zu, weshalb der Schutzgedanke bereits früh eine gesetzliche Verankerung erfuhr. Dabei war den Planern die Besonderheit und Einzigartigkeit dieser Waldareale durchaus bewusst, wie unter anderem folgendes Zitat belegt:

„Einen besonderen Platz im Waldfonds nehmen die weltberühmten Walnusswälder im Osch Oblast ein, die sich an den südwestlichen Hängen der Ferganakette und an den südöstlichen

---

13 Der Viehbestand dieser beiden Kolchozi ging zunächst an den Leschoz über, doch aufgrund der durch das Vieh hervorgerufenen Waldschäden wurde das Vieh zum größten Teil an Viehzucht-Kolchozi übergeben (HM-Ar-15.08.05).

Hängen der Čatkal-Kette befinden. Diese Wälder sind einzigartig in der Welt, große Waldmassive, bestehend aus verschiedenen Fruchtbäumen und Gebüsch" (PULKO 1965:4 zitiert in DISTANOVA 1974:13).

Immer wieder wurden die große Vielfalt und der Wert von Flora und Fauna hervorgehoben, die es zu schützen galt. Maßnahmen bestanden in der pädagogischen Vermittlung des Naturschutzgedankens in Schulklassen, wie etwa für 1959 im Leschoz Kirov beschrieben, sowie in der gezielten Zufütterung von Wildtieren mit Getreide zum Überstehen futterarmer Jahreszeiten (DISTANOVA 1974:23; 29). Tatsächlich bewerteten die sowjetischen Planungsstäbe die Funktion der Walnuss-Wildobstwälder insbesondere ökonomisch. So wurden selbst ökologische Funktionen wie Bodenschutz und stabilisierende Wirkungen auf den Wasserhaushalt nicht um ihres Selbstzwecks willen, sondern als für die Ökonomie der Region bedeutsam gesehen.

„Die Walnussfruchtwälder haben eine große ökonomische Bedeutung, nicht nur in der Region, sondern auch für das ganze Fergana-Tal. Sie bewahren und regulieren das Wasserregime der Bergflüsse, die die Bewässerungssysteme des Fergana-Tals speisen" (PROEKT LESCHOZ KIROV 1991:71).

Damit wird die große wirtschaftliche Relevanz der Wälder als Regulator des Wasserregimes und dadurch als wichtige Einflussgröße für den Erfolg des Baumwollanbaus Zentralasiens hervorgehoben. Ebenso wurde der großen Vielfalt an Arten, Formen und Hybriden von Gehölzen eine über Mittelasien hinausgehende unionsweite ökonomische Bedeutsamkeit zugemessen, die zur Selektion ertragreicher und hochwertiger Arten genutzt werden könnte (PROEKT LESCHOZ KIROV 1991:71–72).

Ein wesentliches unmittelbar ökonomisches Ziel bestand in der Steigerung der Erträge wild wachsender Früchte wie Walnuss, Apfel, Pflaume und Weißdorn. Eine besondere Herausstellung erfuhr hierbei die Walnuss aufgrund ihres hohen Anteils an hochwertigen Fetten, Proteinen und Vitaminen. Der russische Wissenschaftler Mičurin bezeichnete die Walnuss sogar als das „Brot der Zukunft" (PULKO 1965:9 zitiert in DISTANOVA 1974:36). Des Weiteren sollten die Wälder als Basis zur Bienenzucht und dem Anbau kultivierter Obstarten wie Äpfel, Pflaumen und Birnen dienen. Dagegen galt der Holzvorrat der Wälder als unzureichend bzw. zu wertvoll, um die Region mit Nutzholz und Brennstoffen zu versorgen (PROEKT LESCHOZ KIROV 1991:71).

Schließlich erfüllten die Nusswälder auch eine „große sanitär-hygienische und ästhetische Funktion" (PROEKT LESCHOZ KIROV 1991:72). In dieser Funktion galten sie als für Touristen interessant, was in dem Aufbau einer touristischen Infrastruktur ab den 1960er Jahren resultierte. Zum Ende der Sowjetunion existierten zahlreiche Ferienlager in der Region. Der Tourismus bedeutete jedoch auch eine Belastung für den ökologischen Zustand der Wälder, weshalb am 31.07.1990 die forstwirtschaftliche Vereinigung „Kyrgyz-Les" die Order №65a zur Gründung eines staatlichen Nationalparks „Arslanbob" erließ (PROEKT LESCHOZ KIROV 1991: 72). Allerdings verhinderte die bald darauf erfolgte Auflösung der Sowjetunion eine Implementierung dieses Vorhabens.

4.3.3 Strukturierung und Aufgaben des Leschoz

Auf lokaler Ebene stellten die Leschozi für die Siedlungen am Rande der Nusswälder Kirgistans sowohl dominierende Akteure als auch maßgebliche Institutionen aufgrund ihres großen Einflusses im ökonomischen, gesellschaftlichen und auch politischen Bereich dar. In erster Linie waren sie der größte Arbeitgeber vor Ort, in dem abgesehen von den Beschäftigten in der lokalen Administration (*Sel'sovjet*), in Erziehungseinrichtungen wie Kindergärten und Schulen, in Krankenhäusern oder Gesundheitsstationen sowie im Tourismus sämtliche erwerbsfähigen und erwerbswilligen Bewohner beschäftigt waren. Die Leschozi boten der lokalen Bevölkerung jedoch nicht nur Lohn und Brot, sondern beeinflussten maßgeblich deren Handlungsoptionen und Aktionsradien. Zudem hatten die Leschozi territoriale Macht inne, da sie den größten Teil des Landes sowie die dort vorkommenden Ressourcen kontrollierten, verwalteten und deren Nutzung steuerten. Neben den forst- und nebenwirtschaftlichen Tätigkeiten waren die Leschozi auch für die Instandhaltung der Infrastruktur auf ihren Territorien wie Straßen und Forstwege verantwortlich. Durch die Ausstattung mit Maschinen, Geräten und Fahrzeugen sowie als Umschlagsplatz von Gütern steuerten die Leschozi direkt und indirekt Entwicklungen auch außerhalb der eigentlichen Forstwirtschaft. Gerätschaften des Leschoz wurden beim Bau von Privathäusern genutzt, Fahrer des Leschoz transportierten mit Fahrzeugen ihres Arbeitgebers Baumaterialien, Umzugsgut oder Heu für das Privatvieh. Offiziell mussten hierfür zwar Genehmigungen eingeholt und Gebühren entrichtet werden, doch faktisch bezahlten nur die wenigsten dafür, weil sie in irgendeiner Weise Kontakte zu den entsprechenden Funktionsträgern im Leschoz hatten oder selbst kostenfreien Zugang zu Maschinen oder Fahrzeugen herstellen konnten (MB-Ky-25.08.05).

Da die Leschozi keine Kollektivbetriebe, sondern Staatsgüter darstellten, waren sie stärker in überörtliche administrative Strukturen eingebunden und in ihrem wirtschaftlichen Handeln eingeschränkter als etwa die Kolchozi. Dies brachte jedoch auch von den tatsächlichen Ernteerfolgen bzw. der eigenen Wirtschaftsleistung unabhängige Lohnzahlungen aus dem staatlichen Budget mit sich, die meist höher als in den Kolchozi der Region ausfielen.

Die Belegschaft eines Leschoz bestand aus einem Direktor, einem oder mehreren Vize-Direktoren, Oberförstern, mehreren Forstingenieuren, Agronomen, Förstern, Inspektoren, Buchhaltern, Bürokräften, Lagerleitern sowie Forst-, Landwirtschafts-, Viehwirtschafts- und Gartenbau-Brigadieren und -Arbeitern. Dies beinhaltete auch eine große Spezialisierung der einzelnen Arbeitsbereiche und entsprechend der Arbeitskräfte. So waren beispielsweise die als Fahrer angestellten Arbeitskräfte ausschließlich als Fahrer tätig und betätigten sich nur ausnahmsweise in anderen Bereichen des Leschoz (MB-Ky-25.08.05).

Offiziell wurden alle anfallenden Aufgaben nach Plan erledigt. Im System der sowjetischen Zentralverwaltungswirtschaft stellte die Planungsbehörde das zentrale Steuerungsinstrument dar. Sie entschied über Produktionsmengen, Preise und Absprachen mit den Betriebsleitungen, über Investitionen und den Arbeitskräfteeinsatz. Auf übergeordneten forstadministrativen Ebenen erstellte und von der

Kommunistischen Partei kontrollierte und genehmigte Pläne lagen sämtlichem ökonomischen Handeln der Leschozi zugrunde. Detailliert definierten Pläne alle forstwirtschaftlichen und so genannten nebenwirtschaftlichen Aktivitäten.

„Wir haben alles nach Plan gemacht. Es wurde uns genau vorgegeben, wie viel Kubikmeter Brennholz und Nutzholz geschlagen werden sollten. Im Winter haben wir den Wald gesäubert, tote Bäume gefällt und den Wald aufgelichtet. Es gab viel Arbeit den ganzen Winter über. Im Frühling haben wir neue Bäume gesetzt, im Sommer haben wir Gras gemäht und verkauft. Wir hatten nur sonntags frei, an den anderen Tagen wurde streng gearbeitet." (AM-Gu-06.03.07)

Für die verschiedenen Maßnahmen – in jedem Leschoz gab es angeblich 37 Arbeitsbereiche (TÖ-Pr-18.03.07) – wurden entsprechende Arbeitsbrigaden aufgestellt, etwa zum Aufforsten, zur Betreuung des Leschoz-Viehbestands, zum Sammeln von Brennholz oder zum Mähen von Gras. Wurden die Pläne nicht erfüllt, mussten die Verantwortlichen den nächst höheren Instanzen Rechenschaft ablegen. Häufig verloren Personen in leitenden Ämtern bei mangelhafter Arbeitsleistung ihren Posten, fanden sich nach einiger Zeit dann aber aufgrund ihrer Parteimitgliedschaft vielfach in ähnlich hohen Positionen wieder.

4.3.4 Maßnahmen der Nusswald-Forstwirtschaft

Die Forstwirtschaft genoss in der Sowjetunion große Aufmerksamkeit, insbesondere in Gebieten mit verhältnismäßig geringem Waldbestand wie Mittelasien. Dementsprechend waren die Pläne für die ausführenden Organe, die Leschozi, sehr ambitioniert. Dem ökonomischen Nutzungs- und dem ökologischen Schutzgedanken folgend, einem dem modernen Verständnis von Nachhaltigkeit entsprechenden Konzept, das ja bekanntlich aus der Forstwirtschaft stammt, bestand eine der prioritären Aufgaben der Leschozi in Aufforstungsmaßnahmen. Jeder Leschoz bemühte sich, den Zustand seiner Wälder zu verbessern und den Forstbestand zu erhöhen. Den Leschoz-Berichten und den Angaben einzelner ehemaliger Forstdirektoren zufolge wurden in den Leschozi der Nusswälder jährlich jeweils zwischen etwa 30 und 250 ha Wald aufgeforstet (DISTANOVA 1974:21, 31; GORŠKOV o.J.; TÖ-Pr-18.03.07). Historische Jubiläen wie Lenins 100. Geburtstag im Jahr 1970 oder das 50-jährige Jubiläum der Sowjetunion 1972 dienten als besonderer Ansporn, die Planvorgaben zu erhöhen und mehr Baumsetzlinge als in den übrigen Jahren anzupflanzen (DISTANOVA 1974:33–34). Aufforstungsmaßnahmen erfolgten anfangs noch in sehr bescheidenem Ausmaß, aber mit großem Aufwand. So wurden aus Mangel an Setzlingen junge Triebe im Wald gesammelt, ausgegraben und an gewünschter Stelle neu gesetzt.

Laut den Bestimmungen eines Fruchtwald-Schutzgebietes war der Holzeinschlag nur in Form von Pflegeeinschlägen durch Mitarbeiter des Leschoz erlaubt. Tatsächlich führten die Leschozi jedoch auch so genannte komplexe Abholzungen und teilweise sogar Kahlschläge durch, um den Altersbestand des Waldes und die Zusammensetzung der Baumarten den angestrebten Vorstellungen entsprechend zu ändern (DISTANOVA 1974:33). Das in Folge solcher Einschläge gewonnene

Holz diente als Nutz- und Brennholz, konnte aber den Nutzholz- und Brennstoffbedarf der Region keineswegs decken. Für bauliche Zwecke wurden deshalb erhebliche Mengen an Koniferenholz aus Sibirien eingeführt, mit dem sogar die Leschozi beliefert wurden (PROEKT LESCHOZ KIROV 1991:68). Das hochwertige Stammholz der Nussbäume wurde in den einigen Leschozi angegliederten Holz verarbeitenden Betrieben (*Derevo Obrabatyvajuščij Cech* = DOC) zu Möbeln, kleineren Gerätschaften und Waren des täglichen Bedarfs verarbeitet und in der Region vertrieben. Jährlich verarbeitete das DOC des Leschoz Kirov etwa 60 bis 100 m³ Nutzholz für den lokalen und regionalen Markt (f.326, op.1, d.657, l.83–93; PROEKT LESCHOZ KIROV 1991:92). In Dshalal Abad existierte eine zentrale Möbelfabrik, die neben der Herstellung von Möbeln auch die besonders geschätzten Maserknollen zu Furnier verarbeitete, für das selbst während der Sowjetzeit Bestellungen aus westeuropäischen Ländern vorlagen (TÖ-Pr-18.03.07). Nach Aussagen ehemaliger leitender Leschoz-Angestellter bestand zu Sowjet-Zeiten kein illegaler privater Holzhandel; die Kontrollen waren sehr streng, und über Erträge und Einschlagsmengen wurde genau Buch geführt (AS-Ky-05.08.03).

Die bei den Pflegeeinschlägen anfallenden Äste, Zweige oder Büsche dienten ebenso als Brennholz wie das reichlich vorhandene Totholz, dessen angeordnete regelmäßige Entfernung zudem die potentielle Feuergefahr reduzierte. Die Sammlung von Brennholz oblag ebenfalls dem Leschoz und wurde von Arbeitsbrigaden ausgeführt, die sich aus angestellten Leschoz-Arbeitern sowie einfachen Bewohnern der Leschoz-Dörfer zusammensetzten. Diese Brigaden erhielten ein klar definiertes Areal zugewiesen und mussten das gesammelte Holz komplett dem Leschoz abliefern, der die beteiligten Arbeiter nach der Menge des gesammelten Holzes entschädigte (JI-Dž-05.04.04). In den Nusswäldern gewonnenes Brennholz verkauften die Leschozi an andere Staats- und Kollektivbetriebe, an Behörden, Schulen, Kindergärten und Krankenhäuser sowie an die lokale Bevölkerung (PROEKT LESCHOZ KIROV 1991:68; TÖ-Pr-18.03.07). Offiziell war es der Bevölkerung nicht gestattet, eigenmächtig Brennholz zu sammeln (ID-Ar-15.03.07). Da jedoch aus nahezu jedem Haushalt mindestens eine Person selbst im Leschoz beschäftigt war, kamen viele Haushalte durch Beziehungen auch kostenlos an das zum Heizen und Kochen benötigte Brennholz (AE-Ky-19.04.04).

Holzeinschläge erfolgten ebenfalls nach Plan. Verordnungen legten fest, in welchen Zonen Abholzungen durchgeführt werden durften (vgl. DISTANOVA 1974:37). Da in den Ausführungsplänen auch die Menge an einzuschlagendem Nutz- und Brennholz determiniert wurde, liegt die Vermutung nahe, dass die Leschozi hierfür nicht nur Pflegeeinschläge, sondern gezielte Abholzungen zur Gewinnung der festgesetzten Menge an Holz ausführten. Die Planungsstäbe höherer Forstverwaltungsebenen erstellten die Pläne auf Grundlage von zuvor vorgenommenen Messungen über den Holzvorrat in den Wäldern. Darin sind sowohl die Menge des einzuschlagenden Holzes als auch Anzahl der einzusetzenden Arbeiter und Höhe der auszuzahlenden Löhne bzw. Prämien festgelegt (AM-Gu-06.03.07).

Besondere Notsituationen wie Kriegszeiten führten allerdings auch zu sehr hohen Einschlagsraten. So wurden zwischen 1940 und 1944 in Südkirgistan 140 000 m³ qualitativ hochwertiges Nuss-Nutzholz geschlagen (PROEKT LESCHOZ

KIROV 1991:3). Aber auch nach der Gründung der Leschozi und der Festlegung der Schutzbestimmungen wurden in allen Leschozi in jedem Jahr nicht unwesentliche Mengen an Nutz- und Brennholz geerntet. Wie die Entwicklung der Nutz- und Brennholzernte im Leschoz Kyzyl Unkur (Abb. 4.1) demonstriert, kann sich die Menge des eingeschlagenen Holzes nicht ausschließlich nach dem Angebot von Totholz gerichtet haben, sondern hing eng mit dem lokalen Bedarf zusammen. Mit der stetigen Bevölkerungszunahme stieg auch der Bedarf an Brennholz und damit die Brennholzernte.

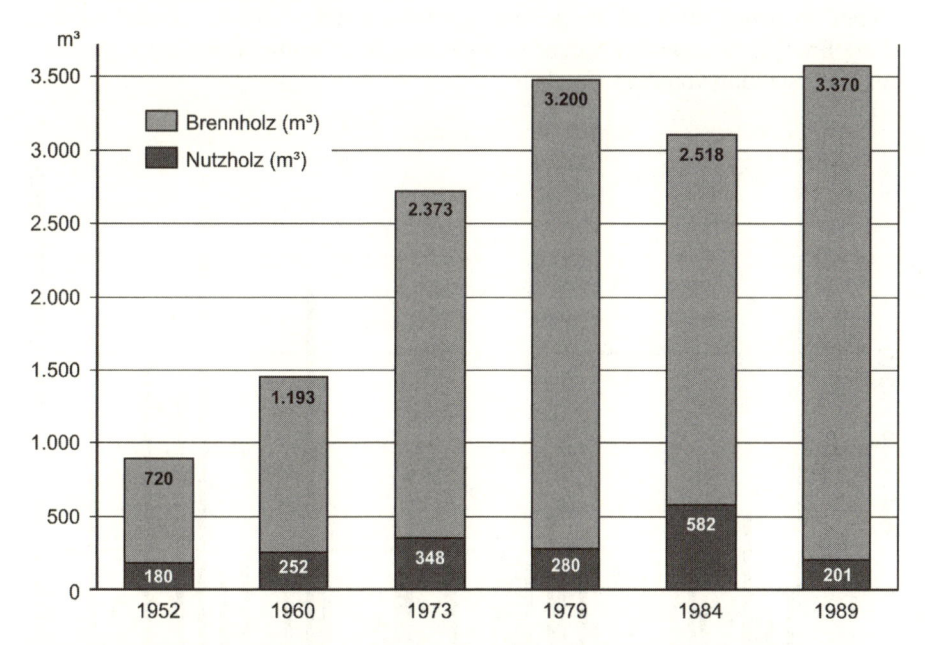

Quellen: Vorträge des Direktors des Leschoz Kyzyl Unkur 1952; 1960; 1973; 1979; 1984; 1989
© M. Schmidt 2013

Abb. 4.1 Entwicklung der Nutz- und Brennholzernte im Leschoz Kyzyl Unkur 1952-1989

Die Brennholzernte hätte noch größer ausfallen müssen, wenn nicht ein großer Teil des Brennstoffbedarfs durch Steinkohle aus Taš Komür und Kök Džangak (PROEKT LESCHOZ KIROV 1991:68) gedeckt worden wäre.

4.3.5 Maßnahmen der Nebenwirtschaft im Nusswald-Leschoz

Zu den Nebennutzungsformen eines Leschoz gehörten das Sammeln von Wildfrüchten (Walnuss, Apfel, Pflaume, Berberitze, Hagebutte) und Wildkräutern sowie Ackerbau, Viehzucht (Kaninchen, Pferde), Gartenbau, Holzverarbeitung und Bienenzucht. Sämtliche Waldprodukte galten als Eigentum des Staates und mussten dem Leschoz abgeliefert werden.

Nuss- und Fruchtsammlung

Den wichtigsten Zweig der Nebennutzungsformen bildete die Ernte der Walnüsse. Basierend auf einer Schätzung des zu erwartenden Nussertrages, die jeweils Anfang August von einer Kommission durchgeführt wurde, erstellten die Leschozi jährlich neue Pläne zur Sammlung der Nüsse. Denn aufgrund der von Jahr zu Jahr stark schwankenden Nusserträge (Abb. 4.2) war die Aufstellung der sonst in der sowjetischen Land- und Forstwirtschaft gängigen Fünfjahrpläne unmöglich. In Jahren, in denen etwa als Folge von Spätfrösten oder Schädlingsbefall nahezu keine Erträge zu erwarten waren, verzichteten die Planungsstäbe sogar gänzlich auf die Erstellung von Planvorgaben.

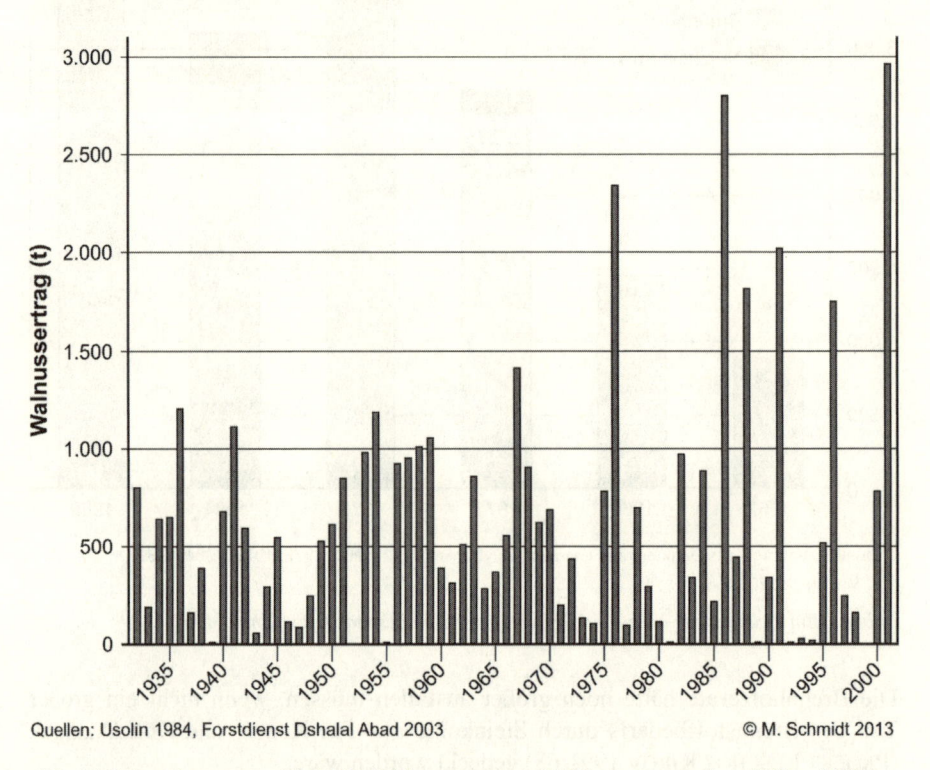

Quellen: Usolin 1984, Forstdienst Dshalal Abad 2003 © M. Schmidt 2013

Abb. 4.2 Schwankungen des jährlichen Walnussertrags in Südkirgistan zwischen 1932 und 2001

Zur Nussernte formierte der örtliche Leschoz Arbeitsbrigaden, die sich aus Leschoz-Mitarbeitern, deren Familienangehörigen und weiteren Dorfbewohnern zusammensetzten. Vielfach wurden ganze Familien als Arbeitsbrigaden eingesetzt und erhielten von den Leschozi konkrete Sammelpläne, die Menge und Areal der Nusssammlung festlegten. In Jahren guter Erträge wurde beispielsweise ein fünfköpfiger Haushalt in Kyzyl Unkur beauftragt, eine halbe bis zu einer Tonne Nüsse zu sammeln (AS-Ky-05.08.03). Ein Zwang zur Teilnahme an der Nussernte bestand nicht, doch aufgrund des finanziellen Anreizes beteiligten sich möglichst alle verfügbaren arbeitsfähigen Einwohner an der Nusssammlung. Die Schulen waren regelmäßig im Herbst bis zu zwei Wochen geschlossen, damit die Schulkinder ihre Eltern bei der Sammlung unterstützen konnten (SK-Ar-08.04.04). Da jedoch ein großer Teil der Arbeitskräfte in dieser Zeit überhaupt nicht in den Siedlungen anwesend, sondern bei der Baumwollernte im Fergana-Becken eingesetzt war, sammelten vielfach nur Ältere, Frauen und Kinder die Nüsse. Der Baumwolle als „Gold Mittelasiens" kam innerhalb der sowjetischen Wirtschaft deutlich höhere Priorität zu. Nur in Jahren mit außergewöhnlich hohen Nusserträgen, wie etwa 1976, wurden zusätzlich Studenten aus Frunze zur Nusssammlung angeheuert. Da die Leschozi für die Studenten Transport, Unterkunft und Verpflegung organisieren und bezahlen mussten, was sich negativ in den Bilanzen niederschlug und zu einem Verlustgeschäft für die Leschozi wurde, erinnern sich die damals Verantwortlichen heute nur ungern an diese Episode (SK-Ar-08.04.04).

Sämtliche Nüsse mussten dem Leschoz abgeliefert werden, da die Nussvermarktung staatlich monopolisiert war.

> „Die Nüsse haben wir dem Leschoz abgeliefert, was damit weiter geschah, wussten wir nicht" (AM-Gu-06.03.07).

Die Haushalte erhielten 30-50 Kopeken je kg abgelieferter Walnüsse. Wer illegal privat Nüsse verkaufte, konnte dafür hart bestraft werden (SK-Ar-08.04.04), denn die private Vermarktung und sogar der Konsum der Nüsse waren streng verboten. Dennoch haben viele *Leschozniki* (Mitglieder eines Leschoz) Nüsse für sich behalten oder illegal Handel mit ihnen betrieben. Dieser Umstand blieb auch den Verantwortlichen in den Partei- und Forstgremien nicht verborgen, weshalb sie gelegentlich Hausdurchsuchungen nach versteckten Nüssen anordneten, wenn einzelne Arbeitsbrigaden ihren Plan nicht erfüllt hatten. Von einem besonders bemerkenswerten Vorfall aus der Stalin-Ära berichtete SM (Gu-04.03.07): Im Alter von zwölf Jahren hatte er heimlich drei Kilo Nüsse mit nach Hause genommen und diese im Garten versteckt. Dabei wurde er vom Nachbarn gesehen, der ihn beim Leschoz-Direktor anzeigte. Kurz darauf erschienen zwei Inspektoren, ein Polizist und ein Prokuror (Staatsanwalt) bei ihm zu Hause, durchsuchten Haus und Garten, wo sie die Nüsse schließlich auch fanden. Für diese Tat wurde sein Vater zu einem Jahr Gefängnis verurteilt.

Erst nach Abschluss der Nussernte und Planerfüllung war es den Bewohnern der Leschoz-Siedlungen gestattet, selbst Nüsse zu sammeln. Deshalb zogen im November viele Familien nochmals in den Wald und sammelten die liegen gebliebenen Nüsse unter dem Laub auf, konsumierten sie selbst oder verkauften sie auf den Kolchozmärkten (BB-Ky-25.08.05).

Die Intensität der Nussernte muss auch zu Sowjet-Zeiten hoch gewesen sein, da die ambitionierten Pläne erfüllt werden sollten und zudem ein finanzieller Anreiz bestand, möglichst viele Nüsse zu sammeln. Dennoch kletterte damals niemand zur Ernte in die Baumwipfel, um Nüsse zu sammeln oder abzuschütteln, wie dies heute der Fall ist. Stattdessen sammelten die Arbeitsbrigaden lediglich sämtliche zum Erntezeitpunkt bereits herabgefallenen Nüsse auf. Somit gab es

„nach Abschluss der Ernte immer ein paar Kilo Nüsse unter dem Schnee, die wir sammelten und mit nach Hause nahmen" (SM-Gu-04.03.07).

Die Leschozi verkauften die Nüsse weiter oder tauschten sie gegen Produkte weiterer Staats- und Kollektivbetriebe. Die tatsächlichen Zielorte der Nüsse waren den Leschozniki nicht bekannt: „Das weiß hier keiner" (BR-Ky-16.04.04). Für den Transport der Nüsse und die weitere Vermarktung waren so genannte Expeditoren zuständig. Ein großer Teil der Nüsse wurde höchstwahrscheinlich über Dshalal Abad bis nach Frunze geliefert, einzelnen Aussagen gemäß auch in die sowjetischen Nachbarrepubliken oder gar bis nach Russland und das Baltikum (ID-Ar-15.03.07). Der langjährige Leschoz-Direktor TÖ (Pr-18.03.07) erinnert sich an zwei Nuss-Exporte nach Moskau während seiner Dienstzeit. Die Unkenntnis der damaligen leitenden Leschoz-Beschäftigten über die Destination der Nüsse vermittelt den Eindruck, dass die Nussexporte bewusst geheim gehalten wurden.

„Was mit den Nüssen passierte, ist eine geheime Sache des Leschoz, die niemandem bekannt ist" (AR-Ky-20.04.04).

Andererseits scheinen sich die Leschozniki dafür auch nur wenig interessiert zu haben, sahen sie sich doch als Rädchen in einem großen System durchdachter Pläne und Strukturen und vertrauten damit auf die Sinnhaftigkeit der staatlich vorgegebenen Anweisungen.

„Die Verteilung erfolgte nach staatlichem Plan" (SK-Ar-08.04.04).

Einen Teil der gesammelten Nüsse behielt auch der Leschoz ein und nutzte sie als Sämlinge für Aufforstungsmaßnahmen. In geringem Maße wurden auch unreife Nüsse gesammelt und zu Walnusskonfitüre verarbeitet, während Walnussöl nicht von staatlicher Seite, sondern nur in geringen Mengen privat hergestellt wurde.

In ähnlicher Weise, jedoch mit geringerem Organisationsgrad und Anspruch, funktionierte die Sammlung von Wildäpfeln. Hierfür wurden ebenfalls auf Basis einer Ertragsschätzung jährlich neue Pläne erstellt und Arbeitsbrigaden zusammengestellt. Beispielsweise formte der Leschoz Kirov für die Wildobstsammlung zwölf Brigaden (DISTANOVA 1974:45), die zum Teil aus Dorfbewohnern und Schülern bestanden und mit entsprechenden Plänen ausgestattet wurden. Im Gegensatz zur Nussernte verzichtete der Leschoz bei der Sammlung der Wildfrüchte auf das Abstecken von Sammelterritorien. Die Bezahlung der Sammler richtete sich nach dem Gewicht der dem Leschoz abgelieferten Erntemengen (AM-Gu-06.03.07). In wesentlich geringerem Umfang, aber auch nach Plan, wurden Wildpflaumen, Kirschen und Berberitzen gesammelt, die in den Saft- und Kompottfabriken in Arslanbob, Ači, Vin-Sovchoz oder Dshalal Abad zu Saft, Kompott oder Cognac verarbeitet wurden. Daneben veranlasste der Leschoz auch die Sammlung von Hagebutten und Wildkräutern (Wegerich, Kamille, Löwenzahn, Johanniskraut etc.). Letztere gingen an Ärzte und Apotheken (JI- Dž-05.04.04). Zudem wurde die Taranwurzel (*Polygonum Coriarium*) gewonnen (GORŠKOV o.J.), die als Gerbstoff bei der Lederverarbeitung Verwendung fand. Auch die Blätter von Nussbäumen wurden in geringer Menge getrocknet und verkauft – welche Art der

Verarbeitung sie jedoch erfuhren, war dem zuständigen Leschoz-Angestellten selbst nicht bekannt (JI-Dž-05.04.04).

Aufgrund natürlicher Einflussgrößen schwankten die Erträge der Nüsse und Wildfrüchte von Jahr zu Jahr erheblich (vgl. Abb. 4.2). Die tatsächlichen Ertragshöhen zu rekonstruieren ist äußerst problematisch, da sich die Angaben der verschiedenen Dokumente und Aussagen stark widersprechen. Beispielsweise gibt DISTANOVA (1974:27) einen Nussertrag von 31,2 t für den Leschoz Kirov für das Jahr 1961 an, während er laut einer anderen Quelle im selben Jahr bei 71,1 t (f.326, op.1, d.657, l.83–93) gelegen haben soll. Die angegebenen Erntemengen von Nüssen im Leschoz Kirov schwanken zwischen 25 t im Jahr 1972 (DISTANOVA 1974:35) und 102 t im Jahr 1985 (OPA – Bericht Asanbekov 1985-86). Als vermutlich realistischer Annäherungswert für sämtliche Nusswälder Kirgistans sei hier noch auf die Angabe aus dem Bericht des Leschoz Kara Alma (1975) verwiesen: Demnach lieferten die Nusswälder Kirgistans dem Staat jährlich 500 t Walnüsse, 1500 t Äpfel, 120 t Pflaumen und 70 t Pistazien.

Zur Erhöhung der Produktivität der Fruchtbäume wurden regelmäßig Pflegearbeiten sowie das Ausbringen von Dünger und Pestiziden durchgeführt. Außerdem pflanzten die Leschozi bereits seit 1948 auf ausgewiesenen Gartenflächen kultivierte Sorten von Apfel, Birne und Pflaume an (DISTANOVA 1974:19).

Bienenzucht

Eine bedeutende Rolle innerhalb der Leschoz-Wirtschaft spielte auch die Bienenzucht. Die Leschozi verfügten über eine große Anzahl an Bienenstöcken und beschäftigten ausgebildete und regelmäßig geschulte Imker, die eine eigene Arbeitsbrigade bildeten. Beispielsweise verfügte der Leschoz Kirov 1961 über 939 (f.326, op.1, d.657, l.83–93), im Jahr 1974 bereits über 1465 Bienenstöcke, die jeweils etwa 7 kg Honig lieferten (DISTANOVA 1974:27). Der Leschoz verkaufte den Honig und auch geringere Mengen Wachs an verschiedene Staats- oder Kollektivbetriebe. Ein privater Konsum oder die Vermarktung von Honig durch die Imker war offiziell nicht erlaubt, allerdings geduldet, wenn der Plan übererfüllt war (AR-Ky-20.04.04). Auch hier blieb die weitere Vermarktungskette den Beteiligten weitgehend unbekannt. So hatte der langjährige Imker AE (Ky-19.04.04) nie eine Vorstellung davon, wohin der Honig geliefert wurde und was der Staat damit machte.

Holzverarbeitung

Die meisten Leschozi verfügten auch über einen Holz verarbeitenden Betrieb (DOC), in dem das bei Sanitäreinschlägen anfallende hierfür noch brauchbare Stammholz sowie importiertes Nadelholz verarbeitet wurden. Die DOC verwerteten in geringen Mengen auch hochwertiges Maserknollenholz, das jedoch im Wesentlichen in der zentralen Möbelfabrik in Dshalal Abad der Furnierherstellung diente. Ausgestattet waren die Holzbetriebe mit großzügigen Werkshallen und elektrischen Werkbänken. Sie beschäftigten bis zu 60 Personen, wie etwa der Leschoz Kirov (KK-Gu-04.04.04). Die Betriebe fertigten Türen, Fensterrahmen, Möbel und kleinere Gebrauchsgegenstände. So produzierte im Jahr 1982 der Leschoz Kirov „7400 Besen, 173 kleine Schränke und 38 Radioschränke, 123 Tische mit zwei kleinen Schränken, 58 Tische, 204 Rahmen, 40 Schachbretter, 243 kleine Souvenirfässer, 8200 Holzkugelschreiber, 2000 Wellhölzer, 9500 Beilgriffe, 300 Holzwürfel für Kinder sowie 100 Schachspieltische, 100 Schachsätze, 500 kirgisische Schachsätze etc." (OPA 1982 – Herstellung von Gebrauchsartikeln). In einer flammenden Rede 1981 vor den Parteiaktivisten des Bazar Korgon-Rajons stellte ein leitender Arbeiter im DOC des Leschoz Kirov die Erfolge seiner Abteilung vor und forderte eine bessere Ausstattung mit Werkzeugen. Demnach übertraf die Produktion des DOC 1981 mit 142 200 Rubeln den Plan von 36 000 Rubeln bei weitem und wies somit eine Planübererfüllung von 394% auf. Während die Walnüsse lediglich geschält und getrocknet und die in den Wäldern gesammelten Wildfrüchte im Rohzustand als Verkaufs- und Tauschprodukte den Leschoz verließen, stellten die Holzverarbeitungsbetriebe einen Wirtschaftsbereich des Leschoz dar, in dem eine Weiterverarbeitung des Rohstoffes Holz direkt in den Forstwirtschaften stattfand und somit ein Teil der Wertschöpfung im Leschoz verblieb. Den verschiedenen Berichten zufolge handelte es sich hierbei auch um einen der profitabelsten Bereiche der Leschozi.

Landbau

Die unbewaldeten oder aufgelichteten Areale des Leschoz-Territoriums dienten der Futtergewinnung. So verfügte der Leschoz Kirov im Jahr 1977 über 659 ha Mähwiesen, die jedoch bis 1990 auf nur noch 567 ha als Folge massiver Aufforstungsmaßnahmen reduziert wurden (PROEKT LESCHOZ KIROV 1991:134). Die Heumahd erfolgte ebenfalls nach Plan und wurde von den land- und forstwirtschaftlichen Arbeitsbrigaden ausgeführt. Den größten Teil des so beschafften Heus verkauften die Leschozi an Kolchozi, Sovchozi und andere Anstalten des Rajons, der Rest deckte den Futterbedarf des eigenen Viehbestandes (PROEKT LESCHOZ KIROV 1991:135–136). Aufgrund des Gebirgsreliefs konnte nur ein Teil dieser Wiesen mechanisch gemäht werden. Der durchschnittliche Ertrag der Mähwiesen lag bei 900-1100 kg je ha (PROEKT LESCHOZ KIROV 1991:136). In Jahren mit hohen Planvorgaben oder mäßigem Graswachstum aufgrund geringer Niederschläge sammelten die Arbeitsbrigaden auch Heu an Waldrändern. Zur Erfüllung des Sammelplans von 3650 t Heu im Jahr 1983 verpflichtete das Parteikomitee des Leschoz Kirov die Haushalte Arslanbobs zur Sammlung von jeweils einer Tonne Heu für den Leschoz (Protokoll №21 der öffentlichen Parteiversammlung des Leschoz Kirov vom 19.02.1983).

Mit Ausnahme des Leschoz Kirov, der 1961 über 891 ha Ackerland verfügte (f.326, op.1, d.657, l.83–93),[14] besaßen die Leschozi Kara Alma und Kyzyl Unkur nur sehr kleine Ackerflächen, auf denen Viehfutter oder Gras ausgesät wurden. Zur Bearbeitung des Ackerlands wurden Arbeitsbrigaden gebildet. Im Leschoz Kirov waren beispielsweise zwei Brigaden für Kartoffelanbau, zwei für Futteranbau und eine für Tabakanbau zuständig, die sämtlich dem Hauptagronomen des Leschoz unterstanden. Die Kartoffelbrigaden hatten 72, die Futterbrigaden jeweils 40 und die Tabak-Brigade 200 Mitglieder (ID-Ar-15.03.07). Die Mitglieder der Brigaden waren als Arbeiter beim Leschoz angestellt und erhielten jeweils etwa einen Hektar Land zugeteilt, für dessen Bearbeitung sie selbst verantwortlich zeichneten. Tatsächlich wurden sie meist von ihren Familienangehörigen bei diesen Arbeiten unterstützt. In den 1970er Jahren erhielten die Landbau-Arbeiter beispielsweise einen Hektar Ackerland und vier Tonnen Kartoffelsaat vom Leschoz sowie den Auftrag, 11 t Kartoffeln im Herbst zu ernten. Der Leschoz Kirov organisierte das Pflügen und Eggen der Felder, für die sonstigen Arbeiten wie Säen, Bewässern und Ernten waren die Arbeiter selbst verantwortlich. Den Transport der Feldfrüchte oder die Behandlung der Felder mit Schädlingsbekämpfungsmitteln übernahm wiederum der Leschoz. Im Herbst lieferten die Arbeiter die Kartoffeln an den Leschoz und wurden entsprechend der geernteten Menge entlohnt; so erhielten sie 5 Kopeken je kg Kartoffeln, bei Planübererfüllung sogar 6-10 Kopeken je kg. Es bestand jedoch auch die Möglichkeit, Überschüsse selbst zu vermarkten. Von den so erzielten Einnahmen konnten die Arbeiterhaushalte meist das ganze Jahr über ihren Lebensunterhalt bestreiten. Im Falle von nicht selbst verschuldeten Missernten erhielten sie einen festen Lohn vom Leschoz. Grundsätzlich war es den Bewohnern Arslanbobs freigestellt, ob sie ackerbaulich tätig werden wollten, ein Zwang zur Ausführung dieser Arbeiten bestand nicht. Viele Familien verzichteten darauf, da sie entweder in der Forstwirtschaft, in den Tourismuseinrichtungen, in Schulen oder im Handel stark eingebunden waren. Nachdem ab Ende der 1970er Jahre gute Preise für Kartoffeln bezahlt wurden und somit ein lukrativer Verdienst winkte, wollten sich immer mehr Haushalte Arslanbobs ackerbaulich betätigen und forderten entsprechend Ackerland vom Leschoz. Somit verringerte sich die jedem Arbeiter zugeteilte Ackerparzelle auf 0,5-0,75 ha (IK-Ar-17.08.05; SM-Gu-04.03.07; ID-Ar-15.03.07). Die wichtigsten Feldfrüchte waren Kartoffeln, Futterpflanzen und Getreide, die im Fruchtwechsel angebaut wurden. Daneben dienten einige Felder in Arslanbob auch zum Anbau von Tabak, der in einer eigens hierfür errichteten Halle getrocknet wurde.

Aufgrund der geringen Niederschläge während der Reifephase der Feldfrüchte wurde ein Großteil der Ackerflächen, wie etwa das Areal Khurmaidan in Arslanbob, zur Sicherung und Steigerung der Erträge bewässert. Für die Regelung der Bewässerung, das Fluten von Kanälen und die Wasserzuteilung wählte der

---

14 Im Jahr 1977 verfügte der Leschoz Kirov bereits über 956 ha Ackerland, im Jahr 1990 waren es nur noch 927 ha. Diese Änderungen können entweder Folge von Aufforstungen bzw. Abholzungen oder unterschiedlicher Flächenberechnungen sein, die auf Grundlage von Luftbildern vorgenommen wurden (PROEKT LESCHOZ KIROV 1991:134).

Leschoz einen hauptamtlichen Kanalwächter (*Murab*) aus und bedachte ihn mit Arbeitsplänen. Der *Murab* war neben der Wasserzuteilung auch für die Instandhaltung der Kanäle zuständig. Bei größeren Reparaturen stellte der Leschoz Arbeitsbrigaden zusammen (AM-Gu-06.03.07). Streitfälle um Wasser waren keine Seltenheit sowohl auf lokaler Ebene zwischen den einzelnen Brigaden oder Arbeitern als auch auf regionaler Ebene zwischen Ober- und Unterliegern. So forderten die Baumwoll-Kolchozi im Fergana-Tal große Wassermengen und beklagten sich, wenn die Leschozi als Oberlieger selbst Wasser zur Bewässerung ihrer Felder verbrauchten (SH/Kanalwächter-Ar-17.08.05).

Wie angedeutet war die Bedeutung des Landbaus in den verschiedenen Leschozi sehr unterschiedlich. In Arslanbob beschäftigte dieser Sektor zwei Agronomen, mehrere Brigadiere und eine Reihe von Arbeitern, während er in Kara Alma und Kyzyl Unkur nahezu irrelevant war. Da die Versorgung mit Lebensmitteln über das zentrale Handelsnetz sichergestellt war, kam dem Landbau keine existentielle Bedeutung zu. Geringe Erträge und Nachlässigkeit bei der Landbewirtschaftung lassen darauf schließen, dass dem Landbau nur untergeordnete Aufmerksamkeit zuteil wurde. Viel eher handelte es sich um die notwendige Übernahme der vorhandenen Ackerflächen, die vor der Etablierung der Forstwirtschaft für die Subsistenz der ansässigen Bevölkerung essentiell gewesen waren und die in der Folgezeit weiter bearbeitet wurden, obgleich eine Aufforstung auch eine denkbare, aber nicht realisierte Option gewesen wäre.

Viehwirtschaft

Die Viehwirtschaft stellte einen der ökonomischen Grundpfeiler der Kirgisischen SSR dar. Weite Areale des Landes waren weidewirtschaftlich nutzbar, wie Karte 7 verdeutlicht. Auch in der Region Dshalal Abad kam der Viehwirtschaft nach dem Baumwollanbau höchste Priorität zu. Im Rajon Bazar Korgon lag der Viehbestand 1990 bei 11 513 Rindern, 108 954 Schafen, 4088 Pferden, 234 Schweinen, 4025 Kaninchen und 74 938 Flügelvieh (PROEKT LESCHOZ KIROV 1991:65), die hauptsächlich von Kolchozi gehalten wurden. Die Futterbasis der Viehwirtschaft bildeten ausgedehnte Gras bewachsene Areale in unterschiedlichen Höhenlagen, von denen die als Sommerweiden genutzten alpinen Matten zwischen 1 500 und 3 500 m die ergiebigsten waren und noch heute sind. Diese Sommerweiden (*Džailoo*) sind sowohl in ökologischer Hinsicht durch den Baumgürtel der Nusswälder von dem steppenartigen unterhalb von 1000 m gelegenen Hügelland getrennt, das im Frühjahr und Herbst als Weide genutzt wird, als auch administrativ durch die Territorien der Leschozi, die sich oberhalb der Kolchoz-Ländereien befinden. Auf den Territorien der hier untersuchten Leschozi befinden sich ausgedehnte Areale dieser Sommerweiden, die jedoch zum größten Teil an Viehzucht-Kolchozi langfristig verpachtet und nur zu einem geringen Teil von den Leschozi selbst zu viehwirtschaftlichen Zwecken genutzt wurden. Die Weideareale des Leschoz Kyzyl Unkur dienten beispielsweise jährlich etwa 10 000 Rindern und 81 000 Schafen als Sommerweide, während der Leschoz selbst 1979 nur zwei Rinder und

76 Pferde hielt (GORŠKOV o.J.). Der Leschoz Kirov verfügte über 11 218 ha Weideland, das jährlich mit 5-6000 Rindern und Pferden sowie 50-60 000 Schafen von Kolchozi und Sovchozi der Region bestockt war (PROEKT LESCHOZ KIROV 1991:137). Spezialisierte Kolchoz-Hirten trieben das Kolchoz-Vieh Ende Mai auf die Sommerweiden und verbrachten mit ihren Familien den Sommer bis Mitte September auf der *Džailoo*. Ein Hirte war im Durchschnitt für 500 Schafe oder 25 Milchkühe zuständig. Nicht-milchgebende Rinder blieben weitgehend unbeaufsichtigt zwischen Mai und Oktober auf der Sommerweide (KO-Ba-22.08.05). Von November bis Mai war das Vieh eingestallt.

Den hohen Organisationsgrad der Viehbeweidung veranschaulicht eine Verordnung aus dem Jahr 1952, in dem die verschiedenen Maßnahmen zur Durchführung der Bestockung der Sommerweiden spezifiziert sind:

Über Viehtriebsmaßnahmen und Durchführung der Sommerbeweidung (1952)

„Das Büro des Rajonkomitees der KP Kirgisiens verordnet:

1. Den von der Rajonabteilung für Landwirtschaft vorgeschlagenen Zeitplan zum Auftrieb des Viehs der Kolchozi des Rajons auf die Sommerweiden gemäß Anhang 1 zu billigen.

2. Den Vorsitzenden zu beauftragen, während des Viehtriebs auf die Sommerweiden in Kyzyl Unkur einen Laden zu organisieren und damit die auf die Sommerweiden ziehenden Viehzüchter mit Salz und allen notwendigen Industriewaren zu versorgen.

3. Den Leiter der Rajonabteilung für Gesundheit zu beauftragen, die auf die Sommerweiden ziehenden medizinisch tätigen Arbeiter mit notwendigen Arzneimitteln zu versorgen.

4. Den Leiter der Rajonabteilung für Landwirtschaft zu beauftragen, die auf die Sommerweiden ziehenden Viehzüchter mit allen notwendigen Lebensmitteln, Kleidungsstücken und Zelten oder Jurten zu versorgen.

5. Die Vorsitzenden der Kolchozi zu beauftragen, unverzüglich die Überweisung von Geldmitteln an den Leschoz Kyzyl Unkur zur Ausstellung der Genehmigungen zu sichern, die zur Beweidung der dem staatlichen Waldfonds unterstehenden Flächen berechtigt.

6. Den stellvertretenden Vorsitzenden des Rajonvollzugskomitees und den Leiter der Rajonabteilung für Landwirtschaft zu beauftragen, bis zum 10. Juni die Ausbesserung der Brücken und Wege zu den Sommerweiden zu organisieren.

7. Die Sekretäre der ersten Parteiorganisationen der Kolchozi zu beauftragen, die Viehzüchter auf den Sommerweiden mit Zeitungen und Zeitschriften zu versorgen.

8. Den Leiter der Rajonabteilung für Kultur und Aufklärung zu beauftragen, die Stäbe in den Sommerweiden mit Zeitungen und Büchern zu versorgen."

An dieser Aufstellung wird deutlich, welch großer logistischer Aufwand betrieben wurde, um die auf den Sommerweiden tätigen Viehhirten sowohl mit allen notwendigen Lebensmitteln und Medikamenten als auch mit Zeitungen und Zeitschriften zu versorgen. Die ausgedehnten Areale und das Gebirgsrelief erforderten zudem die regelmäßige Instandhaltung von Wegen und Brücken, um den Zugang zu den Weiden sicherzustellen.

Insgesamt nahm der Viehbestand in Kirgistan in der zweiten Hälfte des 20. Jahrhunderts erheblich zu (Abb. 4.3), und auch im Untersuchungsgebiet wurden die Weidenormen von 2,5 ha pro Rind, 5,4 ha pro Pferd und 1,46 ha pro Schaf oder Ziege vielfach nicht eingehalten. Dies führte zu massiver Überweidung auf den leicht zugänglichen Weidearealen und in der Folge zu Schädigungen der Vegetationsbedeckung und zu Bodenerosion (PROEKT LESCHOZ KIROV 1991:137). Im Zehn-Jahresbericht des Leschoz Kirov wird beklagt, dass nach Artikel 41 der Landesverfassung der Kirgisischen SSR die Nutzer der Weideflächen verpflichtet seien, Maßnahmen zum Schutz und zur Verbesserung der Weideflächen zu ergreifen, doch hätten die Kolchozi und Sovchozi der Region bisher keinerlei Maßnahmen zur Weideertragssteigerung, zum Erosionsschutz oder zur Erhaltung der Buschvegetation durchgeführt (PROEKT LESCHOZ KIROV 1991:137).

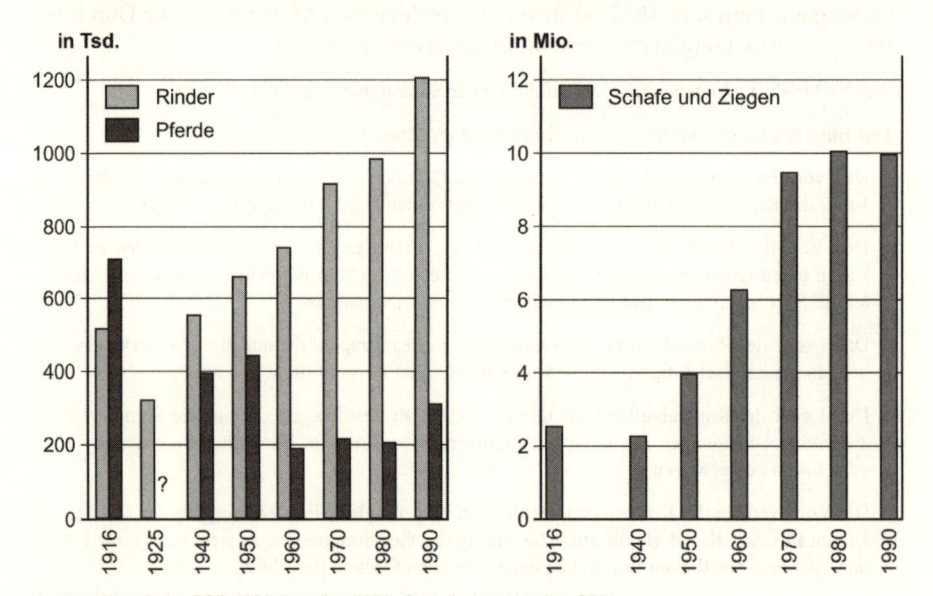

Quellen: Kirgisische SSR 1983; Ismailov 1990; Statistisches Komitee 2004
© M. Schmidt 2013

Abb. 4.3 Entwicklung des Großvieh- und Kleinviehbestands in Kirgistan 1916-1990

Die Leschozi selbst hatten meist einen geringen Viehbestand. Im Wesentlichen handelte es sich um Pferde für Förster und Forstarbeiter. Eine gewisse Ausnahme stellte der Leschoz Kirov dar, der nach der Vereinigung mit den Kolchozi Kirov und Bel Terek neben Pferden auch Rinder, Schafe, Schweine und Kaninchen hielt. Im Jahre 1961 produzierte der Leschoz Kirov etwa 394 t Milch und 6,4 t *Kymyz* (vergorene Stutenmilch) (f.326, op.1, d.657, l.83–93). Im Gegensatz zu den Forstprodukten konnte der Leschoz die vieh- und landwirtschaftlichen Produkte ähnlich wie ein Kolchoz weitgehend eigenständig vermarkten.

Wie in allen anderen ländlichen Regionen der UdSSR war es den Haushalten in den Leschoz-Siedlungen gestattet, Privatvieh zu halten. Im Untersuchungsgebiet war der Besitz von einem Pferd, einer Kuh, einem Kalb und fünf Schafen je Haushalt erlaubt. Da bei Überschreiten dieser Norm Strafzahlungen fällig waren und außerdem nur wenig Land zur Gewinnung von Viehfutter zur Verfügung stand, hielten die Haushalte tatsächlich meist nur soviel Vieh wie erlaubt und versuchten neu geborene Tiere rasch wieder zu verkaufen (AR-Ky-20.04.04; SM-Gu-04.03.07). Im Jahre 1979 besaßen im Leschoz Kirov sogar 123 Familien gar kein Vieh (Protokoll №2 der öffentlichen Parteisammlung der Kommunisten des Leschoz Kirov vom 9. Februar 1979).

Das Vieh des Leschoz sowie jenes der Haushalte weidete auf dorfnahen Weiden, die unterschieden wurden in *Subai Džait* (Nicht-Milchvieh-Weide), *Pada Džait* (Milchvieh-Weide) und *Koy Džait* (Schafweide) (BR-Ky-05.07.04). Die Weiden für das Milchvieh lagen nahe den Siedlungen, um das tägliche Melken zu erleichtern. Ein von den Haushalten des Dorfes oder einer größeren Nachbarschaft (*Mahallah*) gewählter Hirte (*Padače*) trieb das Milchvieh der hierzu gehörenden Haushalte täglich morgens auf die Weide und abends zurück ins Dorf, wo die Tiere bei den Eigentümern eingestallt waren. Das Nicht-Milch-Vieh wurde ebenfalls von einem Hirten auf einer etwas weiter entfernt gelegenen Weide den ganzen Sommer über betreut (BT-Gu-25.06.04). Es gab aber auch eine Art Rotationssystem mit wechselnden Hirten für die Milchkühe, bei dem sich etwa 20 Haushalte die Aufgaben der Viehbetreuung in Rotation aufteilten (SM-Gu-04.03.07). Der Leschoz legte fest, auf welchen Arealen das Dorfvieh gesömmert werden durfte und welche Areale hierfür gesperrt waren. Trotz des offiziellen Waldweideverbots mit damit verknüpften Strafen kam es immer wieder vor, dass Vieh auch im Wald weidete (PROEKT LESCHOZ KIROV 1991:137). AS (Ky-05.08.03) deutete dies als eine politisch gewollte Präferenz der Viehwirtschaft gegenüber der Forstwirtschaft. Andererseits war Waldweide zu Sowjetzeiten zweifellos weniger ausgeprägt als davor und zur heutigen Zeit, da die Förster strenger kontrollierten:

„Bei Fehlverhalten gab es sofort Strafen, heute reden sie nur" (AM-Gu-06.03.07).

Zur Versorgung des Leschoz- und Privatviehs dienten die bereits beschriebenen Mähwiesen in den Wäldern und an ihren Rändern. Die Haushalte erhielten eine mündliche Erlaubnis zur Heumahd auf einer bestimmten Parzelle. Reichte diese den Haushalten nicht aus, sammelten sie auch an Waldrändern oder auf anderen Waldlichtungen Heu (AE-Ky-19.04.04).

Der bedeutendste Wirtschaftszweig der Kirgisischen SSR, die Viehwirtschaft, wurde im Rahmen der Leschoz-Wirtschaften nur in geringem Umfang durchgeführt. Allerdings weideten große Viehherden der auf Viehzucht spezialisierten Kolchozi der Region auf den Gebieten der Leschozi und stellten aufgrund des hohen Viehbesatzes eine ökologische Belastung für die Wälder und Weidegebiete dar. Im Rahmen der persönlichen Hoflandwirtschaft spielte das Halten von Vieh ebenfalls eine signifikante Rolle, was nur mit Hilfe von größtenteils informellen Abmachungen zwischen dem lokalen Leschoz und den Viehhaltern möglich war.

Tourismus

Der Bestand der einzigartigen Nusswälder in einer ansonsten waldarmen Region sowie das landschaftliche Gesamtbild mit einer teilweise spektakulären Hochgebirgskulisse sind wesentliche Standortfaktoren für die Popularität der Region für Erholungssuchende. Die von Wäldern, Wiesen, Ackerflächen und Felsformationen geprägte Umgebung entspricht dem Ideal der kultivierten Landschaft, das für den Tourismus eine große Rolle spielt (MÜLLER & FLÜGEL 1999). Besonders für Gäste aus dem sommerheißen Fergana-Becken stellt daneben die durch die Höhenlage gegebene kühle und saubere Luft ein wichtiges Reisemotiv dar.

> „Manche Ortschaften dieser Wälder stehen aufgrund ihrer malerischen Schönheit nicht den berühmten Kurorten der Schweiz nach" (MAKHNOWSKI & TSCHEBOTAREW 1963:9 zitiert in DISTANOVA 1974:36).

In den 1960er Jahren begannen die sowjetischen Planungsstäbe dieses Potential zu nutzen und veranlassten die Errichtung einer touristischen Infrastruktur und den Bau mehrerer gewerkschaftlich oder staatlich organisierter Touristenlager. Bis Ende der 1980er Jahre entstanden so in der Gemeinde Arslanbob, die als Zentrum des Tourismus in der Region zu gelten hat, das *Pensionat Arstanbap-Ata* mit einer maximalen Kapazität von 550 Betten, die *Turbaza Arstanbap-Ata* mit 500 Betten, ein firmeneigenes Erholungspensionat mit 48 Betten sowie zwölf Pionierlager mit einer Kapazität von insgesamt mehreren tausend Betten. In letzteren konnten Kinder im „Pionieralter" zwischen 7 und 15 Jahren bis zu 20 Tage lang einen Teil ihrer Ferien verbringen (KIRCHMAYER & SCHMIDT 2004:407). Einige der Pionierlager dienten als eine Art Sanatorium, wie etwa die Lager *Zorka* (Morgenröte), *Keleček* (Zukunft) und *Dostuk* (Freundschaft) in Arslanbob oder das Lager *Medik* in Kyzyl Unkur, die kranken Kindern Kuraufenthalte boten. Grundsätzlich waren die Pionierlager bestimmten Unternehmungen, Verwaltungseinheiten oder Betrieben aus der weiteren Region zugeordnet (Tab. 4.5). Allen Einrichtungen war gemein, dass sie nur mit einem Einweisungsschein aufgesucht werden konnten, den die Gäste meist von der Gewerkschaft ihres Arbeitgebers oder, wie etwa Veteranen, direkt vom Staat bekamen. Die An- und Abreise erfolgte normalerweise organisiert in Firmenbussen.

Neben dem gewerkschaftlich organisierten Tourismus etablierte sich auch eine Form des informellen Tourismus. In großer Zahl kamen Erholungssuchende aus Südkirgistan und der Region um Andishan in die Gegend der Nusswälder. Etwa 20-50% der Haushalte Arslanbobs nahmen inoffiziell Gäste auf, die sie gegen eine geringe Bezahlung auf oft engstem Raum in ihren Häusern unterbrachten. 20 Gäste und mehr pro Haushalt waren keine Seltenheit. Die Gäste führten ihre Lebensmittel meist selbst mit und blieben nur für wenige Tage (MI-Ar-16.03.07). Somit machten neben den registrierten Gästen Tausende ohne Einweisungsschein Urlaub; hinzu kamen in erheblichem Umfang Verwandten- und Bekanntenbesuche. Vielfach basierte diese Art des Reisens auch auf Reziprozität, d.h. Leute aus den Dörfern der Nusswälder besuchten kostengünstig die Städte des Fergana-Beckens, indem sie bei ihren Sommergästen wohnten. Als Hochphase des Tourismus in den Nusswäldern gelten die späten 1970er und die 1980er Jahre.

Tab. 4.5 Pionierlager in Arslanbob, Kyzyl Unkur und Kara Alma und deren Betriebszugehörigkeit

Name des Pionierlagers	Zugehörigkeit
Arslanbob	
Dostuk	Gewerkschaft der Kolchozi des Rajon Bazar Korgon
Zorka	Erdölkombinat „Kyrgyznjeft" in Kočkor Ata
Mašinostroitel	?
Keleček	heute: Kirgisisches Militär
Energetik	Wasserkraftwerk Toktogul
Orlonok (in Gumchana)	Handelsbetrieb im Osch-Oblast
Želkowik	Baumwollfabrik in Osch
Džeršinskij	Ministerium des Inneren
Avtomobilist	Transportbetrieb in Osch
Tekstil'šik	Textilkombinat in Osch
Solnyško	Fabrik „Nur" (= Sonnenstrahlen) in Dshalal Abad
Kosmos	?
Kyzyl Unkur	
Kooperator	Handelsverwaltung Osch
Edel'vejs	Pädagogisches Institut Osch
Altumbulak	Dshalal Abad-Fleischkombinat
Mostavik	Andishan Bauorganisation
Medik	Apothekerverwaltung Osch; Kinder-Rehabilitationszentrum in Bazar Korgon
Kara Alma	
Stroitel	Oblast-Verwaltung für Bauarbeiten in Osch
Džetkinček	Oblast-Verwaltung
MešKolchoztroi	Kinder der Kolchoz-Arbeiter des Rajon Susak

Quellen: KM-Ar-13.04.04; BB-Ky-25.08.05; BA-Ka-24.04.04

In einem Bericht an das Bazar Korgon-Rajonkomitee der Kommunistischen Partei Kirgisien 1980 beklagte der Vorsitzende des Vollzugskomitees des Sel'sovet Kirov, dass die Touristen Schäden an der Vegetation verursachten, Äste von Bäumen abbrächen, das Trinkwasser verschmutzten und Abfälle in den Fluss würfen.

Zur Beendigung dieses Umstands solle Aufklärungsarbeit unter den Touristen geleistet werden. Neben zu geringen Kapazitäten, die zu der großen Bedeutung des inoffiziellen Tourismus beitrugen, zeigte der gewerkschaftlich organisierte Tourismus auch in anderer Hinsicht Mängel, wie sie etwa in einem der regelmäßigen Berichte der Parteikommissionen über die Arbeit der *Turbaza Arstanbap-Ata* geäußert wurden (Šeraliev & Šerov 1982):

Kritik an der Arbeit der Turbaza Arstanbap-Ata durch die Parteikommission des Bazar Korgon-Rajons 1982:

„Es treten Fälle von finanziellen Unregelmäßigkeiten sowie Unterschlagung und privater Nutzung sozialistischen Eigentums durch Mitarbeiter auf; z.B. wurde beim Kontrollabwiegen von Brot festgestellt, dass es statt 400 g nur 250 g wiegt; Bier wird für 70 Kopeken verkauft, obwohl es nur 45 Kopeken kosten darf.

Das Warenangebot ist mangelhaft; es fehlt an Grundnahrungsmitteln wie Zucker, Tee, Milch, Süßwaren, Gemüse und Früchten, dafür werden reichlich Spirituosen angeboten.

Unregelmäßigkeiten und Regelverstöße bei Baumaßnahmen sowie ein rücksichtsloser Umgang mit Material sind zu konstatieren.

Der *Turbaza*-Direktor kontrolliert die Arbeit unzureichend, kümmert sich nicht um die Weiterbildung seiner Mitarbeiter, organisiert unerlaubt Feste und Trinkgelage und verschwendet staatliche Mittel.

Verwandte und Freunde werden bei der Mitarbeiterauswahl begünstigt.

Das Personal weist einen schlechten Ausbildungsstand auf.

Sanitäre Mängel: Die Chlorungsanlage des Hauptgebäudes funktioniert nicht, Trinkwasser wird nicht chloriert und entspricht nicht dem staatlichen Trinkwasser-Standard. Das Schwimmbad wird mit Flusswasser gefüllt. Duschräume am Schwimmbad funktionieren nicht, es gibt keinen zementierten Abflussgraben und wenige Umkleideräume. Die Wäscherei entspricht nicht den sanitären Forderungen: Wäsche wird schlecht gewaschen und nicht gebügelt; Abflusswasser aus der Waschküche wird nicht desinfiziert. Abfall wird nicht rechtzeitig weggefahren. Neben dem Teehaus und den Erholungshäusern liegen Berge von leeren Flaschen."

Einerseits zeitigten der Ausbau der touristischen Infrastruktur und die große Anzahl an Erholungssuchenden positive ökonomische Effekte und boten zahlreichen Bewohnern der Leschoz-Siedlungen ganzjährig oder zumeist saisonal Arbeit, sei es als Wächter, Köche, Kellner, Zimmermädchen oder als Expeditoren, die für die Instandhaltung der Lager und die Organisation der Nahrungsmittel zuständig waren. Beispielsweise dürften im Jahr 1989 über 200 Personen in Arslanbob im offiziellen Beherbergungswesen tätig gewesen sein (KIRCHMAYER & SCHMIDT 2004:409). Dazu kamen inoffizielle Verdienstmöglichkeiten durch die Unterbringung von Gästen im eigenen Haus oder den Verkauf privat erzeugter landwirtschaftlicher Produkte. Andererseits waren mit der touristischen Entwicklung auch Belastungen für Wald und Natur verbunden.

4.3.6 Ökonomie der Leschoz-Dörfer

Den wichtigsten Wirtschaftsbereich der Region um die Stadt Dshalal Abad bildete die Agrarwirtschaft mit einer ausgeprägten Dominanz des Baumwollanbaus im Fergana-Becken, gefolgt von einer großbetrieblichen Viehwirtschaft unter Nutzung extensiver Weideareale in unterschiedlichen Höhenbereichen. In den agrarwirtschaftlichen Kollektiv- und Staatsbetrieben wurden zudem Tabak, Weizen, Mais, Kartoffeln und Viehfutter angebaut. Dagegen war die Industrie nur schwach entwickelt. Von überörtlicher Bedeutung waren lediglich Baumwollentkernungsbetriebe, ein Fleischkombinat, ein Tabakfermentierungsbetrieb, Produktionsstätten für Möbel, Ölmühlen sowie die Bit-Kombinate in den Städten Dshalal Abad, Bazar Korgon und Susak, die mit angegliederten Friseur-, Wäscherei-, Reinigungs-, Reparatur- und anderen Betrieben eine Art Versorgungszentrum darstellten (PROEKT LESCHOZ KIROV 1991:64). In den Leschoz-Dörfern bildeten dagegen die staatlichen Forstbetriebe den ökonomischen Dreh- und Angelpunkt. Den Bürgern Beschäftigungsmöglichkeiten zu bieten und sie in formalen Arbeitsverhältnissen zu beschäftigen war eine Maxime des sowjetischen Sozialismus. Dies implizierte Vollbeschäftigung, die jedoch angesichts des starken Bevölkerungswachstums in Mittelasien spätestens ab den 1980er Jahren zunehmend schwieriger zu realisieren war.

Lebensunterhalt und Lebensstandard

Offiziell standen sämtliche arbeitsfähigen oder zumindest arbeitswilligen Bewohner der Leschoz-Dörfer beim Staat in Lohn und Brot. Der formale Lohn bildete die Grundlage der Lebenssicherung. Von ihm konnten die für den Lebensunterhalt notwendigen Güter erworben werden, was angesichts der hohen Subventionen und der regelmäßigen und in ausreichender Höhe bezahlten Löhne möglich war. Neben dem formalen Einkommen leistete jedoch auch die bäuerliche Hoflandwirtschaft oder Nebenwirtschaft (vgl. GIESE 1973; LINDNER 2008) einen wesentlichen Beitrag zum Lebensunterhalt. Diese setzte sich aus Viehhaltung und der Nutzung von Landressourcen zusammen, die ihnen vom Leschoz zur Verfügung gestellt wurden: Auf den etwa 15 *Sotik* großen Hausgärten kultivierten die „Hoflandwirte" Gemüse wie Tomaten und Kohl, Kartoffeln, Mais, Sonnenblumen und Obst für den Eigenbedarf und eingeschränkt für den Verkauf auf den Kolchozmärkten in Bazar Korgon, Suzak, Dshalal Abad, Madanyat, Kočkor-Ata und sogar Andishan. Der private Viehbestand durfte ein Pferd, eine Kuh, ein Kalb und fünf Schafe nicht übersteigen, überschüssiges Vieh und tierische Produkte wie Eier[15] oder Butter verkauften die Viehhalter ebenfalls auf Kolchozmärkten. Zur Versorgung des Privatviehs gestattete der Leschoz den Haushalten die Heugewinnung auf seinem Territorium. Geeignet waren hierzu Lichtungen, Waldrän-

---

15 Die Hühnerzucht entwickelte sich erst spät in den meisten Leschoz-Dörfern, da Hühnerhaltung bei den Kirgisen früher unüblich war (AE-Ky-19.04.04).

der oder aufgelichtete Waldbereiche. In manchem Leschoz wie Kyzyl Unkur konnten die Bewohner Heu an beliebigen Stellen sammeln, weil der Viehbestand im Verhältnis zur Wald- bzw. Wiesenfläche recht gering war, während den Haushalten im Leschoz Kirov eine klar definierte Parzelle von einem halben bis einem Hektar als Mähwiese zugewiesen wurde. Die Viehbesitzer mähten das Gras auf diesen Flächen selbst, konnten aber beim Transport des Heus durchaus auf die Hilfe des Leschoz zurückgreifen (AM-Gu-06.03.07; BB-Ky-25.08.05). Diese Nebenwirtschaften bezeichnet KLÜTER (2000:44) als „familienbezogene Mikrokosmen", in denen der Gegensatz zwischen Marktwirtschaft und Sozialismus nicht existierte. Ihre Hauptaufgabe bestand darin, die Defizite in der Grundversorgung mit Lebensmitteln auszugleichen.

Bis in die 1950er Jahre hinein war der Lebensstandard in den Leschoz-Dörfern sehr niedrig, es herrschte Armut, nur wenige Haushalte hatten eigenes Vieh und die Bevölkerung wurde mit als minderwertig erachtetem Maismehl versorgt (AS-Ky-05.08.03; BR-Ky-16.04.04). Die Leschozi zahlten ihre Löhne vielfach in Naturalien aus, so in Kyzyl Unkur, wo die Arbeiter 500 g Maismehl pro Tag sowie 200 g für jedes weitere Familienmitglied erhielten (AE-Ky-19.04.04).

Im Laufe der Jahre machte sich der so genannte Fortschritt auch in den Leschoz-Dörfern bemerkbar, obwohl Versorgungsengpässe noch bis in die 1960er Jahre hinein auftraten (IK-Ar-15.03.07). Die Angestellten in den Staatsbetrieben und -einrichtungen erhielten regelmäßig einen festen, von der Ernte und großteils auch von der eigenen Arbeitsleistung unabhängigen Lohn, der ausreichte, um die notwendigen Lebensmittel und Güter zu erwerben.[16] Zuverdienst war durch besonderes Engagement bei der Nussernte, durch den Verkauf eigens angebauter Garten- und Feldfrüchte oder durch informelle, möglicherweise illegale Beschäftigung möglich. So machte größerer Geldbesitz, die Anschaffung teurer Güter wie eines Automobils oder der Bau eines großen Hauses die Staatsorgane sofort misstrauisch.

> „Wenn die Leute (…) tüchtig arbeiteten, dann konnten sie auch sehr gut leben. Dennoch machte die Sowjet-Macht die Leute faul. Alle verlangten zwar, man müsse arbeiten, aber wenn die Leute dann reich wurden, dann kontrollierte der KGB sofort" (IK-Ar-15.03.07).

Wie verschiedene Autoren nachgewiesen haben, waren die Einkommen der Einwohner Mittelasiens geringer als im Rest der Sowjetunion. Nach den Kalkulationen von RUMER (1989:125) lag das Pro-Kopf-Einkommen eines Beschäftigten in Mittelasien 1970 bei 97,5% des durchschnittlichen Pro-Kopf-Einkommens in der UdSSR und im Jahre 1984 nur noch bei 88,1%. MCAULEY (1992:145) errechnete das Pro-Kopf-Einkommen eines Bewohners Mittelasiens auf 63% des Durchschnittseinkommens der UdSSR für 1980, das 1988 sogar auf 55% gefallen sei. Selbst sowjetischen Statistiken zufolge soll fast die Hälfte der Bevölkerung Usbekistans 1988 in Armut gelebt haben (STRINGER 2003:155).

---

16 Der Durchschnittslohn lag bei 200 Rubel, 1 kg Schaffleisch kostete 1,5 Rubel und eine Schachtel Zigaretten 50 Kopeken (SK-Ar-06.04.04).

Dagegen schätzen die Bewohner der Leschoz-Dörfer heute im Rückblick ihr Lebensniveau insbesondere in der Breschnew-Zeit als zufriedenstellend bis hoch ein. Da der formale Lohn zum Erwerb aller notwendigen Güter ausreichte, war für die Haushalte die landwirtschaftliche Nutzung ihrer Hausgärten keine zwingende Notwendigkeit, aber doch eine von fast allen genutzte Möglichkeit zur Steigerung des eigenen Lebensstandards.

> „Es gab genug zu kaufen: Brot, Reis, Nudeln. Alle lebten gut, sogar das Vieh wurde mit Mehl gefüttert. Die Sowjetunion hat sehr fleißig und gut gearbeitet, um sich zu versorgen" (AE-Ky-19.04.04).

Von seinem Lehrergehalt von 200 Rubeln konnte sich beispielsweise IK (Ar-15.03.07) etwa 10 Sack Mehl à 50 kg oder 120 l Öl oder 25 kg Fleisch kaufen. Auch Transporte und Reisen waren sehr günstig:

> „Wir verstanden auch nicht, warum alles so billig war. Ich arbeitete in der Schule sehr gut und hatte die Möglichkeit, nach Moskau, Nowgorod und Wiburg zu fahren. Die Reise dauerte 16 Tage und war umsonst" (IK-Ar-15.03.07).

Subventionierte Reisen sowie Prämien und Auszeichnungen trugen zur Zufriedenheit der Bevölkerung bei. Durch die Bereitstellung von kostenlosem Baugrund und günstigem Baumaterial sowie durch die regelmäßigen Lohnzahlungen konnten sich die Menschen in der Regel auch den Bau eines Hauses leisten.

Und auch im Vergleich zu anderen Orten, etwa im Fergana-Becken, bewerteten die Bewohner der Leschoz-Dörfer ihre eigene ökonomische Lage als gut. Eine solche Selbsteinschätzung basierte wesentlich auf dem ärmlichen Eindruck der Kleidung, den die mit Traktoren aus dem Fergana-Becken angereisten Touristen, abschätzig von den Bewohnern Arslanbobs als „Kolchoz-Leute" bezeichnet, vermittelten (IK-Ar-18.03.07). Während die Bewohner Arslanbobs einen festen monatlichen Lohn erhielten und zudem informell im Tourismus noch Einkommen erzielen konnten und gut mit Ressourcen (Kartoffeln, Vieh, Nüsse) ausgestattet waren, erhielten Kolchoz-Beschäftigte nur einmal im Jahr Lohn, der zudem vom Ernteerfolg und dem erwirtschafteten Ertrag des Kolchoz abhängig war. Diese positive Selbsteinschätzung fand ihren Ausdruck in der vielfach in Arslanbob geäußerten Aussage:

> „Gott ist Arslanbob näher, Gott gab Arslanbob alle Möglichkeiten" (IK-Ar-18.03.07).

Generell wird die Breschnew-Zeit als das „Goldene Zeitalter" angesehen, in der der Lebensstandard ein zufriedenstellendes Niveau erreicht hatte und es keine Versorgungsengpässe oder wirtschaftliche Probleme zu geben schien.

> „Von 1965 bis 1985 herrschte hier Kommunismus, alles war gut" (MI-Ar-16.03.07).

> „Von den 1970er bis in die 1990er Jahre war fast Kommunismus, wir lebten gut, die Geschäfte waren voll, aber wir bemerkten es nicht" (AU-Ba-18.03.07).

Sogar die ökonomischen Unterschiede zwischen den Haushalten in den Dörfern schienen sehr gering gewesen zu sein:

> „Es gab keine Wörter für arm oder reich. Die Eltern hatten keine Sorgen wegen ihrer Kinder, weil die Sowjetunion für die Leute bis zum 18. Lebensjahr gesorgt hat und es eine Zukunft gab, eine sichere Ausbildung und Arbeit. Wer arbeitet, der isst auch!" (AE-Ky-19.04.04).

Dass bei diesen rückblickenden Aussagen ein wenig kritische Distanz geboten ist, zeigt unter anderem, dass die Informanten zwar zunächst den hohen Arbeitseinsatz zu Sowjetzeiten und die drakonischen Strafen bei Versäumnissen betonten, sich jedoch meist in Widersprüche verzettelten und schließlich vielfach zugaben, dass die Arbeitsmoral oft nicht dem propagierten Idealbild entsprach. Die staatliche Bereitstellung formaler Arbeitsplätze und subventionierter Güter führte zu einem starken Sicherheitsgefühl, aber auch zu Bequemlichkeit.

> „Heute ist es anders: wer arbeitet, kann gut leben, wer nicht arbeitet, erhält nichts. Damals konnten die Leute, die schlecht gearbeitet haben, trotzdem gut leben" (ID-Ar-15.03.07).

Güterversorgung und Handel

> „Unsere Mutter heißt Marusja, wir haben 70 Jahre von ihr getrunken. In der Sowjetzeit gab es alles: Zucker aus der Ukraine und aus Kuba, Mehl aus Russland, Reis aus Indien, Konserven und Fische gab es von überall her. Seit der Unabhängigkeit habe ich keinen Fisch mehr gesehen" (SM-Gu-04.03.07).

Das zentral organisierte staatliche Einzelhandelssystem sorgte durch Einzelhandelskooperativen (*Sel'skoe Potrebitel'noe Obščestvo*) für eine konstante Versorgung ländlicher Gebiete mit Nahrungsmitteln und Gütern des täglichen Bedarfs (NOVE 1980). Die Einzelhandelskooperativen betrieben in den ländlichen Siedlungen Dorfläden (*Sel'mag*) oder in größeren wie Arslanbob auch kleinere Kaufhäuser (*Univermag*), in denen zu stark subventionierten, staatlich festgelegten Preisen Lebensmittel und Güter des täglichen Bedarfs erworben werden konnten. Die Lebenshaltungskosten der Bevölkerung konnten somit niedrig gehalten werden. Die Geschäfte wurden von *Centravos*, der zentralen Handelsorganisation, die für die Versorgung mit Gütern verantwortlich war, mit Produkten aus Dshalal Abad und Osch beliefert. Bestellungen und Lieferungen erfolgten sehr formalisiert, doch den Erinnerungen der Informanten zufolge stets pünktlich und korrekt. Quantitativ wurden die Grundnahrungsmittel Mehl, Reis und Öl am stärksten umgesetzt, gelegentlich standen aber auch Fleisch, Wurst und Butter zum Verkauf, nicht jedoch Gemüse oder Obst (MI-Ar-16.03.07), die es jedoch in den zum *Zagot Kontora* gehörenden Läden namens *Lariok* zu kaufen gab. Die *Zagot Kontori* waren so genannte Vorbereitungsgeschäfte, die verschiedenste land- und viehwirtschaftliche Produkte wie Zwiebeln, Knoblauch, Tomaten, Kohl, Gartenäpfel, Birnen, getrocknete Früchte, Honig, Butter, *Kurut* und Leder, selten Fleisch oder Eier, von Privatpersonen aufkauften. Vertreter des *Zagot Kontora* gingen zum Aufkauf dieser Produkte von den Erzeugern von Haus zu Haus oder auf den Hochweiden von Zelt zu Zelt. Die *Zagot Kontori* waren eher für kleinere Mengen zuständig, da die großen Mengen meist direkt zwischen den Staats- und Kollektivbetrieben ausgetauscht wurden. Das *Zagot Kontora* belieferte mit einem Teil dieser Produkte Kindergärten und touristische Einrichtungen, ein anderer Teil wurde auf zentralen Märkten getauscht – etwa Äpfel und Kartoffeln gegen Reis und Getreide – oder verkauft, teilweise auch in andere Sowjetrepubliken exportiert. Beispielsweise bestand in der Usbekischen SSR eine große Nachfrage nach Butter und Honig. Die Preise lagen in der Regel unter denen auf den Kolchozmärkten (AB-Ar-14.03.07). Auch dieser Handel verlief offiziell ausschließlich nach Plan, inoffiziell entwickelten sich jedoch allerhand Handelsaktivitäten und Tauschgeschäfte zwischen den Mitarbeitern des *Zagot Kontora* und Privatpersonen (AB-Ar-14.03.07). Das *Zagot Kontora* galt in der Bevölkerung als große Spekulationsorganisation, die möglichst günstig Produkte einkaufte, um sie teuer zu verkaufen (IK-Ar-14.03.07). Zusätzlich existierten in den ländlichen Regionen auch mobile Läden, mit denen die staatlich angestellten Händler die Beschäftigten auf den Sommerweiden oder bei den Winterställen belieferten. Im Leschoz Kyzyl Unkur etwa waren drei dieser mobilen Läden unterwegs (MB-Ky-25.08.05).

Daneben boten die bereits erwähnten Kolchozmärkte (WHITMAN 1956; STADELBAUER 1987, 1991), wie etwa in Dshalal Abad und Bazar Korgon, der lokalen Bevölkerung die Möglichkeit des Verkaufs und Kaufs verschiedenster Güter.

Die Informanten erinnern heute für die Jahre der späten Sowjetunion ein ausreichendes und vielfältiges Angebot an Lebensmitteln und Gütern des täglichen Bedarfs, sie betonen die große Auswahl an Mehl-, Brot- und Ölsorten sowie das Angebot an Fischen aus Sachalin, dem Baltikum oder Kamtschatka. Die Produktauswahl war ihren Erinnerungen zufolge groß, die Versorgung allzeit gesichert und die Qualität der Waren ausgezeichnet. Lediglich das damals häufig ausbleibende, geringe oder qualitativ minderwertige Angebot an Fleisch bot Anlass zur Klage. Dem konnten die Menschen in den ländlichen Regionen durch informellen Tauschhandel beggnen. Wenn Haushalte Vieh schlachteten, dann verkauften sie meist einen Teil davon an die Nachbarschaft (SM-Gu-04.03.07).

Im Gegensatz zu ausgewählten Siedlungen, die extreme Lebensbedingungen aufwiesen oder in denen für die UdSSR strategisch wichtige Ressourcen gewonnen oder Güter produziert wurden, kamen die Leschoz-Siedlungen nicht in den Genuss der so genannten „Moskauer Versorgung", die ein größeres Angebot sicherstellte. Eine solche privilegierte Versorgung erhielten jedoch die in der Region gelegenen Bergbausiedlungen Kočkor Ata oder Kök Džangak, welche die Bewohner der Leschoz-Dörfer gelegentlich aufsuchten, um dort Fleisch, Wurst, Cognac oder sonstige außergewöhnliche Produkte einzukaufen (MI-Ar-16.03.07). Größere Versorgungslücken oder -engpässe scheinen aber auch in den Leschoz-Dörfern trotz ihrer peripheren Lage nur selten aufgetreten zu sein. Im Herbst erhielten die Dörfer große Mengen an Lebensmitteln, die zuvor nach einem bestimmten Schlüssel – z.B. 120 kg Mehl und Teigwaren pro Person und Jahr – von den Planungsstäben berechnet wurden und die Versorgung der Bevölkerung über den Winter garantierten (SK-Ar-06.04.04).

„Damals gab es viele Lebensmittel, jeder hat nach seiner Norm gegessen und getrunken" (AE-Ky-19.04.04).

Diese nahezu ausschließlich positiven Erinnerungen an eine scheinbar hervorragend funktionierende Versorgung stehen jedoch im Gegensatz zu verschiedenen Parteiprotokollen. So beklagte sich etwa der Arbeiter Gergert 1981 bei einer Versammlung von Parteiaktivisten des Bazar Korgon-Rajon über die schlechte Versorgung im Leschoz Kirov mit Mehl, Streichhölzern, Seife, Watte oder aus Baumwollkernen gewonnenem Speiseöl (f.326, op.1, d.636, l.24–25). Grundsätzlich lag in Mittelasien der Besitz von Konsumgütern wie Fernseher, Autos oder Waschmaschinen deutlich unter dem sowjetischen Durchschnitt (RUMER 1989:133).

Ab 1985 verschlechterte sich die Versorgungssituation in den Untersuchungsdörfern, die Produktlieferungen kamen nicht mehr regelmäßig oder blieben teilweise ganz aus. Aufgrund der hohen Nachfrage und der Lockerung der Preiskontrolle stiegen die Preise stark an (MI-Ar-16.03.07).

Die Leschoz-Dörfer wurden zu Sowjetzeiten mit Kohle aus Taš Komür und Kök Džangak für Heizzwecke sowie mit Gasballons zu Kochzwecken beliefert. Beide Energieträger waren hoch subventioniert, Lehrer erhielten sogar jährlich 1,2 t Kohle gratis (SM-Gu-04.03.07). Diese Praxis bedeutete einerseits einen geringeren Bedarf an Brennholz und reduzierte damit den hierfür notwendigen Holzeinschlag, andererseits förderte die Subventionspolitik einen ineffizienten und verschwenderischen Umgang mit Energie.

Zur maschinellen Holzverarbeitung und für Beleuchtungszwecke setzten die Leschozi anfangs Generatoren ein, ehe wie etwa 1958 in Koš Terek erste Wasserkraftwerke gebaut und die Leschozi ab den 1970er Jahren komplett an das zentrale Stromnetz angeschlossen wurden.

Arbeitseinsätze auf den Baumwollfeldern

Überregional betrachtet kam den Walnusswäldern zu Sowjetzeiten eine ökonomisch untergeordnete Rolle zu. Baumwolle, das „Gold Mittelasiens" stand stets im Zentrum der wirtschaftlichen Aktivitäten des Fergana-Beckens. In einem „Geheimbericht des Bazar Korgon-Rajonkomitees der KP Kirgisien über die Arbeit der Parteiorganisation und der Direktion des Leschoz Kyzyl Unkur" (1978) wird die personelle Hilfe beim Einbringen der Baumwollernte betont. So hätten 96 Arbeiter aus Kyzyl Unkur bei der Baumwollernte im Kolchoz Engels „insgesamt 50 t des kostbaren Rohstoffes gesammelt". Ein Jahr später stellte der Direktor des Leschoz Kirov die Bedeutung des Baumwollanbaus heraus – „Heute sollen wir alle unsere Kräfte für den Anbau von Baumwolle mobilisieren" – und erwähnte drei Mädchenbrigaden aus seinem Leschoz, die 1979-80 die Baumwollerntearbeiten im Sovchoz Seidikum unterstützt hatten (Bericht an das Bazar Korgon-Rajonkomitee der Kommunistischen Partei Kirgisien 1980; Partei Archiv Osch).

Da das Einbringen der Baumwollernte höheren Stellenwert als das Sammeln von Walnüssen und Wildfrüchten hatte, wurden Angestellte der Staats- und Kollektivbetriebe, Studenten, Schüler, aber auch kleinere und sogar Kinder mit Einschränkungen aus der gesamten Region regelmäßig zum Baumwolldienst eingezogen. Teilweise mussten sie von September bis Dezember auf den Feldern im Fergana-Becken Baumwolle pflücken. So hatten etwa Schüler aus Kyzyl Unkur zusammen mit ihren Lehrern für zwei Monate zur Baumwollernte anzutreten – der Unterricht fiel während dieser Zeit komplett aus (AR/pensionierter Schuldirektor-Ky-20.04.04).

Die zum Arbeitseinsatz bestellten Schulklassen bildeten Arbeitsbrigaden und erhielten einen Plan, bei dessen dringend geforderter Erfüllung auch die Lehrer mithalfen. Da viele Kinder krank wurden oder sich krank meldeten, gab es einige Unstimmigkeiten und Streitfälle zwischen der Verwaltung, den Betrieben und den Schulen (AR -Ky-20.04.04).

Die Rajon-Verwaltung legte die Arbeitsnormen fest und bestimmte, wie viele Kinder auf den Baumwollfeldern arbeiten sollten. Zwar wurden die Kinder ebenso wie alle anderen Arbeiter nach ihrer Arbeitsleistung bezahlt, doch waren die Löhne sehr niedrig und die Arbeitsbedingungen schlecht. So mussten die Kinder meist auf dem Boden von Schulen schlafen, konnten nur alle zwanzig Tage ein Bad nehmen und hatten kaum Kleidung zum wechseln (SM-Gu-04.03.07). Zudem wurden sie meist im Unklaren über die Dauer ihres Arbeitseinsatzes gelassen.

> „Die Arbeit auf den Baumwollfeldern war grausam. Die Kinder mussten von morgens bis abends arbeiten, sie hatten viel Ungeziefer am Körper und kaputte Hände" (IK-Ar-18.03.07).

Die Tatsache, dass die Leschozi häufig Arbeitskräfte entsandten, aber nur äußerst selten bei extrem guten Nusserträgen einen Bedarf an auswärtigen Arbeitskräften hatten, zeigt den hohen Arbeitskräftebesatz bzw. Arbeitskräfteüberschuss der Leschozi. Auch dies ist als Zeichen für eine hohe Subventionierung der Leschozi zu deuten.

4.3.7 Soziopolitische Strukturen in den Leschoz-Dörfern

> „Niemand wurde nach seinem Willen gefragt, der Staat hat alles bestimmt und vorgegeben."
> Abdurasul Edelbekow (Ky-19.04.04)

Das höchste Staatsorgan der Sowjetunion war formell der Oberste Sowjet, dem der Rat der Volkskommissare (ab 1946 Ministerrat) politisch verantwortlich war. Das Zentrale Exekutiv-Komitee (ZEK) übte bis 1936 die legislativen und exekutiven Befugnisse des Obersten Sowjets aus, später wurde es durch das Präsidium als ständiges Organ der Legislative ersetzt. Auf der Ebene der nationalen Teilrepubliken, Provinzen und Kreise wurden ebenfalls Räte eingerichtet, deren Deputierte jeweils die Mitglieder der Exekutivkomitees wählten.

Tatsächlich standen jedoch die Kommunistischen Parteien der einzelnen Republiken im Zentrum der politischen Macht. Denn sie kontrollierten etwa durch die Auswahl der Kandidaten die Zusammensetzung der Sowjetparlamente und zogen auch sonst alle wesentlichen politischen Entscheidungen an sich, während die Sowjetparlamente Sach- und Personalentscheidungen meist nur abnicken konnten. Auf der Ebene der Teilrepubliken stellte die Kommunistische Partei jeweils ein Politbüro und Zentralkomitee, die auf jährlich abgehaltenen Parteitagen und -konferenzen die politischen Richtlinien vorgaben und denen sämtliche Parteiorgane innerhalb der Teilrepublik untergeordnet waren. Entsprechend der administrativen Gliederung standen die Oblastkomitees (*Obkom*) auf Provinzebene den Rajonkomitees (*Rajkom*) auf Bezirksebene und Stadtkomitees (*Gorkom*) größerer Städte vor und kontrollierten deren Amtsführung. Auf lokaler Ebene verfügten Dörfer, Industrie- oder Landwirtschaftsbetriebe über Parteizellen, die den Rajonkomitees regelmäßig Rechenschaft ablegen mussten und von letzteren kontrolliert wurden (GEIß 2006:165).[17] Da alle wichtigen Staats- und Verwaltungsämter mit Parteimitgliedern besetzt wurden, die wiederum der Parteidisziplin unterworfen waren, bestand eine enge Verflechtung von Partei- und Staatsapparat.

Lokale Administration, Partei und Machtstrukturen

Leitung und Administration der lokalen Kommunen war Aufgabe der alle vier bis fünf Jahre gewählten Dorfräte (*Sel'sovet*), deren Exekutivkomitees für die lokalen wirtschaftlichen und sozialen Belange zuständig waren, etwa für die Instandhaltung der Infrastruktur wie Straßen, Elektrizität, Schulen, Kindergärten und Gesundheitsstationen. Finanziert wurden der *Sel'sovet* sowie die Durchführung notwendiger Maßnahmen aus dem staatlichen Budget. In manchen Leschoz-Siedlungen, wie etwa in Kara Alma, bestanden noch traditionelle Ältestenräte (*Aksakal*-Räte), die jedoch kaum gestaltende Einflussmöglichkeiten hatten.

Die staatlichen Forstgüter stellten den zentralen Akteur in ökonomischer und politisch-territorialer Hinsicht auf lokaler Ebene dar. Sie verfügten über die meisten Finanzmittel, kontrollierten Land und einen umfangreichen Gerätepark und waren Arbeitgeber für den Großteil der örtlichen Bevölkerung. Dennoch kann die Macht der Leschoz-Leitung nicht als uneingeschränkt gelten, da zum einen der *Sel'sovet* kommunale Angelegenheiten regelte, die Aufsicht über Schulen und medizinische Einrichtungen ausübte und für das Siedlungsgebiet zuständig war, und zum anderen die Kommunistische Partei mit eigener örtlicher Struktur als wichtiges Kontroll- und Entscheidungsorgan fungierte. Die Partei kontrollierte neben der Politik auch die Ökonomie, da die Leschoz-Direktoren regelmäßig Rechenschaftsberichte über ihre Tätigkeiten abliefern mussten. Obgleich die jeweiligen Kompetenzen dieser drei politischen Akteursgruppen formell voneinander klar abgegrenzt waren, kontrollierten sie sich in gewisser Weise gegenseitig und rangen um Entscheidungsgewalt.

---

17 Mitte der 1950er Jahre bestanden in Mittelasien etwa 30 000 Parteizellen und waren etwa 25 000 Parteimitglieder hauptamtlich als Funktionäre der Kommunistischen Partei beschäftigt (HAYIT 1956b:266).

In Arslanbob manifestierte sich die Kommunistische Partei strukturell in den 1930er Jahren und wies 1991 etwa 200 Mitglieder mit einem Frauenanteil von etwa 10% auf (SK-Ar-06.04.04). Etwa drei Viertel der Parteimitglieder waren Beschäftigte des Leschoz Kirov (UA-Ar-11.04.04).

> „Viele Leute hatten Angst vor der Partei, weil die Parteimitglieder den Menschen alles direkt ins Gesicht sagten, wenn jemand nicht korrekt gehandelt hat. Parteimitglied zu sein bedeutete, sich richtig und gut zu verhalten, ein richtiger Mensch zu sein" (AR/ehemals KP-Mitglied-Ky-20.04.04).

Den ideologischen Maximen folgend erforderte eine Mitgliedschaft in der Kommunistischen Partei von ihren Mitgliedern eiserne Disziplin und ein moralisch einwandfreies Leben, bot jedoch auch die Möglichkeit einer Karriere innerhalb der Partei und die Ausübung machtvoller Funktionen sowie einen nahezu garantierten Zugang zu einem sicheren Arbeitsplatz. Die Parteileitung der UdSSR war aus Gründen der ideologischen Indoktrinierung grundsätzlich bestrebt, vor allem einfache Arbeiter in die Partei aufzunehmen, da Hochschulabsolventen bereits im Laufe ihrer Ausbildung eine intensive politisch-ideologische Schulung durchlaufen mussten. Um einen gewissen elitären Status der Parteimitgliedschaft zu wahren, sollten in Arslanbob pro Jahr nur etwa drei bis vier zuvor streng nach ihrer Herkunft und ihrem Lebenswandel überprüfte Personen in die Partei aufgenommen werden (UA-Ar-11.04.04). Ein gewichtiger Hinderungsgrund für einen Parteieintritt lag etwa dann vor, wenn ein Verwandter oder Vorfahr des Kandidaten als so genannter *Kulak* verurteilt worden war. Dennoch ist es bemerkenswert, dass viele derjenigen, die eine erfolgreiche Karriere in der Partei gemacht haben, tatsächlich aus „*Kulak*-Haushalten" stammten, was sie jedoch zunächst entweder nicht wussten oder geheim hielten. Dies trifft sowohl auf einige Parteisekretäre, *Sel'sovet*- oder *Leschoz*-Vorsitzende als auch auf einige Schuldirektoren zu.

Zur Erlangung von leitenden Ämtern war die Parteimitgliedschaft Voraussetzung. So mussten der Leschoz-Direktor, die Vorsitzenden des *Sel'sovet* und der Gewerkschaft (*Profsojuz*) und meist auch der Schuldirektor zwingend Mitglied der Kommunistischen Partei sein. An der Spitze der örtlichen Parteihierarchie stand das Parteibüro (Parteiliche Verwaltung), welches das örtliche Parteikomitee (*Partkom*), den Leschoz und den *Sel'sovet* kontrollierte. Eingebunden war das örtliche Parteibüro in eine zentralistische Parteihierarchie und stand am Ende einer Kette, die von Moskau über die nationale, Oblast- und Rajon-Ebene bis zur lokalen Ebene reichte.

Die enge Verknüpfung zwischen Partei und administrativen sowie ökonomischen Institutionen ergab sich maßgeblich durch die personelle Verquickung der einzelnen Akteure und die formale gegenseitige Berichtspflicht und manifestierte sich auch in räumlichen und funktionalen Kongruenzen. So befand sich etwa das örtliche Parteibüro in den Untersuchungsdörfern jeweils im Gebäude des örtlichen Leschoz.

Als wichtigste Entscheidungsinstanz kann zweifellos das Parteikomitee angesehen werden. Aber ob der jeweilige lokale Parteichef, der *Sel'sovet*-Vorsitzende oder der Leschoz-Direktor die größte faktische Macht bei der Gestaltung des sozioökonomischen Lebens auf örtlicher Ebene ausübte, hing wesentlich von den jeweiligen Amtsinhabern ab. Den größten Handlungsspielraum hatte aufgrund seiner territorialen, finanziellen und materiellen Ressourcen zweifellos der jeweilige Leschoz-Direktor. Über wesentlich geringere Finanzmittel, ein vergleichsweise kleines Territorium und weniger Mitarbeiter verfügte der *Sel'sovet*. Aufgrund seiner bedeutenden Rolle bei der Besetzung von leitenden Positionen und der aktiven Kontrolle der staatlichen Institutionen kam dem örtlichen Parteisekretär eine bedeutende strategische Handlungsmacht zu. Zwar hatte er keine offiziellen Handlungsbefugnisse in kommunalen Belangen, bestimmte aber durch Kontrolle und Weitergabe von Berichten an übergeordnete Instanzen maßgeblich das örtliche Geschehen.

„Die Partei hat alles bestimmt und dirigiert" (AT-Ar-07.04.04).

So kontrollierten örtliche Parteikader sämtliche bedeutsamen kommunalen Entscheidungen oder Tätigkeiten des örtlichen Leschoz, sie erteilten Bewilligungen, hatten aber auch eine regelmäßige Berichtspflicht zu erfüllen.

„Alle Leiter hörten auf die Worte der Parteileute" (TÖ-Pr-18.03.07).

Die Parteikader waren für Propaganda und ideologische Indoktrinierung der Bevölkerung zuständig, erläuterten die Politik der KPdSU, gaben Anordnungen aus Moskau weiter und überprüften deren Umsetzung.[18] Die örtlichen Parteikader unterstanden jedoch dem Rajon-Parteikomitee, in dem wiederum meist auch der lokale Leschoz-Direktor und der *Sel'sovet*-Vorsitzende saßen (UA-Ar-11.04.04).

Weitere Personen mit einer gewissen Machtfülle auf lokaler Ebene waren die Vorsitzenden des Gewerkschaftskomitees und Schuldirektoren. Das örtliche Gewerkschaftskomitee (*Profsojuz*) war zuständig für die Sicherung der Rechte der Arbeiter. Es musste beispielsweise einer Entlassung zustimmen, leistete den Arbeitern Hilfe bei der Finanzierung von Arzt- oder Arzneikosten, organisierte Ferienlager für Kinder oder vergab Tickets für Erholungsreisen. Finanziert wurde das *Profsojuz* von einer Steuer der Arbeiter in Höhe von 1% ihres Lohnes.

Da in Zeiten von Arbeitsspitzen in der Land- und Forstwirtschaft durchaus Arbeitskräftemangel herrschte, wurden vielfach Schüler zu Arbeiten im Leschoz herangezogen, etwa zum Pflanzen von Baumsetzlingen oder für die Heuernte. Die hierfür notwendige Erlaubnis bzw. Freigabe der Schüler gab dem Schuldirektor ein gewisses Machtgefühl, obgleich der tatsächliche Spielraum nicht besonders groß war (AR-Ky-20.04.04).

Die faktische Macht und Gewalt, die von der Partei und ihren örtlichen Funktionären ausging, wurde von der lokalen Bevölkerung unterschiedlich wahrgenommen. Für einige Personen schien ihre Existenz mit keinen spürbaren Einschränkungen verbunden gewesen zu sein:

---

18 Die Bevölkerung wurde in politischen Zirkeln, Abendkursen, Seminaren, Parteischulen oder durch Vorträge oder Filme in Klubs und Bibliotheken politisch geschult und über die Prinzipien des Marxismus-Leninismus unterrichtet (vgl. HAYIT 1956b:265).

„Wir hatten keine Angst vor den Parteileuten. Partei ist Partei, wir sind wir. Die Partei hat ihren Weg, die Arbeiter haben ihren Weg" (SM-Gu-04.03.07).

Andere beklagten die allumfassende Kontrolle durch die Parteiorgane:

„Es ist gut, dass es heute keine Kontrolle mehr gibt so wie früher. Zu Sowjetzeiten wurde alles kontrolliert, es wurde immer gefragt: ‚Was machst Du?'" (BB-Ky-25.08.05).

Für viele Bürger war die Angst ein häufiger Begleiter, weil bereits auf kleinere Vergehen harte Strafen standen. Der heftigste Strafvollzug fand während der Stalin-Ära statt.

„Anfangs war die Partei schärfer als ein Messer" (AE-Ky-19.04.04).

„Wenn man einem örtlichen Parteileiter sagte, er solle einen Hut bringen, dann brachte er den Hut samt dem ganzen Kopf" (IK-Ar-17.08.05).

Auch in den Untersuchungsdörfern arbeiteten in der Zeit vor 1953 einige Personen für das Volkskomitee der Inneren Sicherheit (NKWD; *Narodnyj Kommissariat Vnutrennich Del*) und bespitzelten ihre Mitbürger. So konnten Personen bereits für das Entwenden von Walnüssen ins Gefängnis geworfen oder für das Betreiben illegalen Handels nach Sibirien verbannt werden (BE-Ar-15.08.05).

In der poststalinistischen Ära wurden Vergehen weniger rigide bestraft. Straftatbestände wurden von den Parteikadern besprochen, die Entscheidung dann aber der Exekutive, meist dem Leschoz, überlassen. Bei Parteimitgliedern, die in der Regel unter größerer Kontrolle als die übrigen Bürger standen, entschieden meist ausschließlich die Parteigremien. Bei kleineren Vergehen erhielten die Delinquenten einen Verweis und wurden beruflich für eine gewisse Zeit degradiert, bei größeren wurden sie aus der Partei ausgeschlossen (AR-Ky-20.04.04). Schwere Vergehen wie Unterschlagung konnten mit Gefängnis bestraft werden. Kapitalverbrechen wie Mord wurden auf höherer Ebene untersucht und verhandelt.

Bevölkerungsentwicklung und Gesundheitsversorgung

Der starke Rückgang der Kindersterblichkeit in Mittelasien in Kombination mit einer deutlichen Verbesserung der Gesundheitsversorgung und damit einer erheblichen Steigerung der Lebenserwartung führte spätestens ab den 1950er Jahren zu großen Bevölkerungszuwächsen. Selbst in kleinen Siedlungen wurden Gesundheitsstationen eingerichtet, größere wie Arslanbob erhielten sogar ein Krankenhaus. Es wurde zum Standard, nicht mehr zu Hause, sondern in Krankenhäusern zu entbinden. Zwar lag die Versorgung mit Ärzten und Krankenhausbetten noch unter dem sowjetischen Durchschnitt (RUMER 1989:137–138), doch verglichen mit den Zuständen in der ersten Hälfte des 20. Jahrhunderts konnten beeindruckende Verbesserungen erzielt werden. Die Lebenserwartung in Mittelasien lag in den 1980er Jahren über jener in der Türkei oder im Iran und nur knapp unter dem sowjetischen Durchschnitt (MCAULEY 1992:150). Während der Sowjetära stieg in den Leschoz-Siedlungen die Einwohnerzahl stark an mit einer beträchtlichen Bevölkerungsfluktuation. Beispielsweise verzehnfachte sich die Bevölkerungszahl des Dorfes Arslanbob zwischen 1920 und 1989 von 634 Einwohnern (1920) (UA-Ar-16.08.05), auf 1886 (1939) (Oblast Archiv Dshalal Abad), 2533 (1961) (Bazar Korgonskaja Rajinspektura Gosstatistiki) und 6430 Einwohnern im Jahr 1989 (Volkszählung 1989).

Religion

Ein Ziel der politischen Führung der Sowjetunion bestand in der Zerstörung von Traditionen und traditionellen Institutionen, zu denen auch die Religion gehörte. Insbesondere während der Stalin-Ära wurden Moscheen und Koranschulen geschlossen, religiöse Stiftungen aufgelöst, die Praktizierung des Glaubens unterdrückt und Geistliche verfolgt, verbannt oder hingerichtet. Religion wurde so aus dem öffentlichen Leben verdrängt und die Gläubigen genötigt, ihre religiösen Rituale und Gebete aufzugeben oder im Geheimen auszuüben. Der Aufdeckung offensichtlich religiöser Handlungen wie etwa dem fünfmaligen täglichen Gebet, in Kirgistan als „*Namas* lesen" bezeichnet, folgten oft harte Strafen. In Verdachtsfällen fanden Hausdurchsuchungen statt. Der Großvater von HA aus Arslanbob übte ursprünglich das Amt eines *Mullah* (religiöser Gelehrter) und *Imam* (Leiter der Moschee) aus. Er wurde vom KGB bespitzelt und mit dem Gebot belegt, sein religiöses Verständnis keineswegs weiterzugeben (HA-Ar-16.08.05).

Der Ort Arslanbob war wegen des Grabmahls des als Heiligen verehrten Arslanbob Ata seit Jahrhunderten Pilgerziel für Gläubige aus der Region. Baulich manifestierte sich diese Bedeutung in einer Moschee und einem Mausoleum. Die Moschee wurde bereits unter Stalin geschlossen und später in einen Laden umgewidmet, das Mausoleum wurde 1963 zerstört (UA-Ar-16.08.05).[19] Über viele Jahrzehnte fand somit in Arslanbob kein öffentliches Freitagsgebet statt, wodurch den Muslimen die Befolgung der islamischen Pflichten nicht möglich war; an eine *Hadsch* nach Mekka war überhaupt nicht zu denken.

In der patrimonialen Ära unter Breschnew (1964-1982) lockerte die sowjetische Staatsführung ihr bisher sehr rigides Vorgehen gegen jede Form der Religionsausübung: Gläubige aus den Leschoz-Dörfern konnten beispielsweise am Freitagsgebet in der Moschee in Bazar Korgon teilnehmen (HA-Ar-16.08.05), außerdem konnten Lebenszyklus-Feste wie Beschneidung, Hochzeiten und Trauerrituale nach lokalen Traditionen wieder begangen werden. Dabei entwickelten sich lokaltypische religiöse Praktiken, die eine Mischung aus vorislamischen Traditionen, islamischen Elementen und (sowjetisch) modernen Vorstellungen von Festivitäten darstellten. Beispielsweise übten Angehörige ehemaliger Imamsfamilien, die partiell Kenntnisse islamischer Bräuche vorwiesen, rituelle islamische Handlungen aus, sprachen Gebete und gaben ihren Segen, wenngleich keine Person in den Untersuchungsdörfern den Koran tatsächlich lesen konnte. Daneben feierten

---

19 Da die anderen Leschoz-Dörfer erst kurz vor oder während der Sowjetherrschaft gegründet worden waren, wiesen sie bis in die 1990er Jahre hinein keine Moschee auf.

und tanzten die Besucher nach russisch beeinflusster „sowjetischer" Art und tranken reichlich Wodka (IS/Imam-Gu-01.03.07).

Während der gesamten Sowjetzeit bestanden islamische und naturreligiöse Vorstellungen fort, die sich in einer Art geheim praktiziertem Volksislam manifestierten. Dabei spielten auch bestimmte Örtlichkeiten in der Natur eine Rolle. So beherbergen die Nusswälder eine Reihe von so genannten Heiligen Orten wie beispielsweise die Quelle Žekemazar, der große Hügel Žamyžkaptal, der große Baum Ömör-Ata oder Čakerbap und In'a'abass bei Arslanbob. An diesen Orten beteten heimlich Besucher aus Dshalal Abad, Andishan, Osch und sogar Taschkent, rezitierten den Koran oder brachten Opfergaben dar für die Erfüllung ihres Kinderwunsches oder die Heilung von Krankheiten (SM-Gu-04.03.07). Das Büro der Kommunistischen Partei der Kirgisischen SSR sah als Ursache für diese Praktiken Defizite in der geleisteten atheistischen Propagandaarbeit:

„Die Parteiorganisationen, das Rajonvollzugskomitee, die Kulturabteilungen und Dorfräte führen unzureichend atheistische Propaganda unter den Gläubigen des Kreises durch. Es werden zu selten Vorträge zu atheistischen Themen in den Brigaden gehalten. (...) Atheistische Propaganda wird in den Klubs, Bibliotheken und anderen Kultur-Aufklärungsanstalten zu wenig praktiziert, auch wurde in diesen Anstalten keine ‚Atheistenecke' eingerichtet. Die Parteiorganisation des Leschoz Kirov klärt die Bevölkerung nicht ausreichend über den ‚Schaden des religiösen Aberglaubens' auf. (...)

Das Büro der Kommunistischen Partei der Kirgisischen SSR verordnet:

(...) 2. Die Sekretäre der ersten Parteiorganisationen zu verpflichten, die wissenschaftlich-atheistische Propaganda unter den Kolchoz- und Leschoz-Arbeitern zu stärken, besonders unter dem gläubigen Teil der Bevölkerung durch Entlarvung der Lügenhaftigkeit, Argumente und Behauptungen der Vertreter der muslimischen Geistlichkeit über die Heiligkeit von Arslanbob. 3. Den moralischen Kodex des Erbauers des Kommunismus zu propagieren und die Arbeiter zum kommunistischen Verhalten zur Arbeit zu rufen. 4. Den Leiter der Rajonbibliothek Buribajev zu verpflichten, in allen Bibliotheken eine Atheistenecke zu organisieren. In allen Ortschaften die Ausstellungen ‚Entstehung und reaktionäres Wesen des Islam' zu organisieren und regelmäßig wissenschaftlich-atheistische Filme vorzuführen."

(§11 Über die Realisation der Bestimmung des Büros der KP Kirgisien vom 16.07.1962; „Über die Maßnahmen der Einstellung der Pilgerung zu den ‚heiligen' Orten in den Bazar Korgon und Ala Buka Rajonen")

Wie diese Maßnahmenverordnung verdeutlicht, gelang es der sowjetischen Regierung auch nach Jahrzehnten atheistischer Propaganda nicht, religiöse Glaubensvorstellungen auszurotten. Nach dem Ende der Sowjetära sollten diese eine Renaissance erfahren.

Schule und Bildungssituation

Die Alphabetisierung der Bevölkerung und eine gute Schulausbildung hatten in der Ideologie des sowjetischen Sozialismus einen hohen Stellenwert. Nach Etablierung der notwendigen Infrastruktur und der Einsetzung von Lehrkräften, die teilweise aus weit entfernt gelegenen Orten der Sowjetunion kamen, herrschte eine strenge Schulpflicht. Mit großem Aufwand gelang es den sowjetischen Bildungspolitikern, eine nahezu vollkommen illiterate Gesellschaft in eine fast vollständig alphabetisierte zu transformieren. Auch in den Leschoz-Dörfern entstanden zahlreiche Schulen, für die ebenfalls strikte Schulpflicht galt. Zwar erschwerten staatlich ausgegebene ökonomische Verpflichtungen manchmal die Erreichung der Bildungsziele, da beispielsweise aufgrund der Arbeitseinsätze der Schüler auf den Baumwollfeldern die Schulen in den Leschoz-Dörfern oft für zwei Monate geschlossen werden mussten, doch wurde dies durch die Verkürzung der offiziellen Ferien teilweise kompensiert (AR/ehem. Schuldirektor-Ky-20.04.04). Mehr und mehr Personen erlangten durch den Besuch weiterführender Bildungseinrichtungen wie Berufsschulen, Fachhochschulen oder Universitäten in der Kirgisischen SSR oder in anderen Sowjetrepubliken einen hohen Bildungsabschluss. Aufgrund der Möglichkeit einer Beschäftigung im Forstbereich in den örtlichen Leschozi wählten viele eine forstwissenschaftliche Ausbildung, die sie an Hochschulen in Frunze, Alma Ata oder später auch in Dshalal Abad erhalten konnten.

Kultur

In ihrem Bestreben der Schaffung eines *Homo Sovieticus* und einer umfassenden gesellschaftlichen Kontrolle regelten staatliche Institutionen auch die kulturelle Erziehung und steuerten das kulturelle Angebot. Jeder Leschoz richtete Bibliotheken und Klubs ein; im Leschoz Kirov existierten beispielsweise vier Bibliotheken und Lesehäuser sowie drei Klubs (DISTANOVA 1974:48). In den Klubs konnten sich die Jugendlichen treffen, es fanden mehrmals wöchentlich Filmvorführungen statt, und manchmal gastierten mobile Theater- oder Artistengruppen. Der Filmvorführer MB (Ky-25.08.05) zog in Kyzyl Unkur mit einem mobilen Kino in die verschiedenen Ortsteile und sogar auf die Hochweide, wo er in Ställen oder nachts im Freien mit Hilfe eines Generators Filme zeigte. Auch hierfür gab es selbstverständlich einen festen Plan und konkrete Abmachungen zwischen den verschiedenen staatlichen Abteilungen. Die in den Bibliotheken angebotenen Bücher und Filme waren überwiegend in russischer Sprache und transportierten somit ganz entscheidend die Vorstellung der russischen Kultur als Hochkultur. Bücher auf kirgisisch oder usbekisch waren dagegen Mangelware (SM-Gu-04.03.07). Durch diese staatliche und parteiliche Förderung staatsoffizieller Hochkultur von Musik und Literatur durchdrangen als sowjetisch zu bezeichnende Ausdrucksformen mehr und mehr die alltäglichen Kulturäußerungen wie Sprache, Essen und Wohnen sowie Arbeiten und Festkultur. Gleichzeitig wurden jedoch mittelasiatische Elemente bewusst erhalten sowie gezielt gefördert, so dass BALDAUF (2006:199) die Grundverfasstheit der mittelasiatisch-sowjetischen Kultur als „die durchgehende Doppelbödigkeit oder das Leben zwischen den Kulissen" bezeichnet.

Ethnizität

Die Bevölkerungsstruktur der zumeist jungen, erst im 20. Jahrhundert gegründeten Leschoz-Siedlungen ist gekennzeichnet durch die häufig wechselnde Zusammensetzung aus Menschen unterschiedlicher Ethnien. Lediglich die mehrheitlich von Usbeken bewohnten Siedlungen Arslanbob und Džarbak sind älteren Ursprungs, während Gumchana, Kyzyl Unkur und Kara Alma erst im Zuge der Ansiedlung kirgisischer Nomaden sowie dem Zuzug russischer und zu geringeren Teilen ukrainischer Bauern entstanden sind. Zur multiplen ethnischen Zusammensetzung der Siedlungen, am stärksten ausgeprägt in dem Dorf Gumchana, trugen die Deportationen und Zwangsumsiedlungen von Tataren, Tschetschenen und Deutschen in den 1940er Jahren bei. Um 1960 verließen die Tschetschenen das Gebiet wieder (f.326, op.1, d.604, l.1–2) und kehrten in ihre ursprünglichen Wohnorte zurück. Die meisten Slawen und Deutschen zogen ab den 1960er Jahren aus den peripheren Siedlungen in nahe gelegene Städte, weil sie für ihre Kinder keine adäquaten Bildungseinrichtungen in den ländlichen Gebieten vorfanden. Die Deutschen verließen ab den 1980er Jahren zumeist ganz Mittelasien und siedelten im Zuge der staatlich gewährten Zuschüsse in die Bundesrepublik Deutschland um.

Im offiziellen Duktus der Sowjetdiktatur gab es nur Sowjetbürger. Die verschiedenen Ethnien sollten in Harmonie miteinander leben, wobei die Nationalitätenfrage vollkommen in den Hintergrund zu treten hatte. Nationalität, Verwandtschaft und Klanzugehörigkeit spielten offiziell keine Rolle:

> „Niemand hat nach Ethnien und Klans unterschieden, alle Ethnien lebten in Frieden, wie eine große Familie" (AE-Ky-19.04.04).

Bei genauerem Hinsehen zeigen sich jedoch zahlreiche problematische Konstellationen zwischen den verschiedenen Ethnien. Zum einen existierten offiziell unterdrückte, teilweise jedoch unverhohlen geäußerte Antipathien und Vorurteile gegenüber bestimmten ethnischen Gruppen, zum anderen waren die Verhältnisse durch eine subtile Ungleichheit geprägt, die an ein Verhältnis von Kolonisierern und Kolonisierten erinnert.

Die einheimischen Kirgisen etwa beneideten insbesondere die Tschetschenen um ihren wirtschaftlichen Erfolg, was teilweise in offene Gewalt umschlug (BR-Ky-04.08.03). Dagegen scheint das Verhältnis zwischen Kirgisen und Usbeken auf der einen Seite und Russen, Ukrainern und Deutschen auf der anderen meist gut, allerdings auch distanziert gewesen zu sein.[20] Die tatsächliche Ungleichheit zwischen Mittelasiaten und Europäern zeigt sich deutlich bei einem Blick auf die ethnische Herkunft des Leitungspersonals. So wurde Mitte der 1960er Jahre erstmals der Leschoz Kirov von einem Mittelasiaten, dem Usbeken Šamšidin

---

20 Eheschließungen zwischen Europäern und Mittelasiaten kamen gelegentlich vor, waren aber eher die Ausnahme. Allerdings brachten einige junge usbekische oder kirgisische Männer von ihrem Militärdienst in entfernt gelegenen Orten der Sowjetunion ihre russischen Ehefrauen mit in ihre Heimatdörfer (HA-Ar-16.08.05).

Kurbankulov geleitet, während zuvor Russen, Ukrainer und ein Tatar den Direktorenposten ausübten (vgl. Tab. 4.6). Auch die Leschozi in Kyzyl Unkur und Kara Alma wurden bis Mitte der 1960er Jahre ausschließlich von Russen geführt (BR-Ky-04.08.03).

Tab. 4.6 Ethnische Zugehörigkeit der Leschoz- und Schuldirektoren im Leschoz Kirov

Direktoren des Leschoz Kirov	Schuldirektoren in Gumchana
Sachsarov (Russe)	Beloborodov (Russe) 1942-43
Begbaev (Tatare)	Wolkov (Russe) 1943-
Milienko (Ukrainer)	Khočkhor Pasilov (Usbeke) 1959-60
Andrejenko (Ukrainer)	Momošev (Kirgise)
Pasič (Russe)	Temirov (Kirgise)
Samočnikov (Russe)	Khočkhor Pasilov (Usbeke) bis 1960
Šamšidin Kurbankulov (Usbeke)	Adysch Tagaev (Kirgise) 1965-1980
Payasbek Rahmanov (Usbeke)	Raim Kulova (Kirgisin)
Abdukana Abdukarimov (Usbeke)	Zimmermann (Deutscher)
Kasianinko (Ukrainer) in 1970ern	Akim Turgunbekov (Kirgise)
Nazirbek Tochtorbaev (Kirgise)	Drusbek Tagaev (Kirgise)
Tölönbai Artikbaev (Kirgise) 1978-1985	Alima Kaparov (Mutter Usbekin, Vater Kirgise)
Mahamadžan Asanbekovič (Kirgise)	
Tölönbai Artikbaev (Kirgise) 1989-1994	
Manap Usüphov Sadekowič (Kirgise)	
Ikhan Kamilov (Usbeke) 1999-2000	
Alibek Radschapov (Kirgise)	
Arstan Kulijev (Kirgise)	
Bakhit Sulunbekov (Kirgise)	

Quelle: SM-Gu-27.02.07; 04.03.2007

Bei den Schuldirektoren bot sich ein ähnliches Bild: An der Schule in Gumchana übte erstmals Ende der 1950er Jahre ein Usbeke das Amt des Schuldirektors aus. Zweifellos war dies auch Folge der besseren Ausbildung bzw. des besseren Bildungsstandes der Europäer, denn einheimische Fachleute gab es in den ersten Dekaden der Sowjetära schlichtweg nicht. Ingenieure und andere Fachkräfte aus Russland wurden gezielt in die peripheren Regionen Mittelasiens gesandt. Seit den 1970er Jahren wiederum übten fast ausschließlich Kirgisen oder Usbeken die Führungsämter im Leschoz, an Schulen und im *Sel'sovet* aus. Bemerkenswert ist dabei, dass der Leschoz Kirov seit Mitte der 1970er Jahre mit einer Ausnahme nur noch von Kirgisen geleitet wurde. Dies ist ein Ausdruck zunehmend wachsenden nationalen Bewusstseins, zumal dieser Posten von dem von Kirgisen dominierten Forstdienst der Kirgisischen SSR bestimmt wurde.[21]

Das heute sehr problematische Verhältnis zwischen Usbeken und Kirgisen scheint zu Sowjetzeiten tendenziell konfliktärmer gewesen zu sein, da nur selten Konkurrenz um Leitungspositionen oder Ressourcen zwischen diesen Ethnien herrschte. Stattdessen sahen sich beide Volksgruppen in der Rolle der Befehlsempfänger und Schüler der Russen, Ukrainer und bedingt auch Deutschen.

Bemerkenswert ist, dass selbst heute die einheimischen Kirgisen oder Usbeken ihr Bild der Russen überwiegend positiv konnotieren. Die Russen werden als Lehrer angesehen, die den Mittelasiaten viele nützliche Dinge beigebracht hätten, wie den Anbau von Kartoffeln, Tomaten und Kohl, die Bienenzucht oder die Einführung von Pflügen, Flinten und Äxten, die zu einer effektiveren Landbewirtschaftung beitrugen. Angesichts der Tatsache, dass etwa in Arslanbob noch bis ins 20. Jahrhundert hinein im Frühjahr Hungersnöte auftraten, diese jedoch später nicht zuletzt aufgrund der Einführung neuer ertragreicher Feldfrüchte und verbesserten Landbaus ausblieben, konstatierte der Großvater von IK (Ar-17.08.05): „Mit den Kartoffeln kam auch ein gutes Leben nach Arslanbob."

Zudem galten die Russen als ehrlich, gerecht und arbeitsam, die den Einheimischen den Nutzen der Einhaltung von Recht und Ordnung erläuterten und Streit schlichteten.

> „Bei uns ist es so: Wenn mein Verwandter etwas Falsches sagt, dann muss ich schweigen, weil es mein Verwandter ist; bei den Russen ist es anders, sie sagen sich die Wahrheit ins Gesicht" (IK-Ar-17.08.05).

Die Russen wurden auch als kulturell höher stehend angesehen, die Kultur und Literatur brachten, Badehäuser (*banja*) bauten und mehr Wert auf Körperhygiene legten. Auch die rasante Alphabetisierung im Verlauf des 20. Jahrhunderts wird den Russen zugerechnet und positiv bewertet. Dagegen werden die massiven Repressalien insbesondere während der Stalin-Ära kaum der russischen Ethnie angelastet, sondern den entsprechenden Parteikadern (IK-Ar-17.08.05).

Auf der anderen Seite wuchs mit zunehmendem Bildungsstand der autochthonen Bevölkerung und dem gleichzeitig wachsenden Selbstvertrauen die Kritik an dem subjektiv wahrgenommenen Überlegenheitsgehabe mancher Russen. Bis zum Ende der Sowjetunion empfanden dennoch viele Usbeken und Kirgisen auch aufgrund ihrer geringeren Russisch-Kenntnisse ein gewisses Unterlegenheitsgefühl: Russische Mitbürger konnten im Gegensatz zu vielen Kirgisen und Usbeken problemlos in der *Lingua Franca* Russisch ihre Belange, Wünsche oder Kritik gegen-

---

21 Zwar hat sich die Rolle der Frau im öffentlichen Leben und insbesondere bei der Ausübung außerfamiliärer Beschäftigung während der Sowjetzeit stark gewandelt, dennoch waren die Leitungspositionen meist mit Männern besetzt. So wurden die Leschozi Kirov und Kyzyl Unkur während der Sowjetzeit niemals von Frauen geleitet. Zudem blieben bestimmte Rollenmuster auch während der Sowjetära nahezu unverändert bestehen, so dass sich faktisch für viele Frauen nur eine Erweiterung des Aufgabenspektrums und damit eine Erhöhung ihrer Arbeitsbelastung ergaben.

über Ämtern und Funktionsträgern artikulieren. Sprach- und Schreibkompetenzen wurden damit zu einem wichtigen Aspekt bei der Herausbildung von Hierarchien. Auch einheimische gebildete Personen, wie etwa der usbekische Lehrer AT in Arslanbob, der problemlos Beschwerden auf Russisch verfassen konnte und davon nicht selten Gebrauch machte, wurden zu geachteten, manchmal auch gefürchteten Respektspersonen (IK-Ar-18.03.07).

Eine ethnische Arbeitsteilung bestand offiziell zwar nicht (HM-Ar-15.08.05), dennoch war eine solche in manchem Kolchoz oder Leschoz der Region durchaus erkennbar. So wurden Kirgisen insbesondere in der Viehwirtschaft eingesetzt, Usbeken verstärkt im Acker- und Gartenbau, während Holzverarbeitung, technische und leitende Berufe verstärkt von Russen oder anderen Europäern ausgeübt wurden (AU-Ba-18.03.07).

Die noch lange anhaltende Dominanz von Slawen in Leitungspositionen stellt mit einigen Abstrichen eine Fortsetzung der russisch-kolonialen Arbeitsteilung dar. Über viele Dekaden übten insbesondere die Russen die Rolle von Lehrern aus, welche die „unwissende" und unterentwickelte autochthone Bevölkerung auf den Weg der sowjetischen Modernisierung geleiteten. Ein Gefühl der Unterordnung und Unterlegenheit blieb während der gesamten Sowjetära bei den Kirgisen und Usbeken der Region persistent.

4.3.8 Widerspruch zwischen Plan und Fakt

Eine den realen Geschehnissen angenäherte Interpretation der sowjetischen Fortwirtschaft in Kirgistan ist durch eine ausschließliche Analyse offizieller Berichte der Staatsbetriebe oder staatlicher Administration unmöglich. Das leitende Personal eines Leschoz stand stets unter erheblichem Druck, die zum Teil selbst, im Wesentlichen aber von höheren Instanzen ausgearbeiteten Planvorgaben zu erfüllen. Eine Nichterfüllung konnte zu unangenehmen Nachforschungen führen und aufwändige Rechenschaftsbemühungen erfordern, eine Reduktion von Personal und Zuschüssen mit sich bringen oder gar eine berufliche Degradierung zur Folge haben. Nicht selten wurden Leschoz-Direktoren aufgrund unzureichender Planerfüllung ihres Amtes enthoben. Folglich ist es naheliegend, dass Angaben in den Rechenschaftsberichten der verschiedenen Amtsträger geschönt wurden und deshalb mit Vorsicht zu behandeln sind. Des Weiteren zeigte die zentralisierte sozialistische Planwirtschaft eine nahezu unerschöpfliche Kreativität bei der Benennung und Klassifizierung von einzelnen Schritten des Produktionsprozesses, von Schutz- und Nutzungskategorien oder bei der Begründung für Handlungsvorgaben und Planerfüllungen, die aufgrund des oftmals banalen Bezugs viel eher Leerformeln darstellten.

Einen kritischeren und tieferen Einblick in die Geschehnisse der sowjetischen Zeit und damit ein vermeintlich realistischeres Bild der damaligen Situation liefern Protokolle und Berichte von Parteiversammlungen, in denen oftmals eine sehr kritische Auseinandersetzung mit der Vorgehensweise einzelner Parteimitglieder oder der Arbeit staatlicher Institutionen stattfand. Ein weiteres wichtiges

Korrektiv stellen zeitgenössische Aussagen Beteiligter oder Betroffener dar, die zwar ebenfalls vielfach zu Verklärungen und Verzerrungen neigen, oftmals aber doch eine Wahrnehmung abseits der offiziellen Linie dieser Zeit liefern, insbesondere wenn sich die oder der Befragte von der früheren Geheimhaltungspraxis und der Sorge, aufgrund kritischer Angaben sanktioniert zu werden, befreit und Vertrauen zum Befragten aufgebaut hat. Im Folgenden sollen einige der zuvor angesprochenen Bereiche des sozioökonomischen Rahmens der Forstwirtschaft in den Untersuchungs-Leschozi im kritischen Licht solcher Berichte und Aussagen betrachtet werden.

Parteikritik an der Leschoz-Arbeit

Die Arbeit der Leschozi und insbesondere Probleme oder Erfolge bei der Planfüllung standen vielfach zur Diskussion in Sitzungen oder Versammlungen verschiedenster Parteigremien und wurden in entsprechenden Protokollen festgehalten. Hierbei drehten sich die Kritikpunkte nicht nur um forst- und landwirtschaftliche Belange, sondern auch um finanzielle Probleme bis hin zu kriminellen Handlungen einzelner Mitarbeiter. In zwei Berichten über die Arbeit des Leschoz Gava vom 10.08.1959 (f.326, op.1, d.576, l.103–107) und vom 02.09.1959 (f.326, op.1, d.575, l.84–85) wurde beispielsweise massiv Kritik an den forstwirtschaftlichen Arbeiten geübt. Demnach wären aufgrund der schlechten Arbeitsorganisation nur 8-15% der gepflanzten Waldkulturen angewachsen und die Pläne nur unzureichend erfüllt, etwa bei der Produktion von Gebrauchsartikeln (Planziel zu 40% erreicht), der Aufforstung (34%), der Heumahd sowie der Ernte von Kartoffeln (5%), Luzerne und Waldfrüchten. Als weitere Probleme wurden die hohe Verschuldung des Leschoz, nicht ausgeführte Renovierungen der Wohn- und Diensträume, die geringe Qualifikation der Mitarbeiter und die hohe Fluktuation des Leschoz-Personals angesprochen, von dem zwischen 1958 und 1959 fast die Hälfte ausgewechselt worden sei. Schließlich waren die schlechte Arbeitsmoral und die private Veräußerung von Früchten und Nüssen ebenfalls Inhalt der Diskussion. Die hohen Verluste in der Landwirtschaft wurden vom Leschoz-Direktor damit entschuldigt, dass die Leschoz-Arbeiter zur Baumwollernte abkommandiert waren und damit nicht zur Erfüllung der anfallenden Arbeiten im Leschoz zur Verfügung standen.

Ein temporärer Mangel an Arbeitskräften diente mehrfach als Begründung für die Unmöglichkeit der Planerfüllung, sei es aufgrund des Arbeitseinsatzes von Leschoz-Personal in Baumwoll-Kolchozi (f.126, op.1, d.551, l.6–7) oder beispielsweise auch durch die Remigration von Tschetschenen zu Beginn der 1960er Jahre (f.326, op.1, d.604, l.1–2).

Ein Bericht über die Situation der reorganisierten Leschozi Atschi und Kirov vom 03.06.1959 (f.326, op.1, d.580, l.1–5) listete die mangelnde Unterstützung der Leschozi durch das Forstministerium, die fehlende Elektrizität und Funkverbindung, eine unzureichende Ausstattung mit Viehställen und den schlechten Zustand des Fahrzeugparks auf, von dem nur ein Drittel funktionsfähig sei.

Bei der Revision der finanziellen und wirtschaftlichen Situation des Leschoz Kyzyl Unkur 1981/82 wurden Verletzungen der geltenden Gesetzgebung und grobe Fehler in der praktischen Tätigkeit der Leschoz-Leitung und des Waldschutzes offenbart. So seien bei den forstwirtschaftlichen Arbeiten Termine nicht eingehalten worden, wodurch der Plan zur Gewinnung von Saatgut nicht erfüllt wurde: Statt der geplanten 400 000 Setzlinge wurden lediglich 297 800 gezogen und statt der geplanten 22 t an Saatgut von Bergfrüchten nur 0,4 t beschafft. Daneben deckte der Revisionsbericht auf, dass viele Angaben in den Rechenschaftsberichten über die geleisteten Arbeiten fiktiv und auch die Form der Buchhaltung veraltet und unordentlich seien. Einzelne Förster stünden zudem unter Betrugsverdacht; gleichzeitig wurde Kritik an den übergeordneten Brigadieren und dem Leschoz-Direktor geäußert und diese der Nachlässigkeit beschuldigt, die Betrügereien nicht aufgedeckt zu haben. Zudem seien die Pläne zur Herstellung von Gebrauchsgütern, zur Produktion von *Kymys*, Kaninchenfleisch und Ackerfrüchten (Gerste, Kartoffeln, Zuckerrüben) nicht erfüllt worden, die Hälfte aller Bienenstöcke verloren und die Pflege der Gärten unzureichend ausgeführt worden. Der Fahrzeugpark sei marode, es mangele an Ersatzteilen, so dass viele Transportdienste nicht erbracht werden könnten. Schließlich wurde in dem Bericht auch die unzureichende politische Erziehungsarbeit bemängelt (Rajonkomitee der KP Kirgisien Bazar Korgon, 24.06.1982).

In ihrer Diplomarbeit über den Leschoz Kirov setzte sich DISTANOVA (1974:49–50), die selbst Mitglied der Kommunistischen Partei und des Leschoz war, kritisch mit den forstwirtschaftlichen Arbeiten auseinander. Zentral kritisierte sie die Verschwendung und das laxe Erntevorgehen: So würden nur 50-60% aller Walnüsse und 20-25% aller Äpfel und Kirschen geerntet, während Berberitzen, Johannisbeeren und Hagebutten überhaupt nicht gesammelt würden; Grund seien fehlende Mittel und Gerätschaften für die Verarbeitung dieser Früchte. Für die Ineffektivität der Walnusssammlung sah sie folgende Gründe:

> „Der Leschoz sammelt nicht die am Baum hängenden Nüsse, sondern die bereits am Boden liegenden. Die Arbeiter wählen bequeme und leicht zu erntende Bäume aus, da man Geld nach der Menge der gesammelten Nüsse erhält. Ein Teil der Nüsse bleibt an den Bäumen bis zum Ende des Herbstes hängen, mit Wintereinbruch gehen sie kaputt. Die Sammlung und Sortierung der Nüsse nach Größe und Masse mit der Hand ist sehr ineffektiv" (DISTANOVA 1974:51).

Des Weiteren kritisierte DISTANOVA (1974:52) den unzureichenden sanitären Einschlag. Demnach seien 80% der Bäume verfault und böten somit Schädlingen einen Nährboden.

Im Gegensatz zu diesen kritischen Ausführungen zur Arbeit der Leschozi beteuern selbst heute einige der Beteiligten, dass die Berichte der Leschoz-Direktoren ausschließlich auf Tatsachen beruhten und es keinerlei illegale Tätigkeiten gab, die unaufgedeckt und ungesühnt geblieben wären (ZI-Ka-27.04.04). Allerdings räumen die meisten befragten Zeitzeugen durchaus Falschangaben in diesen Berichten und stillschweigend geduldetes Fehlverhalten einzelner Verantwortlicher ein.

„Alle Pläne wurden erfüllt und übererfüllt, aber nur auf dem Papier. Denn in der Realität wurden sie nicht erfüllt. (...) In der Sowjetzeit war die Politik so, das Leben aber so. Zum Beispiel sagten die Hirten, sie bekämen von 100 Schafen 160 Lämmer. Das ist unmöglich, aber in allen Zeitungen wurde darüber geschrieben" (AB-Ar-14.03.07).

Obgleich Waldweide offiziell verboten war, scheinen Schäden durch im Wald weidendes Vieh häufig aufgetreten zu sein (vgl. DISTANOVA 1974:53). Über den Leschoz Kyzyl Unkur wurde 1960 von der Zerstörung von 17 ha junger Baumanpflanzungen durch Kolchoz-Vieh berichtet (f.326, op.1, d.585, l.21–22), und auch der Revisionsbericht des Leschoz Kirov (PROEKT LESCHOZ KIROV 1991:137) weist auf Schäden durch Waldweide des Großviehs hin. Zudem finden sich in dem Bericht Hinweise auf eine massive Überstockung der langfristig an verschiedene Kolchozi verpachteten alpinen Sommerweiden. So sei die Norm von 2,5 ha Weideland pro Rind, 5,4 ha pro Pferd und 1,46 ha pro Schaf nicht eingehalten worden, so dass es zur Überweidung mit Degradationserscheinungen insbesondere auf zugänglichen Sommerweiden mit Wasserverfügbarkeit gekommen sei (PROEKT LESCHOZ KIROV 1991:137). Obwohl das Halten von Ziegen auf dem Waldfruchtterritorium nach der Order des SNK SSSR vom 31.10.1945 №1581-R kategorisch verboten sei, würden auch Ziegen geweidet. An selber Stelle prangert der Bericht die die Weideflächen pachtenden Kolchozi an, die nach Artikel 41 der Verfassung der Kirgisischen SSR verpflichtet seien, Maßnahmen zum Schutz und zur Verbesserung der Futterflächen zu leisten, jedoch niemals Schritte zur Ertragssteigerung, zum Bodenschutz oder zur Erhaltung der Gehölze durchgeführt hätten (PROEKT LESCHOZ KIROV 1991:137).

Von Arbeitsmoral und Disziplin

Disziplin und Arbeitsmoral der Arbeiterschaft sollten wie im gesamten sowjetischen Raum durch Auszeichnungen und Prämien an besonders verdienstvolle Arbeiter gesteigert werden. Ein eindringliches Beispiel für die Auszeichnung eines Mitarbeiters im Leschoz Kyzyl Unkur findet sich im „Album von der besseren Wirtschaft des Leschoz Kyzyl Unkur für die Anpflanzung von Walnussbäumen und die Produktionsleistung dieser Wirtschaft 1955":

„Zwischen den Felsen konnte man früher die Stimme von Schneeleoparden hören, aber zur Zeit hört man Lieder aus dem Radio von Karabatyrov, das er als bester Pferdezüchter als Geschenk von der Verwaltung bekommen hat."

Verdiente Leschoz-Arbeiter erhielten Fahrten ins Baltikum oder nach Bulgarien, manche Lehrer wurden für gute Arbeit mit Studienreisen nach Moskau und Leningrad belohnt (IK-Ar-17.08.05). Die Leschozi selbst standen ebenfalls im Wettbewerb untereinander und erhielten bei besonderen Leistungen Auszeichnungen, wie etwa die *Rote Fahne* für das beste Ergebnis der Nusssammlung (AT-Ar-07.04.04).

Einige der heute befragten Zeitzeugen betonen die hohe Arbeitsmoral und die pflichtgemäße Diensterfüllung der Beschäftigten:

> „Ja, wirklich, die Leute haben wirklich streng und hart gearbeitet. Wenn man 10-20 Minuten zu spät kam, sagten alle auf der Versammlung, man sei faul und müsse gefeuert werden. Die Lehrer und Ärzte hatten einen festen Stundenplan. Ich und andere haben nur 3-4 Stunden geschlafen. So viel Arbeit hatten wir. Ich war damals 24 Jahre alt. Nach der Hochzeit hatte ich keine Flitterwochen. Wenn ich verschlief, kamen Leute von der Verwaltung und haben mich geweckt und zur Arbeit geschickt" (EK-Gu-04.03.07).

Allerdings gibt es auch Gegenstimmen und Parteiberichte, die den Eindruck vermitteln, dass es mit der hoch gelobten Arbeitsdisziplin nicht immer zum Besten stand:

> „Die Leute arbeiteten zu Sowjet-Zeit nur wenig; sie waren faul. Mein Onkel arbeitete im Leschoz, wenn er wollte, fuhr er in den Wald und schnitt Gras für zu Hause" (IK-Ar-17.08.05).

> „Die Leute beschäftigten sich zwar mit Arbeit, aber sie hatten kein Interesse an der Arbeit, es gab ihnen keine Erfolge. Denn es bestand kein Anreiz, reich zu sein. Sofort kam der KGB und fragte, woher das Geld käme. Deshalb arbeiteten alle nur ganz schwach" (IK-Ar-15.03.07).

In dem Protokoll №21 der öffentlichen Parteiversammlung des Leschoz Kirov vom 19.02.1983 beklagte sich das Parteimitglied Rachmanov folgendermaßen:

> „Die Disziplin ist bei uns wirklich sehr schlecht. Viele Arbeiter können einfach ohne Erlaubnis der Arbeit fern bleiben. Alle haben immer dieselben Ausreden, dass sie Heu gesucht haben oder dass sie Futter fürs Vieh besorgen sollten."

Damit wird deutlich, dass die vom Sozialismus bekämpfte Konzentration auf persönlichen Besitz und Eigennutz keineswegs beseitigt worden war, sondern dass den Arbeitern ihr eigener Privatbesitz meist näher lag als die Arbeit im Leschoz. Zudem scheint das Fernbleiben von der Arbeit ohne Furcht vor Sanktionen durchaus möglich gewesen zu sein.

Die gesetzeswidrige Veräußerung forst- und landwirtschaftlicher Produkte wie Kartoffeln, Walnüsse, Wildäpfel oder Pflaumen durch Leschoz-Mitarbeiter an Organisationen und Privatpersonen wurde immer wieder angeprangert (f.326, op.1, d.636, l.24–25). Teilweise unter pseudolegalem Vorgehen, etwa durch die Ausstellung von Papieren durch höher gestellte Amtspersonen, konnten einzelne Personen Früchte privat auf den Kolchozmärkten absetzen und aufgrund der Rarität dieser Produkte deutlich höhere Preise erzielen als sie durch die Ablieferung an den Leschoz erhalten hätten (f.326, op.1, d.576, l.103–107). Andere Personen behielten einfach einen Teil der gesammelten Walnüsse ein und verkauften sie auf den Märkten des Fergana-Beckens (AB-Ar-14.03.07). Eine solche „Spekulation" wurde als kapitalistisches Element streng kritisiert und auch bestraft. Dennoch gelangten Nüsse und Waldfrüchte auf verschiedene Märkte der Kirgisischen SSR und sogar darüber hinaus (f.126, op.1, d.551, l.6–7).

4.4 ÜBERREGULIERUNG, REPRESSION UND WOHLFAHRTSKOLONIALISMUS

Das Revolutionsjahr 1917 sowie die folgenden Jahre des Bürgerkriegs waren durch das Bemühen der Bolschewiki geprägt, ihre Macht zu festigen. Obgleich sämtliche Land- und Naturressourcen zum Volkseigentum erklärt und alle zuvor geschlossenen Verträge über Veräußerungen und Nutzung der Wälder außer Kraft gesetzt wurden, bauten die neuen Machthaber auf eine Kontinuität der bestehenden Management- und Nutzungsstrukturen sowie eine Weiterbeschäftigung des bisherigen Forstpersonals. Dies geschah weniger aus der Überzeugung, erfolgreiche Forstmaßnahmen fortzusetzen als vielmehr aus mangelnder Erfahrung und fehlenden Kapazitäten, die ideologische Maxime des Marxismus-Leninismus eines gesellschaftlichen Totalumbaus tatsächlich umzusetzen.

Erst im Zuge der unionsweiten Kollektivierungs- und Verstaatlichungskampagnen zu Beginn der 1930er Jahre griff die sozialistische Umgestaltung von Wirtschaft und Gesellschaft mit voller Wucht. Durch die Gründung der forstwirtschaftlichen Staatsgüter im Gebiet der Nusswälder, die Enteignung der lokalen Bevölkerung, die vor allem ihres Viehs beraubt wurde, sowie die so genannte „Entkulakisierung" und die damit verbundene Verbannung oder Liquidierung vermeintlicher Staatsfeinde zeigte die stalinistische Regierung ihren Willen und ihre Macht, nicht nur die Wirtschaft, sondern die gesamte Gesellschaft nach den Vorstellungen des marxistisch-leninistischen Kommunismus umzuformen. Mehr als eine Dekade nach ihrer Machtübernahme hatten die Bolschewiki Strukturen geschaffen und etabliert, um diese gewaltige Aufgabe auch in die Tat umzusetzen. Die bis heute als brutal und repressiv erinnerten Maßnahmen schürten Angst und Schrecken unter der Bevölkerung und bewirkten eine Distanzierung zwischen Herrschenden und Beherrschten – wobei, wie sich später in den Terrorjahren der späten 1930er zeigen sollte, keineswegs immer klar war, wer Herrscher und wer Beherrschter bzw. wer Verfolger und wer Verfolgter war. Mit der zentralistischen Aufoktroyierung eines neuartigen sozioökonomischen Modells wurden existierende gesellschaftliche Traditionen und Nutzungsregeln gewaltsam und radikal, jedoch keineswegs gänzlich beseitigt.

Auf der anderen Seite zeigt der häufige Wechsel der administrativen Zuständigkeiten zwischen 1933 und 1947 eine große Unsicherheit über den „richtigen" Weg zur Umgestaltung von Verwaltung und Nutzung der Nusswaldgebiete. Mängel waren von Anbeginn offensichtlich und wurden deshalb durch Umstrukturierungen und Verschärfung von Planvorgaben angegangen. Die fehlende Kontinuität, stetig neue Zielvorgaben durch die zuständigen höheren Verwaltungsebenen und die Aufstellung unrealistischer Pläne wirkten sich in teilweise planlosem Aktionismus und zweifellos keineswegs nachhaltiger Waldnutzung aus.

Die Mitglieder der Nuss-Sovchozi und die angehörige lokale Bevölkerung wurden zu forstwirtschaftlichen Arbeiten wie etwa der Nusssammlung oder Holzbeschaffung gezwungen, um an fern gelegenen Schreibtischen aufgestellte Pläne zu erfüllen. Die Sinnhaftigkeit bestimmter Arbeiten blieb vielen Befehlsempfängern unklar. Das stetige Erstarken der Kommunistischen Partei, die neue Mitglieder nur nach einer strengen Überprüfung der sozialen Herkunft in ihre Reihen aufnahm, und deren oftmals brutale Vorgehensweise mit Unterstützung des Geheimdienstes führten zu einem nachhaltigen Vertrauensverlust der einfachen Bevölkerung gegenüber der *Nomenklatura*. Damit wurde eine Atmosphäre der Angst geschaffen. So verheimlichten etwa Nachfahren eines als *Kulak* bezeichneten und bestraften Menschen über Jahrzehnte ihre Abstammung, wodurch Misstrauen auch innerhalb einer kleinen Dorfgemeinschaft langfristig fixiert wurde. Folglich verhinderte das repressive Vorgehen des kommunistischen Regimes jeglichen ehrlichen Vertrauensaufbau zwischen Institutionen und Sowjetbürgern.

Die Ziele der Forstwirtschaft in den Nusswäldern waren ökonomischer Art und bestanden primär in der Gewinnung von Nutz- und Brennholz sowie von Nüssen und Wildfrüchten. Aus verschiedensten Gründen waren die Arbeiten anfangs hoch defizitär und führten zu einer immensen Verschuldung der Nuss-Sovchozi in den 1930er und 1940er Jahren, der mit einer Erhöhung der Einschlagsraten für Brenn- und Nutzholz und damit mit einem Ausverkauf der Wälder begegnet wurde. Obgleich die Nusswälder auf dem Papier in ihrer Funktion als Schutz-, Nutz- und Landwirtschaftswald unterteilt waren, verlor der Schutzgedanke zunehmend an Bedeutung. Eine massive ökologische Degradation war die Folge. Große Schäden gingen auch mit dem Zweiten Weltkrieg einher, als zwischen 1940 und 1944 große Mengen an Nutzholz geschlagen wurden. Erst ein Gesetz von 1945 griff den Schutzgedanken wieder auf und weitete ihn aus.

In institutioneller Hinsicht bestand die größte Änderung in der Umwandlung und Zusammenlegung der Nuss-Sovchozi in Leschozi in den Jahren 1947 und 1948, die fortan dem Forstministerium unterstanden. Regelmäßig durchgeführte Bestandsaufnahmen sollten zu einer ökonomischen Optimierung der Forst- und Landwirtschaft beitragen und zur Realisierung einer echten Planwirtschaft führen. Neben der ökonomischen Relevanz der forst- und landwirtschaftlichen Tätigkeiten erhielt der Schutzgedanke eine größere Bedeutung. Damit waren bestimmte Nutzungen untersagt, wie etwa Holzeinschlag und Waldweide. Lediglich der Leschoz bestimmte, in welchem Ausmaß sanitärer Holzeinschlag zur Gewinnung von Nutz- und Brennholz durchgeführt werden sollte. Die lokale Bevölkerung, insofern sie nicht in die Administration des Leschoz eingebunden war – Direktoren wurden häufig versetzt und kamen aus anderen Dörfern –, war an diesen Entscheidungen nicht beteiligt, sondern wurde nur zur Ausführung abkommandiert. Der Schutz der Wälder wurde von den sowjetischen Planungsstäben insbesondere ökonomisch begründet. Ökologische Funktionen wie Bodenschutz und stabilisierende Wirkungen auf den Wasserhaushalt wurden nicht um ihres Selbstzwecks, sondern als für die Ökonomie der Region bedeutsam angesehen – als Regulator des Wasserregimes und damit als wichtige Einflussgröße für den Erfolg des Baumwollanbaus Mittelasiens. Äquivalent galt die hohe Bio- oder Gehölzdiversität als ökonomisch bedeutsam, die der Selektion wirtschaftlich nutzbarer Arten dienen sollte.

Als Nutz- und Brennholzquelle spielten die Nusswälder eine untergeordnete Rolle, weil Nutzholz aus Sibirien importiert und viele Haushalte für Heiz- und Kochzwecke mit Gas und Kohle beliefert wurden. Als neue Nutzungsform gegenüber der Zarenzeit kamen lediglich die Herstellung von Gebrauchsgütern sowie die Kaninchenzucht hinzu. Allerdings etablierte sich im Diskurs die ästhetische Bedeutung und Erholungsfunktion der Nusswälder. Der darauf folgende Aufbau einer touristischen Infrastruktur ab den 1960er Jahren zog jedoch Konflikte zwischen touristischer Nutzung und Umweltschutz nach sich. Massive Degradation und Umweltschäden brachte auch die Überstockung der langfristig an Viehzucht-Kolchozi verpachteten Hochweiden mit sich.

Private Hausgärten und Privatvieh trugen zur Eigenversorgung der Bevölkerung mit Lebensmitteln bei. Da beides formal streng limitiert war, kam es zu Unterschlagungen und Geheimhaltung, wenn etwa die private Viehherde größer war als erlaubt oder ohne Genehmigung Forst- und Gartenprodukte verkauft wurden. Auch wurde das Waldweideverbot vielfach übertreten.

Mit der Entsendung eines Teils der Leschoz-Bevölkerung zu Arbeitseinsätzen auf den Baumwollfeldern im Fergana-Becken zeigte das Sowjetregime seine repressive Seite. Neben den harten Arbeitsbedingungen und dem Zwang zur Arbeit, insbesondere für Schüler, schwächten solche Einsätze auch die Identifizierung mit den oder die Einsicht in die Relevanz des Leschoz und der lokalen Naturressourcen, deren Bedeutung als marginal gegenüber der Baumwolle angesiedelt wurde. Da aus ökologischen Gründen wie Spätfrösten oder Schädlingsbefall die Nussernte von Jahr zu Jahr erheblich schwankte – mit jedoch nur marginalen Auswirkungen auf das Einkommen der lokalen Bevölkerung –, hatte die Nussernte keine Priorität im Rahmen lokaler Überlebensstrategien. Ausbleibende Konsequenzen bei mangelhafter Arbeitsleistung führten zu einer geringen Arbeitsmoral.

Die leitenden Positionen im Leschoz waren meist mit Russen besetzt, Kirgisen oder Usbeken erlangten erst ab den 1960er Jahren höhere Positionen. Somit war auch hier eine Entfremdung bemerkbar, es entwickelte sich eine Unterordnung und ein Bewusstsein der eigenen Minderwertigkeit. Das Verbot der Religionsausübung trug weiter zur Dichotomie zwischen *Nomenklatura* und einfacher Bevölkerung bei, mit der Folge, dass islamische Traditionen und der Besuch heiliger Orte heimlich durchgeführt wurden.

Der Primat der Politik über die Wirtschaft und das System der unbedingten Planerfüllung trugen zu Falschangaben in den Rechenschaftsberichten bei. Es ist davon auszugehen, dass die Erfüllung der Pläne vielfach nur auf dem Papier stattfand, tatsächlich jedoch die Leistungen deutlich unter den Planvorstellungen lagen. Aufgrund der nur kurzfristig vorher abschätzbaren Erträge mussten Pläne für Nüsse und Früchte in jedem Leschoz jährlich neu aufgestellt werden. Die Festlegung von Zielvorstellungen erfolgte durchaus in realistischen Dimensionen, da Erfahrungswerte über Erträge vorlagen.

Obgleich die Nusswälder der Region die Ökonomie und damit auch das Alltagsleben der ansässigen Bevölkerung dominierten, sprechen mehrere Gründe dafür, das Verhältnis zwischen den Wäldern und den Bewohnern des Gebietes als distanziert zu betrachten: a) Mit Ausnahme Arslanbobs sind die Leschoz-Dörfer junge Siedlungen und ihre Bevölkerung zum Großteil allochthon, die freiwillig oder erzwungen in die Dörfer zog. b) Die Forstressourcen spielten nie eine dominante Rolle innerhalb der Überlebensstrategien der autochthonen Bevölkerung, zudem wurde die Nutzung durch die lokale Bevölkerung bereits unter russisch-zaristischer Forstwirtschaft eingeschränkt. c) Viehzucht und Ackerbau waren die über Jahrhunderte hinweg dominierenden und praktizierten Wirtschaftsformen der autochthonen Bevölkerung. d) Externe Fachleute entwarfen Pläne und determinierten Management und Nutzung der Wälder, die lokale Bevölkerung war nur ausführendes Organ. e) Eine erfolgreiche Forstwirtschaft und dauerhafte Bestandssicherung der Wälder war für die lokale Bevölkerung nicht lebenswichtig. f) Spezialisierungen führten zu Spezialistenwissen. Nur enge Bereiche des Produktionsprozesses waren bekannt und letztendlich interessant. Der Satz „aber das war nicht mehr unsere Sache" (AM-Gu-06.03.07) spiegelt die Einstellung der meisten Leschoz-Beschäftigten dieser Zeit wider.

Vor dem Hintergrund der dargestellten Analyse soll nun die Frage aufgegriffen werden, ob und inwieweit das Vorgehen der sowjetischen Entscheidungsträger bei der Ausgestaltung der Institutionen, dem Management und der Nutzung der Nusswälder Kirgistans koloniale Charakteristika aufwies. Hierbei stehen sich zwei Positionen diametral gegenüber: Auf der einen Seite die Position, wonach die sowjetische Modernisierung zu einer erfolgreichen ökonomischen und gesellschaftlichen Entwicklung in Mittelasien geführt habe, was sich etwa an dem deutlich gestiegenen Lebensstandard, dem Ausbau der Infrastruktur, umfassender Alphabetisierung und der Emanzipation der Frauen festmachen lässt. Aus diesen Gründen und wegen der massiven Transferzahlungen sei die Politik der Sowjetunion gegenüber Mittelasien nicht als kolonial zu bezeichnen (vgl. NOVE 1967). Auf der anderen Seite steht die Behauptung, die sowjetische Wirtschaftspolitik habe in Mittelasien nur eine spezialisierte monostrukturelle Rohstoffökonomie mit gravierenden Folgeschäden an der Umwelt aufgebaut und es nicht vermocht, den Lebensstandard auf Sowjetniveau zu heben. Mittelasien sei folglich als ausgebeutete Peripherie des kolonialen Zentrums Russland zu werten (vgl. STRINGER 2003). RASHID (1994:63) spricht in diesem Zusammenhang vom „*classic colonial syndrome*", andere Titulierungen lauten "*Third World within*" oder „*internal colonies*" (vgl. WALLERSTEIN 1973:174).

Mit einer diachronen und überregionalen Perspektive auf Indikatoren von Entwicklung wie Alphabetisierung, Lebenserwartung, Kindersterblichkeit, Einkommen oder Lebensstandard sind Entwicklungs- und Modernisierungserfolge des sowjetischen Experiments nicht von der Hand zu weisen. In der zweiten Hälfte des 20. Jahrhunderts bis zum Ende der UdSSR musste im Untersuchungsgebiet niemand mehr Hunger leiden, eine zuvor nahezu illiterate Bevölkerung wurde vollständig alphabetisiert, die Kindersterblichkeit sank und die Lebenserwartung stieg deutlich an, sämtliche Dörfer erhielten Straßenanschluss, wurden elektrifiziert und waren mit Schulen und kulturellen Einrichtungen ausgestattet. Mit ihrem Einkommen aus formaler Lohnarbeit in staatlichen Institutionen konnten die Leschozniki ihren Lebensunterhalt bestreiten, und ein staatliches Sicherheitsnetz unterstützte sie im Alter und Krankheitsfall.

Auf der anderen Seite handelte es sich bei der Sowjetunion um einen repressiven und zentralistischen Staat, in dem wichtige Entscheidungen tausende Kilometer vom Untersuchungsgebiet entfernt getroffen wurden und als Handlungsanweisungen auf lokaler Ebene ausgeführt werden mussten. Ziel war eine umfassende Kontrolle nahezu sämtlicher Bereiche des gesellschaftlichen Lebens. Die Schaffung einer aus Mitgliedern der Kommunistischen Partei und Regierungsangehörigen bestehenden *Nomenklatura* gestattete Moskau einen hohen Grad der Kontrolle.

Obgleich offiziell alle Bürger der Sowjetunion gleich waren und Nationen nur als Zwischenstufe auf dem Weg zum anationalen Sowjetbürger gesehen wurden, spielten ethnische Faktoren eine nicht unerhebliche Rolle in Politik und Gesellschaft. Auch in den Leschozi besetzten in den ersten Dekaden stets ethnische Russen oder in seltenen Fällen auch Ukrainer die Führungspositionen, später meist die stellvertretenden Posten.

Die russische Sprache und Kultur dominierten das Gesellschaftsleben und die hegemonialen Diskurse. Russische Sprachkompetenz war essentiell für die Artikulation eigener Interessen gegenüber den Staatsorganen, die Berufungsfähigkeit in leitende Institutionen und politische oder gesellschaftliche Partizipation. Hier waren die Russen stets im Vorteil, weshalb sich aufgrund dieser Chancenungleichheit zu einem gewissen Grade bereits eine gesellschaftliche Schichtung ausbildete. Die Vorstellungen von Selbst und Anderen blieb stets erkennbar. Die Zeitzeugen sprechen meist von „unseren Leuten" und „den Russen".

Die vielfach von den Sowjetologen vertretene Ansicht, dass die Sowjetunion ein totalitärer Staat war, der die Bevölkerung unterdrückte, findet unter den befragten Zeitzeugen in den Leschoz-Dörfern nur eingeschränkte Bestätigung. Zwar verweisen sie durchaus auf das Problem der Kontrolle und Unfreiheit, heben aber gleichzeitig immer die positiven Entwicklungsaspekte hervor, wie materielle Verbesserungen, Erwerb neuer Kenntnisse wie Hygiene, Einhaltung von Rechten, Geradlinigkeit, aber auch Bienenzucht, Kartoffelbau, Technisierung und zudem die Möglichkeit des Reisens und des Erwerbs von Bildung. Gleichzeitig betonen sie die Dominanz der russischen Sprache, Geschichte und Kultur, die als hegemonial gesehen wurde (BT-Gu-06.03.07; ID-Ar-15.03.07; MI-Ar-16.03.07).

In ökonomischer Hinsicht waren die Leschozi fest in die sowjetische und damit in eine überregionale Ökonomie mit einer unionsweiten Arbeitsteilung eingebunden. Mittelasien diente vornehmlich als Rohstofflieferant, wofür beispielhaft der monostrukturelle Anbau von Baumwolle steht, die großteils im europäischen Teil der Sowjetunion verarbeitet wurde. Güter mit einer höheren Fertigungstiefe wurden dagegen von den Zentren im europäischen Teil der Sowjetunion nach Mittelasien geliefert. Damit entsprachen die Warenströme innerhalb der UdSSR nahezu dem klassischen kolonialen Prototyp. Durch diese gegenseitigen Abhängigkeiten banden die Sowjets die Region noch stärker an Russland.

Ähnlich verhielt es sich mit den Ressourcen der Nusswälder: Nüsse wurden weder lokal verarbeitet noch konsumiert, sondern verkauft, allerdings meist innerhalb der Region. Holz wurde aus Sibirien und Nahrungsmittel aus der gesamten UdSSR importiert. Durch Abnahmegarantien und Abhängigkeiten von Zuschüssen und Lieferungen waren die hoch subventionierten Leschozi eng in den sowjetischen Wirtschaftskreislauf eingebunden.

Eine Kalkulation über die Höhe der Subventionen an die staatlichen Forstbetriebe ist schwierig. Denn die Produkte wurden nie in realen Marktpreisen berechnet, da die sowjetische Wirtschaft ein geschlossenes System darstellte, in dem der Staat nicht nur die meisten Güter und Dienste bezog, sondern auch bereitstellte. So ist es wahrscheinlich, dass Nüsse und Nussholz unter dem realen Marktwert verkauft wurden. Doch subventionierte der Staat nicht nur die eingesetzten Produktionsmittel, sondern auch Transporte, Gesundheitsversorgung, Bildung, Grundnahrungsmittel und anderes. Auch der Wert der privaten Grundstücke als Beitrag zur Subsistenz oder für Zusatzeinkommen ist schwierig zu bestimmen, zumal die dort erzielte hohe Produktivität nicht unwesentlich durch den Staat indirekt subventioniert wurde, etwa durch die Bereitstellung von Gerätschaften, Dünger oder Arbeitskraft.[22] Nicht zuletzt kam in einer Gesellschaft mit notorischer Knappheit an essentiellen Gütern, einem blühenden Schwarzmarkt und Skepsis bei größeren Erwerbungen dem Wert von Geld nur eine eingeschränkte Bedeutung zu. Von größerer Relevanz als die finanzielle Situation der Einzelnen waren Beziehungen, um erwünschte Ziele zu erreichen.

Die sowjetische Wirtschaftspolitik gegenüber Mittelasien war weder durch gezielte Ausbeutung noch durch selbstlose Großzügigkeit geprägt. RYWKIN (1990:56) deutet sie eher als einen politisch-opportunistischen Versuch, eine genuine interethnische wirtschaftliche Gleichstellung zu erzielen, die natürlichen Ressourcen auszubeuten, soziale Wohlfahrt gegenüber den Minderheiten walten zu lassen sowie Toleranz gegenüber der zunehmenden muslimischen Bevölkerung in dieser geopolitisch sensiblen Region zu üben, und spricht in diesem Zusammenhang vom „Wohlfahrtskolonialismus".

Im gesellschaftlichen Bereich knüpften die sowjetischen Kommunisten an die „zivilisatorische Mission" des Westens an, mit einem unverrückbaren Glauben an Fortschritt und Modernisierung (KAPPELER 2006:159). Tatsächlich war auch die „ökonomische und politische Penetrationsfähigkeit der Gesellschaft" (GEIß 2006:173) der Sowjets beeindruckend und führte zu einer umfassenden Umgestaltung von Politik, Wirtschaft und Gesellschaft, doch eine gänzliche Integration der Bewohner Mittelasiens und Unterbindung muslimisch-traditioneller Lebensformen, eine Verschmelzung aller Nationen der UdSSR zu einem anationalen Sowjetvolk gelang nicht.

---

22 Grundsätzlich war die Toleranz gegenüber privater Initiative, etwa beim Hausbau, bei der Nutzung von Mähwiesen oder privaten Landparzellen, beim Verkauf der Überschüsse auf den Kolchozmärkten in Mittelasien größer als in anderen Regionen der UdSSR, um der versteckten Arbeitslosigkeit und dem Arbeitskräfteüberschuss zu begegnen (RYWKIN 1990:56).

5 RESSOURCENNUTZUNG IM POSTSOWJETISCHEN KIRGISTAN

„Die Zeit nach dem Zusammenbruch war sehr schwer, man wusste nicht, in welche Richtung man sich wenden musste. Das Leben war unbekannt. Die Leute sind bis heute wie eine Herde Schafe, die von einem zum anderen getrieben wird."

Abdurasul Edelbekov (Ky-19.04.04)

Die Auflösung der Sowjetunion und die Unabhängigkeit der Kirgisischen Republik im Jahre 1991 stellt die jüngste historische Zäsur fundamentaler Tragweite Kirgistans dar. Sie führte zu umfangreichen Transformationsprozessen im politischen, wirtschaftlichen und gesellschaftlichen Bereich und gilt als Beginn der so genannten Transformationsphase. Wie zuvor dargelegt, ist das Konzept der Transformation fragwürdig. Gemäß dem zuvor begründeten Vorschlag soll deshalb auch in den folgenden Ausführungen weniger von einer Transformation denn von der postsozialistischen Periode gesprochen werden, unter der der Zeitraum seit 1991 zu verstehen ist. Eine solche vom teleologischen Transformationsparadigma abweichende Auffassung hebt weniger die Zielgerichtetheit und ein zu erwartendes Ende einer Übergangsphase als vielmehr den Rückgriff auf und die Bedeutung der vorhergehenden Sowjetära für die Gegenwart sowie die Permanenz von Wandel mit nicht zu definierendem Ende hervor.

Über sieben Jahrzehnte dominierte das sozialistische planwirtschaftliche System Management und Nutzung der Land- und Forstressourcen im Gebiet der Nusswälder Kirgistans. Detaillierten Plänen folgend wurden forst- und landwirtschaftliche Maßnahmen von spezialisierten Arbeitskräften gegen festgesetzte Entlohnung ausgeführt. Zugleich dominierten die lokalen Forstbetriebe, die Leschozi, als „totale Institutionen" das gesellschaftliche Leben. Im Folgenden ist zu fragen, inwieweit sich die während der Sowjetära geschaffenen Strukturen der Arbeitsteilung, Spezialisierung und Kommodifizierung als persistent erweisen, ob und in welcher Weise institutionelle Schwächen auftreten und wie sich das Feld der Akteure und derer Interessen geändert hat. Globalisierungsprozesse sowie politische und ökonomische Liberalisierungen führten außerdem zu neuen Bewertungen und hegemonialen Diskursen um die Wälder und bedürfen daher einer gesonderten Betrachtung. Bevor die institutionellen Änderungen und anschließend die modifizierten Nutzungsformen näher beleuchtet werden, ist ein Blick auf die gewandelten politischen und sozioökonomischen Rahmenbedingungen notwendig, da Entwicklungen und Konfliktlinien auf nationalstaatlicher Ebene auf die lokale Ebene ausstrahlen und durchaus handlungsbestimmend wirken können. Gesondert ist darüber hinaus auf die gegenwärtigen Strategien der Lebensunterhaltssicherung der relevantesten Akteursgruppe, der lokalen Bevölkerung, einzugehen, ehe die Anwendbarkeit der Konzepte von Postkolonialismus und Postsozialismus auf den Untersuchungsgegenstand abschließend geprüft wird.

5.1 POSTSOZIALISTISCHER UMBAU VON GESELLSCHAFT UND WIRTSCHAFT

5.1.1 Unabhängigkeit und Nationenschaffung

Als im Gefolge von *Glasnost* und *Perestroika* in letzter Konsequenz das Sowjetregime erodierte, kam es in Kirgistan keineswegs zu Massendemonstrationen mit Forderungen nach Unabhängigkeit. Vielmehr stimmte die große Bevölkerungsmehrheit der Kirgisischen SSR 1990 in einem Referendum für den Verbleib in der Sowjetunion. Doch mit der Auflösung der UdSSR wurden Fakten geschaffen, die der kirgisischen Führung kaum eine andere Wahl ließen als künftig als eigenständiger Staat die Geschicke des Landes zu führen. Die am 31. August 1991 erklärte Unabhängigkeit der Kirgisischen Republik kann in diesem Sinne durchaus als den Kirgisen unfreiwillig auferlegt betrachtet werden. Gleichwohl machte sich die politische Führung Kirgistans schnell daran, den Aufbau eines funktionierenden Nationalstaates voranzutreiben.

Die Prozesse, die der Kollaps der UdSSR auslöste, führten in Kirgistan zu massiven ökonomischen Problemen, politischer und gesellschaftlicher Destabilisierung sowie individueller Verunsicherung. Diese „Bürden auferlegter Unabhängigkeit" (MANGOTT 1996) scheinen in Kirgistan besonders hoch zu sein, da das gebirgige, schwer zu erschließende Binnenland nur über begrenzte Bodenschätze verfügt und eine ethnisch heterogene Bevölkerung aufweist. Neben der Umstrukturierung von Politik und Wirtschaft verursachte dieser Umbruch gleichzeitig eine Neu- und Re-Definition nahezu der gesamten Struktur des Alltagslebens (VERDERY 1999), von Kultur, Identität, Traditionen, Geschichte und Symbolen.

Inwieweit diese Neuschreibung von Narrativen zur Etablierung nationaler Identität von Seiten der nationalstaatlichen Politik im unabhängigen Kirgistan betrieben wurde, soll im Folgenden beleuchtet werden. Gleichzeitig ist auf die damit verbundenen Schwierigkeiten und Gefahren zu verweisen. Denn die aktuellen ethnisch basierten Nationalisierungsdiskurse in Kirgistan stellen einen nicht zu unterschätzenden Faktor der Destabilisierung des „Vielvölkerstaates" dar. In Anbetracht der ethnischen Heterogenität des Untersuchungsgebietes kommt deshalb dieser Problematik eine nicht zu unterschätzender Relevanz zu. So ist es denkbar, dass beispielsweise die Vergabe politischer Posten oder Ressourcenkonflikte heute verstärkt mit Verweis auf ethnische Zugehörigkeit begründet werden.

Identität und Nation

Nach der von BENNIGSEN (1979) vorgenommenen Klassifizierung sind auch für Kirgistan drei Ebenen von Identitäten zu berücksichtigen: Eine subnationale Identität, die sich auf den Wohnort und die Zugehörigkeit zu einem Klan oder Stamm bezieht, eine nationale Identität, welche die Identifikation mit den in den 1920ern geschaffenen sozialistischen Nationen der Sowjetunion festigen sollte, und eine supranationale Identität, worunter die Zugehörigkeit zur Gemeinschaft aller Muslime, der *Umma*, zu verstehen ist. Angesichts bis heute fortbestehender subnationaler und supranationaler Loyalitäten und Identitätsvorstellungen ist hier zu klären, inwieweit sich in Kirgistan eine nationale Identität entwickelte und ob seit dem Zusammenbruch der Sowjetunion ein nationaler Konsolidierungsprozess, der eine moderne Nation hervorzubringen vermag, zu beobachten ist.

Der Schaffung der kirgisischen Nation in den 1920er Jahren lag der Nationenbegriff von Stalin zugrunde. Demnach wurde die Nation definiert als

„eine historisch entstandene, stabile Gemeinschaft von Menschen, die durch Gemeinsamkeit der Sprache, des Territoriums, des Wirtschaftslebens und der sich in der Kulturgemeinschaft offenbarenden psychischen Wesensart geeint werden" (zitiert nach MEISSNER 1982:13).

Diese auf primordialer Logik aufbauende Definition gilt es jedoch zu hinterfragen, denn die „als objektiv gesetzten" Merkmale sind tatsächlich weniger essentialistischer als konstruktivistischer Natur. ANDERSON (1991) spricht etwa von der „Konstruiertheit" von Nationalität und sieht die Nation als eine *imagined community*, als eine Repräsentation von Raum, in der Mitglieder der Nation eine starke imaginierte Verknüpfung teilen, die sie auch von anderen trennt. Wichtig erscheint hierbei die Frage, welche Identität stiftenden Konzepte und Ideologien zur Formierung eines nationalen Gemeinwesens gewählt und entwickelt wurden, welche gemeinsame Imagination erfunden und wie diese definiert, reproduziert und umkämpft ist (MITCHELL 2000). Diese Diskurse basieren oft auf partikulären Konstruktionen der Geschichte und Kultur. Dabei beinhaltet die Konstruktion von neuen nationalen Identitäten das Bestreben, eine Nation mit einem bestimmten Territorium zu verbinden (vgl. KNIGHT 1982; MELLOR 1989; HERB & KAPLAN 1999). Denn das Staatsterritorium bietet einen wichtigen räumlichen politischen Rahmen für das gesellschaftliche, kulturelle und politische Leben, und bildet im Besonderen einen wichtigen Fokus der Identifikation für die Einwohner.

Nationale Identität im Postsozialismus

In welch hohem Maße die Konstruktion von Nationen zu Beginn der 1920er Jahre die Gruppenidentität prägt, wird deutlich durch die Tatsache, dass Usbekistan, Turkmenistan, Tadschikistan und Kirgistan, nicht jedoch Turkestan, Buchara oder Chiwa die Grundlage für die Nachfolgestaaten bildeten. Nachdem der Staatssozialismus kollabiert war, bildeten die national definierten Unionsrepubliken die Basis postsozialistischer Regime und der Identitätsbildung. Jedoch bedurfte die territorial gebundene nationale Identität durch den Kollaps des sowjetischen Ideengebäudes, der ein ideologisches Vakuum hinterließ, neuer Impulse und neuer Legitimationen. Da Identitäten generell situiert und kontextabhängig sind, geht der Zusammenbruch der UdSSR mit einer vollständigen Umstellung der ‚*Worlds of Meaning*', der Produktion und Reproduktion von kulturellen oder nationalen Identitäten einher. So wie die Bedingungen, unter denen Identitäten konstruiert und reproduziert sind, sich ändern, werden auch Identitäten Objekt der Neudefinition und Anfechtung (YOUNG & LIGHT 2001:947). In Kirgistan mussten die Fragen

„Wer sind wir?" und „Wie sollen andere uns sehen?" sowohl für die Innen- als auch die Außensicht neu gestellt und beantwortet werden.

Die kirgisischen Eliten suchten Verbindungen zu präsowjetischen kirgisischen Traditionen, die sie zuvor bekämpft hatten. Die Betonung der kirgisischen Kultur und Identität bedeutete jedoch eine Bedrohung der nicht-kirgisischen Bevölkerung, da Identitäten generell mit Bezug auf Differenzierung gegenüber einem „Anderen" geformt sind. Daraus resultiert die Gefahr, dass die Mitglieder der Titularnation der restlichen Bevölkerung eine politische und kulturelle Hegemonie auferlegen mit der möglichen Folge ethnischer Spannungen. So bestand eines der Hauptziele der Politik der kirgisischen Regierung in der Schaffung einer kirgistanischen Nation unter Einbeziehung aller auf dem Territorium der Republik lebenden ethnischen Gruppen.

Wie in anderen postsowjetischen Staaten manifestierte sich auch in Kirgistan das Phänomen des „Nomenklatura Nationalismus" (YOUNG & LIGHT 2001:949). Denn bei der Schaffung einer nationalen Identität war Präsident Askar Akaev die treibende Kraft. Seine über viele Jahre unangefochtene Machtposition, die ihm von der zu seinen Gunsten veränderten Verfassung gegeben war und die er geschickt durch das Ausbalancieren sich widerstrebender Interessen festigte, führte dazu, dass Akaev der „primary narrator of the Kyrgyzstani story" (HUSKEY 2003:116) wurde. Er besetzte nicht nur das Feld der Politik, sondern auch das der Identität (LARUELLE 2007:149). Ganz in sowjetischer Tradition veröffentlichte er seine Gedanken zu Nation, Wirtschaft und Demokratie in mehreren Büchern wie „Die Transformationsökonomie in den Augen eines Physikers" (2000), „Eine bemerkenswerte Dekade" (2001), „Ein schwieriger Weg zur Demokratie" (2002) oder „Die kirgisische Staatlichkeit und das Nationalepos ‚Manas'" (2003).

Maßnahmen der Nationenbildung: Symbole und Semiotik

Der Prozess der Nationenbildung bedarf der Neudefinition und Überprüfung von Symbolen, Zeichen und Worten. Aufgrund des Mangels an einer distinkten Ideologie erschienen die mittelasiatischen Nationen bei ihrer Gründung als ein „Cluster folkloristischer Referenzen mit relativ geringer Bindungskraft", so dass sich bestenfalls ein nationaler Habitus feststellen ließ (HEINEMANN-GRÜDER & HABERSTOCK 2007:122). Folglich suchten die politischen Eliten Kirgistans für ihre Nation nach Identität stiftenden Symbolen und Traditionen, wofür sie historische Brüche in Kauf nahmen, geschichtliche Bezugspunkte retrospektiv erfanden und die jüngste Vergangenheit umgingen, um die eigene Nation zu glorifizieren, eine jahrhundertealte Staatlichkeit zu konstruieren und die Herrschaft des Regimes zu legitimieren. Bemerkenswerterweise orientieren sie sich dabei institutionell und ikonographisch stark an der Sowjetunion.

Eine der auffälligsten Maßnahmen war die Umbenennung von Orts- und Straßennamen sowie die Modifikation von Transliterationen. Damit sollten kirgisisches Bewusstsein gefördert und Erinnerungen an die Sowjetunion sowie der dominante Einfluss der russischen Sprache abgeschwächt werden. Neues Staatssymbol wurde der *Tunduk*, der Dachkranz einer Jurte, an dem alle Streben zusammenlaufen. Er gilt als Symbol für das Nomadenleben und repräsentiert somit die traditionelle Lebensweise (OTORBAEV et al. 1994). Das nomadische Erbe wird ebenfalls betont durch den Rückgriff auf den epischen Kriegshelden Batyr-khan Manas, der als Vater und moralisches Vorbild der Kirgisen popularisiert wird. Im Jahre 1995 wurde der 1000. Geburtstag des kirgisischen Nationalhelden landesweit gefeiert und das Epos ins Zentrum des Gründungsmythos' des Landes gestellt. Heute ist es Pflichtstoff an allen Schulen, an manchen Universitäten wird der Fachbereich ‚Manasologie' unterrichtet und die Akademie der Wissenschaften richtete eine eigene Manas-Abteilung ein (LARUELLE 2007:149; KUEHNAST 1996:9).

Bis zur Unabhängigkeit war die kirgisische Sprache nur schwach im offiziellen und kulturellen Leben der Republik verankert. So nutzten 1989 nur drei der 69 Schulen in Frunze (Bischkek) Kirgisisch als erste Sprache (HUSKEY 1997:654). Die Dominanz des Russischen wurde in den 1980ern angefochten und Kirgisisch im Jahr 1989 per Sprachgesetz zur Staatssprache erhoben, während Russisch die Rolle der inter-ethnischen Kommunikation zugeschrieben wurde. Mit diesem Schritt fühlten sich jedoch die ethnischen Minderheiten ausgegrenzt. Nach der Unabhängigkeit wurde eine moderate Linie des graduellen Übergangs von Russisch zu Kirgisisch verfolgt. Um dem Exodus der russischsprachigen Bevölkerung nicht weiter Vorschub zu leisten, wurde auf Druck von Präsident Akaev per Parlamentsbeschluss 2001 Russisch wieder zur zweiten offiziellen Sprache des Landes aufgewertet.

Der russischen Sprache kommt heute im politischen und kulturellen Leben immer noch eine große Rolle zu. Russische Fernsehsender strahlen in Kirgistan aus, gebildete Kirgisen halten die russische Sprache nach wie vor für praktischer, kosmopolitischer und intellektueller. Es gibt eine große Anzahl an staatlichen Schulen und Universitäten mit russischsprachigem Unterricht. Während insbesondere in Bischkek das Russische weiterhin dominiert, verdrängt in allen anderen Landesteilen abseits der Hauptstadt Kirgisisch zunehmend das Russische. Aber auch im Zentrum sind heute Kirgisisch-Kenntnisse wichtig, um bestimmte Positionen zu erreichen; kirgisisch ist nicht mehr nur die Sprache der Hirten und der Folklore.

Ziel der von oben initiierten Nationenbildung mit der Neuschaffung von Symbolen und der Umschreibung von Geschichte ist das Bemühen, eine historische Kontinuität der Staatlichkeit auf dem Territorium Kirgistans zu konstruieren. Der Beweis einer jahrhundertealten Ansässigkeit der Kirgisen im Tien Schan und Pamir-Alai dient der nationalstaatlichen Legitimität. An den Schulen wird seit jüngster Zeit ein Fach mit Namen „Geschichte der kirgistanischen Staatlichkeit" gelehrt, in dem die russische und sowjetische Vergangenheit zurückgedrängt wird zugunsten weiter zurück liegender Epochen. Die staatliche Unabhängigkeit wird als der „natürliche Endzustand eines linearen Geschichtsprozesses" (LARUELLE 2007:153) dargestellt. In die gleiche Richtung zielt das an den Universitäten gelehrte Fach ‚Kulturologie', worin der kulturelle Nationalismus verbreitet und die Einzigartigkeit der Titularnation herausgestellt werden. Die Studenten lernen „national korrekt" zu denken (LARUELLE 2007:154). Pompös werden möglichst weit in der Vergangenheit liegende Jahrestage historischer Ereignisse zelebriert. Neben den bereits erwähnten Jahrestagen „2200 Jahre kirgistanische Staatlichkeit" und „1000 Jahre Manas" feierte das Land im Jahr 2000 das 3000-jährige Jubiläum der Stadt Osch. Mit dieser Ausklammerung der jüngeren Geschichte der russischen Kolonisation und der sowjetischen Herrschaft versucht die politische Elite, die weitgehend der sowjetischen Nomenklatura entstammt, den Widerspruch zu ihrer aktuellen Legitimationsrhetorik nicht allzu augenfällig erscheinen zu lassen. Auch werden Beziehungen zum Islam oder zu einer pantürkischen Identität vermieden, um die eigene nationale Staatlichkeit nicht in Frage zu stellen. Hinweise darauf, dass die heutigen Grenzen und Nationen erst in der Sowjetunion entstanden sind, fehlen im öffentlichen Diskurs gänzlich.

Der Ausblendung der sowjetischen Vergangenheit aus dem kollektiven Gedächtnis stehen jedoch Erfahrungen und Lebensverläufe im individuellen Gedächtnis entgegen. Ein Großteil der heutigen Bevölkerung ist in der Sowjetzeit sozialisiert worden und hat seine Erfahrungen als Sowjetbürger gemacht und eine sowjetische Identität entwickelt. Die Erinnerungen an die eigene Militärzeit in der Armee einer Weltmacht, Auszeichnungen und Diplome, Reisen nach Moskau oder in den Kaukasus sind Merkmale und Erinnerungen, die einem Menschen zeigen, wer er einmal war und welche Leistungen er für eine heute nicht mehr existierende Union erbracht hat. Heute haben diese Dinge, die einst die Existenz einer Person als positiv markierten, keine Bedeutung mehr. Dennoch besteht dieser sowjetische Habitus (ROY 2000:164) auf individueller Ebene noch fort.

Kirgistanisch-nationale Symbole haben heute weitgehend die supranationalen Sowjetsymbole und -mythen ersetzt. Der Rekurs auf den epischen Helden Manas und auf das Konzept kirgisischer nationaler Werte (*Kyrgyzčilik*) hat die sowjetischen Helden und das sowjetische Konzept des Internationalismus ersetzt. Allerdings besteht die Gefahr mit der Stärkung der kirgisischen Sprache sowie der Betonung der kirgisischen Lebensweise bei der Suche nach einer modernen Identität alle nicht-kirgisischen Bürger auszuschließen.

Ethnische Vielfalt Kirgistans

Die Formierung einer ethnisch definierten nationalen Identität in Kirgistan ist einerseits ein potentielles Problemfeld angesichts des multi-ethnischen Charakters des Landes, andererseits aber ein politisch gewolltes Mittel zur Festigung der Integrität des fragmentartigen Territoriums Kirgistans. Den jüngsten Volkszählungsergebnissen gemäß leben in Kirgistan mehr als 90 ethnische Gruppen (NATIONAL STATISTICAL COMMITTEE 2000:69), von denen im Jahr 2004 die Usbeken mit 14,2% und die Russen mit 10,3% die größten Minderheiten darstellen (NACIONAL'NYJ STATISTIČESKIJ KOMITET KYRGYSSKOJ RESPUBLIKI 2008:44). Dieser multi-ethnische Charakter ist das Ergebnis der oben erläuterten territorialen Grenzziehungen und der ethnisch-nationalen Kategorisierungen in den 1920er Jahren sowie der zahlreichen Zuwanderungen und Deportationen seit Ende des

19. Jahrhunderts. Ab den 1950er Jahren stellten die ethnischen Kirgisen nicht einmal mehr die Mehrheit der Bevölkerung. Aufgrund zahlreicher Rückwanderungen von Tschetschenen, Deutschen und jüngst insbesondere Russen liegt der Anteil der Titularnation an der Gesamtbevölkerung Kirgistans heute wieder bei etwa zwei Dritteln und damit so hoch wie zum Zeitpunkt der Gründung der Kirgisischen ASSR (Karte 8).

Die sowjetische Nationalitätenpolitik schuf eine Unterscheidung zwischen „Staatsangehörigkeit" (*Graždanstvo*), die politisch definiert war, und „Nationalität" (*Nacional'nost'*), die mit ethnischer Zugehörigkeit – in der das ultimative Kriterium die Sprache ist – korrespondiert. Vor der Unabhängigkeit bezog sich die Nationalität auf die Teilrepublik oder das autonome Territorium, während Staatsangehörigkeit in Beziehung zur UdSSR stand. Der Gegensatz zwischen ‚ethnischer Nationalität' und ‚Staatsangehörigkeit' wurde überwunden durch die Existenz einer supranationalen Identität (ROY 2000:174). Die seit der Unabhängigkeit verfolgte Politik der Nationenbildung mit Betonung ethnisch-kirgisischer Geschichte führt zu einer schleichenden Verschmelzung von Nationalität und Staatsangehörigkeit, zu einer ethnisch-nationalen Identität. Da den Identitäten eine Referenz zu einem neuen „Anderen", definiert im ethnisch-nationalen Sinn, also eine Dichotomie von „wir" und „die" innewohnt, hat dies die Exklusion nichtethnischer Kirgisen zur Folge.

Der Zusammenbruch der Sowjetunion und das Erwachen einer kirgisischen Nationalidentität verunsicherten die Nicht-Kirgisen, die sich ihrer Rolle und Position in der neuen Republik im Unklaren waren. Die insbesondere in der Hauptstadt Bischkek sowie in den Provinzen Chui und Issyk Köl lebenden Russen fühlten sich bis dato stets als wirtschaftlich und kulturell überlegen. Plötzlich waren sie isoliert in einem Land, das sie niemals als eigenständige Entität angesehen hatten. Sie betrachteten es nie als Notwendigkeit, sich in die kirgistanische Gesellschaft zu integrieren, die lokale Sprache zu erlernen oder sich mit der Republik zu identifizieren, ihr Bezugspunkt war eine sowjetische Identität. So gaben im Jahr 1989 nur 3% der in der Kirgisischen SSR lebenden Russen an, kirgisisch zu sprechen (CHINN & KAISER 1996:234). Die Erosion ihrer meist privilegierten Stellung, verbunden mit der Schwierigkeit, die Hegemonie der Kirgisen zu akzeptieren, sowie politische Unsicherheit und ein gesamtwirtschaftlicher Niedergang führten zu einem Exodus von etwa 256 000 Russen zwischen 1990 und 1994 (COMMERCIO 2004:5) (Abb. 5.1). In einer Befragung im Jahr 1999 benannten 42% der emigrationswilligen Russen die schwache wirtschaftliche Entwicklung Kirgistans als wesentliche Motivation für ihre Auswanderung, 15% die informelle Diskriminierung und 13% die Sorge um die Zukunft ihrer Kinder (COMMERCIO 2004:7).

Die Auswanderungswelle kulminierte 1993, als über 140 000 Menschen das Land verließen. Seitdem sind die Emigrationsraten wieder unter das Niveau der Sowjetära gefallen mit einer leichten Zunahme in der jüngsten Zeit. 84% aller Auswanderer migrierten in die Staaten der GUS, hauptsächlich nach Russland, gefolgt von Usbekistan, Kasachstan und der Ukraine, etwa 13% nach Deutschland und 3% in andere Staaten. Die offizielle Zahl von 688 000 Emigranten offenbart, dass fast jeder sechste Einwohner die Kirgisische Republik zwischen 1989 und 1999 verlassen hat (NATIONAL STATISTICAL COMMITTEE OF THE KYRGYZ REPUBLIC 2002:162).

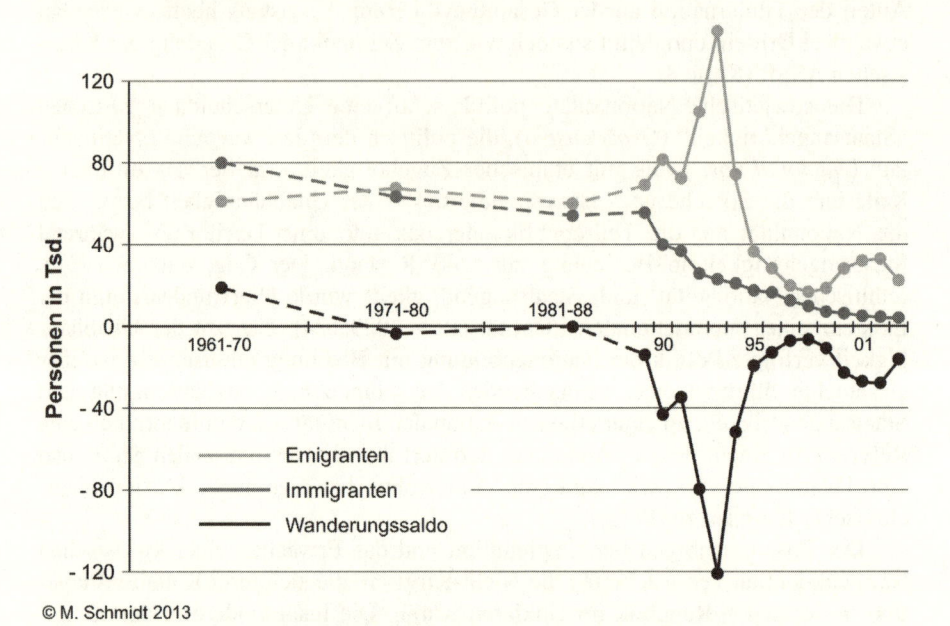

© M. Schmidt 2013

Abb. 5.1 Entwicklung von Immigration und Emigration in Kirgistan von 1961 bis 2003

Da viele der Emigranten hoch qualifizierte Beschäftigte aus städtischen Gebieten sind, führte dieser *brain drain* zu einem Mangel an qualifiziertem Humankapital. Damit verschärften sich die Nöte der Transformationszeit. Um dem *brain drain* Einhalt zu gebieten, da Russen überdurchschnittlich in leitenden Positionen der Politik und Wirtschaft sowie als Experten in der Industrie beschäftigt waren,[1] bemühte sich Präsident Akaev besonders um diese Bevölkerungsgruppe und gab das Motto „Kirgistan – unser gemeinsames Haus" als neue Staatsideologie aus. In der Praxis bedeutete dies die Gründung der Kirgisisch-Slawischen Universität 1992, die Erlaubnis einer doppelten Staatsbürgerschaft, die Wiedereinführung von Russisch als zweiter Staatssprache 2001 sowie die Besetzung bedeutender politischer Regierungsämter mit ethnischen Russen (vgl. ANDERSON 1999:47).

Als Folge der massiven Emigration von Russen und Europäern stieg der Anteil der Titularethnie, den ethnischen Kirgisen, auf 67,4% (2004), während der Anteil der ethnischen Russen auf 10,3% zurückging und die Anzahl der Ukrainer und Tataren um die Hälfte sank (NATIONAL STATISTICAL COMMITTEE OF THE

---

1 Am Ende der Sowjetära waren Russen in der Administration sowie im Industrie-, Kommunikations- und Bausektor (mit etwa 40% der Arbeiterschaft) überrepräsentiert, aber unterrepräsentiert in der Landwirtschaft (6,8%) (KAISER 1995:95).

KYRGYZ REPUBLIC 2004:43–44).² Neben den Migrationsprozessen ist auch die höhere Geburtenrate unter Kirgisen und Usbeken für diesen Trend verantwortlich. Seit 1989 hat die Anzahl der Kirgisen um 1,1 Mio. Menschen und die der Usbeken um über 150 000 Personen zugenommen (NATIONAL STATISTICAL COMMITTEE OF THE KYRGYZ REPUBLIC 2000; 2004).

Obwohl die vornehmlich im Süden Kirgistans lebenden Usbeken mit etwa 14,2% inzwischen zur größten Minderheit der Kirgisischen Republik avancierten, sind sie in politischen Ämtern und in der staatlichen Administration unterrepräsentiert (Karte 9). Die Gefahr inter-ethnischer Gewalt zwischen Kirgisen und Usbeken ist sehr hoch, wie der gewaltsame Konflikt 1990 im Gebiet Uzgen mit mehr als 200 Toten sowie die bürgerkriegsähnlichen Auseinandersetzungen im Juni 2010 im Gebiet Osch und Dshalal Abad mit über 400 Toten und Tausenden Verletzten zeigten (BOZDAĞ 1991; TISHKOV 1995; ANDERSON 1999:20; ELEBAYEVA et al. 2000:349; HANKS 2011). Die aufeinander gerichteten Ängste zwischen Kirgisen und Usbeken sind auf beiden Seiten sehr hoch, und die Abgrenzung gerade gegenüber den Usbeken scheint für die Kirgisen heute von größerer Bedeutung zu sein als jene gegenüber der slawischen Bevölkerung. Während „die Russen" als jene, die Entwicklung und Modernisierung dem „zurückgebliebenen Volk" der Kirgisen brachten, auch heute noch von der kirgisischen und usbekischen Bevölkerung meist positiv konnotiert werden, ist das Verhältnis zwischen Kirgisen und Usbeken von großem Misstrauen und vielfach gegenseitiger Abneigung geprägt. Obgleich die Ursachen des jüngsten Gewaltausbruchs machtpolitischer Natur sind und mit dem wenige Monate zuvor erfolgten Sturz des ehemaligen Präsidenten Bakiev zusammen hängen, wurde bewusst das gegenseitige Misstrauen zwischen den Ethnien instrumentalisiert, was schnell zu gewalttätigen Auseinandersetzungen zwischen kirgisischen und usbekischen Gruppen führte. Der Unwille der Regierung Kirgistans an einer unabhängigen Untersuchung zur Aufklärung des Konfliktes sowie ihr Versagen bei der Aufarbeitung der Ereignisse – obgleich zwei Drittel der Opfer Usbeken waren, wurden insbesondere Usbeken strafrechtlich verfolgt – lassen wenig Gutes erwarten.

In der staatlichen Administration auf Kreis-, Provinz- und insbesondere nationaler Ebene finden sich nur wenige Usbeken in leitenden Ämtern³, und in den Regierungen und Parlamenten⁴ sind die Usbeken politisch unterrepräsentiert. Diese Tatsache spiegelt sich in der Stimmung unter den Usbeken in Kirgistan wider, die nach einer Umfrage von FUMAGALLI (2007:240) nur zu 31% mit ihrer politischen Repräsentation und den Möglichkeiten der politischen Teilhabe zufrieden sind. Die Besetzung von Staatsämtern vornehmlich mit Kirgisen führte auch dazu, dass sich Usbeken stärker im Handel involvieren und entsprechend weniger auf

---

2   Die Bevölkerungszahl Kirgistans lag im Januar 2010 bei etwa 5,418 Mio. Menschen (www.stat.kg/nsdp/index.htm; 12.03.2010).
3   Die Bevorzugung von Angehörigen der Titularnation bei der Besetzung politischer und wirtschaftlicher Schlüsselpositionen sieht HALBACH (2007:93) als eine Fortsetzung der zunehmenden „Ethnokratie", die bereits in der patrimonialen Ära unter Breschnew einsetzte.
4   Laut UA (Ar-11.04.04) sei die Zuschneidung der Wahlkreise in Südkirgistan zu Gunsten der Kirgisen erfolgt.

eine universitäre Ausbildung setzen als Kirgisen. Nicht zuletzt um diesem Umstand abzuhelfen, wurde im Jahr 2006 von dem usbekischen Parlamentarier und Geschäftsmann Kadyržan Batyrov die Universität *Alim Batyrov* in Dshalal Abad gegründet. An dieser Universität studieren mehrheitlich Usbeken (UA-Ds-20.03.07). Im bildungspolitischen Bereich findet ebenfalls eine Benachteiligung der Usbeken statt, die mehr Schulmaterialien in usbekischer Sprache sowie mehr Grund- und Sekundarschulen mit usbekischer Unterrichtssprache fordern (FUMAGALLI 2007:241).[5] Heute erscheinen zwei usbekisch-sprachige Zeitungen in Dshalal Abad mit einer Gesamtauflage von knapp 10 000 Exemplaren (UA-Ds-20.03.07).

Zwar ist die Identität mit der kirgisischen Staatsangehörigkeit einer Untersuchung von ELEBAYEVA et al. (2000:346–347) zufolge auch unter den Nicht-Kirgisen recht hoch – so sehen sich 64,8% der befragten Nicht-Kirgisen selbst als „Bürger von Kirgistan" –, doch lehnt die Mehrheit der Befragten das ethnozentrische Konzept der Nation ab und wünscht sich Chancengleichheit in allen politischen und wirtschaftlichen Bereichen. Für die staatliche Etablierung Kirgistans sind jedoch auch die Loyalität der ethnischen Minderheiten zur Republik und die Akzeptanz ihrer kirgistanischen Staatsbürgerschaft von großer Bedeutung. Die Loyalität zum kirgistanischen Staat aber wächst durch die Möglichkeit der politischen Artikulation und Partizipation.

Territoriale Hemmnisse und regionale Disparitäten

Aus der territorialen Delimitation Kirgistans durch das Sowjetregime in den 1920er Jahren resultierte ein Staatsgebiet mit einer sehr langen Grenzlinie und mit mehreren Usbekistan oder Tadschikistan zugehörigen Enklaven. Aufgrund der Hochgebirgsnatur des Landes sowie der zentralistischen Politik Moskaus wurden die wichtigsten Kommunikationslinien mit Ausrichtung auf das Zentrum der Sowjetunion gebaut, eine innerkirgisische Verbindung zwischen Nord und Süd jedoch vernachlässigt: Bis heute existiert keine Eisenbahnlinie, welche die beiden wichtigsten Städte Kirgistans, Bischkek im Norden und Osch im Süden, miteinander verbindet; von den vier in Kirgistan endenden Bahnlinien ist heute lediglich die Strecke von der kasachischen Grenze nach Bischkek regelmäßig in Betrieb. Der Gütertransport zwischen Nord- und Südkirgistan wurde vor der Unabhängigkeit im Wesentlichen über die Territorien der Usbekischen und Kasachischen Sowjetrepubliken und der Personenverkehr wesentlich durch den damals hoch subventionierten Flugverkehr abgewickelt. Während der Sowjetzeit waren die Grenzen zwischen den Sowjetrepubliken von untergeordneter Bedeutung, doch seit 1991 markieren sie politische Grenzen zwischen Nationalstaaten, die Kommunikationslinien durchschneiden und den Austausch von Personen und Waren erschweren,

---

5 Trotz dieser Einschränkungen erkennen die Usbeken an, dass Kirgistan ihnen eine größere politische Freiheit bietet und auch die sozioökonomische Lage besser ist als in Usbekistan (FUMAGALLI 2007:243).

was insbesondere im Fergana-Becken zu zahlreichen Grenzstreitigkeiten und zu erheblichen Problemen für die lokale Bevölkerung führte (vgl. MEGORAN 2004; 2006; STEIN 2004). Nach der Unabhängigkeit mussten inländische Straßenverbindungen ausgebaut werden, um eine innerkirgisische Kommunikation überhaupt erst zu ermöglichen, allerdings erschwert durch den montanen Charakter des Landes. Bis heute existiert zwischen den beiden am dichtesten besiedelten Gebieten, dem Chui-Tal im Norden und dem Fergana-Becken im Süden, nur eine einzige durchgehend asphaltierte Straßenverbindung, die über zwei Gebirgspässe von 3582 m und 3184 m Höhe führt und im Winter häufig unterbrochen ist (Karte 10).

Diese Kommunikationsproblematik hat die kulturelle und ökonomische Divergenz zwischen Nord- und Südkirgistan weiter verfestigt. Für die Rivalität zwischen den beiden Regionen können verschiedene historische Gründe angeführt werden, beginnend mit der deutlich früheren Islamisierung der südlichen Stämme. So wurde im Fergana-Becken bereits ab Mitte des 10. Jahrhunderts der Islam zur vorherrschenden Religion, während er sich in den Gebirgsbereichen Kirgistans erst ab dem 17. Jahrhundert ausbreitete (vgl. BENNIGSEN & WIMBUSH 1986; GARDAZ 1999). Bis heute gilt die Bevölkerung des Südens als stärker an Islam und Tradition gebunden (vgl. FLETCHER & SERGEYEV 2002). Mitte des 19. Jahrhunderts paktierten dann die Nordstämme mit dem Russischen Reich gegen das Khanat von Kokand, das noch bis 1875 die Südstämme kontrollierte. Während des Bürgerkrieges Anfang der 1920er Jahre unterstützten viele Nordkirgisen die Bolschewiki, während die Basmači-Widerstandsbewegung viele Anhänger im Süden des Landes hatte. Somit kämpften Nord- und Südkirgisen mehrfach auf entgegen gesetzten Seiten (vgl. TEMIRKULOV 2004:94).

Neben den demographischen Differenzen mit einem höheren slawischen Bevölkerungsanteil im Norden und einer großen usbekischen Minderheit im Süden bestehen auch beträchtliche Unterschiede in der ökonomischen Ausrichtung. Insbesondere in Bischkek und im Chui-Gebiet kommt dem sekundären und tertiären Sektor eine größere Bedeutung zu als in dem agrarisch geprägten, auf das Fergana-Becken ausgerichteten südlichen Kirgistan.

Folge dieser regional differenzierten Wirtschaftsstruktur und der größeren Dynamik der außeragrarischen Sektoren ist ein höheres Durchschnittseinkommen in den nördlichen Provinzen Bischkek, Chui und Issyk Köl, was die höheren Werte des *Human Development Index* (HDI) dieser Provinzen reflektieren (Abb. 5.2). Entsprechend ist die Armut in den südlichen Provinzen Dshalal Abad, Osch und Batken sowie in den ländlich geprägten Provinzen Naryn und Talas weiter verbreitet (Abb. 5.3).

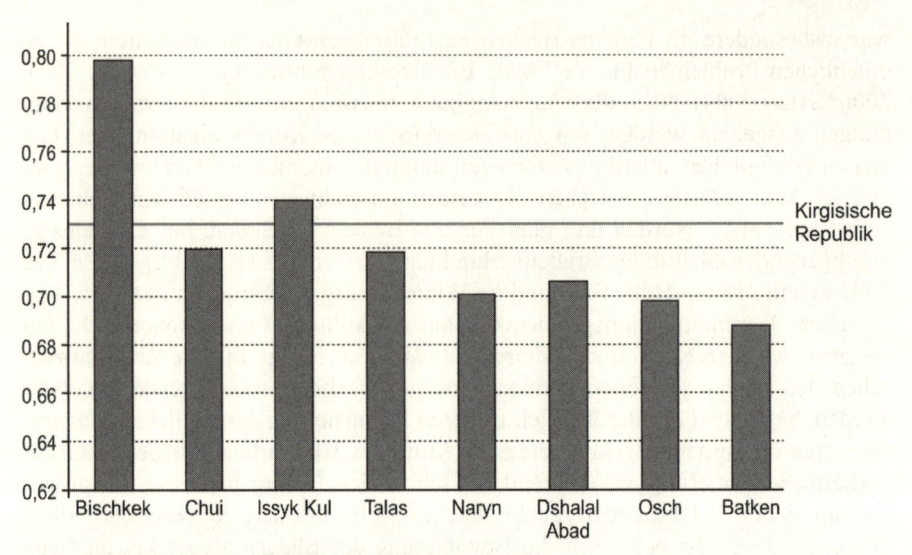

250 5 Ressourcennutzung im postsowjetischen Kirgistan

Quelle: National Statistical Committee of the Kyrgyz Republic 2005
© M. Schmidt 2013

Abb. 5.2 Human Development Index (HDI) in den Provinzen Kirgistans

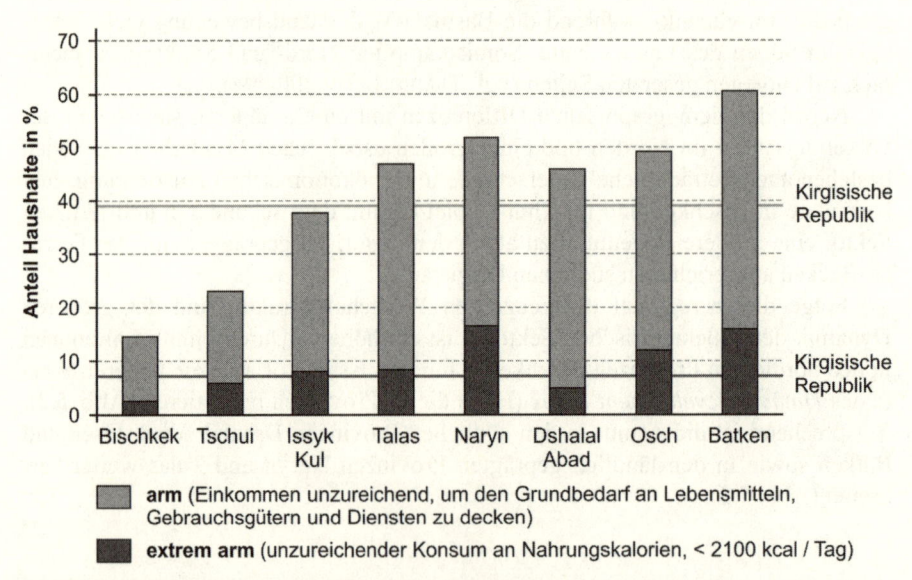

arm (Einkommen unzureichend, um den Grundbedarf an Lebensmitteln, Gebrauchsgütern und Diensten zu decken)

extrem arm (unzureichender Konsum an Nahrungskalorien, < 2100 kcal / Tag)

Quelle: National Statistical Committee of the Kyrgyz Republic 2005
© M. Schmidt 2013

Abb. 5.3 Anteil von durch Armut betroffenen Menschen in den Provinzen Kirgistans

Diese subnationale Teilung kam auch im politischen Wettbewerb zwischen den Eliten der beiden Regionen beim Zugang zu Ressourcen und Macht zum Ausdruck. Während der patrimonialen Ära unter Breschnew bildeten sich klanbasierte Netzwerke aus, welche die Staatsstruktur durchdrangen und eine wichtige Rolle bei der Distribution von Ressourcen spielten (TEMIRKULOV 2004:94). Über viele Jahre dominierte ein Klan aus Naryn die Kirgisische SSR, ehe 1985 der einem Klan aus dem Süden zugehörige Absamat Masaliev an die Macht kam. Bereits 1990 wurde er jedoch von Askar Akaev aus dem Norden geschlagen, der bis zur so genannten Tulpenrevolution 2005 das Land regierte und seine Netzwerke und Herkunftsregion, das Kemin-Tal, förderte – sein Politikstil wird deshalb vielfach als „Keminismus" bezeichnet. Bis zu seinem Sturz im April 2010 regierte mit Kurmanbek Bakiev wieder ein Mann aus Südkirgistan das Land, die zwischenzeitliche Präsidentin Roza Otunbaeva ließ sich keinem regionalen Lager zuordnen, während mit Almazbek Atambaev seit Dezember 2011 erneut ein Mann aus der nördlichen Tschui Provinz das Land regiert.

Die Politik steht heute vor der schwierigen Aufgabe, eine kirgisische Staatsnation zu etablieren, welche die dichotome Struktur des Landes verringert, und eine nationale Identität auszubalancieren zwischen den Forderungen einiger Kirgisen nach einem ethnisch basierten Nationalismus und dem Wunsch der ethnischen Minderheiten nach gleichberechtigter Teilhabe und Integration. Dabei soll einerseits keine der ethnischen Gruppen zurück gestoßen werden, andererseits scheinen aber Zugeständnisse gegenüber den Gefühlen der Kirgisen politisch notwendig zu sein, um subnationale Loyalitäten zu vermindern.

5.1.2 Politische Entwicklungen und institutioneller Rahmen

Politische Entwicklungen nach 1991

Die Kirgisische Republik erhielt 1991 mit dem ehemaligen Präsidenten der Akademie der Wissenschaften, dem Physiker Askar Akaev, einen Präsidenten, der anders als in den mittelasiatischen Nachbarstaaten nicht der sowjetischen Nomenklatura angehörte. Dieser liberale Hoffnungsträger zeichnete sich insbesondere in der ersten Hälfte seiner Amtszeit durch großen Reformeifer aus, der weit über das Land hinaus strahlte.

Durch die Einschaltung internationaler Berater und *Think Tanks* und durch die Umsetzung vergleichsweise radikaler Reformen im Sinne des „Washington Konsens" galt das junge Land rasch als Vorbild, als „Insel der Demokratie in Zentralasien" (ANDERSON 1999). Die Wirtschaft wurde in Kirgistan schneller und radikaler liberalisiert und privatisiert als in den umliegenden ehemaligen Sowjetrepubliken, die Presse konnte freier agieren, und die demokratischen Reformen schienen ebenfalls ernsthafter als in den Nachbarstaaten umgesetzt zu werden. In seinen späten Amtsjahren verlangsamte sich jedoch die Reformagenda, die Demokratisierungsbestrebungen kamen ins Stocken, und Akaev regierte zunehmend autoritärer, ließ die Verfassung zugunsten einer dritten Amtszeit ändern, entmachtete schrittweise das Parlament und ging verstärkt gegen Oppositionelle vor. So stellte sich KUBICEK (1998:36) die Frage: "Kyrgyzstan: democratic experiment gone awry?"

Die immer schamlosere Bereicherung und der Nepotismus des Akaev-Klans, die grassierende Korruption unter den Staatsbediensteten sowie die weit verbreitete Armut und hohe Arbeitslosigkeit vor allem im ländlichen Raum steigerten die Unzufriedenheit der Bevölkerung mit der Politik ihres Präsidenten.[6] Dieser Unmut entlud sich schließlich im März 2005 nach den offensichtlich nicht fair abgehaltenen Parlamentswahlen in Massendemonstrationen und der Stürmung des Präsidentensitzes, was Akaev zur Flucht nach Moskau zwang und ihn zur wenig später erfolgten Abdankung veranlasste (MARAT 2006, 2008; HUET 2007). Im Zuge dieser so genannten Tulpenrevolution kam es in der Hauptstadt Bischkek zu massiven Plünderungen, Verwüstungen von Geschäften sowie mehreren Todesfällen. Der vom *International Business Council* geschätzte Schaden lag bei etwa 100 Mio. US$ (KOBONBAEV 2005).[7]

Mit dem politischen Tandem Kurmanbek Bakiev im Amt des Staatspräsidenten und Felix Kulov im Amt des Premierministers, das Akaev im März 2005 abgelöst und bei den folgenden Präsidentenwahlen am 10. Juni 2005 ein starkes Votum der Wähler erhalten hatte, waren große Hoffnungen auf einen demokratischen Aufbruch verknüpft. Die anfängliche Euphorie verflog jedoch rasch wieder, nachdem sich auch in der Präsidentschaft Bakievs unter weitgehender Ausschaltung der Opposition ein zunehmend autoritärer Regierungsstil etablierte und das aus Verwandten, Freunden und Klanmitgliedern bestehende Umfeld Bakievs bei der Vergabe von Staatsposten stark bevorzugt wurde.[8] Ehemalige Mitstreiter Bakievs wie die frühere Außenministerin Roza Otunbaeva, der Vorsitzende der Sozialdemokratischen Partei Almazbek Atambaev oder die oppositionellen Parlamentarier Azimbek Beknazarov und Omurbek Tekebaev wandten sich von Bakiev ab, und auch Felix Kulov zog sich nach diversen Demütigungen über seinen Verbleib im Amt des Premierministers und vergeblichen Versuchen des Widerstands im Frühjahr 2007 desillusioniert aus der Politik zurück.

Nach dem Vorbild Putins gründete Bakiev im September 2007 den politischen Block *Ak Žol*, der weniger als Partei denn als Präsidentenwahlverein zu

---

6 Über die „Transformation Askar Akaevs" vom reformorientierten Präsidenten zu einem immer autoritärer regierenden Herrscher, über die Probleme seines Machterhalts und seiner Ausstrahlung auf die Nachbarstaaten vgl. SPECTOR (2004).

7 Zu den Hintergründen, Ereignissen und Folgen der „Tulpenrevolution" vgl. TUDOROIU (2007); CUMMINGS (2008); CUMMINGS & RYABKOV (2008); JURAEV (2008); KUPATADZE (2008); KULOV (2008); LEWIS (2008); MARAT (2008); RYABKOV (2008); TEMIRKULOV (2008); TURSUNKULOVA (2008); HEATHERSHAW (2009); Ó BEACHÁIN (2009).

8 Ein jüngerer Bruder Bakievs, Žanyš Bakiev, wurde Chef des Geheimdienstes. Einem anderen, Akhmat Bakiev, Vorsitzender des Stadtrats von Dshalal Abad, wird nachgesagt, in der organisierten Kriminalität und im Drogenhandel involviert zu sein, zudem galt er als informeller Gouverneur Südkirgistans. Ein weiterer Bruder agierte als Botschafter in Deutschland, und Bakievs Sohn Maksim kontrollierte die wichtigsten Geschäftsfelder Kirgistans (MARAT 2008:234).

betrachten ist und Bakiev bis zu seinem Sturz 2010 nahezu vorbehaltlos unterstützte. Durch eine Verfassungsänderung hatte sich der Präsident das Recht zugesichert, die Regierung zu berufen und das Parlament zu kontrollieren. Zweifelhafte Verwicklungen in kriminelle Machenschaften, eine grassierende Korruption, Nepotismus und skandalöse Praktiken im Energiesektor, die zu ernsten Energiekrisen mit Stromabschaltungen führten, diskreditieren das Regime von Bakiev weiter (MARAT 2008). Im Juli 2009 wurde Bakiev zwar noch mit großer Mehrheit in seinem Amt bestätigt, doch musste er nur knapp neun Monate später nach massiven und gewalttätig verlaufenden Auseinandersetzungen zwischen Anhängern der Opposition und Sicherheitskräften aufgeben. Seine Nachfolgerin wurde Roza Otunbaeva, die das Land bis zu Neuwahlen im Oktober 2011 als Übergangspräsidentin regierte und mit einer per Volksabstimmung legitimierten Verfassungsänderung die Machtbefugnisse des Präsidenten wieder zurück stutzte. Aus den vergleichsweise als fair geltenden Wahlen ging Almazbek Atambaev als Sieger hervor und regiert seit Dezember 2011 die Kirgisische Republik.

Angesichts der Persistenz endemisch scheinender Demokratiedefizite, Korruption und Nepotismus schien der Machtwechsel 2005 eher ein „*risorgimento* – a reorganization of government – rather than a conventionally defined revolution" (WOOD 2006:45) gewesen zu sein, der in der Ära Bakiev zu einer politischen Angleichung an die diktatorischen Regierungsstile der Nachbarstaaten führte. Auch TUDOROIU (2007:315) sieht in dem Machtwechsel im März 2005 aufgrund der Schwäche der Zivilgesellschaft und der starken Rolle ehemaliger Regierungsmitglieder bei der Initiierung, Kontrolle und Führung der Proteste weniger eine demokratische Revolution als eine Rotation der herrschenden Eliten innerhalb eines undemokratischen politischen Systems. Inwieweit der erneut mit großen Hoffnungen verbundene, jedoch wesentlich blutiger verlaufende Machtwechsel 2010 sowie die weitgehend demokratisch verlaufenden Wahlen 2011 daran etwas ändern werden, hängt vom Willen und den tatsächlichen Handlungsspielräumen des neuen politischen Führungspersonals ab. Die Frage, ob die neue Regierung Demokratie fördern sowie Korruption und Nepotismus beseitigen will oder ob sie, endlich an der Macht, ebenfalls die Möglichkeiten der Selbstbereicherung nutzt und kritische Stimmen und Opposition unterdrückt, werden die kommenden Jahre zeigen. Es ist zu hoffen, dass ENGVALL (2007:33) mit seiner These "stealing economic assets and political offices has become a permanent feature of the Kyrgyz political system" nicht recht behält.

Kirgistan gilt zudem als wichtiger Transitkorridor für den internationalen Drogenschmuggel, in den auch einzelne Abgeordnete des Parlaments verwickelt sind (CORNELL & SWANSTRÖM 2005). Die zunehmende Verquickung von halblegalen Geschäften und Politik sowie der Versuch organisierter Kräfte, legislative Entscheidungen oder Gerichtsurteile zu beeinflussen, führen zu einer Aushöhlung der Autorität staatlicher Institutionen und bedrohen die Stabilität des Staates. Obgleich immer wieder erfolgreiche Schläge gegen das organisierte Verbrechen erfolgen, scheinen nicht wenige Personen staatlicher Institutionen selbst in kriminelle Machenschaften verwickelt zu sein (KUPATADZE 2008:293). Somit wurde das positive Potential der beiden „Revolutionen" zur Eindämmung von Kriminalität und Korruption neutralisiert durch den Unwillen der „revolutionären Eliten", illegale Aktivitäten zu bekämpfen. Kirgistans Entscheidungsträger zeigen häufig wenig Respekt gegenüber dem Gesetz und versuchen, das politische System für eigene Ziele zu manipulieren. Hinzu kommt eine ineffiziente, vielfach inkompetente und korrupte Administration (KOICHUMANOV et al. 2005), die zu Misstrauen und Skepsis der Bevölkerung gegenüber dem Staat führt. In der Folge begreifen sich die Bürger nicht als Teil des Staates, sondern stehen dem Staat, repräsentiert durch eine bürokratische Verwaltung und korrupte Politikerklasse, sehr skeptisch gegenüber.

Obwohl die politischen Entwicklungen in Kirgistan den westlichen Idealvorstellungen von Demokratie, Zivilgesellschaft und Rechtsstaat in vielen Bereichen zuwiderlaufen, muss den bisherigen Regierungen in Kirgistan zugute gehalten werden, dass sie die Staatsordnung gewahrt und das Aufkommen eines radikalen Nationalismus bisher verhindert haben. Zudem ist das Land durch eine im Vergleich zu seinen Nachbarn verhältnismäßig große Presse- und Meinungsfreiheit und eine durch einen lebhaften NGO-Sektor geprägte wachsende Zivilgesellschaft gekennzeichnet. Doch die gewaltsamen Auseinandersetzungen im Sommer 2010 in Südkirgistan demonstrierten eindrucksvoll die Fragilität des Friedens in Kirgistan und müssen als Warnung betrachtet werden. Denn das zunehmend chauvinistischer agierende politische Spitzenpersonal gibt wenig Hoffnung, dass Misstrauen und Feindschaft zwischen den ethnischen Gruppen abgebaut werden könnten.

Organisation von Regierung und Verwaltung

Kirgistan gilt seit Oktober 2010 als parlamentarische Republik, an dessen Spitze ein mit umfangreichen Machtbefugnissen ausgestatteter Präsident steht, der für eine Amtszeit von fünf Jahren vom Volk gewählt wird und den Premierminister sowie die Mitglieder der Regierung beruft. Ein Ein-Kammern-Parlament bildet die Legislative, dessen Mitglieder ebenfalls für fünf Jahre gewählt sind. Das Verfassungsgericht, der oberste Gerichtshof und weitere Gerichte repräsentieren die Judikative. Ein starker Präsidentenapparat sowie die Ministerien bilden die Administration auf Nationalstaatsebene.

Legislative, Exekutive und Judikative folgen in der Kirgisischen Republik einer hierarchischen Vier-Stufen-Struktur territorialer Einheiten: Die erste Stufe bildet der Nationalstaat mit dem Staatsterritorium Kirgistans, die zweite Ebene die sieben Provinzen (*Oblast'*) sowie die Städte Bischkek und Osch. Auf der dritten Ebene befinden sich die 40 Landkreise (*Rajon*) und 12 kreisfreie Städte. Die unterste Ebene bilden 472 Gemeinden (*Ailökmöt*), die in der Regel einen administrativen Zusammenschluss mehrerer Siedlungen darstellen (Karte 11).

Die Regierung und Verwaltung der unterschiedlichen Gebietskörperschaften wird von exekutiven und repräsentativen Organen ausgeübt. Auf allen Ebenen werden die Mitglieder der repräsentativen Räte (*Keneš*) von den Bürgern direkt gewählt, während die Leiter der exekutiven Körperschaften auf Oblast- und Rajon-Ebene vom Präsidenten eingesetzt und vom jeweiligen Rat bestätigt werden, im Gegensatz zu den direkt vom Volk gewählten Bürgermeistern (*Ailökmöt*) (MEURS & SATARKULOVA 2004:9).

Der Bürgermeister steht sowohl der Gemeindeverwaltung (*Ailökmötü*) als auch dem Gemeinderat (*Ail Keneš*) vor, was dem Prinzip der Gewaltenteilung widerspricht. Auf lokaler Ebene existieren zumeist noch zusätzliche formelle und informelle Institutionen wie der Rat der Dorfältesten (*Aksakal*), der Frauenrat sowie die Dorfgerichte, die sich mit kommunalen Angelegenheiten, Problemen und Konflikten beschäftigen.

Zu den Funktionen und Aufgaben der Gemeinderäte und -administration gehören nach dem im September 2003 verabschiedeten Gesetz über lokale Regierung und öffentliche Verwaltung die Entwicklung eines örtlichen Beschaffungssystems, die Bereitstellung gesellschaftlicher und kultureller Dienste, Kontrolle und Verwaltung des kommunalen Landes und Bestandes, Verbesserung des Wohnungsbaus, Instandhaltung der kommunalen Infrastruktur, Entwicklung und Administration der Schulen, Management des lokalen Gesundheitswesens sowie Bewahrung von Recht und Ordnung. Zudem tragen die lokalen Körperschaften Verantwortung, bedürftige Haushalte zu unterstützen, Pässe und Aufenthaltsgenehmigungen auszustellen, Familienstand und Eigentumsverhältnisse zu bescheinigen, Landnutzung zu überprüfen, die Umwelt zu schützen und lokale Steuern und Abgaben einzuziehen (MEURS, & SATARKULOVA 2004:10). Die Gemeindeverwaltungen (*Ailökmötü*) als exekutive Organe der lokalen Selbstverwaltung führen Beschlüsse des Gemeinderates, des repräsentativen Organs der lokalen Selbstverwaltung, und delegierte Aufgaben des Staates aus.

Das Budget des *Ailökmöt* zur Bewältigung dieser Aufgaben setzt sich zusammen aus Zuwendungen des Finanzministeriums und lokal erhobenen Steuern und Abgaben. Einkommens-, Mehrwert- und Ertragssteuern sowie Zölle fließen direkt dem zentralen nationalstaatlichen Budget zu, wovon die Gemeinden wiederum Anteile erhalten. Die Gemeinden selbst erheben Grund- und Umsatzsteuern sowie lokale Gebühren, etwa Landpacht für landwirtschaftlich genutzte Flächen (MEURS, & SATARKULOVA 2004:14). Bedeutend für das Budget der Gemeinden sind Transferzahlungen aus dem zentralstaatlichen Haushalt, zu denen die so genannten Kategorialzuweisungen (*kategorijal'nye granty*) zur Finanzierung zentralstaatlich delegierter Aufgaben, insbesondere zur Deckung der Gehälter und laufenden Kosten für die lokale Selbstverwaltung, für Bildungs- und Gesundheitseinrichtungen, sowie Ausgleichszuweisungen (*vyravnivajuščie granty*) zur Sicherung sozialer Mindeststandards gehören. Die Höhe der Ausgleichszahlungen richtet sich nach der fiskalischen Lücke zwischen Einnahmenpotenzial und Bedarf des lokalen Haushaltes zur Finanzierung der kommunalen Ausgaben (vgl. ACKERMANN 2007:42–45).

Die Rahmenbedingungen für die Arbeit der staatlichen Verwaltung sind insbesondere in ländlichen Regionen vielfach mangelhaft: Die Gebäude sind häufig sanierungsbedürftig, es fehlt an Möbeln, Computern und Internetanschlüssen. Zudem sind die Gehälter der Beamten zu gering, um einen Anreiz für potentiell qualifizierte Mitarbeiter darzustellen, außerdem ist die Qualifikation der Beamten oft unzureichend (vgl. ACKERMANN 2007:48–49).

Rechtssystem

Die Schlüsselinstitutionen der Judikative der Kirgisischen Republik sind das Verfassungsgericht, das sich mit Verfassungsfragen beschäftigt, der Oberste Gerichtshof als oberste Berufungsinstanz, der sich mit Strafrechts-, Wirtschafts-, Verwaltungs- und anderen Fällen beschäftigt, sowie weitere 78 Gerichte (mit insgesamt 374 Richtern) für jeden Verwaltungsdistrikt. Die unterste Instanz staatlicher Gerichtsbarkeit bilden Gerichte in Städten und Kreisen (*Rajon*), Berufungsgerichte der nächst höheren Instanz befinden sich auf Oblast-Ebene. Das Büro des Staatsanwalts (*Prokuratura*) als Überbleibsel des sowjetischen Rechtssystems[9] übt als reines Ermittlungsorgan Kontrolle über die Exekutivorgane und andere Rechtsorgane aus (INTERNATIONAL CRISIS GROUP 2008:4).

Das Hauptproblem innerhalb des kirgisischen Rechtssystems besteht in der häufigen Einmischung anderer staatlicher Institutionen wie der Präsidialadministration, der Regierung oder Regierungsbehörden auf richterliche Entscheidungen, die entweder durch direkte politische Intervention oder durch politische Steuerung der Auswahlverfahren und Beschäftigungsdauer von Richtern erfolgt (INTERNATIONAL CRISIS GROUP 2008:6).

Auch das Verfassungsgericht fällte in der Vergangenheit vielfach Urteile nach politischen Gesichtspunkten, womit es kaum als Kontrollinstanz der Exekutive dient. Bei den Parlamentswahlen im Dezember 2007 wurden die Gerichte eingeschaltet, um Kandidaten und oppositionelle Parteien zu disqualifizieren. Es gibt zahlreiche Belege für politische Einflussnahme auf die Gerichte wie auch für die Korruption des Rechtssektors (INTERNATIONAL CRISIS GROUP 2008:2–3). Richter erscheinen deshalb lediglich als eine weitere „politische Ressource" in einem korrupten Staatssystem: So wie Politiker und informelle Führer ihren eigenen Journalisten, ihren persönlichen Polizeioffizier und ihr eigenes Netzwerk von Staatsbeamten haben, so verfügen sie auch über einen eigenen Richter, der Urteile zu ihren Gunsten fällt (INTERNATIONAL CRISIS GROUP 2008:8).

Aufgrund der politischen Einflussnahme und der hohen Korruption ist die Reputation des Rechtssystems in Kirgistan gering und wird von der Bevölkerung mit Misstrauen bedacht. Bei politischen und wahlkampftaktischen Konflikten spielte es eine negative Rolle und vermochte es nicht, als Kontrollorgan gegenüber dem wachsenden Autoritarismus oder als neutraler Schlichter politischer Auseinandersetzungen zu handeln. Die Unfähigkeit, rechtsstaatliche Prinzipien in der Ökonomie zu etablieren, schreckt sowohl heimische als auch ausländische Investoren ab. Der gestürzte Präsident Bakiev zeigte dieselbe Furcht vor einer unabhängigen Justiz wie sein Vorgänger und nutzte das System vornehmlich, um

---

9 Das Rechtssystem der Sowjetunion war als Instrument der staatlichen Politik gestaltet und nicht als Kontrollorgan der Politik oder zur Sicherung der Verfassung. Es gab keine Kultur von Rechtsanwälten oder Geschworenengerichten, Verteidiger waren zur Verteidigung gegen staatliche Anklagen nicht erlaubt und die Richter dienten meist nur der Bestätigung der Anklagen des Staatsanwalts. Die mächtigsten Akteure innerhalb des sowjetischen Rechtssystems waren die Beamten des *Prokuratura*, des Büros des Staatsanwalts, das für die Aufklärung und Anklage von Straftatbeständen verantwortlich war (INTERNATIONAL CRISIS GROUP 2008:1).

die eigene Position zu stärken. Der Mangel an Gerechtigkeit und Vertrauen in das Rechtssystem wird auch vielfach als Grund für die wachsende Unterstützung islamistischer Ideen und Gruppierungen wie der *Hizb ut-Tahrir* gesehen, von denen diese Mängel in ihrer Propaganda hervorgehoben werden.

Auf lokaler Ebene spielen die 1995 eingeführten *Aksakal*-Gerichte oder *Aksakal*-Räte eine nicht unbedeutende Rolle bei der Rechtsprechung sowie bei der Einhaltung kommunaler Ordnung. Älteren Männern einer Dorfgemeinschaft eröffnete sich damit die Möglichkeit, eine offizielle Position und damit einen höheren Status in der Dorfgemeinschaft zu erlangen, wenn die Tätigkeit auch unentgeltlich erfolgt. Viele der heutigen *Aksakale*, die zu Sowjetzeiten als Agronomen, Kolchoz-Leiter, Schuldirektoren oder Brigadiere arbeiteten und es gewohnt waren, dass ihre Stimme gehört wurde, fühlen sich geehrt, wenn sie für ein *Aksakal*-Gericht nominiert werden (BEYER 2007:8).

Bereits in vorsowjetischer Zeit stellte die Institution der *Aksakale* eine Form lokaler Selbstregierung dar. Denn *Aksakale* vermittelten bei Konflikten innerhalb ihrer Familien oder Verwandtschaftsgruppen (*Uruu*), sie vertraten auf größeren Versammlungen (*Kurultaj*) die Interessen ihrer Verwandtschaftsgruppe und verhandelten über koordinierte Aktivitäten oder Verteidigungsstrategien (MEURS, & SATARKULOVA 2004:7). Im Gegensatz zu anderen Institutionen des Gewohnheitsrechts wurde die Institution der *Aksakale* nie gezielt vom kolonialen oder sowjetischen Regime bekämpft und zur Konfliktschlichtung selbst während der Sowjetzeit auf lokaler Ebene – zwar inoffiziell – geduldet (BEYER 2007:8).

Das im Jahr 2002 verabschiedete Gesetz der Kirgisischen Republik „Über lokale Selbstverwaltung und lokale Staatsverwaltung" gab den lokalen Gemeinschaften die Möglichkeit, die Institution der *Aksakale* zu formalisieren. In der Folge entstanden in den meisten Kommunen offizielle *Aksakal*-Gerichte und *Aksakal*-Räte, welche fortan die informelle Lokalpolitik mitgestalteten (TEMIRKULOV 2008:321). Unter Nutzung ihrer traditionellen und formalen Vollmachten nehmen die *Aksakale* eine aktive Rolle bei der politischen Mitgestaltung auf lokaler Ebene ein. Sie schlichten Konflikte zwischen Gemeinschaften oder mobilisieren Arbeitskräfte zur Bewältigung kommunaler Aufgaben. Dabei fällen die *Aksakal*-Gerichte Urteile nach moralischen Normen, die Bräuche und Traditionen der Kirgisen widerspiegeln (BEYER 2007:9).

Hintergrund der *Aksakale* als Institution bildet die Tradition des Respekts vor der Lebenserfahrung Betagter, so basiert die Autorität eines *Aksakal* zunächst einfach auf seinem Alter. Die *Aksakale* nutzen ihre Autorität, soziale Kontrolle innerhalb der Gemeinschaft auszuüben, wofür sie die informellen Instrumente von *Uiat* (Schande) und *Bata* (Segen) nutzen (TEMIRKULOV 2008:321). Obgleich die *Aksakal*-Räte und -gerichte als relativ schnell arbeitende Instanz zur Schlichtung von Konflikten auf kommunaler Ebene weithin akzeptiert werden, wird kritisiert, dass dadurch traditionelle, männerdominierte kulturelle Normen und Diskriminierung gegenüber Frauen und jungen Menschen perpetuiert würden (INTERNATIONAL CRISIS GROUP 2008:3).

5.1.3 Ökonomie

Die Wirtschaft der Kirgisischen SSR war geprägt durch die sowjetische ökonomische Modernisierung und Teil des Arbeits- und Produktionssystems der UdSSR. Ein ineffektiver öffentlicher Sektor dominierte die Volkswirtschaft, nahezu alle Wirtschaftssektoren von der Industrie über Transport und Landwirtschaft bis hin zu Dienstleistungen befanden sich in staatlicher Hand. Das Land zeichnete sich durch eine überregulierte und zentralisierte Wirtschaft in einem verzerrten, durch massive Zuflüsse aus Moskau subventionierten Markt aus.

Mit dem Ende der sozialistischen Planwirtschaft und der Auflösung der UdSSR brachen die innersowjetischen Verflechtungen von Produktion und Handel zusammen und die Finanztransfers aus dem Zentrum wurden eingestellt. Um die neuen Herausforderungen zu bewältigen und das Land auf dem globalisierten Markt wettbewerbsfähig zu machen, setzte der reformorientierte kirgisische Präsident Askar Akaev auf eine schnelle und umfangreiche Liberalisierung der Ökonomie. Damit verbunden war eine fundamentale Reorganisation des gesamten wirtschaftlichen Systems des Landes: Deregulierung des öffentlichen Sektors und Arbeitsmarktes, Preisliberalisierung, Privatisierung von Unternehmen, Landreform, Schaffung eines modernen Bankensektors und Währungsreform (ABAZOV 1999b:197; BLOCH & RASMUSSEN 1998). Die drei Hauptziele dieser Reformen waren 1) Liberalisierung und Dezentralisierung des Staatsmanagements, 2) makroökonomische Stabilisierung und Einführung einer nationalen Währung sowie 3) Deregulierung, Privatisierung und Umstrukturierung (ABAZOV 1999b:204). Hierbei wählte die Kirgisische Republik den Weg der „Schocktherapie" nach dem Modell des „Washington Konsens".

Bereits bis zum Januar 1992 wurden 90% aller Preise freigegeben; der Staat subventionierte weiterhin lediglich Brot, Fleisch, Energie und den öffentlichen Transport (ABAZOV 1999b:205). In der Folge erreichte die Inflation im Januar 1993 Werte von 46% pro Monat. Im Mai 1993 führte Kirgistan als erstes der mittelasiatischen Staaten eine eigene Währung ein, den Kirgisischen Som (KGS) (ABAZOV 1999b:206). Die Liberalisierung der Ökonomie zu Beginn der 1990er Jahre sollte ausländische Investitionen fördern und wirtschaftliches Wachstum induzieren. Zwar erhielt Kirgistan auch aufgrund seines Reformeifers Unterstützung von der internationalen Gemeinschaft (RASHID 1994; POMFRET 1995) und avancierte zum Musterland in Mittelasien. Doch die Wirtschaftsleistung Kirgistans befand sich tatsächlich zunächst im freien Fall: Das Bruttoinlandsprodukt sank 1991 um 3,6%, 1992 um 15,9%, 1993 um 16% und 1994 sogar um 26,5%. Im Jahr 1996 lag das Bruttoinlandsprodukt bei 53,5% des Wertes von 1990. Doch ab diesem Jahr setzte eine Stabilisierung ein, als erstmals seit der Unabhängigkeit ein wirtschaftliches Wachstum erzielt wurde (ABAZOV 1999b:213), das jedoch im Wesentlichen auf Steigerungen im Agrar- und Energiesektor sowie im Goldbergbau basierte. Im Jahr 2002 erreichte die Ökonomie etwa 70% des Niveaus von 1990 (UNITED NATIONS IN THE KYRGYZ REPUBLIC 2003:11).

Die Reformen und der ökonomische Wandel zeitigten jedoch erhebliche soziale Kosten in Form von steigender Arbeitslosigkeit, Armut und sozioökonomischer Polarisierung. Die offizielle Arbeitslosenrate nahm von 0,2% (1990) auf 3,6% (1995) zu (ABAZOV 1999b:215). Im Januar 2010 waren 61 800 Personen Kirgistans arbeitslos gemeldet, was 10,9% der erwerbsfähigen Bevölkerung entsprach (NATIONAL STATISTICAL COMMITTEE OF KYRGYZ REPUBLIC 2010). All diese offiziellen Angaben spiegeln jedoch nur unzureichend die tatsächlichen Beschäftigungsverhältnisse wider. Denn viele Menschen tauchen in den Arbeitslosenstatistiken nicht auf, weil sie beispielsweise im informellen Sektor beschäftigt sind oder aus Mangel an Alternativen eine eigene Landwirtschaft betreiben, wobei ihnen das zur Verfügung stehende Vieh und Ackerland schwerlich zum Lebensunterhalt ausreichen.

Mit dem Rückbau des sozialen Wohlfahrtssystems ging in Kirgistan eine Zunahme der Armut einher. Hohe Preissteigerungen, Hyperinflation, zunehmende Arbeitslosigkeit, unzureichende Einkommen, unregelmäßige Lohnzahlungen und andere Probleme führten zu einem steilen Rückgang des Lebensstandards (ABAZOV 1999b:215). Nach Schätzungen des Nationalen Statistischen Komitees lebten im Jahr 1995 etwa 71% der Bevölkerung unterhalb der offiziellen Armutsgrenze (ABAZOV 1999b:215). Etwa 70% der Bewohner Kirgistans mussten 2003 mit weniger als 2,15 US$ pro Tag auskommen (UNDP REGIONAL BUREAU FOR EUROPE AND THE CIS 2005:43). Der Staatshaushalt basiert größtenteils auf finanziellen Zuwendungen internationaler Geber, so dass inzwischen die Auslandsverschuldung das jährliche Bruttosozialprodukt übertroffen hat.

Mit einem Anteil von 46% aller Beschäftigten und über 20% des Bruttoinlandsprodukts bildet der primäre Sektor den Grundpfeiler der Wirtschaft Kirgistans (NATIONAL STATISTICAL COMMITTEE OF THE KYRGYZ REPUBLIC 2010:208). Neben dem Anbau von Getreide, Früchten und Baumwolle kommt vor allem der Viehzucht (Schafe, Rinder) auf den ausgedehnten Gebirgsweiden eine große Bedeutung zu. Dabei durchlief der agrarwirtschaftliche Sektor eine radikale Reform mit der Auflösung sämtlicher Sowchozi und Kolchozi und ihrer Umformung in landwirtschaftliche Kooperativen und Genossenschaften sowie zehntausende von privaten landwirtschaftlichen Kleinbetrieben. Landwirtschaft wird heute mehrheitlich in Form kleinbäuerlicher Familienbetriebe durchgeführt.

Die sowjetische Wirtschaftspolitik hatte massiv den Aufbau der Industrie gefördert, so dass der industrielle Sektor im Jahr 1990 zu etwa 30% zum Bruttoinlandsprodukt Kirgistans beitrug und etwa ein Drittel der erwerbstätigen Bevölkerung beschäftigte (ABAZOV 1999b:197). Dennoch lag der Industrialisierungsgrad der Kirgisischen SSR weit unter dem Sowjet-Durchschnitt. Seit 1991 verlor der industrielle Sektor weiter an Bedeutung und trägt heute nur zu knapp 15% zum Bruttoinlandsprodukt bei (NATIONAL STATISTICAL COMMITTEE OF THE KYRGYZ REPUBLIC 2010).

Im Gegensatz zu seinen Nachbarn Usbekistan und Kasachstan ist Kirgistan ein rohstoffarmes Land ohne nennenswerte Erdöl- oder Erdgasvorkommen. Von den zu Sowjetzeiten betriebenen Bergbaubetrieben (Kohle, Uran) wurden die meisten im Verlauf der 1990er Jahre geschlossen. Eine bedeutende Ausnahme bildet die im Rahmen eines 1993 gegründeten Konsortiums zwischen der kanadischen *Cameco Corporation* und der kirgisischen Regierung betriebene Goldmine

Kumtor, die allein 9% zum Bruttoinlandsprodukt beiträgt. Bisher wurde Gold im Wert von über 2 Mrd. US$ abgebaut – obwohl der kirgisische Staat 70% der Anteile an der Mine erhielt, tauchten nur 107 Mio US$ im Staatsbudget wieder auf (SOLTOBAEV 2005).

Ähnliche Unregelmäßigkeiten finden sich in der Energiewirtschaft, da 40% der an den aus sowjetischer Zeit stammenden Staudämmen produzierten Elektrizität offiziell als „Energieverluste durch Übertragung" registriert werden, was nicht allein physikalisch zu erklären ist (SOLTOBAEV 2005). Am Ende der Bakiev-Ära herrschte eine ernste Energiekrise in Kirgistan, da der Toktogulstausee weit unter Durchschnitt gefüllt war und somit die Kraftwerke, die wichtigsten Elektrizitätserzeuger der Republik, nur mit eingeschränkter Kapazität liefen. Der geringe Wasserstand des Sees hatte allerdings nicht nur witterungsbedingte Ursachen, sondern war Folge von Missmanagement und bewusster Regulierung zugunsten von Partikularinteressen.

Bei den ausländischen Direktinvestitionen lag im Jahre 2006 Kasachstan mit 137 Mio. US$ vor Deutschland mit 53 Mio. US$ und Großbritannien mit 38 Mio. US$ noch weit vor Russland mit 20 Mio. US$ und China mit 7 Mio. US$ (MOROZOVA 2009:88). Aufgrund der engen wirtschaftlichen Kooperation und der historischen Verbindungen gelten Kasachstan und Russland als die wichtigsten Partnerländer Kirgistans (MOROZOVA 2009). Bei einem Vergleich sozioökonomischer Indikatoren zwischen den mittelasiatischen Staaten schneidet Kirgistan unterdurchschnittlich ab, weit hinter Kasachstan und etwa auf gleichem Niveau mit dem vom Bürgerkrieg geschwächten Tadschikistan (vgl. Abb. 2.3).

5.2 EROSION STAATLICHER INSTITUTIONEN UND WANDEL DES AKTEURSFELDES

Politische Macht- und Systemwechsel sind mit grundlegenden institutionellen Wandlungen und häufig mit kurzfristigen institutionellen Schwächephasen verbunden. Dies ist daher auch für den markanten Systemwechsel 1991 zu vermuten. Der Umbau des institutionellen Apparats Kirgistans, die Umgestaltung von Gesetzen, Rechten und Vorschriften sowie von den steuernden staatlichen und nichtstaatlichen Einheiten, stellte eine weit reichende und umfassende Aufgabe dar, die nicht in wenigen Monaten oder gar Jahren zu erledigen war und sich deshalb bis in die Gegenwart hinzieht. In diesem Zusammenhang wurde auch der Forstsektor einer Reform unterzogen, was im Folgenden unter Einbeziehung der verschiedenen räumlichen Sphären erläutert werden soll.

5.2.1 Umstrukturierung des Forstsektors Kirgistans

Die im Zuge der Unabhängigkeit der Kirgisischen Republik erfolgte Umstrukturierung des politischen und administrativen Apparates bedingte auch eine Neukonfigurierung des staatlichen Forstdienstes. Etwa 869 000 ha oder 4,3% des Territoriums der Kirgisischen Republik sind von Wald bedeckt (UNITED NATIONS 2009:131). Der größte Teil dieser Wälder untersteht dem am 25. November 2001 gegründeten Staatlichen Forstdienst (*Gosudarstvennaja Lesnaja Služba*), der Teil der präsidialen Verwaltung mit Sitz in Bischkek ist und die verantwortliche staatliche Institution zur Implementierung der nationalen Forstpolitik Kirgistans darstellt. Zu seinen Verantwortungsbereichen zählen das Management und die Bewirtschaftung der staatlichen Waldgebiete, Nationalparks und Naturschutzgebiete sowie die Jagd und die Sicherung der Artenvielfalt. Auf Ebene der Provinzen (*Oblast'*) ist der Forstdienst durch die Oblast-Forstverwaltungen repräsentiert, während auf lokaler Ebene etwa 40 Forstbetriebe (*Leschoz*) für die Umsetzung der Forstpolitik und somit für den Schutz, die Bewirtschaftung und das Management der Wälder sowie der auf den Territorien der Leschozi befindlichen nichtbewaldeten Areale, zumeist Weideland und in geringerem Maße Ackerland, verantwortlich sind (vgl. FISHER et al. 2004:14–15).

Das gesamte bewaldete und nicht-bewaldete Areal der Leschoz-Territorien bildet die staatlichen Forstgüter (*Goslesfond*), die sich auf 3,3 Mio. ha erstrecken und somit weit über die reine Waldbedeckung hinausgehen (UNITED NATIONS 2009:131). In gesamtwirtschaftlicher Hinsicht ist die Bedeutung des Forstsektors in Kirgistan nicht sonderlich hoch. So waren im Jahr 2005 etwa 2550 Personen im staatlichen Forstdienst beschäftigt; unter Hinzunahme aller Zeit- und Saisonarbeiter liegt die Zahl der im Forstsektor Beschäftigten etwa bei 6000 Personen oder 0,2% der erwerbsfähigen Bevölkerung Kirgistans (SAVCOR INDUFOR OY 2005:2). Der ökonomische Beitrag des Forstsektors lag 2006 bei 2,4 Mio. US$ oder etwa 0,09% des Bruttoinlandsprodukts (UNITED NATIONS 2009:132).

Nach dem Forstgesetz der Kirgisischen Republik von 1999 haben die Wälder des Landes einen besonderen Schutzstatus, der ihnen Bodenschutz-, Wasserschutz-, ökologische, gesundheitliche, sanitäre und andere Funktionen zuweist, während industrieller Holzeinschlag verboten ist (SAVCOR INDUFOR OY 2005:1).

Der Forstsektor Kirgistans basiert wesentlich auf den in der Sowjetära geschaffenen Strukturen. Hierzu zählt eine zentralisierte, hierarchisch aufgebaute Verwaltungsstruktur, in der Entscheidungen auf oberen Ebenen getroffen und in einem *Top-Down*-Ansatz an untergeordnete Einheiten delegiert werden. Zudem hing die Forstwirtschaft von hohen Subventionen ab, die jedoch heute vom kirgisischen Staat nicht mehr in einem vergleichbaren Maße aufgebracht werden können. Inhaltlich dominiert bis heute eine schutzorientierte Forstpolitik, im Rahmen derer seit Ende der 1940er Jahre die forstwirtschaftlichen Maßnahmen in erster Linie auf die Bewahrung der verfügbaren Forstressourcen und eine Erhöhung der Waldbedeckung zielten. Die Bedeutung der Wälder Kirgistans wurde in ihrer Rolle für den Bodenschutz, zur Sicherung von Wassereinzugsgebieten und zur Bewahrung der in geringeren Höhenlagen befindlichen Gebiete vor Erosion und Springfluten gesehen. Eine Erhöhung der Holzproduktion war somit nicht prioritär, zumal Nutz- und Bauholz aus anderen Teilen der UdSSR, etwa der waldreichen Sibirischen Taiga, geliefert wurden, womit keine Notwendigkeit eines multifunktionalen Forstmanagements bestand. Des Weiteren zeichnete sich der Forstsektor mit seinem Planungs- und Kontrollsystem als stark technologisch ausgerichtet aus: So folgten Forstmanagementpläne keineswegs dem Konzept einer nachhaltigen Forstwirtschaft und ignorierten soziale, ökologische und ökonomische Aspekte. Schließlich muss die Existenz der staatlichen Forstgüter unter Einschluss bewaldeter und unbewaldeter Flächen als ein prägendes Erbe der sowjetischen Forstwirtschaft gesehen werden (vgl. FISHER et al. 2004:15).

Diese genannten Merkmale beeinflussen die gegenwärtige Forstpolitik und Forstwirtschaft Kirgistans in erheblichem Maße. Angesichts der mit den Folgen der Unabhängigkeit verbundenen politischen und sozioökonomischen Strukturänderungen und den daraus abzuleitenden Bedürfnissen waren die staatlichen Institutionen bestrebt, eine neue Forstpolitik auszuarbeiten und zu implementieren. Diese Forstpolitik sollte marktwirtschaftlich ausgerichtet sein, was eine Reduktion der Verwaltungskosten und damit einen Rückbau der in der Forstwirtschaft Beschäftigten erforderlich machte. So mussten die Leschozi Kirgistans im Laufe der 1990er Jahre einen Großteil ihrer Belegschaft entlassen, weil nur so die Erwartung ökonomisch erfolgreicher und finanziell selbständiger Leschozi erreichbar zu sein schien. Die Notwendigkeit zur Reformierung der Forstpolitik ergab und ergibt sich auch durch die Beteiligung der Kirgisischen Republik an internationalen Konventionen und Initiativen für Naturschutz und eine nachhaltige Entwicklung, mit denen konkrete Verpflichtungen zur Einhaltung bestimmter Konventionen oder zur Durchführung von Maßnahmen verbunden sind. Zudem traten neue internationale Förderer auf, wie etwa die Schweizerische Entwicklungszusammenarbeit. Aus all diesen Aspekten ergaben sich der Wunsch und die Notwendigkeit, die Entscheidungs- und Planungsprozesse grundlegend zu reformieren. Im kirgisischen Forstsektor wurde ein *„mixed model"* angewandt, welche eine Kombination von *Bottom-Up-* und *Top-Down-*Ansätzen der Entscheidungsfindung implizierte (BUTTOUD & YUNUSOVA 2002). Dies bedeutete eine Neudefinition und Stärkung der Rolle des Staates im Forstsektor auf der Basis eines „Nicht weniger, aber besserer Staat"-Prinzips, indem den Beschäftigten der Forstbetriebe mehr Verantwortung übertragen, während Bürokratie, Zentralisierung und Ineffizienz reduziert werden sollten (SCHEUBER et al. 2000:73; BUTTOUD & YUNUSOVA 2002:155).

Hierzu erarbeiteten staatliche Forstinstitutionen gemeinsam mit dem von der Schweizerischen Stiftung für Entwicklung und Internationale Kooperation (*Intercooperation*) finanzierten und 1995 gegründeteten *Kyrgyz-Swiss Forestry Support Programme* (KIRFOR) ein Programm zur Entwicklung des Forstsektors bis 2025, das durch die Regierungsresolution №256 vom 14. April 2004 bestätigt wurde.

Ein wichtiger integrierter Ansatz der neuen Forstpolitik wurde in der Einführung eines *Community-based Forest Management* gesehen, das die nachhaltige Nutzung der Wälder bei Sicherstellung ihres langfristigen Schutzes befördern, zur Erhöhung der Waldbedeckung durch Aufforstungen und zur Verbesserung des Lebensstandards der ländlichen Bevölkerung beitragen soll. Hierbei strebten die Verantwortlichen die Einbeziehung und eine hohe Beteiligung der lokalen Bevölkerung bei Entscheidungsfindungen und im Waldmanagement an (SAVCOR INDUFOR OY 2005:11). Generell wurde eine Dezentralisierung und die Übertragung von Befugnissen an regionale und lokale Institutionen gefordert sowie die

Schaffung effizienter Koordinationsmechanismen und Prozeduren zur Schlichtung von Konflikten im Einvernehmen mit dem staatlichen Gesetzesrahmen sowie lokalen Traditionen und Rechten (KOUPLEVATSKAYA 2006:18). Im Einzelnen sind mit der neuen Forstpolitik noch heute folgende Erwartungen verbunden: a) Sicherstellung des Schutzes der nationalen Wälder, Zunahme der Waldbedeckung und Schutz der Artenvielfalt; b) nachhaltiges Management der Forstressourcen; c) Rationalisierung der Strukturen des Staatlichen Forstdienstes; d) Stärkung der Rolle lokaler Gemeinschaften bei der rationalen Nutzung, beim Schutz und bei der Entwicklung der Forstressourcen; sowie e) Verbesserung der Informationssysteme und des Zugangs zu Informationen des Forstsektors (KOUPLEVATSKAYA 2006:18).

Die zentrale Aufgabe der Forstwirtschaft ist darin zu sehen, die Wälder in einer Art und Weise zu verwalten und ihre Nutzung so zu steuern, dass eine Erhöhung der Produktion bei gleichzeitiger Sicherstellung der gegenwärtigen Biodiversität eintritt. Zudem soll die transformierte Forstwirtschaft dazu beitragen, für die lokale Bevölkerung neue Einkommensmöglichkeiten zu schaffen, die Armut zu bekämpfen und die wirtschaftliche Transformation der Region voranzubringen. Schließlich soll durch Schutz dieser einmaligen Wälder die genetische Vielfalt diverser, weltweit kultivierter Fruchtarten in ihren natürlichen Habitaten gesichert werden (SORG & VIENGLOVSKY 2001:3).

5.2.2 Besitzregime an Land- und Naturressourcen im Gebiet der Nusswälder

Für die Land- und Naturressourcen des Untersuchungsgebietes bestehen komplexe Eigentums-, Besitz-, Management-, Nutzungs- und Zugangsregelungen. Abgesehen von den in Privateigentum stehenden Wohnhäusern mit Nebengebäuden und den sie umgebenden Hausgärten sind sämtliche Landressourcen wie Wald-, Acker-, Weide- und Ödflächen als Eigentum des Staates kodifiziert.

Allerdings unterstehen die Territorien verschiedenen staatlichen Gebietskörperschaften mit jeweils unterschiedlichen Nutzungsregelungen. Die Auflösung der landwirtschaftlichen Staats- und Kollektivbetriebe machte eine grundlegende Revision der Bodenverwaltung und Zuständigkeiten notwendig. Heute teilen sich bundesbehördliche Ministerien, Provinz-, Kreis- und Lokalverwaltungen die Zuständigkeit für die Verwaltung des Staatslandes (Karte 12). Die gegenwärtigen territorialen Affiliationen sind als Ergebnis historischer Entwicklungen, topographischer Lage und potentieller Nutzung bzw. Funktion des Landes zu interpretieren. Im Untersuchungsgebiet liegen die territorialen Zuständigkeiten bei den Gemeinden, beim Nationalstaat, bei den Leschozi oder bei privaten Eigentümern.

Land des Ailökmötü (Gemeinde)

Acker- und Gartenland sowie dorfnahe Weiden aus dem Bestand der ehemaligen landwirtschaftlichen Großbetriebe fallen in der Regel heute unter die Zuständigkeit der lokalen Verwaltung (*Ailökmötü*). Der *Ailökmötü* ist somit für Kontrolle und Management dieser Territorien zuständig, wozu auch die Vergabe von Nutzungsrechten und gleichzeitig das Recht auf Einzug von Pachtgebühren gehören.

Im Gebiet der Leschozi beschränken sich die den *Ailökmötü* unterstehenden Areale jedoch auf das eng umgrenzte Siedlungsgebiet, im Gegensatz zu vielen anderen Gemeinden Kirgistans, denen im Zusammenhang mit der Auflösung der Kolchozi und Sovchozi größere landwirtschaftliche Nutzflächen zufielen. Die ohnehin wenig extensiven Acker- und Dorfweideflächen gehören administrativ weiter zum *Goslesfond* und unterstehen damit den örtlichen Leschozi, denen somit auch die entsprechenden Pachtgebühren zufallen. Die Gemeinden Arslanbob, Kyzyl Unkur und Kara Alma können damit im landesweiten Vergleich nur wenige Grundsteuern oder Pachtgebühren einziehen. Seit Jahren fordern sie – bisher jedoch vergeblich – die Übertragung der Zuständigkeiten für Ackerland und dorfnahe Weiden von den Leschozi auf den *Ailökmöt*. Der staatliche Forstdienst wiederum wehrt sich dagegen, weil er auf diese wichtigen Einnahmequellen nicht verzichten möchte.

Nationalstaatsland (Goszemzapas und Gosfond)

Ein Teil des Weidelandes fällt unter die Kategorie *Goszemzapas* und untersteht dem Landkreis (*Rajon*) bzw. der Rajon-Verwaltung (*Akiminat*). Dieses Land wird vom so genannten *GosRegister* verwaltet und noch heute zumeist an Mitglieder der ehemaligen Kolchozi verpachtet, die diese Gebiete zu Sowjetzeiten nutzten.

Die siedlungsfernen Gebirgsweideareale sind Teil des staatlichen Landfonds (*Gosfond*) und unterstehen bundesbehördlichen Ministerien (vgl. auch JACQUESSON 2010). Zu Sowjetzeiten waren es die großen Viehherden der Kolchozi und Sovchozi, mit denen diese Weiden bestoßen wurden, heute hüten private Viehzüchter und gedungene Hirten ihre Herden auf diesen Graslandern.

Im Untersuchungsgebiet, in dem sich extensive Weideareale oberhalb der Waldgrenze befinden, nutzen Viehhirten aus den ehemaligen Kolchoz- und Sovchoz-Siedlungen der Kreise Bazar Korgon und Suzak diese Weideareale. Allerdings konkurrieren sie heute mit Viehhaltern aus den Leschoz-Siedlungen, die ebenfalls zunehmend Interesse an der Nutzung dieser Weiden zeigen, zumal sie ihren Viehbestand in den vergangenen Jahren deutlich erhöht haben.

Leschoz-Territorium

Die Territorien des Leschoz sowie affiliierte Areale (vgl. Karte 12) unterstehen dem staatlichen Waldfonds (*Goslesfond*) und sind Eigentum des Staates. Die Vielfalt der Ressourcen und Nutzungsformen dieser Territorien spiegelt sich in verschiedenen Besitz- und Nutzungsregimes wider, die hier gesondert dargestellt werden müssen:

Weideland

Weiträumige nicht- oder nur spärlich bewaldete Areale auf den Leschoz-Territorien wurden zu Sowjet-Zeiten langfristig an landwirtschaftliche Staats- oder Kollektivbetriebe zur Weidenutzung verpachtet. Durch die Auflösung dieser Agrarbetriebe fiel das Nutzungsregime wieder dem Leschoz zu. Heute nutzen einzelne Viehbesitzer der Leschoz-Siedlungen oder im Sinne von Hütegemeinschaften bezahlte Hirten der ehemaligen Kolchozdörfer diese Weiden gegen die Abgabe einer Weidenutzungsgebühr an den örtlichen Leschoz.

Allerdings kommt es inzwischen zu Konkurrenzsituationen zwischen den Hirten der ehemaligen Kolchozi und den „neuen Viehhaltern" der Leschoz-Dörfer, die genauso ein Nutzungsrecht an den Weiden beanspruchen. Hier besteht ein rechtlicher Graubereich, in dem die Gewohnheitsrechte der Kolchoz-Hirten gegen territorial begründete Nutzungsrechte der Bewohner der Leschoz-Siedlungen stehen. Allerdings entwickeln sich Konflikte vielfach auch einfach durch die Unkenntnis der Weidenutzer, welcher Gebietskörperschaft die von ihnen genutzte Weide zugeordnet ist.

Die Weidenutzer, ob gedungene Hirten oder Vieheigentümer, müssen eine Weidegebühr an den Leschoz entrichten, von der das *Gosregister* 5%, die Rajon-Verwaltung 25% und der Leschoz 70% erhalten (BR-Ku-16.04.04). Die Gebühren richten sich nach Art und Anzahl der Weidetiere. Im Jahr 2007 erhob beispielsweise der Leschoz Arstanbap-Ata folgende gestaffelte Weidegebühren: 32,42 KGS für ein Rind oder ein Pferd, 10,80 KGS für ein Schaf und 1010 KGS für eine Ziege, da Ziegen als ökologisch besonders aggressiv gelten (Info Leschoz Arstanbap-Ata-Gu-28.02.07).

Aufgrund administrativer Änderungen und der normativen Kraft faktischer Nutzungsformen können sich ebenfalls Konflikte entzünden, wie das Beispiel des Weideareals Karart im heutigen Leschoz Džaiterek demonstriert: Bis in die 1990er Jahre hinein war Džaiterek eine Lesničestva des Leschoz Kirov (heute Arstanbap-Ata). Das auf dem Gebiet der Lesničestva Džaiterek gelegene Weideareal Karart wurde in dieser Zeit von Bewohnern aus Arslanbob und aus Džaiterek als Sommerweide genutzt. Nach der formalen Teilung des Leschoz reklamierten die Bewohner von Džaiterek das alleinige Nutzungsrecht dieser Weide für sich und entzogen es den Bewohnern Arslanbobs. Letztere jedoch versuchten durch das Umbrechen von Land zur ackerbaulichen Nutzung ihren Besitzanspruch zu untermauern, woraufhin die Bewohner von Džaiterek ihr Vieh auf die Flächen ließen, welche die Felder zertrampelten. Der Konflikt konnte nur mit Hilfe staatlicher Exekutivorgane geschlichtet werden (IK-Ar-14.03.07).

Ackerland

Die landwirtschaftlich genutzten Flächen der Leschozi können wie bereits erwähnt eine nicht unbedeutende Einkommensquelle für die Forstbetriebe darstellen. Allerdings verfügt im Untersuchungsgebiet lediglich der Leschoz Arstanbap-Ata über nennenswerte Ackerflächen, deren Nutzungsrecht zumeist auf bereits in der Sowjetzeit getroffenen Vereinbarungen basiert. Demnach verfügen heute in Arslanbob fast ausschließlich jene Haushalte über eine Ackerlandparzelle, die bereits vor 1991 Ackerbau für den Leschoz betrieben haben. In den anderen beiden hier näher betrachteten Leschozi findet Ackerbau fast nur sehr kleinräumig in den privaten Nutzgärten statt. So werden die 31 ha landwirtschaftliche Nutzfläche des Leschoz Kyzyl Unkur ausschließlich zur Heuproduktion bzw. als Wiese genutzt (BR-Ky-04.08.03).

Wald

Die große Habitatsvielfalt der Walnuss-Wildobst-Wälder, die eine entsprechend weit gestreute Palette an von Menschen nachgefragten Ressourcen und Funktionen bereithält, spiegelt sich in einem komplexen Muster divergierender Besitz-, Zugangs- und Nutzungsrechte wider. Während die Eigentumsrechte durch entsprechende Gesetze eindeutig und geklärt sind – Land und die darauf befindlichen Wälder sind Staatseigentum –, haben sich in den verschiedenen Leschozi durchaus voneinander divergierende Besitz- und Nutzungsregelungen herausgebildet.

Das Recht der Modifikation oder Entnahme des forstlichen Bestands, sprich der Gehölzmasse des Waldes, ist auf den Leschoz beschränkt. Entsprechend werden Aufforstungs-, Holzeinschlags- und Sanitärmaßnahmen offiziell ausschließlich von Leschoz-Mitarbeitern ausgeführt. Holzsammlung oder -einschlag durch Privatpersonen sind grundsätzlich verboten, können jedoch von den zuständigen Forstbeamten auf Antrag genehmigt werden. Solche Genehmigungen werden normalerweise allerdings nur für die Entnahme von krankem oder Totholz ausgestellt.

Zur Deckung des Holzbedarfs der lokalen Bevölkerung, der sich insbesondere in einer hohen Nachfrage nach Brennholz äußert, ist der Leschoz angehalten, Holz einzuschlagen und gegen eine Verkaufsgebühr bereitzustellen. Da nach dem Forstgesetz kommerzieller Holzeinschlag untersagt ist, fallen Totholz, abgestorbene Äste oder kranke Bäume ausschließlich durch sanitäre Forstmaßnahmen an.

Tatsächlich jedoch betätigt sich die lokale Bevölkerung massiv mit der Sammlung und dem Einschlag von Brennholz, da dem Leschoz einerseits das Personal zur Bewältigung dieser Arbeiten fehlt und die Bevölkerung dadurch andererseits Kosten für den Holzerwerb einspart. In den meisten Fällen erfolgt der Holzeinschlag durch die lokale Bevölkerung durchaus im Wissen des lokalen Leschoz. Teilweise stellen Leschoz-Mitarbeiter entsprechende Einschlagsgenehmigungen aus oder der Holzeinschlag erfolgt auf Basis informeller Absprachen mit den zuständigen Förstern, die gegen eine verhandelbare Gebühr mündlich ihr Einverständnis aussprechen. In vielen Fällen erfolgt der Holzeinschlag jedoch komplett ohne Kenntnis und Genehmigung des Leschoz oder seiner hierfür befugten Mitarbeiter.

Somit kann der Zugriff auf die in staatlichem Eigentum befindlichen Holzressourcen *de facto* als weitgehend von offiziellen Forstinstitutionen ungeregelt, im besten Falle als von den Leschozi toleriert angesehen werden. Die *de jure* im Staatseigentum befindlichen Forstressourcen zeigen somit Kennzeichen einer *Open Access*-Ressource, wobei Ansprüche und Maßnahmen wie die Umzäunung von Arealen durch private Nutzer wiederum den Zugang und das Nutzungsrecht für andere einschränken.

Trotz offiziellen Verbotes findet durch die Gewinnung von Maserknollen, der wertvollsten Holzprodukte dieser Wälder, eine kommerzielle Holzernte statt. Seit Beginn der 1990er Jahre wurden in beträchtlichem Ausmaß zumeist alte Bäume gefällt und deren Maserknollen oder Wurzelholz vermarktet. Dieses Geschäft erfolgt in einem rechtlichen Graubereich zwischen Halb- und Illegalität: Grundsätzlich lässt sich der Einschlag großer Bäume und der Abtransport von Maserknollen nur schwerlich vor den staatlichen Forstbetrieben verbergen, weshalb davon auszugehen ist, dass die Forstbehörden zumeist in diese Aktivitäten involviert sind, zumindest davon Kenntnis besitzen.

Die gängigste Praxis der Maserknollenernte besteht darin, dass Interessenten, zumeist Vertreter internationaler Holzkonzerne, mit den oberen Forstbehörden einen Vertrag über eine bestimmte, verhältnismäßig kleine Menge an zu erntenden Maserknollen abschließen, wofür die Forstbehörden entsprechende Gebühren erhalten. Tatsächlich schlagen die im Auftrag der Konzerne tätigen Teams, die sich oftmals aus Leschoz-Mitarbeitern zusammen setzen, jedoch eine deutlich höhere Anzahl an Maserknollen ein. Der Differenzbetrag zwischen den offiziell registrierten Gebühren und den erhaltenen Geldzahlungen wird zwischen den involvierten Forstbeamten hierarchisch abgestuft aufgeteilt.

Für die Nebennutzungen der Nusswälder haben sich aufbauend auf den Nutzungsregimes zu Sowjetzeiten, die in manchen Bereichen unverändert blieben und in andern modifiziert wurden, vielfältige Nutzungsregelungen etabliert. Die Sammlung von Walnüssen erfolgt heute nicht mehr zentral vom Leschoz gesteuert, sondern wird von den lokalen Haushalten selbst durchgeführt. Allerdings teilt der Leschoz auch heute die abzuerntenden Bäume den einzelnen Haushalten zu, die für dieses Sammelrecht Pacht entrichten müssen. Sammelrechte an Nussbäumen werden Interessierten auf Antrag übertragen, allerdings variiert die Dauer des Sammelrechts in den verschiedenen Leschozi: In Kyzyl Unkur und Kara Alma beispielsweise werden diese Rechte für einen Zeitraum von fünf Jahren zugeteilt, in Arslanbob dagegen jährlich neu verhandelt. Eine Kommission entscheidet über die Vergabe der Sammelrechte, die zuständigen Förster informieren anschließend die Haushalte und zeigen ihnen die zur Nutzung bestimmten Nussbäume.

Entsprechend des Verhältnisses zwischen Bevölkerungszahl und dem zur Verfügung stehenden Nussbaumbestand fallen die einem Haushalt zugeteilten Nussbäume oder Waldparzellen in den verschiedenen Leschozi quantitativ sehr unterschiedlich aus. Beispielsweise erhalten Haushalte in Kyzyl Unkur durchschnittlich den Nussbaumbestand auf 5 ha Land zugeteilt, der 30-40 größere Nussbäume umfassen kann, während die Haushalte in Arslanbob lediglich mit dem Sammelrecht für zehn bis zwölf Nussbäume rechnen können.

Für das Sammelrecht müssen Gebühren an den Leschoz abgeführt werden, die jährlich neu berechnet werden und sich nach der Höhe der zu erwartenden Ernte richten. Kurz vor der Reife der Nüsse im August schätzt eine Kommission den zu erwartenden Nussertrag, auf dessen Basis für jeden Haushalt entsprechend der ihnen zugeteilten Anzahl an Bäumen die genaue Menge der abzuliefernden Nüsse festgelegt wird.

Bis vor wenigen Jahren musste die Nutzungsgebühr für die Nussernte in Form von Naturalien beglichen werden: Die Pächter mussten zwischen 60 und 70% der geernteten Nüsse dem Leschoz abliefern und durften lediglich die dann noch verbliebenen Nüsse eigenverantwortlich vermarkten oder konsumieren. Daneben bestanden Mischformen, nach denen jeweils ein Teil der Pacht in Form von Nüssen, als Arbeitsdienst oder fiskalisch entrichtet werden musste. Dies führte freilich dazu, dass die Haushalte in der Regel ihre schlechtesten Nüsse dem Leschoz lieferten und die besten selbst vermarkteten. Auch war es schwierig zu kontrollieren, ob die Menge der abgelieferten Nüsse tatsächlich dem geforderten Anteil der Ernte entsprach. Heute ziehen die Leschozi die Pachtgebühren ausschließlich fiskalisch ein. Wenn allerdings Haushalte über keine finanziellen Mittel verfügen, dann bezahlen die Haushalte ihre Pacht weiterhin mit Nüssen, was jedoch zumeist ungünstiger für sie ist, da sie auf dem freien Markt höhere Preise erzielen könnten.

Grundsätzlich sind eklatante Unterschiede zwischen den aufgestellten und implementierten Regelungen und den tatsächlichen Machenschaften zu konstatieren: Nur in den seltensten Fällen entrichten die lokalen Nutzer den Betrag, der dem gedachten Anteil an ihrer Ernte entspricht. In den meisten Fällen „arrangieren" sie sich mit den zuständigen Forstbeamten, indem entweder bereits in den Pachtunterlagen niedrigere Beträge angesetzt werden oder der Förster eine Extrazahlung erhält und entsprechend die Höhe der Ernte nach unten korrigiert, womit sich auch die Pachtbeträge verringern. BT (Gu-28.02.07) schätzt, dass von den gesammelten Nüssen höchstens 20% statt der geforderten 60% dem Leschoz abgeliefert würden.

Ähnliche Unregelmäßigkeiten sind bei der Vergabe der Sammelrechte zu beobachten. Es ist inzwischen ein offenes Geheimnis, dass gute oder gewünschte Sammelstellen nur durch Bestechung der zuständigen Förster zu bekommen sind. Dies geschieht durch eine informelle Einladung zum Essen, eine finanzielle Aufmerksamkeit oder die Abgabe eines Teils der Nussernte (BT-Gu-28.02.07). Dass die Fähigkeit eines Haushalts, solche „Dienste" oder Zahlungen aufzubringen oder auf andere Weise Einfluss auszuüben, eine große Rolle bei der Vergabe von Sammelrechten spielt, bringt auch folgendes Zitat zum Ausdruck:

> „Solch eine [arme] Familie bekommt nur ein Waldstück, das höchstens 600 Kilogramm Walnüsse bringt" (IK-Ar-17.08.05).

Unabhängig von der offiziellen Zusage zur Nussernte wird ein nicht unbeträchtlicher Teil der Nüsse illegal gesammelt, also an beliebigen Orten ohne offizielle

Genehmigung, was zu zahlreichen Konflikten mit den eigentlichen Nutzungsberechtigten führt.

Wie bereits dargelegt spielte die Hoflandwirtschaft in der Sowjetzeit zur Selbstversorgung mit Gartenfrüchten, Milchprodukten und Fleisch oder im Falle von Überschüssen zur Erzielung von Zusatzeinkommen eine bedeutende Rolle. Neben der Bereitstellung von bestimmten Dorfweiden, durch deren Nutzung die Futterversorgung des Viehs von Frühjahr bis Herbst gedeckt werden konnte, erhielten die Haushalte der Leschoz-Dörfer auch Landparzellen im Waldgebiet zugeteilt, auf denen sie Heu gewinnen konnten zur Versorgung ihres Viehs mit Winterfutter.

Diese Nutzung von parzellierten Mähwiesen (*Džöpdžait*) zur Heumahd basierte in der Regel auf mündlichen Zusagen der zuständigen Forstinstitutionen. Allerdings haben diese Vereinbarungen, die inzwischen in den meisten Fällen durch schriftliche Verträge ersetzt wurden, bis heute ihre Gültigkeit. Denn auch heute verfügt die Mehrzahl der Haushalte gegen eine jährlich zu entrichtende Pachtgebühr über das Nutzungsrecht an bestimmten Mähwiesenparzellen, das sie zur Heumahd berechtigt. Dieses Nutzungsrecht kann auf Antrag vererbt werden, so dass die meisten Haushalte über Jahrzehnte dieselbe Landparzelle zur Heumahd nutzen.

Auch nach der Unabhängigkeit Kirgistans erhielten neu gegründete Haushalte entsprechende Parzellen zur Heumahd zugeteilt. Im Leschoz Astanbap-Ata mit einem hohen Bevölkerungsdruck im Verhältnis zur Waldfläche ist aus diesem Grund nahezu das gesamte Waldgebiet in Nutzungsparzellen unterteilt, weshalb für die in jüngerer Zeit neu gegründeten Haushalte keine zu verteilenden Mähwiesen mehr zur Verteilung stehen (BT-Gu-28.02.07).

Obgleich es sich um ein spezifisches Nutzungsrecht handelt, das lediglich zur Mahd der als Viehfutter nutzbaren Phytomasse berechtigt, jedoch nicht zwingend mit dem Recht der Ernte der auf diesem Areal stehenden Nussbäume verbunden ist, betrachten die meisten Pächter das Land und alle darauf befindlichen Gehölze als ihren Besitz, was sie durch das Errichten von Zäunen manifestieren. Mit diesen Umzäunungen schließen sie jedoch andere an den Waldressourcen interessierte potentielle Waldnutzer aus, die beispielsweise legitimiert sind, Äpfel, Pilze oder Kräuter im gesamten Leschoz-Territorium zu sammeln. Des Weiteren werden mit diesen Zäunen Besitzansprüche untermauert in der Hoffnung auf eine Verstetigung eigentlich ungesicherter Rechte; die Besitzer hoffen somit auf die normative Kraft des Faktischen.

Tatsächlich bemühen sich viele Haushalte darum, stets auch das Sammelrecht für Walnussbäume auf der Parzelle zu erhalten, auf der ihnen das Recht zur Heumahd zusteht. Dies gelingt Haushalten mit entsprechendem Einfluss oder Finanzmitteln durch zunächst informelle, später formalisierte Vereinbarungen mit den zuständigen Forstbeamten. Dennoch gibt es unzählige Beispiele, bei denen das temporäre Zugangsrecht zu Walnussbäumen, das sich von Jahr zu Jahr ändern kann, und das Besitzrecht an Parzellen zur Heumahd räumlich differieren.

Heutzutage entzünden sich viele Konflikte um den Verlauf der Mähwiesengrenzen oder das Nutzungsrecht des einen oder anderen Nussbaumes. Eine

Schlichtung dieser Streitfälle wird dadurch erschwert, dass die Grenzen physisch nicht markiert sind, vor langer Zeit festgelegt wurden und keine schriftlichen Unterlagen hierzu vorliegen; häufig kennen zudem die heute zuständigen Förster den genauen Grenzverlauf nicht.

Für die übrigen Waldfrüchte wie Wildäpfel, Pflaumen, Wildkräuter oder Pilze existieren *de jure* keine spezifischen Nutzungsrechte. Sie können von allen Bewohnern überall auf dem Leschoz-Territorium gesammelt werden. Dies ist angesichts der oben angesprochenen Praxis der vermehrten Anlage von Zäunen und Absperrungen heute jedoch nur eingeschränkt zu realisieren, womit ein beträchtlicher Teil der im staatlichen Eigentum befindlichen Wälder für die lokale Bevölkerung nicht mehr frei zugänglich ist.

Die Umzäunung der gepachteten Parzellen erfüllt jedoch nicht nur eine symbolisch-strategische Rolle zur Markierung von scheinbar dauerhaften Besitzansprüchen, sondern hat auch ganz praktische Gründe. Denn durch die Absperrungen wird das im Wald grasende Vieh von Flächen ausgeschlossen, das somit weder das als Winterfutter dringend benötigte Gras abfressen noch die Bäume oder Schösslinge schädigen kann. Zwar besteht formal bis heute ein generelles Viehweideverbot in den Nusswäldern, doch kann dieses vom zuständigen Leschoz nicht durchgesetzt werden mit der Folge einer in den vergangenen Jahren stetigen Zunahme weidenden Viehs, insbesondere im Frühjahr bevor das Vieh auf die Hochweiden getrieben werden kann sowie im Herbst, wenn die Haushalte die Nussernte mit Viehbetreuung und Waldweide verbinden (Foto 4).

Collaborative Forest Management (CFM)

Im Rahmen der Neugestaltung der kirgisischen Forstwirtschaft begann Ende der 1990er Jahre der staatliche Forstdienst mit Unterstützung der schweizerischen Intercooperation mit der Implementierung eines *Collaborative Forest Managements* (CFM) zur effizienten und nachhaltigen Nutzung der Walnuss-Wildobst-Wälder (CARTER et al. 2003, 2010). Das erklärte Ziel des CFM-Programms besteht in der nachhaltigen Nutzung dieser vielfältigen Wälder unter maßgeblicher Partizipation der lokalen Bevölkerung, was zur Armutsreduktion beitragen soll (FISHER et al. 2004).

Angesichts der personellen, finanziellen und materiellen Defizite der Leschozi intendiert das Programm, Aufgaben und Verantwortlichkeiten an die Pächter von Waldparzellen zu übertragen. Denn heute sind die Leschozi weder in der Lage, die notwendigen Aufforstungs- und Waldpflegearbeiten durchzuführen noch angesichts ihrer knappen Personaldecke ihre Waldterritorien zu kontrollieren oder forstwirtschaftlich zu bearbeiten. Im Rahmen des CFM-Programms können einzelne Personen auf Antrag bis zu 5 ha große Waldparzellen zur Pacht erhalten, für die sie die alleinige Verantwortung tragen. Die Pächter müssen Waldpflegemaßnahmen durchführen, dürfen allerdings auch sämtliche Früchte, Nüsse und Heu sowie trockene Bäume und Äste dieser Parzellen selbst nutzen oder vermarkten. Einschlag von gesundem Holz bleibt jedoch verboten und bedarf einer Genehmigung des Leschoz. Die Pacht wird für fünf Jahre auf Probe gewährt und bei Erfolg auf 49 Jahre verlängert. Hierzu schließen die Pächter mit den Leschozi, die weiterhin die Kontrolle und die Oberhoheit ausüben, einen Vertrag.

Die verschiedenen Leschozi begannen mit unterschiedlichem Nachdruck mit der Umsetzung dieser Maßnahme, wiesen geeignete Flächen aus und vergaben diese auf Antrag an einzelne Pächter. Eine fünfköpfige Kommission bestehend aus Oberförster, zuständigem Förster, Vertreter des *Ailökmötü*, Vertreter des Ältestenrates und Antragsteller entscheidet über die Anträge und die Vergabe der Flächen.

Prioritär sollten ursprünglich bedürftige Haushalte bei der Vergabe bevorzugt werden. Allerdings räumt der Oberförster des Leschoz Arstanbap-Ata (AK-Gu-06.04.04) ein, dass eher Personen mit forstwirtschaftlicher Erfahrung, die etwa als Förster, Forstingenieur oder Forstarbeiter tätig waren, hierfür den Zuschlag erhalten. Zudem müssten der Leschoz sicher stellen, dass den Pächterhaushalten für die notwendigen Arbeiten genügend Arbeitskräfte zur Verfügung stehen. Eine Nachprüfung der Unterlagen ergab, dass tatsächlich keineswegs ärmere Haushalte als CFM-Pächter eingesetzt, sondern in vielen Fällen Leschoz-Mitarbeiter oder deren Verwandte bei der Vergabe bevorzugt wurden. So erhielten im Leschoz Arstanbap-Ata beispielsweise ein Förster aus Gumchana, der oberste Buchhalter im Leschoz, der Vater des Leiters eines Forstreviers und ein lang gedienter Forstarbeiter aus Čarbak jeweils einen CFM-Pachtvertrag (eigene Recherchen, Ar-05.04.04).

Obgleich die CFM-Pächter jeweils gleich große und gleichwertige Flächen erhalten sollten, führten die große Nachfrage und der hohe Nutzungsdruck beispielsweise im Leschoz Arstanbap-Ata dazu, nur jeweils ein bis zwei Hektar Waldfläche an die CFM-Pächter zu vergeben (Forstingenieur EN-Ar-05.04.04). Bis 2007 wurden im Leschoz Arstanbap-Ata lediglich 102 ha des Waldgebietes an 52 Haushalte aus den Ortsteilen Arslanbob, Gumchana und Dašman vergeben (Hauptingenieur Leschoz Arstanbap-Ata, Gu-28.02.07). Im Leschoz Kyzyl Unkur wurden bis 2007 etwa 474 ha Wald als CFM-Pachtflächen an 63 Haushalte vergeben, was einer Fläche von über 7 ha pro Haushalt entspricht (Leschoz Ku-05.03.07). Der Leschoz Kara Alma verteilte zwischen 2002 und 2007 an 80 Haushalte 423,3 ha als CFM-Pachtland (Leschoz Ka-09.03.07).

Bevorzugt weisen die Leschozi erosionsgefährdete Gebiete als CFM-Pachtflächen aus mit dem Ziel, dass die neuen CFM-Pächter durch Anpflanzung von Setzlingen, die sie kostenfrei vom Leschoz gestellt bekommen, den Boden stabilisieren und das Land sichern, da der Leschoz sich selbst nicht in der Lage sieht, diese Maßnahmen durchzuführen (Oberförster AK-Gu-06.04.04). Die CFM-Pächter werden entsprechend zur fachgerechten Durchführung dieser Maßnahmen geschult.

Allerdings räumen die zuständigen Forstbeamten Probleme bei der Umsetzung dieses für die Pächter lukrativen CFM-Programms ein. Angesichts der geringen Waldfläche im Verhältnis zur Bevölkerungszahl kam es beispielsweise im Leschoz Arstanbap-Ata zu zahlreichen Konflikten. So generierte die Vergabe eines als Dorfweide genutzten Gebietes an CFM-Pächter Nutzungskonflikte mit den

Viehhaltern des Dorfes. Missmut entsteht zudem unter den bisher nicht als CFM-Pächter bevorzugten Personen, die angesichts mangelnder Aussicht, bald selbst CFM-Pächter zu werden, eine Beendigung dieses Programms fordern. Tatsächlich wurde das CFM-Programm 2007 ausgesetzt, was jedoch auch maßgeblich mit der damaligen politischen Gesamtlage zusammen hing, wonach unter Akaev eingeführte Programme gestoppt oder einer kritischen Prüfung unterzogen wurden.

Das ursprüngliche Ziel des CFM-Programms bestand darin, 10% der Waldflächen als CFM zu verpachten, doch wurde dieses Ziel bis heute in keiner der Leschozi erreicht. Vielmehr zeigen sich hier Schwierigkeiten durch die unterschiedlichen Ziele, welche die einzelnen Akteure verfolgen. So sehen die Leschozi die CFM-Pächter in erster Linie als günstige Arbeitskräfte, die sie selbst von der Verantwortung zahlreicher Forstmaßnahmen freispricht (PS/LESIC-Ds-12.03.07).

Staatseigentum, Privatbesitz und Open Access

Land- und Forstressourcen im Gebiet der Nusswälder stehen auch über 20 Jahre nach dem Ende des Staatssozialismus *de jure* im Eigentum des Staates. Aufgrund verschiedener Liberalisierungsmaßnahmen und institutioneller Mängel erfolgt die Nutzung dieser Ressourcen jedoch nicht in einem reinen *State Property Regime*, sondern in einem Spannungsfeld zwischen privatisierter Exklusivnutzung und Formen von *Open Access*. Auf den extensiven Sommerweidearealen führen ungeklärte Zuständigkeiten sowie gewohnheitsrechtlicher Bezug auf sowjetzeitliche Nutzungsrechte zu Nutzungskonkurrenzen. Dagegen existieren in den Waldgebieten für Holz- und Nichtholzprodukte unterschiedliche Nutzungsregimes, die zu räumlichen Überschneidungen von Nutzungsansprüchen und Nutzern führen. Das Fehlen dauerhafter Rechtssicherheit führt zu kurzfristiger Nutzenmaximierung, wobei einzelne Waldnutzer inzwischen durch informell errichtete Zäune Besitzrechte untermauern und im positiven Sinne, längerfristig gedachte Waldnutzung auf ihren Parzellen betreiben. Allerdings findet hierdurch ein Ausschluss anderer potentieller Waldnutzer statt und somit eine Privatisierung des Zugangs zu staatlichen Land- und Forstressourcen, die sich nur Akteure mit entsprechenden finanziellen Mitteln oder Beziehungen zur Durchsetzung ihrer Interessen leisten können.

Zwar entspricht die Nutzung von Ackerland und Mähwiesen einer Art Erbpachtverhältnis, doch basieren viele Nutzungsgenehmigungen auf vagen Zusagen und nicht auf rechtsverbindlichen Verträgen. Informelle Absprachen, Korruption und „Freundschaftsdienste" sind gang und gäbe und führen zu einem mangelnden Vertrauen der lokalen Bevölkerung in den Rechtsstaat. Gute Beziehungen oder die notwendigen „Schmiermittel" sind immer noch wirksamer als sein Recht formal einzufordern. Dieser Problematik förderlich ist zudem die Tatsache, dass in den kleinen Leschoz-Siedlungen zwischen den Exekutivorganen der Leschozi, sprich den Leschoz-Mitarbeitern, und der lokalen Bevölkerung vielfältige verwandtschaftliche, nachbarschaftliche oder freundschaftliche Beziehungen bestehen. In einer Gesellschaft, in der reziproke Hilfeleistung traditionell zum Überleben notwendig war, und in der während der Sowjetzeit häufig auf der Basis von Beziehungen Dienste geleistet oder materielle Güter ausgetauscht wurden, erscheint es deshalb bis heute undenkbar, einem Verwandten oder engen Freund in einer Notlage einen Dienst zu verweigern, durch den lediglich der „Staat" in Form des staatlichen Leschoz geschädigt wird. Hierbei ist nicht irrelevant, dass der Staat aufgrund seiner massiven Beschneidung von Sozialleistungen stark kritisiert wird, die Menschen sich von ihm im Stich gelassen fühlen und nur bedingt mit ihm identifizieren.

5.2.3 Funktionen und Zuständigkeiten des Leschoz

Aufbau und Aufgabenbereich eines Leschoz basieren in ihren wesentlichen Grundzügen auf den Ende der 1940er Jahre geschaffenen Strukturen. Die Leschozi sind staatliche Forstwirtschaftsbetriebe, die dem staatlichen Forstdienst unterstehen und den Oblast-Forstbüros berichts- und rechenschaftspflichtig sind.

Beschäftigung und Leitung

Zu einem Leschoz gehört ein zentrales Büro (*Kontora*), in dem die notwendigen Verwaltungsarbeiten durchgeführt sowie Besprechungen abgehalten und Aufgaben verteilt werden. Wie bereits erwähnt reduzierte sich die Zahl der Leschoz-Beschäftigten seit 1991 dramatisch. Beispielsweise sank im Leschoz Kyzyl Unkur die Mitarbeiterzahl von über 300 im Jahr 1991 auf 181 im Jahr 2006 (LESCHOZ KYZYL UNKUR 2006). In den meisten Fällen besetzen Männer die leitenden Positionen, während Frauen als Sekretärinnen oder Sachbearbeiterinnen tätig sind. Zwar bekleiden in Kirgistan durchaus auch Frauen Führungsposten in Leschozi, aber sie stellen eher Ausnahmen dar.

Die Leschoz-Beschäftigten waren und sind in der Regel Bewohner der auf dem Leschoz-Territorium liegenden Siedlungen. Lediglich beim Leitungspersonal stammt ein Teil aus benachbarten Orten. Ein Wechsel an der Spitze eines Leschoz in kurzen Zeitintervallen ist heute nicht ungewöhnlich – nur selten können sich Leschoz-Direktoren wesentlich länger als ein Jahr im Amt halten, wofür verschiedene Erklärungen heranzuziehen sind. So verweisen etwa die übergeordneten Forstbehörden auf mangelhafte Arbeitsleistungen oder illegale Machenschaften der jeweiligen Direktoren, während es als offenes Geheimnis gilt, dass die Vergabe der Direktorenposten eine lukrative Einnahmequelle für die übergeordneten Forstbeamten darstellt. In den vergangenen Jahren soll es einem Interessenten am Direktorenposten etwa 2500 bis 3500 US$ wert gewesen sein, diesen zu bekommen (PS-Ds-12.03.07).

"Der häufige Wechsel des Leschoz-Direktors ist gut, weil das dem entsprechenden Minister viel Geld bringt. Der Posten des Leschoz-Direktors in Kara Alma kostete 3000 US$" (KA-Ka-09.03.07).

Die gängige Praxis des Ämterkaufs bringt es mit sich, dass vielfach keine Spezialisten an den entsprechenden Stellen sitzen, sondern gelegentlich sogar Fachfremde. Einmal im Amt, sind die Direktoren zweifellos bestrebt, die zur Erlangung ihres Amtes aufgewendete Summe wieder einzuspielen, was auf legalem Wege unmöglich ist. Eine potentielle Einkommensquelle stellt der Verkauf von Maserknollen oder die Vergabe von Einschlags- und Nusssammellizenzen dar. Wenden die Direktoren solche Maßnahmen buchhalterisch nicht unangreifbar an, bieten sich den Vorgesetzten der Forstverwaltung Anlasspunkte, einen unliebsamen Direktor wieder loszuwerden, so dass die offiziellen Begründungen für Entlassungen von Direktoren meist durchaus korrekt sind.

Ein amtsenthobener Direktor wird aber nicht notwendigerweise vollkommen und für alle Zeit aus der Forstverwaltung entlassen, sondern erhält vielfach einen anderen, niederen Posten im selben oder in einem anderen Leschoz. Dies entspricht der Praxis während der Sowjetära, als Parteimitglieder bei Fehlverhalten zwar oft ihres Postens enthoben wurden, aber meist nur für kürzere Zeit eine weniger angesehene Position inne hatten und vielmals eine zweite oder auch dritte Chance zur Bewährung erhielten. Mit anderen Worten wurde und wird eine Person, die bereits Leitungsfunktionen inne hatte, meist nicht gänzlich aus der *Nomenklatura* ausgeschlossen.

Generell dreht sich im Forstdienst Kirgistans das Personalkarussell sehr schnell: In kurzen Zeitintervallen werden Personen ihrer Ämter enthoben und neue eingesetzt. Nepotismus und Korruption scheinen auf den verschiedensten Ebenen der Verwaltung allgegenwärtig zu sein. Die Tatsache, dass in einem der untersuchten Leschozi die Frau das Bürgermeisters stellvertretende Direktorin eines Forstreviers und der Schwiegersohn Leschoz-Direktor waren, kann als symptomatisch für dieses System angesehen werden.

Heute spielt zudem die Frage der ethnischen Zugehörigkeit eine nicht unbeträchtliche Rolle bei der Vergabe leitender Ämter. Der von Kirgisen dominierte Forstdienst setzte selbst in dem usbekisch dominierte Arslanbob letztmals 1999 einen Usbeken als Leschoz-Direktor ein, der sich auch nur kurz im Amt halten konnte und seine rasche Ablösung als Folge seiner „falschen" ethnischen Zugehörigkeit interpretierte (ID-Ar-15.03.07).

Eine Beschäftigung im Leschoz war über Jahrzehnte die Normalität, auch waren entsprechende Positionen als Förster oder Forstingenieur gesellschaftlich hoch angesehen. Heute ist die Anstellung im Leschoz immer noch für viele Menschen erstrebenswert. Jedoch hat die Attraktivität dieser Beschäftigung nachgelassen, da einerseits die formalen Löhne nicht besonders hoch sind und andererseits das gesellschaftliche Ansehen erheblich gelitten hat. Beides hängt eng miteinander zusammen, da die geringen Löhne weitere Einkommen zur Versorgung des eigenen Haushalts notwendig machen, während das Amt im Forstdienst auch die Realisierung illegaler zusätzlicher Einnahmen ermöglicht. Obgleich durchaus beträchtliches Misstrauen zwischen Leschoz und Bevölkerung sowie innerhalb der Institution besteht, verspüren aktuelle und ehemalige Mitarbeiter eines Leschoz durchaus Stolz, Teil dieser Institution zu sein. In Sowjet-Manier werden auch heute Auszeichnungen für besondere Leistungen vergeben, wird alljährlich der „Tag der

Förster" begangen und veranstalten die Leschozi entsprechende Feste oder Ausflüge, bei denen sie ihre ehemaligen Mitarbeiter stets mit einbeziehen (AM-Gu-06.03.07).

Aufgabenspektrum

Prioritäres Ziel der kirgisischen Forstwirtschaft besteht in dem Schutz und der Bewahrung der Wälder, weshalb die Durchführung von Waldpflegemaßnahmen eine der wichtigsten Aufgaben der Leschozi ist. Hierzu zählen Waldschutz, Aufforstungen und sanitäre Maßnahmen wie Einschlag und Entfernen kranker Gehölze oder von Totholz. Obgleich die Leschozi in ihren Jahresberichten stets eine große Anzahl gepflanzter Setzlinge und eine beträchtliche Fläche an Aufforstungen ausgeben, findet in der Realität heute jedoch Aufforstung nur in einem sehr geringen Ausmaße statt, was zum großen Teil an den mangelnden Finanzmitteln zu liegen scheint. Beispielsweise sollten laut Plan im Leschoz Kyzyl Unkur jährlich 80 ha Wald aufgeforstet werden, was in den Rechenschaftsberichten dann auch entsprechend ausgewiesen wurde, doch tatsächlich fand seit den 1990er Jahren nahezu keine Aufforstung statt (BR-Ky-04.08.03).

Eine weitere zentrale Aufgabe besteht in der Kontrolle des Waldes und dem Schutz vor illegalem Holzeinschlag und Waldweide. Bis heute ist Waldweide verboten, doch gelingt es den örtlichen Leschozi keineswegs, ihre Wälder frei von weidenden Tieren zu halten.

„Heute hat der Wald keinen Herrn" (HM-Ar-15.08.05).

Einer Beschwerde eines *Aksakal* aus Gumchana über die starke Zunahme des im Wald weidenden Viehs entgegnete der zuständige Forstdirektor lapidar, dass seine Förster angehalten seien, den Wald zu schützen und nicht auch noch das Gras (AD-Gu-25.06.04).

Offiziell obliegen das Recht des Brennholzeinschlags sowie die Vergabe von Lizenzen zum Brennholzeinschlag dem Leschoz. Er weist Flächen zur Brennholzernte aus oder verkauft das von Forstarbeitern geerntete Brennholz an die Haushalte (EN/Forstingenieur-Gu-05.04.04). Wie erwähnt sind heute jedoch weder die Leschozi mit ihrem Mitarbeiterstamm in der Lage, die notwendige Menge an Brennholz bereitzustellen, noch halten sich die Haushalte an die formalen Vorgaben und sammeln stattdessen ohne Genehmigung Brennholz an beliebigen Stellen. Des Weiteren obliegt es dem jeweiligen Leschoz, Nutzungsrechte für die Ernte von Heu oder Nüssen zu vergeben.

Die Aufrechterhaltung von Recht und Ordnung sowie Konfliktschlichtung zwischen Pächtern, etwa um den genauen Verlauf von Parzellengrenzen und das damit verbundene Recht der Heu- oder Nussernte, gehören ebenfalls zum Aufgabenbereich eines Leschoz.

Obgleich das Aufgabenprofil weit und ambitioniert ist, nach wie vor auch Pläne zur Bewältigung der jeweiligen Aufgaben aufgestellt werden, deren Erfüllung zweifellos Zeit und Mühen erfordern, vermitteln Beobachtungen in den aufgesuchten Leschozi zwischen 2003 und 2010 stets das Bild einer durch geringen Arbeitseifer und schlechte materielle Ausstattung gekennzeichneten Institution. An den Werktagsvormittagen war zwar meist die Mehrheit der im Büro tätigen Mitarbeiter im zentralen Leschoz-Kontor anwesend, doch schienen nur einige der Angestellten tatsächlich zu arbeiten, während die meisten anderen entweder plaudernd, Zeitung lesend oder ein Computerspiel spielend angetroffen wurden. Eine Ausnahme stellen die Leschoz-Direktoren dar, die nahezu ausnahmslos, so die erlebten Beobachtungen, einen Eindruck großer Geschäftigkeit zu vermitteln trachteten, wobei sie in den seltensten Fällen bei der Erledigung von Arbeiten am Schreibtisch, sondern meist in Situationen hektischen Aufbruchs oder Ankommens von scheinbar wichtigen Sitzungen angetroffen wurden. Den Bitten um ein Interview gaben die Leschoz-Direktoren zwar meist nach, doch demonstrierten nahezu alle einen Zeitmangel und erlaubten nur wenig Zeit für ein Gespräch. Obgleich die offiziellen Arbeits- und Öffnungszeiten auch die Nachmittage umfassen, waren die Leschoz-Gebäude nachmittags fast immer vollkommen verwaist, nur sehr selten fanden sich Mitarbeiter an ihren sehr spärlich ausgestatteten Arbeitsplätzen. In den Arbeitsräumen der Leschoz-Kontore mangelt es zudem sowohl an funktionsfähigem Mobiliar als auch an einfachster Büroausstattung wie Papier, Stiften oder weiteren Arbeitsmaterialien.

Finanzielle Situation

Zu Sowjetzeiten wurden der Forstsektor und damit auch die Leschozi hoch subventioniert, zumal die wirtschaftliche Ausbeutung der Wälder Kirgistans und damit die Erzielung von Gewinnen nie oberste Priorität hatte. Für einen Leschoz bestand keine zwingende Notwendigkeit zu ökonomischer Effizienz. Angesichts dieses Erbes stellt die Zielvorstellung der gegenwärtigen Forstpolitik, die Leschozi zu wirtschaftlich selbst tragenden Unternehmen umzustrukturieren, eine schwierige Herausforderung dar. Neben verschiedenen Maßnahmen zur Effizienzsteigerung muss jeder Leschoz heute seine Ausgaben beträchtlich senken und/oder seine Einnahmen erhöhen. Eine für die lokale Bevölkerung einschneidende Maßnahme zur Senkung der Ausgaben bestand in der Entlassung eines Großteils des Leschoz-Personals, um Einsparungen bei den Personalkosten zu erzielen.

Auf der Einnahmenseite kann ein Leschoz Einkünfte erzielen aus der Verpachtung von Weideland, Ackerparzellen, Mähwiesen, Bienenstöcken und Nussbäumen sowie dem Verkauf marktfähiger Produkte wie Nüssen, Honig, Bauholz, Brennholz und Maserknollen. Von ihren Einnahmen müssen die Leschozi 25% an den Staat, 5% an das staatliche Katasteramt (*Gosregister*) und 10% an das Oblast-Forstkomitee abgeben.[10] Von den restlichen 60% müssen die laufenden Ausga-

---

10 Die Schwierigkeit für einen Leschoz, die offiziell und inoffiziell geforderten Beträge an die höher gestellten Forstbehörden zu entrichten, trägt ebenfalls dazu bei, dass die Leschozi zu illegalen Mitteln der Steigerung ihrer Einnahmen greifen (UA-Ar-10.04.04).

ben, insbesondere die Löhne der Belegschaft, bestritten werden (BR-Ky-04.08.03; ID-Ar-15.03.07). Durch die Kopplung der Pachtgebühren an den Ernteerfolg schwanken die jährlichen Einnahmen der Leschozi beträchtlich, was langfristige Finanzplanungen erschwert. Allerdings finden auch in erheblichem Ausmaß Ausgleichszahlungen innerhalb des Forstdienstes statt, d.h. eine schlechte Nussernte und damit geringe Pachteinnahmen führen nicht zum finanziellen Ruin des Leschoz, da die Gehälter unabhängig davon vom Forstdienst bezahlt werden. Beispielsweise betrug das Budget des Leschoz Arstanbap-Ata 2006 etwa 1,1 Mio. KGS (Vortrag des Direktors des Leschoz Arstanbap-Ata, 2007).

Jährlich muss jeder Leschoz einen Rechenschaftsbericht über die geleisteten Arbeiten, den Waldzustand sowie die personelle und wirtschaftliche Situation abfassen. Diese Berichte entspringen der sowjetischen Tradition und weisen trotz offizieller Abschaffung der Planwirtschaft zu allen Arbeitsbereichen eine Gegenüberstellung von Plan und Fakt auf. Der Aufbau der Rechenschaftsberichte ist formal seit Jahrzehnten unverändert und auch bei den Inhalten dominieren bloße Fortschreibungen. Selbst die zuständigen Forstbeamten geben freimütig zu, dass Berichte und Realität stellenweise weit auseinanderklaffen; so würden etwa die Angaben zum Holzeinschlag und zu den Aufforstungen zum Vorteil des Leschoz beträchtlich geschönt (ZI-Ka-27.04.04).

Leschoz als partielle Institution

Im Gegensatz zu Sowjetzeiten, als die Leschozi durchaus als „totale Institution" angesehen werden konnten, die einen großen Teil der kommunalen Aufgaben übernommen hatten, kommt ihnen diese Rolle heute nicht mehr in diesem Maße zu. Zwar stellt der örtliche Leschoz im Untersuchungsgebiet immer noch den bei weitem größten Arbeitgeber dar und kontrolliert ein beträchtliches Territorium, aber Aufgaben wie Gesundheitsversorgung, Bildung und Kulturangelegenheiten werden heute unabhängig vom Leschoz bestritten. Im Bereich infrastruktureller Aufgaben verfügen die Leschozi als zuständige Territorialinstitution allerdings noch über ein gewichtiges Mitspracherecht gegenüber den öffentlichen Kommunen (*Ailökmöt*).

Obgleich die *Ailökmöts* heute über größere Entscheidungsbefugnisse verfügen als der *Sel'sovet* während der UdSSR und danach streben, ihren Einfluss auch auf die Territorien des Leschoz auszuweiten, sind die Leschozi dennoch als mächtige Akteure bei der Regelung kommunaler Angelegenheiten und beim Ressourcenmanagement anzusehen. Die Institution Leschoz respektive bestimmte Funktionsträger üben sowohl legislative als auch exekutive und judikative Aufgaben aus. So erlässt der Leschoz-Direktor Richtlinien über Maßnahmen im gesamten Leschoz, setzt Maßnahmen um und entscheidet als richterliche Instanz bei Streitfällen. In ähnlicher Weise verfährt ein Förster in seinem Forstrevier. Ihre Ämter verleihen ihnen somit Macht gegenüber den von den Land- und Forstressourcen abhängigen Nutzern, was sie dazu verleitet, ihre Positionen auszunutzen und sich für Dienste entsprechend gut entlohnen zu lassen. Allerdings sind den Leschoz-Direktoren oder Förstern auch enge Grenzen gesetzt, da jeder Leschoz in das streng hierarchische System der Forstverwaltung eingebunden und den Ordern der oberen Forstbehörden dienstweisungsgebunden ist. Zudem müssen die Direktorenposten innerhalb der Forstverwaltung als Schleudersitze angesehen werden, da Entlassungen sehr leicht ausgesprochen werden können und häufig stattfinden.

Die Unfähigkeit eines Leschoz, notwendige Forstmaßnahmen durchzuführen und die Kontrolle auf seinem Territorien auszuüben, führt zu Frustrationen bei zahlreichen betroffenen Personen.

> „Wir haben keinen Staat, jeder macht, was er will. Der Wald braucht eine Verwaltung, doch der Staat versteht diese Probleme nicht" (AE-Ky-19.04.04).

Die geringere Sichtbarkeit staatlicher Institutionen aufgrund reduzierter Mittel sowie gezielter Liberalisierungsmaßnahmen werden von den Bewohnern der Leschoz-Siedlungen als ein Rückzug des Staates interpretiert, der sich weder für die Wälder noch für seine Bürger zu interessieren scheint. Häufige Neubesetzungen von leitenden Personen und illegale Machenschaften der Leschoz-Angestellten führen bei denjenigen, die es nicht vermocht haben, Teil dieser Netzwerke zu sein, zu Resignation und vor dem Hintergrund ihrer realen ökonomischen Sorgen zu einer Konzentration auf zu Eigennutz bestimmten Handlungen.

5.2.4 Lokale sozio-politische Institutionen und Akteure

Ailökmötü

Mit einer Verwaltungsreform im Jahr 1996 wurden das sowjetische System der lokalen Selbstverwaltung und damit die *Sel'sovet* aufgelöst und durch die repräsentativen und exekutiven Organe Gemeinderat (*Ail Keneš*), Bürgermeister (*Ailökmöt*) und Gemeindeverwaltung (*Ailökmötü*) ersetzt. *Ail Keneš* und *Ailökmöt* werden heute für eine Amtsperiode von vier Jahren von der Lokalbevölkerung gewählt. In Kyzyl Unkur und Kara Alma besteht der *Ail Keneš* jeweils aus elf Abgeordneten, in Arslanob aus neun Abgeordneten (zwei aus Gumchana), die sich etwa alle vier Monate zu ordentlichen sowie unregelmäßig zu außerordentlichen Sitzungen versammeln. In größeren Gemeinden wie Arslanbob sind auf ehrenamtlicher Basis in den Ortsteilen Gumchana, Košterek und Džaiterek noch Ortsvorsteher tätig. Die Zuständigkeit des Gemeinderats erstreckt sich auf verschiedenste kommunale Belange, wobei ein Schwerpunkt in der Verbesserung der Lebensbedingungen und der sozialen Fürsorge gegenüber bedürftigen Bürgern liegt. Das Territorium der Gemeinde beschränkt sich auf den eigentlichen Siedlungsraum und umfasst somit den Gebäudebestand, Gärten sowie Straßen, Wege und Plätze.

Das Budget und somit der Handlungsspielraum der Gemeindeverwaltungen in Arslanbob, Kyzyl Unkur und Kara Alma ist vergleichsweise gering. Denn die wichtigsten Steuerquellen, Acker- und Waldflächen, unterstehen dem jeweiligen örtlichen Leschoz. Dagegen können die *Ailökmötü* lediglich Grundsteuern für die privaten Landparzellen[11], auf denen sich die Wohngebäude und Gärten befinden, sowie Gewerbesteuern von Betrieben, touristischen Einrichtungen und Handelsgeschäften einziehen. Da diese Steuereinnahmen jedoch zu gering sind, um nur ansatzweise notwendige kommunale Aufgaben zu finanzieren, erhalten die Gemeinden Zuschüsse aus dem staatlichen Budget, die um ein Vielfaches die eigenen Steuereinnahmen übersteigen. Beispielsweise erhielt im Jahr 2007 der *Ailökmötü* Arslanbob Steuereinnahmen in Höhe von 2 Mio. KGS, jedoch Zuschüsse aus dem staatlichen Zentralbudget in Höhe von 18 Mio. KGS.

Mit diesen Finanzen müssen die Gemeinden die Ausgaben für Schulen und Kindergärten (Elektrizität, Heizung, Reparaturen, Transporte, Arbeitslohn für technisches Personal) sowie die Löhne der Gemeindeverwaltungsangestellten bestreiten. Für notwendige Renovierungsarbeiten an Schulen, Krankenstationen oder Reparaturen an innerörtlichen Straßen fehlen ihnen meist die Mittel (SK/stellv. Bürgermeister-Ar-08.04.04).

Seit Jahren bemühen sich die *Ailökmöts* um eine Übertragung der den Leschozi unterstehenden Ackerflächen auf Gemeindeland, um den eigenen Finanz- und Handlungsspielraum zu verbessern, wogegen sich jedoch die Forstverwaltung sträubt, die auf diese Ländereien als profitable Einnahmequellen nicht verzichten möchte. Die Ausweisung neuer Baugebiete verläuft in Kooperation mit den Leschozi, weil diese das notwendige Land zur Verfügung stellen müssen. Der Gemeinderat entscheidet schließlich über die individuellen Baugenehmigungen.

Informelle Institutionen

Neben der staatlichen Administration übernehmen nicht-staatliche, traditionelle oder auch autochthone Institutionen kommunale Aufgaben. In allen Leschoz-Dörfern existieren ehrenamtlich tätige und aus vier bis neun Personen bestehende *Aksakal*-Räte, die sich unregelmäßig ein- bis zweimal pro Monat treffen, um anstehende Probleme und Aufgaben in ihrem Dorf oder ihrer Nachbarschaft (*Mahallah*) zu besprechen und zu lösen. Zu ihrem Aufgabenbereich gehören die Schlichtung von Streitfällen, die Organisation und Überwachung von Gemeinschaftsarbeiten (*Ašar*), die Mithilfe bei der Organisation von Hochzeiten oder Trauerfeierlichkeiten, Beratung armer Haushalte, aber auch der Aufruf an einzelne Familien, ihre Grundstücksumzäunung auszubessern oder einen finanziellen Beitrag für kommunale Projekte zu leisten (MK-Ar-13.04.04). Auf Anfrage bemühen sich die *Aksakale* um die Schlichtung bei Familienstreitigkeiten wie Scheidungen oder bei der Erbteilung, wozu sie wenn möglich die *Scharia* anzuwenden trachten. Manchmal werden *Aksakale* bei Streitfällen um Landparzellen eingeschaltet. Zur Konfliktschlichtung bilden Vertreter des Leschoz, des *Ailökmötü* sowie *Aksakale* eine Schlichtungskommission. Bei reinen Waldstreitigkeiten lösen meist die zuständigen Förster den Konflikt.

---

11 Veteranen, Pensionäre, Invalide und kinderreiche Familien sind von den Grundsteuern befreit.

Kommunal organisierte Gemeinschaftsarbeiten können etwa die Reinigung eines Bewässerungskanals, der Ausbau eines Weges oder die Säuberung eines Straßenabschnitts sein. Hierzu muss in der Regel jeder Haushalt des Dorfes oder der *Mahallah* eine Person als Arbeitskraft stellen. Sanktionen bei Nichterfüllung dieser Pflicht sind nicht vorgesehen, da die Mithilfe als bindend angesehen und zumeist auch erfüllt wird. Auch wenn die Vorgaben der *Aksakale* keine rechtliche Bindung haben, befolgen doch in der Regel alle Dorfmitglieder ihre Anweisungen aus dem traditionell fest verankerten Respektsverständnis älteren Personen gegenüber.

In Arslanbob bilden die Vorsitzenden der *Aksakal*-Räte der elf *Mahallahs* zudem noch einen übergeordneter *Aksakal*-Rat, der sich bei Gemeinde übergreifenden Angelegenheiten konstituiert und von einem hauptamtlich beim *Ailökmötü* beschäftigten Vorsitzenden geleitet wird. Neben den genannten Aufgabenbereichen achtet dieser *Aksakal*-Rat auch auf die Preisgestaltung in den örtlichen Einzelhandelsgeschäften und ermahnt die Händler bei zu hohen Preisen zur Mäßigung (MK-Ar-13.04.04). Tatsächlich liegen die Verkaufspreise in Arslanbob trotz seiner peripheren räumlichen Lage etwa auf dem Niveau des zentralen Marktes von Bazar Korgon.

Daneben bestehen in den einzelnen Orten auch Dorfgerichte, also keine ausgewiesenen *Aksakal*-Gerichte, die sich um die Rechtsprechung bei Streitfällen nach den Regeln der *Scharia* und des staatlichen Rechts kümmern. Die Mitglieder dieser Dorfgerichte sind jedoch keine ausgebildeten Juristen. So setzt sich etwa das Dorfgericht von Kara Alma aus einem Imker, der ehemaligen Leiterin des Kindergartens und einem Mitarbeiter des *Ailökmötü* zusammen (BA-Ka-24.04.04). Bei ihrer Rechtsprechung ziehen sie häufig die Expertise eines Geistlichen, des *Ailökmötü* oder des Vorsitzenden des *Aksakal*-Rats zu Rate. Schwere Straftatbestände werden jedoch an die Polizei und dann an das Gericht im Rajon-Zentrum weitergegeben.

Zum Aufgabenprofil der in den Untersuchungsdörfern mit fünf bis elf Mitgliedern besetzten Frauenräte gehören die Lösung familiärer Konflikte, die Unterstützung allein stehender Frauen oder bedürftiger Haushalte, etwa bei der Beantragung von Kindergeld, sowie Aufklärungsarbeit, etwa auch die Ermahnung, Lebenszyklusfeste in bescheidenem Umfang durchzuführen (KK-Gu-25.02.07). Im Falle von Scheidungen achten die Frauenräte darauf, dass die Interessen und Belange der Frauen berücksichtigt werden.

Die meisten Ackerflächen in der Untersuchungsregion werden bewässert. Das Wasser wird über Bewässerungskanäle den Feldern zugeleitet, wobei regelmäßige Instandhaltungs- sowie im Bedarfsfall Reparaturmaßnahmen anfallen. Zur Koordination dieser Arbeiten wie auch zur Verteilung des Wassers für Bewässerungszwecke betätigt sich ein vom Leschoz eingesetzter Kanal- oder Wasserwächter (*Murab*) (SH-Ar-17.08.05). Die Instandhaltung der Bewässerungskanäle erfordert mindestens einmal im Jahr eine gründliche Reinigung und Ausbesserung der als offene Gräben gestalteten Kanäle. Das Kanalbett muss von Geröll, Sand und sonstigen Ablagerungen befreit und mancherorts müssen Kanalwände stabilisiert werden. Gemeinsam mit einem Agronomen des Leschoz ruft der Kanalwächter die

Wassernutzer zusammen und verteilt die in Gemeinschaftsarbeit zu erledigenden Aufgaben. Alle Landwirte, die Wasser aus einem spezifischen Kanal erhalten, müssen sich an diesen Arbeiten beteiligen, andernfalls werden sie bei der Wasserverteilung benachteiligt. Da im Untersuchungsgebiet Ackerbau in einer Kombination aus Regenfeldbau und Bewässerungslandbau betrieben wird und in den Frühjahrsmonaten meist noch ausreichend Niederschläge fallen, erstreckt sich die Bewässerungssaison meist nur von Mitte Juni bis Mitte August. Der zweite Aufgabenbereich des Kanalwächters besteht in der Regelung des Abflusses, also der Zu- und Verteilung des Irrigationswassers. Verschiedene Gehilfen (*Brigadier*) regeln die Wasserzuteilung aus den Subkanälen und informieren die betroffenen Landwirte über deren Bewässerungszeit. Diese Daten hält auch ein öffentlicher Anschlag im Zentrum von Arslanbob bereit.[12] Streitfälle treten in Trockenphasen im Hochsommer auf, wenn viele Landwirte gleichzeitig Irrigationswasser benötigen. In dieser Zeit wird der Bewässerungszyklus verkürzt und auch nachts bewässert. Der für den Bewässerungskanal „Karat Aryk" zuständige Kanalwächter Arslanbobs erhält für seine Arbeit das uneingeschränkte Nutzungsrecht an einer Ackerlandparzelle sowie eine Abgabe von jedem Landwirt.

Mit der Erosion von Zuständigkeiten der ehemals totalen Institution Leschoz übernehmen informelle Institutionen zunehmend Aufgaben im kommunalen Bereich. Bei einigen dieser Institutionen sind Traditionen bis in vorsowjetische Zeit zurück zu verfolgen, wie etwa *Aksakal*, während andere wie Frauenräte Neugründungen darstellen. Wenig Einfluss haben informelle Institutionen jedoch bisher im forstwirtschaftlichen Bereich, der noch immer die Domäne des Leschoz ist und sich weniger in Richtung einer kommunalen denn einer privatwirtschaftlichen Angelegenheit entwickelt. Kommunal definierte formale oder informelle Institutionen sind hier irrelevant, stattdessen legt der Leschoz die formalen Spielregeln fest und die privaten Haushalte agieren innerhalb dieser Spielräume, wobei sie durchaus Allianzen mit Nachbarn oder Verwandten schließen (vgl. REYHÉ 2009).

5.2.5 Pluralisierung von Akteuren und Interessen

„In unseren Wäldern wächst fast alles: Nüsse, Äpfel, Pflaumen, Berberitze und vieles mehr. Im September bleibt man im Wald nicht hungrig; es gibt genug zu essen."
Saidullah Mirkamilov (Gu-27.02.07)

Die ökologische Vielfalt und gleichzeitige Limitiertheit der Walnuss-Wildobst-Wälder resultiert vor dem Hintergrund der historischen Entwicklung ihrer Nutzbarmachung in unterschiedlichen, von diversen Akteuren artikulierten Interessen an verschiedenen Forstprodukten und -funktionen. Im Sinne einer politisch-ökologischen Analyse sind sowohl die mannigfaltigen Interessen als auch die entsprechenden Akteure zu identifizieren, die maßgeblich Nutzung und Management

---

12 Der Wasserzyklus am „Karat Aryk" umfasst beispielsweise sechs Tage: Drei Tage Khurmaidan, zwei Tage Očungan und ein Tag Či, Bodmoinok etc.

der Wälder steuern oder zumindest beeinflussen. Neben den eigentlichen Waldressourcen wie Nutz- und Brennholz, Walnüssen, Baum- und Beerenfrüchten sowie Kräutern und Pilzen sind auch das Land als Weidegrund, die ökologische Vielfalt als Genressource und der landschaftliche Reiz als von unterschiedlichen Akteuren als relevant erachtete Funktionen zu nennen. Die Gruppe der potentiellen und tatsächlichen Akteure ist einerseits zu unterscheiden in Einzelakteure, Akteurskollektive oder Interessengruppen, andererseits in ortsbasiert (*place-based*) und nicht-ortsbasiert (*non-place-based*).

Das Ende der Sowjetunion änderte nicht nur die politischen und ökonomischen Rahmenbedingungen, es eröffnete zudem neue Zugänglichkeiten und damit eine signifikante Neukonstituierung des Akteurfeldes. Aufgrund der politischen und ökonomischen Abschottung der Kirgisischen SSR hatten zuvor hauptsächlich sowjetische Akteure das Waldmanagement dominiert, während heute im Zuge politischer und ökonomischer Liberalisierung sowie der globalen Verbreitung wirkmächtiger Diskurse Akteure von jenseits des GUS-Raums keinen unwesentlichen Einfluss auf Strategien und Formen des Managements und der Nutzung der Nusswälder ausüben. Hatten in den Jahrzehnten vor 1990 die Kommunistische Partei und die sowjetischen Exekutivorgane den institutionellen Rahmen der Nutzung bestimmt, während der örtliche Leschoz unter Beteiligung der lokalen Bevölkerung die Vorgaben umsetzen musste, so kommen heute zu den staatlichen Organen privatwirtschaftlich agierende Händler, Vertreter internationaler Holzkonzerne und internationale Wissenschaftler als neue Akteure hinzu mit jeweils eigenen spezifischen Interessen an Ressourcen oder Nutzungsformen. Tab. 5.1 liefert eine Übersicht über die ortsbasierten und nicht-ortsbasierten Akteure.

Tab. 5.1 Ortsbasierte und nicht-ortsbasierte Akteure mit Bezug zu den Nusswäldern Kirgistans

Place-Based Acteurs	*Non-Place-Based Acteurs*
Leschoz, Mitarbeiter des Leschoz	Staatlicher Forstdienst (Oblast-Ebene, nationale Ebene)
Lokale Bevölkerung: Viehzüchter, Ackerbauern, Waldnutzer	Staatliche Administration und Regierungen
Lokale Händler	Nusshändler
	Internationale Holzkonzerne
	Schmuggler
	Bewohner der Region, die Forstprodukte sammeln, verarbeiten oder handeln

Die mit den verschiedenen Akteuren verbundenen Interessen an den Land- und Naturressourcen oder an diversen Funktionen der Nusswälder können in ebensolche ökonomischer, politischer, ökologischer oder soziokultureller Art unterschieden werden und werden im Folgenden näher erläutert.

Ökonomische Interessen

Nutzholz

Holz- und Nicht-Holz-Waldprodukte stellen ökonomisch in Wert setzbare Ressourcen dar, die schon seit alters her geerntet, direkt genutzt, verarbeitet oder gehandelt wurden. Die dominierende Baumart Walnuss liefert ein in der Möbelindustrie wertgeschätztes Nutzholz, das während der Sowjetzeit in den Holzverarbeitungsabteilungen der örtlichen Leschozi oder in der zentralen Möbelfabrik in Dshalal Abad zu Möbelstücken, Verkleidungsmaterial oder Gebrauchsgegenständen verarbeitet wurde. Die meisten der in den 1950er Jahren eingerichteten Holzverarbeitungsbetriebe (DOC) wurden in den 1990er Jahren aus den Leschozi ausgegliedert und privatisiert. Produziert werden dort nach wie vor Schränke, Stühle, Tür- und Fensterrahmen, Schachspiele, Holzgefäße und diverse Souvenirs. Doch mit dem Wegbrechen fester Absatzstrukturen und der geringen lokalen Nachfrage nach Möbeln und Holzgegenständen ging ein massiver Produktionsrückgang einher. So vermitteln die großen Werkshallen der ehemaligen DOC in Arslanbob, Kyzyl Unkur und Kara Alma heute einen desolaten Eindruck, mit einem veralteten Maschinenpark und einer stark reduzierten Belegschaft. Bis heute haben es die Leiter dieser privatisierten Holzbetriebe nicht vermocht, neue stabile Absatzstrukturen aufzubauen. Während das Vorhandensein großzügiger Werkshallen und ausgebildeter Fachleute Potential für eine erfolgreiche Holzproduktion vermuten lassen, erschwert das prinzipielle Einschlagsverbot den Betrieben den Bezug von qualitativ hochwertigem Nutzholz, da sie offiziell lediglich das im Rahmen von Sanitäreinschlägen anfallende Nussholz verarbeiten können. Losgelöst von den alten Großbetrieben nutzen einige ehemalige DOC-Tischler ihre fachlichen Kenntnisse und produzieren in eigenen Werkstätten Möbel und Holzsouvenirs für Touristen.

Maserknollen

Das bereits Ende des 19. Jahrhunderts international gehandelte Maserknollenholz erfuhr mit der Einführung der Marktwirtschaft in den 1990er Jahren eine erhebliche Aufwertung und entwickelte sich zu einem international begehrten Gut, das auf nationaler, regionaler und lokaler Ebene Anlass für zahlreiche Konflikte bot. Zwar wurde Maserknollenholz auch zu Sowjetzeiten eine besondere Wertschätzung zuteil, indem es zu Furnier verarbeitet der Veredelung von Möbeln diente, doch erst seitdem Vertreter internationaler Holzkonzerne aus Nordamerika und Westeuropa ab 1991 gezielt Maserknollen nachfragten und dafür hohe Summen bezahlten, wurde der nach Weltmarktpreisen hohe Wert des Holzes erkannt.

Vermutlich einige tausend zumeist alte und große Walnussbäume wurden in den vergangenen 20 Jahren gefällt, um die im unteren Stammbereich ausgebildeten Maserknollen zu ernten und ins Ausland zu exportieren, wo sie zu Furnier verarbeitet für die Verkleidung von Armaturen in Luxuslimousinen oder für edle

Schränke, Schatullen und Schachbretter verwendet wurden. Seit Ende der 1990er Jahre werden zudem auch Gewehrkolben aus Wurzelholz produziert. Im Gegensatz zur kolonial- und sowjetzeitlichen Erntepraxis, bei der Maserknollen an lebenden Bäumen lediglich abgeschnitten wurden, werden nach der gegenwärtigen Erntemethode die gesamten Bäume gefällt, um die Holzausbeute zu maximieren. Die Verwüstungen im unmittelbaren Umfeld der gefällten Bäume sind beträchtlich, da die Bäume in der Regel nicht abgesägt oder gefällt, sondern mit schwerem Gerät umgerissen, also entwurzelt und anschließend aus dem Wald geschleift werden, was Schäden an der Strauch- und Bodenvegetation verursacht.

Beteiligt an diesem „Maserknollenbusiness" sind verschiedene lokale und nicht-lokale Akteure: Den Beginn der Akteurskette bildet der Auftraggeber, ein Holzkonzern aus dem Ausland, der eine bestimmte Menge an Maserknollen beim kirgisischen staatlichen Forstdienst bestellt. Da es sich aufgrund des hohen Wertes der Maserknollen um ökonomisch bedeutsame Aufträge handelt, werden sie auf oberer politischer Ebene verhandelt. Den Hierarchien des staatlichen Forstdienstes entsprechend wird der Auftrag an die Oblast-Forstdienste und die örtlichen Leschozi weitergegeben. Letztere sind dafür verantwortlich, die Aufträge auszuführen und das Holz bereitzustellen. Offiziell schließen die Auftraggeber dann mit dem örtlichen Leschoz Verträge über das zu liefernde Holz ab.

Aufgrund der bedeutsamen Geldsummen sind viele Personen daran interessiert, ökonomischen Profit aus diesen Geschäften zu schlagen. Verschiedene Aussagen von ehemaligen und aktuellen Leschoz-Beschäftigten (AS-Ky-05.08.03; SK-Ar-15.08.05; RA-Ds-29.04.04) belegen den halblegalen bis illegalen Charakter dieses Maserknollengeschäfts. Obgleich offiziell Verträge zwischen Auftraggeber und Leschoz abgeschlossen werden, divergiert die reale Praxis hiervon beträchtlich. So werden zumeist deutlich mehr Maserknollen geerntet als jemals in den Papieren genannt werden, wovon sowohl die Auftraggeber als auch Auftragnehmer und Vermittler profitieren. Dabei reicht die Kette der Beteiligten vom Vorsitzenden des staatlichen Forstdienstes über Mitarbeiter der Forstdienstzentrale in Bischkek und des Oblast-Büros in Dshalal Abad bis hin zum örtlichen Leschoz. Dieser hohe Grad an Korruption führt zu Missgunst und Streit zwischen Profiteuren des Geschäftes und den Unbeteiligten oder gar unmittelbar Geschädigten, wenn Bäume auf deren Territorium gefällt werden.

Von der geschilderten halblegalen bis mafiösen Form des Maserknollengeschäfts ist der komplett illegale Maserknolleneinschlag und -schmuggel ohne Wissen der Forstbehörden abzugrenzen, der jedoch einen deutlich kleineren Anteil hat, da die Geheimhaltung des Holzeinschlags schwierig bzw. im Umkehrschluss Holzeinschlag und Abtransport der Maserknollen vom örtlichen Leschoz und staatlichen Sicherungsorganen unschwer zu vereiteln oder aufzudecken wäre.

Das Geschäft mit den Maserknollen, über das Befragte stets nur hinter vorgehaltener Hand sprachen, ist für verschiedene Personen auch willkommener Anlass zur Stimmungsmache gegen unbeliebte Bevölkerungsgruppen: Immer wieder äußern Kirgisen die Vermutung, dass die geernteten Maserknollen direkt nach Usbekistan exportiert würden und dass hinter dem Handel eine „usbekische Maserknollenmafia" stehe (BT-Gu-23.02.07). Auch im Amt befindliche Direktoren werden auf diese Art und Weise diskreditiert, wie etwa ID (Ar-15.03.07), der ehemalige Direktor des Leschoz Arstanbap-Ata. Seinen Aussagen zufolge ließ er auf Weisungen höherer Beamter für ausländische Vertreter Hunderte von Maserknollen schlagen, wurde jedoch wenig später dieser Aktivitäten wegen unter Androhung von Gefängnisstrafe angeklagt, weshalb er selbst um seine Entlassung vom Amt des Leschoz-Direktors bat. Tatsächlich scheint eine gängige Handelspraxis darin zu bestehen, die Maserknollen zunächst nach Usbekistan zu schmuggeln, wo sie einen offiziellen Exportstempel erhalten und legal ausgeführt werden dürfen (PS/LESIC-Ds-12.03.07).

Über die Vertreter internationaler Holzkonzerne sind zudem verschiedene Gerüchte im Umlauf, die teilweise von den tatsächlichen ökonomischen Zielen dieser Personen ablenken sollen. Letztendlich haben es aber „Alexandra" und „Michael" in den Leschoz-Siedlungen zu mehr oder weniger geheimnisumwitterter Prominenz gebracht. Erstere, vermutlich Vertreterin eines britischen Holzunternehmens, ließ auf professionelle Weise und mit offizieller Genehmigung – ihre Einschläge firmieren als „sanitäre Einschläge" – Nussbäume fällen und das Stammholz nach England exportieren, wo es zu Möbeln und Parkett verarbeitet wurde (BS/LESIC-Ds-24.06.04). Da das Ziel der Einschläge in der Gewinnung hochwertigen Nutzholzes besteht, werden zweifellos nahezu ausschließlich gesunde Bäume gefällt. Geschäftsfördernd wirkt sich hier eindeutig aus, wenn die ökonomischen Interessen der Holzkonzerne mit privaten Interessen mächtiger lokaler Akteure in Einklang gebracht werden. Als etwa der Bürgermeister eines Leschoz-Ortes eine größere Geldsumme für die Hochzeit seines Sohnes benötigte, kaufte ihm „Alexandra" zur Förderung seiner Liquidität sein Einzelhandelsgeschäft ab.

Die Professionalität der externen Akteure demonstrierte ein von außen gut abgeschirmtes Materiallager eines Vertreters in Dshalal Abad. In dem Lager fanden sich hochwertige Werkzeuge wie leistungsfähige Motorsägen verschiedener Größen, Truhen aus Stamm- und Maserknollenholz sowie bestens verarbeitete Einlegearbeiten aus Maserknollenholz, die zu hohen Preisen in Europa verkauft werden sollten (LA-Ds-11.03.07). Holz von etwa zwanzig Maserknollen und weiteres Wurzel- und Stammholz lagerten in einem weiteren Raum (eigene Beobachtung, 11.03.07). Allerdings können die staatlichen Behörden den Holzvertretern auch erhebliche Probleme bereiten: So wurde eine Ladung Maserknollen über einen Monat lang von den Behörden festgehalten, weil einige bedeutsame Personen im Umkreis des Präsidenten nicht involviert oder nicht entsprechend entlohnt wurden (RA-Ds-29.04.04).

Immer wieder fordert die „Enttarnung" des Geschäfts mit den Maserknollen personelle Konsequenzen: Nach einem Vorfall im Frühjahr 2004 im Leschoz Džaiterek, der vielfach als das Zentrum des Maserknollengeschäfts der letzten zehn Jahre gesehen wird, wurde der Leiter der Oblast-Forstbehörde in Dshalal Abad entlassen. Die Abspaltung des Leschoz Džaiterek vom Leschoz Arstanbap-Ata wird auch mit dem aus dem Maserknollenhandel zu erzielenden Profit begründet (IK-Ar-14.03.07). Zudem verursacht das Geschäft mit den edlen Hölzern Furcht unter den Bewohnern, zumal es bereits vermehrt zu gewalttätigen Auseinandersetzungen gekommen ist. So wurde beispielsweise ein Förster aus Kyzyl Unkur im Jahr 2005 von den am Abtransport illegal geernteter Maserknollen Beteiligten verprügelt und schwer verletzt, da er sie anzeigen wollte. Aufgrund der dadurch erlittenen Verletzungen musste der Förster knapp vier Wochen im Krankenhaus behandelt werden. Die Straftäter aus Kyzyl Unkur, die dem Förster gut bekannt waren, wurden nie belangt, weil der örtliche Leschoz in dieses Geschäft involviert war (KE-Gu-18.03.07).

Grundsätzlich scheinen sich Personen nicht aus existentieller Not an dem Geschäft mit den Maserknollen zu beteiligen. Vielmehr handelt es sich mehrheitlich um Funktionsträger oder Mitglieder besser gestellter Haushalte, da nur sie über finanzielle Mittel oder Beziehungen verfügen, um sich im Falle einer Bestrafung freikaufen zu können. Dennoch rechtfertigen einige Personen ihre Mittäterschaft im Maserknollengeschäft mit ihrer akuten gegenwärtigen Not, wie es folgendes Zitat zum Ausdruck bringt:

> „Wir müssen Maserknollen verkaufen, weil wir heute leben. Was in Zukunft sein wird, ist mir egal, ich muss jetzt leben" (Mann aus Kara Alma, 26.04.04).

Mehrfach wurden Moratorien und totale Holzeinschlagsverbote verhängt, doch haben diese nie das gewünschte Ziel einer Reduktion des Einschlags erreicht (PS/LESIC-Ds-12.03.07). Erst die nahezu komplette Ausbeutung hat zu einem weitgehenden Erliegen des Maserknolleneinschlags geführt, weil gegenwärtig nur noch wenige Nussbäume mit großen Maserknollen existent sind. Es dauert viele Jahrzehnte, ehe sich an den Bäumen überhaupt erst Maserknollen ausbilden.

Brennholz

Die Nutzung von Holzressourcen der Nusswälder als Brennholz ist heute die quantitativ bedeutendste Holznutzung und auch die für den Bestand der Wälder bedrohlichste. Während zu Sowjetzeiten ein Teil der lokalen Bevölkerung mit Kohle und Gas für Heiz- und Kochzwecke versorgt wurde, nutzen heute nahezu alle lokalen Haushalte Holz aus den Wäldern zum Kochen und Heizen. In Kombination mit der beträchtlichen Bevölkerungszunahme, wie dies in Abb. 5.4 beispielhaft für Arslanbob wiedergegeben ist, bedeutet dies eine deutlich gestiegene Nachfrage nach Brennholz und auch einen tatsächlich signifikant gestiegenen Brennholzeinschlag. Daneben ist auch eine signifikante Ausdehnung der Siedlungsfläche zu konstatieren, wie Abb. 5.5 verdeutlicht.

Das durch Sanitäreinschlag und aufgrund natürlicher Prozesse anfallende Totholz reicht heute bei Weitem nicht mehr aus, den Brennholzbedarf der lokalen Bevölkerung zu decken, so dass den Verboten zum Trotz zahllose gesunde Bäume und Büsche eingeschlagen werden. An vielen Stellen sind die Wälder durch die Praxis, verstärkt Sträucher, Büsche und kleine Bäume wie Apfel oder Pflaume einzuschlagen, stark aufgelichtet. Vitale Nussbäume werden zumeist geschont, da ihnen aufgrund der potentiell zu erzielenden Nussernte ein hoher Wert zugeschrieben wird und sie als bedeutsames Kapital betrachtet werden. Zudem würde das Fällen von Nussbäumen den Förstern sofort auffallen, während der Einschlag an niedrigen Gehölzen weniger offensichtlich ist. Dennoch finden sich in zahlreichen Höfen nicht unbeträchtliche Mengen an Nussholz, wo sie zur späteren Nutzung als Brennholz gelagert werden. Beteiligt am Brennholzeinschlag sind der örtliche Leschoz sowie die lokale Bevölkerung, wobei letztere heute zumeist die Arbeiten ausführen. Einige Anwohner haben sich zudem gezielt auf den Einschlag und Verkauf von Brennholz als Einnahmequelle spezialisiert.

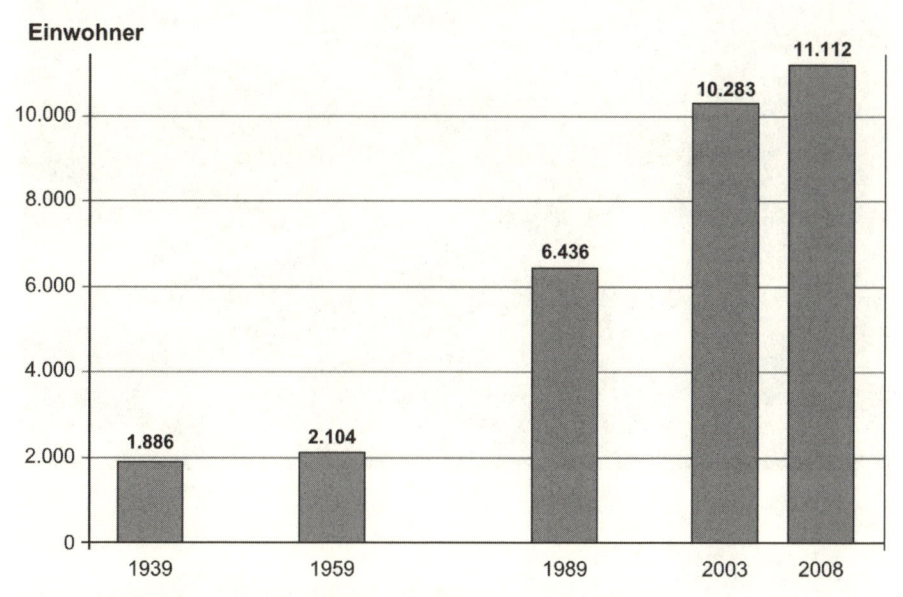

Quellen: Oblast Archiv Dshalal Abad o.A.; Oblast Archiv Dshalal Abad 454/1/93; Informationen des Ailökmötü Arslanbob 2003, 2008
© M. Schmidt 2013

Abb. 5.4 Entwicklung der Bevölkerung von Arslanbob-Dorf zwischen 1939 und 2008

Walnüsse

Die bedeutendste Nebennutzungsform der Wälder war und ist die Sammlung von Walnüssen. An Sammlung, Handel und Verarbeitung der hochwertigen Nüsse ist nicht nur der örtliche Leschoz involviert, sondern auch die lokale Bevölkerung sowie Händler auf verschiedenen räumlichen Ebenen. Hinzu kommen Personen in der Region, die an der Verarbeitung der Nüsse beteiligt sind, etwa all jene, welche die Nüsse knacken, sortieren und für den Export verpacken (Foto 5). Für die Bewohner der Leschoz-Dörfer stellt der Verkauf von Walnüssen vielfach den höchsten Einnahmeposten der gesamten Haushaltseinnahmen dar. So können in Jahren guter Ernte über 40 000 KGS verdient werden, was über dem Jahresgehalt eines Lehrers liegt.

Abb. 5.5 Ausdehnung der Siedlungsflächen des Dorfes Arslanbob zwischen 1939 und 2004

Der Handel mit Walnüssen ist heute in Südkirgistan fest in der Hand türkischer Händler, welche die sortierten Nusskerne in die Türkei oder die Golfregion exportieren. Der Konkurrenzfähigkeit auf internationalen Märkten kommen die zahlreich verfügbaren und günstigen Arbeitskräfte der Region zu Gute: Etliche Frauen und Mädchen öffnen lediglich mit Hämmern oder Steinen die Nüsse, entfernen mit Nägeln oder Schraubenziehern die harten Schalen von den Kernen und sortieren anschließend von Hand die Kerne und Nusssplitter nach Größe und Qualität. Die beiden wichtigsten Händler, die seit 2001 im Nusshandel in Dshalal Abad tätig sind, beschäftigen jeweils ganzjährig etwa 100 Personen und setzen jährlich über 400 t Nüsse um (MU-Ds-20.03.07). Im Jahr 2006 sollen rund 3000 t Walnusskerne aus Kirgistan in die Türkei geliefert worden sein, was etwa 20% des Walnussumsatzes in der Türkei entspricht (MU-Ds-20.03.07). Die Qualität der Walnüsse aus den Nusswäldern Kirgistans wird von den Händlern als sehr hoch eingeschätzt. Walnussöl wird bisher in der Region nicht kommerziell hergestellt.

Wildfrüchte und Pilze

Zu den regelmäßig gesammelten und veräußerbaren Nicht-Holz-Produkten der Nusswälder gehören Wildäpfel, Wildpflaumen, Berberitze, Hagebutten, Pilze und Kräuter. Das Sammeln von Wildäpfeln wurde bereits während der Sowjetära planmäßig ausgeführt und entsprechende Werkstätten zur Fruchtverarbeitung errichtet. So befinden sich Saftfabriken in Arlsanbob und Ogontala, in der Wildäpfel zu Saft, Konzentrat oder Kompott verarbeitet werden. Im Jahr 2004 errichtete als neuer Akteur ein chinesisches Unternehmen eine Saftfabrik in Dshalal Abad, in der aus Wildäpfeln Konzentrat für den chinesischen Markt produziert wird, und die damit in direkte Konkurrenz zu den noch existierenden Fabriken getreten ist.

Pflaumen, Berberitze und Hagebutten werden in kleinen Mengen gesammelt, konsumiert oder veräußert. Hierbei sind jedoch tendenziell eher ärmere Haushalte beteiligt, weil nur geringe Profite zu erzielen sind und die Arbeit sehr zeitaufwändig ist. Ähnlich verhält es sich mit Kräutern, die etwa in Arslanbob über einen zentralen Händler aufgekauft und weiter veräußert werden.

Pilze wurden in der Region bis vor wenigen Jahren lediglich zum Eigenkonsum gesammelt. Nachdem jedoch durch einzelne Akteure aus dem Ausland der auf dem Weltmarkt zu erzielende hohe Preis für Spitzmorcheln bekannt wurde, sammeln inzwischen zahlreiche Personen im Frühjahr diese Pilze und verkaufen sie an örtliche Händler. Getrocknet gelangen die Spitzmorcheln schließlich zu hohen Preisen in den Export nach Frankreich oder Japan (MU-Ds-20.03.07).

Heu

Die auf Lichtungen ergiebig, in Arealen mit dichtem Baumbestand eher spärlich gedeihenden Gräser sind eine weitere ökonomisch relevante Naturressource des Waldareals, stellen sie doch eine wichtige Futterquelle für das von der überwiegenden Mehrzahl der lokalen Haushalte gehaltene Vieh dar. Waldweide wird seit alters her in diesem Gebiet betrieben und war auf ausgewiesenen Arealen auch zu Sowjetzeiten gestattet. Heute dienen diese spezifischen Dorfweiden vielfach ebenfalls noch als Frühjahrs- oder Herbstweiden, viel häufiger ist inzwischen jedoch eine nahezu ungeregelte freie Weidenutzung in den Übergangsjahreszeiten zu konstatieren. Dennoch wird der größte Teil der Biomasse an Gräsern zwischen Juli und August von Menschenhand abgemäht und als Winterfutter eingelagert. Nach der Heumahd und der Rückkehr des Viehs von den hoch gelegenen Sommerweiden grasen zahlreiche Rinder frei in den Wäldern. Für die Heumahd existieren, wie oben beschrieben, Abmachungen und Verträge über die Nutzung bestimmter Parzellen. Zur Gruppe der Nutzer von Grasressourcen zählen nahezu alle Haushalte, für die die Gewinnung von Heu für die Haltung eigenen Viehs essentiell ist. Eine Exklusion von dieser Nutzung würde beträchtliche Probleme für die meisten Haushalte mit sich bringen.

Ackerland

Das ökonomische Interesse an den Nusswäldern beschränkt sich jedoch nicht nur auf die dem Wald zu entnehmenden und veräußerbaren Naturressourcen, sondern auch auf außerforstwirtschaftliche Nutzungsmöglichkeiten des Landes. So fand bereits in vergangenen Jahrzehnten und verstärkt in jüngerer Zeit eine Umwidmung von Wald in Ackerland statt. Hiermit ist tatsächlich eine fiskalisch höhere Inwertsetzung verbunden, da durch Ackerbau ein höherer und vor allem ein sicherer Ertrag (NEUDERT & KÖPPEN 2005) zu erzielen ist. Ein Großteil der Waldfläche könnte potentiell in fruchtbares Ackerland umgewandelt werden, was jedoch aufgrund staatlicher Bestimmungen nicht erlaubt ist. Bei den angesprochenen jüngeren Umwidmungen handelt es sich daher eher um geringfügige Ausweitungen von Lichtungen mit anschließendem Umbruch von Mähwiese zu Ackerland. Die Rodung von Nussbäumen zur Gewinnung von Ackerland ist strikt verboten.

Tourismus

Schließlich stellen die Nusswälder auch einen ökonomisch zwar schwer quantifizierbaren, aber zweifellos existentiellen Wert für den Tourismus dar. Denn die im Sommer saftig grünen einzigartigen Laubwälder vor einer spektakulären Hochgebirgskulisse im ansonsten waldarmen Fergana-Gebiet sind eine Attraktion ersten Ranges und werden gezielt aufgrund ihres ästhetischen Wertes aufgesucht. Das nicht zuletzt durch die Wälder angenehme Mikroklima, der Eindruck unberührter oder zumindest scheinbar heiler Natur sowie der landschaftliche Gesamteindruck sind wichtige Gründe, warum die Nusswaldregion als Sommerfrische oder Ausflugsziel sehr populär ist. Die von Wäldern, Felsen und Feldern geprägte Umgebung entspricht dem Ideal der kultivierten Landschaft, das für den Tourismus eine große Rolle spielt (vgl. MÜLLER & FLÜGEL 1999). Dieser Wert findet sich zwar in keiner Bilanz wieder, doch die Vorstellung des Fehlens oder der offensichtlichen Degradation der Wälder könnte sich zweifelsohne auf den Erfolg der Region als Ziel von Erholungssuchenden niederschlagen und damit die ökonomischen Erträge aus dem Tourismus reduzieren. Denn für mehr als zwei Drittel der Touristen in Arslanbob stellt die landschaftliche Attraktivität das wichtigste Motiv ihrer Reise dar (KIRCHMAYER & SCHMIDT 2004:406). Aus diesem Grund müssen alle am Tourismus Partizipierenden wie nationale und internationale Reiseveranstalter, Akteure im organisierten Tourismus, Anbieter von Unterkünften, Pferdebesitzer und Taxifahrer sowie sonstige Beschäftigte im touristischen Dienstleistungsbereich als Akteure begriffen werden, deren Interesse in der Bewahrung einer ästhetisch ansprechenden und möglichst vital erscheinenden Natur liegt.

Wie gezeigt kommt den Nusswäldern aufgrund ihrer großen ökologischen Vielfalt und der damit zusammenhängenden Vielfalt an Ressourcen eine seit langer Zeit bestehende ökonomische Relevanz zu. Die Holz- und Nicht-Holzprodukte der Nusswälder sind konsumier- und veräußerbar, aber auch das Land und der landschaftliche Gesamteindruck sind ökonomisch in Wert zu setzen. Darüber hinaus bestehen weitere, nicht-ökonomische, zumindest nicht primär ökonomische Interessen an diesen Wäldern, wie etwa das Interesse der politischen Kontrolle und Verfügbarkeit der Waldareale.

Politische Interessen

Da die Nusswälder sich auf dem Staatsterritorium der Kirgisischen Republik befinden, unterliegen sie somit per Definition dem Hoheitsanspruch des kirgisischen Staates. Das Interesse eines Staates besteht darin, Hoheitsgewalt auf seinem gesamten Territorium auszuüben, die den Interessen des Staates entsprechenden Nutzungsformen der Landressourcen zu gewähren oder zu fördern sowie Sicherheit für die in diesem Territorium lebenden Menschen zu gewährleisten. Der Staat, vertreten durch die Gebietskörperschaften auf lokaler und regionaler Ebene, ist deshalb bemüht, stets Kenntnisse über die Vorgänge auf diesem Territorium zu haben. Insbesondere bei Vorgängen, die den staatlichen Interessen zuwiderlaufen oder die sogar strafbar sind, besteht Anlass für den Staat einzugreifen.

Mit der gesetzlichen Verankerung der Zugehörigkeit bestimmter Territorien zu bestimmten Gebietskörperschaften ist häufig auch die Möglichkeit der Erhebung von Steuern oder Gebühren durch die jeweilige Gebietskörperschaft verbunden. Im Nusswaldgebiet stehen einige der Flächen unmittelbar unter nationalstaatlicher Kontrolle, andere sind den Provinzen, Kreisen oder Gemeinden zugeordnet. Durch die damit verbundenen Einnahmen konkurrieren diese unterschiedlichen Verwaltungsebenen um diese Flächen.

Konfliktreich gestaltet sich heute insbesondere das Verhältnis zwischen *Ailökmötü* und örtlichem Leschoz aufgrund der mit der Hoheitsgewalt verbundenen Einkommen. Der Handlungsspielraum dieser beiden Akteure wird jedoch durch Anweisungen übergeordneter Institutionen, wie etwa dem staatlichen Forstdienst, und ganz wesentlich durch nationalstaatliche Gesetze vorgezeichnet. Insofern legen Akteure regionaler oder nationaler Ebene, wie das Nationalparlament, die Nationalregierung oder der staatliche Forstdienst, maßgeblich den Handlungsrahmen für die lokalen Akteure fest.

Individuelle Besitzansprüche an bestimmten Landparzellen sind ebenfalls mit politisch-territorialem Verfügungsanspruch verbunden, weshalb auch individuelle Land- und Waldnutzer als Vertreter politischer Interessen zu betrachten sind; gleichwohl sind deren Interessen in erster Linie ökonomischer Natur.

Ökologische Interessen

Wie in den vorangegangenen Abschnitten dargestellt, bemühten sich die für die Nusswälder zuständigen Institutionen sowohl in der Kolonialzeit als auch während der Sowjetära stets um die Bewahrung und den Schutz der Nusswälder. Dieses ökologisch orientierte Interesse wurde allerdings ebenfalls ökonomisch begründet. Denn die Bewahrung der Wälder diente dem Schutz vor Erosion und der Erhaltung des bestehenden Wasserkreislaufs, beides Voraussetzung für die Sicherstellung der Bewässerung des Baumwollanbaus im Fergana-Becken. Des Weiteren sollte der Erhalt der ökologischen Vielfalt der Züchtung von Obst- oder Nusssorten dienen. Dieses vordergründig ökologische Interesse kann als eine Art Metanarrative bis in die heutige Zeit gesehen werden, da auch die gegenwärtige kirgisische Forstpolitik den Erhalt der Wälder als eines ihrer prioritären Ziele betrachtet. Zu den persistierenden Umweltnarrativen zählt die Betonung der Einmaligkeit der Nusswälder und ihre Bedeutung für den Boden- und Wasserhaushalt (VENGLOVSKY 1998:76), oder die Vorstellung, die Nusswälder seien Relikte aus dem Tertiär (KOLOV 1998:59) oder gar die „Urheimat der meisten unserer Obstarten" (SUCCOW 2004:30).

Als die wichtigsten Vertreter ökologischer Interessen an den Wäldern sind heute internationale Wissenschaftler wie auch international agierende NGO zu nennen. Ihre Vorstellungen von Naturschutz dominieren inzwischen den Diskurs über die (globale) Bedeutung der Nusswälder und den ‚richtigen' Umgang mit ihnen. Unter Einbezug des globalen Diskurses um den Erhalt von Biodiversität und die Sicherung von Genressourcen bekommt die Forderung nach Schutz der Wälder neues Gewicht. So identifizieren DAVIS et al. (1995) die Gebirge Zentralasiens als globalen „Hotspot der Biodiversität", der über 300 Arten von Wildfrüchten und Nüssen beherberge (EASTWOOD et al. 2009:5). Innerhalb dieses Hotspots komme den Nusswäldern aufgrund ihrer hohen Gehölz- und Habitatsvielfalt eine besondere Bedeutung als „internationale genetische Ressource" zu, weshalb EASTWOOD et al. (2009:8) den Schutz der Wälder für eine Aufgabe von globaler Signifikanz halten.

Allerdings ist auch hier zu fragen, was die dahinter liegenden Gründe sind. Obgleich es diesen Wissenschaftlern vermutlich tatsächlich um den Schutz des Schützens willens oder um das Überleben von Fauna und Flora gehen mag, liegen dem Biodiversitätsdiskurs grundsätzlich auch ökonomische, zumindest anthropogene Interessen zugrunde. Denn die Frage muss hier gestellt werden, für wen der

Artenreichtum und die genetischen Codes denn geschützt werden sollen. Handelt es sich hier nicht vielmehr auch um die Sorge, durch den Verlust bestimmter Arten der Möglichkeit verlustig zu gehen, Arzneimittel oder andere Güter aus den noch unerforschten oder ungesicherten Genen zu produzieren?

Bei der Forderung nach Schutz der Artenvielfalt betreiben manche Autoren eine Internationalisierung der Nusswälder, indem sie globale Interessen – Sicherung der Genressourcen – über lokale Belange stellen. So fordern kirgisische und internationale Wissenschaftler die Promotion der Wälder in den Rang eines Weltnaturerbes und die Einrichtung eines Nationalparks oder Biosphärenreservats (SUCCOW 2004; GOTTSCHLING et al. 2005). Dies erfordert jedoch, einzelne Areale unter strengen Schutz zu stellen und die anthropogene ökonomische Nutzung zu reduzieren oder gänzlich zu untersagen.

Vorstellungen und Terminologie des westlichen Naturschutzes haben sich in der Zwischenzeit auch kirgisische Vertreter aus Wissenschaft und Forstverwaltung zu Eigen gemacht. Beispielsweise plädiert VENGLOVSKY (1998:76) unter Anwendung der neuen ‚korrekten' Vokabeln für „sustainable forest management". Die jüngste Satzung des Leschoz Arstanbap-Ata benennt verschiedene Maßnahmen zum Erhalt von Nachhaltigkeit (*ustojčivost'*) und Biodiversität (*biologičeskoe raznoobrazie*) als Kernaufgaben des Forstbetriebs.

Der Wunsch, Ökologie und Landschaft in möglichst naturnahem Zustand zu erhalten, kann als ein ökologisches oder umweltschützerisches Interesse betrachtet werden. Wie oben gezeigt, liegt darin jedoch ebenfalls ein ökonomisches Potential, so dass auch dieses ökologische Interesse wiederum nur schwerlich als ein intrinsisches zu sehen ist.

Gesellschaftliche, kulturelle und spirituelle Interessen

Schließlich bestehen zwischen Gesellschaft und Nusswäldern auch spirituelle und soziokulturelle Bezüge. ŠUKUROV & BALBAKOVA (o.J.) sehen in den Wäldern erzieherisches Potential zur Charakterbildung für nachfolgende Generationen und betrachten diese somit als ureigenen Teil des Mensch-Umwelt-Verhältnisses der Region.

Auf viele Menschen der Region üben die Nusswälder eine spirituelle Anziehungskraft aus. So befinden sich in und am Rande der Wälder mehrere so genannter „Heiliger Stätten", die von Gläubigen zum Gebet für Heilung von Gebrechen oder die Erfüllung eines bisher unerfüllten Kinderwunsches aufgesucht werden. Diese mit volksislamischen Vorstellungen verbundenen Pilgerfahrten, die auch während der Sowjetzeit nie ganz unterdrückt werden konnten, haben seit der größeren Freizügigkeit der Postsowjetzeit wieder zugenommen. Dennoch bildet dieser Pilgertourismus nur einen kleinen Teil des touristischen Geschehens, in dem den Wäldern als Raum für Erholung und Regeneration Wert zugemessen wird.

Neukonfiguration von Akteursfeld und Interessenportfolio

Die Gruppe der Akteure und das Portfolio an Interessen an Ressourcen, Leistungen oder Diensten der Walnuss-Wildobst-Wälder haben sich seit dem Ende der Sowjetunion signifikant verändert. Auf der einen Seite ist die Gruppe der interessierten Akteure größer geworden, auf der anderen Seite hat sich das Portfolio an als solche definierten Ressourcen und Dienstleistungen der Wälder erweitert (Tab. 5.2).

Tab. 5.2 Dienste und Produkte der Walnuss-Wildobstwälder und die darauf gerichteten Interessen von Akteuren, Akteurs- und Interessengruppen

Umweltdienste / Produkte	*Interessen verschiedener Akteure, Akteurs- und Interessengruppen*
Umweltdienste: Bodenschutz Schutz gegen *Natural Hazards* Wassereinzugsgebietsfunktionen Bewahrung der Biodiversität Landschaftliche Schönheit Kohlenstoffspeicherung	Öffentliches Interesse an Bewahrung dieser Dienste Kommunale und private Interessen von Gemeinschaften, Gruppen oder Haushalten, die von diesen Diensten unmittelbar profitieren (z.B. Erosionsschutz für Wohnlage am Berghang)
Produkte für Subsistenz und/oder Einkommensgenerierung: Nutzholz Brennholz Maserknollen Nüsse Wildobst Wildkräuter Pilze, Morcheln Heu Erträge ackerbaulicher Nutzung	Private ökonomische Interessen von Individuen, Haushalten, Unternehmen, die von Ernte, Konsum und/oder Vermarktung der Forstprodukte profitieren Öffentliche Interessen durch Beitrag der Forstprodukte für ökonomische Entwicklung (direkte Nutzung der Produkte durch Staat; Steuern auf Nutzung der Forstprodukte) Interesse der Staatsrepräsentanten an Nutzen für ihre Verwaltungseinheiten = hinter öffentlichen Interessen versteckte private Interessen

(verändert nach SCHMIDT 2007:14)

Wie auch in der Vergangenheit dominieren ökonomische Interessen. Allerdings kamen neue Produkte wie Morcheln hinzu, andere gewannen signifikant an Bedeutung wie etwa Brennholz aufgrund der Einstellung der Kohlelieferungen oder Maserknollen durch die starke weltmarktbedingte Nachfrage. Mit der Erhöhung und Senkung des Wertes bestimmter Ressourcen ändern sich auch das Interesse und die Nachfrage einzelner Akteure oder Akteursgruppen daran. Die problematische gesamtwirtschaftliche Situation, die für einen Großteil der lokalen Bevölkerung mit Arbeitsplatzverlust verbunden ist, führte etwa zu einer intensivierten ökonomischen Nutzung der lokalen Land- und Forstressourcen wie im folgenden noch ausführlich zu klären ist. Aber auch die politische und damit kulturelle Öffnung des Raums macht die Region zugänglich für internationale Diskurse, von denen der Biodiversitätsdiskurs hervorzuheben ist, welcher die ökologische Bedeutung der Wälder hervorhebt, aber anders als in früheren Zeiten nicht mit der positiven Wirkung auf die Bewässerungskultur im Fergana-Becken, sondern mit der Notwendigkeit der Sicherung globaler Genressourcen begründet wird. Dabei wird grundsätzlich deutlich, dass sich das Feld der Akteure von der Sowjetära bis zur Gegenwart ausgeweitet und internationalisiert hat. Die Walnuss-Wildobst-Wälder sind nicht mehr als eine sowjetische Ressource zu verstehen, sondern als eine internationale, die gleichwohl institutionell von nationalstaatlicher Seite gesteuert und lokal genutzt wird. Die zunehmende globale Verflechtung wird auch bei einer näheren Betrachtung der Livelihood-Strategien der lokalen Bevölkerung deutlich, in denen die lokalen Land- und Naturressourcen zwar eine wichtige Basis bilden, aber nur Teil einer vielfach international ausgerichteten Einkommensdiversifizierungsstrategie sind.

5.3 GEGENWÄRTIGE LEBENSSICHERUNGSSTRATEGIEN

„Zu Sowjetzeiten war die Arbeit gut und das Leben billig. Heute ist das Leben teuer und die Arbeit langweilig."

(Baiš Rachmanov, Kyzyl Unkur, 16.04.2004)

„Das Leben in Kirgistan ist nicht schlecht, aber man muss wissen, es zu leben."

(Alymkan Koralieva, Gumchana, 05.04.2004)

Das Ende des zentralistischen Staatssozialismus bedeutete einen Rückzug des Staates aus vielen Lebens- und Wirtschaftsbereichen. Einschnitte bei den Sozialleistungen und Wegfall von Garantien erfordern von jedem Einzelnen für das Leben und Überleben im Postsozialismus mehr Eigeninitiative und Eigenverantwortung. Obgleich die Sowjetunion als sozialistischer Staat per Definition eine egalitäre Gesellschaft hervorgebracht hatte, waren die Ausgangsbedingungen der einzelnen Akteure am Tag der Unabhängigkeit Kirgistans keineswegs als gleichwertig zu betrachten. Eine jeweils spezifische Ausstattung mit Human-, Sozial- und auch materiellem Kapital, sprich mit Kenntnissen und Fertigkeiten, Beziehungen und gesellschaftlicher Verankerung sowie Land- oder fiskalischen Ressourcen beeinflussten maßgeblich die Chancen auf Verbesserung des eigenen Lebensstandards oder das Risiko einer Verarmung.

Im Untersuchungsgebiet bestritten die meisten Bewohner ihren Lebensunterhalt vor Ort durch formale Beschäftigung in staatlichen Betrieben oder Behörden. Aus der Reduktion der Zahl der Beschäftigten in den Leschozi erwuchs die dringende Notwendigkeit, Einkommen jenseits formaler Lohnarbeitsverhältnisse zu generieren. Den lokalen Land- und Forstressourcen kommt dabei eine besondere Rolle zu. Größter und unmittelbarer Nutzer dieser Ressourcen ist die lokale Bevölkerung, weshalb im Folgenden die komplexen Strategien der Lebenssicherung im Untersuchungsgebiet ausführlich beleuchtet werden sollen.

5.3.1 Haushalt als sozioökonomische Grundeinheit

Die zentrale sozioökonomische Kernzelle bildet der Haushalt, der eine Gruppe von zumeist verwandten Menschen umfasst, die ein gemeinsames Budget teilen, in dem die Einnahmen der einzelnen Mitglieder zusammen laufen und aus dem sie regelmäßige Ausgaben bestreiten (ELLIS 1998). Die Mitglieder eines Haushalts tragen durch verschiedene Formen der Beschäftigung und Einkommensgenerierung zur Sicherung des Lebensunterhalts oder *Livelihoods* eines Haushalts bei. Dabei kann *Livelihood* definiert werden als

> "the capabilities, assets (including both material and social resources) and activities required for a means of living. A livelihood is considered to be sustainable when it can cope with and recover from stress and shocks and maintain or enhance its capabilities and assets both now and in the future, while not undermining the natural resource base" (DEPARTMENT FOR INTERNATIONAL DEVELOPMENT 1999:1).

Somit sind als Strategien zur Sicherung des Lebensunterhalts Aktivitäten zu verstehen, die Menschen nutzen, um ihr *Livelihood*-System aufzubauen, zu bewahren oder zu erweitern (vgl. CARNEY 1998, 2002; DE HAAN & ZOOMERS 2003; SCOONES 2009).

In einem Haushalt treffen zur Reproduktion seiner Mitglieder Produktion und Konsumption zusammen. Unter Reproduktion wird hier die Aufrechterhaltung und Wiederherstellung des menschlichen Lebens- und Arbeitsvermögens verstanden (KITSCHELT 1987:13 zitiert in HERBERS 1998:17), wobei zwischen generativer Reproduktion (Fortpflanzung, Erziehung, Sozialisation von Kindern) und regenerativer Reproduktion (Ernährung, Kleidung, Unterkunft, Gesundheitsvorsorge) unterschieden werden kann.

In arbeitsteiligen Gesellschaften, sowohl im Kapitalismus als auch im Sozialismus, bestehen in der Regel über Arbeits- und Warenmärkte mittelbare Beziehungen zwischen Produktion und Reproduktion, während sie in agrarwirtschaftlich tätigen Haushalten in vielen Bereichen noch eng zusammen hängen, indem Erträge der Produktion teilweise unmittelbar über die Konsumption der Reproduktionsseite zugeführt werden, was zur Reproduktion der für die Produktion benötigten Arbeitskraft dient (HERBERS 1998:20).

Bei dem Versuch, die komplexen diversifizierten Beschäftigungs- und Einkommensmöglichkeiten der lokalen Bevölkerung im Gebiet der Nusswälder zu analysieren, helfen offizielle Angaben zur Beschäftigungssituation kaum weiter. So weist der NATIONAL HUMAN DEVELOPMENT REPORT (2005:75) eine offizielle Arbeitslosenrate von 2,8% aus und schätzt die tatsächliche Arbeitslosenrate auf 8,5%. Doch beide Angaben sind höchst fragwürdig, da sie auf der Annahme beruhen, dass alle nicht als arbeitslos registrierten erwerbsfähigen Personen auch Beschäftigung haben, im ländlichen Raum etwa als Vollerwerbslandwirte oder Viehzüchter. Dies mag für eine Zahl von Personen während saisonaler Arbeitsspitzen zutreffen, doch sind nur die allerwenigsten Haushalte in der Untersuchungsregion in der Lage, ihr Auskommen ausschließlich aus der Landwirtschaft zu erwirtschaften; vielmehr sind Arbeitslosigkeit oder Unterbeschäftigung weit verbreitet.

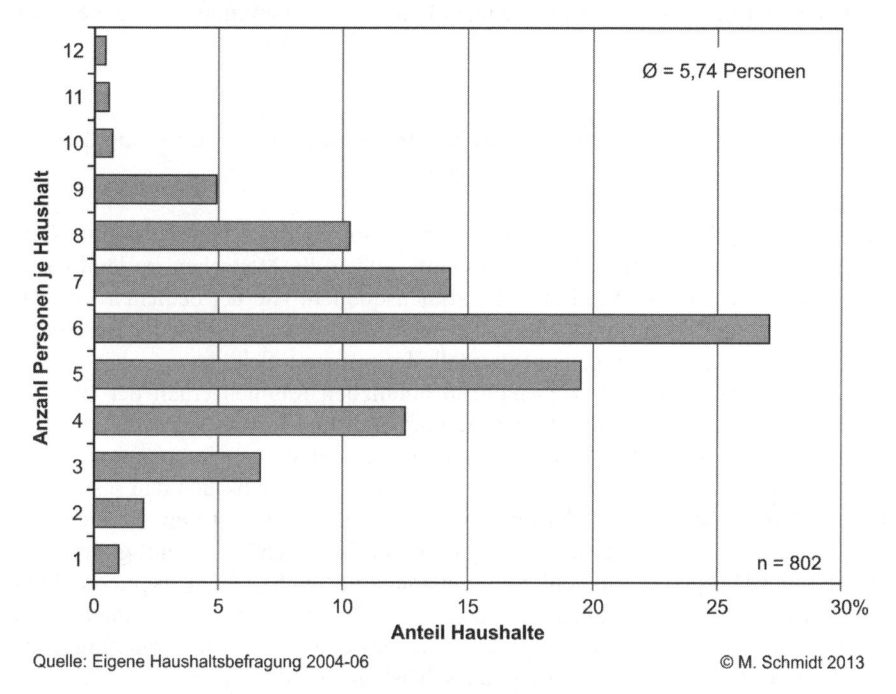

Abb. 5.6 Häufigkeitsverteilung der Haushaltsgrößen in Arslanbob, Kyzyl Unkur und Kara Alma

Die Haushalte im Untersuchungsgebiet bestehen vielfach aus drei Generationen und umfassen eigenen Erhebungen zufolge durchschnittlich 5,7 Personen (Abb. 5.6).[13] Haushaltsgrößen mit weniger als vier Personen sind äußerst selten, während ein Fünftel der Haushalte acht und mehr Personen umfasst. Traditionell übernimmt der jüngste Sohn eines Ehepaars den elterlichen Haushalt und kümmert sich um das Auskommen und die Pflege seiner Eltern im Alter. Die älteren Söhne gründen eigene Haushalte, wofür sie im ländlichen Raum Kirgistans zu Sowjetzeiten zumeist mit Bauland ausgestattet wurden und für den Bau eines Eigenheims günstig Baumaterialien erwerben konnten. Auch erhielten neu gegründete Haushalte Mähwiesenparzellen zugewiesen, was ihnen das Halten einer kleinen privaten Viehherde ermöglichte. Heute können neu gegründete Haushalte nicht mehr auf diese Privilegien bauen und sind deshalb nach der Trennung vom

13 Nach offiziellen Angaben lag die Haushaltsgröße in der Gemeinde Arslanbob im Jahr 2008 bei 5,0 Personen (Informationen Ailökmötü Arslanbob 2008).

elterlichen Haushalt anfangs materiell meist schlechter gestellt. Die Töchter verlassen normalerweise nach ihrer Hochzeit den elterlichen Haushalt und ziehen in den Haushalt ihres Mannes oder gründen mit diesem einen neuen. Bis heute fungieren die Haushalte zumeist als wirtschaftliche Einheit und weisen eine patriarchalische Struktur auf, da Männer als Haupterben angesehen werden, Immobilien meist auf den Namen von Männern eingetragen sind und bei Entscheidungen – zumindest formal – meist das älteste männliche Haushaltsmitglied das letzte Wort hat.

5.3.2 Bedeutung lokaler Land- und Naturressourcen für die Sicherung des Lebensunterhalts

Zur Sicherung der Reproduktion bzw. zur Versorgung des Haushalts mit Nahrungsmitteln, Bedarfsgütern und Wohnraum nutzen die Menschen im ländlichen Kirgistan heute eine Vielzahl an Einkommensquellen. Hierbei bedienen sie sich lokaler Land- und Naturressourcen, aber auch Möglichkeiten formaler Beschäftigung und informeller Tätigkeiten außerhalb des primären Sektors.

Zentrale Bedeutung für Haushalte in ländlichen Räumen erhält der Bereich der Subsistenzproduktion, der die Erzeugung land- und forstwirtschaftlicher, aber auch hauswirtschaftlicher und handwerklicher Güter sowie reziproke und redistributive Transfers umfasst. In den vormodernen nomadischen und sesshaften Gesellschaften Mittelasiens leistete die Subsistenzproduktion im Bereich der Viehzucht und dem Anbau von Agrargütern den bedeutendsten Beitrag zum Unterhalt eines Haushaltes. Sowohl Nahrungsmittel als auch Gebrauchsgüter stellten die Haushaltsmitglieder größtenteils selbst her. Allerdings ergänzten immer schon informelle oder über Märkte geregelte Tauschbeziehungen sowie Eroberungszüge und Überfälle zur Güterbeschaffung die Subsistenzproduktion.

Mit der gezielten Marktproduktion von Vieh und Agrarpflanzen wie Baumwolle sowie der Zunahme der Lohnarbeit während der russischen Kolonialzeit, insbesondere aber im Zuge der sowjetischen Modernisierung reduzierte sich der Anteil der Subsistenzproduktion an der ökonomischen Gesamtproduktion sowie deren Bedeutung für die ländlichen Haushalte signifikant. Dennoch bildeten der Anbau von Gemüse und Früchten in privaten Hausgärten sowie die in geringem Umfang geduldete Viehzucht für den Eigenkonsum selbst in der arbeitsteiligen sowjetischen Gesellschaft einen nicht unbedeutenden Pfeiler der Sicherung des Lebensunterhalts ländlicher Haushalte. Hinzu kamen vielfältige reziproke Austauschbeziehungen innerhalb von Nachbarschaften und Verwandtschaftsgruppen, mit Hilfe derer bestehende Versorgungsmängel ausgeglichen wurden.

In Anbetracht deutlich gestiegener Arbeitslosigkeit und somit einem Rückgang monetärer Einkommen bei gleichzeitiger Verfügbarkeit agrarwirtschaftlich nutzbarer Ressourcen ist mit dem Ende der UdSSR eine Bedeutungszunahme des Subsistenzsektors in der Untersuchungsregion zu vermuten. Deshalb soll im Folgenden der Frage nachgegangen werden, ob der mit den postsowjetischen Transformationsprozessen einhergehende massive Rückgang formaler Einkommensmöglichkeiten und staatlicher Unterstützungsleistungen zu einer verstärkten Hinwendung und intensivierten Nutzung lokaler Land- und Naturressourcen geführt hat und ob die hieraus gewonnenen Erträge zur Eigenkonsumption genutzt oder zur Generierung monetärer Einkommen vermarktet werden. Die in entwicklungstheoretischer Hinsicht interessante Frage lautet daher, ob am Rande der Nusswälder Kirgistans trotz massiver Modernisierungsmaßnahmen im 20. Jahrhundert eine Rückkehr der Subsistenzproduktion zu konstatieren ist oder die intensivierte Nutzung lokaler Land- und Naturressourcen eher zur Erzielung monetärer Einkommen dient, um den erlebten modernen Lebensstil fortführen zu können bzw. einen postmodernen Konsumstil zu erzielen.

Obgleich die Trennung zwischen Subsistenz- und Marktproduktion aus theoretischer Sicht ohne größere Schwierigkeiten möglich ist, stößt eine empirische Analyse bzw. eine Quantifizierung der jeweiligen Produktionsbereiche auf erhebliche Probleme. Denn die gesammelten, geernteten oder auf andere Weise produzierten Güter dienen vielfach sowohl dem Eigenkonsum als auch der Vermarktung, zudem erschweren informelle Tauschbeziehungen und reziproke Unterstützungsleistungen eine Kalkulation. Im Folgenden sollen die verschiedenen Produktionsweisen und Einkommensmöglichkeiten der ländlichen Haushalte in der Untersuchungsregion deshalb zunächst qualitativ vorgestellt werden.

Garten- und Ackerbau

„Heute arbeitet jeder für sich selbst. Wer arbeitet, hat auch etwas zu essen. Man ist frei, selbst zu wirtschaften, aber auch nicht geschützt wie früher. Heute haben die Leute keine Sicherheiten mehr. Wenn einer sein Ackerland nicht bearbeiten kann, ist er gezwungen, das Land zu verkaufen, weil er keine andere Arbeit hat. Wenn das Geld weg ist, verkauft er sein Vieh und so weiter. Dazu führt der Kapitalismus. Wenn jemand jedoch sein Ackerland bearbeiten kann, dann kann er seine gepflanzten Kartoffeln frei verkaufen, ist frei in seiner Entscheidung."

Abdurasul Edelbekov (Ky-19.04.04)

Die Kernressource zur Produktion von Lebensmitteln für den Eigenkonsum bildet der die Wohn- und Nebengebäude umgebende Nutzgarten auf den privaten Landparzellen. In den Nutzgärten bauen die Bewohner der Untersuchungsregion Kartoffeln, Mais und Gemüse an (Foto 6). Diese Produkte dienen vornehmlich dem Eigenkonsum und werden nur im Falle von Überschüssen vermarktet. Daneben finden sich auf den Grundstücken häufig auch Nussbäume und Obstgehölze wie Apfel-, Birnen- oder Kirschbäume sowie die Nutzhölzer Pappel und Weide, deren Produkte großteils ebenfalls zur Subsistenz beitragen.

Ackerland in einem Umfang von 0,1 bis 0,5 ha steht etwa der Hälfte aller Haushalte der Untersuchungsregion zur Verfügung (Foto 7). In Arslanbob besitzen 89% und in Gumchana 69% aller Haushalte eine Ackerlandparzelle, während in Kyzyl Unkur nur 43% und in Kara Alma lediglich 33% der befragten Haushalte über eine Ackerfläche verfügen (eigene Erhebungen 2004-05).

Die heutige Verteilung der Ackerlandparzellen in Arslanbob basiert auf einer im Jahr 1993 durchgeführten Aufteilung der Ackerflächen, die für eine Dauer von

5 Jahren an Haushalte verpachtet wurden (*Arenda*). Familien mit außeragrarischen Beschäftigungen im Schuldienst oder auf dem Bazar erhielten weniger Land als Familien, die stärker vom Ackerland abhingen. Somit variierte die Größe der Parzellen je Haushalt von wenigen Aren bis zu über einem Hektar Land (UA-Ar-16.08.05). Durch die Anmeldung weiterer oder Aufgabe bestehender Ansprüche an Ackerland änderte sich der Landbesitz der einzelnen Haushalte in den folgenden Jahren immer wieder leicht. Teilweise entschieden die Agronomen des Leschoz, welche Parzellen geteilt werden müssten, um Ansprüchen Dritter nachzukommen oder sie gaben einzelnen Haushalten zusätzliches Land, das durch Emigration anderer frei wurde. Entscheidend hierbei waren und sind auch immer gute Beziehungen zu den zuständigen Amtsträgern oder die Möglichkeit, der Forderung mit finanziellen Mitteln Nachdruck zu verleihen.

„Wer viel Geld hat, bekommt sofort fruchtbares Land" (IK-Ar-17.08.05).

Bei der Verteilung von Ackerflächen bedienen sich die Agronomen zur Aufbesserung ihres Einkommens häufig eines Tricks, indem sie eine höhere Flächenangabe in den Unterlagen verzeichnen, die überschüssige Landparzelle dann jedoch selbst verpachten. Auch der von den Agronomen durchgeführte Einzug der Pacht verläuft meist auf zwielichtigem Wege: Beispielsweise bezahlt ein Pächter die Pacht für 0,3 ha Ackerland, doch der Agronom notiert in seinen Papieren eine Feldgröße von nur 0,25 ha und behält somit die Pachtgebühr für 0,05 ha selbst ein (IK-Ar-15.08.05). Bis heute werden die Pachtverträge Jahr für Jahr fortgeschrieben.

Ackerland ist gegenwärtig eine sehr knappe und begehrte Ressource, was durch die stark parzellierte Flur und den intensiven Anbau zum Ausdruck kommt. Anträge auf Pacht neuer Ackerflächen können vom Leschoz deshalb nicht positiv beschieden werden, es sei denn, der Interessent hilft wie geschildert nach.

Die wichtigsten Landbauprodukte in Arslanbob sind Kartoffeln (34%), Sonnenblumen (32%) und Mais (20%), seltener auch Raps, Flachs oder Klee. Hier hängt es von der Haushaltsgröße und der zur Verfügung stehenden Ackerfläche ab, ob die Produktion eine Vermarktung von Agrarprodukten erlaubt. Der Vermarktungsanteil ist bei Kartoffeln meist größer als bei Sonnenblumenkernen, die zu Öl gepresst weitgehend selbst konsumiert werden.

Im Gegensatz zu den neben den Wohnhäusern befindlichen Nutzgärten werden die Ackerparzellen nur selten und wenig gedüngt, entsprechend gering fallen die Erträge mit 15 t Kartoffeln pro Hektar aus. Ein seit 1995 unter anderem von der Deutschen Welthungerhilfe gefördertes Agrarprojekt dient der Verbesserung des Kartoffelanbaus in Arslanbob. Durch den Einsatz von verbessertem Saatgut, durch Schulungen und die Bildung von Kooperativen sollen sowohl die Erträge als auch der ökonomische Gewinn des Kartoffelanbaus gesteigert werden. Den Angaben der Beteiligten zufolge konnten die Erträge auf bis zu 40 t/ha gesteigert werden (BX-Ar-18.08.05). Allerdings sind solche hohen Erträge mit neuen Abhängigkeiten verbunden, da Saatgut jährlich neu zugekauft werden muss und regelmäßige Düngergaben notwendig sind. Bei der Vermarktung der Kartoffeln erschweren große Preisschwankungen eine vorausschauende Kalkulation.

Einige Haushalte sind im Besitz von Obstgärten, in denen sie marktfähige Apfel-, Pflaumen- und Kirschsorten anbauen. Je nach Haushaltsgröße und Präferenzen dient ein Teil dieser Gartenfrüchte dem Eigenkonsum oder wird an die Saftfabriken oder zum direkten Konsum auf den Märkten verkauft.

Viehwirtschaft

„Viehzucht bereitete den Leuten keine Probleme, weil sie sich mit Vieh auskannten und viele in der Sowjetunion darin gut ausgebildet wurden; aber es gab große Probleme, weil jeder für sich selbst sorgen musste."

Abdurasul Edelbekov (Ky-19.04.04)

Viehwirtschaft kann als die ureigenste Form agrarwirtschaftlicher Betätigung in Kirgistan betrachtet werden. Die Identität der Kirgisen als Viehzucht treibende Nomaden spielt für ihr Selbstverständnis eine große Rolle. Dies spiegelt sich unter anderem in den nationalstaatlichen Symbolen wider, wie etwa dem *Tunduk*, dem Jurtenkranz, der umgeben von Sonnenstrahlen im Mittelpunkt der Staatsflagge prangt. Über Jahrhunderte hinweg war die Viehzucht die dominierende Wirtschaftsweise im Tien Schan, und auch während der Sowjetzeit kam ihr eine volkswirtschaftlich sehr hohe Bedeutung zu. Viele Kolchozi waren auf Viehzucht spezialisiert und nutzten die extensiven Gras- und Mattenareale des Tien Schan als Weiden für das verstaatlichte Vieh. Nach der Auflösung der Sowjetunion sank der Viehbestand Kirgistans jedoch dramatisch ab. So fiel der Kleinviehbestand von 10 Millionen Schafen im Jahre 1991 auf unter vier Millionen Mitte der 1990er Jahre (vgl. Abb. 5.7). Nach der Privatisierung der Viehherden schlachteten die durch die Transformation verunsicherten Viehhalter einen Großteil ihres Viehs oder verkauften es aufgrund akuter Notlagen. Vielfach fehlte auch die für eine eigenverantwortlich durchgeführte Viehzucht notwendige Kapazität an Humankapital, da unter anderem für die saisonale Verlagerung von Weideplätzen sowie für die Organisation der pastoralen Mobilität Arbeitskräfte erforderlich sind. Die von den Kolchozi institutionalisierten Muster von Mobilität und Arbeitsteilung fielen komplett aus und mussten durch neue ersetzt werden.

Zwar erholte sich im Zuge der Etablierung neuer Formen der Organisation und dem Aufbau privatwirtschaftlicher Vertriebsstrukturen der Viehbestand Kirgistans in den nachfolgenden Jahren wieder, doch liegt er noch immer unter dem Niveau der Sowjetzeit, was in manchen Regionen durchaus als Entlastung für die vielerorts überstockten Weiden anzusehen ist. Trotzdem sind heute zahlreiche Weideareale in Siedlungsnähe überbeansprucht. Die atomisierten Betriebe, zumeist Haushalte, verfügen oftmals nicht über die Kapazitäten, fern gelegene Weidegründe aufzusuchen. Während also siedlungsnahe Weiden trotz eines geringeren Viehbestandes überstockt sind, werden die Fernweiden heute deutlich weniger genutzt als in der Sowjetära (vgl. WILSON 1997; SCHMIDT 2001; LUDI 2003; UNDELAND 2005; SCHOCH et al. 2010).

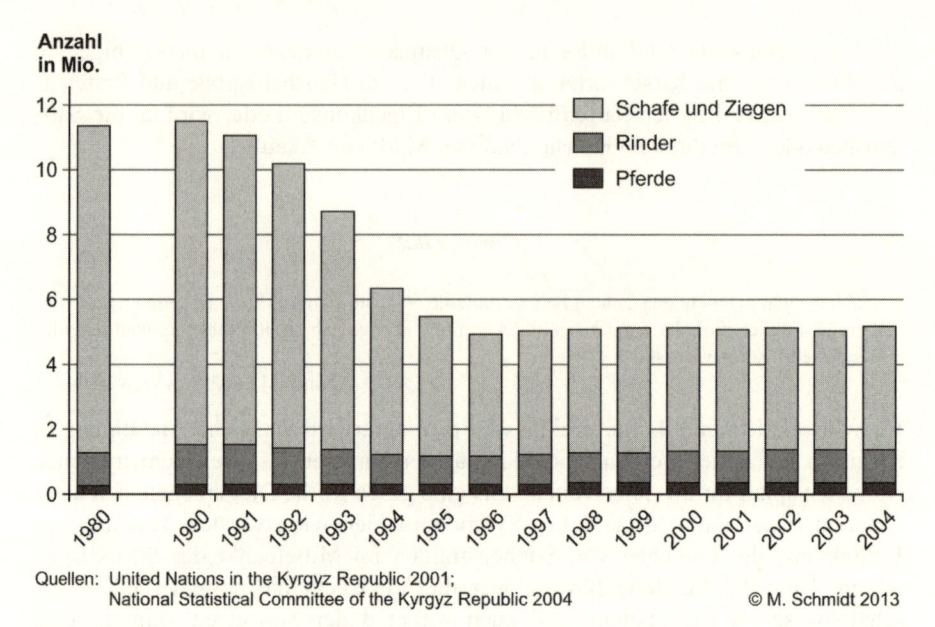

Quellen: United Nations in the Kyrgyz Republic 2001;
National Statistical Committee of the Kyrgyz Republic 2004   © M. Schmidt 2013

Abb. 5.7 Entwicklung des Viehbestandes in Kirgistan zwischen 1980 und 2004

Eine Ausnahme von diesem Muster stellen in gewisser Weise die Leschoz-Dörfer dar, weil Viehzucht im Leschoz nur eine untergeordnete Rolle spielte und sich zumeist auf das Halten von Pferden beschränkte, die als Reittiere für die Förster und Forstarbeiter genutzt wurden. Gleichwohl hielten nahezu alle Haushalte in den Leschoz-Dörfern eine private Viehherde, für deren Versorgung bestimmte Sommer- und Übergangsweideareale vorgesehen waren. Zudem verfügten die Haushalte über Mähwiesen zur Gewinnung von Winterfutter für das Vieh. Seit der Aufhebung der Restriktionen über die Größe des privaten Viehbesitzes sind die meisten Haushalte in der Untersuchungsregion bestrebt, ihre privaten Viehherden zu vergrößern. Die Größe der Viehherde eines Haushaltes ist im Wesentlichen durch die verfügbare Arbeitskraft und die zu generierende Futtermenge limitiert. Vieh ist ein beliebtes Investitionsgut, was nicht unwesentlich damit zusammenhängt, dass Land wegen des Fehlens eines Bodenmarktes als Investitionsgut wegfällt. Die „Kapitalanlage Vieh" kann zudem bei Bedarf rasch in Geldwerte transformiert werden, außerdem liefern Kühe und Stuten Milch sowohl für die Eigenversorgung als auch für die Vermarktung.

Entgegen des landesweiten Trends ist in den Leschoz-Dörfern wie beispielsweise Arslanbob (Abb. 5.8) in den vergangenen Jahren eine erhebliche Zunahme des Viehbestands zu konstatieren. So hat sich etwa der Rinderbestand von 1979 bis 2004 den offiziellen Angaben zufolge verdoppelt, nach eigenen Erhebungen jedoch sogar vervierfacht. Die Anzahl an Pferden nahm ebenfalls deutlich zu, was mit der gewachsenen Bedeutung von Pferden als Transport- und Lasttiere in der Landwirtschaft und im Tourismus verknüpft ist. Der stärkste Anstieg ist jedoch beim Schafsbestand zu verzeichnen, der nach offiziellen Angaben etwa um den Faktor acht, nach inoffiziellen sogar um den Faktor 40 gestiegen ist. Während das Halten von Ziegen zu Sowjetzeiten noch streng verboten war, dürften im Jahr 2004 schon mindestens 1600 Ziegen in Arslanbob gehalten worden sein. Die hohe Fruchtbarkeit der Ziegen und ihre Anspruchslosigkeit hinsichtlich des Futters tragen zu diesem Trend bei.

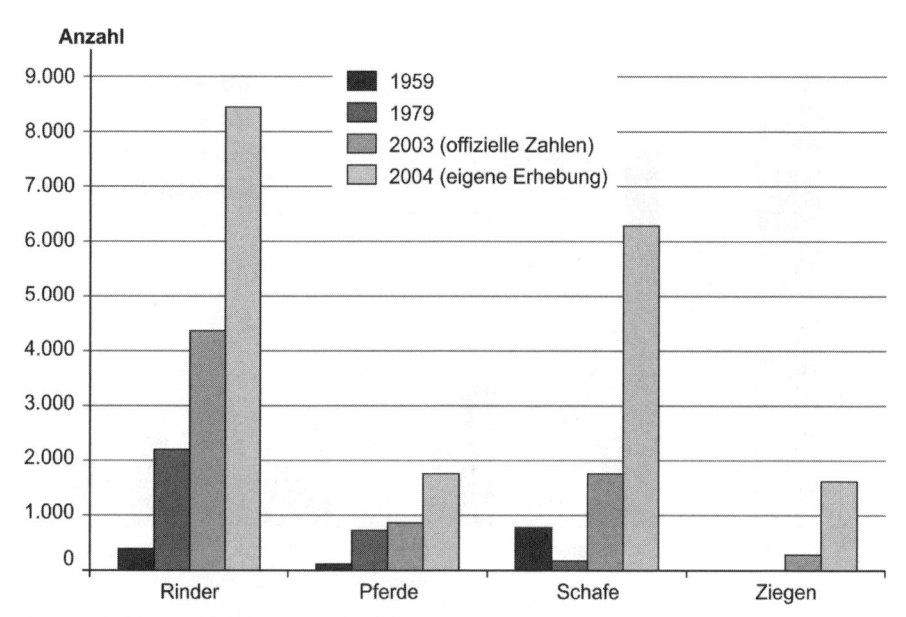

Quellen: CAO/F326/O1/d580 1959; NAB/Protokoll No. 2 1979
Sozioökonomische Indikatoren des Ailökmötü Arslanbob 2003; Eigene Erhebungen 2004
© M. Schmidt 2013

Abb. 5.8 Entwicklung des Viehbestandes in Arslanbob

Die eklatante Differenz zwischen den offiziellen Zahlen zum Viehbesitz und den selbst erhobenen Werten liegt darin begründet, dass die Viehbesitzer bei offiziellen Zählungen oder bei der jährlichen Steuererhebung vielfach einen geringeren Viehbesitz angeben, um Steuern zu sparen. Hierbei kommt es sogar zu unerwarteter oder erwarteter Unterstützung von Seiten der zuständigen Amtspersonen, wie folgendes Zitat verdeutlicht:

> „Ich besitze vier Kühe, wollte aber nur drei Kühe beim Leschoz anmelden. Doch der Förster selbst bot mir sogar an, nur zwei Tiere einzutragen. Somit bezahle ich nur für zwei Kühe Gebühren" (AT-Gu-25.06.04).

Den eigenen Befragungen zufolge verfügten die Haushalte der Untersuchungsdörfer 2005 im Durchschnitt über 2,4 Rinder, 1,7 Schafe, 0,5 Ziegen, 0,5 Pferde und 0,4 Esel sowie über 9 Hühner und 1,3 Truthühner. Von insgesamt 802 befragten Haushalten besaßen 78% Rinder, 28% Schafe, 11% Ziegen, 38% Pferde, 34%

Esel, 72% Hühner und 20% Truthühner, so dass der Median der ausschließlich Vieh besitzenden Haushalte bei zwei Rindern, fünf Schafen, vier Ziegen, einem Pferd, einem Esel, zehn Hühnern und fünf Truthühnern lag.[14] Die Haltung von mindestens einem Rind wird somit von mehr drei Vierteln aller Haushalte betrieben und spiegelt die große Bedeutung der Rinder für die Milchproduktion wider.

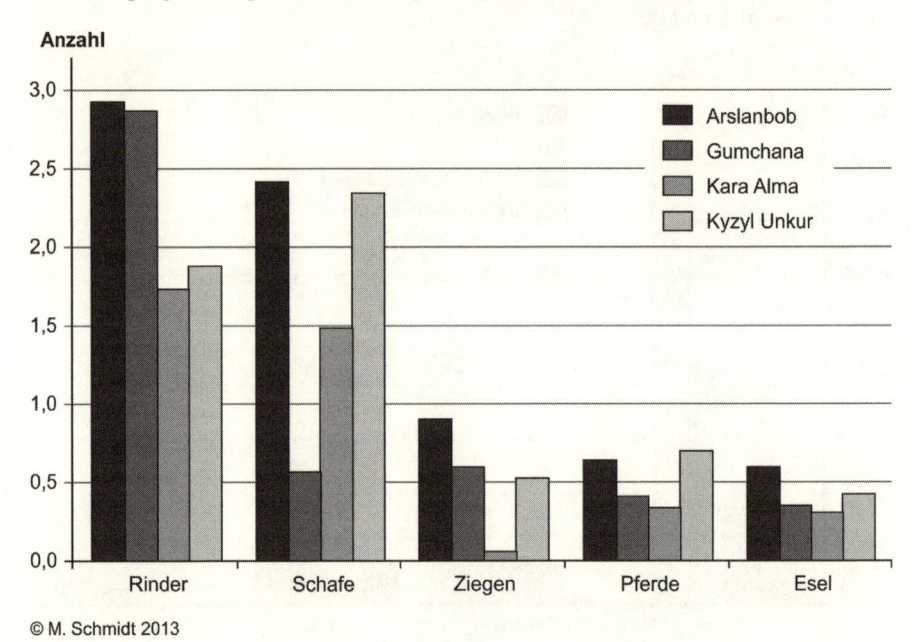

Abb. 5.9 Durchschnittlicher Viehbesitz je Haushalt in Arslanbob, Gumchana, Kyzyl Unkur und Kara Alma

Die durchschnittliche Anzahl an Vieh in den einzelnen Siedlungen ist Abb. 5.9 zu entnehmen. Darin spiegeln sich die Zugangsmöglichkeiten und Verfügbarkeiten bestimmter Landressourcen wider. So weisen Arslanbob und Gumchana den höchsten Rinderbestand je Haushalt auf, was mit der höheren Verfügbarkeit von Ackerland korreliert und insofern für die Viehzucht bedeutsam ist, da auf den Ackerflächen entweder unmittelbar Mais als Viehfutter angebaut wird oder Ernterückstände anderer Feldfrüchte wie Sonnenblumen oder Kartoffeln an die Rinder verfüttert werden können. Zudem verfügen die Haushalte dieser Siedlungen über verhältnismäßig ergiebige Mähwiesen aufgrund des vergleichsweise aufgelichteten Waldes. Der hohe Bestand an Schafen in Arslanbob und Kyzyl Unkur korreliert mit den ausgedehnten Sommerweidearealen, die diesen Haushalten zugänglich sind, während insbesondere die Bewohner von Gumchana lediglich einen eingeschränkten Zugang zu Sommerweiden haben.

14 Die maximalen Herdengrößen lagen jeweils bei 16 Rindern, 27 Schafen, 17 Ziegen, 60 Pferden, 17 Eseln, 90 Hühnern oder 36 Truthühnern (eigene Befragungen 2005).

Obgleich Ziegen heute sehr hoch besteuert werden, da sie als ökologisch besonders aggressiv gelten, ist ihr Bestand in den vergangenen Jahren enorm gestiegen. Eine Ausnahme stellt der geringe Ziegenbestand in Kara Alma dar, was mit der Stärke des lokalen Leschoz zu erklären ist, der durch Verbote und Kontrolle Ziegen aus seinen Wäldern weitgehend herauszuhalten vermag.

Der tatsächliche Viehbestand dürfte allerdings noch über den angegebenen Werten liegen, weil die Befragten nicht unbedingt den realen Viehbestand preisgegeben haben. Ein Beispiel mag dies verdeutlichen: Bei einer Befragung eines Viehhalters auf einer Sommerweide gab der befragte Viehhalter seinen Viehbesitz mit 30 Schafen an, zeigte uns zudem ein offizielles Dokument, auf dem jedoch 35 Schafe vermerkt waren. Die in der Nähe des Zeltes weidende Schafsherde, die er als seine eigene bezeichnete, war jedoch deutlich größer und umfasste mindestens 60 Tiere. Zudem hatte er die Frage nach dem Besitz von Ziegen verneint, obgleich sich etwa ein Dutzend Ziegen in seiner Herde befanden.

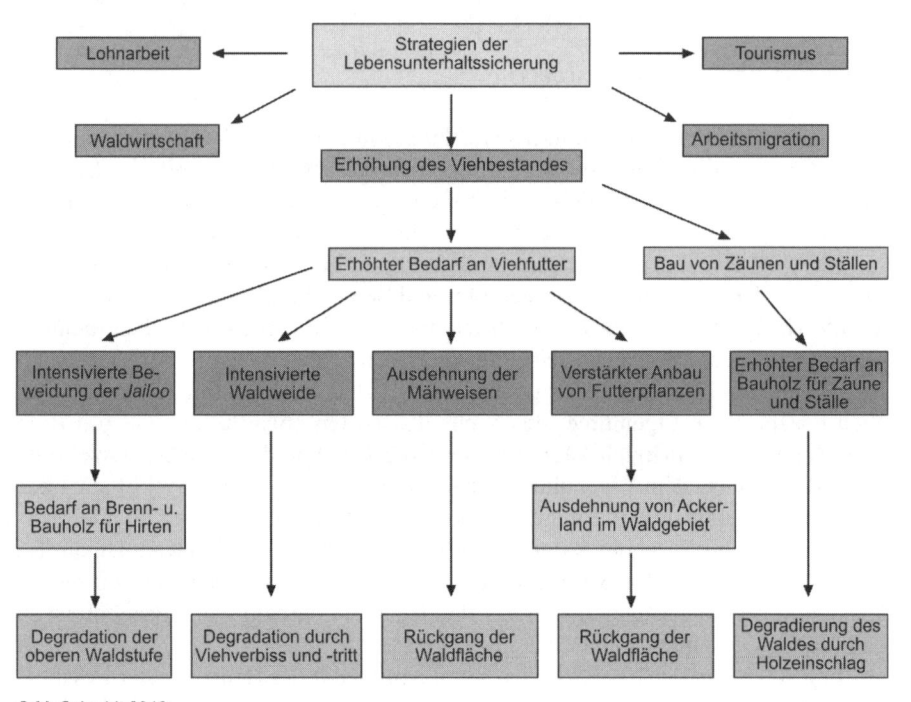

© M. Schmidt 2013

Abb. 5.10 Zusammenhang zwischen Viehwirtschaft und Wald

Durch den enorm gestiegenen Viehbesatz erhöht sich gegenwärtig der Nutzungsdruck auf die Wald- und Weideressourcen. Die Zusammenhänge zwischen einer Ausweitung des Viehbestands und Umweltdegradation verdeutlicht Abb. 5.10. Der größere Viehbestand manifestiert sich in einer Erhöhung des Futterbedarfs sowie in der Notwendigkeit, verstärkt Zäune und Ställe zu errichten. Letzteres führt zu einem verstärkten Holzeinschlag. Futtermasse für das Vieh stellen im Sommer die ausgedehnten Hochweiden bereit, was durch eine verstärkte Bestockung das Risiko der Degradation mit sich bringt. Der Futterbedarf im Frühjahr und im Herbst wird zumeist durch Waldweide gedeckt, womit die Wälder einem verstärkten Verbiss und Viehtritt mit der Folge von Bodenverdichtung ausgesetzt sind. Um das Vieh im Winter mit Futter zu versorgen, muss eine größere Menge an Heu gewonnen werden, was durch eine Ausdehnung der Mähwiesen zu erreichen ist; Mähwiesen zu düngen wird bisher nicht als Möglichkeit zur Steigerung des Pflanzenwachstums praktiziert. Viehfutter wird allerdings auch auf Ackerflächen angebaut, so dass durch eine Ausdehnung der Ackerflächen mehr Viehfutter produziert werden könnte. Doch auch diese Möglichkeit würde in einem Rückgang der Waldfläche resultieren. Neben Heu, Mais und Getreideresiduen dienen die nach dem Pressen verbliebenen Reste von Sonnenblumen und Baumwollpflanzen (*Künčera*) ebenfalls als Viehfutter (BT-Gu-25.06.04).

Weidearten und Hütearrangements

Weidegebiete (*Džait*) werden nach ihrer Funktion und Bestockung unterschieden: *Subai Džait* ist die Sommerweide für das nicht-laktierende Vieh, *Pada Džait* die siedlungsnah gelegene Weide für das Milchvieh und *Pučan Džait* das siedlungsnahe Waldgebiet, in dem mosaikartig Mähwiesen eingestreut sind.

Der größte Teil des Viehs wird im Sommer auf die Hochweiden (*Džailoo*) getrieben und beweidet diese zwischen Mai und September. Während zu Sowjetzeiten die Haushalte ihr Vieh einem Hirten anvertrauten, gehen heute Familienmitglieder mit ihrem Vieh meist selbst auf die Hochweiden oder geben es Verwandten, Freunden, Nachbarn oder gedungenen Hirten mit. Bei nicht-laktierendem Vieh bezahlen die Eigentümer des Viehs den Hirten etwa 70-80 KGS pro Rind und Monat, bei Milchvieh kann der Hirte die Milchprodukte selbst nutzen und vermarkten, muss dem Eigentümer nur etwa einen Eimer Butter (9 kg) am Ende der Hütezeit bereit stellen. Einige Viehbesitzer aus Arslanbob geben ihr Vieh Hirten aus dem Bazar Korgon- Rajon, die es in der Übergangszeit im Kara Unkur-Tal und im Sommer auf Hochweiden nördlich von Kyzyl Unkur betreuen, für die sie über Weiderechte verfügen. Denn das Weidegebiet oberhalb von Arlsanbob ist zu klein für den gesamten Viehbestand des Ortes.

Erst seit Mitte der 1990er ziehen somit Mitglieder der Haushalte der Leschoz-Dörfer für mehrere Wochen und Monate auf die Hochweiden. Ganze Familien oder auch nur Familienangehörige, mehrheitlich Frauen, schlagen ihr Zelt an einem zuvor mit den Förstern abgesprochenen Ort auf und verbleiben zumeist von Juni bis Ende August an diesem Ort, von wo das Vieh täglich auf verschiedene Weideareale getrieben wird. Nachts werden Kühe und Kälber angepflockt. Schafe werden separat im täglichen Weidegang auf zumeist höher gelegenen Weiden gehütet, während Ochsen und Bullen unbeaufsichtigt auf spezifischen Hochweiden den Sommer verbringen. Die Viehhalter müssen, wie oben beschrieben, für jedes Weidetier Gebühren an den Rajon oder Leschoz entrichten.

Ein kleinerer Teil des Viehbestands verbleibt den Sommer über in den Dauersiedlungen zur Deckung des Milchbedarfs der Familien oder wenn die Haushalte weder Arbeitskräfte zur Verfügung haben, um das Vieh selbst auf der Hochweide zu betreuen, noch es in Pacht geben wollen. Ab Ende April treibt ein von der Dorfversammlung für ein Jahr gewählter Dorfhirte (*Padače*) täglich nach dem morgendlichen Melken das Milchvieh der Haushalte auf die zugehörige Dorfweide (*Pada Džait*), wo Kühe und Kälber den Tag über weiden und abends selbständig zu ihren Besitzern zurück kehren oder vom Dorfhirten gebracht werden. Der Dorfhirte erhält 30-40 KGS pro Kuh und Monat von den Viehbesitzern und arbeitet von Anfang Mai bis Ende Oktober. Die Arbeit gilt als sehr schwer, weil die Herden recht groß und nur mühsam zu kontrollieren sind. Stets droht die Gefahr, dass das Vieh in die Wälder und Mähwissen dringt und dort Schäden anrichtet (AM-Gu-06.03.07). Auch wenn die Viehbesitzer den Weideauftrieb morgens verpassen, lassen sie ihr Vieh meist frei in den Wald, wo es Schäden anrichten kann.

Die einzelnen Leschoz-Siedlungen verfügen über jeweils separate Dorfweiden (*Pada Džait*), die von den Haushalten einer bestimmten Nachbarschaft genutzt werden dürfen. Das Vieh beweidet die *Pučan Džait* im Frühjahr und Herbst, ist von dort aber zwischen Mai und Juli verbannt. Wenn allerdings die auch im Sommer von den in den Siedlungen verbliebenen Milchkühen und Kälbern genutzten *Pada Džait* überweidet sind, weichen die Tiere oft auf das Gebiet der *Pučan Džait* aus, was zu Konflikten mit den Besitzern der Mähwiesen führen kann, da diese das Gras ihrer Mähwiese dringend als Winterfutter für ihr Vieh benötigen. Obgleich die Förster dafür zuständig wären, das Vieh aus dem Wald-Wiesen-Gebiet fern zu halten, erfolgt tatsächlich keine effektive Kontrolle.

Weidezyklus

In den Wintermonaten von Dezember bis Februar steht das Vieh in den privaten Ställen der Dauersiedlungen, ehe es im März in das siedlungsnahe Umland gelassen wird und im *Pučan Džait*-Gebiet das erste sprießende Grün frisst. Eine solche freie Viehweide im Waldgebiet ist bis Ende April erlaubt. Ab Mai wird das Vieh auf die Hochweiden gebracht, wo es bis September verbleibt. Nach dem Abmähen der Mähwiesen werden weidende Tiere wieder in den Wald-Wiesen-Gebieten geduldet. Insbesondere von September bis Anfang Oktober sind zahlreiche Tiere in den Wäldern anzutreffen, da viele Familien ihr Lager im Wald zur Nussernte aufgeschlagen haben und nebenbei das Vieh betreuen. Nach Abschluss der Nussernte wird das Vieh eingestallt, aber täglich zur Freiweide herausgelassen bis zum ersten Schnee im November (BT-Gu-25.06.04).

Produkte der Viehwirtschaft

Wichtigstes Produkt der Rindviehwirtschaft ist Milch, die entweder direkt konsumiert oder zu den länger haltbaren Produkten *Sarmai* (Butter) und *Kurut* (dehydrierte, gesalzene Quarkbällchen) verarbeitet wird. Übersteigt die Menge der erwirtschafteten Milchprodukte den Eigenbedarf, können die Haushalte durch deren Verkauf zusätzliches Einkommen erzielen. Nur ein geringer Teil der Milch wird als Frischmilch konsumiert, während der größte Teil mit Hilfe einer Zentrifuge, einem so genannten Separator, in Sahne (*Khaimak*) und entrahmte Milch getrennt wird. Die Sahne wird anschließend längere Zeit gekocht, wobei gelbe Butter (*Sarmai*) und am Boden des Kessels sich absetzende braune Butter (*Čöbögö*) entstehen. Die entrahmte Milch wird mit Joghurtkulturen versetzt, wodurch sich *Ayran* bildet, der entweder frisch konsumiert oder dehydriert wird, indem er in einen perforierten Plastiksack geschüttet wird, der mehrere Stunden in einem gewissen Abstand über dem Boden aufgehängt oder in die Sonne gelegt wird. Durch das Dehydrieren entsteht eine Art Quark (*Süsmö*), der gesalzen und zu kleinen runden Bällchen geformt in der Sonne getrocknet wird. Diese proteinreichen harten Quarkbällchen (*Kurut*) werden zum größten Teil vermarktet. Die Milchkühe liefern in den Sommermonaten zwischen vier und acht Litern Milch pro Tag. Aus 20 Litern Milch können etwa 1,5 Liter Sahne abgetrennt werden.[15] Zwei Liter Sahne ergeben nach dem Kochen etwa einen Liter gelbe Butter (*Sarmai*) und etwas braune Butter (*Čöbögö*). Aus zehn Litern entrahmter Milch verbleiben nach dem Dehydrieren etwa 300 g *Kurut* (ET-Gu-26.06.04). Aufgrund des reichhaltigen Futters liefern die Rinder im Sommer deutlich mehr Milch, so dass in dieser Zeit in der Regel Überschüsse zur Vermarktung erzielt werden. Dagegen werden die zwischen Herbst und Frühjahr gewonnenen deutlich geringeren Milchmengen von den Haushalten überwiegend selbst konsumiert, entweder unmittelbar als Frischmilch oder in Form von Butter und Joghurt (*Ayran*).

Schafe werden nicht gemolken. Sie dienen ausschließlich als Fleisch- und zu einem geringen Teil auch als Wolllieferanten. Die beliebteste Schafrasse ist das Fettsteißschaf, das an die rauen Bedingungen der zentralasiatischen Gebirge gut angepasst ist und ein bei der einheimischen Bevölkerung beliebtes fettreiches Fleisch aufweist, doch nur eine für die weitere Verarbeitung minderwertige Wolle liefert. Aufgrund der geringen Qualität erzielt die Wolle nur sehr niedrige Preise und dient deshalb zumeist nur haushaltsintern zum Füllen von Decken und Kissen, zur Herstellung von Teppichen (*Širdak*), oder sie bleibt gänzlich ungenutzt.

Schafe und nicht-milchgebende Rinder werden insbesondere im Herbst, wenn sie nach ihrem Aufenthalt auf den Sommerweiden die größte Fleischmasse aufweisen, auf den Märkten in Arslanbob, Bazar Korgon oder Dshalal Abad verkauft. Manche Viehhalter kaufen Vieh im Mai, um es nach dem Mästen in der Sommersaison wieder zu einem deutlich höheren Preis zu verkaufen (HI-Ar-16.08.05).

---

15 Während der Sowjetzeit lieferten die Kühe angeblich aufgrund des zugefütterten Kraftfutters fettreichere Milch, so dass damals aus 10 l Milch etwa 1 l Sahne gewonnen werden konnte (ET-Gu-26.06.04).

Pferde dienen im wesentlichen als Transport- und Lasttiere, ihr Bestand ist in jüngerer Zeit wieder gestiegen, weil sie vermehrt für landwirtschaftliche Arbeiten eingesetzt werden, da die Maschinen aus Sowjetzeiten zum großen Teil nicht mehr funktionsfähig sind und nur teilweise ersetzt werden. Daneben sind Pferde auch Fleisch- und Milchlieferanten, die insbesondere bei Lebenszyklusfesten geschlachtet werden. Milch gebende Stuten werden dreimal täglich gemolken, sie geben meist mehr als 3 Liter Milch pro Tag (TL-Gu-26.06.04), woraus *Kymys*, vergorene Stutenmilch, hergestellt wird.

Die Notwendigkeit, verschiedene räumlich oftmals weit auseinander liegende Futterressourcen zu unterschiedlichen Jahreszeiten zu nutzen, macht Viehwirtschaft zu einer Aktivität mit hohem Arbeitsaufwand oder hohen externen Kosten. Denn für die Betreuung des Viehs auf der Sommerweide (*Džailoo*) muss entweder eine Arbeitskraft des Haushalts abgestellt oder das Vieh gegen Entlohnung in die Obhut von Verwandten, Nachbarn oder Bekannten gegeben werden. Eine Ausweitung der privaten Viehherden ist deshalb aus Arbeitskräfte- oder Kapitalmangel nur sehr eingeschränkt möglich. Reicht das auf den Mähwiesen gewonnene Heu zur Versorgung des Viehs nicht über den ganzen Winter, muss Viehfutter teuer zugekauft werden. Außerdem sind Weidegebühren und Veterinärmaßnahmen wie Impfungen oder Behandlung von Viehkrankheiten zu finanzieren. In der vergangenen Dekade traten den Aussagen der Viehhalter zufolge deutlich mehr Viehkrankheiten als zu Sowjetzeiten auf, als noch systematisch geimpft wurde. Heute verzichten viele Viehbesitzer aus Kostengründen auf Impfungen, wodurch jedoch wieder vermehrt Seuchen wie die Maul- und Klauenseuche (russ. Jaščur; kirg. Šarp) auftreten, deren Behandlung von den Viehbesitzern finanzielle Ausgaben erfordert.

Bienenzucht

Die erst zu Beginn des 20. Jahrhunderts eingeführte Bienenzucht stellte einen wichtigen Bereich der Leschoz-Nebenwirtschaft dar. Jede der vier untersuchten Leschozi beschäftigte bis zu 40 Imker, die sich um Hunderte von an Waldrändern oder auf den Sommerweiden aufgestellten Bienenstöcken kümmerten. Der Leschoz Kyzyl Unkur verfügte zu Sowjetzeiten über etwa 3000 Bienenstöcke (AS-Ky-05.08.03; LESCHOZ KYZYL UNKUR 1984).

Die Existenz zahlreicher Bienenstöcke und die vorhandene Expertise sind somit die entscheidenden Faktoren dafür, dass sich heute in den Untersuchungsdörfern jeweils einige Dutzend Personen mit Bienenzucht beschäftigen. Zum Teil befinden sich diese Bienenstöcke noch im Eigentum des Leschoz und werden an Bienenzüchter gegen eine Pacht von etwa fünf Liter Honig je Bienenstock verpachtet, teilweise sind sie aber vollkommen in privates Eigentum übergegangen.

Insgesamt haben sich die Zahl der Bienenstöcke sowie die Honigerträge in den vergangenen zwei Dekaden stark verringert. Ernteten die Imker zu Sowjetzeiten noch bis zu 60 kg Honig pro Bienenstock, so sind es heute nur noch 10-40 kg pro Jahr (AS-Ky-05.08.03). Dies liegt zum einen an der nicht mehr oder nur noch in geringerem Maße durchgeführten Zufütterung der Bienen im Winter mit Zucker sowie zum anderen an der zurückgehenden Expertise und mangelhaften Behandlung der Bienenvölker im Falle von Krankheiten.

Forstwirtschaftliche Aktivitäten

> „Der Wald leistet eine große Hilfe. Das Einkommen aus dem Wald ist sehr wichtig. In Zeiten, in denen es keine Nüsse, keine Äpfel gibt, ist das Leben sehr schwer. Außer dem Wald gibt es nichts. Es gibt nur wenig Ackerland und etwas Vieh. Alle Hoffnungen sind mit dem Wald verbunden."
>
> Kimidže Kulmašova (Gu-04.04.04)

Walnuss

Die Walnuss ist *die* hervorstechende Ressource der Walnuss-Wildobstwälder Kirgistans. Wohl und Wehe der lokalen Bevölkerung, zumindest in ökonomischer Hinsicht, sind eng verwoben mit dem jährlichen Nussertrag.

> „Das Leben ist in Kara Alma in diesem Jahr sehr schwer, weil die Leute wenig Geld aus der Walnussernte erhalten haben" (ZI-Ka-27.04.04).

Wie bereits dargestellt, variiert die Höhe der Nussernte aufgrund klimatischer und anderer ökologischer Faktoren wie Schädlingsbefall jedoch von Jahr zu Jahr beträchtlich. Abb. 4.2 vermittelt einen Eindruck darüber, in welchem Ausmaß die Nussernte von Jahr zu Jahr oszillieren kann, obgleich offizielle Angaben zu den Nusserntemengen mit Vorsicht zu genießen sind, sowohl jene während der Sowjetzeit, als Planerfüllung – wenn auch nur auf dem Papier – oberstes Gebot war, als auch heute, wenn die Nusssammler bewusst die Mengen der von ihnen geernteten Nüsse geringer angeben als sie tatsächlich sind, um ihre Abgaben an den örtlichen Leschoz klein zu halten.

Die großen Schwankungen der Nussernte und damit das hohe Einkommensausfallrisiko spiegeln sich auch in der Einstellung gegenüber dieser Ressource wider:

> „Man kann nicht durch die Walnuss reich werden, sondern nur durch seiner eigenen Hände Arbeit. Walnüsse werden aber nicht bewässert und bearbeitet" (IK-Ar-17.08.05).

Wie bereits geschildert, beschränkt sich das Nusssammelrecht für die Haushalte auf ein vom Leschoz festgelegtes Areal oder gar auf einzelne Nussbäume und wird jährlich oder alle fünf Jahre neu verhandelt. Von den gesammelten Nüssen müssen die Haushalte bis zu 60% oder eine bestimmte Gebühr an den Leschoz entrichten. Die übrigen Nüsse können nach eigenem Ermessen selbst konsumiert oder vermarktet werden, wobei nur etwa 5% der Nüsse selbst konsumiert werden. Wie in Abb. 5.11 erkennbar, dienen Walnüsse in erster Linie als Marktprodukte.

In Analogie zum abzuerntenden Nussbaumbestand variieren die durchschnittlichen Erträge je Haushalt von Ort zu Ort erheblich. Die größten Erträge erzielen die Haushalte in Kyzyl Unkur mit durchschnittlich etwa 741 kg pro Jahr und

Haushalt und über 8000 KGS Einkommen aus dem Verkauf der Nüsse, gefolgt von Kara Alma. Am wenigsten Nussbäume stehen den Haushalten in Gumchana zur Verfügung, entsprechend liegen die Erträge bei nur 376 kg und 5504 KGS je Haushalt.

Neben dem Eigenkonsum der frischen Nüsse werden diese auch gerne Gästen angeboten oder an Freunde als lokale Spezialität verschenkt. Einige Haushalte produzieren in geringen Mengen Walnussöl (*Kalmende*), das sie zum Backen von Omeletten nutzen. Generell gilt das Nussöl jedoch als schwer verdaulich und wird nur sehr selten konsumiert.

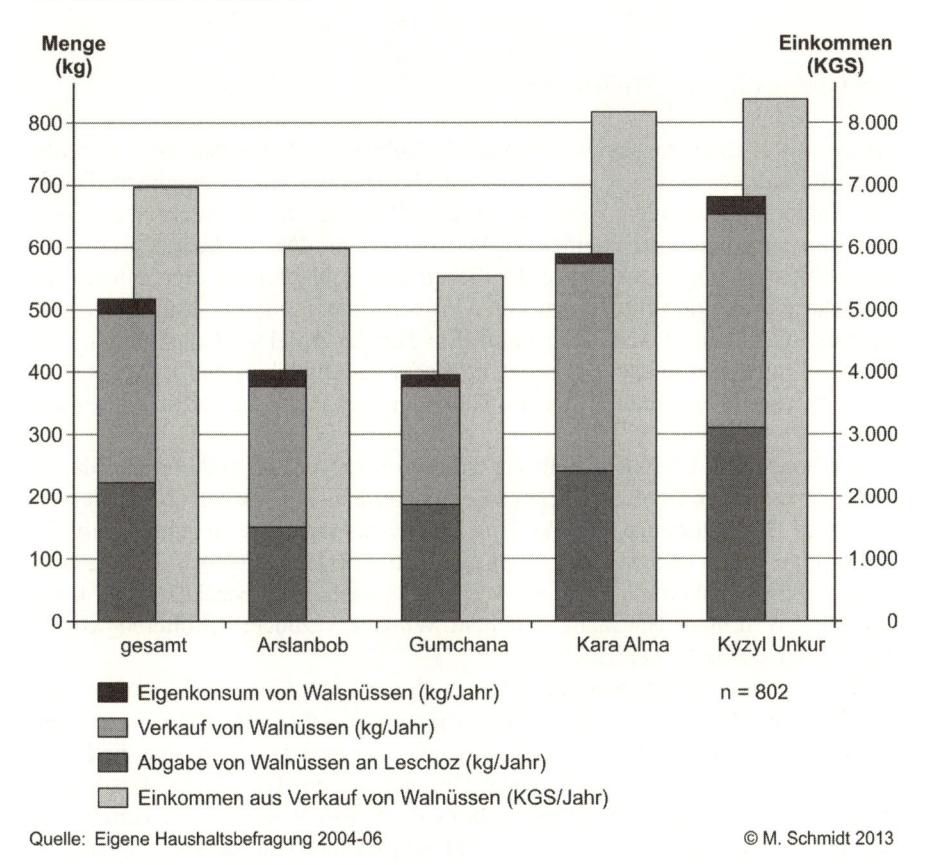

Abb. 5.11 Durchschnittliche Nusserträge und Abgaben pro Haushalt

Da jede gesammelte Walnuss zum Haushaltseinkommen beiträgt, liegt es im Interesse der Haushalte, durch sorgfältiges Sammeln ein Maximum an Nüssen und somit ein möglichst hohes Einkommen zu erzielen. Im Vergleich zur Sammelpraxis während der Sowjetzeit erfolgt die Nusssammlung heute daher wesentlich sorgfältiger. Während zu Sowjetzeiten im Auftrag des Leschoz meist nur die bereits auf den Boden gefallen Nüsse aufgelesen wurden, klettern heute Alt und

Jung, Männer wie Frauen auf Nussbäume, um durch Schütteln oder waghalsige Klettermanöver auch noch die letzten Nüsse zu ernten. Diese hoch gefährliche Sammelpraxis fordert alljährlich Verletzte oder gar Todesopfer. So verunglückten 2006 in Arslanbob drei Personen bei der Nussernte tödlich (IK-Ar-15.03.07).

Gegenseitige Unterstützung innerhalb von Verwandtschaftsgruppen, im Freundeskreis oder von Nachbarn bei der Nussernte ist gang und gäbe (REYHÉ 2009). In Jahren sehr hohen Nussertrags erhalten mancherorts auch Ortsfremde die Erlaubnis zur Nussernte, wie etwa im Jahr 2007, als die Bewohner von Kyzyl Unkur Leute aus Nachbardörfern zur Sammlung der reichen Ernte duldeten.

Wildfrüchte, Pilze und Wildkräuter

Neben den Walnüssen sammeln lokale Bewohner noch vermarktbare Früchte, Pilze und Kräuter in den Nusswäldern zur Generierung von Einkommen. Die in den Wäldern wachsenden Wildäpfel zeichnen sich durch ein intensives Aroma aus, sind aufgrund ihrer kleinen Größe jedoch für den direkten Konsum als Frischobst eher ungeeignet. Deshalb dienen die Wildäpfel zur Herstellung von Saft oder Konzentrat und werden von Vertretern der Saftfabriken in Arslanbob, Ogontala oder Dshalal Abad aufgekauft. Ein Teil der Äpfel wird auch unmittelbar von den Haushalten selbst verarbeitet, entweder zu Apfelchips getrocknet oder zu einer Apfelpaste verarbeitet, die an Touristen verkauft oder selbst konsumiert wird.

Ein logistisches Problem stellt der Transport der geernteten Äpfel dar, da nur durch die Sammlung größerer Mengen ein signifikantes Einkommen erzielt werden kann. Die Sammlung der Wildäpfel bietet insbesondere in Jahren geringer Nusserträge eine wichtige Einkommensalternative, erfordert jedoch einen großen Einsatz an Arbeitskräften, der nicht von allen Haushalten gedeckt werden kann. Insbesondere ärmere Haushalte sammeln Wildäpfel, zudem profitieren weitere Akteure am Transport der Äpfel.

Eine weitere Einkommensalternative stellt die Sammlung von Steinpilzen und Morcheln dar, die über Zwischenhändler zum größten Teil ins Ausland exportiert werden. Für ein Kilogramm frischer Morcheln oder Steinpilze bezahlen die Händler etwa 20-30 KGS/kg, für getrocknete Morcheln bis zu 300 KGS/kg. Der Vorteil dieser forstwirtschaftlichen Tätigkeit besteht in dem hohen Verkaufspreis und dem geringen Gewicht der Pilze, weshalb kaum weitere Transportkosten anfallen. Zumeist Frauen und Kinder sammeln Pilze. Dies gilt auch für Wildkräuter, wobei hier besondere Vegetationskenntnisse vonnöten sind. Bis zu 32 verschiedene Kräuter werden im Raum Arslanbob gesammelt, darunter etwa Kamille, Johanniskraut, Wegerich, Belladonna und verschiedene Wurzeln. Für die Kräuter gibt es meist feste Abnehmer in den einzelnen Orten, welche die Kräuter aufkaufen, aufbereiten und weiterverkaufen. Der zentrale Händler von Wildfrüchten und Kräutern in Arslanbob beschäftigt sich damit seit Mitte der 1990er Jahre, erhält Bestellungen aus dem In- und Ausland und informiert per Aushang seine Stammlieferanten über die zu sammelnden Kräuter oder Früchte (GA-Ar-18.08.05).

Brennholz

Für die Versorgung mit Brennstoffen zu Heiz- und Kochzwecken bedient sich die Bevölkerung der Wälder und sammelt Brennholz (Foto 8). Holz ist heute uneingeschränkt der wichtigste Brennstoff. Sämtliche Haushalte der vier Untersuchungsdörfer heizen und kochen mit Holz, wovon 12% zusätzlich auch elektrische Heizspiralen oder Öfen zum Kochen nutzen. Brennholz ist zudem ein nachgefragtes vermarktbares Produkt. Einige Personen sammeln deshalb über die Subsistenz hinausgehend gezielt Brennholz, um damit Einkommen zu generieren. Allerdings handelt es sich bei dieser Tätigkeit tendenziell um eine illegale Beschäftigung, da Holzeinschlag verboten ist.

Mobilität und Vielfalt der Naturressourcennutzung

Die Nutzung verschiedener Land- und Waldressourcen erfordert eine beträchtliche Mobilität, wie in Abb. 5.12 für einen Beispielhaushalt dargestellt ist. Zu den entsprechenden Sammel- oder Weideplätzen sind meist längere Wege zu bewältigen, zudem erfordern die Entfernungen auch einen größeren logistischen Aufwand bzw. entsprechende Kosten für den Abtransport der Erträge.

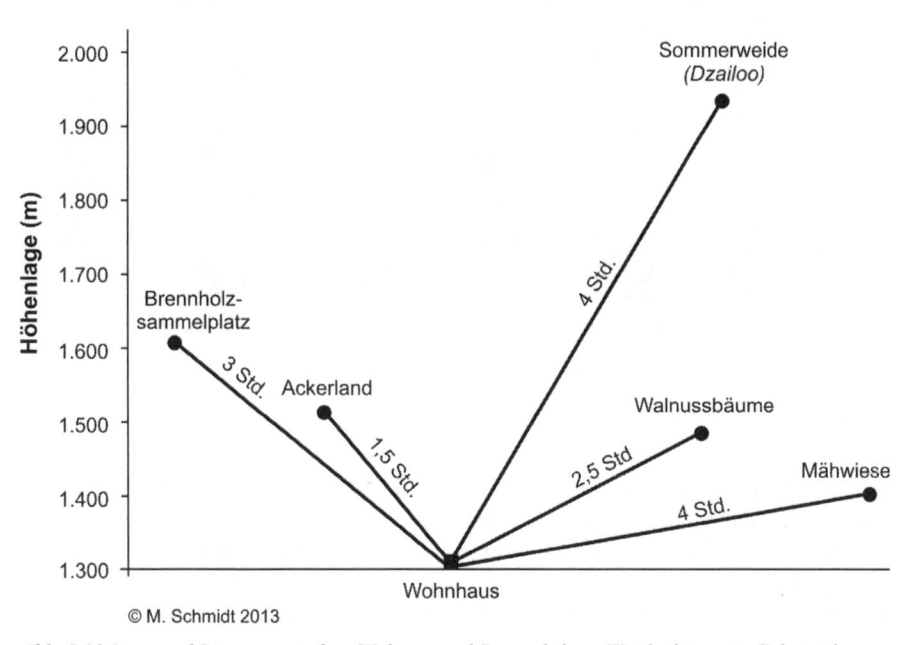

Abb. 5.12 Lage und Distanz zwischen Wohnort und Sammel- bzw. Weideplätzen in Gehstunden

Insgesamt wird der große Stellenwert der Nusswälder und ihrer Ressourcen innerhalb der Lebenssicherungsstrategien der lokalen Bevölkerung deutlich. Abb. 5.13

vermittelt einen Eindruck über die Bedeutung der einzelnen Waldprodukte für die Haushalte der Untersuchungsregion. So sammeln 98% aller untersuchten Haushalte Walnüsse, ebenso viele nutzen den Wald zum Einschlag von Brennholz. Die verbliebenen 2% decken ihren Brennholzbedarf durch Holzzukauf oder die Holzgewinnung auf dem eigenen Grundstück. Aber auch die Sammlung von Wildfrüchten (89%), Morcheln (64%) und Kräutern (52%) ist für die Mehrheit der Haushalte Teil der Überlebensstrategie. Der geringere Wert für Nutzholz (47%) ergibt sich aus dem episodischen Bedarf an Nutzholz. Denn Nutzholz wird beim Bau oder bei der Reparatur von Gebäuden, bei Errichtung und Ausbesserung von Zäunen oder der Herstellung von Möbeln und Gebrauchsgegenständen benötigt, wobei bei Bedarf oftmals eine größere Menge an Holz eingeschlagen und gelagert wird, weshalb eine gezielte Nutzholzernte oftmals nur alle paar Jahre erfolgt.

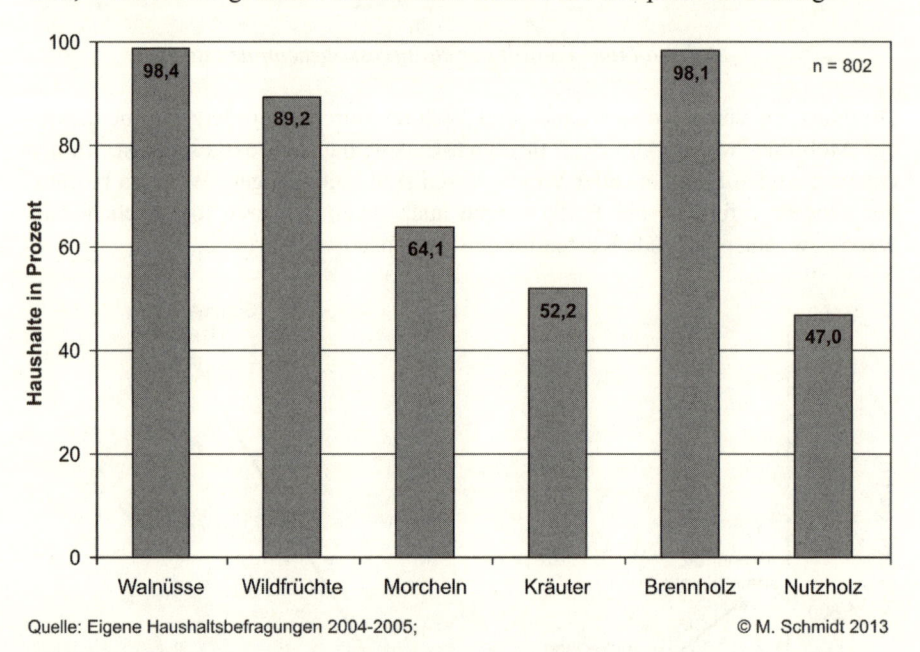

Abb. 5.13 Sammlung von Waldprodukten

Die limitierten Ressourcen an Acker- und Weideland, Vieh und Waldprodukten sind zur Sicherung des Lebensunterhalts aller Haushalte in den Leschoz-Dörfern unzureichend. Obgleich auch zu Sowjetzeiten ohne intensive Subventionierung von Lebensmitteln, Transporten, Gesundheitsversorgung und des Forstsektors allgemein die verfügbaren Land- und Naturressourcen keine tragfähige Wirtschaft ermöglicht hätten, tritt heute angesichts der gestiegenen Bevölkerungszahlen und mit dem weitgehenden Wegfall staatlicher Sozialtransfers die relative Knappheit der Ressourcen noch stärker zum Vorschein.

Heute stehen den Haushalten in den Untersuchungsdörfern selbst bei einer Steigerung der Flächenproduktivität zu geringe Flächen an Ackerland, Garten und

Wald zur Verfügung, um ausreichend Produkte zur Sicherung ihres Lebensunterhalts zu erwirtschaften. Hinzu kommen die unberechenbaren Nusserträge, so dass sich die Haushalte keineswegs auf die Nutzung der lokalen Land- und Naturressourcen beschränken können und Einkommensquellen außerhalb von Land- und Forstwirtschaft erschließen müssen, wie im Folgenden näher ausgeführt wird.

5.3.3 Außeragrarische Einkommensmöglichkeiten

Der mit der sozialistischen Modernisierung intendierte Aufbau einer arbeitsteiligen Gesellschaft, deren Mitglieder im Wesentlichen von bezahlter Lohnarbeit ihren Lebensunterhalt bestreiten konnten, fand mit dem Ende der Sowjetunion einen herben Rückschlag. Die meisten Beschäftigten verloren in den Folgejahren ihren Arbeitsplatz oder mussten feststellen, dass die erarbeiteten Löhne nicht mehr zur Deckung aller lebensnotwendigen Ausgaben ausreichten. Auch in der Untersuchungsregion erschütterte der Zusammenbruch des sowjetischen Wirtschaftssystems die Bevölkerung und führte zu einem spürbaren wirtschaftlichen Niedergang. Die staatlichen Löhne im Leschoz, in der Schule oder in der Gemeindeverwaltung reichten nicht mehr zum Kauf von Lebensmitteln aus, ehe die Versorgungsstrukturen gänzlich zusammen brachen. Um die notwendigsten Güter zu erwerben, verkauften die Menschen ihr Vieh, Mobiliar und Wertgegenstände (IK-Ar-15.03.07). Nach den durch wirtschaftlichen Niedergang geprägten 1990er Jahren stabilisierte sich seit der Jahrtausendwende die Situation etwas. Heute konzentrieren sich die Menschen auf verschiedene außeragrarische Erwerbsbereiche, wie etwa eine Beschäftigung im Staatsdienst oder Betätigungen im Handwerk, Baugewerbe, Handel, Transport oder Tourismus. Wie in Abb. 5.14 zu erkennen, üben viele der Bewohner der Untersuchungsorte nicht ihren erlernten und vielfach auch während der Sowjetära ausgeübten Beruf aus. Für die zu Sowjetzeiten nachgefragten Berufe, insbesondere im Forstsektor, bieten die gegenwärtigen Kapazitäten der potentiellen Arbeitgeber oft nicht mehr die Möglichkeit einer Beschäftigung. Die Differenzen bei den Frauen zwischen erlerntem und ausgeübtem Beruf ergeben sich zum Großteil daraus, dass sie heute innerhäuslich tätig sind und keiner Erwerbsarbeit nachgehen, was mit dem Arbeitsangebot eng verknüpft ist.

Formale Lohnarbeit im Staatsdienst

Im Gegensatz zur Sowjetzeit stellt die Beschäftigung in formalen Arbeitsverhältnissen heute eher die Ausnahme dar. Zwar ist der Leschoz noch heute der wichtigsten Arbeitgeber vor Ort, musste aber seine Belegschaft dramatisch reduzieren. Nur eine Minderheit der Bevölkerung findet eine formale Anstellung beim Leschoz, der Gemeindeverwaltung, den örtlichen Schulen und Kindergärten oder in medizinischen Einrichtungen; in Arslanbob sind dies heute etwa 240 Personen oder etwa 5% der erwerbsfähigen Bevölkerung.

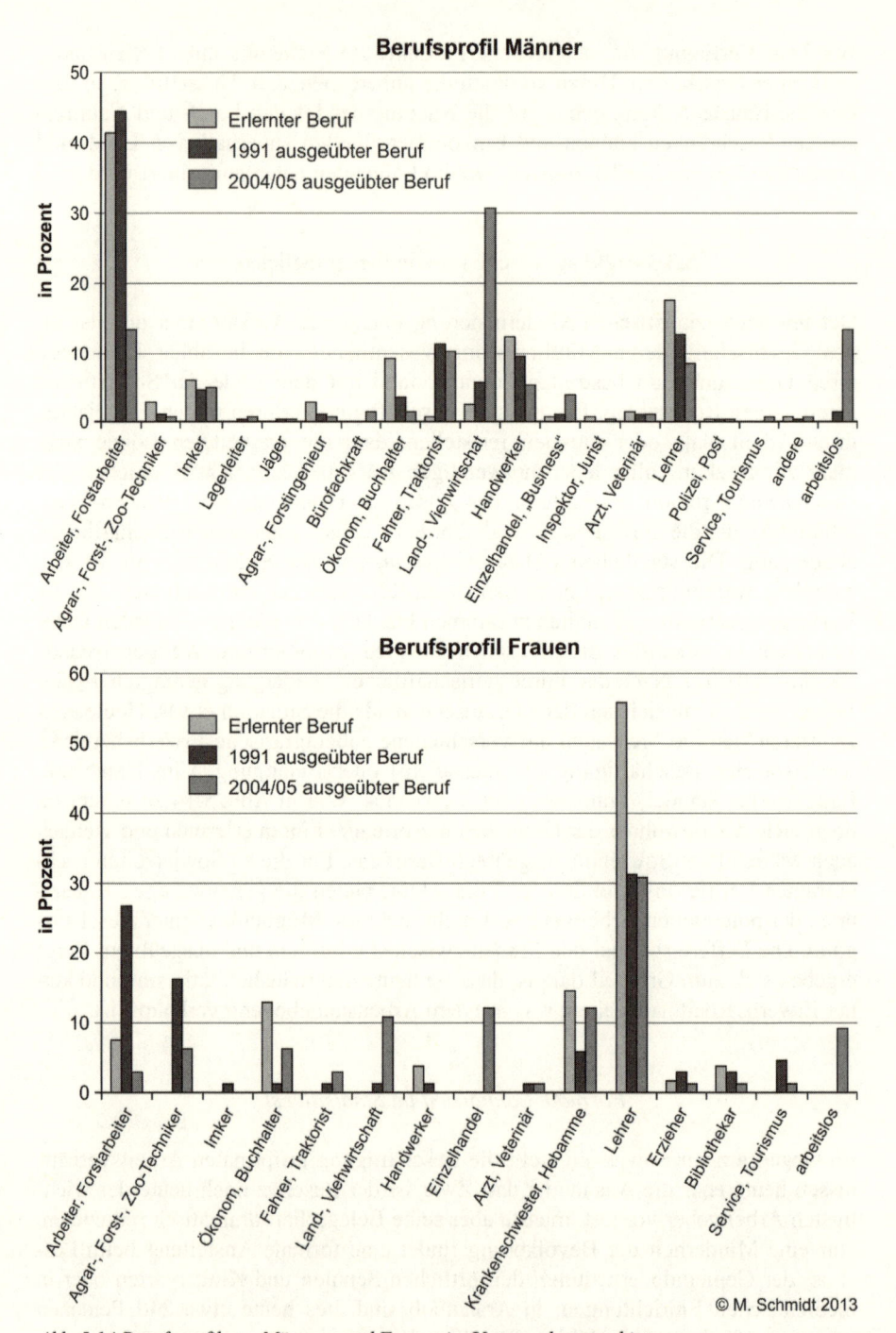

Abb. 5.14 Berufsprofil von Männern und Frauen im Untersuchungsgebiet

Die formale Anstellung im Staatsdienst bietet den Beschäftigten ein sicheres Grundeinkommen, zumal die Löhne nach erheblichen Schwierigkeiten in den 1990er Jahren inzwischen regelmäßig, wenn auch häufig verspätet ausgezahlt werden. Das Durchschnittseinkommen der Beschäftigten in formalen Beschäftigungsverhältnissen lag nach eigenen Erhebungen im Jahre 2005 bei 881 KGS für Männer und 633 KGS für Frauen. In Anbetracht der offiziellen Armutsgrenze von 625 KGS (UNDP 2002) zeigt dies deutlich, dass das Einkommen aus formaler Beschäftigung für kaum einen Haushalt zum Leben ausreichend ist.

Heute sind die Einkommen nominell aufgrund der Inflation deutlich höher, aber die Realeinkommen liegen immer noch deutlich unter den Löhnen zu Sowjetzeiten, wie ein Vergleich der Kaufkraft anhand eines Lohnbeispiels verdeutlicht: Der Sekundarschullehrer Ibrahim erhielt 1985 ein monatliches Gehalt von 120 Sowjetischen Rubeln (SUR), im Jahr 2005 bekam er 1700 KGS. Unter Zugrundelegung der Preise für Grundnahrungsmittel verlor das Gehalt von Ibrahim 40% seiner Kaufkraft gegenüber seinem Gehalt 1985 (VON DER DUNK & SCHMIDT 2010).

Im Jahr 2007 lag der Lohn für Förster bei etwa 1500 KGS, doch können die Förster diesen aufgrund ihres Amtes durch illegale Extrazahlungen für Begünstigungen deutlich aufbessern. BT (Gu-23.02.07) schätzt, dass sich das tatsächliche Einkommen eines Försters nur zu 20% aus dem formalen Lohn und zu 80% aus zusätzlichen illegalen Einnahmen zusammensetzt.

Staatliche Transferleistungen, insbesondere Renten, sind für einige Haushalte eine wichtige Einkommensquelle. In Arslanbob beziehen etwa 1100 Personen eine gesetzliche Rente. Da in den meisten Haushalten mehrere Generationen unter einem Dach leben, profitiert von diesen Rentenzahlungen knapp jeder zweite Haushalt. Die Rentenzahlungen hängen von der Art und Dauer der ausgeübten Erwerbsarbeit ab und benachteiligen Frauen, die durch Kindererziehung ihre Erwerbsarbeit unterbrachen. Im Jahr 2004 variierten die Rentenzahlungen zwischen etwa 400 KGS pro Monat für Hilfsarbeiter oder nicht durchgängig Beschäftigte und über 1200 KGS für ehemalige Forstingenieure oder Oberförster. Einen Anspruch auf Kindergeld können nur Haushalte mit sehr geringem Einkommen von unter 175 KGS je Haushaltsmitglied realisieren. Im Jahr 2007 betrug es 540 KGS für Kinder vom 1.–6. Monat sowie 60 bis 120 KGS pro Monat für Kinder ab dem 6. Monat (DV-Gu-26.02.07).

Da der Anteil der formal Beschäftigten gering ist, erhalten auch nur wenige das maximal sechs Monate ausbezahlte und (im Jahr 2007) mit etwa 250-500 KGS pro Monat knapp bemessene Arbeitslosengeld. In den Genuss von Arbeitslosengeld kommen etwa die Saisonarbeiter im staatlichen *Pensionat*. Bei der Berechnung des Arbeitslosengeldes werden Besitzverhältnisse (Land, Vieh, Immobilien), sonstige Einnahmen wie Kindergeld oder Rentenzahlungen, aber auch Unterstützungsleistungen durch Verwandte mit einberechnet (DV-Gu-26.02.07). Was den Anschein einer fairen Berechnung von Ansprüchen auf staatliche Sozialleistungen erweckt, ist tatsächlich jedoch unschwer manipulier- und interpretierbar.

Als Mittel der Prävention extremer Armut bietet der Staat auch eine Art Sozialhilfe, die allerdings nur ein bis zweimal pro Jahr in Form von Naturalien oder Geld an Invalide ausgezahlt wird. Daneben erhalten Veteranen, Rentner, Invalide oder „Heldenmütter der Sowjetunion" – Frauen mit fünf und mehr Kindern – diverse Vergünstigungen wie kostenloses Brennholz oder Erlass bestimmter Gebühren.

Handwerk

Mit der strukturellen Ausrichtung des Leschoz auf verschiedene Wirtschaftsbereiche war die Notwendigkeit des Einsatzes spezialisierter Handwerker verbunden. Insbesondere die Ausbildung einer beträchtlichen Anzahl an Handwerkern und die damit einhergehende Verbreitung von Kenntnissen und Fähigkeiten und weniger die zum Teil maroden Residuen des Maschinenparks bilden die Grundlagen für heutige handwerkliche Tätigkeiten in den Untersuchungsdörfern. Neben Holz bearbeitenden Berufen bietet sich für handwerkliche Tätigkeiten etwa der Bausektor an, auch sind Handwerker als Schmiede, Automechaniker oder Elektriker tätig. Ungelernte Arbeiter verdingen sich zudem als Tagelöhner in der Land- und Forstwirtschaft oder im Baugewerbe.

In den Holz verarbeitenden Betriebseinheiten (DOC) arbeiteten bis zu 20 Personen, die als Zimmerleute oder Tischler ausgebildet waren. Diese Fertigkeiten nutzend betätigen sich heute einige Männer als Zimmermann oder Schreiner und arbeiten im Baugewerbe, produzieren Türen, Fenster, Möbel oder Souvenirs (Schachspiele, Schalen, Schneidebretter, Honigtöpfchen, Amulette etc.). In den DOC selbst sind auch einige Personen tätig, nutzen die alten Maschinen aus der Sowjetzeit für Sägearbeiten und produzieren gelegentlich Möbel (KK-Gu-25.02.07). Größere Investitionen für neue Maschinen in den zentralen Holz verarbeitenden Betrieben kann oder möchte momentan niemand aufbringen. Stattdessen hat sich die Holzverarbeitung mit mehreren kleinen privaten Werkstätten dezentralisiert.

Die Popularität der Region für Touristen bietet Möglichkeiten, kunsthandwerklich tätig zu werden und durch den Verkauf von Souvenirs Einnahmen zu erzielen. Seit einigen Jahren erfährt das traditionelle Filzhandwerk in Kirgistan verstärkte Aufmerksamkeit. Heute werden Filzteppiche (*Širdak*), Läufer, Taschen, Mützen, Schuhe oder Puppen aus Filz als Mitbringsel in den von Touristen frequentierten Orten angeboten, zudem bieten verschiedene Reiseveranstalter Filz-Workshops und Besichtigungen von Kunsthandwerksstätten an. Im Untersuchungsgebiet war die Herstellung von Filzprodukten bisher eine Seltenheit, doch hat sich in Gumchana im Jahr 2004 die kleine Frauenkooperative „Merman", die 2007 aus acht Frauen bestand, zusammengeschlossen, um das Filzhandwerk zu erlernen und Filzstiefel, Hausschuhe, Teppichen *Širdaks*, Filzhüte (*Kalpak*) und Puppen zu produzieren. Das Programm ARIS unterstützte die Gruppe durch einen finanziellen Zuschuss und ermöglichte ihnen die Teilnahme an Schulungen in

Bischkek und Dshalal Abad. Die gefertigten Produkte verkaufen die Frauen über das *Community Based Tourism*-Projekt (CBT) in Arslanbob (KK-Gu-25.02.07).

Handel

Im heutigen marktwirtschaftlichen Kirgistan stellt eine privatwirtschaftliche Beschäftigung im Handel eine neue Möglichkeit der Beschäftigung und Einkommensgenerierung dar. Der Zusammenbruch des staatlichen Handelssystems war für die Bevölkerung der Untersuchungsregion eine der ersten sichtbaren Folgen der Auflösung der Sowjetunion. Zunächst kamen Lieferungen an die staatlichen Ladengeschäfte ins Stocken, ehe schließlich 1993 das System der staatlichen Versorgung mit Handelsgütern gänzlich zusammenbrach. In Arslanbob schlossen fünf der sieben staatlichen Ladengeschäfte, während zwei weitere Läden von den Beschäftigten auf privater Basis weiter betrieben wurden. Dabei beschränkte sich deren Warenangebot zunächst auf Grundnahrungsmittel wie Mehl, Reis, Zucker und Tee. In den Folgejahren wurden weitere neue Ladengeschäfte eröffnet, schlossen vielfach aber aufgrund ausbleibenden ökonomischen Erfolgs zum Teil bald wieder.

Fehlendes Kapital, der Zusammenbruch bestehender Handelsstrukturen sowie marginale Managementkenntnisse stellten die größten Schwierigkeiten in diesen Anfangsjahren privater Einzelhandelsaktivität dar. Zu den Mikrofinanzprogrammen, die bereits Mitte der 1990er Jahre in Kirgistan eingeführt wurden (FAO 2006), hatten die Bewohner der Untersuchungsregion keinen Zugang, weshalb die neuen Einzelhändler ihren Anfangsbestand an Waren aus eigenen Ersparnissen bezahlen mussten.

Heute sind alle Einzelhändler Arslanbobs auch Eigentümer ihres Geschäfts, das sie das ganze Jahr über täglich von morgens bis abends offen halten. Ihr Warenangebot umfasst lokal produzierte Nahrungsmittel (Kartoffeln, Karotten, Sonnenblumenöl) sowie eingeführte Lebensmittel (Mehl, Reis, Zucker, Früchte, Gemüse, Kekse) und Waren des täglichen Bedarfs wie Seife, Waschmittel, Zigaretten, Kleidung etc. Abgesehen von den lokal produzierten Gütern kaufen die Einzelhändler ihre Waren auf zentralen Märkten im Fergana-Becken ein, da keine Groß- oder Zwischenhändler die Leschoz-Dörfer beliefern. Die Einzelhändler nutzen ihre Einkaufsfahrten zu den zentralen Märkten auch zum Verkauf, indem sie lokal produzierte oder gesammelte Produkte wie Walnüsse, Äpfel, Morcheln, Kartoffeln, Honig, Butter oder *Kurut* auf den Märkten an Zwischenhändler oder dortige Einzelhändler verkaufen.

In Kara Alma, Kyzyl Unkur und Gumchana existieren jeweils etwa drei bis fünf Ladengeschäfte, während es in Arslanbob sogar 30 sind, die in zwei Klassen unterteilt werden können: Die überwiegende Mehrheit stellen kleine Ladengeschäfte mit einem Warenbestand von etwa 30 verschiedenen Gütern im Gesamtwert von bis zu 15 000 KGS (etwa 250 €); diese Geschäfte sind auf dem gesamten Siedlungsgebiet verteilt. Daneben gibt es in den Ortszentren einige größere Einzelhandelsgeschäfte, in denen bis zu 80 verschiedene Waren im Gesamtwert von etwa 120 000 KGS (2400 €) angeboten werden. Abgesehen vom Umfang unterschiedet sich das Warenangebot zudem darin, dass große Geschäfte auch Güter jenseits des täglichen Bedarfs anbieten wie etwa elektrische Wasserkocher, Fernseher oder Kosmetik und außerdem oftmals verschiedene Marken einer Ware, etwa Zahnpasta oder Seife, anbieten.

Die Unterscheidung der beiden Ladenkategorien korreliert mit ihrer Rolle innerhalb der *Livelihood*-Strategien der beteiligten Haushalte. Für die Besitzer großer Geschäfte stellt der Einzelhandel den größten Einkommensposten ihres Haushalts dar, während Besitzer kleiner Geschäfte nur ein Zusatzeinkommen aus ihrer Einzelhandelsaktivität ziehen. Obgleich Handelsaktivitäten eine nichtlandwirtschaftliche Beschäftigung darstellen, sind sie eng mit den Erträgen aus der Land- und Forstwirtschaft verbunden. Geringe Erträge, etwa durch ungünstige Witterungsbedingungen oder Schädlingsbefall, schmälern das Einkommen und damit die Kaufkraft der bäuerlichen Haushalte.

Die enge Korrelation zwischen land- und forstwirtschaftlichen Erträgen und Umsätzen im Einzelhandel zeigt sich deutlich bei Betrachtung der Umsatzentwicklung der Einzelhandelsgeschäfte im Jahresverlauf: Die größten Umsätze werden während und nach der Haupterntezeit zwischen September und November gemacht, wenn die bäuerlichen Haushalte über die größte Kaufkraft verfügen. In dieser Zeit werden sowohl größere Mengen an Lebensmitteln für den Winter als auch verstärkt Konsumgüter wie Fernseher, DVD-Recorder oder Süßigkeiten nachgefragt. Die Umsätze sinken in den Wintermonaten wieder und erreichen im April ihren Tiefststand.

Abgesehen von der Unsicherheit über die Entwicklung der Kaufkraft ihrer Kunden stellt die Praxis der Kreditvergabe für die Einzelhändler ein weiteres Risiko dar. Viele Kunden können ihre Einkäufe nicht direkt bezahlen und lassen deshalb „anschreiben". Die saisonalen Muster in der Land- und Forstwirtschaft spiegeln sich somit nicht nur in der Umsatzkurve der Einzelhändler, sondern auch in den bei ihnen ausstehenden Schulden wider (Abb. 5.15).

Zu dieser Jahres-Schuldenkurve tragen verschiedene Faktoren bei: Die meisten Kredite werden zwischen Februar und Juni vergeben, wenn die im Herbst geernteten Produkte zumeist konsumiert und die Einnahmen aus dem Verkauf der Überschüsse veräußert wurden. Weitere Einnahmen sind in der Land- und Forstwirtschaft, mit Ausnahme der Sammlung von Morcheln, zu dieser Zeit nicht zu erzielen, da keine Wald- oder Feldfrüchte reif sind und das Vieh noch zu mager ist, um es profitabel zu verkaufen. Auf der anderen Seite sind im Frühjahr vermehrt Ausgaben zu tätigen, etwa für Saatgut und Dünger oder für die Miete von Traktoren, außerdem müssen die jährlichen Pachtgebühren für Ackerland und Mähwiesenparzellen entrichtet werden. Erste Einnahmen sind ab Juni durch den Verkauf von Milchprodukten und Gartenfrüchten zu erzielen. In den Sommermonaten bieten sich Einnahmequellen im Tourismus durch Zimmervermietung, den Verkauf von Souvenirs oder durch Taxifahrdienste sowie als Tagelöhner in der Landwirtschaft. Sie erlauben folglich den meisten Haushalten, Ausgaben zu tätigen oder ihre Schulden, zumindest teilweise zurück zu zahlen.

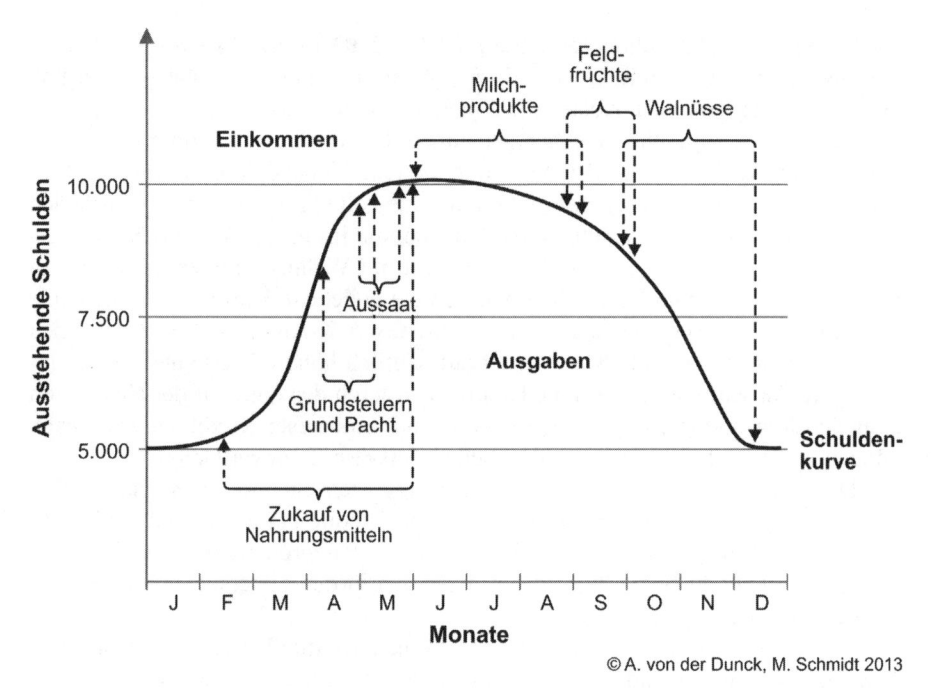

Abb. 5.15 Zyklisches Muster für ausstehende Schulden von Einzelhändlern in Arslanbob (verändert nach VON DER DUNK & SCHMIDT *2010)*

Aber auch in der Phase der Schuldentilgung während der Erntezeit zahlen die Schuldner selten sämtliche Schulden zurück, wie Abb. 5.22 zeigt. Aufgrund des islamischen Zinsverbotes fehlt ihnen der Anreiz, sämtliche Kredite zurückzuzahlen. Da allerdings die Kreditgeber wegen des Zinsverbots in ökonomischer Hinsicht nicht von der Kreditvergabe profitieren, möchten sie lange Ausstände möglichst vermeiden, wozu sich ihnen durch die enge Verbundenheit der Dorfgemeinschaft, in der Kreditgeber und Schuldner leben, die Möglichkeit der öffentlichen Diskreditierung der Schuldner bietet. ELWERT (1987) spricht von der „Ausübung sozialer Kontrolle durch Zuweisung öffentlicher Schande". In Arslanbob hängen manche Einzelhändler Listen in ihren Geschäften aus, auf denen die Namen aller Schuldner und die Höhe ihrer Schulden öffentlich aufgeführt sind. Solch drastische Maßnahmen werden damit begründet, dass die Händler auf Rückzahlung der Schulden angewiesen sind, da sie selbst keine Kredite für den Ankauf ihres Warenbestandes bekommen.

Gerade in Jahren geringer Erträge aus der Land- und Forstwirtschaft, in denen Kredite noch seltener zurückgezahlt werden, gerät so mancher Händler in die prekäre Situation, dass ihm die finanziellen Mittel zur Vorfinanzierung des Warenbestands fehlen. Dabei treffen ausstehende Schulden kleine Geschäfte stärker als große. So summieren sich in großen Geschäften die ausstehenden Schulden auf maximal 60% des Wertes des Warenbestands, während die Schulden bei Inhabern kleiner Ladengeschäfte durchaus den gesamten Warenbestand um 50% übertreffen können. Eine schlechte Nussernte im Jahre 2003 führte etwa zur Schließung von vier kleinen Geschäften, weil die Schulden nicht zurückgezahlt wurden und die Händler die laufenden Kosten nicht mehr aufbringen konnten.

Dennoch ist abgesehen von den genannten Risiken die Gewährung von Krediten an wenig kreditwürdige Kunden durch die Ladeninhaber keineswegs als altruistisch oder irrational zu sehen, sondern als eine kalkulierte und unter Umständen durchaus profitable Maßnahme. Viele Kunden, die im Frühjahr einen Kredit verlangen, schlagen vor, ihre Schulden im Herbst mit Walnüssen oder Kartoffeln zu begleichen. Händler und Schuldner notieren die geliehene Summe und legen eine für beide Seiten verpflichtende Tauschrate fest (IK-Ar-17.08.05). Tatsächlich steigen der Marktpreis für Nüsse meist auf deutlich höhere Werte als der vereinbarte fixe Tauschpreis, so dass die Kreditgeber durch den Verkauf der Nüsse zum aktuellen Marktpreis einen beträchtlichen Profit aus dieser Kreditvergabe ziehen können, ohne die Prinzipien des islamischen Zinsverbots zu verletzen.

Das „Anschreiben" beim Händler ist für die Menschen die gängigste Methode, Phasen geringer Liquidität zu überbrücken. Kredite bei einer Bank aufzunehmen, ist bis heute unüblich, da hierfür kostenreich Papiere zusammengestellt werden müssen (SK-Ar-06.04.04); zudem existieren in den Untersuchungsorten bisher keine Banken.

Ein weiterer Grund für die Vergabe riskanter Kredite hängt mit den sozialen Rahmenbedingungen und -beziehungen zwischen Schuldnern und Kreditgebern zusammen (KUEHNAST & DUDWICK 2004; SANGHERA et al. 2006; SANGHERA & ILYASOV 2008). Die meisten Kunden, insbesondere von kleinen Geschäften, sind Freunde und Verwandte des Ladenbesitzers. Sowohl für den Käufer als auch den Ladenbesitzer beinhalten Käufe den Ausbau und die Aufrechterhaltung sozialer Bande. Die Vorteile, Verwandte und Freunde als Kunden zu haben, begründet ein Ladenbesitzer wie folgt: „Sie beschweren sich nicht, wenn mein Laden an einem Tag geschlossen ist oder wenn ich eine bestimmte Ware nicht auf Lager habe. Sie kommen trotzdem wieder zu mir." Ladenbesitzer oder Personen mit größeren finanziellen Mitteln verleihen in der Regel Geld nur an Verwandte oder Bekannte. Bei größeren Summen nehmen einige der Kreditgeber aber durchaus auch Zinsen (AL-Gu-05.04.04), die bis zu 20% pro Monat betragen können. Wenn die Schulden nicht zurückbezahlt werden können, holen sich die Kreditgeber Vieh bei ihren Schuldnern oder lassen diese für sich arbeiten.

Es ist für einen Ladenbesitzer nahezu unmöglich, einen Verwandten oder Freund, der seine Einkäufe nicht bezahlen kann, abzuweisen. Dieses Dilemma des Händlers (EVERS 1994) besteht darin, dass der Händler gleichzeitig moralische und wirtschaftliche Gesetze befolgen muss, was zu ruinösen Geschäftspraktiken führen kann. Doch die positiven Aspekte, wie etwa ein gesellschaftliches „Sicherheitsnetz" (SABATES-WHEELER 2007), kompensieren oft die negativen Folgen bei weitem, weil Ladenbesitzer in Zeiten wirtschaftlicher Not auf die Unterstützung ihres sozialen Netzwerkes vertrauen können.

In den Untersuchungsdörfern ist die heutige Betätigung im Einzelhandel weniger dem Wunsch geschuldet, hohe Profite zu erzielen, als vielmehr um Defizite in anderen Einkommenssektoren zu kompensieren. Aufgrund des Mangels an außeragrarischen Einkommensalternativen und der Verfügbarkeit von Arbeitskraft bedeutet die Eröffnung eines Ladengeschäfts eine weitere Einkommensquelle, die jedoch verschiedenen externen Risiken ausgesetzt ist und bisher noch eng mit den Erträgen aus der Land- und Forstwirtschaft zusammen hängt.

Tourismus

Aufgrund eines ästhetisch ansprechenden Landschaftsbildes leuchtend grüner Nusswälder vor einer spektakulären Hochgebirgskulisse und der durch die Höhenlage gegebenen kühlen und sauberen Luft hat sich die Region als Destination für Erholungssuchende bereits seit den 1960er Jahren einen Namen gemacht. Das gilt besonders für das auf ca. 1650 m unmittelbar unterhalb der bis zu 4427 m hohen Fergana-Kette gelegene Arslanbob mit seiner spektakulären Hochgebirgskulisse, das darüber hinaus noch zwei Wasserfälle mit 24 m und 80 m Höhe als wichtige Anziehungspunkte für Touristen aufweist. Neben den staatlich betriebenen Pionierlagern, *Pensionaten* und *Turbazi* in Arslanbob, Kyzyl Unkur und Kara Alma bot sich den Einwohnern dieser Orte auch die Möglichkeit, Touristen in ihrem Hause unterzubringen sowie eigene landwirtschaftliche Produkte und selbst produzierte Souvenirs an die Touristen zu verkaufen. In den Jahren nach der Unabhängigkeit Kirgistans brach jedoch die Zahl der Touristen aufgrund der bereits beschriebenen Folgen der Transformation stark ein. Das gilt gleichermaßen für den Binnentourismus wie für Gäste aus der ehemaligen UdSSR, was zur Aufgabe vieler Tourismusbetriebe führte (vgl. THOMPSON & FOSTER 2003:172). Seit 1999 steigen die Gästezahlen in Kirgistan wieder deutlich an, wobei sowohl der Binnentourismus als auch der internationale Tourismus zunahmen. Die bedeutendsten Herkunftsländer der Touristen sind Kasachstan, Usbekistan und Russland (NACIONAL'NYJ STATISTIČESKIJ KOMITET KYRGYSSKOJ RESPUBLIKI 2008:21).

Auch in den untersuchten Leschoz-Dörfern brachen die Gästezahlen stark ein, was sowohl die touristischen Betriebe als auch die informellen Unterkünfte betraf. So hatte beispielsweise die *„Turbaza Arstanbap-Ata"* einen Rückgang der Gästezahlen auf etwa ein Zehntel des Spitzenwerts der 1980er Jahre zu verkraften (vgl. Abb. 5.16), was die Entlassung zahlreicher Mitarbeiter nach sich zog.

Viele Pionierlager wurden in den 1990er Jahren nach der Privatisierung oder Schließung der zugehörigen Betriebe oder aus Kostengründen geschlossen, da sie in Organisation und Finanzierung fast vollständig von betrieblicher und staatlicher Unterstützung abhängig gewesen waren. In Arslanbob sind nur noch drei der ehemals zwölf Pionierlager, inzwischen als „Kindergesundheitszentren" bezeichnet, in Betrieb, allerdings mit einer meist geringen Auslastung. Aufgrund finanzieller Probleme konnten die Löhne oft nur unregelmäßig ausgezahlt werden, auch wurde die bauliche Infrastruktur vernachlässigt. Andere Unterkunftsbetriebe haben sich mehr oder weniger an das marktwirtschaftliche System angepasst, wie etwa die privatisierte *„Turbaza Arstanbap-Ata"*, deren Gäste heute überwiegend individuell anreisen und die in der Hochsaison von Anfang Juni bis Ende August an den Wochenenden wieder voll ausgelastet ist.[16] Schätzungen zufolge halten sich inzwischen wieder mehr als 20 000 Gäste pro Jahr in Arslanbob auf, was zwar noch weit unter den Spitzenwerten der 1980er Jahre liegt, aber bereits eine erhebliche Steigerung gegenüber dem Minimum Mitte der 1990er Jahre bedeutet.

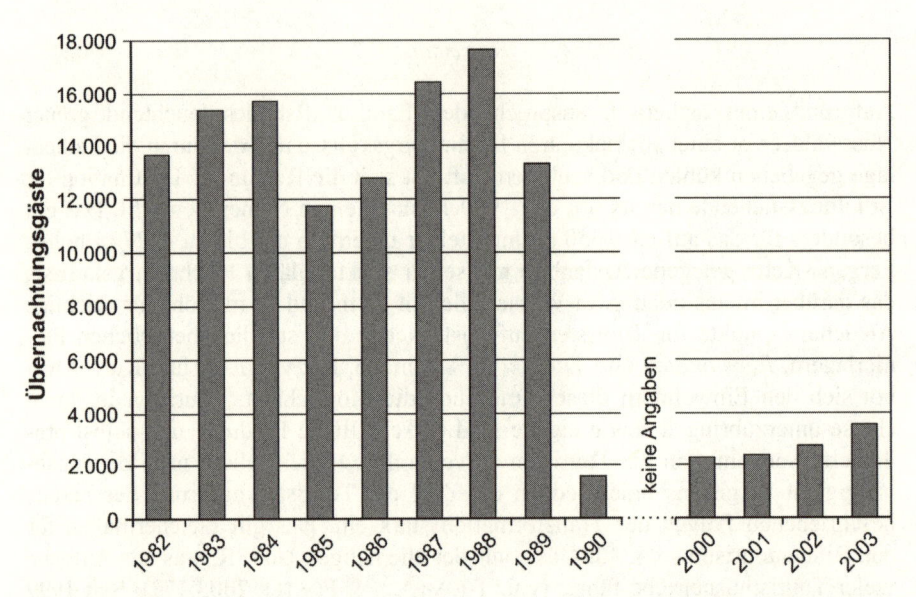

Abb. 5.16 Rückgang der Übernachtungszahlen in der „Turbaza Arstanbap-Ata" (Quelle: Offizielle Statistiken der Verwaltung der Turbaza Arstanbap-Ata)

Eine zunehmend wichtige Rolle spielt in Arslanbob inzwischen auch der Ferntourismus. Dieser nutzt insbesondere das Übernachtungs- und Programmangebot der lokalen CBT-Gruppe. Das *Community Based Tourism Support Project* (CBTSP) der Schweizer Hilfsorganisation *Helvetas* fördert den Aufbau einer touristischen Infrastruktur unter größtmöglicher Partizipation der lokalen Bevölkerung (HELVETAS KYRGYZSTAN 2003). In Arslanbob sorgte die Gründung einer CBT-Gruppe im Jahr 2001 für einen Anstieg der Besucherzahlen. Interessierte Touristen werden von einem gewählten Koordinator möglichst gleichmäßig auf die 18 teilnehmenden Haushalte verteilt, die von den Gästen einen festgelegten Betrag für Kost und Logis verlangen. Gleichzeitig wird den Gästen ein bestimmter Standard garantiert, da die Gastgeber vom CBT regelmäßig geprüft und zertifiziert werden. Die lokale CBT-Gruppe Arslanbob wurde 2009 bereits zum dritten Mal zur besten der elf CBT-Gruppen Kirgistans gewählt, was im Wesentlichen an ihren innovativen Strategien und der Vielfalt an Angeboten wie geführten Trekking-

---

16 In Kyzyl Unkur ist von den ehemals fünf Pionierlagern nur noch eines in Betrieb, daneben gibt es eine Mitte der 1990er Jahre eröffnete *Turbaza*.

und Klettertouren und inzwischen sogar Ski- und Mountain Biking-Touren liegt. Dieses Angebot wird insbesondere von Ferntouristen aus dem Westen genutzt, da sowohl Arslanbob mit seinen landschaftlichen Attraktionen als auch die CBT-Gruppe in den einschlägigen Reiseführern (vgl. MAYHEW et al. 2000) beschrieben werden und über eine eigene Website (www.cbt-arslanbob.com) verfügt. In den vergangenen Jahren war eine stetige Steigerung der Touristenzahlen zu konstatieren, die in CBT-Häusern unterkamen: Im Jahr 2004 verzeichnete das CBT etwa 668 Übernachtungsgäste, im folgenden Jahr aufgrund des vorangegangenen politischen Umsturzes sowie den gewaltsamen Unruhen in Andishan im Mai 2005 lediglich 410, doch 2006 lag die Zahl bereits bei 830. Die Gäste des CBT kommen in erster Linie aus Europa (insbesondere Deutschland, Schweiz und Frankreich), den USA und Ostasien (v.a. Japan) und bleiben durchschnittlich 2,3 Nächte (Auskunft CBT-Office Arslanbob 2007).

Das Gros der jährlich etwa 20 000 Gäste in Arslanbob (HT-Ar-17.03.07) stellen heute jedoch Kirgisen aus dem südlichen Teil des Landes und Usbeken aus dem Fergana-Becken, während die Zahlen von Gästen aus den übrigen GUS-Staaten verhältnismäßig niedrig sind und bis heute nicht die Bedeutung erreichen konnten, die sie während der Sowjetzeit hatten. Diese „einheimischen" Gäste wohnen zumeist in Privatunterkünften, in denen die Übernachtungspreise deutlich unter den Preisen für CBT-Zimmer liegen, und bringen in der Regel auch sämtliche Lebensmittel selbst mit.

Bedeutung kommt gegenwärtig auch dem früher unterdrückten religiös motivierten Tourismus zu: Neben einem islamischen Schrein in Arslanbob befinden sich einige kleinere Pilgerstätten in der Umgebung des Ortes, denen eine spirituelle Bedeutung zugeschrieben wird, wie beispielsweise der Köl Kulan („Heiliger See"). Viele Gäste verbinden ihren Urlaub mit Ausflügen zu solchen Stätten.

Die positive Entwicklung der Touristenzahlen bietet den Bewohnern Arslanbobs verschiedene Möglichkeiten ökonomischer Partizipation. Im formellen Bereich beschränken sich die Arbeitsmöglichkeiten nach wie vor weitgehend auf die Beherbergungsbetriebe *Turbaza* und *Pensionat* sowie zunehmend auf das CBT. Alleine in den beiden erstgenannten Betrieben sind dabei 40 bzw. 80 Personen beschäftigt, für das CBT arbeiten 28 Personen als Guides, Köche oder Träger sowie die Mitglieder der 18 CBT-Unterkünfte (HAT-Ar-17.03.07). Neben diesen großteils saisonalen Anstellungen sind heute etwa 350 Personen Arslanbobs im informellen Sektor für den Tourismus tätig. Informelle Dienstleistungen wie das Vermieten von Privatzimmern, Souvenirverkauf, Pferdevermietung und Taxidienste sind heute wichtige Erwerbsmöglichkeiten. Die Besetzung solcher „ökonomischen Nischen" ist zum einen auf den erhöhten Bedarf der lokalen Bewohner an Einkommensquellen zurückzuführen, zum anderen aber auch auf veränderte Handlungsmuster und Sichtweisen der Akteure. Während die Kreativität bei der Erschließung neuer Wertschöpfungsstrategien zunimmt, verblassen gesellschaftliche Stigmatisierungen wie die des Taxifahrer-Berufs, so dass neue Handlungsfelder erschlossen werden können.

Einzelne Haushalte nehmen pro Saison bis zu 300 Gäste auf und erzielen dadurch ein relevantes Zusatzeinkommen von bis zu 10 000 KGS im Jahr (MI-Ar-

16.03.07). Zudem profitieren vom Tourismus auch der Einzelhandel des Ortes sowie einzelne Land- und Viehwirtschaft betreibende Haushalte. Letztere beliefern die Tourismuseinrichtungen mit Gemüse, Obst, Honig oder Milchprodukten. Insbesondere die in den Sommermonaten auf den Sommerweiden produzierten Milchprodukte *Kymyz* und *Kurut* werden von den Gästen aus dem Tiefland und den Städten hoch geschätzt und nachgefragt.

Nach Aussage eines Mitglieds der lokalen Verwaltung sind die ökonomischen Effekte des Tourismus für den Ort Arslanbob „lebensnotwendig" und tragen in hohem Maß dazu bei, die wirtschaftliche Not der Bevölkerung zu lindern. Die lokale Bevölkerung ist an einem weiteren Ausbau des Tourismus interessiert und hierbei auch neuen Formen gegenüber aufgeschlossen, da gerade Projekte wie CBT für sie neue und erweiterte Einkommensmöglichkeiten erschließen können.

Arbeitsmigration und dauerhafte Emigration

> „Mein Sohn ist in Russland. Soll er doch dort eine Russin, Kasachin oder irgendwen heiraten, es ist egal, welche Ethnie, besser als hier zu verhungern. Soll er doch in Russland leben, Hauptsache er hat genug zu essen. Wenn jemand aus Amerika käme und sagen würde ‚Gib mir deinen Sohn, ich habe Arbeit!', ich würde ihn hergeben. Hauptsache er lebt in Frieden und wird satt."
>
> Burulkan Umetova(Gu-05.04.04)

Räumliche Mobilität ist für die Menschen der Untersuchungsregion seit jeher eine notwendige Handlungsstrategie zur Sicherung des eigenen Überlebens. Die gegenwärtigen zahlreichen Binnen- und internationalen Arbeitsmigrationen[17] dienen in erster Linie der Sicherung des Lebensunterhalts und sind eine gängige Strategie angesichts defizitärer Einkommen und verschlechterten Lebensbedingungen (vgl. ABAZOV 1999a; 2000; ISLAMOV 2000; STADELBAUER 2003a; UZAGALIEVA & CHOJNICKI 2008; THIEME 2010).

Ökonomisch motivierte Binnenmigration sowie gezielte Relokation von Arbeitskräften existierte auch in der Sowjetunion (ZASLAVSKAYA & KOREL 1984; ROWLAND 1988; ZAYONCHKOVSKAJA & POLIAN 1998). Doch die zentralen Autoritäten versuchten diese Bewegungen zu steuern und schränkten deshalb durch Restriktionen wie das 1932 eingeführte *Propiska*-System (MATTHEWS 1993:27; WEGREN & DRURY 2001:17) die individuelle Mobilität ein. So wurden beispielsweise in manchen Regionen bis in die 1980er Jahre hinein keine internen Pässe ausgegeben (TITMA & TUMA 1992:33), für bestimmte Regionen waren Aufenthaltsgenehmigungen notwendig und Sitzplätze in Transportmitteln mussten offiziell gebucht werden (COLE & FILATOTCHEV 1992:433).

Über viele Jahrzehnte dominierten Wanderungen aus den Zentren des europäischen Russlands nach Mittelasien oder Sibirien das Migrationsgeschehen. Dage-

---

17 Arbeitsmigration wird definiert als freiwillige Wanderung innerhalb des Landes oder ins Ausland mit dem Ziel der Beschäftigungsaufnahme und Generierung von Einkommen am Zielort.

gen war die Migrationsaktivität der kirgisischen Bevölkerung in den1970er und 1980er Jahre deutlich geringer als jene der Russen (RYBAKOVSKIY & TARASOVA 1991:465). Neben den generellen Nachteilen städtischen Lebens wie begrenzter Wohnraum, Schwierigkeiten beim Auffinden einer zufrieden stellenden Beschäftigung und der Notwendigkeit russischer Sprachkenntnisse waren die jungen Mittelasiaten auch durch ihre stärkere Abhängigkeit von den Eltern bei wichtigen Entscheidungen wie Berufswahl, Wohnort oder Arbeitsort und ihre sozial wie wirtschaftlich stärkere Bindung an die Großfamilie gehemmt (RYBAKOVSKIY & TARASOVA 1991:469). Im Jahr 1989 lebten deshalb nur 42 000 Kirgisen im russischen Teil der Sowjetunion (COLE & FILATOTCHEV 1992:445).

Heute ist die gemeinsame sowjetische Geschichte ein wichtiger Faktor für die geschätzten 500 000 Arbeitsmigranten aus Kirgistan in Russland und Kasachstan (OECD et al. 2009). Aufgrund der anhaltenden ökonomischen Schwierigkeiten und der fehlenden Arbeitsplätze insbesondere im ländlichen Raum suchen seit Ende der 1990er Jahre viele Bürger Kirgistans in städtischen Gebieten oder im Ausland nach Arbeitsmöglichkeiten. Die Remissen der im Ausland tätigen Kirgisen stiegen von 5,6% (2003) auf 27,1% (2008) des Bruttoinlandsprodukts (NATIONAL BANK OF THE KYRGYZ REPUBLIC 2010).

Auch in den Untersuchungsdörfern stellt interne und externe Arbeitsmigration heute eine wichtige Strategie der Lebenssicherung dar und die Remissen migrierter Familienmitglieder bilden eine vielfach unerlässliche Säule der gegenwärtigen Haushaltseinkommen. Beim *Ailökmötü* Arslanbob waren im Jahr 2006 offiziell 446 Personen als Arbeitsmigranten im Ausland registriert (*Ailökmötü* Ar-15.03.07), doch IK (Ar-13.03.07) schätzt, dass etwa 1.000 Personen aus Arslanbob in Russland, 100 in Usbekistan, 20 in Kasachstan und über 100 in Bischkek temporär oder permanent als Gastarbeiter leben.

Es erscheint offensichtlich, dass die Entscheidung zu migrieren aufgrund ökonomischer Erwägungen getroffen wird, mit dem Ziel, den Lebensunterhalt zu sichern, den Lebensstandard zu erhöhen oder Risiken zu minimieren. Dabei folgen Migrationsentscheidungen meist einer rationalen Kosten-Nutzen-Analyse.[18] Doch, wenn der Fokus nur auf die Bedingungen, Formen und Konsequenzen der Migration als einer einmaligen und unidirektionalen Translokation gelegt wird, werden Herkunfts- und Zielregionen lediglich als „Container" territorialer und gesellschaftlicher Räume gesehen. Gegenwärtige Migrationen aus Kirgistan nach Russland oder Kasachstan sind in der Realität jedoch selten unidirektional, stattdessen spielen Netzwerke, die Anwesenheit und mehr noch der Erfolg von Verwandten und Bekannten in der Zielregion eine wichtige Rolle bei der Entscheidungsfindung sowie für die Form der Migration. Die Migranten aus der Untersuchungsregion wandern im Rahmen von komplexen Netzwerken und folgen oft Kreisläufen (BOYD 1989; FAWCETT 1989; WILPERT 1992).

---

18 Solch eine Erklärung folgt den klassischen Migrationstheorien, wonach Migration als Mittel gesehen wird, Unterschiede in der Verfügbarkeit und dem Bedarf an Arbeitskräften zwischen Regionen auszugleichen, was letztendlich zu einer optimalen Ressourcenallokation führen soll; vgl. TODARO (1969); STARK (1991); MASSEY et al. (1993); TAYLOR et al. (1996).

Migrationen basieren nicht nur auf individuellen oder kollektiven Entscheidungen und Handlungen von zwischenmenschlichen Migrationsnetzwerken, sondern auch im Kontext von sozioökonomischen Entwicklungen, Strukturen und Mustern. Die jahrzehntelange Eingebundenheit Mittelasiens in der Sowjetunion führt dazu, dass die Arbeitsmigrationen heute zum allergrößten Teil innerhalb des GUS-Raumes stattfinden.

Etwa ein Drittel aller Arbeitsmigrationen in den Untersuchungsdörfern sind Binnenwanderungen, in erster Linie in die Hauptstadt Bischkek, gefolgt von Wanderungen in das regionale Zentrum Dshalal Abad und nach Osch. Unter den externen Migranten ziehen vier Fünftel nach Russland, die anderen nach Usbekistan[19], Kasachstan oder in andere Länder. Die wichtigsten Zielregionen für Menschen aus den Untersuchungsdörfern sind die russischen Städte Moskau, Magnitogorsk, Swerdlowsk, Krasnojarsk und St. Petersburg. Russland zieht viele Migranten an aufgrund seines großen Arbeitsmarktes, seiner relativ stabilen politischen Lage und dem zeitweise hohen Wirtschaftswachstums. Die Region Swerdlowsk hat dabei sogar eine aktive Anwerbepolitik in Südkirgistan gefahren und gezielt Personen eingeladen, in der Landwirtschaft im Swerdlowsker Gebiet tätig zu werden, in der aufgrund von Land-Stadt-Wanderung und eines allgemeinen Bevölkerungsrückgangs ein großer Bedarf an Arbeitskräften besteht (AA-Gu-04.04.04).

Wie zuvor skizziert, sind die Migrationsziele eng mit der Anwesenheit von Verwandten oder Bekannten in diesen Städten verknüpft, die als erste Anlaufstation dienen. Netzwerke zwischen den Herkunfts- und Zielregionen sind wichtig für die Entscheidung zu migrieren, da sie Migrationen kalkulierbarer machen, Kosten und Risiken reduzieren sowie Unterstützung für die neu angekommenen Migranten bieten. Häufige Wanderungen zwischen zwei und mehr Orten werden zur Lebensrealität für viele „Transmigranten", was in der Entstehung multilokaler Sphären mündet, die in und zwischen Regionen liegen (GLICK SCHILLER et al. 1992; BAILEY 2001; PRIES 2001). Berichte von erfolgreichen Migranten schaffen neue *Pull*-Faktoren für weitere Migrationen. So leben und arbeiten beispielsweise mehr als 40 Personen aus dem Dorf Arslanbob in der russischen Stadt Swerdlowsk. Ausgangspunkt dieser Verknüpfung war eine Heirat zwischen einem jungen Usbeken aus Arslanbob und einer Russin aus Swerdlowsk, wo der junge Mann 1960 seinen Militärdienst absolvierte. Nach der Hochzeit zog das Paar nach Arslanbob. In den 1990er Jahren nahm einer ihrer Söhne Arbeit in Swerdlowsk auf, woraufhin er Freunde aufforderte, ihm zu folgen, und schuf somit ein Netzwerk für weitere migrationswillige Personen aus Arslanbob. Die meisten Arbeitsmigranten wandern heute über Netzwerke, vielfach nehmen sie auch die lange Reise in Kleingruppen auf sich (TY-Gu-24.02.07).

Beim Eintritt in den Arbeitsmarkt in Russland sind die Arbeitsmigranten aus Kirgistan mit dem Problem konfrontiert, dass ihre Kenntnisse, ihr Wissen und ihre Bildung, die im ländlichen Kirgistan bedeutsam waren, nur noch von begrenztem

---

19 Usbekistan spielt hier insbesondere aufgrund der zahlreichen verwandtschaftlichen Beziehungen der Bewohner Arslanbobs und weniger aufgrund ökonomischer Faktoren eine Rolle.

Nutzen sind. Deshalb ist das Spektrum von Beschäftigungsmöglichkeiten eher beschränkt. Gut ausgebildete Migranten bekleiden Jobs mit geringem Prestige, die sie niemals in ihrem Heimatort ausüben würden.[20] Etwa jeweils ein Drittel der Russland-Migranten aus der Untersuchungsregion sind im Handel und im Bausektor beschäftigt, die übrigen betätigen sich in der Gastronomie und Industrie oder als Straßenreiniger, Lastenträger, Putz- oder Haushaltshilfe, manche gar als Prostituierte. Eine geringe Anzahl ist im Verkehrs-, Kommunikations-, Bildungs-, Gesundheits- oder in anderen Branchen beschäftigt.

Etwa 63% der Arbeitsmigranten wandern temporär. Die Dauer ihres Aufenthalts im Ausland variiert von einigen Wochen bis zu mehreren Jahren. Doch viele Arbeitsmigranten sind sich über die Dauer ihres Aufenthalts im Ausland nicht im Klaren, denn diese ist in der Regel abhängig von ihrem Erfolg. Saisonale Migration, die meist drei bis sechs Monate umfasst, findet sich sowohl bei externen als auch bei Binnenmigranten. Viele von ihnen wiederholen ihre Migration jedes Jahr oder alle zwei Jahre, meist zu demselben Ort aufgrund der bestehenden Netzwerke. Der Grund für wiederholte Migrationen liegt in der Tatsache begründet, dass die zurückgekehrten Migranten in den meisten Fällen zu Hause keine angemessene Arbeit finden. Obgleich die Migranten die meiste Zeit im Ausland arbeiten und leben, sind sie sozial und emotional mit ihren Heimatdörfern verbunden und zeigen somit die typischen Merkmale einer translokalen oder gar transnationalen Biographie (BAILEY 2001; RUGET & USMANALIEVA 2008; THIEME 2010). Zahlreiche kirgisische Migranten streben die russische Staatsbürgerschaft an, um ihren oftmals ungenehmigten Aufenthalt zu legalisieren und die Option zu haben, dauerhaft in Russland zu leben. Befragungen kirgisischer Arbeitsmigranten in Moskau zufolge wollen jedoch 73% von ihnen zurück nach Kirgistan, während nur 15% dauerhaft in Russland bleiben möchten (SCHMIDT & SAGYNBEKOVA 2008:121).

Mit der Erosion staatlicher Sozialleistungen hat insbesondere in den ländlichen Regionen die Unterstützung innerhalb der Familie an Bedeutung gewonnen. Familien fungieren als eine Art Sicherheitsnetz angesichts von Arbeitslosigkeit, zurückgehendem Lebensstandard und Armut. Wie gezeigt ist die Unterstützung des Haushalts in der Herkunftsregion eine zentrale Motivation zur Arbeitsmigration. Doch den eigenen Befragungsergebnissen zufolge unterstützen tatsächlich jedoch nur etwas mehr als die Hälfte der Arbeitsmigranten ihre Familien mit Geld oder Waren wie Kleidung, Konsumgütern oder Nahrungsmitteln. Diese ausbleibende Unterstützung liegt darin begründet, dass die Migranten oftmals arbeitslos bleiben oder nicht genügend Geld verdienen, illegale Zahlungen an Streifenpolizisten leisten müssen oder krank werden.

Gemäß eigener Befragungen in Kirgistan variiert die jährliche finanzielle Unterstützung der Familien durch Binnenmigranten zwischen 10 und 100 US$, während einige im Ausland tätige Gastarbeiter ihre Familien jährlich mit bis zu 2000

---

20 Die Theorie des Dualen Arbeitsmarktes bietet Erklärungen, warum Arbeitsmigranten bereit sind, schlechte Arbeitsbedingungen, geringe Löhne und geringes Ansehen von Arbeiten zu akzeptieren, die von Personen der Zielregion gemieden werden (PIORE 1979).

US$ unterstützen. Die meisten der befragten Haushalte erhalten 100-300 US$ zwei- bis fünfmal pro Jahr von ihren Familienmitgliedern im Ausland.[21] Die Remissen werden in erster Linie für Nahrungsmittel, Kleidung, medizinische Versorgung, Bildung oder Familienfeste ausgegeben. In den meisten Fällen wird das Geld zur Sicherstellung der Ernährung oder für den Erwerb von Konsumgütern genutzt. Unter den Wert schöpfenden Investitionen rangiert die Unterstützung der Ausbildung von Familienmitgliedern vor der Investition in Vieh und dem Bau eines Eigenheims, während die Eröffnung eines eigenen Ladengeschäfts oder der Kauf eines Fahrzeugs, um als Fahrer tätig zu werden, Ausnahmen darstellen.[22]

Neben dem soeben beschriebenen ökonomischen Einfluss ist Migration auch mit sozialen und psychologischen Folgen verbunden, mit der Änderung von Familien-, Geschlechter- und Altersstrukturen in der Herkunftsregion. Die längere Abwesenheit von Familienmitgliedern erfordert von den Haushalten, die wegfallende Arbeitskraft auszugleichen; insbesondere Frauen müssen neben der Versorgung und Betreuung ihrer Kinder zusätzliche Arbeitslasten tragen und wichtige Entscheidungen alleine treffen. Manche Familien werden sogar mit dem Problem konfrontiert, dass Migranten sich familiär neu orientieren, nicht mehr zurückkommen und die Unterstützung der Familie ganz einstellen. Trennung und Scheidung sind häufige Folgen von Migrationen, was meist zu einer sozialen und wirtschaftlichen Marginalisierung der übrigen Familienmitglieder führt.

Die Tatsache, dass viele Migranten nicht in ihrer Ausbildung entsprechenden Bereichen beschäftigt sind, ist ebenfalls problematisch. Gebildete und qualifizierte Personen wie Ärzte, Lehrer oder Buchhalter mit einem hohen gesellschaftlichen Status im Dorf sind aufgrund ihrer finanziellen Notlage bereit, Arbeiten mit geringem Prestige auf dem Bau, auf dem Markt oder in Fabriken anzunehmen. Die Diskrepanz zwischen ihrer Qualifikation und der ausgeübten Arbeit stellt ein nicht zu unterschätzendes psychisches Problem dar. Im Gegensatz dazu bietet Arbeitsmigration auch die Möglichkeit der sozialen Mobilität, etwa wenn Personen aus armen oder gesellschaftlich marginalisierten Haushalten durch einen erfolgreichen Arbeitsaufenthalt im Ausland, bei dem sie eine beträchtliche Summe an Geld verdient haben, ihren sozialen Status im Dorf verbessern. Die Prozesse der temporären und permanenten Arbeitsmigration tragen somit zu einer Änderung der internen Stratifikation einer Dorfgemeinschaft bei.

Es ist schwierig abzuschätzen, ob Arbeitsmigration die Sendegesellschaften schwächt, wenn insbesondere gut ausgebildete und qualifizierte Personen wegziehen, oder ob die Remissen zu einem Kapitalzufluss führen, der eine positive Entwicklung der gesamten Gemeinschaft nach sich ziehen kann. Auf persönlicher

---

21 Händler, die in Russland chinesische Güter verkaufen, verdienen bis zu 1000 US$ pro Monat, angestellte Verkäufer etwa 200-250 US$, ungelernte Arbeiter im Bau bis zu 100 US$ und gelernte Arbeiter bis zu 400 US$, was deutlich unter dem Lohnniveau der legal beschäftigten Arbeiter liegt (ELEBAEVA 2004:81)

22 Auch BICHSEL et al. (2005) stellten bei ihren Untersuchungen im ländlichen Südkirgistan keine sichtbare Änderung der Nutzung von Remissen für Nahrungs- und Konsumgüter hin zu langfristigen Investitionen fest, obwohl viele der Migranten ursprünglich in ein Ladengeschäft investieren wollten.

Ebene gibt es viele Fälle, bei denen sich die Haushalte materiell und gesellschaftlich verbessert haben. Zusätzlich kann Migration dazu beitragen, individuelle Kenntnisse und Fertigkeiten zu erhöhen und wichtige Arbeitserfahrungen zu sammeln und somit die persönliche Entwicklung zu fördern. Doch auf Ebene der Dorfgemeinschaft trägt Migration bisher kaum zu einer positiven Entwicklung bei. Die Abwanderung qualifizierter Arbeitskräfte im „besten" Arbeitsalter führt zu einem *Brain Drain*, welcher die Aussichten auf eine sozioökonomische Entwicklung mittelfristig eher verschlechtert. Andererseits müssen viele Haushalte aufgrund der Abwesenheit von Haushaltsmitgliedern nach Arbeitskräften Ausschau halten, die ihnen bei der Landwirtschaft, wie beispielsweise bei der Heuoder Nussernte, helfen, womit wiederum Einkommensmöglichkeiten für Dritte geschaffen werden. Mancherorts besteht bereits ein Mangel an Arbeitskräften, weil meist junge Männer in städtischen Zentren oder im Ausland studieren oder arbeiten (TORALIEVA 2006). Auch in den Untersuchungsdörfern ist ein Mangel an Lehrern und Ärzten zu konstatieren. Daneben gibt es aber auch einige indirekte positive Folgen wie die verbesserten Transportbedingungen aufgrund zahlreicher neuer Autos oder eine allgemein höhere Finanzkapitalausstattung. Steigende Grundstückspreise sind ebenfalls Folge des Geldzuflusses; in anderen Teilen Kirgistans haben sich die Grundstückspreise in den vergangenen Jahren bereits verdoppelt, eine Folge der Remissen, die in Land investiert wurden (SULAIMANOVA 2005:11).

Arbeitsmigrationen erfüllen häufig nicht die in sie gesetzten Erwartungen: Einige Migranten kehren in ihre Heimatdörfer bereits nach kurzer Zeit erfolglos wieder zurück, manche können nicht einmal das für die Reise geliehene Geld zurückzahlen und verschulden sich somit langfristig. Die Reisekosten betragen alleine für eine einfache Fahrt nach Russland etwa 5000 KGS, hinzu kommen Zahlungen an Zollbeamte von bis zu 1000 KGS. In etwa einem Fünftel der befragten Haushalte leben zurück gekehrte Arbeitsmigranten, die ihren Aufenthalt im Ausland vorzeitig abgebrochen haben. Die wichtigsten Gründe für ihre Rückkehr sind Familienangelegenheiten, gefolgt von Problemen bei der Arbeitsplatzsuche, schwierigen Lebensbedingungen am Zielort, Krankheit, Unfällen, zu geringem Verdienst oder skrupellosen Vermittlern. Es zeigte sich, dass einige Personen sogar nur dafür arbeiten, ihre Schulden an die Vermittler zurückzuzahlen. Da die meisten Migranten über keine legale Arbeitserlaubnis verfügen, können sie wegen des Risikos einer Abschiebung keine offizielle Anzeige gegen dieses Vorgehen erstatten. Aufgrund ihres illegalen Status fürchten die Migranten stets rechtliche Konsequenzen und müssen häufig die Kontrollorgane bestechen (vgl. auch RUGET & USMANALIEVA 2008:133). Ihre Mobilität ist deshalb in den Zielorten oft erheblich eingeschränkt; viele trauen sich nur für die notwendigsten Einkäufe auf die Straße (TY-Gu-24.02.07). Einige der Migranten landen auch für eine bestimmte Zeit im Gefängnis, müssen oft freigekauft werden, um dann abgeschoben zu werden (KB-Ar-13.03.07). Nutznießer der ungesicherten rechtlichen Situation sind die Arbeitgeber, da sie Migranten ohne Vertrag anstellen, ihnen geringe Löhne bezahlen und harte unqualifizierte Arbeit einfordern können sowie Steuern und Sozialabgaben sparen.[23]

Ohne die Möglichkeit, ihre Grundrechte einzufordern, sind die Arbeitsmigranten aus Mittelasien manchmal erschreckenden Arbeitsbedingungen ausgesetzt. Viele nehmen die psychischen und oftmals physischen Belastungen als Preis hin, den sie bezahlen müssen, um ihre materielle Situation zu verbessern. Viele Migranten werden krank oder erleiden einen Arbeitsunfall, doch verfügen sie meist nicht über eine Krankenversicherung und erhalten nur selten eine gute medizinische Behandlung. Hinzu kommt die Angst vor den Exekutivorganen sowie Schwierigkeiten mit dem Zoll an der Grenze. Xenophobische Reaktionen von Seiten der russischen Bevölkerung gegen Immigranten aus den südlichen Regionen, die sie als „Schwarze" bezeichnen, nehmen ebenfalls zu (RUGET & USMANALIEVA 2008:133). Viele Migranten haben schwere psychische Probleme, mit diesen spezifischen Bedingungen im Ausland klar zu kommen; einige von ihnen beginnen zu trinken oder begehen kriminelle Handlungen. Der Weg über mehrere Staatsgrenzen zurück in ihre Heimatdörfer ist für die Migranten ebenfalls aufreibend, wo sie der Willkür der Exekutivorgane ausgesetzt sind: Zollbeamte, Grenzschützer und die Polizei, alle fordern ihren Anteil, indem sie etwa Strafen für fehlerhafte Dokumente einziehen oder auch Gepäck und Pässe konfiszieren.[24]

Es bleibt festzuhalten, dass die Arbeitsmigrationen sowohl Chancen als auch Risiken beinhalten. Auf der einen Seite stellt Arbeitsmigration die einzige Option für Menschen dar, ihren Lebensunterhalt oder denjenigen der von ihnen abhängigen Haushaltsmitglieder zu sichern. Um das Risiko zu streuen, senden viele Haushalte ihre Familienmitglieder in verschiedene Orte. Nicht ungewöhnlich ist etwa das Beispiel der Familie Rahmanov aus Kyzyl Unkur, von der zwei Söhne in Tumen, eine Tochter in Moskau und eine weitere Tochter in Bischkek leben, während der jüngste Sohn den elterlichen Haushalt übernimmt und die jüngste Tochter noch im Dorf in die Schule geht. Arbeitsmigration ist heute besonders wichtig angesichts der gegenwärtigen problematischen ökonomischen Realitäten im ländlichen Kirgistan mit hoher Arbeitslosigkeit und Armut. Remissen von Arbeitsmigranten können durchaus dazu beitragen, den Lebensstandard zu heben, Armut zu lindern sowie Märkte und Arbeit zu schaffen (SEDDON 2004:415; UNDP 2009). So sind der Bau neuer Häuser und die weite Verbreitung vieler Konsumgüter of-

---

23 Diese Fakten entsprechen den Thesen der Weltsystemtheorie (HOPKINS & WALLERSTEIN 1982), wonach Migrationen als Folge ökonomischer Globalisierungsprozesse interpretiert und postuliert werden; demnach lassen Grenzen und Schutzmaßnahmen gegenüber illegaler Migration bewusste Schlupflöcher, da illegale Arbeitsmigration die benötigten billigen Arbeitskräfte liefert.

24 Trotz der großen Bedeutung von Arbeitsmigration ist das Thema in der kirgisischen Politik vergleichsweise unpopulär, was nur zu zögerlichen Reaktionen der Regierung führte. Als eine wichtige Maßnahme wurde das Staatskomitee für Migration und Beschäftigung gegründet und im Dezember 2006 das Prinzip der doppelten Staatsbürgerschaft eingeführt. Zudem wurden Generalkonsulate in russischen Städten eröffnet, um die Wohn- und Arbeitssituation der Arbeitsmigranten zu beobachten; doch die meisten Arbeitsmigranten sind über ihre Rechte in Unkenntnis (DMITRIENKO & KUSNECOVA 2000; RUGET & USMANALIEVA 2008:133).

fensichtlicher Beweis für den Transfer ausländischer Devisen. Doch die Investition in Produktivgüter oder die Gründung von Unternehmen bilden immer noch die Ausnahme. Auf der anderen Seite ist Migration gefährlich und riskant: Die meisten Migranten sind nicht offiziell registriert und somit verwundbar gegenüber willkürlichen Handlungen von Exekutivorganen. Des Weiteren führt die Auswanderung qualifizierter Arbeitskräfte zu einem *Brain Drain*, der die Aussichten auf eine positive sozioökonomische Entwicklung mittelfristig verschlechtern kann. Die Trennung von Familien, ihre sozialen und psychologischen Folgen, sowie der Mangel an Arbeitskräften in den Herkunftsorten selbst schaffen ebenfalls oftmals Probleme. Der häufige Wechsel zwischen Herkunfts- und Zielregionen der kirgisischen Arbeitsmigranten führt zudem zum Aufbau sozialer Felder, die nationale Staaten überspannen und folglich in der Ausbildung multi-lokaler Sphären resultieren, in denen die Migranten ökonomisch, gesellschaftlich, politisch und kulturell mit dem Heimatdorf verbunden sind. Es wird offensichtlich, wie auf nationaler Ebene die wirtschaftliche Abhängigkeit Kirgistans vom sowjetischen Zentrum ersetzt wurde durch die Notwendigkeit regulärer Zuflüsse von Remissen von Arbeitsmigranten im Ausland.

5.3.4 Diversifizierte Lebenssicherungsstrategien

Das offizielle Armutsniveau bewegte sich in den Untersuchungsdörfern in den vergangenen Jahren zwischen 40 und 70% der Einwohnerschaft (Information der Gemeindeverwaltungen von Arslanbob, Kyzyl Unkur, Kara Alma 2004-08). Allerdings sind solche Angaben mit großer Vorsicht zu genießen, weil sie sich zum einen an einer festen Einkommensgrenze orientieren, die durchaus als fragwürdig anzusehen ist, und zum anderen die Höhe der Haushaltseinkommen in den Untersuchungsdörfern aufgrund ihrer Vielfalt und des nicht unbedeutenden Subsistenzbereichs nur schwer zu ermitteln ist. Wie gezeigt sind die Strategien der Einkommensgenerierung hoch diversifiziert.

In Abb. 5.17 sind die verschiedenen Posten für Einnahmen und Ausgaben eines durchschnittlichen Haushalts der Untersuchungsdörfer dargestellt. Hierbei wird deutlich, dass Lohnarbeit aller männlichen und weiblichen Haushaltsmitglieder zusammen genommen den höchsten Einkommensposten darstellt. Von großer Signifikanz sind allerdings auch die Einnahmen aus dem Verkauf von Walnüssen. Da die Befragungen in Jahren geringer Walnusserträge durchgeführt wurden, müssen diese Angaben als unterer Richtwert betrachtet werden. Durchschnittlich gesehen ist der Verkauf anderer landwirtschaftlicher Erzeugnisse von untergeordneter Bedeutung, diese Produkte sind viel eher für den Eigenkonsum bestimmt. Allerdings bestehen hierbei durchaus große Unterschiede zwischen den Haushalten: So stellt das Einkommen aus der Imkerei für die entsprechenden Haushalte einen sehr bedeutenden Einkommensposten dar. Nach der vorliegenden Kalkulation liegen die monatlichen Einkommen mit 2517 KGS unter den Ausgaben in Höhe von 2758 KGS. Grundsätzlich gestaltet sich die Kalkulation schwierig, da die zugrundeliegenden Beträge auf Angaben der Befragten basieren und deshalb durchaus beträchtlich von der Realität abweichen können. Die Differenz lässt sich wesentlich durch das kalkulatorische Fehlen von Remissen und Einnahmen aus dem Verkauf von Vieh erklären, die heutzutage relevante Einkommenspositionen sind.

Einnahmeposten eines Haushalts
(ohne Remissen und Viehverkauf)

- Verkauf von Honig, Milchprodukten u.a. 4,4%
- Nussertrag 23,0%
- Kindergeld 2,8%
- Renteneinkünfte 7,3%
- Einkommen aus Lohnarbeit 62,5%

gesamt: 2.517 KGS

Ausgabenposten eines Haushalts

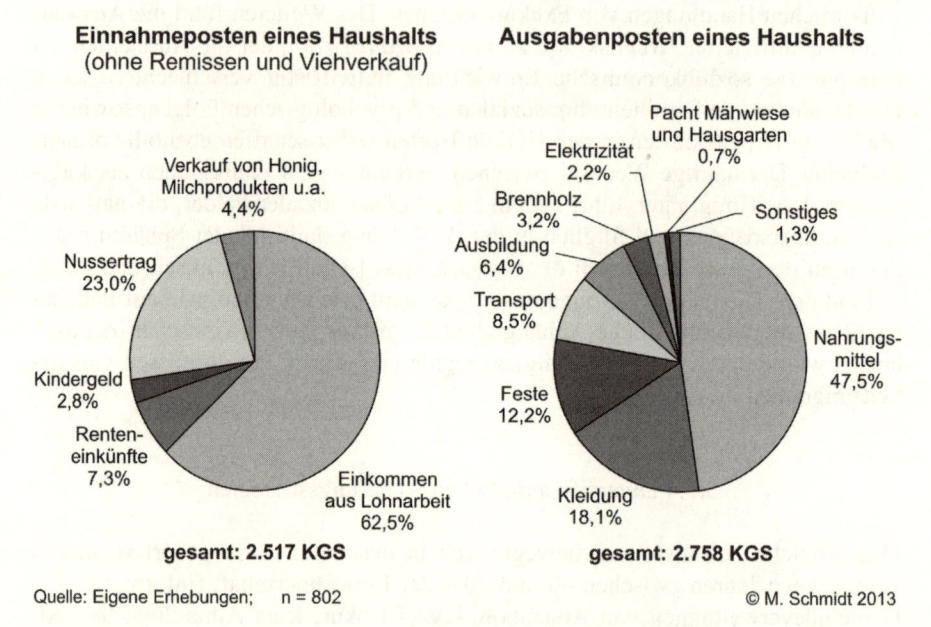

- Pacht Mähwiese und Hausgarten 0,7%
- Elektrizität 2,2%
- Brennholz 3,2%
- Sonstiges 1,3%
- Ausbildung 6,4%
- Transport 8,5%
- Feste 12,2%
- Kleidung 18,1%
- Nahrungsmittel 47,5%

gesamt: 2.758 KGS

Quelle: Eigene Erhebungen;   n = 802   © M. Schmidt 2013

Abb. 5.17 Einnahme- und Ausgabenposten eines Haushalts im Untersuchungsgebiet

Bei den Ausgaben dominieren die Aufwendungen für Lebensmittel, gefolgt von Kleidung und der Ausrichtung von Festen. Im Falle von Todesfällen oder Hochzeiten kommen auf die betroffenen Haushalte hohe Ausgaben zu, die für die Haushalte oftmals eine manchmal nur langfristig abzutragende finanzielle Bürde bedeuten. Viele Menschen sparen auch bewusst für diese Lebenszyklusfeste. Auf der anderen Seite existiert ein komplexes Muster von gegenseitiger verwandtschaftlicher und nachbarschaftlicher Hilfe, so dass die Ausgaben nicht geballt einen Haushalt treffen. Ein weiteres bereits angesprochenes Problem besteht in der Saisonalität der Einnahmen und Ausgaben, was zu finanziellen Engpässen insbesondere im Frühjahr führt. Denn zwischen März und Mai sind Pachtgebühren für Land sowie Investitionen in Saatgut oder die Nutzung landwirtschaftlicher Maschinen fällig, während die Einnahmen aus der Land-, Vieh- und Forstwirtschaft erst ab Juli realisiert werden können.

Die Diversifizierung der Einkommensquellen ist eine typische Strategie für Haushalte im ländlichen Kirgistan und kann als notwendige Antwort auf die destabilisierten sozialen und ökonomischen Lebensbedingungen in der Folge der Auflösung der UdSSR interpretiert werden. Neben den haushaltsinternen Tätigkeiten, auf die hier nicht näher eingegangen wird, bilden Landwirtschaft, Viehzucht sowie die Sammlung von Waldprodukten die Basis für eine Teilsubsistenz und stellen durch den Verkauf der Überschussproduktion eine wichtige Einnahmequelle dar.

Je nach vorhandenem Human-, Sach- und Finanzkapital erweitern die Haushalte dieses Basis-Portfolio: Personen mit motorisierten Fahrzeugen betätigen sich als Taxi-, Lkw- oder Traktorfahrer, Pferdebesitzer vermieten ihre Pferde saisonal an Touristen, die schiere Arbeitskraft wird in den städtischen Zentren des Landes, im Ausland oder vor Ort formal in Form einer Anstellung bei staatlichen Institutionen oder als Tagelöhner zu Markte getragen, während andere Akteure die Eröffnung eines Ladengeschäftes wagen und sich als Händler betätigen (vgl. Abb. 5.18).

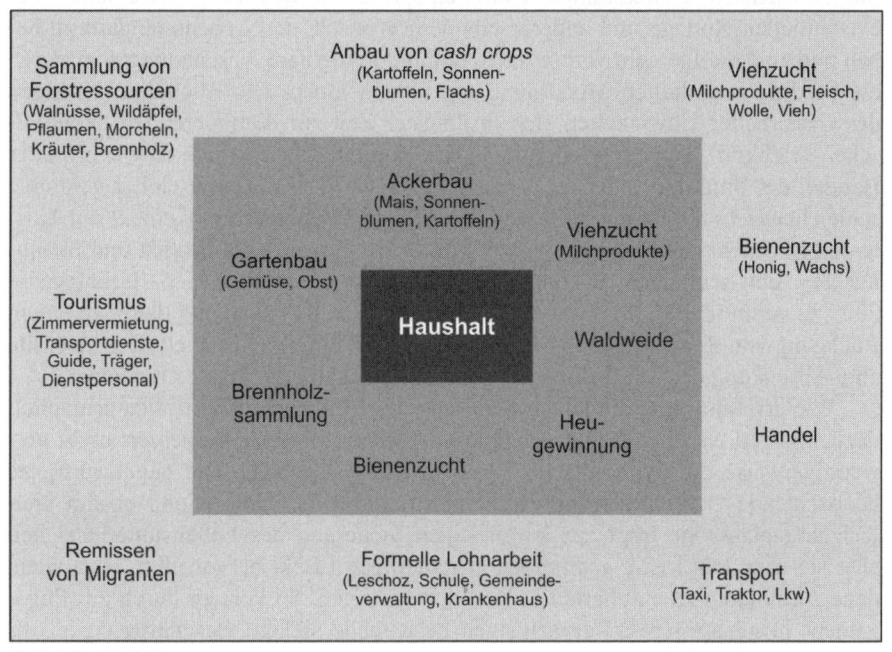

Abb. 5.18 Subsistenz- und Einkommensportfolio von Haushalten im Untersuchungsgebiet

Jede dieser Erwerbsquellen reicht für sich allein genommen nur in seltenen Ausnahmen zur Deckung der Haushaltsausgaben aus und ist zudem bedroht durch externe Risiken: Viehseuchen, Missernten, ausbleibende Nusserträge aufgrund von Spätfrösten, Rückgang der Touristenzahlen oder Beschränkungen von Arbeitsmigrationen können schnell zu einem schmerzhaften Einbruch bei den Einkommen führen.

Mit der Diversifizierung der Einkommensquellen verfolgen die Haushalte zwei unterschiedliche Ziele: Zum einen versuchen sie, ihre Risiken und ihre Verwundbarkeit gegenüber externen oder internen Störungen zu minimieren und dadurch ihre Sicherheit zu maximieren. Zum anderen zielen sie mit der Nutzung mehrerer Ertragsquellen darauf, ihren Lebensstandard zu erhöhen. Letzteres ist in dem Untersuchungsraum mit seinen limitierten Land- und Naturressourcen bei gleichzeitig hoher Bevölkerungsdichte und – zumindest formal – hoch institutionalisierten Nutzungsregelungen nicht im Rahmen des primären Sektors zu erreichen, zumal der Landmarkt wenig flexibel ist und Extensivierungen praktisch unmöglich sind. Aufgrund der geringen fiskalischen Kapitalisierung der Bevölkerung bieten sich im außeragrarischen Bereich, etwa im Handwerk, Handel oder in anderen Dienstleistungen kaum Chancen, höhere Einkommen zu erzielen.

Aus diesen Gründen suchen immer mehr Menschen aus der Untersuchungsregion ihr Glück als Arbeitsmigranten und leisten damit oft einen essentiellen Beitrag zum Haushaltseinkommen. Dabei entspringt die Motivation einerseits einer existentiellen Notlage und andererseits dem Wunsch, den Lebensstandard zu heben und an der allgemein verbreiteten, durch unmittelbare Anschauung oder durch die Medien vermittelten Modernisierung teilzunehmen. Die Rücküberweisungen der Gastarbeiter entwickelten sich in jüngster Zeit zur dominierenden ökonomischen Triebkraft, von der wiederum andere ökonomische Aktivitäten wie etwa der Handel, der Bausektor oder die Viehzucht abhängig sind. Damit einher geht eine schleichende Entkopplung vom land- und forstwirtschaftlichen Kontext auf Kosten einer zunehmenden Abhängigkeit von überregionalen politischen und ökonomischen Entwicklungen. So führte beispielsweise die weltweite Wirtschaftskrise 2009 zu verminderten Investitionen im Bausektor in Russland und damit zu einem Rückgang von Remissen nach Mittelasien (UNDP 2009). Dies wiederum bewirkte eine Absenkung der Kaufkraft und beeinflusste negativ die lokale Ökonomie.

Wie erwähnt dient die Diversifizierung des Einkommensportfolios prinzipiell dazu, Risiken zu streuen und Ausfälle abzufedern, aber sie verbessert nicht notwendigerweise die ökonomische Situation eines Haushalts. Die gegenwärtig zu beobachtende Diversifizierung erscheint strukturell erzwungen und erfolgt vielfach ungeplant. Sie trägt zur kurzfristigen Sicherung des Lebensunterhalts bei, aber sie kann langfristig auch einen gegenteiligen Effekt hervorrufen, etwa wenn neue Aktivitäten zu etablierten in Konkurrenz treten. So können durch ein Engagement in neuartigen Erwerbszweigen bestehende sichere Beschäftigungen oftmals nur eingeschränkt ausgeführt werden: Beispielsweise führt die Absenz von als Gastarbeitern im Ausland tätigen Haushaltsmitgliedern dazu, dass Land-, Vieh- und Sammelwirtschaft nicht mehr im gleichen Ausmaße ausgeführt werden können, was mit einem Einkommensrückgang in diesen Bereichen verbunden ist.

Die fehlenden Arbeitskräfte führen gerade in arbeitsintensiven Zeiten, etwa während der Kartoffel- oder Nussernte, zu Arbeitsmangel, der nicht in allen Fällen durch Nachbarschaftshilfe oder die Unterstützung durch Verwandte oder Freunde ausgeglichen werden kann. Oftmals müssen deshalb Tätigkeiten im land- und forstwirtschaftlichen Bereich reduziert und Einkommenseinbußen in Kauf genommen werden. Um die Möglichkeit des scheinbar schnellen, aber wie gezeigt oftmals sehr mühsam zu erarbeitenden Geldes durch Arbeitsmigration zu nutzen, werden vielfach auch Investitionen in Bildung vernachlässigt, was die langfristigen Entwicklungsaussichten der Haushalte eher trübt. Stattdessen werden Gefahren in Kauf genommen und neue Abhängigkeiten von ökonomischen, politischen und gesellschaftlichen Faktoren im Zielland eingegangen.

Die Investition von Remissen in Vieh kann zudem eine Überstockung der Weiden und damit ökologische Degradationsfolgen nach sich ziehen. Eine solche Zunahme der Viehzahlen ergibt sich einerseits aus dem gezielten Zukauf von Vieh, mehr noch aber durch den ausbleibenden regelmäßigen Verkauf von Vieh, der aufgrund der Remissen nicht mehr dringend notwendig wird. Weitere ökologische Probleme kann auch die insbesondere durch Remissen finanzierte rege Bautätigkeit mit sich bringen, die einen hohen Einsatz an Bauholz und außerdem bei einer Vergrößerung der Wohnflächen einen größeren Brennholzbedarf mit sich bringt.

Die Diversifizierung des Einkommensportfolios scheint heute für die meisten Haushalte ohne Alternative zu sein, aber wie gezeigt ist sie nicht problemlos, sondern mit Risiken verbunden. Die Abhängigkeit der Bevölkerung von den lokalen Land- und Naturressourcen sinkt damit jedoch und könnte somit langfristig den Nutzungsdruck auf die Wälder reduzieren. Damit könnte das bereits vor über einhundert Jahren in der Forstpolitik formulierte Ziel und Bestreben, den Bestand der Wälder langfristig zu sichern, seine Gültigkeit bewahren.

5.4 DEREGULIERUNG, GLOBALISIERUNG UND POLARISIERUNG

Die Ressourcenallokation wird heute faktisch von Not, ökonomischem Gewinnstreben und individueller Willkür beeinflusst – dem formal komplexen und rigiden, aber weitgehend wirkungslosen Instrumentarium zur Kontrolle und Steuerung der Land- und Ressourcennutzung zum Trotz. Vor allem im Vergleich mit der hoch institutionalisierten Forstwirtschaft der Sowjetära erscheint die Land- und Ressourcennutzung in der Untersuchungsregion heute in einem deregulierten Zustand.

Ein Grund hierfür liegt in den aktuellen ökonomischen Problemen Kirgistans sowie der Erosion gewohnter Sicherheitssysteme, wodurch die lokale Bevölkerung zu einer Kommodifizierung der Wälder und deren Ausbeutung für ihren Lebensunterhalt gezwungen wird. Aus purer Not und Mangel an Alternativen greifen die Menschen heute vehementer in ihre direkte Umgebung ein, als sie dies je getan haben und nutzen Land und Naturressourcen weit intensiver als in den Jahrhunderten zuvor. Aber nicht nur die einheimische Bevölkerung erhöht den Nutzungsdruck auf ihren Lebensraum, sondern auch Akteure aus dem Ausland, die mit der Liberalisierung Kirgistans neue Zugangsmöglichkeiten erhielten. Im Zuge dieser internationalen Interessen entstanden außerdem Begehrlichkeiten bei Mitgliedern nationaler Institutionen. Vor allem die Verquickung von beteiligten Akteuren und kontrollierenden Institutionen führt dazu, dass formale Regelungen übergangen werden und in vielen Bereichen aufgrund unzureichender Kontrollmöglichkeiten Land- und Ressourcennutzungen informell erfolgen. Obgleich der langfristige Bestand der Nusswälder Kirgistans im Interesse der meisten beteiligten Akteure ist und die Notwendigkeit ihrer Sicherung den Diskurs dominiert, stellen die ökonomischen und institutionellen Probleme eine reale Gefahr für die Wälder dar. Hierbei lassen sich verschiedene Problemlagen konstatieren:

Ethnisierung der Ressourcennutzung?

Wie in den meisten Regionen Kirgistans ist die ethnische Zusammensetzung in den Untersuchungsorten sehr heterogen. Der *Ailökmötü* Arslanbob weist einen Bevölkerungsanteil von knapp 79% Usbeken und 21% Kirgisen auf, wobei die Bewohner des Ortsteils Arslanbob zu über 99% usbekischer Nationalität sind, während in Gumchana 70% Kirgisen, 28% Usbeken und 2% Russen leben. In den Gemeinden Kyzyl Unkur und Kara Alma liegt der Anteil der Kirgisen bei über 98% der Bevölkerung. Seit den 1960er Jahren findet eine ethnische Homogenisierung der Dorfbevölkerungen statt, da die Mitglieder der nicht-mittelasiatischen Ethnien inzwischen fast vollständig in die Städte oder in ihre Heimatländer gezogen sind.

Oberflächlich betrachtet leben Usbeken und Kirgisen in friedlicher Koexistenz mit-, mehr noch aber nebeneinander. Die geteilte Einwohnerschaft ist jedoch keineswegs konfliktfrei, was sich an den Ängsten sowie Vorbehalten gegenüber der jeweils anderen Ethnie deutlich manifestiert:

> „Mittelasien ist ein Pulverfass. Die Scheite sind schon aufgehäuft und daneben brennt ein Feuer; es fehlt nur noch der Funke" (UA-Ar-10.04.04).

Viele Bewohner in Arslanbob und Gumchana empfinden eine stete Furcht vor Konflikten und ein Gefühl der zahlenmäßigen Unterlegenheit, wobei der Bezugsrahmen jeweils anders gelegt wird: Die Usbeken verweisen auf ihre Minderheitenposition innerhalb Kirgistans, manche von ihnen sind besorgt über den wachsenden Chauvinismus der Kirgisen, der sie weiter marginalisieren könnte, und befürchten, innenpolitische Konflikte könnten eine ethnische Dimension erhalten, was sich 2010 auch bewahrheitete. Dagegen haben die Dorfbewohner Gumchanas Angst vor der usbekischen Überzahl auf lokaler Ebene und der zunehmenden Islamisierung der usbekischen Einwohnerschaft Arslanbobs:

> „In Arslanbob sind Hisbut-Tahrir und die Wahhabiten aktiv, sie haben viele Waffen und können uns leicht besiegen. Wir haben immer Angst vor solch einem Konflikt" (KK-Gu-25.02.07).

Mit der Entstehung des kirgisischen Nationalstaates hat eine Ethnisierung stattgefunden, in denen nicht die Usbeken und Kirgisen wie in der Vergangenheit auf gleicher Stufe zu stehen scheinen, nämlich als die zu Kolonisierenden oder in die Sowjetunion Einzubindenden, sondern in denen verstärkt eine Zuschreibung von „wir" und „die anderen" erfolgt. Die als regulierend empfundenen Kräfte sind dabei nicht mehr vorhanden, so dass sich insbesondere bei der usbekischen Minderheit Besorgnis über eine Dominanz der Kirgisen manifestiert. In diesem Sinne werden bestimmte administrative Vorgänge oder politische Handlungen vielfach ethnisch interpretiert, wie etwa die erwähnte Entlassung des letzten usbekischen Leschoz-Direktors in Arslanbob, und mit verstärktem Misstrauen beargwöhnt.

Im Hinblick auf Zugang und Verfügbarkeit von Land- und Naturressourcen können am Beispiel der gewählten Untersuchungsorte jedoch keine ethnisch begründbaren Differenzen ausgemacht werden. Viel eher entscheidet die Zugehörigkeit zu einem bestimmten Dorf zunächst über die Größe der zur Verfügung stehenden Ressourcen. Auch die Bevorzugung von Mitgliedern der eigenen Ethnie durch Amtspersonen konnte nicht nachgewiesen werden. Dagegen bekommt die Ausübung bestimmter agrarwirtschaftlicher Tätigkeiten wieder verstärkt eine ethnische Komponente: Kirgisen betätigen sich vermehrt in der Viehzucht und nehmen oftmals Pachtvieh von Usbeken mit auf die Weiden, während Usbeken ihren Schwerpunkt eher im Ackerbau sehen, was nicht ausschließt, dass sie dennoch massiv in Vieh investieren. Auch in der Bauweise und der Anlage ihrer Hausgärten sind verstärkt Unterschiede zu erkennen: Usbeken umranden ihre Grundstücke oft mit hohen Mauern und nutzen die Hausgärten intensiv für den Anbau von Gemüse, während Kirgisen ihre Grundstücke zumeist nur mit einem Holzzaun abgrenzen und nur einen Teil ihrer Hausgärten ackerbaulich bearbeiten. Die forstwirtschaftliche Sammelwirtschaft verfolgen jedoch beide Gruppen in ähnlicher Intensität, wobei in Bezug auf die Verfügbarkeit von Waldparzellen oder Nussbäumen bis heute keine Bevor- oder Benachteiligung der einen oder anderen Gruppe zu konstatieren ist.

Allerdings treten bei dem bereits erwähnten Konflikt zwischen *Ailökmötü* und Leschoz in Arslanbob auch tendenziell zwei verschiedene ethnische Gruppen gegeneinander, da der *Ailökmötü* usbekisch dominiert ist, der Leschoz dagegen kirgisisch, wobei dieser Konflikt bisher keineswegs ethnisch begründet wird. Dennoch sollte grundsätzlich die Gefahr einer Ethnisierung von Konflikten, insbesondere auf Feldern knapper Ressourcen, berücksichtigt werden.

Korruption und Nepotismus

„Unser größtes Problem ist die Korruption." (DT-Gu-25.02.07)

Ein sehr schwer wiegendes Entwicklungshemmnis in Kirgistan stellen Korruption und Nepotismus dar. So belegte Kirgistan auf dem Korruptionsindex von TRANSPARENCY INTERNATIONAL (2010) Platz 164 von 178. Das Problem ist nahezu allen Menschen Kirgistans bekannt und bewusst, dennoch sind sie ratlos über deren Bekämpfung sowie selbst Teil des Systems. TA (Bi-02.08.05) sieht die Ursprünge der hohen Korruption in Kirgistan im sowjetischen System, denn auch damals seien Posten durch Bestechung vergeben oder Leistungen erkauft worden. Insbesondere das Verhalten der sowjetischen Nomenklatura nach dem Ende der Sowjetunion festigte das Gefühl von Nepotismus und Günstlingswirtschaft. So sicherten sich ehemalige Kolchoz-Direktoren oder Parteivorsitzende die wertvollsten Gerätschaften des Kolchoz, das meiste Vieh oder das beste Land. Nur durch Geldzahlungen konnten andere Personen ebenfalls an gute Landstücke kommen, während andere ohne Finanzmittel und Einfluss bei der Vergabe deutlich benachteiligt wurden. So unterstellen große Bevölkerungsteile den Staatsdienern, dass deren Ziele primär darin lägen, sich, ihre Verwandten und Freunde zu bereichern, während das einfache Volk arm bleibe (AE-Ky-19.04.04).

Um an gutes Land zu kommen, eine größere Anzahl an Nussbäumen abernten zu können oder seine Steuerlast zu verringern, bestechen viele Bewohner der Untersuchungsdörfer die zuständigen Amtspersonen. Aber Korruption zieht sich auch durch die Bildungseinrichtungen wie Schulen und Universitäten, an denen es üblich ist, durch Geschenke Zertifikate oder gute Zensuren zu erkaufen. Auch um an Kredite zu kommen, müssen die zuständigen Funktionsträger bestochen werden (TA-Bi-02.08.05).

Die Gründe für die weite Verbreitung der Korruption sind vielfältig: a) Die geringen Löhne machen Menschen in bestimmten Positionen anfällig dafür, diese Position auszunutzen und für die Leistung von Diensten separat Geld zu verlangen. Zum anderen führt die persönliche Notlage dazu, die Moral hinter den unmittelbaren Nutzen der Bestechung zu stellen. b) Korruption wird zwar negativ betrachtet, aber nicht wirklich geächtet. c) Das Gefühl, der Staat sorge zu wenig für seine Bürger und würde repräsentiert durch eine politische Klasse, die allgemein als hoch korrupt gilt, bringt die Ansicht mit sich, dem Staat nichts schuldig zu sein, sondern sich vom Staat etwas zurückzuholen, was einem rechtmäßig zustehe. Die Eigeninteressen werden über das Allgemeinwohl gestellt, zumal jeder das Gefühl hat, dass andere es genauso machen und somit das Allgemeinwohl sowieso als nachrangig erscheint. d) Die Medien als Kontrollinstanz sind schwach und weitgehend durch die politische Elite manipuliert. e) Korruption ist omnipräsent: Es ist nahezu unmöglich, auf andere Instanzen auszuweichen, weil diese ebenfalls vielfach korrupt sind. Bei der gerichtlichen Belangung einer einflussreichen Person wegen Korruption ist beispielsweise zu erwarten, dass sich diese Person durch Beziehungen einem rechtmäßigen Urteil entziehen kann. f) Die Gefahr harter Sanktionen ist gering. So müssen Amtspersonen kaum negative Konsequenzen befürchten, wie etwa den Verlust des Arbeitsplatzes, oder sie vertrauen auf ein Netzwerk, das sie im Notfall unterstützt.

Auch im Forstsektor der Kirgisischen Republik herrscht ein hohes Maß an Korruption. Die rasche Rotation des Personals öffentlicher Ämter, Ämterkauf und das geringe offizielle Einkommen des Forstpersonals befördern den Wunsch der Generierung von illegalem Zusatzeinkommen durch Amtsmissbrauch. Die von Eigennutz, Machtstreben und Profitgier geprägten Motivationen zahlreicher Akteure auf politischen und administrativen Ebenen beeinflussen den Umgang mit den Wäldern daher enorm, womit die eigentlichen Ziele der Forstwirtschaft in den Hintergrund geraten.

Heroisierung der Sowjet-Zeit

„Früher war es besser; wir schrieben nach Moskau und sofort wurde das Problem gelöst. Heute werden die Probleme nicht gelöst. Wir verstehen nicht, was Demokratie ist."
(MI-Ar-16.03.07)

Die Mehrheit aller Befragten heroisiert die sowjetische Vergangenheit und hebt besonders die Vorzüge der patrimonialen Ära unter Breschnew hervor. Hierzu gehört eine verklärte Sicht auf die Zeiten scheinbarer Vollbeschäftigung, hoher Arbeitsdisziplin und geregelter Vorgänge, die hohe Qualität von Maschinen, Konsumgütern und Nahrungsmitteln, die Versorgungssicherheit sowie die ausreichenden Löhne bei niedrigen Preisen, aber auch das friedliche Zusammenleben der verschiedenen Ethnien. Die heutige Zeit wird dagegen mit Unsicherheit, Planlosigkeit und einer Konzentration auf individuelle Interessen assoziiert. Eigenverantwortung, die geringere Kontrolle durch staatliche Exekutivorgane oder die Möglichkeit, ins Ausland zu reisen, sehen dagegen eher nur wenige als positive Faktoren der gegenwärtigen Phase an. Dieses Aufwerten einer unwiederbringlich vergangenen Epoche unter verklärenden Prämissen hindert jedoch viele Akteure daran, realistische Strategien für zeitgenössische Probleme zu entwickeln. Die Unsicherheiten mit dem politischen System äußern sich jedoch nicht nur in Passivität und Resignation, sondern entladen sich auch immer wieder in teilweise gewaltsamen Unmutsbekundungen wie zuletzt im Sommer 2010. Auf lokaler Ebene erfolgt jedoch bisher keine offene Rebellion, stattdessen nutzen die Bewohner institutionelle Lücken und versuchen unter Ausnutzung eigener Netzwerke ihre Ziele zu erreichen.

Politische Strukturprobleme

„Nicht einmal die Finger an einer Hand sind gleich." (IK-Ar-17.08.05)

Die Persistenz von Machtstrukturen und der politischen Elite ist ein weiteres Merkmal im postsozialistischen Kirgistan. In den Untersuchungsdörfern kann die herausragende Rolle einzelner Familien bis in die vorsowjetische Zeit zurückverfolgt werden. Denn die sowjetische Nomenklatura setzte sich in den Untersuchungsdörfern bemerkenswerter Weise zum großen Teil aus Personen zusammen, deren Vorfahren in den 1930er Jahren als „*Kulaken*" bezichtigt und bestraft worden waren, die deshalb aber vermutlich ökonomisch oder gesellschaftlich zu den höher gestellten Personen gehörten. Dieses Erbe wurde in der Regel bis in die Postsowjetzeit verheimlicht. Angehörige dieser sowjetischen Nomenklatura finden sich wiederum auch heute meist in einer politisch, gesellschaftlich oder ökonomisch herausragenden Rolle wieder. Dabei zeigten sich die meisten von ihnen als exzellente „Wendehälse", die ihre ehemalige kommunistische politische Orientierung ablegten und eine neue, national oder religiös gefärbte annahmen.

Im Gegensatz zu den zentralen politischen Akteuren erscheint die Mehrheit der lokalen Bevölkerung machtlos gegenüber der Willkür institutionalisierter Akteure, wie dem Leschoz. Die illegale Ernte von Maserknollen wird von den meisten Bewohnern als unentrinnbares Schicksal wahrgenommen. Machtlos müssen sie mit ansehen, wenn Bäume, an denen sie das Sammelrecht haben, ohne vorherige Information oder jedwede Entschädigung gefällt werden. Internationale Holzkonzerne nutzen die Wehrlosigkeit der tatsächlich Geschädigten und die Bereicherungsmentalität der zuständigen Funktionsträger im Forstdienst aus und gelangen auf diese Weise günstig an die von ihnen gewünschten Produkte. Zwischen Leschoz und lokaler Bevölkerung tritt somit eine zunehmende Entfremdung ein.

Der Leschoz kann als mächtigster lokaler Akteur angesehen werden, der allerdings wiederum in eine strenge Hierarchie im Forstsektor eingebunden ist. Aufgrund des deutlich geringeren Budgets ist der *Ailökmötü* kein gleichwertiger Konkurrent, was sich jedoch bei einer Modifikation der Gesetzeslage rasch ändern könnte. Auf den Leschoz-Territorien geriert sich der Leschoz als Legislative, Exekutive und Judikative in einem, entsprechend fungieren die Förster in ihren Revieren als Kontroll- und Konfliktschlichtungsorgan. Die Not und Armut der lokalen Bevölkerung verhilft dem demokratisch nur indirekt legitimierten Leschoz zu seiner herausgehobenen Machtposition. Die wenig partizipative Politik des Leschoz kann als Erbe der zentralisierten Politik der Sowjetunion betrachtet werden und führt zu rücksichtsloser Durchsetzung der Interessen mächtiger Akteure.

Als Entwicklungshemmnis müssen zudem die teilweise nicht eindeutig geklärten Besitz- und Nutzungsrechte betrachtet werden. Jährliche Neuvergabe von Nutzungsrechten führt zu kurzfristiger Nutzenmaximierung und konterkariert eine nachhaltige Entwicklung. Es besteht ein krasser Gegensatz zwischen den formalen Regelungen und der faktischen Managementpraxis, zwischen *de jure* und *de facto*: Offizielle Regelungen zielen vielfach an den realen Gegebenheiten vorbei, die Bezahlung von Weide-, Brennholz- oder Sammelgebühren erfolgt zwar oberflächlich betrachtet formal und bürokratisch, tatsächlich jedoch auf informellem Wege innerhalb eines Aushandlungsprozesses zwischen Amtspersonen und Gebührenzahler. Die Nutzung der Land- und Forstressourcen verläuft in einem Spannungsfeld zwischen Privat- und Staatsbesitz, zeigt aber kaum Elemente kommunaler oder irgendwie gearteter gemeinschaftlicher Nutzungsformen.

Auch auf den Wunsch und das Vermögen auf kommunaler Ebene zu kooperieren und die Befolgung demokratischer Richtlinien wirkt sich das Erbe der Sowjetunion negativ aus. Das große Misstrauen zwischen den Akteuren und die lange Zeit erzwungene Kollaboration in Staatsbetrieben lassen gemeinschaftliche Nutzungsformen heute in den Augen der Waldnutzer unattraktiv erscheinen. Dabei würden sich die Nusswälder Kirgistans als eine klassische *Common Property Resource* anbieten. Eine kommunal gesteuertes Management der Wälder könnte einerseits zu einer stärkeren Identifikation der Nutzer mit den Wäldern und andererseits zu effektiven, von der Mehrheit akzeptierten Regelungen seiner Nutzung führen, zumal die Größe der potentiellen Nutzergruppe ein solches Vorgehen erlauben würde (vgl. OSTROM 1990). Das jahrzehntelange „Sein" in der Sowjetunion prägt also noch heute das „Bewusstsein" in Form eines Mangels an Vertrauen und demokratischem Verständnis.

Ökonomische Verwerfungen

Gegenwärtig sind zunehmende haushaltsökonomische Disparitäten zu konstatieren, die nur zu einem Teil Folge einer ungleichen Verteilung von Landressourcen sind, sondern vielmehr Ergebnis unterschiedlich vorhandenen Human- und Sozialkapitals. Kenntnisse und Fertigkeiten, soziale Netzwerke und Erfahrungen aus der Tätigkeit in einer leitenden Funktion während der Sowjetära spielen eine große Rolle für den ökonomischen Erfolg einzelner Akteure in der Gegenwart. Zweifellos bestanden selbst bereits zum Zeitpunkt der Unabhängigkeit Kirgistans Differenzen in der Verfügbarkeit von Land- und Sachkapital, doch weitete sich die Kluft erst in den vergangenen Dekaden. Dies liegt vor allem an den geschilderten Machtstrukturen sowie an der herrschenden Korruption. Denn durch den geschickten Ressourceneinsatz können weitere profitable Ressourcen zugänglich gemacht werden. Nur wer bereits über Kapital verfügt, hat die Chance, es noch weiter zu vermehren. Beispielsweise kann das Besitzrecht an neuem Ackerland oder eine Ausweitung des Nusssammelrechts heute nur auf informellem Wege und gegen eine Extragebühr an die zuständigen Amtspersonen erlangt werden. Aufgrund der knappen verfügbaren Land- und Naturressourcen sind lang etablierte Haushalte meist ökonomisch besser ausgestattet als neu gegründete, da letztere vielfach keinen Anspruch mehr auf die Zuteilung einer Mähwiese, einer Ackerlandparzelle oder gar auf einen guten Platz zur Sammlung von Nüssen haben.

Allerdings bietet Arbeitsmigration heute neue Möglichkeiten gesellschaftlichen und ökonomischen Aufstiegs. In vielen Haushalten stellt die Arbeitsmigration heute den wichtigsten Einkommensbereich dar. Mit der Diversifizierung der Einkommensmöglichkeiten zeigt sich, dass die Walnuss ihre Rolle als strategische Ressource mehr und mehr verliert. Denn Haushalte, die wenig vom Walnussertrag abhängen, erscheinen meist wirtschaftlich besser gestellt.

6 WANDEL DER MENSCH-UMWELT-BEZIEHUNGEN IN KIRGISTAN

„Die Alten schwelgten in Erinnerungen an die Versammlungen der Kolchoswerktätigen, an denen in der Regel alle Frauen und Männer teilnahmen – natürlich gehöre das inzwischen samt dem denkwürdigen Sozialismus leider der Vergangenheit an."

Tschingis AITMATOW (2007:193)

Im Gegensatz zu der vorstehenden Aussage des bekanntesten kirgisischen Schriftstellers Tschingis Aitmatow ist es nicht alleine die sozialistische Vergangenheit, die das Leben im postsozialistischen Kirgistan prägt. Vielmehr zeichnet sich die neuere Geschichte Mittelasiens durch mehrere historische Zäsuren aus, die mit radikalen System- und Ideologiewechseln einhergingen und damit die Lebenswelt sowie die Handlungsspielräume der betroffenen Bevölkerungen tiefgreifend beeinflussten.

Das übergeordnete Ziel dieser Arbeit bestand in der Klärung der Frage, inwieweit die historisch voneinander abzugrenzenden jeweiligen politischen Systeme mit ihren ökonomischen und gesellschaftlichen Subsystemen das Verhältnis von Mensch und Umwelt in Mittelasien prägten und prägen. Am Beispiel der global einmaligen Walnuss-Wildobst-Wälder im südwestlichen Tien Schan Kirgistans zielte die Analyse darauf, inwieweit sich Management und Nutzung der Land- und Naturressourcen unter den verschiedenen Herrschafts- und Wirtschaftsformen vom vorkolonialen Khanat von Kokand über das kolonial geprägte zaristische Russische Reich und die leninistisch-marxistische Sowjetunion bis in die marktwirtschaftliche und semi-demokratische postsozialistische Gegenwart ausgeprägt und verändert haben.

Die Zusammenhänge zwischen den politisch-sozioökonomischen Regimes, den steuernden Institutionen des Ressourcenmanagements und der faktischen Nutzung der Ressourcen wurden hierfür näher betrachtet, wobei durch den Analyserahmen der Politischen Ökologie der Blick auf Akteure, Institutionen und deren Interessen unterschiedlicher räumlicher Ebenen geschärft wurde.

Im Hinblick auf die gegenwärtige Phase wurde der Transformationsbegriff für deren Benennung und Beschreibung aufgrund seiner teleologischen Konnotation als ungeeignet erachtet und stattdessen dafür plädiert, die vorliegende Analyse im Sinne einer Postsozialismusstudie zu verstehen. Dabei ist jedoch zu berücksichtigen, dass eine Reduktion der Betrachtung ausschließlich der letzten abgeschlossenen Epoche, der Sowjetära, angesichts der multiplen Geschichte externer Dominanz in Mittelasien zu kurz greift. Demgegenüber steht die These, dass das Untersuchungsgebiet nicht nur als postsozialistisch, sondern gleichfalls als postkolonial zu betrachten ist. Dies ist in erster Linie durch vierzig Jahre Dominanz einer erklärten Kolonialmacht, des Russischen Zarenreichs, zu begründen, erhält allerdings durch die unterstellte Annahme kolonialer Vorgehensweisen und Aktivitäten des Sowjetregimes weitere Relevanz. In diesem Sinne versteht sich die vorliegende Arbeit als eine politisch-ökologische Untersuchung im postkolonialen und postsozialistischen Mittelasien.

Zur Klärung der Fragen nach der Wahrnehmung, des Managements und der Nutzung von Land- und Naturressourcen im Gebiet der Nusswälder Kirgistans sowie allgemein zur Erweiterung der Kenntnisse der Wechselwirkungen zwischen Mensch und Umwelt in einer peripheren Region Mittelasiens diente der Ansatz der Politischen Ökologie. Naturräumliche und materielle Entitäten, denen erst durch die menschliche Nachfrage eine Bedeutung als Ressourcen zugeschrieben wird, zeichnen sich in der Regel durch Begrenztheit aus, weshalb Aushandlungsprozesse zwischen beteiligten Akteuren notwendig sind, in denen sich immer auch unterschiedliche Machtpositionen manifestieren. Damit rücken gleichzeitig Fragen der Entwicklung, Implementierung und Wirkung von Institutionen ins Blickfeld. Bei der Betrachtung der komplexen Netze von Akteuren, Interessen und Institutionen erwies sich der Ansatz der Politischen Ökologie mit seinem breiten analytischen Spektrum als adäquater Analyserahmen. Als besonders hilfreich sind dabei folgende Kennzeichen politisch ökologischer Analyse zu nennen: 1) Die Multiskalität bzw. der Mehr-Ebenen-Ansatz, wonach Akteure, Akteurskollektive oder Interessengruppen aber auch Institutionen und Handlungen auf verschiedenen räumlichen Ebenen einbezogen werden; 2) die analytische Einbeziehung historischer Entwicklungen, weil nur dadurch gegenwärtige institutionelle Strukturen und Nutzungsmuster verstanden werden können; 3) die Prämisse der Konstruiertheit von Umwelt; 4) empirische Forschungen am Ort der Interaktion von Mensch und Umwelt; 5) eine diskursanalytische Vorgehensweise, um hegemoniale Diskurse aufzudecken und den Konstruktionscharakter von Umwelt oder Natur herauszustellen.

Der postsozialistische Hintergrund der Untersuchungsregion erfordert von einer politisch ökologischen Untersuchung zudem die gesonderte Beachtung folgender ganz spezifischer Aspekte:

a) Lebensentwürfe und Positionen innerhalb von Gesellschaften sind nicht als linear, sondern als vernetzt vorauszusetzen, vor allem wenn sie wie im Untersuchungsraum von multiplen Transformationen beeinflusst sind. Der Wandel administrativer Zuständigkeiten erschwert klare Zuordnungen in Erklärungsketten oder räumliche Container. Die vielfältige und vielfach wandelnde Rolle einzelner Akteure als Teil von Nutzungen regelnder Institutionen sowie der Gruppe der Ressourcennutzer erschweren eindeutige Positionierungen.

b) Der hohe Institutionalisierungsgrad sozialistischer Gesellschafts- und Wirtschaftssysteme wich einer deutlich spürbaren institutionellen Schwächephase. Anders als in vielen Studien der Politischen Ökologie, in denen ein Mehr an Staat untersucht und kritisch hinterfragt wurde, vollzieht sich im Untersuchungsraum ein tendenzieller Rückzug des Staates und eine De-Institutionalisierung, die nur partiell durch die Revitalisierung präsowjetischer Institutionen ausgeglichen wird.

c) Die lange währende Dominanz externer Herrschaft und die intensive institutionelle und auch personelle Durchdringung autochthoner Gesellschaften führten zu massiven gesellschaftlichen Transformationen. Deshalb muss hier vor einer Idealisierung lokaler Gesellschaften und lokalen Wissens gewarnt werden, weil autochthone Wissensbestände im untersuchten Raum vielfach überlagert wurden und die Einführung arbeitsteiliger Gesellschaftsformen zu einer Spezialisierung von Kenntnissen und Fertigkeiten führten, bei dem umfassendes Lokalwissen vielfach verloren ging. Zudem wurden ortsfremde Wirtschaftsweisen und Denkmuster eingeführt.

d) Modernisierung erfolgte im Untersuchungsraum nach sowjetischem Muster, dem jedoch ähnlich wie im Westen ein Fortschrittsglaube und lineare Entwicklungsmodelle zugrunde lagen. Umweltdegradation in der Sowjetära kann somit nicht mit kapitalistischer Ausbeutung erklärt werden, sondern ist eine Folge mangelhafter Umsetzung von Plänen und Maßnahmen sowie der Trennung von Handlungen und deren Folgen: Denn Umwelt schädigendes Handeln etwa in Form von nicht-nachhaltiger Forstwirtschaft führte für die Verursacher zu keinerlei Konsequenzen, da sie nicht notwendigerweise auch Opfer dieser Schäden waren und das sowjetische System im Falle von Missmanagement meist Ausgleich schuf.

e) Aufgrund der vielschichtigen historischen Entwicklungen und räumlichen Zuordnungen muss der individuelle Charakter des Untersuchungsbeispiels hervorgehoben werden. Globalisierung führt keineswegs zu Vereinheitlichung und Homogenisierung, sondern trifft auf Orte und Gesellschaften mit spezifischer Geschichte, spezifischen naturräumlichen Rahmenbedingungen und spezifischen kulturellen und gesellschaftlichen Merkmalen.

Grundsätzlich erwies es sich als erforderlich, bei einer postsozialistischen Untersuchung in Mittelasien die präsozialistische und sogar präzaristische Vergangenheit zu berücksichtigen. Mit der Forderung der Einbeziehung postkolonialer Denkansätze sind neben dem Aufdecken von Folgen des russisch-zaristischen Kolonialismus gleichzeitig koloniale Merkmale der Sowjetunion zu identifizieren. Desweiteren ist berechtigter Zweifel an der Endlichkeit des Postsozialismus angebracht. Auch im Untersuchungsraum zeigt sich die intensive Prägung der Gegenwart durch die Vergangenheit, etwa in der formalen Gestaltung und Ausübung der Forstwirtschaft, aber auch im individuellen Gedächtnis der lokalen Akteure, die gegenwärtige Handlungsoptionen, Prozesse und Ereignisse häufig mit der erlebten sozialistischen Vergangenheit vergleichen. Zudem offenbart sich die Vielfältigkeit des Postsozialismus, der in Kirgistan ein anderes Gesicht als etwa in Osteuropa aufweist, aber auch individuell in unterschiedlichem Maße wahrgenommen, er- und gelebt wird.

Im Folgenden soll kurz auf die eingangs formulierten Hypothesen eingegangen werden:

Hypothese 1: Politische Herrschaftsverhältnisse und Wirtschaftssysteme bestimmen maßgeblich Management und Nutzung lokaler Land- und Naturressourcen. In Phasen politischer Umbrüche treten institutionelle Mangelsituationen auf.

Die sich von einer historischen Epoche zur nächsten wandelnde Definition dessen, was als Ressource und Dienstleistung der Walnuss-Wildobst-Wälder sowie ihrer Landterritorien zu betrachten ist sowie die Betrachtung der Nutzungsformen und -intensitäten zeigt deutlich die übergeordnete Bedeutung der dominierenden Diskurse sowie der politischen und sozioökonomischen Verhältnisse. Während der Khan von Kokand den Nusswäldern keine nachweisbare Aufmerksamkeit schenkte, wurden sie im kolonialen Russland mit überörtlicher ökonomischer Bedeutung aufgeladen: Nicht nur die unmittelbare Ausbeutung bestimmter Ressourcen, wie etwa der Maserknollen, die zu einem international gehandelten Gut avancierten, sondern auch die ökologischen Dienstleistungen des Waldbestandes als Erosionsschutz zur Sicherung der Bewässerungskultur des Fergana-Beckens waren kolonial-ökonomisch relevant. Für die lokale Bevölkerung stellten die Wälder Ergänzungsräume ihrer Subsistenz oder zur Generierung von Einkommen durch die Produktion von Holzkohle dar, doch gerieten die Nutzungsweisen durch Beschneidung von Zugangs- und Nutzungsrechten unter Druck zugunsten der russischen Kolonialökonomie.

Trotz der von Zeitgenossen und der russischen Administration selbst betonten hehren Ziele kolonialer Intervention zur Verbreitung von Zivilisation und Wohlstand für die in feudalen Strukturen fixierte einheimische Bevölkerung zeigte das Vorgehen der Administration des Generalgouvernements Turkestan zweifellos typische Merkmale einer Beherrschungskolonie: Die eingewanderten Russen wurden rechtlich besser gestellt sowie lokale Belange zurückgedrängt zugunsten der Kolonialwirtschaft und -herrschaft. Daneben legte die zaristische Administration den bis heute erkennbaren Grundstein für die ökonomische Nutzung der Nusswälder durch den Aufbau einer geregelten Forstwirtschaft. In diesem Sinne zeigt sich die Relevanz einer postkolonialen Betrachtung, da die Gegenwart in diesem Bereich zweifellos als kolonial geprägt anzusehen ist. Dabei ist die Priorisierung des Waldschutzes hervorzuheben, denn ohne diese frühe Schwerpunktsetzung der zaristischen Forstpolitik würden die Wälder heute vermutlich nicht mehr existieren.

Das Sowjetregime setzte die russisch-zaristische Forstpolitik in weiten Zügen mit zunächst nur leichten Modifikationen fort, ehe mit der Kollektivierung ein tiefer Einschnitt in bestehende Strukturen erfolgte. Politische Wirrungen und Erschütterungen, innersowjetische Verfolgungen und die Notwendigkeiten der Kriegsökonomie während des „Großen Vaterländischen Krieges" zeitigten sich in institutionellen Unsicherheiten und massiven Eingriffen in den Waldbestand. Mit der Etablierung der Leschozi erfolgte sowohl eine institutionelle Konsolidierung als auch eine ökonomische Professionalisierung und Rationalisierung. Der Schutzgedanke setzte sich fort, gleichzeitig wurden die Nebennutzungsformen stark ausgeweitet, um der ansässigen Bevölkerung Alternativen zu den eingeschränkten Nutzungsweisen zu bieten und die hohe Subventionierung der Forstwirtschaft durch die Erzielung wirtschaftlicher Erträge in anderen Bereichen, wie etwa Bienenzucht, zumindest teilweise abzufedern. Staatliche Forstinstitutionen dominierten das politische, kulturelle, gesellschaftliche und wirtschaftliche Leben auf lokaler Ebene – der Nuss-Sovchoz, später Leschoz, avancierte zur „totalen Institution".

Mit dem Ende der Sowjetunion erfolgte erneut ein fundamentaler ideologischer Richtungswechsel und damit eine Überarbeitung und Transformation politischer, ökonomischer und gesellschaftlicher Systeme. Die bis heute existierenden Leschozi können partiell als Relikt des Sowjetsystems verstanden werden, haben jedoch längst ihre allumfassende Funktion und Bedeutung verloren. Als zentrale Institution steuern sie aber nach wie vor Management und Nutzung der meisten lokalen Land- und Naturressourcen, wenngleich aufgrund fehlender Kapazitäten zur Durchsetzung des elaborierten Regelungsinstrumentariums eklatante Divergenzen bestehen zwischen theoretisch erwünschter und formal ausgewiesener Nutzung auf der einen Seite und der faktischen Nutzung auf der anderen Seite. Land- und Ressourcennutzung richten sich zumeist nach einer Kombination aus formalen Regelungen und informellen Absprachen mit den Exekutivorganen der Leschozi. Die kapitalistische Neuausrichtung des Wirtschaftssystems der Kirgisischen Republik erfordert die Neustrukturierung der Leschozi nach marktwirtschaftlichen Gesichtspunkten. Die Bewohner der Leschoz-Siedlungen sehen sich gleichzeitig den neuen Herausforderungen, aber auch Chancen des globalen Kapitalismus gegenüber und müssen ihre Lebenssicherungsstrategien entsprechend neu gestalten. Durch erleichterte Zugänglichkeiten erweiterte sich die Gruppe der Akteure, womit sich die Palette der nachgefragten Ressourcen vergrößerte und die Intensität der Nutzung bestimmter Ressourcen zunahm.

Hypothese 2: Gegenwärtige Muster des Ressourcenmanagements und der Ressourcennutzung sind sowohl kolonial als auch sozialistisch geprägt und beeinflusst von globaler Nachfrage und westlich dominierten Vorstellungen von Natur und Umwelt.

Das gegenwärtige Management und die Nutzungsformen der Land- und Naturressourcen im Gebiet der Nusswälder Kirgistans basieren wesentlich auf Strukturen und Konzepten, die bereits während der russisch-zaristischen Herrschaft gelegt wurden. Denn sowohl der Gedanke und die Begründung einer notwendigen Bestandssicherung der Wälder als auch die gezielte Ausbeutung bestimmter Ressourcen wie Maserknollen wurden bereits vor über einhundert Jahren entwickelt. Das Portfolio an als Ressourcen definierten Forstprodukten und -dienstleistungen erweiterte sich jedoch im Laufe der Sowjetära, währenddessen insbesondere die Nebennutzungsformen an Bedeutung gewannen. Allein das Konzept einer geregelten Forstwirtschaft nach ökonomischen Kriterien, wobei von Anbeginn seit Ende des 19. Jahrhunderts die ökologisch-ökonomische Relevanz der Wälder über die Ausbeutung bestimmter Forstprodukte gestellt wurde, kann als eine dem westlichen Waldnutzungs- und -schutzdiskurs entlehnte angesehen werden. Dabei ist es bemerkenswert, dass diesem verhältnismäßig wenig ausgedehnten Waldgebiet in einer ansonsten waldarmen Region zu allen Zeiten nur eine untergeordnete spirituelle Bedeutung zugewiesen wurde, wobei die atheistische Politik der Sowjetunion nicht unwesentlich zur Unterdrückung solcher Vorstellungen beigetragen hatte. Seit Ende des 19. Jahrhunderts fungieren die Wälder als Ressourcenlager, als Quelle von ökonomisch in Wert setzbaren Arten sowie als Erosionsschutzbollwerk, was keineswegs als selbstverständlich anzusehen, sondern erst Folge einer ökonomischen Funktionszuweisung ist.

Bis heute dominieren das Prinzip der nach rationalen Gesichtspunkten zu erfolgenden Forstwirtschaft sowie bestimmte Praktiken von Holzeinschlagsverboten und Formen der Nusssammlung. Der nach marktwirtschaftlichen Gesichtspunkten hohe Wert einzelner Waldprodukte führt jedoch zu einer durchaus als global zu bezeichnenden Nachfrage nach denselben und einer entsprechend internationalen Vermarktung. Der Marktpreis von Morcheln, Walnüssen oder Wildäpfeln bestimmt damit maßgeblich die Nutzung der Forstprodukte sowie den Umgang mit ihnen: Anstatt diese Früchte selbst zu konsumieren oder gar zu ignorieren, werden sie vermarktet.

Auch die Vorstellung über die Schutzwürdigkeit der Wälder wurde von außen in das Gebiet hinein getragen. Staatliche Institutionen und lokale Bewohner übernehmen damit die Konzepte sowjetischer oder westlicher Vorstellungen von schützenswerter Natur.

Hypothese 3: Für die Mehrheit der Menschen in der Peripherie Kirgistans sind gegenwärtige post-sowjetische Transformationsprozesse mit Verarmung und Marginalisierung verbunden.

Die post-sowjetischen Transformationsprozesse sind für die Bewohner im ländlichen Kirgistan mit dramatischen Veränderungen ihrer ökonomischen Handlungsoptionen und -strategien sowie vielfach mit Verarmung verbunden. Der Verlust des Arbeitsplatzes nach Schließung von Staatsbetrieben oder starker Reduktion des Personals und damit der Wegfall regelmäßiger Einkommen stieß viele Haushalte in den 1990er Jahren in existentielle Nöte. Mit der parallel dazu erfolgten Reduktion staatlicher Sozialleistungen setzten Verarmungsprozesse ein. Im Verlauf der vergangenen Dekade verbesserte sich die ökonomische Situation, jedoch nur zu einem geringen Teil aufgrund von Entwicklungserfolgen auf lokaler Ebene, sondern insbesondere durch einen Kapitalfluss von außen, der nicht mehr wie zu Sowjetzeiten durch den Staat in Form von Subventionen erfolgte, sondern in Form von Remissen von in Russland oder Kasachstan tätigen Arbeitsmigranten.

Neben den ökonomischen Problemen empfindet die lokale Bevölkerung seit Beginn der 1990er Jahre eine deutliche politische und gesellschaftliche Marginalisierung. Einschnitte bei den Sozialleistungen, Reduzierung der Belegschaften in staatlichen Organisationen oder Betrieben, mangelhafte Durchsetzung rechtlicher Vorgaben, etwa der Nutzung der Forstressourcen, werden von der lokalen Bevölkerung als Rückzug des Staates interpretiert. Sie fühlen sich mit der Aufgabe, mit den großen Herausforderungen der Gegenwart fertig zu werden, allein gelassen. Hilfreich ist es hierbei, Teil eines starken Netzwerkes zu sein, das den Menschen Zugänge zu Ressourcen ermöglicht, womit jedoch eine weitere Aushöhlung staatlicher Autorität und Handlungsfähigkeit einher geht. Größere Freiheiten und neue Handlungsalternativen können dagegen zumeist aus Kapitalmangel nicht genutzt werden, mit der Folge dass sich die faktischen Aktionsräume und teilweise auch Handlungsoptionen der lokalen Bevölkerung eher verkleinert haben. Auslandsreisen etwa sind für die Mehrheit der Menschen heute schlichtweg unerschwinglich, während ein großer Teil von ihnen während der Sowjetära mit solchen Reisen prämiert wurde. Die Distanz zum politischen Zentrum des Landes sowie die bessere ökonomische Situation Nordkirgistans führen zu einer empfundenen Benachteiligung und gesellschaftlichen Marginalisierung, die unter der usbekischen Minderheit mit dem Bewusstsein ihrer ethnischen Randstellung innerhalb eines kirgisisch national definierten Staates verstärkt wird.

Ländliche Räume leiden besonders unter den im Gegensatz zur Sowjetära zurück geschraubten Subventionen und Förderungen. Es setzt eine schleichende Polarisierung ein, welche die Bewohner ländlicher Siedlungen verstärkt einem Sog aus den Zentren aussetzen. Als größte Hypothek des sowjetischen Systems kann deshalb heute die zuvor hohe Subventionierung von peripheren Räumen angesehen werden, ohne gleichzeitig ökonomisch wettbewerbsfähige Strukturen vor Ort aufgebaut zu haben. Denn heute zeigt sich deutlich die Überbevölkerung der Untersuchungsdörfer bei gleichzeitigem Fehlen von Beschäftigungsmöglichkeiten, die von den lokalen Land- und Naturressourcen unabhängig sind. Der Raum hat von seiner Außenabhängigkeit nichts eingebüßt, viel eher ist diese durch den Zusammenbruch der wenigen außerland- und außerforstwirtschaftlichen Betriebe weiter gestiegen.

Hypothese 4: Lokalen Ressourcen kommt heute für die Sicherung des Lebensunterhalts eine größere Bedeutung zu, was eine verstärkte Degradation der Naturressourcen zur Folge hat.

Arbeitsplatzverlust und Reduktion staatlicher Subventionen und Sozialleistungen erforderten von den Bewohnern eine Neuausrichtung ihrer Lebenssicherungsstrategien. Aus Mangel an Alternativen im nicht-primären Sektor konzentrierten sich die Bewohner der Untersuchungsregion in erster Linie auf die Land- und Naturressourcen vor Ort. Ihre Kenntnisse in der Land-, Vieh- und Forstwirtschaft sowie ein in den meisten Haushalten vorhandenes größeres Arbeitskräfteangebot statteten sie dabei mit dem notwendigen Humankapital aus. In den vergangenen Dekaden spielte deshalb die Nutzung der lokalen Land- und Naturressourcen eine essentielle Rolle innerhalb ihrer *Livelihood*-Strategien. Allerdings schränken ungesicherte Besitzrechte sowie aktuelle Notlagen bei den Ressourcennutzern das Bestreben und die Fähigkeit nachhaltigen Wirtschaftens ein. Hinzu kommt ein großes Misstrauen unter den Bewohnern, aber noch mehr gegenüber den staatlichen Institutionen, wozu das oftmals willkürliche Vorgehen von Vertretern dieser Institutionen massiv beiträgt. Ebenfalls erhält die staatlich gedeckte Ausbeutung von Maserknollen durch internationale Holzunternehmen eine Art Vorbildcharakter und bringt für die „kleinen" Waldnutzer die Gefahr mit sich, ihrer Ressourcen plötzlich extern beraubt zu werden, so dass die gegenwärtige Nutzungspraxis durch eine kurzfristige Nutzenmaximierung charakterisiert ist.

Für die Ökologie der Wälder ist neben den zumeist eher punktuellen Schäden durch das Schlagen von Nussbäumen für die Gewinnung von Maserknollen insbesondere der massive flächendeckende Brennholzeinschlag vor allem für die Versorgung mit Brennstoffen Besorgnis erregend. Als zweite ökologisch besonders kritische Nutzungsweise muss die von Jahr zu Jahr zunehmende Bestockung der Waldgebiete mit Weidevieh gesehen werden. Offizielle Verbote zeigen sich dabei als wirkungslos, weil einerseits effektive Kontrollinstanzen fehlen und andererseits die Popularität der Viehzucht, letztendlich auch bei den Haushalten der Exekutivpersonen des Leschoz, bei gleichzeitig unwirksamen Sanktionsmechanismen dominiert.

Für die Zukunft der Walnuss-Wildobst-Wälder, aber mehr noch der dort ansässigen Menschen sind unter Berücksichtigung der multiplen historischen, räumlichen und politischen Dimensionen Wege zu finden, die einen Ausgleich zwischen langfristigem Schutz der Nusswälder Kirgistans und Sicherung des Lebensunterhalts der lokalen Bevölkerung bieten. Beides ist nur möglich durch die Erzielung einer deutlich höheren Wertschöpfung der Ressourcen und Dienstleistungen der Wälder, die Schaffung außerland- und außerforstwirtschaftlicher Einkommensmöglichkeiten oder durch stetige externe Zuflüsse.

LITERATURVERZEICHNIS

ABAZOV, Rafis (1999a): Economic migration in post-Soviet Central Asia: the case of Kyrgyzstan. – Post-Communist Economies 11(2): 237–252.
ABAZOV, Rafis (1999b): Policy of economic transition in Kyrgyzstan. – Central Asian Survey 18(2): 197–223.
ABAZOV, Rafis (2000): Migration of population, the labour market and economic changes in Kirghizstan. In: KOMATSU, Hisao, OBIYA, Chika & John S. SCHOEBERLEIN (eds.): Migration in Central Asia: its history and current problems. Osaka: The Japan Center for Area Studies. 209–235.
ABAZOV, Rafis (2004): Historical dictionary of Kyrgyzstan. Lanham: Scarecrow.
ABDURAKHIMOVA, Nadira A. (2002): The colonial system of power in Turkestan. – International Journal of Middle East Studies 34: 239–262.
ABRAMZON, Saul M. (1990): Kirgizy i ich etnogenetičeskie i istoriko-kul'turnye svjazi. [Die Kirgisen und ihre ethnogenetische und kulturhistorische Verbindung]. Frunze.
ABYŠKAEV, A. (1965): Karateginskie kirgisy v konce XIX-načale XX vv. [Die Karateginer Kirgisen vom Ende des 19. bis zum Anfang des 20. Jahrhunderts]. Frunze.
ACKERMANN, Moritz (2007): Die lokale Selbstverwaltung in Kirgisistan: Lokale Entwicklung und internationale Entwicklungszusammenarbeit. (unveröff. Diplomarbeit, Universität Tübingen). Tübingen.
ADAMS, Laura L. (2008): Can we apply postcolonial theory to Central Eurasia? – Central Eurasian Studies Review 7(1): 2–7.
ADAMS, William M. (1990): Green development: environment and sustainability in the Third Word. London: Routledge.
ADGER, W. Neil (2000): Social and ecological resilience: are they related? – Progress in Human Geography 24(3): 347–364.
ADGER, W. Neil, BENJAMINSEN, Tor A., BROWN, Katrina & Hanne SVARSTAD (2001): Advancing a political ecology of global environmental discourses. – Development and Change 32(4): 681–715.
AITMATOV, Tschingis (1991): Ein Tag länger als ein Leben. Zürich: Unionsverlag.
AITMATOW, Tschingis (1990): Der erste Lehrer. München: Antje Kunstmann.
AITMATOW, Tschingis (1992): Abschied von Gülsary. Zürich: Unionsverlag.
AITMATOW, Tschingis (2007): Der Schneeleopard. Zürich: Unionsverlag.
AKADEMIJA NAUK KIRGIZSKOJ SSR, INSTITUT ISTORII (Hrsg.) (1984): Istorija Kirgizskoj SSR. S drevnejših vremen do naših dnej [Geschichte der Kirgisischen SSR. Von den allerfrühesten Zeiten bis zu unseren Tagen]. Frunze.
AKADEMIJA NAUK RESPUBLIKI UZBEKISTAN (Hrsg.) (1947): Istorija narodov Uzbekistana. [Geschichte der Völker Usbekistans]. Taškent.
ANDERSON, Benedict (1991): Imagined communities: reflections on the origin and spread of nationalism. London: Verso.
ANDERSON, John (1999): Kyrgyzstan – Central Asia's island of democracy? Amsterdam: Harwood.
ANGERMÜLLER, J., BUNZMANN, K. & M. NONHOFF (Hrsg.) (2001): Diskursanalyse: Theorien, Methoden, Anwendungen. Hamburg: Argument.
ARCHER, Margaret, BHASKAR, Roy, COLLIER, Andrew, LAWSON, Tony & Alan NORRIE (eds.) (1998): Critical realism: essential readings. London: Routledge.

AŠIMOV, Kamil Satarovič (2003): Lesnoe delo Turkestanskogo kraja. Istorija orechovo-plodovyč lesov. (= Forstwirtschaft im Gebiet Turkestans. Geschichte der Walnuss-Wildobst-Wälder). Dshalal Abad.
ATKINSON, Adrian (1991): Principles of political ecology. London: Belhaven.
BACON, Elizabeth E. (1966): Central Asians under Russian rule: a study in cultural change. Ithaca: Cornell University Press.
BAILEY, Adrian J. (2001): Turning transnational: notes on the theorisation of international migration. – International Journal of Population Geography 7(6): 413–428.
BALDAUF, Ingeborg (2006): Mittelasien und Russland / Sowjetunion: Kulturelle Begegnungen von 1860 bis 1990. In: FRAGNER, Bert & Andreas KAPPELER (Hrsg.): Zentralasien – 13. bis 20. Jahrhundert. Geschichte und Gesellschaft. Wien: Edition Weltregionen. 183–204.
BALDAUF, Ingeborg (2007): Tradition, Revolution, Adaption. Die kulturelle Sowjetisierung Zentralasiens. – Osteuropa 57(8-9): 99–119.
BANKOFF, Greg, FRERKS, Georg & Dorothea HILHORST (Eds.) (2004): Mapping vulnerability: disasters, development and people. London: Earthscan.
BARROWS, Harlan H. (1923): Geography as human ecology. – Annals of the Association of American Geographers 13(1): 1–14.
BARTOL'D, Vasilij (1925): Istorija izučenija Vostoka v Evrope i Rossii. [Geschichte der Erforschung des Ostens in Europa und Russland]. Leningrad.
BAUER, Henning, KAPPELER, Andreas & Brigitte ROTH (Hrsg.) (1991): Die Nationalitäten des Russischen Reiches in der Volkszählung von 1897 – Quellenkritische Dokumentation und Datenhandbuch, Bde. A und B. Stuttgart: Steiner.
BAUMAN, Zygmunt (1994): Intimations of postmodernity. London: Routledge.
BEER, Ruth, KAISER, Franziska, SCHMIDT, Kaspar, AMMANN, Brigitta, CARRARO, Gabriele, GRISA, Ennio & Willy TINNER (2008): Vegetation history of the walnut forests in Kyrgyzstan (Central Asia): natural or anthropogenic origin? – Quaternary Science Reviews 27(5-6): 621–632.
BENNIGSEN, Alexandre (1979): Several nations or one people: ethnic consciousness and Soviet Central Asian Muslims. – Survey 108: 51–64.
BENNIGSEN, Alexandre & S. Enders WIMBUSH (1986): Muslims of the Soviet Empire: a guide. Bloomington: Indiana University Press.
BENZING, Johannes (1943): Turkestan. (Die Bücherei des Ostraumes). Berlin: Stollberg.
BERG, Andrea & Anna KREIKEMEYER (eds.) (2006): Realities of transformation: democratization policies in Central Asia revisited. Baden-Baden: Nomos.
BERGNE, Paul (2003): The Kokand autonomy, 1917-18: political background, aims and reasons for failure. In: EVERETT-HEATH, Tom (ed.): Central Asia: aspects of transition. London: Routledge. 30–44.
BERKES, Fikret (ed.)(1989): Common property resources: ecology and community-based sustainable development. London: Belhaven.
BERKES, Fikret (1999): Sacred ecology: traditional ecological knowledge and resource management. Philadelphia: Taylor & Francis.
BERKES, Fikret (2007): Understanding uncertainty and reducing vulnerability: lessons from resilience thinking. – Natural Hazards 41(2): 283–295.
BERTELSMANN STIFTUNG (2010): Transformationsindex. (http://www.bti-project.de/).
BEYER, Judith (2006): Rhetoric of "transformation": the case of the Kyrgyz constitutional reform. In: BERG, Andrea & Anna KREIKEMEYER (eds.): Realities of transformation: democratization policies in Central Asia revisited. Baden-Baden: Nomos. 43–62.
BEYER, Judith (2007): Imagining the state in rural Kyrgyzstan: how perceptions of the state create customary law in the Kyrgyz *aksakal* courts. – Max Planck Institute for Social Anthropology. Working Paper 95. Halle/Saale.

BEZKOVIC, A.S. (1969): Nomadenwirtschaft und Lebensweise der Kirgisen (19. bis Anfang des 20. Jahrhunderts). In: FÖLDES, László (Hrsg.): Viehwirtschaft und Hirtenkultur. Budapest: Akadémia Kiadó. 94–111.

BHASKAR, Roy (1975): A realist social theory of science. Leeds: Leeds Books.

BICHSEL, Christine, HOSTETTLER, Silvia & Balz STRASSER (2005): Should I buy a cow or a TV? reflections on the conceptual framework of the NCCR north-south based on a comparative study of international labour migration in Mexico, India and Kyrgyzstan. Berne: National Centre for Competence in Research North-South.

BIRD, Elizabeth A. (1987): The social construction of nature: theoretical approaches to the history of environmental problems. – Environmental Review 11(4): 255–264.

BLAIKIE, Piers (1985): The political economy of soil erosion in developing countries. New York: Longman.

BLAIKIE, Piers (1995): Changing environments or changing views? A political ecology for developing countries. – Geography 80(3): 203–214.

BLAIKIE, Piers (1999): A review of political ecology: issues, epistemology and analytical narratives. – Zeitschrift für Wirtschaftsgeographie 43(3-4): 131–147.

BLAIKIE, Piers & Harold BROOKFIELD (1987): Land degradation and society. London: Methuen.

BLAIKIE, Piers M. & Joshua S. MULDAVIN (2004): Upstream, downstream, China, India: the politics of environment in the Himalayan region. – Annals of the Association of American Geographers 94(3): 520–548.

BLASER, Jürgen, CARTER, Jane & Don GILMOUR (eds.) (1998): Biodiversity and sustainable use of Kyrgyzstan's walnut-fruit forests. Gland, Cambridge, Berne: IUCN.

BLOCH, Peter C. & Kathryn RASMUSSEN (1998): Land Reform in Kyrgyzstan. In: WEGREN, Stephen K. (ed.): Land reform in the former Soviet Union and Eastern Europe. London: Routledge. 111–135.

BLOKKER, Paul (2005): Post-communist modernization, transition studies, and diversity in Europe. – European Journal of Social Theory 8(4): 503–525.

BLOMLEY, Nicholas (2005): Remember property? – Progress in Human Geography 29(2): 125–127.

BLOMLEY, Nicholas, DELANY, David & Richard FORD (eds.)(2001): The legal geographies reader. Oxford: Blackwell.

BONACKER, Thorsten (Hg.) (2002): Sozialwissenschaftliche Konflikttheorien: eine Einführung. Opladen: Leske + Budrich.

BÖNKER, Frank, MÜLLER, Klaus & Andreas PICKEL (eds.) (2002): Postcommunist transformation and the social sciences: cross-disciplinary approaches. Lanham: Rowman & Littlefield.

BOTKIN, Daniel B. (1990): Discordant harmonies: a new ecology for the twenty-first century. Oxford: Oxford University Press.

BOURDIEU, Pierre (1982): Die feinen Unterschiede: Kritik der gesellschaftlichen Urteilskraft. Frankfurt/Main: Suhrkamp.

BOVA, Russell (1991): The political dynamics of the post-communist transition: a comparative perspective. – World Politics 44(1): 113–138.

BOYD, Monica (1989): Family and personal networks in international migration: recent development and new agendas. – International Migration Review 23(3): 638–670.

BOZDAĞ, Abidin (1991): Konfliktregion Kirgisien: Dynamik und Eskalation der blutigen Zusammenstöße 1990. – Orient 32(3): 365–393.

BREGEL, Yuri (2003): An historical atlas of Central Asia. Leiden: Brill.

BRIDGE, Gawin (2009): Natural resources. In: GREGORY, Derek, JOHNSTON, Ron, PRATT, Geraldine, WATTS, Michael J. & Sarah WHATMORE (eds.): The dictionary of human geography. Chichester: Wiley-Blackwell. 490–491.

BROMLEY, Daniel W. (1991): Environment and economy: property rights and public policy. Oxford: Blackwell.

BROWER, Daniel R. (1997): Russia's orient: imperial borderlands and peoples, 1700–1917. Bloomington: Indiana University Press.
BROWER, Daniel R. (2003): Turkestan and the fate of the Russian Empire. London, New York: Routledge & Curzon.
BRYANT, Raymond L. (1992): Political ecology: an emerging research agenda in Third-World studies. – Political Geography 11(1): 12–36.
BRYANT, Raymond L. (1997): Beyond the impasse: the power of political ecology in Third World environmental research. – Area 29(1): 5–19.
BRYANT, Raymond L. (1998): Power, knowledge and political ecology in the third world: a review. – Progress in Physical Geography 22(1): 79–94.
BRYANT, Raymond L. (1999): A political ecology for developing countries? Progress and paradox in the evolution of a research field. – Zeitschrift für Wirtschaftsgeographie 43(3-4): 148–157.
BRYANT, Raymond L., RIGG, Jonathan & Philip STOTT (1993): Forest transformation and political ecology in Southeast Asia. – Global Ecology and Biogeography Letters 3: 101–111.
BRYANT, Raymond L. & Sinéad BAILEY (1997): Third World political ecology. London, Routledge.
BRYANT, Raymond L. & Lucy JAROSZ (2004): Ethics in political ecology: a special issue of Political Geography. Introduction. – Political Geography 23(7): 807–812.
BRYANT, Raymond L. & Michael K. GOODMAN (2008): A pioneering reputation: assessing Piers Blaikie's contributions to political ecology. – Geoforum 39(2): 708–715.
BUCHARIN, Nikolaj I (1922): Ökonomik der Transformationsperiode. Hamburg: Hoym.
BUNCE, Valerie (1985): The Empire strikes back: the evolution of the eastern bloc from a Soviet asset to a Soviet liability. – International Organization 39: 1–46.
BURAWOY, Michael & Katherine VERDERY (eds.) (1999): Uncertain transition: ethnographies of change in the postsocialist world. Lanham: Rowman and Littlefield.
BURAWOY, Michael (1992): The end of sovietology and the renaissance of modernization theory. – Contemporary Sociology 21(6): 774–785.
BÜRKNER, Hans-Joachim (2000): Globalisierung, gesellschaftliche Transformation und regionale Entwicklungspfade in Ostmitteleuropa. – Europa Regional 8(3-4): 28–33.
BÜTTNER, Hanna (2001): Wassermanagement und Ressourcenkonflikte. (= Studien zur Geographischen Entwicklungsforschung 19). Saarbrücken: Verlag für Entwicklungspolitik.
BUTTOUD, Gérard & Irina YUNUSOVA (2002): A 'mixed model' for the formulation of a multipurpose mountain forest policy: theory vs. practice on the example of Kyrgyzstan. – Forest Policy and Economics 4(2): 149–160.
CAREY, Henry F. & Rafal RACIBORSKI (2004): Postcolonialism: a valid paradigm for the former Sovietized states and Yugoslavia? – East European Politics and Societies 18(2):191–235.
CARNEY, Diana (Ed.) (1998): Sustainable rural livelihoods: what contribution can we make? London: Department for International Development.
CAROTHERS, Thomas (2002): The end of the transition paradigm. – Journal of Democracy 13(1): 5–21.
CARRÈRE D'ENCAUSSE, Hélène (1994): Civil war and new governments. In: ALLWORTH, Edward (ed.): Central Asia: 130 years of Russian dominance, a historical overview. Durham: Duke University Press. 224–253.
CARTER, Jane, STEENHOF, Brieke, HALDIMANN, Esther & Nurlan AKENSHAEV (2003): Collaborative forest management in Kyrgyzstan: moving from top-down to bottom-up decision-making. – IIED, Gatekeeper Series 108.
CARTER, Jane, GRISA, Ennio, AKENSHAEV, Rysbek, SAPARBAEV, Nurmamat, SIEBER, Patrick & Jean-Marie SAMYN (2010): Revisiting collaborative forest management in Kyrgyzstan: what happened to bottom-up decision-making? – IIED, Gatekeeper Series 148.
CASTREE, Noel & Bruce BRAUN (1998): The construction of nature and the nature of construction. In: BRAUN, Bruce & Noel CASTREE (eds.): Remaking reality: nature at the millennium. London: Routledge. 3–42.

CHATTERJEE, Partha (1993): The nation and its fragments: colonial and postcolonial histories. Princeton: Princeton University Press.
CHAYANOV, Alexandr V. (1986): The theory of peasant economy. Madison: University of Wisconsin Press.
CHEN, Cheng & Rudra SIL (2007): Stretching postcommunism: diversity, context, and comparative historical analysis. – Post-Soviet Affairs 23(4): 275–301.
CHINN, Jeff & Robert KAISER (1996): Russians as the new minority: ethnicity and nationalism in the Soviet successor states. Boulder: Westview.
CHOLLEY, André (1942): La Géographie. Paris : Presses Universitaires de France.
CHOMSKY, Noam (1994): World orders, old and new. New York: Columbia University Press.
CIRIACY-WANTRUP, S.V. & R.C. BISHOP (1975): Common property as a concept in natural resources policy. – Natural Resources Journal 15(4): 713–727.
CLEM, Ralph Scott (1973): The impact of demographic and socioeconomic forces upon the nationality question in Central Asia. In: ALLWORTH, Edward (ed.): The nationality question in Central Asia. New York: Praeger Publishers. 35–44.
COCKBURN, Alexander & James RIDGEWAY (eds.) (1979): Political ecology: an activist's reader on energy, land, food, technology, health, and the economics and politics of social change. New York: Times Books.
COLE, John P. & Igor V. FILATOTCHEV (1992): Some observations on migration and from the former USSR in the 1990s. – Post-Soviet Geography 33(7): 432–453.
COLE, Juan R. L & Deniz KANDIYOTI (2002): Nationalism and the colonial legacy in the Middle East and Central Asia: introduction. – International Journal of Middle East Studies 34, 189–203.
COLLIER, Andrew (1994): Critical realism: the work of Roy Bhaskar. London: Verso.
COLLINS, Kathleen (2006): Clan politics and regime transition in Central Asia. Cambridge: Cambridge University Press.
COMMERCIO, Michele E. (2004): Conflict in Kyrgyzstan? – Kennan Institute Occasional Papers 286. Washington.
CORNELL, Svante & Niklas SWANSTRÖM (2005): Kyrgyzstan's "revolution": poppies or tulips? – Central Asia – Caucasus Analyst 6(10): 5–8.
COULSON, Noël J. (1971): A history of Islamic law. Edinburgh: University Press.
CRONON, William (ed.) (1996): Uncommon ground: rethinking the human place in nature. New York: Norton.
CUMMINGS, Sally (2003): Understanding Central Asia. London: Routledge.
CUMMINGS, Sally N. (2008): Introduction: 'Revolution' not revolution. – Central Asian Survey 27(3-4): 223–228.
CUMMINGS, Sally N. & Maxim RYABKOV (2008): Situating the 'Tulip Revolution'. – Central Asian Survey 27(3-4): 241–252.
CURTIN, Philip D. (1974): The black experience of colonialism and imperialism. In: MINTZ, Sidney W. (ed.): Slavery, colonialism, and racism. New York: Norton. 17–30.
CURZON, George N. (1889): Russia in Central Asia in 1889 and the Anglo-Russian question. [Neudruck London: Cass, 1967].
CVIJANOVIĆ, Vladimir (2002): Beitrag zur Modellierung des Transformationsprozesses. – Forschungsstelle Osteuropa Bremen, Arbeitspapiere und Materialien 36: 7–10.
DAVE, Bhavna (2007): Kazakhstan: Ethnicity, language and power. Abingdon, New York: Routledge.
DAVIS, S.D., HEYWOOD, V.H. & A.C. HAMILTON (1995): Centres of plant diversity: a guide and strategy for their conservation. Vol. 2: Asia, Australia and the Pacific. Cambridge: IUCN.
De HAAN, Leo & Annelies ZOOMERS (2003): Development geography at the crossroads of livelihood and globalisation. – Tijdschrift voor Economische en Sociale Geografie 94(3): 350–362.
DEKKER, Henri (2003): Property regimes in transition: land reform, food security and economic development: a case study in the Kyrgyz Republic. Aldershot: Ashgate.

DEPARTMENT FOR INTERNATIONAL DEVELOPMENT (DFID) (1999): Sustainable Livelihood Guidance Sheets. London: DFID.
DERMANN, Bill & Anne FERGUSON (2003): Value of water: political ecology and water reform in Southern Africa. – Human Organization 62(3): 277–288.
DIREKTOR LESNOGO DEPARTAMENTA (1902): Lesnoe delo v Turkestane. [Das Forstwesen in Turkestan]. – Lesnoj Žurnal 6: 431–472.
DMITRIENKO, V.N. & L.P. KUSNECOVA (2000): Problemy ocenki i regulirovanija processov trudovoi migratsij v Kyrgysskoi Respublike. [Probleme der Einschätzung und Regulierung der Arbeitsmigrationsprozesse in der Kirgisischen Republik]. In: Vnešnjaja migracia Russkojasyčnogo naselenja Kyrgyzstana: problemy i posledstvija. [Emigration der russischsprachigen Bevölkerung Kirgistans: Probleme und Folgen]. Biškek.
DONNERT, Erich (1998): Russland (860 – 1917): Von den Anfängen bis zum Ende der Zarenzeit. Regensburg: Pustet.
DOVE, Michael R. & Bambang HUDAYANA (2008): The view from the volcano: an appreciation of the work of Piers Blaikie. – Geoforum 39(2): 736–746.
DUKES, Paul (1998): A history of Russia: medieval, modern, contemporary c. 882 – 1996. Basingstoke: Macmillan.
DÜNCKMANN, Florian & Verena SANDNER (2003): Naturschutz und autochthone Bevölkerung: Betrachtungen aus Sicht der Politischen Ökologie. – Geographische Zeitschrift 91(2): 75–94.
DUNN, Ethel & Stephen P. DUNN (1973): Ethnic intermarriage as an indicator of cultural convergence in Soviet Central Asia. In: ALLWORTH, E. (ed.): The nationality question in Soviet Central Asia. New York, London: Praeger.
EASTWOOD, Antonia, LAZKOV, Georgy & Adrian NEWTON (2009): The red list of trees of Central Asia. Cambridge.
ECOLOGIST, The (1993): Whose common future? Reclaiming the commons. London: Earthscan.
EDGAR, Adrienne (2006): Bolshevism, patriarchy, and the nation: the Soviet 'emancipation' of Muslim women in pan-Islamic perspective. – Slavic Review 65 (2): 252–272.
EHLERS, Eckart (2008) : Das Anthropozän: Die Erde im Zeitalter des Menschen. Darmstadt: Wissenschaftliche Buchgesellschaft.
EHRLICH, Paul R. (1968): The population bomb. New York: Ballantine Books.
ELEBAEVA, Aynura (2004): Labor migration in Kyrgyzstan. – Central Asia and the Caucasus 27(3): 78–86.
ELEBAYEVA, Aynura, OMURALIEV, Nurbek & Rafis ABAZOV (2000): The shifting identities and loyalities in Kyrgyzstan: the evidence from the field. – Nationalities Papers 28(2): 343–349.
ELIAS, Norbert (1988): Über die Zeit. Frankfurt/Main: Suhrkamp.
ELLIS, Frank (1998): Household strategies and rural livelihood diversification. – Journal of Development Studies 35(1): 1–38.
ELWERT, Georg (1983): Bauern und Staat in Westafrika. Die Verflechtung sozio-ökonomischer Sektoren am Beispiel Benin. Saarbrücken: Breitenbach.
ELWERT, Georg (1987): Ausdehnung der Käuflichkeit und Einbettung der Wirtschaft. In: HEINEMANN, Klaus (Hrsg.): Soziologie wirtschaftlichen Handelns. Opladen: Verlag für Sozialwissenschaften.
ENGEL-DI MAURO, Salvatore (2009): Seeing the local in the global: Political ecologies, world-systems, and the question of scale. – Geoforum 40(1): 116–125.
ENGVALL, Johan (2007): Kyrgyzstan: anatomy of a state. – Problems of Post-Communism 54(4): 33–45.
ENZENSBERGER, Hans M. (1974): A critique of political ecology. – New Left Review 84: 3–31.
ESCOBAR, Arturo (1995): Encountering development: the making and unmaking of the Third World. Princeton: Princeton University Press.
ESCOBAR, Arturo (1996): Constructing nature: elements for a poststructural political ecology. In: PEET, Richard & Michael WATTS (eds.): Liberation ecologies: environment, development, social movements. London: Routledge. 46–68.

ESCOBAR, Arturo (1998): Whose knowledge, whose nature? Biodiversity, conservation, and the political ecology of social movements. – Journal of Political Ecology 5: 53–82.

ESCOBAR, Arturo (1999): After nature: steps to an antiessentialist political ecology. – Current Anthropology 40: 1–30.

ESTEVA, Gustavo (2010): Development. In: SACHS, Wolfgang (ed.): The development dictionary: a guide to knowledge as power. London: Zed Books. 1–23.

ETZEL, Anton von & Hermann WAGNER (1864): Reisen in den Steppen und Hochgebirgen Sibiriens und der angrenzenden Länder Central-Asiens. Nach Aufzeichnungen von Thomas W. Atkinson, A.Th. von Middendorf, G. Radde u.a. Leipzig: Spamer.

EVERETT-HEATH, Tom (ed.) (2003): Central Asia: aspects of transition. London: Routledge.

EVERS, Hans-Dieter (1987): Subsistenzproduktion, Markt und Staat. Der sog. Bielefelder Verflechtungsansatz. – Geographische Rundschau 39(3): 136–140.

EVERS, Hans-Dieter (1994): The trader's dilemma: a theory of the social transformation of markets and society. In: EVERS, Hans-Dieter & Heiko SCHRADER (eds.): The moral economy of trade: ethnicity and developing markets. London: Routledge. 7–14.

EWANS, Martin (ed.) (2004): The great game: Britain and Russia in Central Asia. New York: RoutledgeCurzon.

FAO (Food and Agriculture Organization of the United Nations) (2006): Kyrgyzstan and Tajikistan: Expanding finance in rural areas. Report Series – 11 2006. Rom: FAO Investment Centre/EBRD Cooperation Programme.

FASSMANN, Heinz (1997): Regionale Transformationsforschung: Theoretische Begründung und empirische Beispiele. – Beiträge zur Regionalen Geographie 44: 30–47.

FASSMANN, Heinz (1999): Regionale Transformationsforschung – Konzeption und empirische Befunde. In: PÜTZ, Robert (Hrsg.): Ostmitteleuropa im Umbruch. Wirtschafts- und sozialgeographische Aspekte der Transformation. (= Mainzer Kontaktstudium Geographie 5). Mainz. 11–20.

FASSMANN, Heinz (2000): Zum Stand der Transformationsforschung in der Geographie. – Europa Regional 8(3-4): 13–19.

FAWCETT, James T. (1989): Networks, linkages, and migration systems. – International Migration Review 23(3): 671–680.

FEENY, David, BERKES, Fikret, MCCAY, Bonnie J. & James M. ACHESON (1990): Tragedy of the commons: twenty two years later. – Human Ecology 18(1): 1–19.

FISHER, R.J., SCHMIDT, Kaspar, STEENHOF, Brieke & Nurlan AKENSHAEV (2004): Poverty and forestry: a case study of Kyrgyzstan with reference to other countries in West and Central Asia. LSP Working Paper. FAO – Livelihood Support Programme (LSP). Rome.

FLETCHER, Joseph F. & Boris SERGEYEV (2002): Islam and intolerance in Central Asia: the case of Kyrgyzstan. – Europe-Asia Studies 54(2): 251–275.

FLITNER, Michael (1999): Im Bilderwald: Politische Ökologie und die Ordnungen des Blicks. – Zeitschrift für Wirtschaftsgeographie 43(3-4): 169–183.

FLITNER, Michael (2001): Politische Geographie und `Political Ecology´: ein Diskussionsbericht. In: REUBER, Paul & Günter WOLKERSDORFER (Hg.): Politische Geographie: handlungsorientierte Ansätze und Critical Geopolitics. (= Heidelberger Geographische Arbeiten 112). Heidelberg. 249–255.

FLITNER, Michael (2003): Kulturelle Wende in der Umweltforschung? – Aussichten in Humanökologie, Kulturökologie und Politischer Ökologie. In: GEBHARDT, Hans, REUBER, Paul & Günter WOLKERSDORFER (Hg.): Kulturgeographie: Aktuelle Ansätze und Entwicklungen. Heidelberg: Springer. 213–228.

FLITNER, Michael (2007): Lärm an der Grenze. Fluglärm und Umweltgerechtigkeit am Beispiel des Flughafens Basel-Mulhouse. (= Erdkundliches Wissen 140). Stuttgart: Steiner.

FOREST, Benjamin (2000): Placing the law in geography. – Historical Geography 28, 5–12.

FORSYTH, Tim (2003): Critical political ecology: the politics of environmental science. London: Routledge.

FOUCAULT, Michel (1972): The archeology of knowledge and the discourse on language. New York: Pantheon Books.
FOURNIAU, V. & Catherine POUJOL (2005): The states of Central Asia (second half of nineteenth century to early twentieth century). In: ADLE, Chahryar, PALAT, Madhavan K. & Anara TABYSHALIEVA (eds.): History of civilizations of Central Asia, Vol. VI: Towards the contemporary period: from the mid-nineteenth to the end of the twentieth century. Paris: UNESCO. 29–50.
FRANK, Andre Gunder (1967). Capitalism and underdevelopment in Latin America: historical studies in Chile and Brazil. New York: Monthly Review Press.
FRANK, André Gunder (1980): Abhängige Akkumulation und Unterentwicklung. Frankfurt/Main: Suhrkamp.
FRIEDMAN, Thomas L. (2006): Die Welt ist flach: eine kurze Geschichte des 21. Jahrhunderts. Frankfurt/Main: Suhrkamp.
FUKUYAMA, Francis (1992): The end of history and the last man. London: Hamilton.
FUMAGALLI, Matteo (2007): Usbekische Zwickmühle: Staatsnationalismus und Auslandsusbeken. – Osteuropa 57(8-9): 237–243.
FUTTERER, K. (1901): Durch Asien. Erfahrungen, Forschungen und Sammlungen während der von Amtmann Dr. Holderer unternommenen Reise. Band I. Geographische Charakter-Bilder. Berlin.
GAL, Susan & Gail KLIGMAN (2000): The politics of gender after socialism. Princeton: Princeton University Press.
GALUZO, Petr Grigorevič (1929): Turkestan – Kolonija: očerk istorii Turkestana ot savoevanija russkimi do revoljucii 1917 goda. [Turkestan – Kolonie: Skizze der Geschichte Turkestans von der Eroberung durch die Russen bis zur Revolution 1917]. Moskva.
GAN, P.A. (Hrsg.)(1992): Orechovo-plodovye lesa juga Kyrgyzstana I. Fisiko-geografičeskie uslovija. [Die Walnuss-Wildobst-Wälder Südkirgisistans I. Physisch-geographische Bedingungen]. Biškek.
GARDAZ, Michel (1999): Field report: in search of Islam in Kyrgyzstan. – Religion 29(3): 275–286.
GEBHARDT, Hans, GLASER, Rüdiger, RADTKE, Ulrich & Paul REUBER (Hrsg.) (2007): Geographie: Physische Geographie und Humangeographie. Heidelberg: Spektrum.
GEERTZ, Clifford (1983): Local knowledge: further essays in interpretative anthropology. New York: Basic Books.
GEIGER, Wolfgang & Hugo C.F. MANSILLA (1983): Unterentwicklung: Theorien und Strategien zu ihrer Überwindung. Frankfurt/Main: Diesterweg.
GEISS, Paul Georg (2003): Pre-Tsarist and Tsarist Central Asia: communal commitment and political order in change. London, New York: Routledge Curzon.
GEIß, Paul Georg (2006): Staat und Gesellschaft im sowjetischen Zentralasien. In: FRAGNER, Bert & Andreas KAPPELER (Hrsg.): Zentralasien – 13. bis 20. Jahrhundert. Geschichte und Gesellschaft. Wien: Edition Weltregionen. 161–182.
GEIST, Helmut (1992): Die orthodoxe und politisch-ökologische Sichtweise von Umweltdegradierung. – Die Erde 123(4): 283–295.
GEIST, Helmut (1999): Exploring the entry points for political ecology in the international research agenda on global environmental change. – Zeitschrift für Wirtschaftsgeographie 43(3-4): 158–168.
GIDDENS Antony (1986): Sociology: a brief but critical introduction. London: Macmillan.
GIDDENS, Anthony (1988): Die Konstitution der Gesellschaft: Grundzüge einer Theorie der Strukturierung. Frankfurt/Main: Campus.
GIESE, Ernst (1973): Sovchoz, Kolchoz und persönliche Nebenerwerbswirtschaft in Sowjet-Mittelasien: eine Analyse der räumlichen Verteilungs- und Verflechtungssysteme. (= Westfälische Geographische Studien 27). Münster.

GIESE, Ernst, BAHRO, Gundula & Dirk BETKE (1998): Umweltzerstörungen in Trockengebieten Zentralasiens (West- und Ost-Turkestan): Ursachen, Auswirkungen, Maßnahmen. (= Erdkundliches Wissen 125). Stuttgart: Steiner.
GIORDANO, Christian (2005): Die postsozialistische Transition ist beendet, weil sie nie angefangen hat. Zur Archäologie eines gescheiterten Entwicklungsmodells. Vorträge im Georg-Eckert-Institut, Braunschweig.
GLACKEN, Clarence J. (1967): Traces of the Rhodian Shore. Berkeley: University of California Press.
GLAESER, Bernhard (1979): Politische Ökologie der Entwicklungsländer: eine angewandte Humanökologie. Papers aus dem Internationalen Institut für Umwelt und Gesellschaft des Wissenschaftszentrums Berlin 80–9. Berlin.
GLEASON, Gregory (2003): Markets and politics in Central Asia: structural reform and political change. London: Routledge.
GLICK SCHILLER, Nina, BASCH, Linda & Cristina BLANC-SZANTON (eds.)(1992): Towards a transnational perspective on migration: race, class, ethnicity, and nationalism reconsidered. New York: New York Academy of Sciences.
GOODMAN, Elliott R. (1964): Von der Völkerverschmelzung zur Assimilierung in Nationalstaaten und Hegemonialmächten. – Osteuropa: Zeitschrift für Gegenwartsfragen des Ostens 11/1964: 830–836.
GORZELAK, Grzegorz (1996): The regional dimension of transformation in Central Europe. London: Kingsley.
GOTTSCHLING, Hagen, AMATOV, Isabek & Georgy LAZKOV (2005): Zur Ökologie und Flora der Walnuß-Wildobst-Wälder in Süd-Kirgisistan. – Archiv für Naturschutz und Landschaftsforschung 44(1): 85–130.
GRABHER, Gernot & David STARK (1997): Organizing diversity: evolutionaly theory, network analysis and postsocialism. – Regional Studies 31(5): 533–544.
GRANER, Elvira (1997): The political ecology of community forestry in Nepal. (= Freiburger Studien zur Geographischen Entwicklungsforschung 14). Saarbrücken.
GRANER, Elvira (1999): Wälder für wen? Eine Politische Ökologie des Waldzugangs in Nepal. – Zeitschrift für Wirtschaftsgeographie 43(3-4): 202–212.
GREGORY, Derek (1994): Geographical imaginations. Cambridge: Blackwell.
GREGORY, Derek (2000): Post-colonialism. In: JOHNSTON, Ron J., GREGORY, Derek, PRATT, Geraldine & Michael WATTS (eds.): The dictionary of human geography. Oxford: Blackwell. 612–615.
GREGORY, Derek (2004): The colonial present. Malden: Blackwell.
GRODEKOV, N.I. (1889): Kirgisy i karakirgisy Syr-darinskoj oblasti – Juridičeskij byt [Die Kirgisen und Karakirgisen der Provinz Syr-Darja – das alltägliche Rechtswesen/Rechtspraktiken]. Taškent.
HABERMAS, Jürgen (1981): Theorie des kommunikativen Handelns. Frankfurt/Main: Suhrkamp.
HABERMAS, Jürgen (1990): Die nachholende Revolution. Frankfurt/Main: Suhrkamp.
HAECKEL, Ernst (1866): Generelle Morphologie der Organismen. Berlin: Reimer.
HAJER, Marteen A. (1995): The politics of environmental discourse. Oxford: Clarendon.
HALBACH, Uwe (2007): Das Erbe der Sowjetunion. Kontinuitäten und Brüche in Zentralasien. – Osteuropa 57(8-9): 77–98.
HALL, Stuart (1996): When was 'the post-colonial' thinking at the limit. In: CHAMBERS, Iain (ed.): The post-colonial question: common skies, divided horizons. London: Routledge. 242–260.
HAMBLY, Gavin (1998): Zentralasien. Weltbild Weltgeschichte 16. Augsburg: Weltbild Verlag.
HANKS, Reuel R. (2011): Crisis in Kyrgyzstan: conundrums of ethnic conflict, national identity and state cohesion. – Journal of Balkan and Near Eastern Studies 13(2): 177–187.
HANN, Christopher (2002): Abschied vom sozialistischen ‚Anderen'. In: HANN, Christopher (ed.): Postsozialismus: Transformationsprozesse in Europa und Asien aus ethnologischer Perspektive. Frankfurt: Campus. 11–26.

HANN, Christopher, HUMPHREY, Caroline & Katherine VERDERY (2002): Einleitung. Der Postsozialismus als Gegenstand ethnologischer Forschung. In: HANN, Christopher (ed.): Postsozialismus: Transformationsprozesse in Europa und Asien aus ethnologischer Perspektive. Frankfurt: Campus. 11–48.
HANNA, Susan S.; FOLKE, Carl & Karl-Göran MÄLER (eds.) (1996): Rights to nature: ecological, economic, cultural, and political principles of institutions for the environment. Washington: Island.
HARAWAY, Donna (1988): Situated knowledges: the science question in feminism and the privilege of partial perspective. – Feminist Studies 14(3): 575–599.
HARDIN, Garrett (1968): The tragedy of the commons. – Science 162, 1243–1248.
HARPER, Krista (2006): Wild capitalism: environmental activists and post-socialist political ecology in Hungary. New York: Columbia University Press.
HARRÉ, Rom, BROCKMEIER, Jens & Peter MÜHLHÄUSLER (1999): Greenspeak: a study of environmental discourse. Thousand Oaks: Sage.
HARTWIG, Jürgen (2007): Die Vermarktung der Taiga. Die Politische Ökologie der Nutzung von Nicht-Holz-Waldprodukten und Bodenschätzen in der Mongolei. (= Erdkundliches Wissen 143). Stuttgart.
HARVEY, David (1973): Social justice and the city. Baltimore: Johns Hopkins University Press.
HARVEY, David (1993): The nature of environment: the dialectics of social and environmental change. In: MILIBAND, Ralph (ed.): Real problems, false solutions. London: Merlin. 1–51.
HAUCK, Gerhard (1988): Zurück zur Modernisierungstheorie? Eine entwicklungstheoretische Bilanz. – Argument 30, 2, 235–248.
HAUGEN, Arne (2003): The establishment of national republics in Soviet Central Asia. Basingstoke: Palgrave Macmillan.
HAYIT, Baymirza (1956a): Turkestan im XX. Jahrhundert. Darmstadt: Leske.
HAYIT, Baymirza (1956b): Die kommunistische Partei in Turkestan. – Osteuropa: Zeitschrift für Gegenwartsfragen des Ostens 03/1956: 264–269.
HAYLES, N. Katherine (1995): Searching for common ground. In: SOULÉ, Michael E. & Gary LEASE (eds.): Reinventing nature? Responses to postmodern deconstruction. Washington: Island. 47–64.
HEAD, Lesley (2007): Cultural ecology: the problematic human and the terms of engagement. – Progress in Human Geography 31(6): 837–846.
HEATHERSHAW, John (2009): Rethinking the international diffusion of coloured revolutions: the power of representation in Kyrgyzstan. – Journal of Communist Studies and Transition Politics 25(2-3): 297–323.
HEINEMANN-GRÜDER, Andreas & Holger HABERSTOCK (2007): Sultan, Klan und Patronage: Regimedilemmata in Zentralasien. – Osteuropa 57(8-9): 121–138.
HELLWALD, Friedrich von (1873): Die Russen in Centralasien. Eine Studie über die neueste Geographie und Geschichte Centralasiens. Augsburg: Butsch.
HELLWALD, Friedrich von (1879): Centralasien: Landschaften und Völker in Kaschgar, Turkestan, Kaschmir und Tibet. Leipzig: Spamer.
HELVETAS KYRGYZSTAN (2003): Community Based Tourism Support Project (CBTSP), Kyrgyzstan. Project Document Phase IV: 2003–2005. Bishkek, Zürich.
HEMERY, G.E. & S.I. POPOV (1998): The walnut (Juglans regia L.) forests of Kyrgyzstan and their importance as genetic resource. – Commonwealth Forestry Review 77: 272–276.
HEMERY, G.E. (1998): Walnut (*Juglans regia*) seed-collecting expedition to Kyrgyzstan in Central Asia. – Quarterly Journal of Forestry 92: 153–157.
HERB, Guntrum H. & David H. KAPLAN (eds.) (1999): Nested identities: nationalism, territory, and state. Lanham: Rowman.
HERBERS, Hiltrud (1998): Arbeit und Ernährung in Yasin. (= Erdkundliches Wissen 123). Stuttgart: Steiner.

HERBERS, Hiltrud (2006): Landreform und Existenzsicherung in Tadschikistn: Die Handlungsmacht der Akteure im Kontext der postsowjetischen Transformation. (= Erlanger Geographische Arbeiten 33). Erlangen.
HETTNER, Alfred (1947): Allgemeine Geographie des Menschen I. Die Menschheit. Grundlegung der Geographie des Menschen. Stuttgart: Kohlhammer.
HIRSCH, Francine (1997): The Soviet Union as a work-in-progress: ethnographers and the category nationality in the 1926, 1937, and 1939 censuses. – Slavic Review 56(2): 251–278.
HIRSCH, Francine (2000): Toward an empire of nations: border-making and the formation of Soviet national identities. – The Russian Review 59(2): 201–226.
HOEN, Herman W. (1995): Theoretically underpinning the transition in Eastern Europe: an Austrian view. – Economic Systems 19(1): 59–77.
HOLDSWORTH, Mary (1959): Turkestan in the nineteenth century: a brief history of the Khanates of Bukhara, Kokand and Khiva. Oxford: Central Asian Research Centre.
HOLMES, Leslie (1997): Post-communism: an introduction. Cambridge: Polity Press.
HOMBORG, Alf (2001): The power of the machine: global inequalities of economy, technology and environment. Walnut Creek: Altamira.
HOPKINS, Terence K. & Immanuel WALLERSTEIN (1982): World-systems analysis: theory and methodology. Beverly Hills: Sage.
HOPKIRK, Peter (1990): The Great Game: on secret service in High Asia. London: Murray.
HÖTZSCH, Otto (1966): Russland in Asien: Geschichte einer Expansion. Stuttgart: Deutsche Verlagsanstalt.
HUET, Thomas (2007): Mars 2005 au Kirghizistan: «révolution des tulipes» ou alternance violente? – Cahiers d'Asie centrale 15/16.
HUMBOLDT, Alexander von (1808): Ansichten der Natur. Tübingen: Cotta.
HUMBOLDT, Alexander von (1845–1862): Kosmos: Entwurf einer physischen Weltbeschreibung. Stuttgart, Augsburg: Cotta.
HUMPHREY, Caroline (1995): Introduction. In: ANDERSON, David G. & Frances PINE (eds.): Surviving the transition: development concerns in the post-socialist world. Special Issue, Cambridge Anthropology 18(2): 1–12.
HUMPHREY, Caroline (2002): Ist ‚postsozialistisch' noch eine brauchbare Kategorie? In: HANN, Christopher (Ed.): Postsozialismus: Transformationsprozesse in Europa und Asien aus ethnologischer Perspektive. Frankfurt: Campus. 26–31.
HUNTINGTON, Elsworth (1915): Civilization and climate. New Haven: Yale University Press.
HUNTINGTON, Samuel (1993): The third wave: democratization in the late twentieth century. Norman: University of Oklahoma Press.
HUSKEY, Eugene (1997): Kyrgyzstan: the politics of demographic and economic frustration. In: BREMMER, Ian & Ray TARAS (eds.): New states, new politics: building the post-Soviet nations. Cambridge: Cambridge University Press. 654–680.
HUSKEY, Eugene (2003): National identity from scratch: Defining Kyrgyzstan's role in world affairs. – Journal of Communist Studies and Transition Politics 19(3): 111–138.
INTERNATIONAL CRISIS GROUP (2008): Kyrgyzstan: the challenge of judicial reform. – Crisis Group Asia Report 150. o.O.
INTERNATIONAL ORGANISATION OF MIGRATION (2001): Vnutrennjaja migracija v Kyrgyzskoi Respublike. [Binnenmigration in der Kirgisischen Republik]. Biškek.
ISLAMOV, B. (2000): Migration of population in independent states of Central Asia. In: KOMATSU, Hisao, OBIYA, Chika & John S. SCHOEBERLEIN (eds.): Migration in Central Asia: its history and current problems. Osaka: The Japan Center for Area Studies. 179–197.
IVANOV, Y.M. (1987): The October Revolution and the East. Moscow: Nauka.
IVES, Jack D. & Bruno MESSERLI (1989): The Himalayan dilemma: reconciling development and conservation. London: John Wiley and Sons.
JACOBS, Jane M. (2002): (Post)colonial spaces. In: DEAR, Michael J. & Steven FLUSTY (eds.): The spaces of postmodernity: readings in human geography. Oxford: Blackwell. 192–199.

JACQUESSON, Svetlana(2010): Reforming pastoral land use in Kyrgyzstan: from clan and custom to self government and tradition – Central Asian Survey 29(1): 103–118.
JÄGER, Siegfried (2004): Kritische Diskursanalyse. Eine Einführung. Münster: Unrast.
JANOS, Andrew (2001): From eastern empire to western hegemony: East Central Europe under two international regimes. – East European Politics and Societies 15(2):221–249.
JURAEV, Shairbek (2008): Kyrgyz democracy? The Tulip Revolution and beyond. – Central Asian Survey 27(3-4): 253–264.
KAISER, Robert J. (1995): Nationalizing the work force: ethnic restratification in the newly independent states. – Post-Soviet Geography 36: 87–111.
KAISER, Robert J. (1997): Nationalism and identity. In: BRADSHAW, Michael J. (ed.): Geography and transition in the post-soviet republics. Chichester: Wiley. 9–30.
KALTHOFF, Helmut & Eckehard F. ROSENBAUM (2000): Wirtschaftswissenschaftliche Transformationsforschung: Stand, Probleme und Perspektiven. – Europa Regional 8(3-4): 6–12.
KANDIYOTI, Deniz (2002): Post-colonialism compared: potentials and limitations in the Middle East and Central Asia. – International Journal of Middle East Studies 34(2): 279–297.
KAPPELER, Andreas (2001): Rußland als Vielvölkerreich. Entstehung – Geschichte – Zerfall. München: Beck.
KAPPELER, Andreas (2006): Russlands zentralasiatische Kolonien bis 1917. In: FRAGNER, Bert & Andreas KAPPELER (Hrsg.): Zentralasien – 13. bis 20. Jahrhundert. Geschichte und Gesellschaft. Wien: Edition Weltregionen. 139–160.
KAUFMANN, A. (1908): Russkaja obščina v processe ee saroždenija i rosta. [Die Russische Gemeinde im Prozess ihrer Entstehung und ihres Wachstums]. Moskva.
KELLER, Reiner (2008): Wissenssoziologische Diskursanalyse – Grundlegung eines Forschungsprogramms. Wiesbaden: VS Verlag für Sozialwissenschaften.
KENNEDY, Michael D. (2002): Cultural formations of post-communism: emancipation, transition, nation and war. Minneapolis: University of Minnesota Press.
KHAZANOV, Aanatolij M. (1995) After the USSR: ethnicity, nationalism, and politics in the Commonwealth of independent states. Madison: University of Wisconsin Press.
KIDECKEL, David A. (2002): Die Auflösung der ost- und mitteleuropäischen Arbeiterklasse. In: HANN, Christopher (ed.): Postsozialismus: Transformationsprozesse in Europa und Asien aus ethnologischer Perspektive. Frankfurt: Campus. 175–200.
KIRCHMAYER, Carola & Matthias SCHMIDT (2004): Transformation des Tourismus in Kirgistan: Zwischen staatlich gelenkter *rekreacija* und neuem *backpacking*. – Tourismus Journal 8: 399–417.
KITSCHELT, Friedrich (1987): Die Kunst zu überleben. Reproduktionsstrategien von Fischern in Jamaika. (= Bielefelder Studien zur Entwicklungssoziologie 34). Saarbrücken.
KLOTEN, Norbert (1991): Die Transformation von Wirtschaftsordnungen: theoretische, phänotypische und politische Aspekte. Tübingen: Mohr.
KLÜTER, Helmut (2000): Räumliche Aspekte von Transformationsproblemen aus systemtheoretischer Perspektive. – Europa Regional 8(3-4): 35–51.
KNIGHT, David B. (1982): Identity and territory: geographical perspectives on nationalism and regionalism. – Annals of the Association of American Geographers 72(4):514–531.
KOBONBAEV, Maks (2005): Costs and benefits of the "Kyrgyz Revolution". – Central Asia–Caucasus Analyst 6(7): 3–5.
KÖHLER, Horst (2002): The continuing challenge of transition and convergence. In: TUMPEL-GUGERELL, Getrude (ed.) Completing transition: the main challenges. Berlin: Springer. 11–16.
KOICHIEV, Arslan (2003): Ethno-territorial claims in the Ferghana Valley during the process of national delimitation, 1924–7. In: EVERETT-HEATH, Tom (ed.): Central Asia: aspects of transition. London: Routledge. 45–56.
KOIČUEV, T., DANIJAROV, S.S. & V.M. PLOSKIH (1996): Istorija Kyrgyzov i Kyrgyzstana. [Geschichte der Kirgisen und Kirgistans]. Biškek.

KOICHUMANOV, Talaibek, OTORBAYEV, Joomart & S. Frederick STARR (2005): Kygyzstan: the path forward. Silk Road Paper. Massachusetts, Uppsala: Central Asia-Caucasus Institute & Silk Road Studies Program.

KOLESOV [GOR'KIJ, Maksim & Vsevolod V. IVANOV] (1935): Vojna v peskach. [Krieg in der Sandwüste]. Leningrad.

KOLOV, Oleg (1998): Ecological characteristics of the walnut-fruit forests of Southern Kyrgyzstan. – In: BLASER, Jürgen, CARTER, Jane & Don GILMOUR (eds.): Biodiversity and sustainable use of Kyrgyzstan's walnut-fruit forests. – Gland, Cambridge, Berne: IUCN. 59–61.

KOLOV, Oleg (Hrsg.) (1997): Orechovo-plodovye lesa juga Kyrgyzstana [Die Walnuss-Wildobst-Wälder im südlichen Kirgistan]. Biškek.

KÖNIG, Michael (2002): Möglichkeiten einer umfassenden Transformationstheorie. – Forschungsstelle Osteuropa Bremen, Arbeitspapiere und Materialien 36: 16–20.

KORDŽINSKI, S. (1896): Rastitelnosti Turkestana I–III. Sakaspijskaja Oblast, Fergana i Alaj. St Peterburg. [Studien zu den Pflanzen in Turkestan I – III. Zakaspijskaja oblast, Fergana und Alai]. St Peterburg.

KORNAI, János (1980): Economics of shortage. Amsterdam: North-Holland Publisher.

KOSELLECK, Reinhart (1979): Vergangene Zukunft: zur Semantik geschichtlicher Zeiten. Frankfurt/Main: Suhrkamp.

KOSTENKO, Leo Feofilovich (1882): The Turkistan region: being a military statistical review of the Turkistan military district of Russia, or Russian-Turkistan gazetteer. Simla: Governmental Central Branch Press.

KOUPLEVATSKAYA, Irina (2006): The national forest programme as an element of forest policy reform: findings from Kyrgyzstan. – Unasylva 57(225): 15–22.

KRADER, Lawrence (1963): Social organization of the Mongol-Turkic pastoral nomads. The Hague: Mouton.

KRADER, Lawrence (1966): Peoples of Central Asia. Bloomington: Indiana University Press.

KRAHMER Gustav (1897): Russland in Mittelasien. Leipzig: Zuckschwerdt.

KREUTZMANN, Hermann (2003): Theorie und Praxis in der Entwicklungsforschung: Einführung in das Themenheft. – Geographica Helvetica 58(1): 2–10.

KREUTZMANN, Hermann (2006): Neue Drei-Welten-Lehren in der Entwicklungsforschung. Kluft und Konflikt im globalen Spannungsfeld. – Geographische Rundschau 58(10): 4–14.

KRINGS, Thomas (1996): Politische Ökologie der Tropenwaldzerstörung in Laos. – Petermanns Geographische Mitteilungen 140(3): 161–175.

KRINGS, Thomas (1999): Agrarwirtschaftliche Entwicklung: Verfügungsrechte an natürlichen Ressourcen und Umwelt in Laos. – Zeitschrift für Wirtschaftsgeographie 43(3-4): 213–228.

KRINGS, Thomas (2007): Politische Ökologie. In: GEBHARDT, Hans, GLASER, Rüdiger, RADTKE, Ulrich & Paul REUBER (Hg.): Geographie: Physische Geographie und Humangeographie. München: Spektrum. 949–958.

KRINGS, Thomas (2008): Politische Ökologie: Grundlagen und Arbeitsfelder eines geographischen Ansatzes der Mensch-Umwelt-Forschung. – Geographische Rundschau 60(12): 4–9.

KRINGS, Thomas & Barbara MÜLLER (2001): Politische Ökologie: theoretische Leitlinien und aktuelle Forschungsfelder. In: REUBER, Paul & Günter WOLKERSDORFER (Hg.): Politische Geographie: handlungsorientierte Ansätze und Critical Geopolitics. (= Heidelberger Geographische Arbeiten 112). Heidelberg. 93–116.

KRIWOSCHEIN, A. (1913): Denkschrift des Chefs der Hauptverwaltung für Landeinrichtung und Landwirtschaft. Berlin.

KUBICEK, Paul (1998): Authoritarianism in Central Asia: curse or cure? – Third World Quarterly 19(1): 29–43.

KUEHNAST, Kathleen (1996): Canaries in a coal mine? Women and nation-building in the Kyrgyz Republic. – The Anthropology of East Europe Review 14(2).

KUEHNAST, Kathleen & Nora DUDWICK (2004): Better a hundred friends than a hundred rubles? Social networks in transition – the Kyrgyz Republic. World Bank Working Paper 39. Washington.

KULL, Christian A. (2004): Isle of fire: the political ecology of landscape burning in Madagascar. Chicago: University of Chicago Press.

KULOV, Emir (2008): March 2005: parliamentary elections as a catalyst of protests. – Central Asian Survey 27(3-4):337–347.

KUPATADZE, Alexander (2008): Organized crime before and after the Tulip Revolution: the changing dynamics of upperworld-underworld networks. – Central Asian Survey 27(3-4):279–299.

KUUS, Merje (2004): Europe's eastern expansion and the reinscription of otherness in East-Central Europe – Progress in Human Geography 28(4): 472–489.

LARUELLE, Marlène (2007): Wiedergeburt per Dekret: Nationsbildung in Zentralasien. – Osteuropa 57(8-9): 139–154.

LATOUR, Bruno (1987): Science in action: how to follow scientists and engineers through society. Cambridge: Harvard University Press.

LATOUR, Bruno (1995): Wir sind nie modern gewesen: Versuch einer symmetrischen Anthropologie. Berlin: Akademie Verlag.

LAZZERINI, Edward J. (2008): Theory, like mist in glasses: a response to Laura Adams. – Central Eurasian Studies Review 7(2): 3–6.

LEACH, Melissa & Robin MEARNS (eds.) (1996): The lie of the land: challenging received wisdom on the African environment. London: International African Institute.

LEACH, Melissa, MEARNS, Robin & Ian SCOONES (1999): Environment entitlements: dynamics and institutions in community-based natural resource management. – World Development 27(2): 225–247.

LEFEBVRE, Henri (1991): The social production of space. Oxford: Blackwell.

LENIN, Wladimir I. (1946): Der Imperialismus als höchstes Stadium des Kapitalismus. Berlin.

LEVCHINE, A. de (1840): Description des Hordes et des Steppes des Kirghiz-Kazaks ou Kirghiz-Kaissaks. Paris.

LEWIS, David (2008): The dynamics of regime change: domestic and international factors in the 'Tulip Revolution'. – Central Asian Survey 27(3-4): 265–277.

LINDNER, Peter (2008): Der Kolchoz-Archipel im Privatisierungsprozess: Wege und Umwege der russischen Landwirtschaft in die globale Marktwirtschaft. Bielefeld: transcript.

LIPOVSKY, Igor (1995): The Central Asian cotton epic. – Central Asian Survey 14(4): 529–542.

LISNEVSKY, V.I. (1884): Gornye lesa Ferganskoj oblasti. [Die Bergwälder des Fergana-Gebiets]. Novyi Margilan.

LOHNERT, Beate & Helmut GEIST (1999): Endangered ecosystems and coping strategies: towards a conceptualization of environmental change in the developing world. In. LOHNERT, Beate & Helmut GEIST (Eds.): Coping with changing environments: social dimensions of endangered ecosystems in the developing world. Aldershot: Ashgate. 1–53.

LOOMBA, Ania (2005): Colonialism / postcolonialism. London: Routledge.

LUDI, Eva (2003): Sustainable pasture management in Kyrgyzstan and Tajikistan: development needs and recommendations. – Mountain Research and Development 23(2): 119–123.

LUONG, Pauline Jones (ed.) (2004): The transformation of Central Asia: states and societies from Soviet rule to independence. Ithaca: Cornell University Press.

LYNN, Nicholas J. (1999): Geography and transition: reconceptualizing systemic change in the former Soviet Union. – Slavic Review 58(4): 824–840.

MACHATSCHEK, Fritz (1921): Landeskunde von Russisch Turkestan. (= Bibliothek länderkundlicher Handbücher). Stuttgart: Engelhorn.

MACKENZIE, A. Fiona (2003): Land tenure and biodiversity: an exploration in the political ecology of Murang'a District, Kenya. – Human Organization 62(3): 255–266.

MAKHNOVSKIJ, I.K. & I.N. ČEBOTAREV (1963): Orechovo-plodovye lesa Kirgisii i ochrana ich ot vreditelej. [Die Walnusswälder Kirgistans und der Schutz vor Schädlingen]. Frunze.

MALTHUS, Thomas Robert (1798): An essay on the principle of population. London: John Murray.
MANGOTT, Gerhard (Hrsg.) (1996): Bürden auferlegter Unabhängigkeit: neue Staaten im postsowjetischen Zentralasien. (= Laxenburger Internationale Studien 10). Wien.
MARAT, Erica (2006): The Tulip Revolution: Kyrgyzstan one year after. March 15, 2005 – March 24, 2006. Washington: The Jamestown Foundation.
MARAT, Erica (2008): March and after: what has changed? What has stayed the same? – Central Asian Survey 27(3-4): 229–240.
MARSH, George Perkins (1864): Man and nature, or, physical geography as modified by human action. Oxford: Oxford University Press.
MARSHALL, Alexander (2003): Turkfront: Frunze and the development of Soviet counterinsurgency in Central Asia. In: EVERETT-HEATH, Tom (ed.): Central Asia: aspects of transition. London: Routledge. 5–29
MARSTON, Sallie A. (2000): The social construction of scale. – Progress in Human Geography 24(2): 219–242.
MARSTON, Sallie A., JONES, John P. & Keith WOODWARD (2005): Human geography without scale. – Transactions of the Institute of British Geographers 30(4): 416–432.
MARX, Karl & Friedrich ENGELS (1845–46): Die deutsche Ideologie. [Neudruck Berlin: Dietz, 1969].
MASALSKIJ, V.I. (1913): Turkestanskij kraj. (Rossija. Polnoe geografičeskoe opisanie našego otečestva. Nastolnaja i dorožnaja, kniga 19). [Region Turkestan (Russland. Vollständige geographische Beschreibung unseres Vaterlandes. Hand- und Fahrtenbuch, Band 19)]. St Peterburg.
MASSELL, Gregory J. (1974): The surrogate proletariat: Moslem women and revolutionary strategies in Soviet Central Asia, 1919–1929. Princeton: Princeton University Press.
MASSEY, Doreen (1991): A global sense of place. – Marxism Today, June 1991: 24–29.
MASSEY, Douglas S., ARANGO, Joaquin, HUGO, Graeme, KOUAOUCI, Ali, PELLEGRINO, Adela & J. Edward TAYLOR (1993): Theories of international migration: a review and appraisal. – Population and Development Review 19(3): 431–466.
MATLEY, Ian M. (1994): Agricultural development (1865–1963). In: ALLWORTH, Edward (ed.): Central Asia: 130 years of Russian dominance: a historical overview. Durham: Duke University Press. 266–308.
MATTHEWS, Mervyn (1993): The passport society: controlling movement in Russia and the USSR. Boulder: Westview.
MATTISSEK, Annika (2007): Diskursanalyse in der Humangeographie – „State of the Art". – Geographische Zeitschrift 92(4): 37–55.
MATTISSEK, Annika & Paul REUBER (2004): Die Diskursanalyse als Methode in der Geographie – Ansätze und Potentiale. – Geographische Zeitschrift 92(4): 227–242.
MAYDELL, Hans-Jürgen von (1983): Forst- und Holzwirtschaft der Sowjetunion. Teil 4: Kasachstan und die mittelasiatischen Sowjetrepubliken. (= Mitteilungen der Bundesforschungsanstalt für Forst- und Holzwirtschaft 140). Hamburg.
MAYHEW, Bradley, CLAMMER, Paul & Michael KOHN (2000): Central Asia. Melbourne: Lonely Planet Publications.
MCAULEY, Alastair (1992): The Central Asian economy. In: ELLMAN, Michael & Vladimir KONTOROVICH (eds.): The disintegration of the Soviet economic system. London: Routledge.
MCCARTHY, James (2002): First World political ecology: lessons from the Wise Use Movement. – Environment and Planning A 34(7): 1281–1302.
MCCAY, Bonnie J. & James M. ACHESON (1987): The question of the commons: the culture and ecology of communal resources. Tucson: University of Arizona Press.
MCEWAN, Cheryl (2002): Postcolonialism. In: DESAI, Vandana & Robert POTTER (eds.): The companion to development studies. London: Arnold. 127–131.
MCEWAN, Cheryl (2003): Material geographies and postcolonialism. – Singapore Journal of Tropical Geography 24(3): 340–355.

MCGRANAHAN, G. (1998): The importance of genetic diversity to the world's walnut crop industry. In: BLASER, Jürgen, CARTER, Jane & Don GILMOUR (eds.): Biodiversity and sustainable use of Kyrgyzstan's walnut-fruit forests. Gland, Cambridge: IUCN. 105–106.

MEADOWS, Donella, MEADOWS, Dennis, RANDERS, Jørgen & William W. BEHRENS (1972): The limits to growth: a report for the Club of Rome's project on the predicament of mankind. New York: Universe Books.

MEGORAN, Nick (2004): The critical geopolitics of the Uzbekistan–Kyrgyzstan Ferghana Valley boundary dispute, 1999–2000. – Political Geography 23(6): 731–764.

MEGORAN, Nick (2006): For ethnography in political geography: experiencing and re-imagining Ferghana Valley boundary closures. – Political Geography 25(6): 622–640.

MEHNERT, Klaus (1956): Kolchose und Baumwolle in Usbekistan. – Osteuropa: Zeitschrift für Gegenwartsfragen des Ostens 02/1956: 104–109.

MEISSNER, Boris (1982): Nationalitätenfrage und Sowjetideologie. In: BRUNNER, Georg & Boris MEISSNER (Hrsg.): Nationalitätenprobleme in der Sowjetunion und Osteuropa. Köln: Markus.

MELLOR, Roy E. (1989): Nation, state and territory. London: Routledge.

MENGES, Karl H. (1994): People, languages, and migrations. In: ALLWORTH, Edward (ed.): Central Asia: 130 years of Russian dominance, a historical overview. Durham: Duke University Press. 60–91.

MENSCHING, Horst (1990): Desertifikation: ein weltweites Problem der ökologischen Verwüstung in den Trockengebieten der Erde. Darmstadt: Wissenschaftliche Buchgesellschaft.

MERZLYAKOVA, Irina (2002): The mountains of Central Asia and Kazakhstan. In: SHAHGEDANOVA, Maria (ed.): The physical geography of Northern Eurasia. Oxford: Oxford University Press. 377–402.

MEŠTROVIĆ, Stjepan (1994): The Balkanization of the West: the confluence of postmodernism and postcommunism. London: Routledge

MEURS, Mieke & Zamira SATARKULOVA (2004): Government decentralization and development in transition economies: the case of the Kyrgyz Republic. Bishkek: American University.

MICHELL, John & Robert MICHELL (1865): The Russians in Central Asia: their occupation of the Kirghiz steppe and the line of the Syr-Daria: their political relations with Khiva, Bokhara, and Kokan. Also descriptions of Chinese Turkestan and Dzungaria. By Capt. Valikhanof, M. Veniukof and other Russian travellers. London: Stanford.

MILLER, Alan S. (1978): A planet to choose: value studies in political ecology. New York: Pilgrim.

MITCHELL, Don (2000): Cultural geography: a critical introduction. Oxford: Blackwell.

MOORE, Adam (2008): Rethinking scale as a geographical category: from analysis to practice. – Progress in Human Geography 32(2): 203–225.

MOORE, Peter D., CHALONER, William G. & Philipp STOTT (1996): Global environmental change. Oxford: Blackwell Science.

MOROZOVA, Irina (2009): External powers' influence upon the reform and political elites in present Kyrgyzstan. – Caucasian Review of International Affairs 3(1): 86–97.

MUKTA, Parita & David HARDIMAN (2000): The political ecology of nostalgia. – Capitalism Nature Socialism 11(1): 113–133.

MULDAVIN, Joshua (1996): The political ecology of agrarian reform in China: the case of Helongjiang Province. In: PEET, Richard & Michael WATTS (eds.): Liberation ecologies: environment, development, social movements. London: Routledge. 227–259.

MULDAVIN, Joshua (1997): Assessing environmental degradation in contemporary China's hybrid economy: state policy reform and agrarian dynamics in Heilongjiang province. – Annals of the Association of American Geographers 87(4): 579–613.

MULDAVIN, Joshua (2008): The time and place for political ecology: an introduction to the articles honouring the life-work of Piers Blaikie. – Geoforum 39(2): 687–697.

MÜLLER, Barbara (1999): Goldgräbergeschichten: eine politisch-ökologische Betrachtung des Gold- und Diamantenabbaus in den Wäldern Südost-Venezuelas. – Zeitschrift für Wirtschaftsgeographie 43(3-4): 229–244.

MÜLLER, Hansrüdi & Martin FLÜGEL (1999): Tourismus und Ökologie: Wechselwirkungen und Handlungsfelder. (= Berner Studien zu Freizeit und Tourismus). Bern.

MÜLLER, Klaus (1991): Nachholende Modernisierung? Die Konjunkturen der Modernisierungstheorie und ihre Anwendung auf die Transformation der osteuropäischen Gesellschaften. – Leviathan 19(2): 261–291.

MÜLLER, Klaus (1996): Kontingenzen der Transformation. – Berliner Journal der Soziologie 4: 449–466.

MÜLLER, Klaus (2001): Post-Washingtoner Consensus und Comprehensive Development Framework. Neue Perspektiven für Transformationsforschung und Transformationstheorie. – Berliner Osteuropa Info 16/2001: 5–13.

MÜLLER, Ueli & B.I. VENGLOVSKY (1998): L'économie des forêts de montagne dans l'Ex-URSS: l'example du Kirghizistan. – Revue Forestière Française numéro spécial: 148–160.

MUSURALIEV, Turatbek (1998): Forest management and policy for the walnut-fruit forests of the Kyrgyz Republic. – In: BLASER, Jürgen, CARTER, Jane & Don GILMOUR (eds.): Biodiversity and sustainable use of Kyrgyzstan's walnut-fruit forests. – Gland, Cambridge, Berne: IUCN. 3–17.

MYERS, Norman (1979): The sinking ark: a new look at the problem of disappearing species. Oxford: Pergamon.

NACIONAL'NAJA POLITIKA (1930): VKP (b) v cifrach. [Allrussische Kommunistische Partei (Bol'ševiki) in Zahlen]. Moskva.

NACIONAL'NYJ STATISTIČESKIJ KOMITET KYRGYZSKOJ RESPUBLIKI (2004): Kyrgyzstan v cifrach. [Kirgistan in Zahlen]. Biškek.

NACIONAL'NYJ STATISTIČESKIJ KOMITET KYRGYSSKOJ RESPUBLIKI (2008): Turism v Kyrgyzstane. [Tourismus in Kirgistan]. Biškek.

NALIVKIN, P.V. (1886): Kratkaja istorija Kokandskogo chanstva. [Kurze Geschichte des Kokander Khanats]. Kazan.

NASH, Catherine (2002): Cultural geography: postcolonial cultural geographies. – Progress in Human Geography 26(2): 219–230.

NATIONAL BANK OF THE KYRGYZ REPUBLIC (2010). http://www.nbkr.kg

NATIONAL HUMAN DEVELOPMENT REPORT (2005): The influence of civil society on the human development process in Kyrgyzstan. Bishkek.

NATIONAL STATISTICAL COMMITTEE OF KYRGYZ REPUBLIC (2010). http://www.stat.kg

NATIONAL STATISTICAL COMMITTEE OF THE KYRGYZ REPUBLIC (2000): Population of Kyrgyzstan: results of the first national population census of the Kyrgyz Republic of 1999 in tables. Bishkek.

NATIONAL STATISTICAL COMMITTEE OF THE KYRGYZ REPUBLIC (2002): Migration of the population of Kyrgyzstan. Results of the First National Population Census of the Kyrgyz Republic of 1999 in tables. Bishkek.

NATTER, Wolfgang & Wolfgang ZIERHOFER (2002): Political ecology, territoriality and scale. – GeoJournal 58(4), 225–231.

NAVROZKIJ, S. (1900): Materialy dlja lesnoj statistiki Turkestanskago kraja. Lesnyja dači Turkestanskago kraja. [Statistische Forstmaterialien des Turkestan Gebietes. Forstdatschen Turkestans]. Taškent.

NETTING, Robert M. (1981): Balancing on an Alp: ecological change and continuity in a Swiss mountain community. London: Cambridge University Press.

NEUBURGER, Martina (2002): Pionierfrontentwicklung im Hinterland von Cáceres (Mato Grosse, Brasilien): ökologische Degradierung, Verwundbarkeit und kleinbäuerliche Überlebensstrategien. (= Tübinger Geographische Studien 135). Tübingen.

NEUBURGER, Martina (2004): Smallholder vulnerability in degraded areas: the political ecology of pioneer frontier processes in Brazil. – Geographische Zeitschrift (Special Issue): 58–72.
NEUDERT, Regina & Susanne KÖPPEN (2005): Die ökonomische Analyse von Nutzungsformen der Walnuss-Wildobst-Wälder Süd-Kirgistans. (unveröff. Diplomarbeit, Ernst-Moritz-Arndt Universität Greifswald). Greifswald.
NEUMANN, Roderick P. (2005): Making political ecology. New York: Hodder Arnold.
NEUMANN, Roderick P. (2008): Probing the (in)compatibilities of social theory and policy relevance in Piers Blaikie's political ecology. – Geoforum 39(2): 728–735.
NEUMANN, Roderick P. (2009): Political ecology: theorizing scale. – Progress in Human Geography 33(3): 398–406.
NORTH, D. (1986): The new institutional economics. – Journal of Institutional and Theoretical Economics 142: 230–237.
NORTH, D. (1990): Institutions, institutional change and economic performance. Cambridge University Press, Cambridge.
NORTH, D. (1991): Institutions. – Journal of Economic Perspectives 5: 97–112.
NOVE, Alec (1967): The Soviet Middle East: a model for development? London: Allen and Unwin.
NOVE, Alec (1980): Das sowjetische Wirtschaftssystem. Baden-Baden: Nomos.
NOVE, Alec & John A. NEWTH (1967): The Soviet Middle East: a model for development. London: Allen and Unwin.
NÜSSER, Marcus (2003): Political ecology of large dams: a critical review. – Petermanns Geographische Mitteilungen 147(1): 20–27.
Ó BEACHÁIN, Donnacha (2009): Roses and tulips: dynamics of regime change in Georgia and Kyrgyzstan. – Journal of Communist Studies and Transition Politics 25(2-3): 199–226.
O'CONNOR, James (ed.) (1994): Is capitalism sustainable? Political economy and the politics of ecology. New York: Guilford.
O'NEILL, Gerard (2003): Land and water 'reform' in the 1920s: agrarian revolution or social engineering? In: EVERETT-HEATH, Tom (ed.): Central Asia: aspects of transition. London: Routledge. 57–79.
OECD (Organisation for Economic Co-operation and Development), ACTED (Agency for Technical Cooperation and Development) and EUROPEAN COMMISSION (2009): Impact of the global financial crisis on labour migration from Kyrgyzstan to Russia: qualitative overview and quantitative survey. Bishkek: OECD.
OFFE, Claus (1991): Capitalism by democratic design? Democratic theory facing the triple transition in East Central Europe. – Social Research 58(4): 865–892.
OLCOTT, Martha Brill (2005): Central Asia's second chance. Washington: Carnegie Endowment for International Peace.
OSTERHAMMEL, Jürgen (2006): Kolonialismus: Geschichte – Formen – Folgen. München: Beck.
OSTROM, Elinor (1990): Governing the commons: the evolution of institutions for collective action. Cambridge: Cambridge University Press.
OSTROM, Elinor (1992): Crafting institutions for self-governing irrigation systems. San Francisco: Institute of Contemporary Studies.
OSTROM, Elinor, BURGER, Joanna, FIELD, Christopher B., NORGAARD, Richard B. & David POLICANSKY (1999): Revisiting the commons: local lessons, global challenges. – Science 284: 278–282.
OSTROM, Elinor, DIETZ, Thomas, DOLŠAK, Nives, STERN, Paul C., STONICH, Susan & Elke U. WEBER (eds.) (2002): The drama of the commons. Washington: National Academy Press.
OŠANIN, V.F. (1881): Karategin i Darvaz. [Karategin und Darvaz]. St Peterburg.
OTORBAEV, K., A. ISAEV, J. IMANALIEVA & G. KHARCHENKO (1994): Kyrgyzstan. Bishkek: Glavnaja Redaktsija Kyrgyzskoi Enziklopedii.

OTT, Thomas (2000): Angleichung, nachholende Modernisierung oder eigener Weg? Beiträge der Modernisierungstheorie zur geographischen Transformationsforschung. – Europa Regional 8(3-4): 20–27.

OUTHWAITE, William & Larry RAY (2005). Social theory and postcommunism. Oxford: Blackwell.

PAGE, Ben (2003): The political ecology of *Prunus africana* in Cameroon. – Area 35(4): 357–370.

PAHLEN, Konstantin K. (1964): Mission to Turkestan: being the memoirs of Count K.K. Pahlen, 1908–1909. London: Oxford University Press.

PALEN, K.K. (1910): Učebnoje delo. Očet po revisii Turkestanskogo kraja. [Lehrmaterial. Bericht zur Revision der Region Turkestan]. St Peterburg.

PARK, Alexander G. (1957): Bolshevism in Turkestan 1917–1927. New York: Columbia University Press.

PAULSON, Susan, GEZON, Lisa L. & Michael WATTS (2003): Locating the political in political eology: an introduction. – Human Organization 62(3): 205–217.

PEET, Richard & Michael WATTS (eds.) (1996): Liberation ecologies: environment, development, social movements. London: Routledge.

PETERSON, Garry (2000): Political ecology and ecological resilience: an integration of human and ecological dynamics. – Ecological Economics 35(3): 323–336.

PETZHOLDT, Alexander (1877): Umschau im russischen Turkestan (im Jahre 1871) nebst einer allgemeinen Schilderung des ‚Turkestanischen Beckens'. Leipzig: H. Fries.

PICKEL, A. (2002): Transformation theory: scientific or political? – Communist and Post-Communist Studies 35(1): 105–114.

PICKLES, John & Adrian SMITH (1998): Theorising transition: the political economy of post-communist transformations. London: Routledge.

PIERCE, Richard A. (1960): Russian Central Asia 1867–1917: a study in colonial rule. Berkeley, Los Angeles: University of California Press.

PIORE, Michael J. (1979): Birds of passage: migrant labor in industrial societies. London: Cambridge University Press.

POLOŽENIE TURKESTANA (1892). Položenie ob upravlenij Turkestanskogo kraja. [Verordnung über die Verwaltung des Gebiets Turkestan]. o.O.

PLOSKICH, V.M. (1977): Kirgisy i Kokandskoe chanstvo. [Die Kirgisen und das Kokander Khanat]. Frunze.

POMFRET, Richard W. T. (1995): The economies of Central Asia. Princeton: Princeton University Press.

POTTS, Deborah (2000): Environmental myths and narratives: case studies from Zimbabwe. In: STOTT, Philip & Sian SULLIVAN (Eds.): Political ecology: science, myth and power. London: Arnold. 45–65.

POUJOL, Catherine & V. FOURNIAU (2005): Trade and the economy (second half of nineteenth century to early twentieth century). In: ADLE, Chahryar, PALAT, Madhavan K. & Anara TABYSHALIEVA (eds.): History of civilizations of Central Asia, Vol. VI: Towards the contemporary period: from the mid-nineteenth to the end of the twentieth century. Paris: UNESCO. 51–77.

PRAVITELSTVENNYJA RASPORJAŽENIJA (1902): [Instruktion zur Verwaltung des Staatlichen Vermögens und zur Leitung landwirtschaftlicher Teile in der Turkestan Region]. – Lesnoi Žurnal 6: 1351–1377. (in russ.)

PRIES, Ludger (ed.)(2001): New transnational social spaces: international migration and transnational companies in the early twenty-first century. London, New York: Routledge.

PULKO, Yu. E. (1965): Orechovye lesa juga Kirgisii. [Die Nusswälder Südkirgisiens]. Frunze.

RADCLIFFE, Sarah A. (2005): Development and geography: towards a postcolonial development geography? – Progress in Human Geography 29(3): 291–298.

RADLOFF, W. (1884): Aus Sibirien. Lose Blätter aus dem Tagebuch eines reisenden Linguisten. 2 Bde. Leipzig.

RAPPAPORT, Roy A. (1968): Pigs for the ancestors: ritual in the ecology of a New Guinea people. New Haven: Yale University Press.
RASHID, Ahmed (1994): The resurgence of Central Asia: Islam or nationalism? Karachi: Oxford University Press.
RASHID, Ahmed (2000): Taliban: Islam, oil and the new great game in Central Asia. London: Tauris.
RATZEL, Friedrich (1882): Anthropo-Geographie oder Grundzüge der Anwendung der Erdkunde auf die Geschichte. Stuttgart: Engelhorn.
RAUNER, S. (1901): Gornye lesa Turkestana i značenie ich dlja vodnago chosjajstvo kraja. [Die Bergwälder Turkestans und ihre Bedeutung für die Wasserwirtschaft der Region]. St Petersburg.
RECLUS, Elisée (1869): La Terre: description des phénomènes de la vie du globe. Paris: Hachette.
REISSIG, Rolf (1993): Transformationsprozeß Ostdeutschlands: empirische Wahrnehmungen und theoretische Erklärungen. – WZB-Papier P 93–001. Berlin.
REYHÉ, Rune (2009): Personenkategorisierung in Kyzyl Üngkür: auf Grundlage der Analyse einer Nussernte in Südkirgistan. (unveröff. Magisterarbeit, Freie Universität Berlin). Berlin.
RIASANOVSKY, Nikolaj V. (1977): A history of Russia. New York: Oxford University Press.
RICHTHOFEN, Ferdinand von (1883): Aufgaben und Methoden der heutigen Geographie. Akademische Antrittsrede, gehalten in der Aula der Universität Leipzig am 27. April 1883. Leipzig. 39–65.
RITTER, Carl (1804/1807): Europa, ein geographisch-historisch-statistisches Gemählde. Frankfurt/Mayn.
RITTER, Carl (1852): Einleitung zur allgemeinen vergleichenden Geographie, und Abhandlungen zur Begründung einer mehr wissenschaftlichen Behandlung der Erdkunde. Berlin. 3–15, 23–31, 61–62.
RITTICH, Aleksandr F. (1878): Ethnographie Russlands. – Petermanns Geographische Mitteilungen, Ergänzungsheft 54. Gotha.
ROBBINS, Paul (2003): Political ecology in political geography. – Political Geography 22: 641–645.
ROBBINS, Paul (2004): Political ecology: a critical introduction. Malden: Blackwell.
ROBINSON, Jenny (2003a): Postcolonialising geography: tactics and pitfalls. – Singapore Journal of Tropical Geography 24(3): 273–289.
ROBINSON, Jenny (2003b): Political geography in a postcolonial context. – Political Geography 22(6): 647–652.
ROCHELEAU, Dianne E. (1995): Maps, numbers, text, and context: mixing methods in feminist political ecology. – Professional Geographer 47(4): 458–466.
ROCHELEAU, Dianne E. (2008): Political ecology in the key of policy: from chains of explanation to webs of relation. – Geoforum 39(2): 716–727.
ROCHELEAU, Dianne, THOMAS-SLAYTER, Barbara & Esther WANGARI (Eds.) (1996): Feminist political ecology: global issues and local experiences. London: Routledge.
ROWLAND, Richard H. (1988): Union republic migration trends in the USSR during the 1980s. – Soviet Geography 29: 809–829.
ROY, Olivier (2000): The new Central Asia: the creation of nations. New York: New York University Press.
RUGET, Vanessa & Burul USMANALIEVA (2008): Citizenship, migration and loyalty towards the state: a case study of the Kyrgyzstani migrants working in Russia and Kazakhstan. – Central Asian Survey 27(2): 129–141.
RUMER, Boris (1989): Soviet Central Asia: a tragic experiment. Boston: Unwin Hyman.
RUMJANCEV, P.P. (1910): Kirgizskii narod v prošlom i nastojaŝem. [Das kirgisische Volk in Vergangenheit und Gegenwart]. St Peterburg.
RUSSETT, Bruce M. (1967): International regions and the international system: a study in political ecology. Chicago: Rand McNally.

RUSSISCHES LANDWIRTSCHAFTSMINISTERIUM (1914): Denkschrift über die russische Agrarreform 1909–1913. Übersicht über die Arbeiten der Hauptverwaltung für Landeinrichtungen und Ackerbau 1909–1913. Petersburg 1914. (dt. Übersetzung; Weimar 1916: Kiepenheuer).

RYABKOV, Maxim (2008): The north-south cleavage and political support in Kyrgyzstan. – Central Asian Survey 27(3-4): 301–316.

RYBAKOVSKIY, L.L. & N.V. TARASOVA (1991): Contemporary problems of migration of the population of the USSR. – Soviet Geography 32(7): 458–473.

RYSKULOV, Turar (1929): Kirgizstan. [Kirgistan]. Moskva.

RYWKIN, Michael (1990): Moscow's Muslim challenge: Soviet Central Asia. Armonk, New York: Sharpe.

SABATES-WHEELER, R. (2007): Safety in small numbers: local strategies for survival and growth in Romania and the Kyrgyz Republic. – Journal of Development Studies 43(8): 1423–1447.

SACHS, Jeffrey & David LIPTON (1990): Poland's economic reform. – Foreign Affairs 69(3): 47–66.

SAID, Edward (1978): Orientalism. New York: Vintage.

SAID, Edward (1993): Culture and Imperialism. London: Chatto and Windus.

SAKWA, Richard (1999): Postcommunism. Oxford: Oxford University Press.

SANGHERA, Balihar & Aibek ILYASOV (2008): The social embeddedness of professions in Kyrgyzstan: an investigation into professionalism, institutions and emotions. – Europe-Asia Studies 60(4): 643–661.

SANGHERA, Balihar, ILYASOV, Aibek & Elmira SATYBALDIEVA (2006): Understanding the moral economy of post-Soviet societies: an investigation into moral sentiments and material interests in Kyrgyzstan. – International Social Science Journal 58(190): 715–727.

SARTORI, Giovanni (1991): Rethinking democracy: bad polity and bad politics. – International Social Science Journal 129: 437–450.

SAUER, Carl (1924): The survey method in geography and its objectives. – Annals of American Geographers 14: 17–33.

SAVCOR INDUFOR OY (2005): Ensuring sustainability of forests and livelihoods through improved governance and control of illegal logging for economies in transition. – Working Document – Kyrgyz Republik for The World Bank. Helsinki.

SAYER, Andrew (2000): Realism and social science. London: Sage.

SAYRE, Nathan F. (2005): Ecological and geographical scale: parallels and potential for integration. – Progress in Human Geography 29(3): 276–290.

SCHACHT, Joseph (1964): An introduction to Islamic law. Oxford: Clarendon.

SCHEUBER, Matthias, KÖHL, Michael & Berthold TRAUB (2000): Forstliche Inventur als Planungsgrundlage für die Forstwirtschaft Kirgistans. – Schweizerische Zeitschrift für Forstwesen 151(3):75–79.

SCHEUBER, Matthias, MÜLLER, Ueli & Michael KÖHL (2000): Wald und Forstwirtschaft Kirgistans. – Schweizerische Zeitschrift für Forstwesen 151(3): 69–74.

SCHILLER, Otto (1955): Das Agrarproblem Asiens und der Kommunismus. – Osteuropa: Zeitschrift für Gegenwartsfragen des Ostens 06/1955: 401–412.

SCHLAGER, Edella & Elinor OSTROM (1992): Property rights regimes and natural resources: a conceptual analysis. – Land Economics 68(3): 249–262.

SCHLÜTER, Otto (1906): Die Ziele der Geographie des Menschen. München: Oldenbourg.

SCHLÜTER, Otto (1928): Die Analytische Geographie der Kulturlandschaft. – Zeitschrift der Gesellschaft für Erdkunde zu Berlin. Sonderband: 388–392.

SCHMIDT, Kaspar (2007): Livelihoods and forest management in transition – knowledge and strategies of local people in the walnut-fruit forests in Kyrgyzstan. University of Reading.

SCHMIDT, Matthias & Lira SAGYNBEKOVA (2008): Migration past and present: changing patterns in Kyrgyzstan. – Central Asian Survey 27(2): 111–127.

SCHMIDT, Peter (2001): The scientific world and the farmer's reality: agricultural research and extension in Kyrgyzstan. – Mountain Research and Development 21(2): 109–112.

SCHNEIDER, Barbara (2002): In den Tiefen des Tropenwaldes. Eine politisch-ökologische Betrachtung des Gold- und Diamantenbergbaus in Venezuela. Stuttgart: Ibidem-Verlag.
SCHOCH, Nadia, STEIMANN, Bernd & Susan THIEME (2010): Migration and animal husbandry: competing or complementary livelihood strategies: evidence from Kyrgyzstan. – Natural Resources Forum 34(3): 211–221.
SCHOEBERLEIN-ENGEL, John (1994): Identity in Central Asia: construction and contention in the conceptions of 'Özbek', 'Tâjik', 'Muslim', 'Samarquandi', and other groups. (Ph.D. dissertation, Harvard University). Boston.
SCHOLZ, Fred (2004): Geographische Entwicklungsforschung: Methoden und Theorien. Stuttgart: Gebrüder Borntraeger.
SCHOTT, W. (1865): Über die ächten Kirgisen. – Philologische und historische Abhandlungen der Königlichen Akademie der Wissenschaften zu Berlin. 429–474.
SCHULTZ, Arved (1920): Die natürlichen Landschaften von Russisch-Turkestan: Grundlagen einer Landeskunde. (= Abhandlungen aus dem Gebiet der Auslandskunde 2: Reihe C, Naturwissenschaften 1). Hamburg: Friederichsen.
SCHUYLER, Eugene (1876): Turkestan. Notes of a journey in Russian Turkestan, Kokand, Bukhara and Kuldja. (Ed. by G. Wheeler, New York 1966.)
SCHWARZ, Franz von (1900): Turkestan, die Wiege der indogermanischen Völker. Nach fünfzehnjährigem Aufenthalt in Turkestan. Freiburg i. Br.: Herder.
SCHWARZ, Thomas (2000): Arbeitsmigration in den Nachfolgestaaten der Sowjetunion: die Eingliederung der GUS in das globale Wanderungssystem. In: BLOTEVOGEL, Hans H., OSSENBRÜGGE, Jürgen & Gerald WOOD (Hrsg.), Lokal verankert – weltweit vernetzt. Tagungsbericht und wissenschaftliche Abhandlungen 52. Deutscher Geographentag Hamburg. Stuttgart: Steiner. 309–313.
SCHWEINITZ, Hans-Hermann Graf von (1910): Orientalische Wanderungen in Turkestan und im nordöstlichen Persien. Berlin: Reimer.
SCOONES, Ian (2009): Livelihoods perspectives and rural development. – Journal of Peasant Studies 36(1): 171–196.
SEDDON, David (2004): South Asian remittances: implications for development. – Contemporary South Asia 13: 403–420.
SEN, A. (1981): Poverty and famines: an essay on entitlement and deprivation. Oxford: Oxford University Press.
SENGHAAS, Dieter (1977): Weltwirtschaftsordnung und Entwicklungspolitik. Plädoyer für Dissoziation. Frankfurt/Main: Suhrkamp.
SHAHRANI, M. Nazif (1993): Soviet Central Asia and the challenge of the Soviet legacy. – Central Asian Survey 12(2): 123–135.
SHANIN, Teodor (ed.) (1971): Peasants and peasant societies. London: Penguin.
SHARP, Joanne P. (2003): Feminist and postcolonial engagements. In: AGNEW, John, MITCHELL, Katharyne & Gerard TOAL (eds.): A companion to political geography. Malden: Blackwell. 59–74.
SIDAWAY, James D. (2000): Postcolonial geographies: an exploratory essay. – Progress in Human Geography 24(4): 591–612.
SIDAWAY, James D. (2002): Postcolonial geogaphies: survey – explore – review. In: BLUNT, Alison & Cheryl MCEWAN (eds.): Postcolonial geographies. New York: Continuum. 11–28.
SIDAWAY, James D. (2007): Spaces of postdevelopment. – Progress in Human Geography 31(3): 345–361.
SKRINE, Francis Henry & Edward Denison ROSS (1899): The heart of Asia: a history of Russian Turkestan and the Central Asian Khanates from the earliest times. London: Methuen.
SLUYTER, Andrew (2002): Colonialism and landscape: postcolonial theory and applications. Lanham: Rowman and Littlefield.
SMITH, Neil (1984): Uneven development: nature, capital, and the production of space. Oxford: Blackwell.

SMITH, Neil (1995): Remaking scale: competition and cooperation in prenational and postnational Europe. In: ESKELINEN, Heikki & Folke SNICKARS (eds.): Competitive European peripheries. Heidelberg: Springer. 59–74.

SOKOL, Edward Dennis (1953): The revolt of 1916 in Russian Central Asia. Baltimore: John Hopkins Press.

SOLIVA, Reto (2002): Der Naturschutz in Nepal: eine akteursorientierte Untersuchung aus der Sicht der Politischen Ökologie. Münster: LIT.

SOLTOBAEV, Aziz (2005): New authorities blame Akayev's rule for economic downfall and corruption. – Central Asia–Caucasus Analyst 6(9):12–13.

SOMERVILLE, Mary Fairfax (1848): Physical geography. London: John Murray.

SORG, Jean-Pierre & Bronislav I. VIENGLOVSKY (2001): ORECH-LES: Biodiversity and sustainable management of Kyrgyzstan's walnut-fruit forests: development of new silviculture approaches. (unveröff. Papier zur 1. Projektphase, ETH Zürich). Zürich.

SPECTOR, Regine A. (2004): The transformation of Askar Akaev, President of Kyrgyzstan. – Berkeley Program in Soviet and Post-Soviet Studies, Working Paper Series, University of California, Berkeley.

SPITZER, Heinz (1987): Das Ferganabecken – ein bedeutendes Wirtschaftsgebiet Mittelasiens. – Geographische Berichte 122(1): 33–44.

SPIVAK, Gayatri C. (2008): Can the subaltern speak? Postkolonialität und subalterne Artikulation. Wien: Turia + Kant.

STADELBAUER, Jörg (1987): Kolchozmärkte in Großstädten der südlichen Sowjetunion: vom Bauernmarkt der Privatproduzenten zum innerstädtischen Handelszentrum. – Erdkunde 41: 1–14.

STADELBAUER, Jörg (1991): Kolchozmärkte in der Sowjetunion: geographische Studien zu Struktur, Tradition und Entwicklung des privaten Einzelhandels. (= Mainzer Geographische Studien 36). Mainz.

STADELBAUER, Jörg (1996): Die Nachfolgestaaten der Sowjetunion: Großraum zwischen Dauer und Wandel. Darmstadt: Wissenschaftliche Buchgesellschaft.

STADELBAUER, Jörg (1997): Gemeinschaft Unabhängiger Staaten (GUS): Sozioökonomische Aspekte der Transformation – eine Einführung. – Zeitschrift für Wirtschaftsgeographie 41(2-3): 73–78.

STADELBAUER, Jörg (2003a): Migration in den Staaten der GUS. – Geographische Rundschau 55(6): 36–44.

STADELBAUER, Jörg (2003b): Mittelasien – Zentralasien. Raumbegriffe zwischen wissenschaftlicher Strukturierung und politischer Konstruktion. – Petermanns Geographische Mitteilungen 147(5): 58–63.

STAHL, Kathleen (1950): British and Soviet colonial systems. London: Faber and Faber.

STÄHLIN, Karl (1935): Russisch-Turkestan gestern und heute. (= Quellen und Aufsätze zur russischen Geschichte 12). Königsberg, Berlin: Ost-Europa-Verlag.

STARK, David (1992): The great transformation? Social change in Eastern Europe – Contemporary Sociology 21(3): 299–305.

STARK, David (1996): Recombinant property in East European capitalism. – American Journal of Sociology 101(4): 993–1027.

STARK, Oded (1991): The migration of labor. Oxford: Blackwell.

STEIN, Claudia (2004): Raumstrukturelle Wirkungen von Transformation: Mittelasien und das Fergana-Tal. Frankfurt am Main: Lang.

STENNING, Alison & Kathrin HÖRSCHELMANN (2008): History, geography and difference in the post-socialist world: or, do we still need post-socialism? – Antipode 40(2): 312–335.

STEWARD, Julian H. (1955/1972): Theory of cultural change: the methodology of multilinear evolution. Urbana: University of Illinois Press.

STOTT, Philip & Sian SULLIVAN (Eds.) (2000): Political ecology: science, myth and power. London: Arnold.

STOTT, Philip (1999): Tropical rain forest: a political ecology of hegemonic mythmaking. London: Institute of Economic Affairs.
STRINGER, Alex (2003): Soviet development in Central Asia: the classic colonial syndrome? In: EVERETT-HEATH, Tom (ed.): Central Asia: aspects of transition. London: Routledge. 146–166.
SUCCOW, Michael (2004): Schutz der Naturlandschaften in Mittelasien. – Geographische Rundschau 56(10): 28–34.
SULAIMANOVA, S. (2005): Irregular labor migration from Central Asia to the United States. – Central Eurasian Studies Review 4(1): 9–12.
SWYNGEDOUW, Erik (1997): Neither global nor local: 'glocalization' and the politics of scale. In: COX, Kevin R. (ed.): Spaces of globalization: reasserting the power of the local. New York, London: Guilford. 137–166.
SWYNGEDOUW, Erik (1999): Modernity and hybridity: nature, regeneracionismo, and the production of the Spanish waterscape, 1890–1930. – Annals of the Association of American Geographers 89(3): 443–465.
SWYNGEDOUW, Erik & Nikolas C. HEYNEN (2003): Urban political ecology, justice and the politics of scale. – Antipode 35(5): 898–918.
SZPORLUK, Roman (1994): After empire: what? – Daedalus 123: 21–39.
ŠUKUROV, E.D. & F.N. BALBAKOVA (o.J.): Ekologo-prosvetitel'skaja dejatel'nost' osobo ochranjajemych oprirodnych territorij. [Ökologisch-aufklärerische Wirksamkeit besonderer Schutzgebietsterritorien]. http://www.zk.ru/murek/balbakova.htm.
ŠEVČENKO, V.S., TOKTORALIEV, B.A. & M.A. AMANKULOV (1998): Orechoplodovye lesa južnogo Kyrgyzstana. In: INSTITUT BIOSFERY: Bioekologiya orechoplodovych lesov i geodinamika v južnom Kyrgyzstane. [Walnusswald Südkirgistans. In: Biosphäreninstitut: Bioökologie der Walnuss-Wildobst-Wälder und Geodynamik im südlichen Kirgisistan]. Južnoe otdelenie NAN KR, 6–21; Dshalal Abad.
TABYSHALIEVA, Anara (2005): Social structures in Central Asia. In: ADLE, Chahryar, PALAT, Madhavan K. & Anara TABYSHALIEVA (eds.): History of civilizations of Central Asia, Vol. VI: Towards the contemporary period: from the mid-nineteenth to the end of the twentieth century. Paris: UNESCO. 79–101.
TANSLEY, Arthur G. (1946): Introduction to plant ecology. London: Allen & Unwin.
TAYLOR, J. Edwar, ARANGO, Joaquin, HUGO, Graeme, KOUAOUCI, Ali, MASSEY, Douglas S. & Adela PELLEGRINO (1996): International migration and community development. – Population Index 62(3): 397–418.
TEMIRKULOV, Azamat (2004): Tribalism, social conflict, and state-building in the Kyrgyz Republic. – Berliner Osteuropa Info 21: 94–100.
TEMIRKULOV, Azamat (2008): Informal actors and institutions in mobilization: the periphery in the 'Tulip Revolution'. – Central Asian Survey 27(3-4): 317–335.
TERRY, Sarah M. (1993): Thinging about post-communist transitions: how different are they? – Slavic Review 52(2): 333–337.
THIEME, Susan (2010): Coming home: Patterns and Characteristics of Return Migration in Kyrgyzstan. – International Migration (doi:10.1111/j.1468-2435.2011.00724.x).
THOMAS, Wiliam L., SAUER, Carl O., BATES, Marston & Lewis MUMFORD (Eds.) (1956): Man's role in changing the face of the earth. Chicago: Chicago University Press.
THOMPSON, Karen & Nicola FOSTER (2003): Ecotourism development and government policy in Kyrgyzstan. In: FENNELL, David A. & Ross K. DOWLING (eds.): Ecotourism policy and planning. Wallingford: CABI. 169–186.
THRIFT, Nigel (1994): Taking aim at the heart of the region. In: GREGORY, Derek, MARTIN, Ron & Graham SMITH (eds.): Human geography: society, space and social science. Basingstoke: Macmillan. 200–231.
TISHKOV, Valery (1995): ‚Don't kill me, I'm a Kyrgyz!': an anthropological analysis of violence in the Osh ethnic conflict. – Journal of Peace Research 32(2): 133–149.

TITMA, Mick & Nancy B. TUMA (1992): Migration in the former Soviet Union. – Berichte des Bundesinstituts für ostwissenschaftliche Studien 22.

TODARO, Michael P. (1969): A model of labor migration and urban unemployment in less developed countries. – The American Economic Review 59(1): 138–148.

TORALIEVA, Gulnura (2006): Labor migration: a lost population? – Articles Analyzing Politics in Kyrgyzstan, Institute for Public Policy. (http://ipp.kg/en/analysis/202-6-06-2006).

TRANSPARENCY INTERNATIONAL (2010): Global corruption report 2010. London. (http://www.transparency.org/).

TROICKAJA, A.L. (1969): Materialy po istorii Kokandskogo chanstva XIX v. po dokumentam archiva Kokandskich chanov. [Materialien zur Geschichte des Kokander Khanats im 19. Jahrhundert auf Grundlage von Dokumenten aus dem Archiv der Kokander Khane]. Moskva.

TSYGANKOV, Andrei P. (2007): Modern at last? Variety of weak states in the post-Soviet world. – Communist and Post-Communist Studies 40(4): 423–439.

TUDOROIU, Theodor (2007): Rose, orange, and tulip: the failed post-Soviet revolutions. – Communist and Post-Communist Studies 40(3): 315–342.

TURNER, Billy L. (2002): Contested identities: human-environment geography and disciplinary implications in a restructuring academy. – Annals of the Association of American Geographers 92(1): 52–74.

TURSUNKULOVA, Bermet (2008): The power of precedent? – Central Asian Survey 27(3-4): 349–362.

UJFALVY DE MEZÖ-KÖVESD, Charles Eugen de (1878): Le Kohistan, le Ferghana et Kouldja avec appendice sur la Kachgharie. Paris.

UJFALVY, Karl Eugen von (1884): Aus dem westlichen Himalaja: Erlebnisse und Forschungen. Leipzig: Brockhaus.

UJFALVY-BOURDON, Marie de (1880): De Paris a Samarkand: le Ferghanah, le Kouldja et la Sibérie occidentale. Impressions de voyage d'une Parisienne. Paris: Librairie Hachette.

UNDELAND, Asyl (2005): Kyrgyz livestock study. Pasture management and use. o.O.

UNDP (United Nations Development Program in Kyrgyzstan) (2002): Human Development in Mountain Regions of Kyrgyzstan. Bishkek.

UNDP (United Nations Development Programme) (2009): Human Development Report 2009: Overcoming barriers: human mobility and development. New York.

UNDP REGIONAL BUREAU FOR EUROPE AND THE CIS (2005): Central Asia human development report: bringing down barriers: regional cooperation for human development and security. Bratislava.

UNDP (United Nations Development Programme) (2011): Human Development Report 2011: Sustainability and equity: a better future for all. New York.

UNITED NATIONS (2009): Environmental performance reviews Kyrgyzstan. (= Environmental Performance Reviews Series 28). New York.

UNITED NATIONS IN THE KYRGYZ REPUBLIC (2003): Kyrgyzstan: common country assessment. Bishkek.

UZAGALIEVA, Ainura & Xavier CHOJNICKI (2008): Labor migration from east to west in the context of European integration and changing socio-political borders. – Case Network Studies & Analyses 366/2008. Warschau.

VÁMBÉRY, H. (1885): Das Türkenvolk in seinen ethnologischen und ethnographischen Beziehungen. [Neudruck Osnabrück: Biblioverlag, 1970].

VÁSQUEZ-LEÓN, Marcela & Diana LIVERMAN (2004): The political ecology of land-use change: affluent ranchers and destitute farmers in the Mexican municipio of Alamos. – Human Organization 63(1): 21–33.

VAYDA, Andrew P. & Bradley B. WALTERS (1999): Against political ecology. – Human Ecology 27(1): 167–179.

VENGLOVSKY, Bronislav I. (1998): Potentials and constraints for the development of the walnut-fruit forests of Kyrgyzstan. In: BLASER, Jürgen, CARTER, Jane & Don GILMOUR (eds.) (1998):

Biodiversity and sustainable use of Kyrgyzstan's walnut-fruit forests. Gland, Cambridge, Berne: IUCN. 73–76.
VERDERY, Katherine (1999): The political lives of dead bodies: reburial and post-socialist change. New York: Columbia University Press.
VERDERY, Katherine (2002): Wohin mit dem Postsozialismus? In: HANN, Christopher (Ed.): Postsozialismus: Transformationsprozesse in Europa und Asien aus ethnologischer Perspektive. Frankfurt: Campus. 32–49.
VIDAL DE LA BLACHE, Paul (1922): Principes de géographie humaine. Paris: Colin.
VON DER DUNK, Andreas & Matthias SCHMIDT (2010): Flourishing retail in the post-soviet sphere? Potentials and constraints of small-scale retail activities in rural Kyrgyzstan. – Communist and Post-Communist Studies 43(2): 233–243.
WAELBROECK, Jean (1998): Half a century of development economics: a review based on the 'Handbook of Development Economics'. – The World Bank Economic Review 12(3): 323–352.
WAGNER, H. (1991): Einige Theorien des Systemwandels im Vergleich und ihre Anwendbarkeit für die Erklärung des gegenwärtigen Reformprozesses in Osteuropa. In: BACKHAUS, J. (Hrsg.): Systemwandel und Reform in östlichen Wirtschaften. Marburg: Metropolis. 17–39.
WALKER, Peter A. (2003): Reconsidering ‚regional' political ecologies: toward a political ecology of the rural American West. – Progress in Human Geography 27(1): 7–24.
WALKER, Peter A. (2005): Political ecology: where is the ecology? – Progress in Human Geography 29(1): 73–82.
WALKER, Peter A. (2006): Political ecology: where is the policy? – Progress in Human Geography 30(3): 382–395.
WALKER, Peter A. (2007): Political ecology: where is the politics? – Progress in Human Geography 31(3): 363–369.
WALLERSTEIN, Immanuel (1973): The two modes of ethnic consciousness: Soviet Central Asia in transition? In: ALLWORTH, Edward (ed.): The nationality question in Central Asia. New York: Praeger Publishers. 168–175.
WALLERSTEIN, Immanuel (1974): The rise and future demise of the world capitalist system: concepts for comparative analysis. – Comparative Studies in History and Society 16: 387–415.
WALLERSTEIN, Immanuel (1986): Das moderne Weltsystem: Kapitalistische Landwirtschaft und die Entstehung der europäischen Weltwirtschaft im 16. Jahrhundert. Frankfurt/Main: Syndikat.
WALLERSTEIN, Immanuel (1999): Ecology and capitalist costs of production: no exit. In: GOLDFRANK, Walter L., GOODMAN, David & Andrew SZASZ (eds.): Ecology and the world system. Westport: Greenwood Press. 3–12.
WALTER, Heinrich & Siegmar-W. BRECKLE (1986): Spezielle Ökologie der Gemäßigten und Arktischen Zonen Euro-Nordasiens. Stuttgart: Gustav Fischer.
WARREN, Andrew, BATTERBURY, Simon & Henny OSBAHR (2001): Soil erosion in the West African Sahel: a review and an application of a ‚local political ecology' approach in South West Niger. – Global Environmental Change – Human and Policy Dimensions 11(1): 79–95.
WATTS, Michael (1983): Silent violence: food, famine and peasantry in Northern Nigeria. Berkeley: University of California Press.
WATTS, Michael (1990): Review of *Land Degradation and Society* by Piers Blaikie and Harold Brookfield, 1987. – Capitalism Nature Socialism 1(4): 123–131.
WATTS, Michael (1997): Classics in human geography revisited: *Blaikie, PM 1985: The political economy of soil erosion in developing countries*. – Progress in Human Geography 21(1): 75–80.
WATTS, Michael (2000): Political ecology. In: SHEPPARD, Eric S. & Trevor J. BARNES (eds.): A companion to economic geography. Malden: Blackwell. 590–593.
WATTS, Michael & Hans-Georg BOHLE (1993): The space of vulnerability: the causal structure of hunger and famine. – Progress in Human Geography 17(1): 43–67.

WEGREN, Stephen & Cooper DRURY (2001): Patterns of internal migration during the Russian transition. – Journal of Communist Studies and Transition Politics 17(4): 15–42.
WENJUKOW, Michail Ivanovic (1874): Die russisch-asiatischen Grenzlande. (Opyt voennago obozrenija russkich granic v Azii). Aus dem Russischen übertragen von Gustav Krahmer. Leipzig: Grunow.
WERLEN, Benno (1995): Sozialgeographie alltäglicher Regionalisierungen. Bd.1: Zur Ontologie von Gesellschaft und Raum. Stuttgart: Steiner.
WHATMORE, Sarah (2002): Hybrid geographies: natures, cultures and spaces. London: Sage.
WHEELER, Geoffrey (1964): The modern history of Soviet Central Asia. London: Weidenfeld & Nicolson.
WHITMAN, John D. (1956): The kholkhoz market. – Soviet Studies 7(4): 384–408.
WILLEMS-BRAUN, Bruce (1997): Buried epistemologies: the politics of nature in (post)colonial British Colombia. – Annals of the Association of American Geographers 87(1): 3–31.
WILLIAMS, Patrick & Laura CHRISMAN (eds.) (1994). Colonial discourse and post-colonial theory: a reader. New York: Columbia University Press.
WILPERT, Czarina (1992): The use of social networks in Turkish migration to Germany. In: KRITZ, Mary M., LIM, Lin L. & Hania ZLOTNIK (eds.): International migration systems: a global approach. Oxford: Clarendon Press. 177–189.
WILSON, R. Trevor (1997): Livestock, pastures, and the environment in the Kyrgyz Republic, Central Asia. – Mountain Research and Development 17(1):57–68.
WINKLER, Ernst (Hrsg.) (1975): Probleme der Allgemeinen Geographie. Darmstadt: Wissenschaftliche Buchgesellschaft.
WIXMAN, Ronald (1973). Recent assimilation trends in Soviet Central Asia. In: ALLWORTH, Edward (ed.): The nationality question in Central Asia. New York: Praeger Publishers. 73–85.
WOLF, Eric (1972): Ownership and political ecology. – Anthropological Quarterly 45(3): 201–205.
WOOD, Tom (2006): Reflections on the revolution in Kyrgyzstan. – The Fletcher Forum of World Affairs 30(2): 43–56.
WORLD BANK (1996): World Development Report: From plan to market. Washington.
WORLD BANK (2004): Kyrgyz Republic country economic memorandum: an integrated strategy for growth and trade. Report No. 29150–KG. Bishkek.
WORLD BANK (2007): Migration and remittances. Eastern Europe and the Former Soviet Union. http://siteresources.worldbank.org/INTECA/Resources/257896-1167856389505/Migration_FullReport.pdf.
YOUNG, Craig & Duncan LIGHT (2001): Place, national identity and post-socialist transformations: an introduction. – Political Geography 20(8): 941–955.
YOUNG, Robert J.C. (2001): Postcolonialism: an historical introduction. Oxford: Blackwell.
ZAPF, Wolfgang (1996): Die Modernisierungstheorie und unterschiedliche Pfade der gesellschaftlichen Entwicklung. – Leviathan 25(1): 63–77.
ZASLAVSKAYA, T.I. & L.V. KOREL (1984): Rural-urban migration in the USSR: problems and prospects. – Sociologia Ruralis 24(3-4): 229–241.
ZAYONCHKOVSKAJA, Zhanna & Pavel POLIAN (1998): Migration in Russia and the former Soviet Union. – Beiträge zur Regionalen Geographie Europas 47: 159–176.
ZIMMERER, Karl S. (2006): Cultural ecology: at the interface with political ecology – the new geographies of environmental conservation and globalization. – Progress in Human Geography 30(1): 63–78.
ZIMMERER, Karl S. & Thomas J. BASSETT (2003): Approaching political ecology: society, nature, and scale in human-environment studies. In: ZIMMERER, Karl S. & Thomas J. BASSETT (eds.): Political ecology: an integrative approach to geography and environment-development studies. New York, London: Guilford Press. 1–25.
ZIMMERMAN, Erich W. (1933): World resources and industries: a functional appraisal of the availability of agricultural and industrial resources. New York, London: Harper.

UNVERÖFFENTLICHTE MATERIALIEN

DISTANOVA, Valentina C. (1974): Geschichte des Kirov Leschoz im Lenin Rajon, Osch Oblast, Frunze. (Diplomarbeit, Historische Fakultät der Kirgisischen Staatsuniversität). (in russ.)
GORŠKOV, S. (o.J.): Historische Auskunft: der Sovchoz "Kyzyl-Unkur" der südkirgisischen Verwaltung der Walnusswälder. o.O. (in russ.)
LESCHOZ KYZYL UNKUR (1984): Jahresbericht. Kyzyl Unkur. (in russ.)
LESCHOZ KYZYL UNKUR (2006): Jahresbericht. Kyzyl Unkur. (in russ.)
PROEKT KIROV (1991): Projekt über die Organisation und Entwicklung der Forstwirtschaft des Leschoz Kirov. 1. Band: Begleitbrief (1990–1991). (in russ.)
ŠAPORENKO (1975): Historische Auskunft zum Leschoz Kara Alma. Kara Alma. (in russ.)
ŠERALIEV, U. & O. ŠEROV (1982): Bericht über die Ergebnisse der Arbeitskontrolle des Turbaza „Arslanbob" für die Jahre 1981–1982. Bazar Korgon. (in russ.)

Oblast Archiv Dshalal Abad

f.27, op.1, d.27, l.31–32: Protokoll der Sitzung des Kirgis-Obsternte-Trust in Dshalal Abad, 14.03.1935.

f.41, op.2, d.1, l.11: Historische Bescheinigung aus dem Archiv-Fond №41 1930–1934.

f.41, op.1, d.36, l.24, 25 u. 44: Order №157 vom 28. Mai 1935 in der Vereinigung „Sojussagotplodoowoš".

f.41, op.1, d.132, l.72: Order №47 vom 17.03.1938 der Verwaltung der Wälder von lokaler Bedeutung (Frunze), gemäß dem Hinweis des Rats der Volkskommissare der UdSSR vom 19.12.1937 und gemäß der Verordnung des RVK der Kirgisischen SSR vom 23.02.1938.

f.41, op.1, d.242, l.133: Beschluss des Gebietsvollzugskomitees Dshalal Abad №42 vom 17.09.1941 zur Zusammenlegung von Forstwirtschaften.

f.41, op.1, d.193, l.85 u. d.204, l.11: Verordnung des Volkskommissariats der Kirgisischen SSR №813 vom 25.06.1940.

f.41, op.1, d.303, l.30, 68: Order №69/115 des Volkskomitees für Handel und des Volkskomitees der Nahrungsindustrie der UdSSR vom 15.02.1943 über die Übergabe der Nuss-Sovchozi an den Trust „Sojusvitaminprom" in Dshalal Abad, gemäß der Verordnung des Rats der Volkskommissare der UdSSR vom 26.01.1943 N1700-R.

f.41 op.1, d.130, l.1: Verordnung im Buch des Staatsregisters der juristischen Personen im Volkskommissariat der Kirgisischen SSR

f.41, op.1, d.171, l.1: Order №104 vom 05.04.1943 zur Beschaffung von 500 t grüner Walnüsse für das Vitamkonservenkombinat.

f.41, op.1, d.155, l.55: Order №60 für das Vitaminkonservenkombinat Sojusvitaminprom vom 30.05.1944, Dshalal Abad.

f. 41, op.1, d.27, l.35–39: Bericht des Agronomen Ivanov an den Direktor des Mittelasiatischen Walnuss Trust, 22.11.1934, Taschkent.

f.41, op.1, d.27, l.86–87: Beschluss des Rats der Volkskommissare (SNK) der Kirgisischen ASSR, Juli 1936, Frunze „Über die Ordnung der Nusssammlung und über die Bezahlung der Sammler 1936 in den Nuss-Sovchozi des Kirgisischen Nussobstfrucht Trust und in den Leschozi des Kirgisischen Wald Trust".

f.41, op.1, d.199, №302, 129, l.234: Erlass des Präsidiums des Obersten Sowjets der Kirgisischen SSR vom 17.08.1939 und vom 28.Juli 1939 zur Einrichtung des Volkskommissariats der Forstwirtschaft und Waldindustrie der Kirgisischen SSR.

f.41, op.1, d.27, l.93–94: Kopie des Protokolls №7 der Sitzung des Rats der Volkskommissare (SNK) der Kirgisischen ASSR 13.03.1936. Frunze.

f.41, op.1, d.25, l.66: Plan für die Beschaffung von Walnüssen 1935 in der Kirgisischen ASSR; Anhang zum Protokoll des SNK der Kirgisischen ASSR №31 vom 08.05.1935.

f.41, op.1, d.108, l.70–72: Protokoll №7 der Sitzung des Rats der Volkskommissare der Kirgisischen SSR „Über die Verkleinerung der Nuss-Sovchozi Arslanbob und Kugart in fünf unabhängige Nuss-Sovchozi und in eine wirtschaftliche Stelle" vom 13.03.1936.

f.41, op.1, d.72, l.13: Zusammenstellung über die Beschaffung der Walnussmaserknollen in den Sovchozi, 25. Mai 1936.

f.43, op.6, d.22, l.12: Verordnung des Präsidiums des Obersten Sowjets der Kirgisischen Republik vom 17.10.1941.

f.43, op.1a, d.140, l.164–167: Verordnung №490 des Ministerrats der Kirgisischen SSR vom 14.05.1947, Frunze „Über die Aufteilung des Ministeriums für Forstwirtschaft und Waldindustrie der Kirgisischen SSR in zwei Ministerien".

f.76, op.11, d.22, l.28: Order №64 des Vitamin-Konservierungskombinats vom 30.03.1943 und Order №387 des Volkskomitees der Nahrungsindustrie der UdSSR vom 20.05.1943 und Verordnung des Rates der Volkskommissare vom 17.04.1943 №9882-R zur Reorganisation der Verwaltung der Nusssovchozi im Vitamin-Konservenkombinat.

f.76, op.1, d.8, l.33–34: Über den Forschungsstützpunkt.

f.76, op.1, d.18, l.14: Verordnung des Rates der Volkskommissare der UdSSR vom 30.04.1945 №7136-R.

f.803, op.1, d.7, l.102: Vortrag des Försters der Bazar Korgon-Lesničestvo am 17.06.1924.

f.803, op.1, d.9, l.94: Anordnung der Forstabteilung des Volkskommissariats für Landwirtschaft (*Narkomzem*) vom 20.06.1924, Taschkent.

f.806, op.1, d.33, l.2–5: Angaben zur Basar Korgon-Forstgebiet im Gebiet Fergana, 1921.

f.806, op.1, d.32 u. 4: Forstgesetz von 1921.

f.806, op.1, d.32 u. 2: Auszug zur Lage des UTW Rats der Volkskommissare (*Sovnarkom*) vom 25.01.1921.

Album von der besseren Wirtschaft des „Kyzyl Unkur"-Leschoz für die Anpflanzen der Walnuss-Frucht-Bäume und Herstellungsarbeit dieser Wirtschaft 1955.

Auszug aus der Order des Kommissariats für Ackerbau Turkestans, 21.05.1918 №246, Taschkent.

Bericht des Leiters der Südkirgisischen Verwaltung der Walnuss-Wildobstwälder für 1955.

Bestimmung des Bazar Korgon-Rajonausführungskomitees und Rajonkomitees vom 15.12.1941 über die Herbst-Winter-Holzbeschaffungen.

Protokoll der zweiten Beratung über die Inventur der Bazar Korgon-Lesničestvo im Fergana Gebiet 1915.

Über Viehtriebsmaßnahmen auf Sommerweiden und Durchführung der Sommerbeweidung 1952.

Parteiarchiv Osch

f.126, op.1, d.558, l.68: Aus dem Bericht des Leiters für 1963.

f.126, op.1, d.551, l.6–7: Auskunft über die Erfüllung der Verordnung des Vollzugskomitees des Osch-gebietlichen landwirtschaftlichen Rats der Arbeiter-Deputierten, №209 vom 3.06.1963.

f.126, op.1, d.362: An den Sowjet der Bauern-, Arbeiter- und Soldatendeputierten (Rat der Volkskommissare) (aus der Verordnung vom Rat der Volkskommissare von 5.04.1918. Vorsitzende vom Rat der Volkskommissare W. Uljanov).

f.326, op.1, d.657, l.83–93: Auskunft über die Ergebnisse der Nachprüfung der Arbeit des Gewerkschaftskomitees des Leschoz Kirov (1961?).

f.326, op.1, d.604, l.1–2: Das Bazar Korgon-Rajonkomitee der KP Kirgisien, №81, 11.09.1960 Frage über Vereinigung der Leschozi Gava und Kirov.

f.326, op.1, d.636, l.24–25: Protokoll der Versammlung der Bazar Korgon partei-wirtschaftlichen Rajonaktivisten 1981.

f.326, op.1, d.585, l.21–22: Protokoll №14 des Kongresses des Bazar Korgon Rajon-Parteikomitees der KP Kirgisien vom 17.12.1960 (Aus dem Bericht von Djunusaliev über die Arbeit des Rajonkomitees der KP).

f.326, op.1, d.575, l.84–85: Protokoll №8, Büro des Bazar Korgon-Rajonkomitees der KP Kirgisien, vom 02.09.1959 §13 Bericht über die Arbeit des Leschoz Gava.

f.326, op.1, d.636, l.24–25: Protokoll №8 des Kongresses des Bazar Korgon-Rajonparteikomitees der KP Kirgisien vom 29.12.1961.

f.326, op.1, d.576, l.103–107: Bericht über die Arbeit des Leschoz Gava zum 10.08.1959

f.326, op.1, d.580, l.1–5: Das Bazar Korgon-Rajonkomitee der KP Kirgisien dem Sekretär des ZKs der KPdSU I.R. Razzakov, dem Vorsitzenden des Ministerrats der Kirgisischen SSR K.D. Dikambaev, 3.06.1959: Bericht über die Lage im neu organisierten Leschoz Ači und vereinigten Leschov Kirov.

f.326, op.1, d.45: Die Protokolle der Rajon-Parteiversammlungen.

§11 Über die Realisation der Bestimmung des Büros der KP Kirgisien vom 16.07.1962; „Über die Maßnahmen der Einstellung der Pilgerung zu den ‚heiligen' Orten in den Rajoni Bazar Korgon und Ala Buka".

Bericht von M. Asanbekov – Direktor des Leschoz Kirov (1985–86).

Bestimmung des Büros des Bazar Korgon-Rajonkomitees der KP Kirgisien vom 24.06.1982: Über die Ergebnisse der Kontrolle der Dokumentationsrevision der finanziell-wirtschaftlichen Tätigkeit des Leschoz Kyzyl Unkur im Zeitraum vom 01.04.1981 bis 01.04.1982.

Büro des Rajonkomitees der KP Kirgisien 1941.

Dem Bazar-Kurgan Rajonkomitee der Kommunistischen Partei Kirgisien 1980; T. Artykbaev – Direktor des Leschoz Kirov; Kurbankulov – Vorsitzender des Vollzugskomitees des Sel'sovjet Kirov der Volksdeputierten.

Geheimbericht des Bazar Korgon-Rajonkomitees der KP Kirgisien: Bericht über die Arbeit der Parteiorganisation und der Direktion des Leschoz Kyzyl Unkur (1978).

Protokoll №2 der öffentlichen Parteisammlung der Kommunisten des Leschoz Kirov vom 09.02.1979.

Protokoll №18 der Versammlung des Büros des Bazar Korgon-Rajonkomitees der Kommunistischen Partei Kirgisiens vom 3.07.1940.

Protokoll №8 der Versammlung des Bazar Korgon-Rajonkomitees der Kommunistischen Partei der ASSR Kirgistan vom 11.01.1940.

Protokoll №21 der öffentlichen Parteiversammlung des Leschoz Kirov vom 19.02.1983: Bericht über die Arbeit der Parteiorganisationen bei der Erfüllung der Beschlüsse des Maiplenums 1982.

Protokoll №8 der Sitzung des Parteikomitees des Leschoz Kirov, 21.03.84, Gumchana.

Über Arbeitserfahrungen des Parteikomitees und der Administration des Leschoz Kirov bei der Produktion von Gebrauchsartikeln 1982 (Satybaldiev, Šamšudinov, Mirzakarimov, Sydykov).

Rajon-Archiv Bazar Korgon

f.22: Übersicht über die Kolchozi und Sovchozi im Bazar Korgon-Rajon: Leschoz Kyzyl Unkur, Fond 27: Leschoz Kirov (zusammengestellt von Archivarin Khalys am 30.04.2004).

GLOSSAR

adat	Gewohnheitsrecht
ail	Dorf
ailökmöt	Bürgermeister
ailökmötü	Gemeinde, Gemeindeverwaltung
akiminat	Sitz, Verwaltung eines Kreises (*Rajon*)
aksakal	Stammesältester, wörtl. Weißbart
aksakalstva	ländliche Gesellschaft (z.Zt. Russisches Reich)
amlok, amlokdar	Staatsland, Steuereintreiber (z.Zt. Khan von Kokand)
arenda	Pacht, Pachten, Verpachtung
ašar	Gemeinschaftsarbeit
banja	Badehaus
batyr	militärischer Befehlshaber
beklik	Kreis, Provinz
bey	reicher Mann
bii	Stammesführer
bir atanyn baldary	Gruppe enger Verwandter, wörtl. Kinder eines Vaters
bogar	im Regenfeldbau bewirtschaftetes Land
bos üi	Jurte, Zelt
bukhara	Stammesmitglieder
čaräkar	Pächter
čöbögö	braune Butter
čong üi	erweiterter Haushalt
derevo obrabatyvajuščij cech (DOC)	Holz verarbeitender Betrieb
džailoo	Sommerweide
džait	Weideareale
džigit	Gefolgsmann, junger Bursche
džöpdžait	parzellierte Mähwiese
gosfond (gosudarstvennyj fond)	staatlicher Landfonds
goslesfond (gosudarstvennyj lesnoj fond)	staatlicher Waldfonds
gosplan (gosudarstvennaja planovaja komissija)	staatliche Planungskommission
gosregister (gosudarstvennyj zemel'nyj register)	staatliches Landkataster
gosudarstvennaja lesnaja služba	staatlicher Forstdienst

goszemzapas (gosudarstvennyj zemel'nyj zapas)	staatliche Landreserve
graždanstvo	Staatsangehörigkeit
inorodcy	Fremdstämmige, Ausländer
kadi, kafi	Richter
kalpak	traditioneller kirgisischer Filzhut für Männer
kalym	Mitgift
kap, oor	Maserknolle
kara	schwarz
kategorijal'nye granty	Kategorialzuweisung
keneš	Rat; Dorf- / Gemeinderat (*ail keneš*)
khaimak	Sahne
khaslyk	persönlich beanspruchtes Land des Khan
kibitka	Zeltsteuer
kir	Feld
kišlak	Dorf
köktöö, žasdoo	Frühjahrsweiden
kolchoz	agrarwirtschaftlicher Kollektivbetrieb
kolonizacija	Kolonisation
kontora	Büro
koy džait	Schafweide
kulak	hier: Klassenfeind (z. Zt. Kollektivierung)
künčera	Viehfutter aus Blättern und Stielen von Sonnenblumen- und Baumwollpflanzen
kurultaj	traditionelle größere politische Versammlung
kurut	dehydrierte, gesalzene Quarkbällchen
kušbegi / hakim	Statthalter
kymys	vergorene Stutenmilch
kyrgyzčilik	Konzept kirgisischer nationaler Werte
kyštoo	Winterweide
kyzyl	rot
leschoz	staatlicher Forstbetrieb
lesničestvo	Försterei, Forstrevier
mahallah	Nachbarschaft
manap	Führer einer Stammeskonföderation
mirab, murab	Kanal-, Wasserwächter
mulk	bewässertes Land
nacional'nost'	Nationalität
namas taš	Gebetsstein
narkomles (narodnyj komissarijat lesnogo chozjajstva)	Volkskommissariat für Forstwirtschaft und Waldindustrie
narkompiščprom (narodnyi komissarijat piščevoj promyšlennosti)	Volkskomitee der Nahrungsindustrie

narodnyj sud'ja	Volksrichter
obkom (oblastnoj komitet)	Komitee der Provinz (*Oblast'*)
oblast'	Provinz
pada džait	siedlungsnah gelegene Weide für Milchvieh
padače	Hirte
partkom (partinnyj komitet)	örtliches Parteikomitee
profsojuz	Gewerkschaft
prokuratura	Staatsanwaltschaft
propiska	Anmeldung, Meldesystem
pučan džait	siedlungsnahes Waldgebiet mit Mähwiesen
rajkom (rajonnyj komitet)	Komitee des Kreises (*Rajon*)
sarmai	gelbe Butter
sbliženie	Annäherung
sel'mag (sel'skij magazin)	Dorfladen
sel'skoe potrebitel'noe obščestvo	Einzelhandelskooperative
sel'sovet (sel'skij sovet)	Dorfrat
separator	Zentrifuge zur Trennung von Sahne und Milch
širdak	traditioneller kirgisischer Filzteppich
slijanie	Verschmelzung
sojuzzagotplodoovošč (sojuz zagotovki plodov i ovoščej)	Unionsvereinigung zur Verarbeitung von Obst und Gemüse
sovchoz	agrarwirtschaftlicher Staatsbetrieb, Staatsgut
sovnarkom (sovet narodnych komissarov)	Rat der Volkskommissare
subai džait	Weide für nicht-laktierendes Vieh
süsmö	Quark
toi	Fest
tunduk	Dachkranz einer Jurte
uezd	territoriale Verwaltungseinheit; Amtsbezirk
uiat	Schande
univermag (universal'nyj magazin)	Kaufhaus
uruk	Stamm
uruu	Verwandtschaftsgruppe
viloijat	Provinz
voennyj gubernator	Militärgouverneur
volost'	territoriale Verwaltungseinheit; Gemeinde, Kreis
volost' upravitel	Leiter der Gemeinde
vyravnivajuščie granty	Ausgleichszuweisungen
zagot kontora	Ladengeschäft während Sowjetzeit
zakaznik	Naturschutzgebiet
zakot	Steuer, Almosengabe
zapovednik	Nationalpark

ANHANG

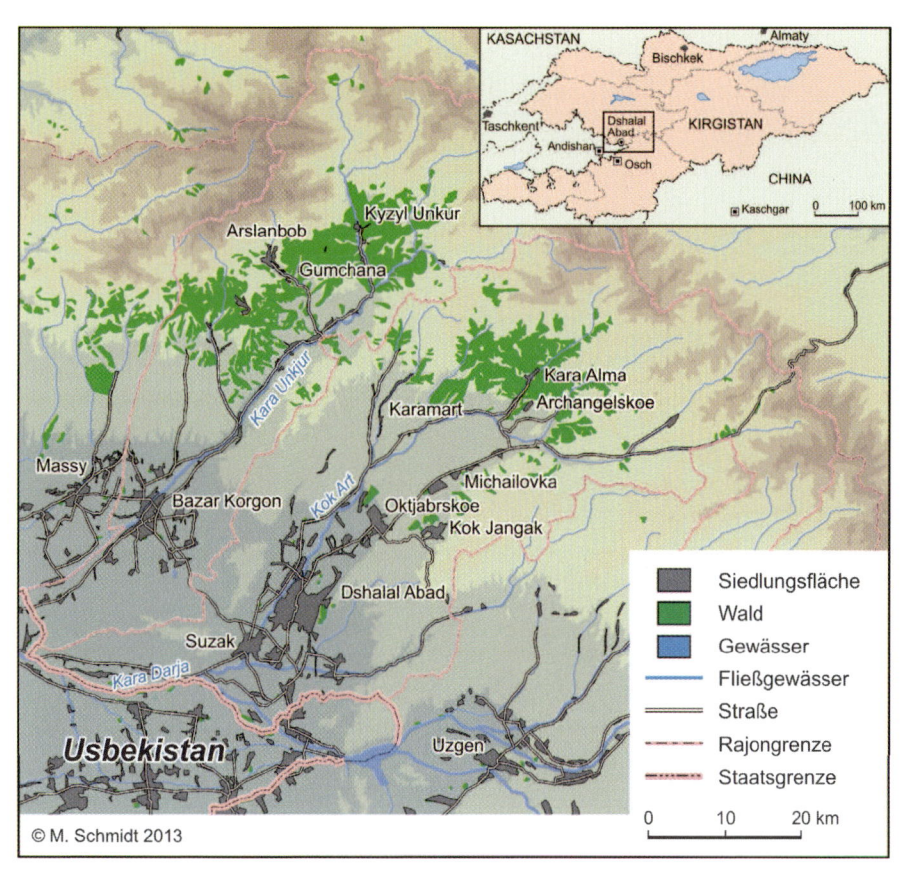

Karte 1 Lage der Walnuss-Wildobst-Wälder im Untersuchungsgebiet von Arslanbob, Gumchana, Kyzyl Unkur und Kara Alma

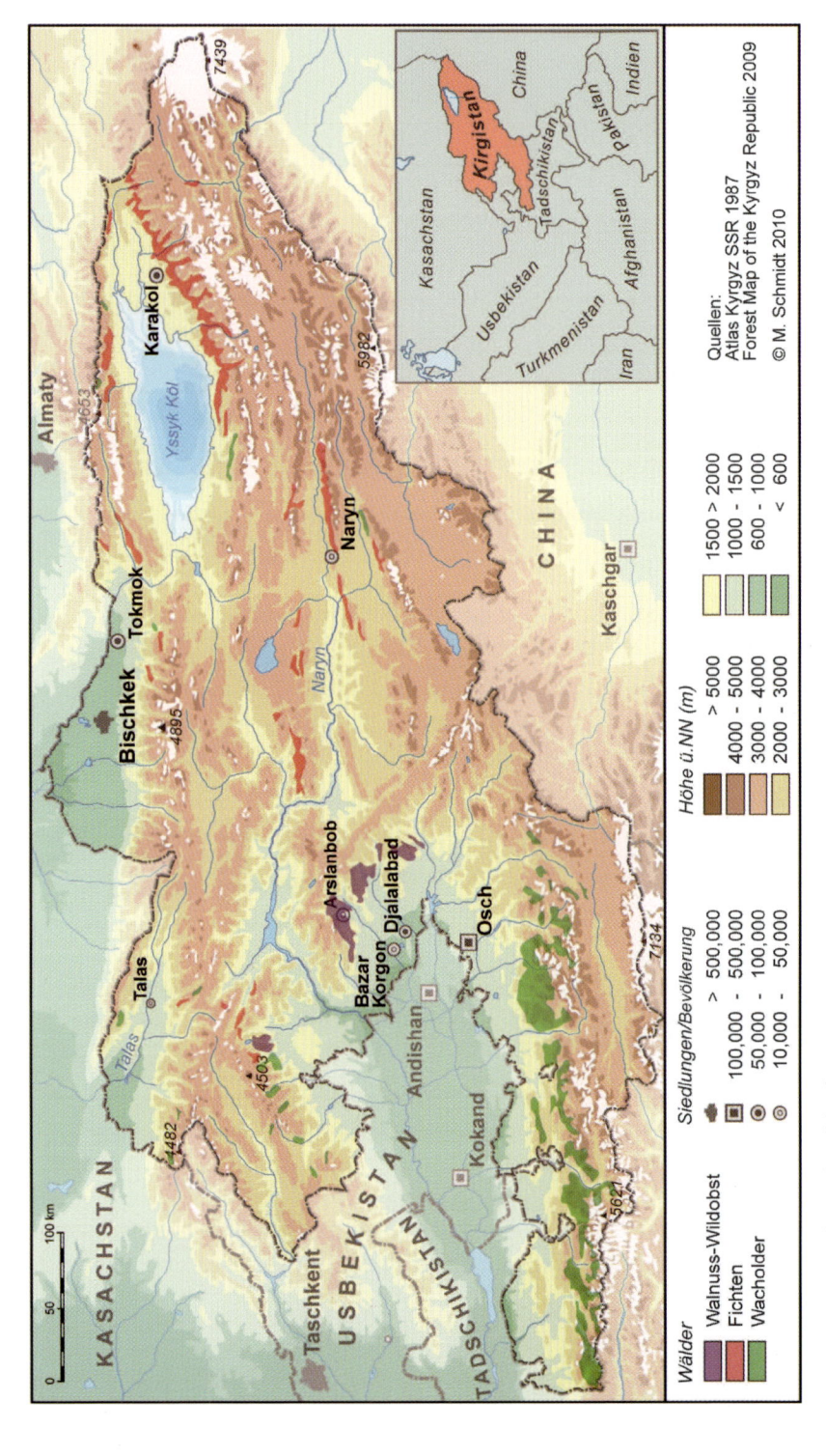

Karte 2 Topographie und Waldverbreitung Kirgistans

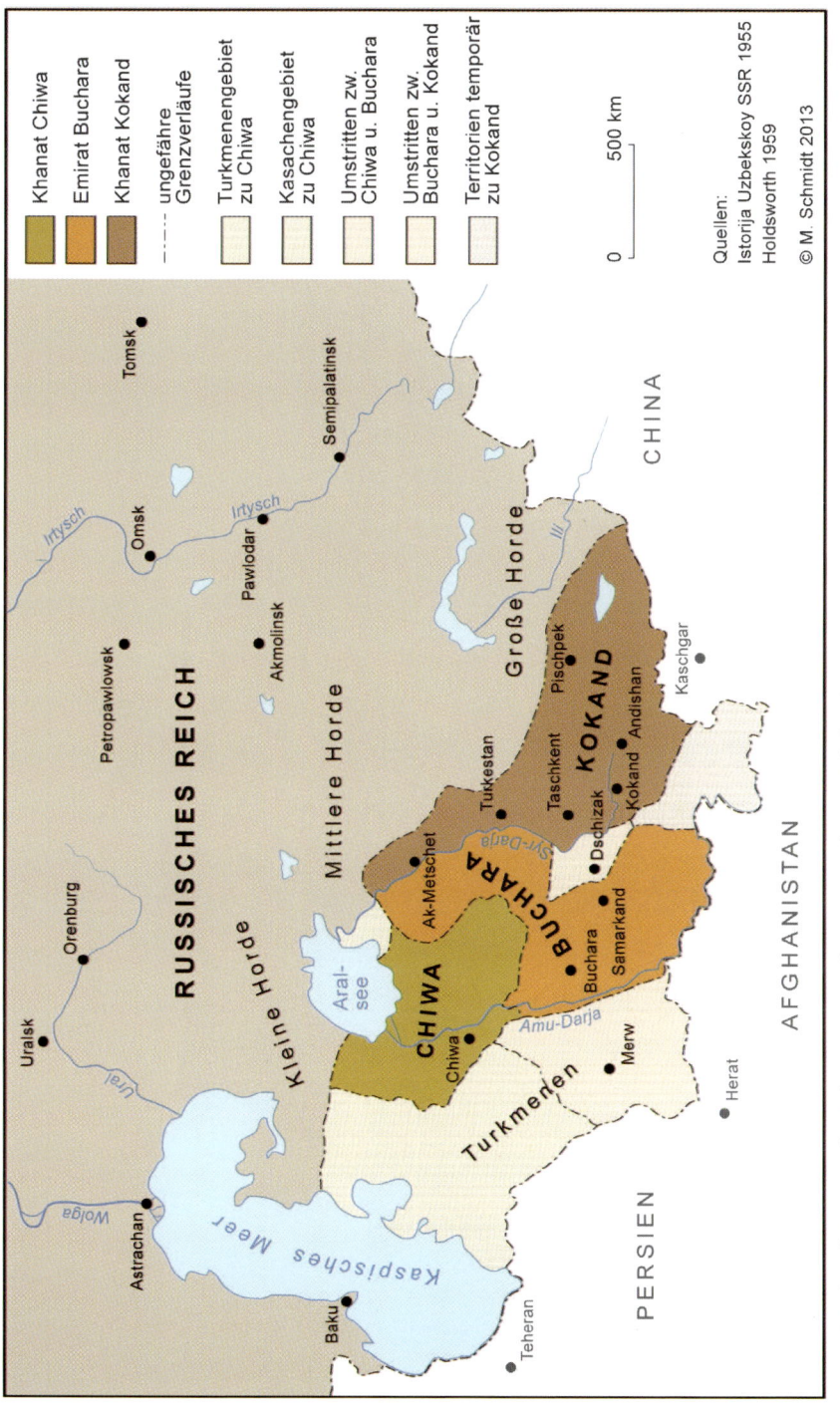

Karte 3 Politisch-territoriale Einheiten in Mittelasien Mitte des 19. Jahrhunderts

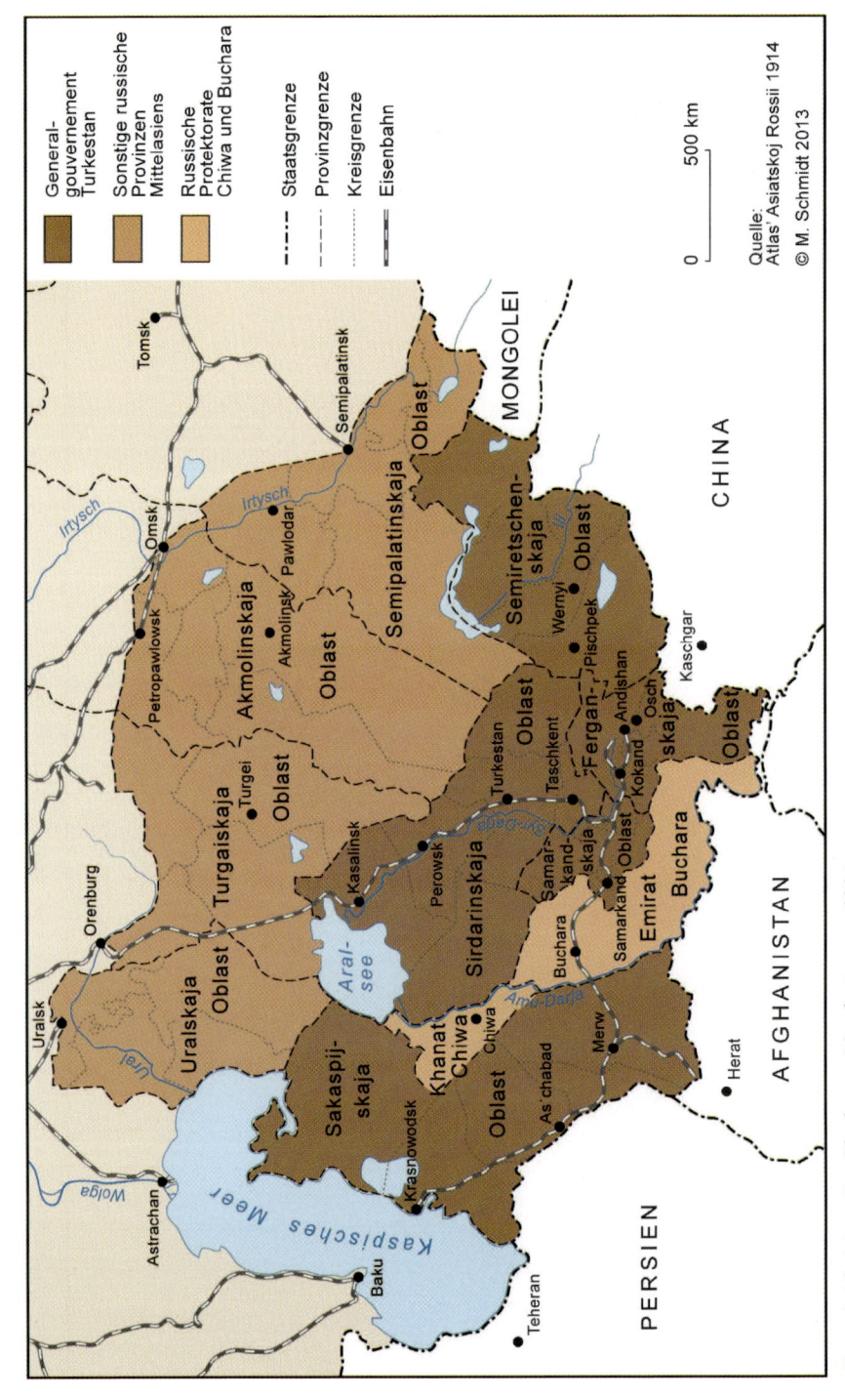

Karte 4 Administrative Gliederung Mittelasiens um 1914

Anhang 389

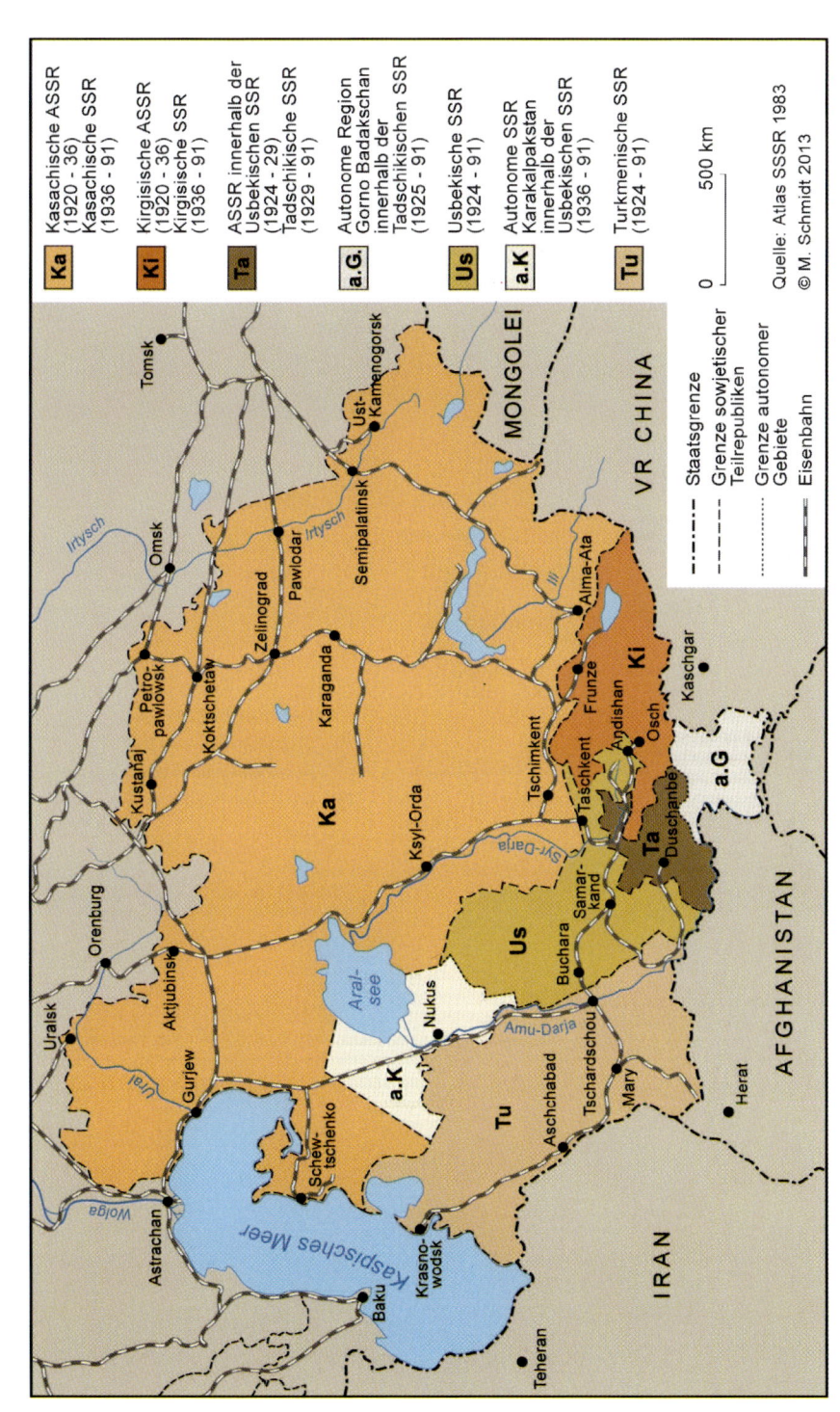

Ka	Kasachische ASSR (1920 - 36) / Kasachische SSR (1936 - 91)
Ki	Kirgisische ASSR (1920 - 36) / Kirgisische SSR (1936 - 91)
Ta	ASSR innerhalb der Usbekischen SSR (1924 - 29) / Tadschikische SSR (1929 - 91)
a.G.	Autonome Region Gorno Badachschan innerhalb der Tadschikischen SSR (1925 - 91)
Us	Usbekische SSR (1924 - 91)
a.K	Autonome SSR Karakalpakstan innerhalb der Usbekischen SSR (1936 - 91)
Tu	Turkmenische SSR (1924 - 91)

0   500 km

Quelle: Atlas SSSR 1983
© M. Schmidt 2013

Legende:
- — · — · Staatsgrenze
- — — — Grenze sowjetischer Teilrepubliken
- ········· Grenze autonomer Gebiete
- ⌇⌇⌇ Eisenbahn

Karte 5 Territoriale Untergliederung Mittelasiens während der Sowjetära

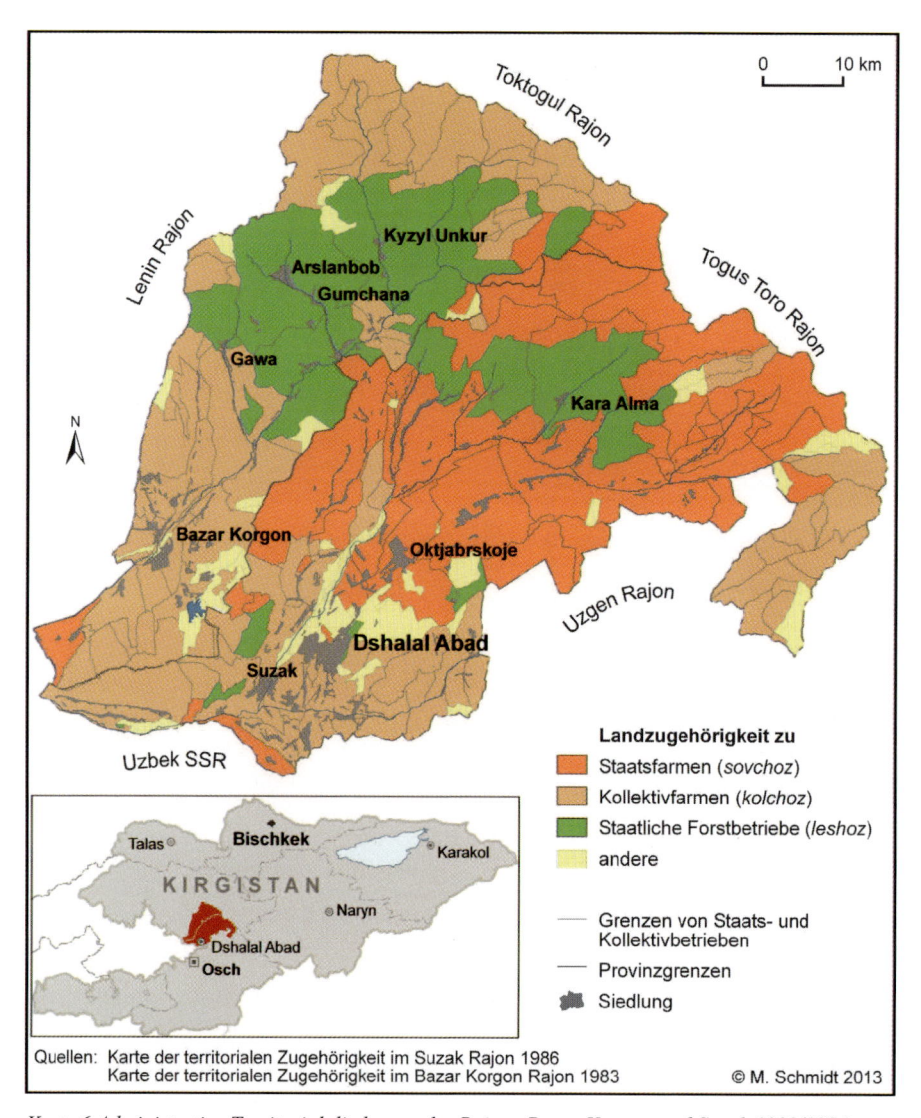

Karte 6 Administrative Territorialgliederung der Rajone Bazar Korgon und Suzak 1983/1986

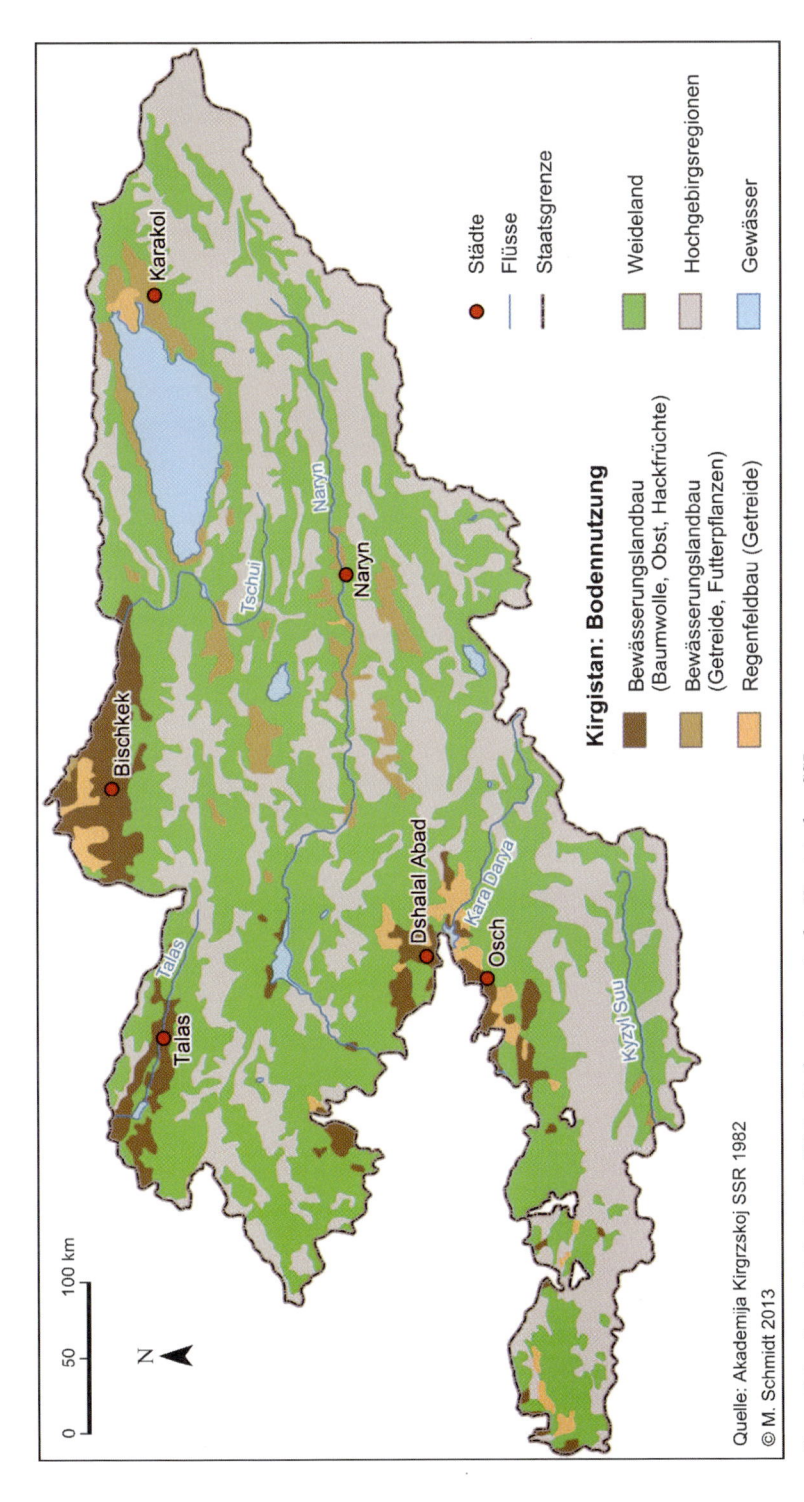

Karte 7 Land- und viehwirtschaftliche Bodennutzung in der Kirgisischen SSR

Kirgisische ASSR 1926

1,01 Mio.

Kirgisische SSR 1959

2,07 Mio.

Kirgisische SSR 1979

3,52 Mio.

Kirgisische Republik 2004

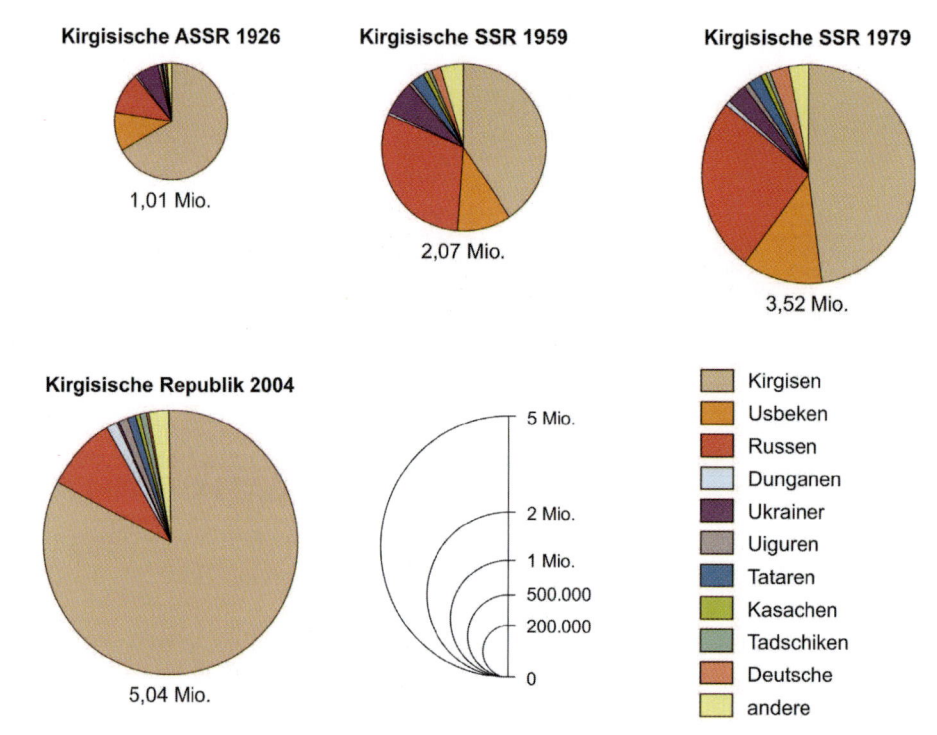

5,04 Mio.

- Kirgisen
- Usbeken
- Russen
- Dunganen
- Ukrainer
- Uiguren
- Tataren
- Kasachen
- Tadschiken
- Deutsche
- andere

Quellen: Akademija Nauk Kirgisskoj SSR 1982; National Statistical Committee of the Kyrgyz Republic 2000; Nacional'nyj Statisticeskij Komiteti Kyrgysskoj Respubliki 2004

© M. Schmidt 2013

Karte 8 Ethnische Zusammensetzung und Bevölkerungsdynamik in Kirgistan 1926–2004

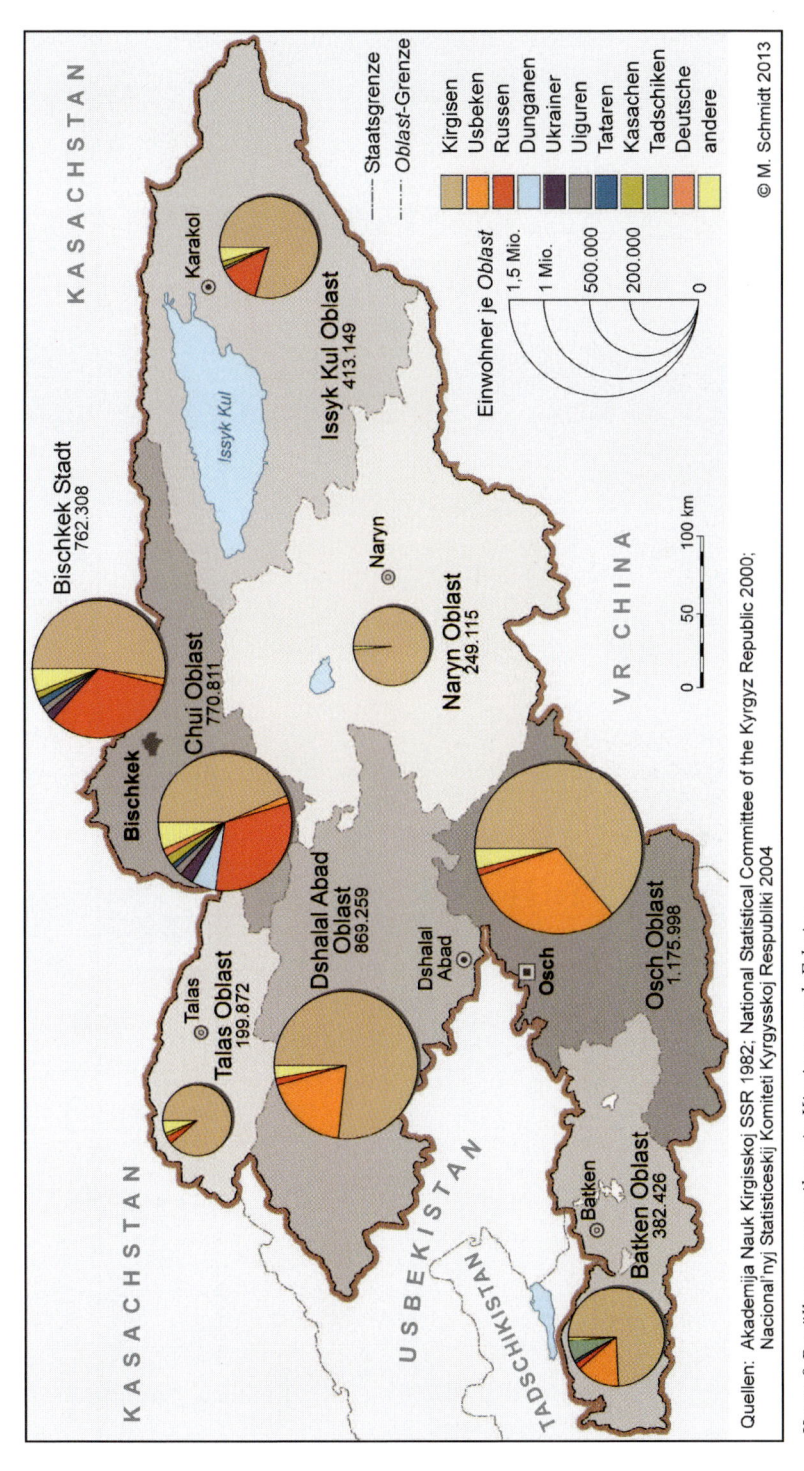

Karte 9 Bevölkerungsverteilung in Kirgistan nach Ethnien

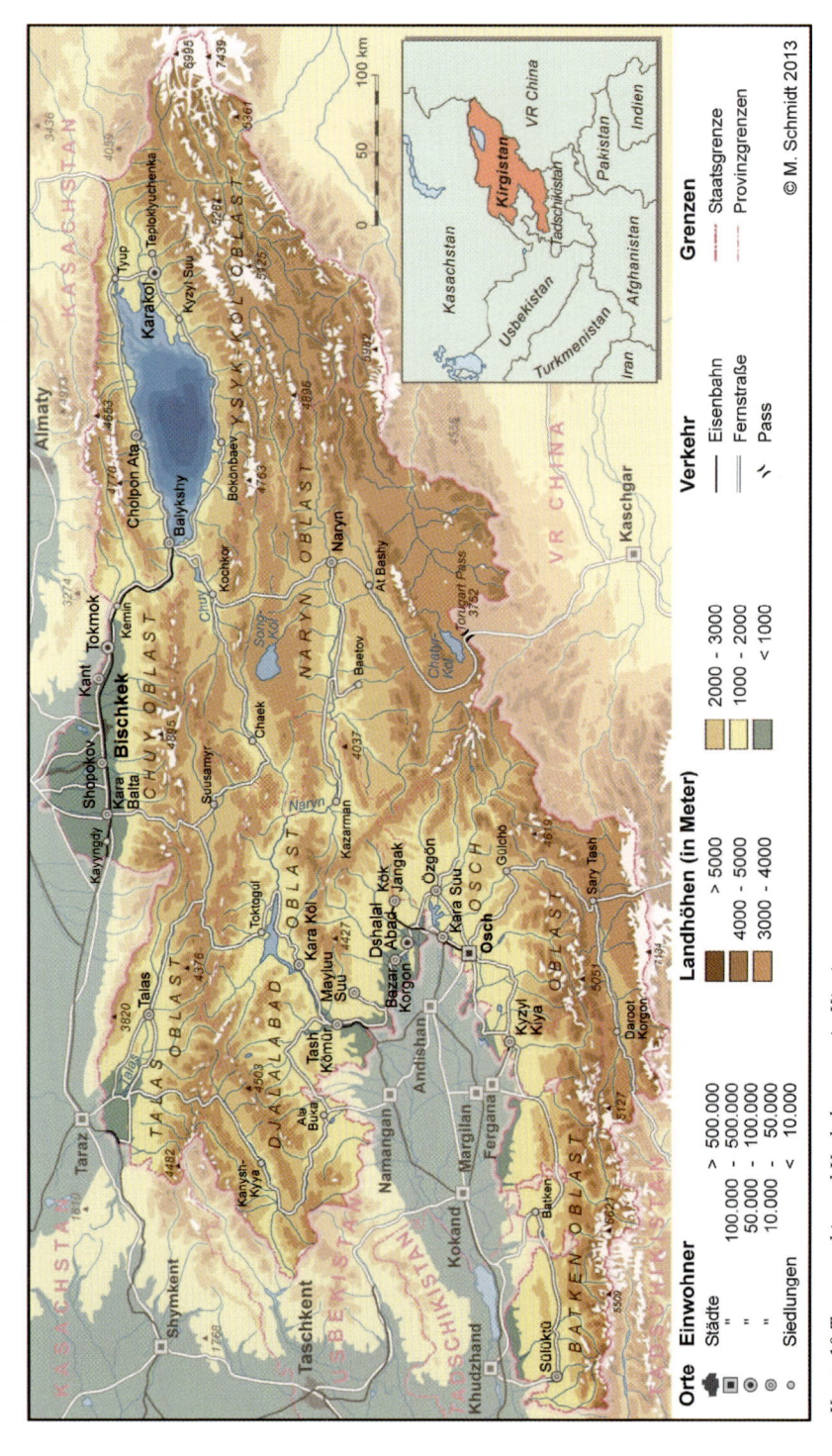

Karte 10 Topographie und Verkehrswege in Kirgistan

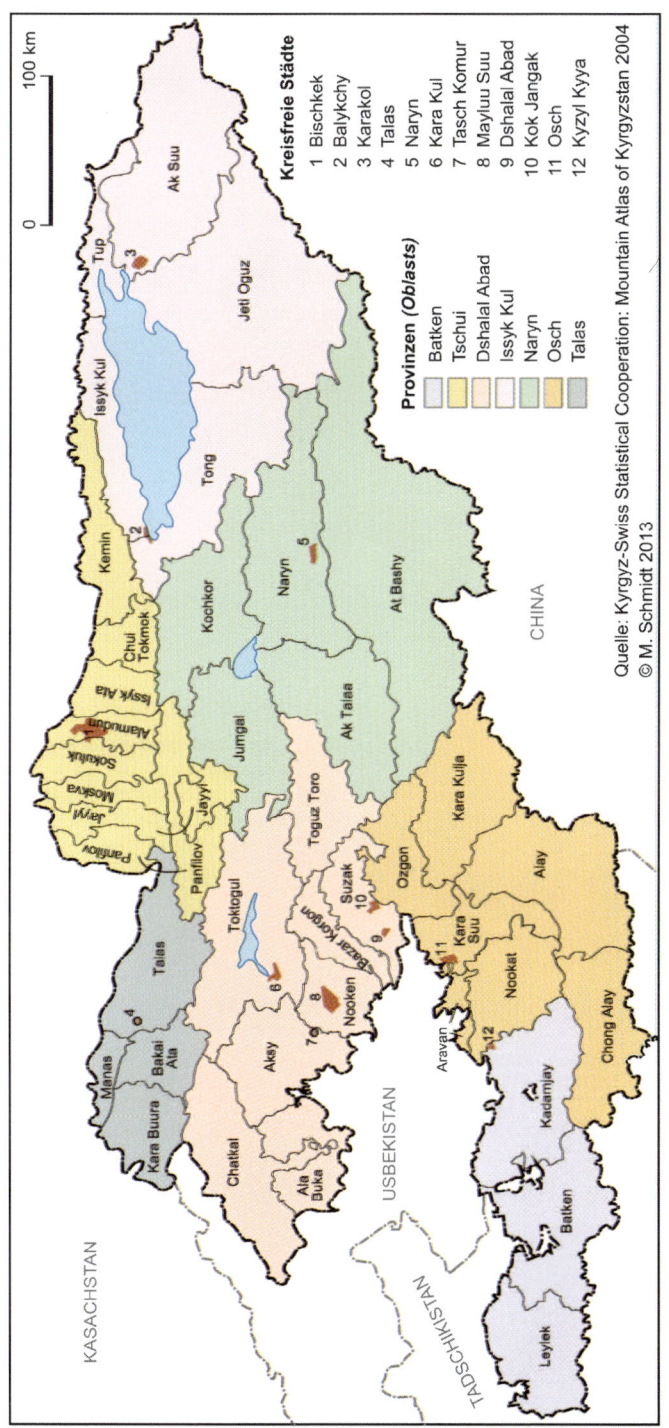

Karte 11 Administrative Gliederung Kirgistans in Provinzen (Oblast) und Kreise (Rajon)

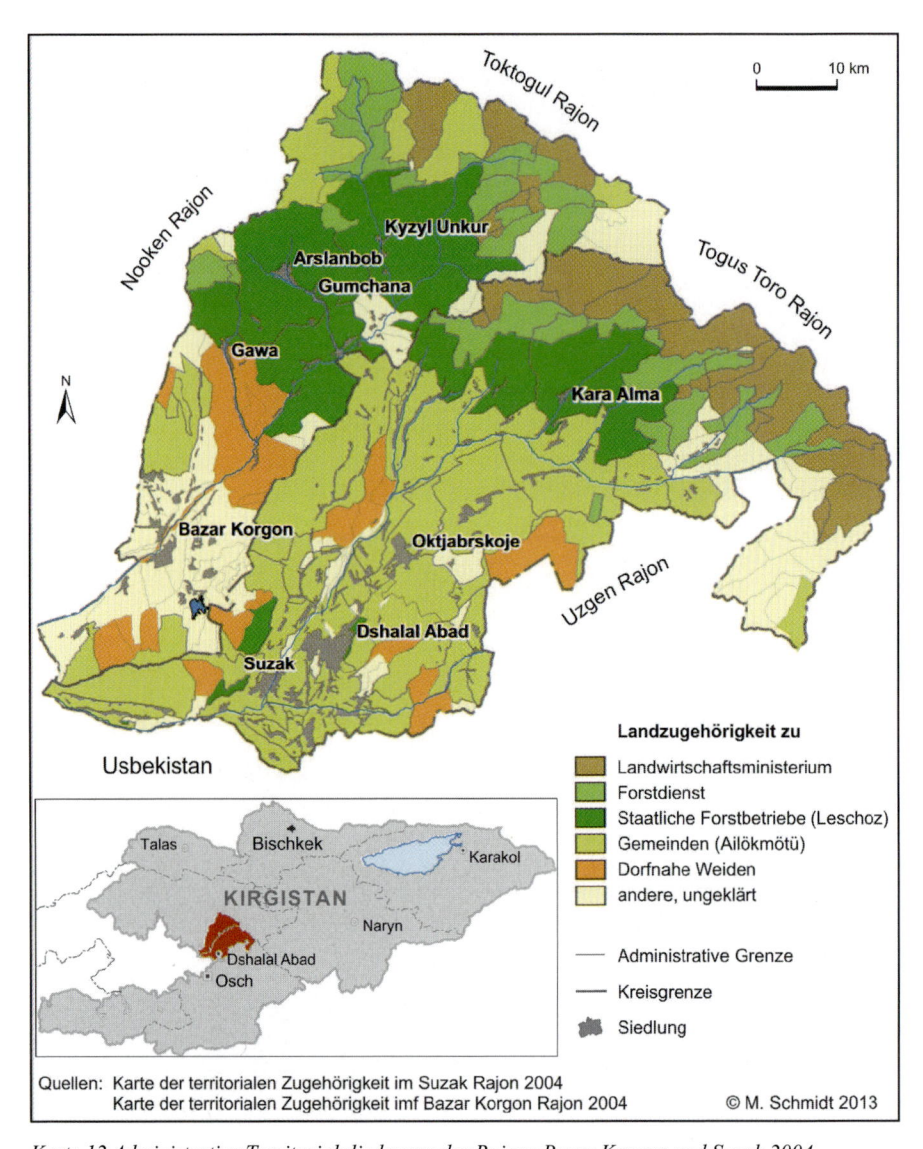

Karte 12 Administrative Territorialgliederung der Rajone Bazar Korgon und Suzak 2004

Anhang 397

Foto 1 Walnuss-Wildobstwälder am Fuß des Babaš Ata (4480 m) (27.09.2004)

Foto 2 Maserknolle an einem älteren Walnussbaum bei Arslanbob (26.08.2008)

Foto 3 Ehemalige Werksgebäude des Leschoz Kirov (Arstanbap-Ata) in Gumchana (05.04.2004)

Foto 4 Temporäres Zeltlager im Wald zur Viehbetreuung und Sammlung von Walnüssen bei Arslanbob (26.08.2008)

Foto 5 Öffnen und Sortieren von Walnüssen für den Export in einer ehemaligen Sporthalle in Dshalal Abad (01.10.2004)

Foto 6 Wohnhäuser und Hausgärten in Kyzyl Unkur (18.04.2004)

Foto 7 Ackerlandnutzung bei Arslanbob (25.09.2004)

Foto 8 Brennholztransport bei Gumchana (24.07.2004)